黄河志

卷四

黄河勘测志

黄河水利委员会勘测规划设计院　编

河南人民出版社

图书在版编目(CIP)数据

黄河勘测志 / 黄河水利委员会勘测规划设计院编. —2版. —郑州：河南人民出版社, 2017. 1
(黄河志; 卷四)
ISBN 978-7-215-10557-7

Ⅰ. ①黄… Ⅱ. ①黄… Ⅲ. ①黄河-水文观测-工作概况 Ⅳ. ①TV882.1

中国版本图书馆CIP数据核字(2016)第259998号

河南人民出版社出版发行
(地址：郑州市经五路66号　邮政编码：450002　电话：65788056)
新华书店经销　　河南新华印刷集团有限公司印刷
开本 787毫米×1092毫米　1/16　印张 33.5
字数 552千字
2017年1月第2版　　2017年1月第1次印刷

定价：200.00元

序

李　鹏

黄河，源远流长，历史悠久，是中华民族的衍源地。黄河与华夏几千年的文明史密切相关，共同闻名于世界。

黄河自古以来，洪水灾害频繁。历代治河专家和广大人民，在同黄河水患的长期斗争中，付出了巨大的代价，积累了丰富的经验。但是，由于受社会制度和科学技术条件的限制，一直未能改变黄河严重为害的历史，丰富的水资源也得不到应有的开发利用。

中华人民共和国成立后，党中央、国务院对治理黄河十分重视。1955 年 7 月，一届全国人大二次会议通过了《关于根治黄河水害和开发黄河水利的综合规划的决议》。毛泽东、周恩来等老一代领导人心系人民的安危祸福，对治黄事业非常关怀，亲自处理了治理黄河中的许多重大问题。经过黄河流域亿万人民及水利专家、技术人员几十年坚持不懈的努力，防治黄河水害、开发黄河水利取得了伟大的成就。黄河流域的面貌发生了深刻变化。

治理和开发黄河，兴其利而除其害，是一项光荣伟大的事业，也是一个实践、认识、再实践、再认识的过程。治黄事业虽已取得令人鼓舞的成就，但今后的任务仍然十分艰巨。黄河的治理开发，直接关系到国民经济和社会的发展，我们需要继续作出艰苦的努力。黄河水利委员会主编的《黄河志》，较详尽地反映了黄河的基本状况，记载了治理黄河的斗争史，汇集了治黄的成果与经验，不仅对认识黄河、治理开发黄河将发挥重要作用，而且对我国其他大江大河的治理也有借鉴意义。

1991 年 8 月 20 日

前　言

黄河是我国第二条万里巨川，源远流长，历史悠久。黄河流域在100多万年以前，就有人类在这里生息活动，是我国文明的重要发祥地。黄河流域自然资源丰富，黄河上游草原辽阔，中下游有广阔的黄土高原和冲积大平原，是我国农业发展的基地。沿河又有丰富的煤炭、石油、铝、铁等矿藏。长期以来，黄河中下游一直是我国政治、经济和文化中心。黄河哺育了中华民族的成长，为我国的发展作出了巨大的贡献。在当今社会主义现代化建设中，黄河的治理开发仍占有重要的战略地位。

黄河是世界上闻名的多沙河流，善淤善徙，它既是我国华北大平原的塑造者，同时也给该地区人民造成巨大灾害。计自西汉以来的两千多年中，黄河下游有记载的决溢达一千余次，并有多次大改道。以孟津为顶点北到津沽，南至江淮约25万平方公里的广大地区，均有黄河洪水泛滥的痕迹，被称为“中国之忧患”。

自古以来，黄河的治理与国家的政治安定和经济盛衰紧密相关。为了驯服黄河，除害兴利，远在四千多年前，就有大禹治洪水、疏九河、平息水患的传说。随着社会生产力的发展，春秋战国时期，就开始修筑堤防、引水灌溉。历代治河名人、治河专家和广大人民在长期治河实践中积累了丰富的经验，并留下了许多治河典籍，为推动黄河的治理和治河技术的发展作出了重要贡献。1840年鸦片战争以后，我国由封建社会沦为半封建半殖民地的社会，随着内忧外患的加剧，黄河失治，决溢频繁，西方科学技术虽然逐步引进我国，许多著名水利专家也曾提出不少有创见的治河建议和主张，但由于受社会制度和科学技术的限制，一直未能改变黄河为害的历史。

中国共产党领导的人民治黄事业，是从1946年开始的，在解放战争年代渡过了艰难的岁月。中华人民共和国成立后，我国进入社会主义革命和社会主义建设的伟大时代，人民治黄工作也进入了新纪元。中国共产党和人民政府十分关怀治黄工作，1952年10月，毛泽东主席亲临黄河视察，发出“要把黄河的事情办好”的号召。周恩来总理亲自处理治黄工作的重大问题。为了根治黄河水害和开发黄河水利，从50年代初就有组织、有计划地对黄河进行了多次大规模的考察，积累了大量第一手资料，做了许多基础工作。1954年编制出《黄河综合利用规划技术经济报告》，1955年第一届全国人民代表大会第二次会议审议通过了《关于根治黄河水害和开发黄河水利的综合规划的决议》，人民治黄事业从此进入了一个全面治理、综合开发的历史新阶段。在国务院和黄河流域各级党委、政府的领导下，经过亿万群众和广大治黄职工的艰苦奋斗，黄河的治理开发取得了前所未有的巨大成就。在黄河下游基本建成防洪工程体系，并组建了强大的人防体系，已连续夺取40多年伏秋大汛不决口的伟大胜利，使社会主义建设事业得以顺利进行；在中上游建成了许多大中型水利水电工程，流域内灌溉面积和向城市、工矿企业供水有了很大发展，取得了巨大的经济效益和社会效益；在黄土高原地区开展了大规模的群众性的水土保持工作，取得了为当地兴利、为黄河减沙的明显成效；河口的治理为三角洲的开发创造了条件。如今，古老黄河发生了历史性的重大变化。这些成就被公认为社会主义制度优越性的重要体现。

治理和开发黄河，是一项光荣而伟大的事业，也是一个实践、认识、再实践、再认识的过程。治黄事业已经取得了重大胜利，但今后的任务还很艰巨，黄河本身未被认识的领域还很多，有待于人们的继续实践和认识。

编纂这部《黄河志》，主要是根据水利部关于编纂江河水利志的安排部署，翔实而系统地反映黄河流域自然和社会经济概况，古今治河事业的兴衰起伏、重大成就、技术水平和经济效益以及经验教训，从而探索规律，策励将来。由于黄河历史悠久，治河的典籍较多，这部志书本着“详今略古”的原则，既概要地介绍了古代的治河活动，又着重记述中华人民共和国成立以来黄河治理开发的历程。编志的指导思想，是以马列主义、毛泽东思想为理论基础，遵循中共十一届三中全会以来的路线、方针和政策，实事求是地记述黄河的历史和现状。

《黄河志》共分十一卷，各卷自成一册。卷一大事记；卷二流域综述；卷三水文志；卷四勘测志；卷五科研志；卷六规划志；卷七防洪志；卷八水土保持志；卷九水利工程志；卷十河政志；卷十一人文志。各卷分别由黄河水利委员会所属单位及组织的专志编纂委员会承编。全志以文为主，图、表、照片分别穿插各志之中。力求文图并茂，资料翔实，使它成为较详尽地反映黄河的河情，具体记载中国人民治理黄河的艰苦斗争史，能体现时代特点的新型志书。它将为今后治黄工作提供可以借鉴的历史经验，并使关心黄河的人士了解治黄事业的历史和现状，在伟大的治黄事业中发挥经世致用的功能。

新编《黄河志》工程浩大，规模空前，是治黄史上的一项盛举。在水利部的亲切关怀下，黄河水利委员会和黄河流域各省（区）水利（水保）厅（局）投入许多人力，进行了大量的工作，并得到流域内外编志部门、科研单位、大专院校和国内外专家、学者及广大热心治黄人士的大力支持与帮助。由于对大规模的、系统全面的编志工作缺乏经验，加之采取分卷逐步出版，增加了总纂的难度，难免还会有许多缺漏和不足之处，恳切希望各界人士多加指正。

黄河志编纂委员会

1991年1月20日

凡 例

一、《黄河志》是中国江河志的重要组成部分。本志编写以马列主义、毛泽东思想为指导，运用辩证唯物主义和历史唯物主义观点，准确地反映史实，力求达到思想性、科学性和资料性相统一。

二、本志按照中国地方志指导小组《新编地方志工作暂行规定》和中国江河水利志研究会《江河水利志编写工作试行规定》的要求编写，坚持“统合古今，详今略古”和“存真求实”的原则，突出黄河治理的特点，如实地记述事物的客观实际，充分反映当代治河的巨大成就。

三、本志以志为主体，辅以述、记、传、考、图、表、录、照片等。

篇目采取横排门类、纵述始末，兼有纵横结合的编排。一般设篇、章、节三级，以下层次用一、(一)、1、(1)序号表示。

四、本志除引文外，一律使用语体文、记述体，文风力求简洁、明快、严谨、朴实，做到言简意赅，文约事丰，述而不论，寓褒贬于事物的记叙之中。

五、本志的断限，上限不求一致，追溯事物起源，以阐明历史演变过程。下限一般至1987年，但根据各卷编志进程，有的下延至1989年或以后，个别重大事件下延至脱稿之日。

六、本志在编写过程中广采博取资料，并详加考订核实，力求做到去粗取精，去伪存真，准确完整，翔实可靠。重要的事实和数据均注明出处，以备核对。

七、本志文字采用简化字，以1964年国务院公布的简化字总表为准，古籍引文及古人名、地名简化后容易引起误解的仍用繁体字。标点符号以1990年3月国家语言文字工作委员会、国家新闻出版署修订发布的《标点符号用法》为准。

八、本志中机构名称在分卷志书中首次出现时用全称，并加括号注明简称，再次出现时可用简称。

人名一般不冠褒贬。古今地名不同的，首次出现时加注今名。译名首次出现时，一般加注外文，历史朝代称号除汪伪政权和伪满洲国外，均不加“伪”字。

外国的国名、人名、机构、政治团体、报刊等译名采用国内通用译名，或以现今新华通讯社译名为准，不常见或容易混淆的加注外文。

九、本志计量单位，以1984年2月27日国务院颁发的《中华人民共和国法定计量单位的规定》为准，其中千克、千米、平方千米仍采用现行报刊通用的公斤、公里、平方公里。历史上使用的旧计量单位，则照实记载。

十、本志纪年时间，1912年（民国元年）以前，一律用历代年号，用括号注明公元纪年（在同篇中出现较多、时间接近，便于推算的，则不必屡注）。1912年以后，一般用公元纪年。

公元前及公元1000年以内的纪年冠以“公元前”或“公元”字样，公元1000年以后者不加。

十一、为便于阅读，本志编写中一般不用引文，在确需引用时则直接引用原著，并用“注释”注明出处，以便查考。引文注释一般采用脚注（即页末注）或文末注方式。

黄河志编纂委员会

黄河志总编辑室

黄委会勘测规划设计院
黄河志编纂委员会

主　任　陈效国

副主任　徐复新　杨文生

委　员　（按姓氏笔划为序）

刁兆秋　马国彦　史辅成　刘自全
杨文生　宋佛山　陈昇辉　陈效国
张　实　张守先　张绪恒　张毓成
宫传林　钱忠柔　徐复新　席家治

设计院黄河志编辑室

主　任　徐复新

副主任　宫传林　杨文生

主　编　陈昇辉

副主编　杨文生

编辑说明

《黄河勘测志》是大型多卷本《黄河志》的第四卷。本志由测绘篇和地质勘察篇组成。记述内容，主要是黄河流域的测绘全貌和地质勘察梗概，以及为黄河治理开发而兴建的各工程不同设计阶段所进行的勘测工作和主要成果。

本志编纂工作，是在黄河水利委员会(简称黄委会)黄河志总编辑室和勘测规划设计院(简称黄委会设计院)黄河志编纂委员会领导下进行，由黄委会设计院黄河志编辑室负责组织测绘总队和地质总队两承编单位完成编写工作。黄委会设计院黄河志编纂委员会的前身是黄河志编纂领导小组，名誉组长王锐夫，组长陈席珍，副组长成健。1990 年 10 月—1992 年 12 月，黄委会设计院黄河志编纂委员会，主任张实，副主任成健、杨文生。黄委会设计院黄河志编辑室 1987 年底以前主编是吴致尧(兼)，副主编是庄积坤、王甲斌，1988 年 1 月以来主编是陈昇辉，邓盛明、许万古曾任编委会成员。为完成本志撰写工作，测绘总队和地质总队抽调专人成立编志小组，在各自总队的领导下，开展编志日常工作。

本志测绘篇和地质勘察篇的撰写工作，分别于 1985 年 3 月和 1986 年 3 月开始，按草稿、征求意见稿、送审稿三阶段进行。首先按《黄河志》基本篇目要求，广泛收集、查阅资料，走访知情人，撰写草稿。其中测绘篇“高程控制测量”曾作为黄委会设计院的试点篇章，召集全院修志人员和有关领导进行评议，为撰写本志提供经验。编志人员还分赴沿黄各省(区)有关部门收集大量资料(其中测绘总队收集流域各省、区《测绘资料目录集》21 卷，整理资料卡 23 本约 48 万字；地质总队赴 58 个单位，收集 723 份达 28 万余字的资料)，为撰稿奠定了基础。然后在草稿的基础上，征求专家意见，再访知情人，补充修改，经各总队编志负责人审阅修改后，提出“征求意见稿”，分送流域有关单位、专家，广泛征求意见。根据各方意见，再次进行修改补充，经各篇主笔通纂和总队负责人审阅，测绘篇送审稿于 1990 年底完成，计 6 章 22 节约 18 万字；地质勘察篇送审稿于 1991 年底完成，计 5 章 11 节约 14 万字。后又根据评审会的意见，对志书结构作适当调整，将两篇合成一卷，内容作必要的补充修改，于1992年11月完成本志终稿，计2篇11章41节和附录共50多万字。

为了保证志书质量，黄委会设计院于1991年6月18—20日召开《黄河勘测志·测绘篇》评审会；1992年3月3—5日召开《黄河勘测志·地质勘察篇》评审会。到会的专家和修志行家，前者36人，后者40余人，进一步审查送审稿。在此之前，曾收到测绘篇的反馈意见约900条；地质勘察篇的函复近70份，意见数百条。参加评审会的代表和提出意见的专家，测绘方面的有程元赓、胡明城、勾军山、王贞玺、张三省、曲官举、谭安国、李多祥、罗庆寿；地质方面的有张咸恭、胡海涛、贾福海、戴英生、李仲春、黄元谋、彭进夫、刘允卿；修志方面的有徐福龄、王质彬、席珍国等。他们都充分肯定了志稿的成绩，同时又提出许多补充资料和很多好的意见和建议，给志稿编写以热情支持和帮助。在此谨致以衷心的感谢。

本志终稿由设计院黄河志编辑室主编陈昇辉和副主任杨文生审核，分别撰写编辑说明和概述。本志测绘篇由设计院副总工程师宋佛山负责审阅并通纂；地质勘察篇先后由地质总队许万古、刘自全负责审阅并通纂。各篇章的撰写和主笔：测绘篇由李凤岐撰写篇述、第二章、第三章、第四章及第五章第一节，涂雪樵撰写第一章和第五章其余各节，照片选辑为李凤岐、宋佛山、王金路，附图制作是李玉华、刘九亮、赵春香、汪巧云、李新潮、赵明珠；地质勘察篇的篇述为曹俊明，第六章为王克强、候锡琳、李振中，第七章为许万古、汪湖、申文运、李振中、马昕，第八章为王克强、王喜彦、李振中，第九章为申文运、李振中，第十章为申文运、李振中、汪湖、王克强，第十一章为郑谅臣、王喜彦、乔来录、徐国刚、李宏勋、彭勃、李振中、赵颇、刘自全、高广礼、许万古、张百臻，图件编整为周学道，照片选辑为陈效仁。终稿阶段附图、照片及文印等志务工作有王奇峰、郭慕夷、张文琪等参与完成。黄河志总编辑室叶其扬参加了出版阶段的审稿和统校工作。杨文生、郭慕夷承担出版清样审校工作。

由于编者水平所限，本志缺漏讹误之处在所难免，敬希水利界、测绘界、地质界、方志学界及关心黄河的人士批评指正。

编　者

1992年12月

目　录

第一篇　测　　绘

第二篇　地质勘察

附录：

概　　述

黄河是我国第二大河，也是世界著名的多泥沙河流。流长5464公里，流域面积752443平方公里。流域内拥有丰富的水土资源和矿产资源，哺育着中华民族的繁衍与发展，对祖国的繁荣昌盛有着十分重要的作用。为了认识黄河，更好地利用黄河的资源，国家对流域内的地形、地貌与地质等自然状况进行必要的测绘与勘察。并取得大量的基础资料，为治理开发黄河服务。同时促进了黄河流域勘测事业的发展。

黄河流域勘测事业，是国家建设整体的一部分，其发展演进，与社会兴衰密切相关。历史上一个很长时期，国家政治、经济、文化中心在黄河流域，由于军事和社会需要，测绘事业很早就发展起来，在天文、历法、军事、政治经济等领域，曾获得重大成就，有关记述甚多。地质勘察较测绘为晚，历史上有关地质的记载，多为人们对地震等自然现象的描述，利用勘察手段对地质进行研究，则是近代才发展起来的事业。

近代黄河流域勘测工作，主要是为河流的治理与开发和各项经济建设服务。它是以测制流域基本地图及各种建设用图和勘察流域与工程地区水文地质、工程地质条件的一项基本工作。流域规划的编制，水利水电工程设计与施工，都必须以反映客观情况的勘测资料为依据。因此，勘测工作又是治黄战略决策和工程建设方案取舍的重要基础。

中华人民共和国成立后，各项建设事业蓬勃兴起，勘测工作迅速发展。从50年代开始，工矿、交通、水利水电等建设单位，在黄河流域相继开展了大规模的勘测工作，逐步形成了一个上下各有分工、条块相互结合的勘测工作格局。勘测机构和队伍，虽受到管理体制变动的影响，曾多次调整，但总的趋势是，组织形式日益合理，人员和设备逐渐增加，技术水平不断提高，已成为国民经济建设和治黄事业发展的重要组成部分。

黄河流域测绘事业，经历了一个漫长的发展过程。历代劳动人民在与自然灾害作斗争中，创造了较为科学的测天测地的方法。相传在大禹治水时期，就有了“左准绳，右规矩”的测量方法。后来的“计里画方”，以及宋代水利工程施工中的“分层筑堰法”等，都在当时发挥了重要作用。具有生产和军事等使用价值的地图绘制技术，早在2000年前的战国时期就已出现，并逐渐得到发展和提高。魏晋时期裴秀绘制《禹贡地域图》，唐代贾耽绘制《海内华夷图》，元代的《治河图略》，明清时期的《黄河图说》、《河防一览》、《皇舆全图》等，绘图技术在当时都有很高水平。

清末到民国时期，国家和一些地方政府，设立测绘机构，专司测绘事务，在黄河流域进行过陆军图和黄河下游河道地形图测绘。1933年黄河流域机构建立后，治河测绘机构开始形成，进行了局部基本水平控制和高程控制测量，以及下游修防工程图测量，施测面积4.4万平方公里。

20世纪50年代开始，随着国家经济建设的全面开展，尤其是1955年第一届全国人民代表大会第二次会议通过《关于根治黄河水害和开发黄河水利的综合规划的决议》之后，治黄工作进入一个大发展的新时期。为适应治黄事业发展要求，除国家测绘机构、军测机构和地质系统在黄河流域进行测绘工作外，治黄流域机构和流域内各省(区)水利部门，先后组建了测绘队伍，开展了各种测绘工作，为制定河流和地区发展规划，为工程建设提供了大量基本资料。

黄河流域测绘工作，主要开展的项目有：基本水平控制测量、高程控制测量、各种比例尺地图测绘、水利水电工程测量及综合地图和专题地图编绘等。到80年代后期，完成的基本水平控制网、高程控制网和国家基本比例尺地形图，已覆盖了整个流域。施测的大量干、支流河道及南水北调等各种专业用图，及时为各项工程建设提供了基础资料。经多年努力，1989年完成了多科性《黄河流域地图集》的编绘，1991年经水利部组织专家鉴定，质量上乘。

测绘成果管理，在长期实践中，形成了一整套内容全面、标准统一的规范和制度。为了保证测绘成果质量，各测绘单位在执行国家规范、规定的同时，还制定了本单位的具体办法。对测量成果和成图质量，普遍实行了严格的检查验收制度。部分测绘单位，在80年代后期，开始实行全面质量管理，进一步强化了职工的质量意识，收到了好的效果。在50年代，就颁行了测量标志管理办法，60年代初，建立了测绘档案资料管理制度，并得到进一步完善。“大跃进”和“文化大革命”期间，测绘成果质量曾受到影响，但很快得到了纠正。70年代以来，引进电磁波测距、遥感、电子计算等先进技术，测绘工作在效率和质量方面都有新的提高。有部分测绘成果获得国家和省、部级优秀成果奖。

黄河流域地质工作，据记载，历史上很久以前就有一些地质方面的调研活动和认识。地质勘察在黄河流域发展历史较短，与地质科学在中国形成较晚是分不开的。在20年代初期，才开始在国家部门组建地质研究机构，规模很小。作为一种科学手段在社会实践中运用，时间更晚。对黄河流域地质勘察工作，老一代水利专家在民国时期曾提出过建议，因社会条件的限制，未能实施。以治河为目的运用现代勘察手段，始于1936年对渭河宝鸡峡拦河坝坝基勘探，第一次使用钻机，钻探进尺29米，是黄河流域地质勘察的开端。

近代在黄河流域虽曾进行过河段和区域性地质调查，但多是人数较少、范围较小、内容简单的地质踏勘活动，且资料保存很少。50年代以来的40余年间，黄河流域地质勘察机构得到迅速发展，勘察工作大规模开展。为满足国民经济建设的需要，流域内各省（区）水利水电建设单位相继组建了地质勘察队伍，配置了设备，开展了辖区内河流和工程项目的勘察。干、支流重要工程勘察和流域性勘察，主要由流域管理机构和中央主管单位组织完成。40多年来，地质勘察队伍在实践中逐渐壮大，发展成为一支拥有7000多人的专业齐全、设备配套、技术先进的专业技术力量。勘察工作遍及流域各地，为黄河的治理和工程建设发挥了重要作用。

黄河流域地质勘察，大致经历了四个时期：1949年以前，是地质勘察初始阶段，力量薄弱，技术简单，主要进行地面调查研究。从50年代开始，是大发展时期，主要力量集中进行河段地质普查和流域地质基本情况的调查研究。60年代以后，集中对水利水电工程进行地质勘察，按工程建设不同阶段（规划选点、可行性研究、初步设计、技施设计）进行工作，以点为主，点面结合。70年代前后，在以上各阶段工作基础上，结合工程实际，开展了流域岩土工程地质特征和环境工程地质等专题研究，取得了好的成果，使地质工作在理论与实际的结合上提高了一步。地质勘察工作由定性进入了定量评价阶段。引进了岩体测试和遥感、遥测、电子计算等先进技术。同时，地质试验研究和工程物探技术发展较快，多种试验方法与物探手段在各个阶段勘察中得到了广泛的运用，技术装备和测试成果达到了同行业的先进水平。

40余年来，黄河流域的地质勘察工作，已完成大面积区域地质调查研究，1：20万地质图覆盖了整个流域范围；进行了黄河干、支流河道地质调查，干、支流大、中型工程地质勘察240余处（其中干流60处，已建和在建工程16处，支流已建工程171处）；并进行了黄河下游涵闸和堤防工程的地质勘察；南水北调东、中、西三条调水线路及枢纽工程基础的勘察，其中东线穿黄立交隧洞试验洞已经贯通。据不完全统计，仅干流工程坝址钻探即达32.5

万米。基本查明了流域地质状况与工程地区地质条件，保证了工程规划设计与施工的顺利进行。其中部分研究成果获得国家和省、部级奖励。

黄河流域勘测工作，大部分是野外作业。从事勘测的职工，常年坚持野外工作，风餐露宿，战胜各种困难，完成了大量工作任务，为国家建设作出了贡献，不愧为“建设尖兵”光荣称号。在长期艰苦工作环境中，形成了一种“团结奋斗，艰苦创业”的优良作风，出现过很多动人事迹，受到人们的热诚颂扬。

随着社会主义建设事业的发展，流域内还将修建众多工程，黄河勘测工作任重道远。在某些方面还有较薄弱的环节和更为复杂的问题，亟待研究探讨，需要采用更高、更新的勘测手段继续完成，在原有工作成果基础上，进一步为各项建设工程提供可靠的资料和依据，以推进治黄事业取得更大的胜利。

第一篇

测　　绘

中国测绘事业，历史悠久。相传尧舜时期就有专人掌管天文和地图之事。大禹治水“导河积石，至于龙门，南至于华阴，东至于砥柱，又东至于孟津，东过洛汭，至于大伾，北过降水，至于大陆，又北播为九河，同为逆河，入于海。”测量方法是“行山表木，定高山大川……。左准绳，右规矩，载四时，以开九州，通九道，陂九泽，度九山”。(《史记·夏本纪》)是见诸文字记载的最早的测绘工作。

公元前1112年周公姬旦在今河南登封告成镇建土圭测影台，以测定回归年的日数。《春秋》和《左传》记载有公元前687年天琴星座流星雨和公元前613年“有星孛入于北斗”(后称哈雷慧星)，都是世界上最早的记录。西汉落下闳创造赤道式浑仪，东汉张衡创造水运浑天仪，以验证他们“天圆如弹丸、地如卵中黄”浑天说的正确性。唐代张遂、南宫说等人于开元十二年(公元724年)在河南丈量了滑县、开封、扶沟、上蔡四处之间的距离，求得了子午线弧度一度实长，是世界上第一次子午线弧度测量，比公元814年巴比伦(今伊拉克)人在美索不达米亚进行的子午线测量早90年。南宫说在登封告成镇用石重建“周公测影台”。元代郭守敬主持“四海测验”，在全国27个地方设天文观测所，并在告成镇建一座具有测影、观星和计时等多种功能的天文台，是中国现存最早的天文台建筑。

战国时期，诸侯争霸，地图成为战争的重要资料，秦统一六国，尽收六国地图。汉萧何入关，首先收秦图籍，具知天下厄塞。魏晋时裴秀编绘《禹贡地域图》，在其序言中阐述“制图六体”，为中国古代制图技术奠定了科学基础。

唐代研制的木质水平仪，用以测量高低，明末黄河修防时仍采用。宋代采用“开掘井筒测量地形”的方法，用以比较黄河北流与东流的地势。沈括主持汴渠时，曾用“分层筑堰法”测量汴渠的比降。元代郭守敬为了缩短运河航程，查勘黄淮海大平原时，曾提出以海水面作为基准面的概念。

唐代贾耽著《吐蕃黄河录》，是一部首先以黄河命名的著作，他绘制的《海内华夷图》一直流传到宋朝。有人将该图缩绘为《华夷图》和《禹迹图》(一说是沈括所绘)刻于石碑的两面,现存西安碑林,英国科学家李约瑟博士看到后,对当时中国制图技术感到惊讶。元代都实考察黄河源到达星宿海,绘有一幅最早的河源图。元代王喜《治河图略》,是以图集形式,标明历代黄河流路,用对比的方法论证他的治河见解。明代罗洪先《广舆图》,率先大量采用符号表示地物地貌要素。现存西安碑林明代刘天和的石刻《黄河图说》,刻绘了明代中叶黄河、运河的情况。潘季驯著《河防一览》,绘制黄河图 64 幅。

上述罗洪先、刘天和、潘季驯等作品,虽各有特点,但受“天圆地方”思想束缚,都未摆脱“计里画方”的传统影响。明万历十一年(1583 年)意大利人利玛窦来华传播西方天文学知识,他和徐光启合著《测量法义》,主张以地球经纬线代替“计里画方”。

清康熙皇帝根据战事的需要,深知地图的重要性,决定采用西方测绘科学,用天文和三角测量在全国布设了 600 多个经纬度点,其中黄河流域 90 多点,以通过北京的子午线作为起始线,历时 10 年于康熙五十七年(1718 年)完成《皇舆全图》,是中国第一部实测地图集。此后,杨守敬以此图为基础编制《历代舆地沿革险要图》、《水经注图》,为研究中国郡县变化和黄河变迁提供了参考资料。黄河河道采用经纬度法测图,是 1889—1890 年所测的直(今河北省)、鲁、豫 3 省黄河全图,上自今灵宝县金斗关起,下至利津铁门关入海口止,计河道长 1206 公里。

清末,为适应测图需要,京师和各省成立测量学堂。民国初期,北洋政府颁布 1∶10 万图勘测规划和 1∶5 万地形图迅速测量计划。但因坐标和高程系统不统一,测图质量低劣。

顺直水利委员会(简称顺直水委会)及其改组后的华北水利委员会(简称华北水委会)、运河工程局,曾施测黄河下游河道和堤岸,时行时辍。民国期间直、鲁、豫 3 省黄河河务局施测的黄河河道地形图,是治黄机构施测带有等高线的现代地形图的开端。民国 22 年(1933 年)黄委会成立后,至 1948 年共完成黄河下游河道、徒骇河、宁蒙灌区和黄泛区 1∶1 万地形图 4.4 万平方公里。

中华人民共和国建立后,中国测绘事业进入一个新的时期,中国人民解放军和各经济建设部门首先成立了各自的测量机构,1956 年又成立了国家测绘总局(简称国测总局),协同开展了全国大地测量和各种比例尺地形图的测绘。黄河流域的测绘工作是全国测绘工作的组成部分,40 年来,它和全国一样,成就显著。

为了解决基本水平控制精度低和坐标系统不统一的问题,50 年代初期，中国人民解放军总参谋部测绘局（简称总参测绘局），就着手建立全国天文大地网的准备工作，1953年翻译出版了苏联大地测量规范，次年确定“1954年北京坐标系”为大地坐标的统一基准。从1951年起，总参测绘局、中国科学院、黄委会、地质部测绘局和国测总局，先后投入了国家天文大地网黄河流域的建网工作。1958年后改按我国大地测量法式施测，精度要求又有提高，到1964年黄河中下游布网工作全部完成，随后许多单位根据需要进行了加密。1978年前后，又进行了部分加强。在黄河流域共布设一等三角锁54条，二等网区24个，一等天文点117点，二等天文点27点，一等三角点624点，二等三角点3730点，三、四等三角点两万多点。其中黄委会施测一等三角锁13.5条，二等网区8.5个，一等天文点22点，二等天文点11点，各等三角点5053点（包括1975年以后在黄河北干流和三门峡水库区加密的167点）。经逐步平差求得的坐标和方位角成果，由国测总局和总参测绘局分别按1∶20万图幅为单位编入了《国家三角点成果表》，为各部门测图统一使用。

为了保证大地测量地面观测结果的精密归算和求定中国局部重力场，1955—1957年建立了“57重力网”，在黄河流域布有3个基本点和13个一等点，之后，各单位又加密了一些二等以下的重力点。1983—1985年对国家重力网又以比原网高出一个数量级的精度改建，组成了以6个基准点、46个基本点、5个引点为骨干的“85重力基本网”。上述两个重力网均进行了相应条件下的国际联测。

国家大地网的整体平差，由国测总局、总参测绘局主持，从1972年开始准备，使用了一二等三角网和部分三等网上百万个观测数据，解算含有15万多个未知数的31万多个方程组，按照严密的科学理论，用两种不同方案分别在两台计算机上独立解算，以便互相核对验证，于1981年11月上机到1982年5月完成平差计算。同时建立了中国“1980西安坐标系”。1984年6月，在北京召开平差鉴定会，认为整体平差方案先进，归算严格，成果精度高，在科学技术上达到了国际先进水平。

60年代中期，对卫星测量开始探索，于1980—1981年建成了中国第一个以37点组成的卫星多普勒大地网。黄河流域布有7点，它和天文大地网相结合，精确求定了地球质心坐标，为中国发射导弹和人造卫星精确入轨提供了测量保证。

50年代初期，以黄委会和总参测绘局为主布测的精密水准网，其范围西至兰州，东至黄河入海口，北至内蒙古后套，南至秦岭，共布设了52条路线，总长11088公里，其中黄委会测7867公里。1956—1957年中国东南部地区精密水准平差时，确定了以青岛验潮站1950—1956年黄海平均海水面为零推算的原点高程，定名为“1956年黄海平均海水面高程系统”，为中国高程系统的统一提供了条件。在此基础上黄委会进行了二、三、四等水准加密，计测17252公里，连同收集其他单位的资料共18806公里。经平差于1959年出版了《黄河中下游三四等水准成果表》12册（包括加密的二等水准成果），提供使用。

1976年起在全国统一布设一、二等水准网，黄河流域一等水准路线58条，长14450公里；二等路线156条，长19913公里。黄委会承担了一等水准1302公里、二等水准5416公里的任务（实际完成5779公里）。观测采用蔡司Ni002和Ni007自动置平水准仪和部分电子计算器记录。全国一等水准整体平差由陕西省测绘局于1985—1986年进行。这次平差，对高程零点又做了多次研究，最后确定：根据青岛验潮站1952—1979年的验潮资料，按19年为一周期，依次算出10个（1952—1970年、1953—1971年、……1961—1979年）滑动平均海水面的平均值，以此平均值作为零高程面推算的水准原点高程定名为“1985国家高程基准”。1986年在北京召开的成果鉴定会认为：中国一等水准布设结构合理，科学技术和精度达到了国际水平。二等水准已于1988年完成外业。

水准标石埋设后，由于天然和人为的破坏，地壳的变动，须要经常检测更新。黄委会对黄河下游、三门峡环湖水准和伊洛河测区曾进行数次更新，计测二等水准2949公里、三等水准2964公里、四等水准552公里。1963—1983年黄委会还完成黄河流域水文站基点的三等水准高程联测425站，为水文站网高程系统的统一提供了条件。

随着大地控制的进展，为解决国防和经济建设规划的急需，1：5万、1：10万地形图被列为国家第一期基本图。黄委会1956年便成立了航测室，准备施测23万多平方公里黄土高原水土保持区1：5万航测图，1958年纳入了国家基本图范围，因受“大跃进”的影响，成图不合国家规范要求，返工任务重，大部移交总参测绘局和国测西安分局去完成，黄委会仅完成其中3万多平方公里。1969年除青、藏、内蒙古外，国家基本图1：5万测图全部完成，1972年又完成了青、藏、内蒙古1：10万地形图。1975年以后，陕西、河南、山东等省1：5万图更新，有的已有第三代图。

随着国家建设的发展，各设计阶段需要1：1万和更大比例尺地形图。最初国家无统一规范，各单位按自己的需要进行专业测图。1960年后，国家陆续颁发了统一规范，规定“50平方公里为限额”，限额以上测区按国家规范测图，以期互相利用，避免重复。1964年水利电力部（简称水电部）颁发《水利水电测量基本技术规范》，供限额以下测图之用。1974年前后，各省（区）建立测绘局，主要承担1∶1万测图，并把1∶5000、1∶1万比例尺图列为国家第二期基本图。到1989年黄河流域已完成1∶1万基本图66.7万平方公里、1∶5000图3.5万平方公里。除四川、青海、内蒙古外，各省（区）在黄河流域内1∶1万图已基本完成，有的在测第二代图。黄委会完成1∶1万基本图2.73万平方公里，为西霞院、小浪底、龙门、碛口、三交、前北会、南城里、东庄、故县、长水等工程提供了库区图。在施测过程中，技术不断发展，电子计算、物理测距、精密立体测图仪等发挥了很好的作用。

黄河流域的水利水电专业用图，主要由黄委会、水电部西北勘测设计院（简称西北院）、水电部北京勘测设计院（简称北京院）、燃料工业部水力发电建设总局（简称水电总局）、治淮委员会（简称淮委会）和各省（区）水利厅（或水电厅）勘测设计院（简称××水利（或水电）设计院）所测。1954年以前主要是为制定黄河流域规划提供地图资料，1954年起则主要根据工程需要而测图，计有1∶5万、1∶2.5万、1∶1万、1∶5000、1∶2000、1∶1000、1∶500、1∶200等不同比例尺地形图。测图面积为：干流河道及库坝址图9.7万多平方公里，支流河道及库坝址图2.6万多平方公里，灌区、滞洪区、水土保持、西线南水北调等测图30.2万平方公里，共计测图42.5万平方公里，其中黄委会测图27.85万平方公里。连同国家基本图，黄委会共完成33.78万平方公里。

随着国家第一期基本图完成，国家陆续编绘出版了1∶10万、1∶20万、1∶50万、1∶100万系列地形图，各种图集也相继出版。黄委会1974年以来，编制出版了一些挂图和图集，主要有：1974年编制出版的1∶100万《黄河流域地图》，这是治黄第一份多色印刷挂图，后又编制了1∶200万《黄河流域图》和1∶25万《河南黄河地图》等挂图；1984年出版了《中国黄土高原地貌图集》；1989年12月出版的《黄河流域地图集》，是一本多学科综合性大型图集，1991年3月在北京进行鉴定，评价是：“从内容、规模、科学性和艺术性，全面达到国际先进水平”

第一章 基本水平控制测量

基本水平控制是测绘工作中水平控制的骨干和基础，其施测方法和精度要求，随着社会经济发展和科学技术进步而日益提高。

清康熙年间测制《皇舆全图》，是以经纬度点作基本水平控制，先用天文测量方法测定少数天文点的经纬度，然后从天文点出发用三角测量方法测定其他点的经纬度。这一方法，虽然点位精度不高，但较之以前缺乏系统水平控制的状况是一大进步。

清末和民国时期，黄河流域各省陆地测量局、顺直水委会、华北水委会和黄委会，在测图中普遍采用布设小三角或量距导线作为基本水平控制的方法，并使用经纬仪、钢卷尺作为主要测量工具。该方法，较之康熙年间的三角测量，其点位精度又有较大提高。

国民政府陆地测量总局于 1931—1937 年在中国东部地区布测大三角网，其中有些一等三角锁的选点已进展到黄河下游，因日军入侵，布测工作暂停。日军投降后，该局在黄河中游的甘肃、陕西两省曾施测过一些三等三角点。

中华人民共和国建立后，全国天文大地网工作，在总参测绘局和国测总局的统筹下迅速展开。其中，位于黄河流域部分的施测任务于 1970 年完成，计测有一、二等天文点 144 个，一、二等基线 44 条，一、二等起始边 12 条，一、二、三、四等三角点 24554 个。全国天文大地网，在建网初期，建立了 1954 年北京坐标系。随着建网工作的进展，对已完成的部分陆续进行了局部平差，并向建设部门提供了 1954 年北京坐标系成果。1978—1982 年，国测总局和总参测绘局对全国天文大地网进行整体平差，并建立了泾阳大地原点和“1980 西安坐标系”。至此，中国的基本水平控制已达到国际先进水平。

重力测量，在中华人民共和国建立前，黄河流域没有重力点。后在苏联协助下，于 1957 年建成了“57 重力控制网”，重力值是通过与苏联重力网联测推算过来的，属波茨坦系统。该网在黄河流域设置了 3 个基本重力点和 13 个一等重力点，并在此基础上又加密了二等及二等以下的重力点，为天文大地网平差计算和科学研究提供了重力资料。为改变“57 重力控制网”精度低和点位分布不均状况，1983—1985 年，国测总局等部门合作，建立了“85 重力基本网”，并与“一九七一年国际重力基准网”进行联测，属“一九七一年国际重力系统”，该网在黄河流域分布有 5 个重力基本点、20 个一等重力点和 3 个引点。

卫星大地测量，是 60 年代世界上新兴的测量技术，在中国应用最早的是在海洋石油勘探中。1980 年，建成了国家第一个卫星多普勒大地网，全网由 37 个测站组成，其中有 7 个测站分布在黄河流域。其后，石油部物探局、武汉测绘科技大学等部门又联合布设西北卫星定位网，并于 1986 年完成。网区覆盖范围，包括黄河流域的陕西、甘肃、青海 3 省地域。

第一节 局部水平控制

局部水平控制是指全国天文大地网建成之前，在黄河流域曾开展过的局部基本水平控制测量。这些水平控制测量，由于历史条件的限制，存在着实际控制范围不完整、技术标准不同、控制网的基准不统一等问题，与全国天文大地网相比较，带有较大的局限性，但它在黄河流域测绘发展史中曾起到重要作用。

清康熙皇帝在战争和外交活动中，深感地图欠佳，内容粗略模糊，府县城镇位置与实地不符甚多。为提高地图质量，乃接受欧洲测绘技术，聘请法国传教士白晋(Bouvet)、雷孝思(Regis)、杜德美(Jartoux)，德国传教士费隐(Fridelli)，葡萄牙传教士麦大成(Cordoso)等，于康熙四十七年(1708 年)开始使用欧洲的测绘技术测制《皇舆全图》，采用经纬度点作基本水平控制。当时实测的经纬度点为 640 处，各点的地名和成果，列表记录于法国杜赫德神甫编纂的《中国地理历史编年史政治与自然状况概述》(1735 年巴黎版)一书中(根据参加测绘《皇舆全图》的耶稣会传教士雷孝思等人提供的资料编著)，其中位于黄河流域的有 93 处。测定经纬度的方法是：先用天文测量方法测定少数点的天文经纬度，然后以这些点为基础，采用三角测量方法测定其它点的经纬度。并以通过北京钦天监观象台的子午线为起始线，在其以东者为东经，以西者为西经。三角测量，是在地面上按一定条件选定一系列点，构成联接的三角形，然后在选定的各三角形顶点上，观测各方向间的水平角，并精确丈量起始边长，从已知经纬度点出发，用已知边长及水平角值推算其它点的经纬度。丈量基线用绳索，测角使用的仪器误差不大于30秒。

这次测量，做了大量实际工作，其中有两件一直为后人所重视。其一，是规定了尺度标准。康熙皇帝鉴于中国历史上的尺度不一，乃规定以工部营造尺为标准，定1800尺为1里，200里合地球经线上1度弧长。这比法国制宪会议关于以地球经圈的四千万分之一弧长为1米的决定还早80年。其二，在这次测量中发现北纬38°～39°间经线上每度弧长较41°～47°间每度弧长为短，6°内相差258尺；即使在41°～47°间，各相邻每度的弧长也不相同，有由南向北递增之势。当时关于地球形状问题，正值牛顿"扁圆说"与卡西尼"长圆说"之争，这个发现为牛顿的"扁圆说"提供了实证。

清代晚期为编制《大清会典舆图》，光绪十二年(1886年)在北京建立"会典馆"主持编图工作。光绪十七年(1891年)，"会典馆"发出通知，要求各省实测经纬度及地形，并规定县城以上城镇都要实测经纬度。有些省按照"会典馆"的要求测定了一些点的经纬度。还有一些点的经纬度则是对康熙时所测点位加以校对后予以利用。

清光绪三十三年至民国25年(1907—1936年)间，黄河流域各省陆地测量局进行各本省陆军图测绘。其中山东、河南、河北、山西、陕西、绥远(今内蒙古自治区西部)6省是以小三角网作主要基本水平控制，采用假定坐标原点的方法进行了施测。各省自成系统。

民国18年(1929年)，国民政府陆地测量总局制定大地测量计划，民国20—26年，该局在山东、河北、河南、江苏、安徽、湖北、江西等省布测一、二等三角网，其中伸展到黄河流域的有徐济(徐州至济南)、徐郑(徐州至郑州)、平汉(北平至汉口)3个一等锁系。至民国26年，徐郑、平汉一等三角锁和徐济一等锁泰安以南锁段的选点工作已完成，徐郑一等锁剩下4个点尚未观测，平汉一等锁的汉口至花园段已观测8个点，因日军入侵，工作停顿。日军投降后，该局在黄河流域的甘肃、山西两省仅布测了一些三等三角点。上述一、二等三角网的三角点上埋设有花岗岩方形柱石和方形盘石。平地的一等三角点上，大部设置钢标，少数设置木质觇标，高山上的三角点不设觇标；二等三角点设置木质方锥觇标。角度观测，在一、二等三角点上使用威特精密经纬仪，三等三角点上使用威特普通经纬仪或蔡司2号经纬仪。其精度要求，一等三角的三角形闭合差不超过3″，二、三等三角的三角形闭合差分别不超过6″、10″。

民国8—23年(1919—1934年)，顺直水委会和华北水委会测绘华北平原地形时，在河北、河南、山东3省的黄河附近布测一些量距导线点作为骨干水平控制。

民国 21—37 年，黄委会在黄河干流和洛河(含伊河)、渭河(含泾河、北洛河)、洮河等主要支流上，以及宁夏灌区、绥远后套灌区和黄泛区的测图中，以量距导线(在平原地区)和小三角(在山丘地区)作为水平控制基础。其基本水平控制的起算点有两种情况：一是在小面积测区多采用假定坐标原点，即在测区的适当位置选定两点，对其中一点给予假定坐标，并测定两点联线的磁方位角作为起始方位角。二是在大面积测区测定天文点作为起算点。建立基本水平控制的技术标准，黄河流域各建设部门之间比较接近。民国 23 年，黄委会以华北水委会的规范为蓝本编制了《黄河水利委员会测量规范》，反映了当时在黄河流域施测基本水平控制的技术标准。该规范规定：(1)在黄河下游大平原地区以量距导线为主，西北黄土高原地区以三角测量为主，有的地区可以两者兼用。(2)导线边长最短为 500 米，平均边长大于 1000 米。用一根钢尺往返丈量或两根钢尺单程丈量。加温度、坡度和尺长改正后，每公里较差不得大于 0.035 米。角度观测，用 10″经纬仪测 6 测回，用 1″或 2″经纬仪测 3 测回。左右角之和与 360°之差不得大于 5″。导线每 20～30 公里埋设混凝土永久测站一对，并测定两点联线的天文方位角，作为导线方位角的起算数据。导线闭合圈大于 50 公里的，应增测永久测站一对，并观测天文方位角。(3)天文方位角观测采用北极星任意时角法或中天法观测 3 组，其中数偶然中误差不超过 5″。(4)三角网最短边长不小于 4 公里，三角网图形采用四边形，图形强度 R_1 不得超过 25，两基线间图形强度总和不得超过 100～120。基线最短不小于 4 公里，用两根基线尺往返丈量各一次，加温度、坡度、尺长改正后，相对中误差不超过 1/25 万。

至民国 37 年(1948 年)，国民政府在黄河流域形成的测绘资料数量不多，且质量不佳。基本水平控制资料更少，据现有资料查明，只有华北水委会、黄委会所测的 40 多个天文点和孟津以东黄河干流附近的 300 多个量距导线点，且年代已久，许多标石遭到破坏，可供利用的很少。

中华人民共和国建立初期，黄河流域各建设部门沿用民国时期的技术标准和方法施测基本水平控制，虽然满足了当时测图的急需，但却存在着精度低和坐标系统不统一难以相互利用的问题。例如 1950—1953 年，黄委会在测绘潼关至孟津、禹门口至潼关、中宁至托克托黄河河道地形时，布设三角锁作基本水平控制。潼关至孟津河段的两端分别以 1950 年施测的吊桥天文点和民国时期施测的量距导线济源三岔河口永久测站 PM_{1022} 作起测点。在三门峡衔接时，发现闭合差过大，经度不符值为 4″，折合实地距离约 100

米，纬度不符值为 10″，折合实地距离约 310 米。禹门口至潼关、中宁至托克托两个锁段的闭合差也出现类似的过大情况。又如 1952—1953 年，水电总局在宋家川至禹门口间测绘黄河河道地形，所布设三角锁的南、北两端系由当时施测的龙门、宋家川天文点作控制。三角锁闭合时经、纬度不符值分别达到 18″.4、17″.1，折合实地距离分别约为 460 米和 530 米。出现这一情况的主要原因是没有顾及垂线偏差的影响，天文点的施测精度低，小三角的精度不高。

第二节　全国天文大地网

全国天文大地网的建网工作始于 1951 年。初期，由总参测绘局统筹建网工作，并协调参测单位行动和进行技术指导。1956 年国测总局成立后，则由两局共同主持这项工作，积极组织有条件的单位参加建网。在全国共建立起由 10 多万个三角点、精密导线点组成的天文大地网，工程极为浩繁。其中先后参加黄河流域国家天文大地网建设的单位就有 80 多个。总参测绘局、国测总局、黄委会、地质部测绘局承担了大面积布网任务，其他单位，结合自己需要又局部加密了一些三、四等三角点。

黄委会为了承担黄河流域黄土高原区的天文大地网布测任务，1953 年，由水利部调大地测量专业工程师肖少彤主持大地测量技术工作。1954 年，建立五个三角测量队、一个天文观测组、一个基线查勘组和一个天文大地平差计算组，开展此项工作。

一、技术标准

在建立国家天文大地网的过程中，曾执行过几种不同的大地测量法式。1953—1958 年，是按照苏联 1939 年《大地测量法式》布网。布网中，以一等三角锁为全网的骨干，其三角锁的走向大致沿经线、纬线两个方向布设，两条相邻一等锁的间距为 200 公里左右，使其纵、横锁交叉构成许多互相衔接的方格形锁环。其规定要求是：在锁环每个交叉处测设起始边，用以控制长度。在起始边的两个端点上测定天文经、纬度和方位角。多数一等锁段中部，测定 1 至 2 点的天文经纬度。天文方位角按拉普拉斯方程改化后得出的大地方位角，用以控制三角锁的方位和提供方位角的起算数据。天文经纬度是计算垂线偏差和改化天文方位角的必要资料。二等三角网布设在一等锁环中，分两级布设。先在一等锁环中布设"十"字形交叉锁，称为二等基本锁，把一等锁环所围绕成的方形区域分成四部分，然后在每个部分中布设二等三角网，称为二等补充网。在二等基本锁交叉处也测设二等起始边，在起始边的两端，以二等天文点精度施测天文经纬度和天文方位角，天文方位角改化为大地方位角后，在二等三角网中起控制方位作用。三、四等三角测量，是在一、二等三角网基础上对三角点的进一步加密，其密度与测图比例尺相适应，布点方法分插网、插点两种。

在布网过程中，中国测量界逐步认识到：按苏联1939年《大地测量法式》布网，网的层次多，有损于低等网的精度；二等补充网的精度低，不能满足大于1∶1万比例尺测图的要求。

为了统一全国大地测量的布设方法和精度要求，以适应国家建设和科学研究的需要，国测总局和总参测绘局共同制定了《中华人民共和国大地测量法式(草案)》，并于1959年经国务院批准，同年10月公布试行。当时，制订大地测量法式所遵循的原则是：必须满足大、中、小比例尺各种测图的需要；对于各种测量精度的规定，是根据我国目前的具体条件，在分析大量成果资料之后，予以规定；大地网的观测资料要按最新科学理论处理；为采用新技术、改革现有作业方法留下余地。该法式与苏联1939年《大地测量法式》相比，显著区别是：舍弃二等基本锁和二等补充网，在一等锁环中直接布置二等连续网；起始边和测角精度有明显提高。

1957—1961年，国测总局、黄委会和地质部测绘局在黄河流域还采用过苏联1955年出版的《一、二、三、四等三角测量细则》，但布网面积不大。该细则属于苏联1954年《大地测量法式》系统。该法式与中国1959年《大地测量法式》相比，三角网的结构相同，主要技术指标也比较接近。表1—1、表1—2、表1—3分别是苏联1939年、1954年和中国1959年《大地测量法式》的主要技术指标。

1982年全国天文大地网整体平差后，对精度问题存在着两种认识：一种认为，"绝大部分地区可满足1∶2000比例尺测图，一般讲，全部可满足1∶5000比例尺测图"。另一种认为："二等补充网精度低，难以保障大比例尺测图"(整体平差含有建国以来采用不同技术标准施测的成果，由于其分布地域、相互连接或套合关系、观测质量等情况比较复杂，因此反映在不同区域的结果精度亦不相同，对于特指区域的精度情况应作具体分析)。

表 1—1　**苏联 1939 年大地测量法式三角网主要技术指标表**

三角网等级	平均边长（公里）	测角中误差（按菲列罗公式计算）	三角形最大闭合差	起始元素精度	
				起始边	天文观测
一等锁	20～30	±0″.7～0″.9	±3″.0	1/300000	mα:±0″.50 mλ:±0″.45 mψ:±0″.30
二等基本锁	18	±1″.5	±5″.0	1/200000	mα:±1″.00 mλ:±0″.75 mψ:±0″.40
二等补充网	13	±2″.5	±9″.0		
三等网	8	±5″.0	±15″.0		
四等点	4～5	（约±10″）			

表 1—2　**苏联 1954 年大地测量法式三角网主要技术指标表**

三角网等级	平均边长（公里）	测角中误差（按菲列罗公式计算）	三角形最大闭合差	起始元素精度	
				起始边	天文观测
一等锁	20～25	±0″.7	±2″.5	1/350000	mα:±0″.50 mλ:±0″.45 mψ:±0″.30
二等网	13	±1″.0	±3″.5	1/250000	mα:±0″.50 mλ:±0″.45 mψ:±0″.30
三等网	8	±1″.5	±5″.0		
四等点	1.5～6	±2″.0	±7″.0		

表 1—3　**中国 1959 年大地测量法式三角网主要技术指标表**

三角网等级	平均边长（公里）	测角中误差（按菲列罗公式计算）	三角形最大闭合差	起始元素精度	
				起始边	天文观测
一等锁	25 平原缩短	±0″.7	±2″.5	1/350000	mα:±0″.50 mλ:±0″.30 mψ:±0″.30

续表 1—3

三角网等级	平均边长（公里）	测角中误差（按菲列罗公式计算）	三角形最大闭合差	起始元素精度	
				起始边	天文观测
二等网	13	±1″.0	±3″.5	1/350000	mα：±0″.50 mλ：±0″.30 mφ：±0″.30
三等网	8	±1″.8	±7″.0		
四等点	2～6	±2″.5	±9″.0		

二、测量标志

在国家三角点的实地位置上都建造了觇标，供测角时照准并使视线高出地面一定高度。黄河流域国家三角网的觇标有寻常标、双锥标、复合标、钢标、墩标、串形标、马架标、独杆标等 8 种类型。

双锥标（图 1—1）、复合标（内架支撑在外架上）和钢标（图 1—2）多建在平地。双锥标和复合标的主要标料为木材；钢标的主要标料为三角钢。寻常标的主要标料有木材和三角钢两种，以三角钢为主要标料的又被称为钢寻常标。墩标是在砖、石、混凝土筑成的仪器墩上加设照准圆筒的觇标，多设在陡峻的山顶上。串形标、马架标、独杆标多用于四等三角点。

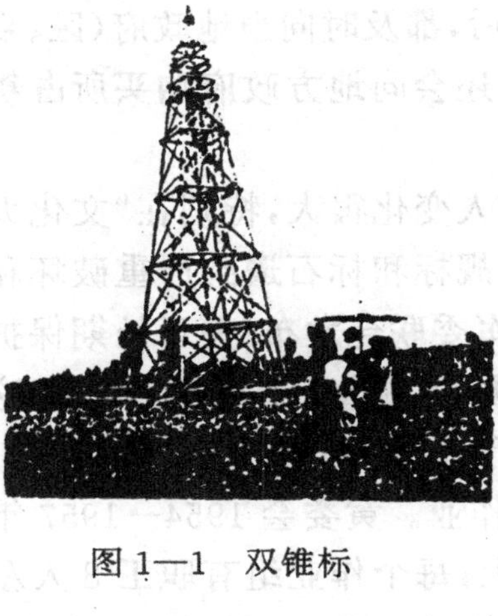

图 1—1　双锥标

图 1—2　钢标

为了长期使用，需在三角点的实地位置上埋设标石。每块标石的顶面中心嵌入一个铁质或瓷质标志，标志中心铸有一个“十”字，“十”字的交点代表标石中心，“十”字的周围铸有“三角点”三字和埋设单位名称(见图1—3)，基线端点以铜或不锈钢点针作标志中心。标石的中心就是三角点在实地的精确位置。根据三角点的等级和所在地点的地质条件，各三角点上埋设的标石块数互有差异。一般情况下，在一、二等三角点位上多埋设3块标石；在三、四等三角点上多埋设2块；基线端点为4块。在一点上埋设2块以上标石时，均自下而上重叠放置，各标石的标志中心保持在同一垂线上，最上面的为柱石，其下为盘石。标石材料多为混凝土，其中有的加了钢筋，还有少数由花岗岩制成。按标石的形状、尺寸、材料和埋设组合情况详加区分，形式甚多，图1—4所示是黄河流域最常见的7种三角点标石类型。一等三角点上多用图中的(1)和(2)；二等三角点上多用(2)，少数点上用(1)或(3)；三、四等三角点上多用(3)，只有极少数用(2)；各等三角点的标志埋在基岩上的见(4)和(5)；基线端点上的标石见(6)和(7)。

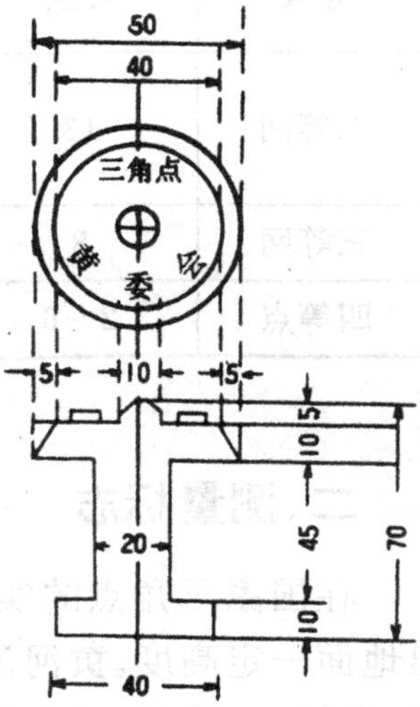

图1—3 铁标志图

(单位：厘米)

为了保护测量觇标和标石，早在1955年12月29日，国务院就向全国颁布了由周恩来总理亲自签发的《国务院关于长期保护测量标志的命令》。各测量单位认真贯彻执行，在觇标和标石造好后，都及时向当地政府(区、乡或公社、大队)办理测量标志委托保管书，同时还会同地方政府购买所占耕地，并由土地所有者出具占地同意书。

此后一段时期，由于接管单位和保管当事人变化很大，特别在“文化大革命”期间，测量标志基本处于无人保护状态，觇标和标石遭到严重破坏和丢失。为此，1981年9月12日国务院和中央军委联合发布《关于长期保护测量标志的通告》，1984年1月7日国务院又颁布《测量标志保护条例》。这些命令、通告、条例和措施，对保护测量标志起了十分重要作用。

造标和埋石，各实施部门都是以组为单位作业。黄委会1954—1957年进行大规模造标、埋石时，投入人数在百人以上，每个作业组有职工8人左右，其中技术干部1人。为了保证标料及时供应，在洛阳、潼关、榆次、宝鸡、

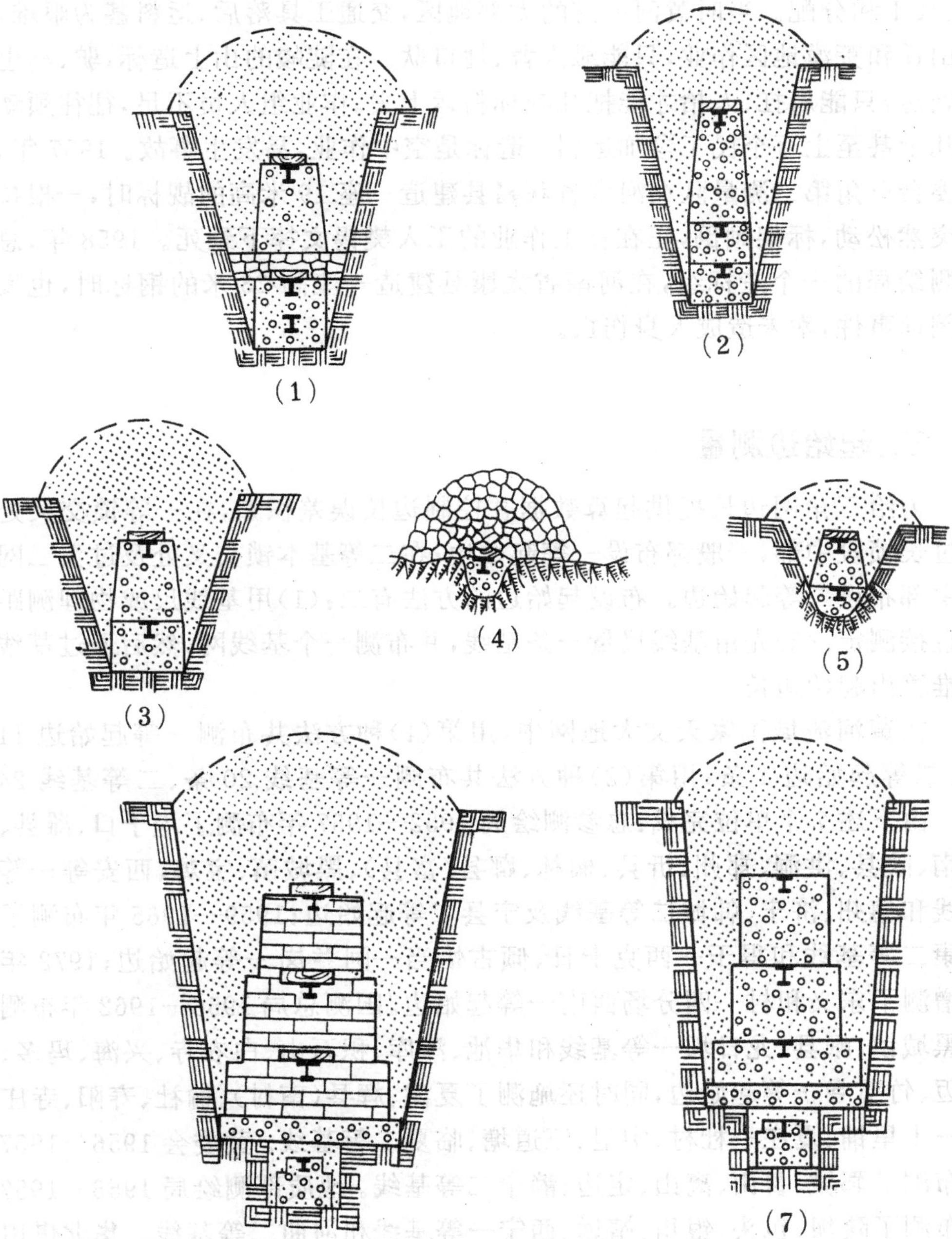

图1－4　三角点中心标石类型图

西安设立供应站，按选点组提供的各点觇标、标石类型和尺寸进行标料的采集、加工和分配。当时黄河中游的大部地区，交通工具落后，运料甚为艰难，在山丘和荒漠地区作业，只能靠人背、牲口驮。在陡峻的山上造标，驴、马也难到达，只能肩扛、人抬才能把几吨标料运上去。作业组人员不足，往往须动员几十甚至上百个民工参加运料。造标是空中作业，易发生事故。1957 年，黄委会三角第二测量队在河南省获嘉县建造一座 19 米高的觇标时，一根拉绳突然松动，标架倾倒，正在标上作业的工人樊锡文摔下致死。1958 年，总参测绘局的一个造标组，在河南省太康县建造一座高 23 米的钢标时，也发生倒标事件，幸未造成人身伤亡。

三、起始边测量

为给三角网边长提供起算数据并控制边长误差积累，在一等锁交叉处和过长锁段中部，一般都布设一等起始边；在二等基本锁交叉处及过大二网区中部布设二等起始边。布设起始边的方法有二：(1)用基线尺或物理测距仪直接测定。(2)先用基线尺量一条基线，并布测一个基线网，然后通过基线网推算出起始边长。

在黄河流域国家天文大地网中，用第(1)种方法共布测一等起始边 11 条、二等起始边 1 条；用第(2)种方法共布测一等基线 20 条、二等基线 24 条。由下述 7 个单位完成：总参测绘局 1952—1957 年布测了埠子口、潍县、济南、陕县、洪洞、郑州、忻县、榆林、鄜县(富县)、黑城镇、宝鸡、西安等一等基线和德州、济宁、韩城二等基线及宁县二等起始边；1959—1965 年布测了太康二等基线和得干—西克卡日、倾古恰当—阿兰岗一等起始边；1972 年又增测了东义和村—四分场西南一等起始边。国测总局 1956—1962 年布测了黑城镇、岷县、龙日坝一等基线和华池、泽库、积石山、白衣寺、兴海、玛多、吉迈、竹节寺一等起始边，同时还施测了夏津、辉县(南村)、榆社、寿阳、寺庄镇—十里铺、夏庄—杜村、中卫、三道塘、临夏二等基线。黄委会 1956—1957 年布测了郓城、鲁山、离山、定边、静宁二等基线。地质部测绘局 1956—1957 年布测了陕坝、包头、银川、靖远、西宁一等基线和河曲二等基线。华北煤田地质局 1957 年布测高平二等基线。西安石油学校 1958 年布测沁源二等基线。甘肃省地质局 1959 年布测尕海、合作和碌曲二等基线。

西宁基线，先后施测两次：第一次按二等基线精度施测；第二次按一等基线精度施测。辉县(南村)、寺庄镇—十里铺、夏庄—杜村 3 条基线，1958

年由黄委会施测，1960年国测总局重测。

测定一、二等起始边，多用物理测距仪，其中用NASM—2A型光电测距仪的占大多数，只有测定泽库、宁县起始边时，使用了铟钢线状基线尺。测定一等基线，使用瑞典耶德林厂生产的铟钢线状基线尺。测定二等基线，使用瑞典耶德林厂、联邦德国阿斯卡尼亚厂、法国卡本特赛克力特厂、英国瓦茨厂四家生产的4种铟钢线状基线尺。

国家天文大地网中的起始边和基线测量，1958年前按苏联1940年制定的《一、二等基线测量细则》作业，该细则对起始边和基线的测量中误差分别规定为：一等起始边小于1/30万，一等基线小于1/50万，二等起始边小于1/20万，二等基线小于1/35万。1958年后，改按中国1958年10月颁布的《一、二等基线测量细则》作业。要求一、二等起始边相对中误差小于1/35万；一、二等基线相对中误差小于1/100万。1956—1958年，有的单位还采用苏联1955年制定的《一、二、三、四等三角测量细则》作业，该细则对基线部分的中误差要求是：一等起始边小于1/35万；二等起始边小于1/25万；一、二等基线均小于1/100万。实测结果，各起始边和基线精度均满足当时相应执行细则的要求。黄河流域一等锁中直接测定的起始边相对中误差最小为1/998万，最大为1/66万；基线测量相对中误差最小为1/227万，最大为1/78万。布设在二等网中的起始边相对中误差小于1/100万；基线测量相对中误差最小为1/399万，最大为1/35万。

布设的基线网有单菱形、双菱形两种，其角度观测使用史赖伯全组合测角法。当用T_3经纬仪观测一、二等单菱形基线网时，对两外方向间的角度测32测回，中间方向与外方向间角度测8测回。观测双菱形基线网时，一般采用最适当权分配法确定各角的测回数，当用T_3或OT—02型经纬仪时，最少不少于8测回。

为使中国大地测量长度标准与国际标准取得一致，1954—1961年，每年收测后把基线尺送往苏联莫斯科测绘科学研究所检定室，与№541号3米铟钢杆尺比较，检定其尺长和温度系数，作为本年测后和翌年测前的检定值。1964年，国测总局和国家计量局联合建成北京长度标准实验室后，基线尺改由中国自建的实验室检定。为避免用室内检定结果处理野外测量数据可能带来的系统误差(因室内条件与野外条件往往差异很大)，总参测绘局曾于1951年建立北京基线检定场，地质部测绘局于1957年建成西安基线检定场。80年代总参测绘局研究所于1980年在陕西省礼泉县建立一个18公里长的野外基线检定场，可用于基线尺和物理测距仪的检定。该基线检定场已于 1984 年被国家计量局确定为“国家野外长度计量临时标准”,正式启用。

四、一等三角测量

全国天文大地网黄河流域部分的一等三角测量,始于 1952 年总参测绘局布测磁县—济南、济南—潍县一等锁。黄委会、地质部测绘局、国测总局分别于 1954 年、1955 年、1956 年加入大地网的布测工作。1957 年黄委会完成了所承担的任务。地质部测绘局于 1958 年合并到国测总局。流域内一等三角测量的其余部分,由国测总局和总参测绘局于 1963 年完成。

1971—1972 年,总参测绘局又在黄河河口一带增测了埕子口—潍县一等锁。国测总局于 1959 年、1964 年分别改造了半滩井—银川、西安—陕县锁段。

最后形成的黄河流域一等三角网结构见表 1—4 及图 1—5。大致是:沿东经 101°30′、104°30′、106°30′、109°30′、111°50′、114°00′、117°30′布设了 7 条南北向一等锁;沿北纬 34°30′、36°30′、38°20′、40°40′布设了 4 条东西向一等锁。在西宁以西地区,一等锁的走向则沿着大的山脉、河流或公路干线布设。三角网中的东西锁与南北锁相交,共构成 54 条锁段,各锁段名称由两端附近的地名组成。全部或部分在黄河流域的一等锁段有:埕子口—潍县、埕子口—济南、济南—潍县、济南—徐州、磁县—济南、磁县—郑州、郑州—徐州、郑州—信阳、大同—忻县、忻县—石家庄、忻县—洪洞、洪洞—磁县、洪洞—陕县、陕县—郑州、陕县—襄阳、乌兰苏木河—包头、包头—大同、包头—榆林、榆林—忻县、榆林—鄜(富)县、鄜(富)县—洪洞、鄜(富)县—西安、西安—陕县、西安—安康、察汗泊—陕坝、陕坝—包头、土克木庙—陕坝、陕坝—银川、银川—榆林、银川—黑城镇、黑城镇—鄜(富)县、黑城镇—宝鸡、宝鸡—西安、宝鸡—广元、半滩井—银川、半滩井—靖远、靖远—黑城镇、靖远—岷县、岷县—宝鸡、岷县—龙日坝、龙日坝—广元、永昌—西宁、西宁—靖远、西宁—泽库、泽库—积石山、积石山—白衣寺、白衣寺—龙日坝、茶卡—西宁、西宁—兴海、兴海—玛多、诺木洪—玛多、玛多—吉迈、吉迈—白衣寺、玛多—竹节寺。在这 54 条锁段中位于黄河流域的一等三角点共 624 个。

上述锁段中,黄委会单独完成的有洪洞—陕县、陕县—郑州、榆林—忻县、榆林—鄜(富)县、鄜(富)县—洪洞、银川—榆林、银川—黑城镇、黑城镇—鄜(富)县、黑城镇—宝鸡、宝鸡—西安、宝鸡—广元、岷县—宝鸡等 12 个锁段；与总参测绘局合测的有忻县—洪洞、鄜（富）县—西安锁段；与长江水利委员会（简称长委会，曾改称长江流域规划办公室，简称长办）合测的有陕县—襄阳锁段。共造标271座，观测249点，约占黄河流域一等三角点总数的40％。

一等三角观测的照准标光，在晴天白日观测时以回照器作标光，夜间观测则以回光灯作标光。角度观测仪器主要是瑞士威特T_3型经纬仪、苏联TT2″/6″大地经纬仪、OT—02和AY—2″经纬仪。测角以史赖伯全组合测角法为主。按苏联1939年《一等三角测量细则》观测，其方向数n与测回数m的乘积，当使用TT2″/6″或AY—2″经纬仪时为25或24；使用T_3经纬仪时为36或35。按中国1958年《一、二、三、四等三角测量细则》观测，其m与n的乘积，当使用TT2″/6″、AY—2″经纬仪时为36或35；使用T_3经纬仪时为42或40。一个站上的测回数，以日间与夜间各观测一半为原则，可以在30～70％间变通。遇到特殊困难时，经上级批准，也有全部在夜间观测的。1971—1972年，济南军区第十三测绘大队在观测埕子口—潍县一等锁时，因日间水蒸气太大，有9处全部在夜间观测。在黄河流域54条一等三角锁段中，按菲列罗公式计算，测角中误差在±0″.26～±0″.70之间的有52条，超过±0″.70的有2条。表1—4所载为全部或部分在黄河流域的一等三角锁的施测单位、时间、作业细则和测角中误差。

表1—4　　**黄河流域一等三角锁统计表**

锁段名称	施测单位及时间	测量细则	锁部长度（公里）	测角中误差$m_菲$（秒）	平差后测角中误差（秒）
埕子口—潍县	总参测绘局 1972年	中国1958年《一、二、三、四等三角测量细则》	240	±0.59	±1.20
埕子口—济南	总参测绘局 1953年	苏联1939年《一等三角测量细则》	180	±0.55	±0.69
济南—潍县	总参测绘局 1952年	苏联1939年《一等三角测量细则》	230	±0.66	±0.69

续表 1—4

锁段名称	施测单位及时间	测量细则	锁部长度（公里）	测角中误差 $m_{菲}$（秒）	平差后测角中误差（秒）
济南—徐州	总参测绘局 1953 年	苏联 1939 年《一等三角测量细则》	280	±0.65	±0.69
磁县—济南	总参测绘局 1952—1953 年	苏联 1939 年《一等三角测量细则》	220	±0.70	±0.69
磁县—郑州	总参测绘局 1954 年	苏联 1939 年《一等三角测量细则》	190	±0.42	±0.69
郑州—徐州	总参测绘局 1953—1954 年	苏联 1939 年《一等三角测量细则》	310	±0.44	±0.69
郑州—信阳	总参测绘局、长办 1959 年	苏联 1939 年《一等三角测量细则》	220	±0.57	±0.67
大同—忻县	总参测绘局 1957 年	苏联 1939 年《一等三角测量细则》	180	±0.53	±0.53
忻县—石家庄	总参测绘局 1957 年	苏联 1939 年《一等三角测量细则》	150	±0.36	±0.60
忻县—洪洞	总参测绘局、黄委会 1954—1957 年	苏联 1939 年《一等三角测量细则》	280	±0.54 ±0.51	±0.60
洪洞—磁县	国测总局 1957—1958 年	苏联 1939 年《一等三角测量细则》	230	±0.51	±0.60
洪洞—陕县	黄委会 1954—1956 年	苏联 1939 年《一等三角测量细则》	200	±0.63	±0.60
陕县—郑州	黄委会 1955 年	苏联 1939 年《一等三角测量细则》	220	±0.51	±0.60

续表 1—4

锁段名称	施测单位及时间	测量细则	锁部长度(公里)	测角中误差 $m_{菲}$(秒)	平差后测角中误差(秒)
陕县—襄阳	黄委会、长委会 1955—1957 年	苏联 1939 年《一等三角测量细则》及 1955 年《一、二、三、四等三角测量细则》	325	±0.56	±0.60
乌兰苏木河—包头	国测总局 1958 年	苏联 1955 年《一、二、三、四等三角测量细则》及中国 1958 年《一、二、三、四等三角测量细则》	170	±0.62	±0.61
包头—大同	国测总局 1957—1958 年	苏联 1955 年《一、二、三、四等三角测量细则》	295	±0.47	±0.88
包头—榆林	地质部测绘局 1957 年	苏联 1955 年《一、二、三、四等三角测量细则》	270	±0.56	±0.60
榆林—忻县	黄委会 1957 年	苏联 1955 年《一、二、三、四等三角测量细则》	285	±0.63	±0.60
榆林—鄜(富)县	黄委会 1957 年	苏联 1955 年《一、二、三、四等三角测量细则》	285	±0.63	±0.60
鄜(富)县—洪洞	黄委会 1957 年	苏联 1955 年《一、二、三、四等三角测量细则》	220	±0.58	±0.60
鄜(富)县—西安	黄委会及总参测绘局 1956—1957 年	苏联 1955 年《一、二、三、四等三角测量细则》	180	±0.73	±0.89
西安—陕县	总参测绘局 1954 年,国测总局 1964 年	苏联 1939 年《一等三角测量细则》	210	±0.82 ±0.38	±1.00
西安—安康	国测总局、长办 1956—1957 年	苏联 1939 年《一等三角测量细则》及 1955 年《一、二、三、四等三角测量细则》	190	±0.41	±0.60

续表 1—4

锁段名称	施测单位及时间	测量细则	锁部长度（公里）	测角中误差 $m_{菲}$（秒）	平差后测角中误差（秒）
察汗泊—陕坝	国测总局 1960年	中国1958年《一、二、三、四等三角测量细则》	120	±0.59	±0.61
陕坝—包头	地质部测绘局 1957年	苏联1955年《一、二、三、四等三角测量细则》	260	±0.47	±0.60
土克木庙—陕坝	总参测绘局 1958—1959年	中国1958年《一、二、三、四等三角测量细则》	110	±0.83	±0.61
陕坝—银川	地质部测绘局 1957年	苏联1955年《一、二、三、四等三角测量细则》	280	±0.44	±0.60
银川—榆林	黄委会 1957年	苏联1939年《一等三角测量细则》	320	±0.36	±0.60
银川—黑城镇	黄委会 1957年	苏联1939年《一等三角测量细则》	240	±0.57	±0.60
黑城镇—鄜(富)县	黄委会 1954—1957年	苏联1939年《一等三角测量细则》	310	±0.64	±0.60
黑城镇—宝鸡	黄委会 1954—1956年	苏联1939年《一等三角测量细则》	240	±0.58	±0.60
宝鸡—西安	黄委会 1956年	苏联1939年《一等三角测量细则》	185	±0.49	±0.60
宝鸡—广元	黄委会 1956年	苏联1939年《一等三角测量细则》	260	±0.56	±0.60
半滩井—银川	国测总局 1957年	苏联1955年《一、二、三、四等三角测量细则》	150		±0.61
半滩井—靖远	国测总局 1957年	苏联1955年《一、二、三、四等三角测量细则》	165	±0.56	±0.61

续表 1—4

锁段名称	施测单位及时间	测量细则	锁部长度(公里)	测角中误差 $m_{菲}$(秒)	平差后测角中误差(秒)
靖远—黑城镇	国测总局 1957 年	苏联 1939 年《一等三角测量细则》	170	±0.60	±0.60
靖远—岷县	国测总局 1956—1958 年	苏联 1939 年《一等三角测量细则》	270	±0.64	±0.60
岷县—宝鸡	黄委会 1956—1957 年	苏联 1939 年《一等三角测量细则》	305	±0.55	±0.60
岷县—龙日坝	国测总局 1960—1963 年	中国 1958 年《一、二、三、四等三角测量细则》	280	±0.51	±0.56
龙日坝—广元	国测总局 1957—1960 年	苏联 1939 年《一等三角测量细则》	320	±0.51	±0.56
永昌—西宁	地质部测绘局 1955—1956 年	苏联 1939 年《一等三角测量细则》	180	±0.66	±0.61
西宁—靖远	地质部测绘局 1955—1956 年	苏联 1939 年《一等三角测量细则》	248	±0.69	±0.61
西宁—泽库	国测总局 1962 年	中国 1958 年《一、二、三、四等三角测量细则》	175	±0.67	±0.56
泽库—积石山	国测总局 1962 年	中国 1958 年《一、二、三、四等三角测量细则》	125	±0.53	±0.56
积石山—白衣寺	国测总局 1962 年	中国 1958 年《一、二、三、四等三角测量细则》	100	±0.60	±0.56
白衣寺—龙日坝	国测总局 1962 年	中国 1958 年《一、二、三、四等三角测量细则》	260	±0.63	±0.56
茶卡—西宁	地质部测绘局 1957 年	苏联 1955 年《一、二、三、四等三角测量细则》	208	±0.50	±0.61

续表 1—4

锁段名称	施测单位及时间	测量细则	锁部长度（公里）	测角中误差 $m_{菲}$（秒）	平差后测角中误差（秒）
西宁—兴海	国测总局 1960 年	中国 1958 年《一、二、三、四等三角测量细则》	180	±0.26	±0.56
兴海—玛多	国测总局 1960 年	中国 1958 年《一、二、三、四等三角测量细则》	180	±0.46	±0.56
诺木洪—玛多	国测总局 1969 年	中国 1958 年《一、二、三、四等三角测量细则》	170	±0.53	±0.61
玛多—吉迈	国测总局 1961 年	中国 1958 年《一、二、三、四等三角测量细则》	100	±0.55	±0.56
吉迈—白衣寺	国测总局 1961 年	中国 1958 年《一、二、三、四等三角测量细则》	200	±0.52	±0.56
玛多—竹节寺	国测总局 1960 年	中国 1958 年《一、二、三、四等三角测量细则》	200	±0.45	±0.56

一等三角观测工作是相当困难和十分艰险的，以作业组为单位进行，作业组一般由 10 至 11 人组成，其中在测站工作的 4 人，司光员 5 人，炊事员、通讯员各 1 人，他们在施测过程中，需克服各种困难，才能完成观测任务，有的甚至以身殉职。黄委会三角测量一队工人马天佑、王童在锥子山司光就是其中一例。锥子山位于山西省平陆县，山高逾千米，峭壁悬崖，荆棘丛生，人迹罕至。1955 年春上山前，附近群众告诉他们：山上狼多，七寸毒蛇的毒气大，野猪十分凶猛，所以当地人明知山上有干柴，谁也不敢轻易上山去砍。对此，观测组人员作好充分准备，上山那一天，两人打好绑腿，带上防狼刀，准备随时与毒蛇、猛兽搏斗。上山无路，遇到峭壁时，他们便以人为梯进行攀登，把行李和用具一节一节地往上传递；遇到稍林稠密难以通行时，就披荆斩棘拖着东西硬是向前爬行。到达山顶后，锥子山又因长期被云雾所笼罩，无法观测，只好等待时机，一等就是几个月。两个人守候在这个小山头上，夜里常听到狼嚎，在小帐篷里睡觉，每人怀里都抱着一把防狼刀，以防野兽的突袭。山顶上无水无粮，需到山下去挑水，背粮接济，往返要爬约 20 里的陡坡，生活条件极端困难。他们在山顶上坚持观测，直到 9 月初才完成任务。下

山时，两人已是脏衣垢面，满头长发。

又如 1959 年 7 月，黄委会第三测量队李锡久工程师，随组在山西省夏县观测磨儿疙疸一等三角点时，为捕捉通视良好时机，连续几天守候在山顶的点位上。7 月 27 日下午，天气突变，雷鸣电掣，他们赶快收测下山。就在离开点位约 50 米的山梁上，李锡久不幸被雷电击中，以身殉职，终年 44 岁。再如 1959 年秋，黄委会第三测量队工人都金良，在甘肃腊子口附近五股梁一等三角点上司光，一天胃病突然发作，但仍坚持工作到深夜。收测下山时，行走已很困难，只能走一阵爬一阵，才勉强回到住处。待房东请来医生时，都金良已因蛔虫堵塞气管，抢救无效，为测量工作献出了年轻生命。

五、二等三角测量

黄河流域二等三角布测，基本与一等三角同时展开，主要承担者是总参测绘局、国测总局、黄委会、地质部测绘局等。长办、甘肃省地质局、华北煤田地质局也作了部分布测工作。至 1961 年，黄河流域大面积二等三角网布测基本结束。此后，有些单位根据工作需要，在局部地区加测了一些二等点，但为数很少。

二等三角的布测按分区进行，一般情况是一个一等锁环为一个二等网区，也有个别一等锁环包含有两个二等网区。全部或部分在黄河流域的二等三角网区有利津区、博山区、德平区、临清区、菏泽区、界首区、榆社区、晋城区、南阳区（西北部）、沽源区、河曲区、离山区、韩城区、商县区、阴山区、鄂尔多斯区、定边区、宁县区、佛坪区、中卫区、静宁区、皋兰区、甘南川西区和西宁区等 24 个（见图 1—5）。西宁区仅测 2 条二等基本锁，沽源区、阴山区、鄂尔多斯区和甘南川西区的二等三角尚未布满。

黄河流域共有国家三角网的二等三角点 3730 个。布点较稠密地区，约 150 平方公里 1 点；稀疏地区约 330 平方公里 1 点。流域内东径 102°以西、北纬 37°20′以南地区和内蒙古自治区呼和浩特市以西、乌梁素海以东、黄河以北地区施测二等点极少。

按照分工，黄委会于 1954—1961 年完成了静宁、中卫、定边、宁县、河曲、离山、韩城、晋城、南阳（西北部）等区二等三角网区的布测任务，造标及埋石 1541 点，观测 1979 点。

按照布测时所依据测量细则的不同，中国测量界把黄河流域二等三角网区分为旧二网区和新二网区：按苏联 1939 年《二等三角基本锁测量细则》

图1－5

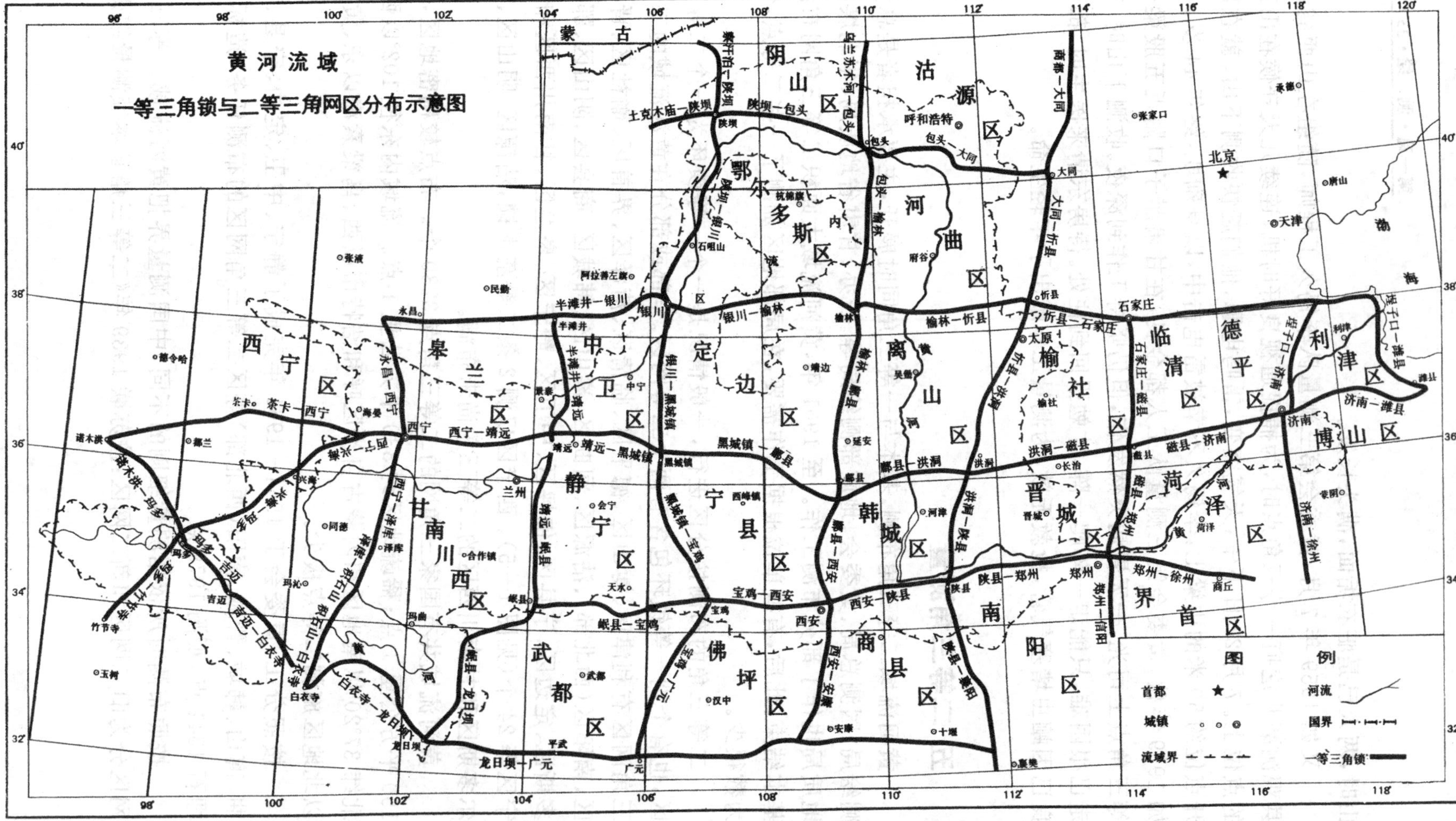

黄河流域
一等三角锁与二等三角网区分布示意图
蒙古
阴山区
沽源区
鄂尔多斯区
河曲区
西宁区
皋兰区
中卫区
定边区
离山区
榆社区
临清区
德平区
利津区
博山区
菏泽区
晋城区
韩城区
宁县区
静宁区
甘南川西区
武都区
佛坪区
商县区
南阳区
界首区
北京
天津
渤海
图例
首都
城镇
流域界
河流
国界
一等三角锁

和1943年《二、三、四等三角测量细则》施测的为旧二网；依据中国1958年《一、二、三、四等三角测量细则》和苏联1955年《一、二、三、四等三角测量细则》施测的为新二网。利津区、博山区、德平区、菏泽区、南阳区（西北部）、韩城区（南部）、商县区、宁县区（南部）、西宁区属旧二网区。临清区、界首区、榆社区、晋城区、沽源区、河曲区、离山区、韩城区（北部）、阴山区、鄂尔多斯区、定边区、宁县区（北部）、佛坪区（北部）、中卫区、静宁区、皋兰区、甘南川西区属新二网区。其中沽源、阴山、鄂尔多斯、河曲、皋兰等5个区，在按新二网技术标准进行大面积布网前，已按旧二网技术标准施测了少数二等三角点。

有些旧二网区，在大面积布网结束后，一些部门又按新二网技术标准对旧二网进行了加密、改造和重测。计有：建筑工程部综合勘察设计院西北分院于1959—1960年加密施测了宝鸡—西安二等锁及陕西省城市勘察院1960—1961年加密施测了西安—潼关二等锁。总参测绘局及山东军区，1973年按新二网的技术标准对博山区的旧二网进行了改造。陕西省测绘局，1982—1986年按新二网技术标准对菏泽区旧二网进行了重测。

黄河流域二等三角网主要由三角形组成。三角形边长，最短的约5公里，最长的约40公里，一般在16公里左右，大于20公里的为数不少。

二等基本锁的观测使用全组合测角法。二等补充网和新二网的观测使用全圆方向法，个别情况下也有使用三方向法的。测角仪器几乎全部为威特T_3经纬仪，仅在个别区的少数二等点上使用了威特T_2经纬仪。当用T_3经纬仪按全圆方向法观测新二网时，测15个测回，并分配在上、下午两个时段内完成。照准目标一般为照准园筒或标心柱，如遇边长过大或呈象不佳，则改为照准标光。

实测结果，按非列罗公式计算得测角中误差分别是：二等基本锁一般为±0″.54～±1″.41，最大（在西宁区）达1″.56；二等补充网一般为±1″.30～±2″.18，最大（在南阳区西北部）达±3″.02；新二网中，除沽源、阴山、离山、晋城、宁县、佛坪6个区有部分超过±1″.00外，其他各区均在±1″.00以内（见表1—5）。因为精度计算非一次进行，各次之间参加计算的三角形个数不同，所得结果不一，所以一个二网区常有两个以上中误差出现。黄河流域二等三角网经过20多年的使用，说明其精度是好的，但也存在一些问题，主要是：

1.东经102°以西，除西宁区有两条二等基本锁外，未布设二等三角。内蒙古自治区黄河河套一带也有局部二等三角空白区。

2.旧二网多分布在黄河中、下游的经济发达区，一般只能满足小于或等于1：1万比例尺测图，对经济建设需要的大比例尺测图显得精度不够。

3.不少旧二网只连接到一等锁边上，相邻二等网尚未连成一片。

4.有的旧二网与一等锁连接的图形不好，同一三角形的长边与短边长度相差过大。有的二等网与一等锁相隔仅一排点，也未连接。旧二网的边缘处，有的图形强度较弱，一个点上只有2或3个方向。

5.有相当数量的边长在20公里以上，特别是在与一等点连接时，与细则规定的13公里相差过大。

针对以上问题，1975年3月在北京召开的大地测量工作座谈会纪要中明确指出：旧二网精度较低，不能适应各方面需要，应挖掘潜力，充分利用，并根据需要进行改造。

表1—5　**黄河流域二等三角网精度统计表**

网区名称	主要施测单位及时间	锁网等级	测角中误差		点位中误差（米）
			$m_{菲}$（秒）	$m_{平}$（秒）	
利津区	总参测绘局 1953年	二等基本锁	±1.33	±1.18	±0.39
		二等补充网	±2.04	±3.30	±0.25
博山区	同上	二等补充网	±1.58	±2.34	±0.08
德平区	总参测绘局 1952—1954年	二等基本锁	±1.03	±1.97	
		二等补充网	±1.68	±2.65	±0.13
临清区	国测总局 1959—1960年	新二等三角网	±0.90	±2.17	±0.07
菏泽区	总参测绘局 1953—1957年	二等基本锁	±0.54～ ±1.40	±1.59	±0.45
		二等补充网	±2.18	±3.96	±0.16
界首区	总参测绘局 1959年	新二等三角网	±0.81	±1.70	±0.07
榆社区	国测总局 1958—1960年	新二等三角网	±0.89	±1.41	±0.07
南阳区 （西北部）	黄委会 1954—1957年	二等基本锁	±1.37	±1.35	±0.10
		二等补充网	±1.81 ±3.02	±1.35 ±3.00	±0.11
晋城区	黄委会 1958—1960年	新二等三角网	±0.93 ±1.04	±1.34	±0.08

续表 1—5

网区名称	主要施测单位及时间	锁网等级	测角中误差		点位中误差（米）
			$m_{菲}$（秒）	$m_{平}$（秒）	
沽源区	国测总局、总参测绘局 1957—1960 年	二等基本锁	±0.69	±0.85	±0.27
		新二等三角网	±1.48	±2.75	±0.09
河曲区	黄委会 1958—1960 年	新二等三角网	±0.92	±1.95	±0.07
离山区	黄委会 1958—1961 年	新二等三角网	±1.11	±1.33	±0.06
韩城区（南部）（北部）	黄委会 1954—1958 年	二等基本锁	±0.94	±1.35	±0.07
		二等补充网	±1.51	±2.34	±0.07 ±0.13
		新二等三角网	±0.99	±0.90	±0.05 ±0.09
商县区	长办 1956—1960 年	二等基本锁	±0.95	±1.24	±0.03 ±0.06
		二等补充网	±1.51 ±1.33 ±1.30	±1.17 ±1.96 ±2.00	±0.04 ±0.10
阴山区	国测总局 1958 年、1968 年	新二等三角网	±0.64 ±1.99	±1.49	
鄂尔多斯区	地质部测绘局 1956—1957 年，国测总局 1957—1961、1968 年	二等基本锁	±0.81	±0.90	
		新二等三角网	±0.64	±0.90	
定边区	黄委会 1956—1961 年	新二等三角网	±0.82	±1.17	
宁县区（南部）（北部）	黄委会 1954—1961 年	二等基本锁	±0.81 ±1.41	±1.48 ±3.11	±0.08
		二等补充网	±1.41	±2.57	±0.09
		新二等三角网	±1.11	±1.82	±0.06
佛坪区（南部）（北部）	国测总局 1958—1959 年	二等基本锁	±0.69	±0.85	±0.87
		新二等三角网	±1.48	±2.75	±0.09
中卫区	黄委会 1958—1961 年	新二等三角网	±0.62 ±0.95	±1.02 ±1.59	±0.04

续表 1—5

网区名称	主要施测单位及时间	锁网等级	测角中误差		点位中误差（米）
			$m_{非}$（秒）	$m_{平}$（秒）	
静宁区	黄委会 1956—1961 年	新二等三角网	±0.93	±0.95	
皋兰区	地质部测绘局 1956 年，国测总局 1958 年	二等基本锁	±1.19	±1.33	
		新二等三角网	±0.92	±1.33	
西宁区	地质部测绘局 1956 年	二等基本锁	±1.56	±2.15	
甘南川西区	国测总局 1965 年	新二等三角网	±0.74 ±0.93	±0.99 ±1.34	

六、三、四等三角测量

国家三角网中的三、四等三角测量，是在一、二等三角锁网基础上进一步加密三角点。目的是建立较密的基本水平控制，以满足经济建设和国防建设测量需要和为地形图测绘提供足够的基本控制。黄河流域三、四等三角测量大体分两种情况：一种是按国家三角网整体方案有计划地布测大面积连续网；另一种是，一些建设部门结合自己的工程测量任务，进行小范围布网。前者以布测三等三角网为主，由黄河流域一、二等三角测量任务的主要承担者——总参测绘局、国测总局和黄委会负责进行。各单位的布测范围与其测量二等三角的范围同，没有布测二等三角的地区由国测总局、总参测绘局直接在一等三角的基础上布测三等三角网。布测工作：总参测绘局开始于 1953 年，结束于 1970 年；国测总局开始于 1956 年，结束于 1969 年；黄委会开始于 1954 年，结束于 1961 年。后者是在建立国家三角网期间和建网后，中央和地方的水利、地质、煤炭、冶金、测绘、城市建设、石油开发等部门和兰州、济南军区的测绘部队，根据各自的需要，在小范围内进行的三、四等三角点加密，多数为四等三角点。

三、四等三角点的布测方法，一般采用插网法和插点法。插网是在高等级三角网内布设次一等级的连续三角网。插点法有两种：一种是在高级三角网的一个或两个图形内插入 1 或 2 个低等点，称为图形插点；另一种是用前方交会、后方交会或联合交会方法测定点位，称为交会定点。交会定点法仅在按苏联 1943 年《二、三、四等三角测量细则》作业时使用过。

三、四等三角的角度观测，各类仪器使用最多的是威特T_3经纬仪，其次是威特T_2经纬仪，再次是中国苏州光学仪器厂生产的J_2型经纬仪、民主德国蔡司厂生产的010型经纬仪、苏联生产的OT—02经纬仪。按苏联1943年《二、三、四等三角测量细则》作业时，不论仪器类型，三、四等三角的角度观测，一律为3测回。按中国1958年《一、二、三、四等三角测量细则》作业时，三等三角点的观测，用T_3经纬仪测9测回，用T_2、010、J_2、OT—02经纬仪测12测回。观测四等三角点时用T_3测6测回，用T_2、010、J_2、OT—02测9测回。实测结果，黄河流域三等三角的测量中误差(按菲列罗公式计算)，大部分在中国1958年三角测量细则规定的±1″.8内；少部分在±1″.8与±2″.5之间，主要分布在按苏联1943年三角测量细则作业区内。

黄河流域三角点的布测，经过近百个单位30多年(1951—1985年)辛勤工作，绝大部分地区已布设了三、四等三角点。共施测三等三角点约8100个、四等三角点约1.21万个，平均约30平方公里有四等以上(含一、二、三、四等)三角点一个。其中黄委会施测三、四等三角点3273个。流域内三角点的密度分布不匀，经济条件好的地区较密，荒凉地区较稀。1954年，黄委会为三门峡水库测图建立水平控制网时，要求每个1∶1万图幅(白纸测图部分)不少于4个三角点，是黄河流域三角点密度最大的地区。

七、平差计算

为尽快向经济建设和国防部门提供统一坐标系的三角点成果，在建立国家三角网过程中，总参测绘局、国测总局曾对局部地区的观测成果及时进行了平差计算。国家三角网在全国布测完成后，1978—1982年，两局又进行了统一整体平差。

(一)局部平差

在国家三角网中，按照高级控制低级的原则，局部平差按一、二、三、四等三角网的等级顺序进行。

1. 一等三角平差计算

黄河流域的一等三角锁分别参加了5次局部平差。第一次是1955—1956年，总参测绘局对中国东部地区的一等锁分两批进行平差，参加这次平差的黄河流域锁段有埕子口—济南、济南—潍县、济南—徐州、磁县—济南、磁县—郑州、郑州—徐州等6条。第二次是1958—1959年，国测总局西安分局进行中国中部地区一等锁平差，参加平差的64个锁段。其中全部或部分在黄河流域的25条，即：大同—忻县、忻县—石家庄、忻县—洪洞、洪洞—磁县、洪洞—陕县、陕县—郑州、陕县—襄阳、包头—榆林、榆林—忻县、榆林—鄜(富)县、鄜(富)县—洪洞、鄜(富)县—西安、西安—陕县、西安—安康、陕坝—包头、陕坝—银川、银川—榆林、银川—黑城镇、黑城镇—鄜(富)县、黑城镇—宝鸡、宝鸡—西安、宝鸡—广元、靖远—黑城镇、靖远—岷县、岷县—宝鸡。第三次是1961年，总参测绘局进行中国西北地区一等锁平差，参加平差的70个锁段分布在东经81°30′～107°30′和北纬36°～48°30′范围内。其中分布在黄河流域的有土克木庙—陕坝、察汗泊—陕坝、半滩井—银川、半滩井—靖远、永昌—西宁、西宁—靖远、茶卡—西宁、诺木洪—玛多等8个锁段。第四次是1962年，国测总局第二分局(原国测哈尔滨分局)对东北、内蒙古地区一等锁进行平差，黄河流域的乌兰苏木河—包头锁段参加了这次平差计算。第五次是1966年国测总局第一分局(原国测西安分局)进行的川西地区一等锁平差，有20个锁段参加。其中全部或部分在黄河流域的有西宁—兴海、兴海—玛多、玛多—竹节寺、玛多—吉迈、吉迈—白衣寺、西宁—泽库、泽库—积石山、积石山—白衣寺、白衣寺—龙日坝、岷县—龙日坝、龙日坝—广元等11条。另有埕子口—潍县、郑州—信阳、包头—大同3条一等锁段的平差，是以各一等锁段为单位，分别单独进行的。

一等三角局部平差是以起始边、拉普拉斯方位角和已平差的一等锁边长、方位角作为固定值，采用克拉索夫斯基椭园体及1954年北京坐标系，在高斯投影6度带平面上按普兰尼斯—普兰涅维奇多组平差法原理进行的。上述5次局部平差一等锁平差后的精度见表1—6。

表1—6 **黄河流域一等三角局部平差后精度表**

平差区名称	平差后测角中误差(秒)	最远点点位中误差		
		m_x(米)	m_y(米)	m_s(米)
东部地区(1955年平差部分)	±0.69	±1.14	±1.06	±1.56
东部地区(1956年平差部分)	±0.57	±1.10	±1.05	±1.52
中部地区	±0.60	±0.94	±1.07	±1.42
		±0.53	±0.55	±0.76

续表 1—6

平差区名称	平差后测角中误差（秒）	最远点点位中误差		
		m_x（米）	m_y（米）	m_s（米）
西北地区	±0.61	±0.54 ±0.93 ±1.09 ±0.75	±0.58 ±0.97 ±1.14 ±0.79	±0.79 ±1.34 ±1.57 ±1.09
东北、内蒙古地区	±0.61	±0.41	±0.42	±0.59
川西地区	±0.56			

东部、中部地区一等锁平差后，国测总局和总参测绘局合编了《中华人民共和国一等三角点坐标成果表》和《中华人民共和国一等三角点方向表》。中国东部地区一等三角成果载入第 3、4 卷中，中部地区成果载入第 5、6 卷中。西北地区、川西地区和东北、内蒙古地区的一等点成果尚未刊印。

2. 二、三、四等三角平差

二、三、四等三角的局部平差亦按分区进行。黄河流域中每个二等三角网区各为一个平差区。未布设二等三角网的青南区、曲麻莱区也各为一个平差区。平差工作由国测总局、总参测绘局分工进行。总参测绘局于 1957—1963 年平差了利津区、博山区、临清区、界首区、沽源区、德平区、河曲区、离山区。1969 年、1971 年又分别平差了菏泽区、阴山区与鄂尔多斯区的二等点。国测总局 1959—1966 年平差了商县区、佛坪区、南阳区、榆社区、中卫区、晋城区、韩城区、宁县区、皋兰区、静宁区、定边区、西宁区。1982 年又平差了甘南川西区。

平差按二、三、四等三角的等级顺序进行，先二等，再三等、四等。旧二网区的二等基本锁平差在二等补充网平差之前进行。平差计算中，以高等级三角网的坐标、边长、方位角及二等三角网中设置的起始边、拉普拉斯方位角作固定值，作为计算起始数据。平差二等三角采用间接观测平差法，以方向或角度为元素，进行等权或不等权平差。有的测区按普兰尼斯—普兰涅维奇多组平差法原理平差。三、四等三角构成网状者，以方向或角度为元素按间接观测法平差；构成典型图形者，以角度为元素按条件观测法进行典型图形平差。

在总参测绘局和国测总局平差以前，黄委会为适应三门峡水库测图的急需,1954 年曾对三门峡库区的国家三角网进行过局部平差。1960 年黄委会又对黄河中游的离山、韩城、宁县、中卫等二等三角网区的二、三、四等三角进行过平差。

(二)整体平差

按逐级控制原则进行局部平差存在两个问题:第一,会使中国基本水平控制网的精度主要取决于结构单簿的一等三角锁,而结构强、精度高的二等全面网的精度则不能全面发挥作用。第二,平差结果存在着明显变形,在一等锁与二等网的结合处,许多二等网方向的平差改正数超过了中误差的 2 倍或 3 倍。为避免这些缺点,曾进行过一些研究和探讨。70 年代,国内电子计算技术的发展和快速大容量电子计算机的使用,对解决这一问题开辟了新的途径。1972 年 11 月在总参测绘局召开的全国天文大地网整体平差座谈会上,该局 57653 部队的代表提出了全面网整体平差方案,得到了与会者的支持。会后该局着手准备,于 1973 年开始对整体平差方法进行研究和试算,并于 1976 年前取得对 5000 个一等三角点在电子计算机上试算成功的经验。国测总局于 1973 年重建后,1975 年也着手准备对整体平差进行试算。1978 年 4 月国测总局和总参测绘局在召开全国天文大地网平差会议上,确定统一整体平差工作由两局共同承担,并于当年展开工作。两局的主办单位为陕西省测绘局和 57653 部队。1982 年平差全部结束。

参加平差的有一、二等三角点和导线点 39510 个,在没有布测二等三角点和导线点的地区选用了 8923 个三等三角点和导线点,使参加平差的总点数达到 48433 个。鉴于在投影平面上进行大面积大地平差会给平差结果带来一定误差影响,整体平差选择在国际大地测量协会 1975 年推荐的参考椭球面上进行。归算到椭球面上的起始边、拉普拉斯方位角作为固定值参加平差。为了互相校对和验证,保证最后成果的正确性,陕西省测绘局第四测绘大队和国测总局测绘科学研究所、57653 部队和军测研究所,利用一套观测资料和起算数据,使用两种电子计算机(国产机与进口机),按照两种平差方法分别独立平差。第四测绘大队和国测总局测绘科学研究所,按条件联系平差法平差,分区采用坐标间接观测平差,分区间用条件法进行联系,在 CDC、CYBER172 型进口电子计算机上解算;57653 部队及军测研究所,按附有条件的间接观测平差法平差,平差时,保持了一、二等起始边和天文方位角固定不变等条件,在国产 013 型电子计算机上解算。1981 年 11 月正式上机解算,1982 年 5 月完成。平差结果表明:用两种不同方案平差所得同名点坐标较差，绝大部分在4厘米以内，仅有3点在4～5厘米之间。平差后相对于泾阳大地原点的最远点的点位误差为0.7～0.8米；边长最大误差为1/5.4万；方位角最大误差为2″.2。

八、大地坐标系

(一)1954年北京坐标系

50年代初期，中国没有条件建立符合全国版图情况的大地坐标系，因此，引进了苏联普尔科夫坐标系。1953年，将苏联境内的三角锁与中国境内相应的绥芬河、呼玛、吉拉林等处三角锁进行联测，1954年对中国东北部的三角网进行平差，得出北京基线网的坐标，再按高斯—克吕格投影(6°带)算出其直角坐标，作为全国坐标的起算基础，定名为“1954年北京坐标系”。它是苏联1942年建立的普尔科夫大地坐标系的延伸，其原点是苏联普尔科夫天文台大地原点。该坐标系采用克拉索夫斯基椭球体，长半径为6378245米，扁率为1∶298.3。1955—1956年中国东部地区一等三角锁局部平差后，1954年北京坐标系传递到黄河流域。30多年来，我国依据1954年北京坐标系完成了大量测绘工作，起了重要作用。但也存在以下问题：克拉索夫斯基椭球体与现代精确测定的椭球相比，长半径约大100米左右，椭球中心与地心差约170米左右；参考椭球及其定位与中国大地水准面的符合不很理想，参考椭球面普遍低于大地水准面，平均低30米，在东南沿海地区最多低65米。

(二)1980西安坐标系

70年代，全国天文大地网布测完成后，建立适合中国情况的大地坐标系条件已经具备。1978年4月，国测总局、总参测绘局在西安召开会议，确定建立新的国家大地坐标系。新坐标系于1980年建成，定名为“1980西安坐标系”。该坐标系主要特征是：原点设在陕西省泾阳县永乐镇附近；采用国际大地测量协会1975年推荐的参考椭球参数，长半径为6378140米，扁率为1∶298.257；采用局部定位，其椭球面与中国大地水准面的符合精度较好，与全国一般大地水准面的最大差距约20米；椭球短轴平行于地球质心指向1968·OJYD(地极原点)，首子午面平行于格林威治平均天文台子午面。

“1980西安坐标系”建立后，首先在中国天文大地网整体平差中被采用，求得约5万个三角点和导线点在该坐标系统中的位置。在此基础上，又将这约5万个点的1980年系统大地坐标，按微分投影公式逐一投影化算到1954年北京坐标系椭球体上，得出另一套相应成果。现两套成果并存。

（三）三角山坐标系

1954年黄委会为三门峡水库测图建立基本水平控制时，以西安—陕县一等三角锁作建网基础。该锁当时与1954年北京坐标系尚无联系。因任务紧迫，就以总参测绘局1953—1954年测设的西安基线和陕县基线网扩大边作长度起算数据，以陕县基线网中的三角山二等天文点为坐标原点，采用克拉索夫斯基椭球对该锁进行平差计算，作为全测区的基本水平控制基础。1954年北京坐标系传递到该地区前，三门峡水库区及其周围的测量多采用三角山坐标系成果。该坐标系与1954年北京坐标系有以下关系：1954年北京坐标系直角坐标减三角山坐标系直角坐标，纵坐标差值为－289.144米，横坐标差值为＋357.332米。

第三节　天文测量

一、历代天文测量

我国天文大地测量有悠久的历史。唐朝为修编新历，开元九年（公元721年），玄宗命僧人一行（俗名张遂）主持该项工作，一行主张在实测基础上编订历书。从开元十二年（公元724年）起，开展了全国性的天文测量，派人到十一个地方测量北极高度、昼夜长短和春分、秋分、夏至、冬至日正午时圭表的长度。其中以南宫说等人所作的一组观测效果最好。他们在河南境内从滑州白马（今滑县）到汴州浚仪大岳台（今开封市西北），再到许州扶沟（今扶沟县），最后到豫州上蔡津（今上蔡县），分别以八尺之表测出冬、夏二至和春、秋二分的圭表长度，以覆矩测定了北极高度（实际上即地理纬度），并步量了这四地间的距离。经一行归算：北极高度差一度，南北两地相距351里80步（唐代尺度）。这实际是世界上最早的一次子午线测量，已求出了地球子午线一度的弧长。表1—7所收录的是他们测量的数据。

表 1—7　**南宫说等人测得的数据表**

地　名	北极高度（唐度）	中午圭表影长（唐尺）			两地间距离（唐里唐步）
		冬至	夏至	春秋分	
滑州白马	35.30	13.00	1.57	5.56	198 里 179 步
汴州浚仪	34.80	12.85	1.53	5.50	167 里 281 步
许州扶沟	34.30	12.53	1.44	5.37	160 里 110 步
豫州上蔡津	33.80	12.38	1.36	5.28	

宋代，在大中祥符三年（1010 年）、景祐年间（1034—1038 年）、皇祐年间（1049—1053 年）、元丰年间（1078—1085 年）、崇宁年间（1102—1106 年），进行过 5 次恒星位置测量。其中元丰年间的观测成果被绘成星图，刻在石碑上保存下来，这就是著名的苏州石刻天文图。

元至元十三年（1276 年），由郭守敬主持在全国 27 个地方进行日影测量及北极出地高度和二分（春分、秋分）、二至（夏至、冬至）日的昼夜时刻测定。除一些重要城市作为测点外，还规定：从北纬 15°的南海起，每隔 10°设点，到 65°为止。测量结果，除个别有疑问的点外，北极高度的平均误差为 0°.35。这次测量，测点位于黄河流域的有益都、东平、太原等地设点测量北极出地高度。另外，于至元十六年（1279 年）在距黄河较近的河南省登封县告成镇建有观星台，台南 20 米处，有唐开元十一年（公元 723 年）太史监南宫说仿古台重建的“周公测景台”。后人称此两台为观星台。登封告成镇观星台是元代建造的 22 个天文观测站的中心站，测得该站的北极出地高度为 34 度太弱。郭守敬依据其观测数据制订了《授时历》。这是中国现存最早的天文台历。

明代中期以前，中国虽已有纬度和子午线长度测量，但只是为了从天文角度了解地面方位。当时对地球形状的认识，“天圆地方”之说仍在中国知识界占有统治地位。自从意大利传教士利玛窦（Matteo Ricci）于万历十年（1582 年）来到中国后，又有一些欧洲其他国家的耶稣会士陆续来华，带来了欧洲的天文和天文测量知识，才使中国相信地球为球形的人日渐增多，并学会了画地图必须实测经纬度，以及利用日蚀测量经度和欧洲天文学的计算方法等。在《崇祯历书》建立以前，明朝使用的是《大统历》，由于有 200 多年的误差积累，差错屡有发生。如崇祯二年五月乙酉朔（1629 年 6 月 21 日）日食，钦天监即推算错误。于是思宗接受礼部建议，授权徐光启组织历局，进行改历。徐坚决主张采用西法，先后聘请几位欧洲耶稣会士参与改历工作。

最后编译成46种137卷的《崇祯历书》,其中包括欧洲古典天文学理论、仪器、计算、测量方法、基础数学知识、天文表的编算和使用方法等。该书与中国古代天文学体系最显著的区别是:采用第谷(16世纪丹麦天文学家)的宇宙体系和几何学的计算系统;引进地球和经纬度概念;应用球面三角学;使用欧洲通用的度量单位,分圆周为360度,分一昼夜为24小时、96时刻,度和时以下采用60进位制。历局还引进了欧洲式的象限仪、纪限仪和望远镜等。有力地推动了我国天文测量工作的发展。

清康熙四十七年(1708年)至五十七年(1718年),为测制《皇舆全图》,进行大规模三角测量,先用天文测量方法测定少数点的天文经纬度作为三角测量基础。天文经纬度的测定,除用传统的观测北极出地高确定地理纬度外,还使用以下4种方法:即观测太阳、观测月食、观测木星遮掩某恒星、观测木星第一卫星。

光绪十二年(1886年),开始编纂《大清会典舆图》。应"会典馆"要求,有的省施测一些天文经纬度点。测定纬度主要用太阳午正高弧法,利用冬至日测太阳垂直角以推算地理纬度。测定经度主要使用月食定度法,即在不同地点观测月食差时来推算经度。

民国元年(1912年),中华民国临时政府本部设陆地测量总局,统管全国测量工作。民国22—35年,陆地测量总局为配合大三角测量,共测一等天文点43个、二等天文点376个。其中分布在黄河流经省份内的一等天文点13个、二等天文点137个(见表1—8)。

表1—8 **陆地测量总局在黄河流域(有关省)所测天文点表**

省名 天文点(个)	山东	河南	山西	陕西	绥远	宁夏	甘肃	青海	四川
一等天文点	0	1	0	3	0	1	1	0	7
二等天文点	21	0	1	13	9	12	15	4	62

民国23年(1934年)黄委会委托国立北平研究院在黄河中、下游地区代测凤翔、西安、潼关、平汉铁路黄河桥北岸、开封、周桥、泺口、利津等8个天文点,作为量距导线和小三角测量的基础。当时天文观测使用的仪器有子午仪、等高仪、瑞士或德国生产的经纬仪等。测定经度使用中天法和收记无线电时号定时。测定纬度使用太尔各特法。测定方位角使用北极星任意时角法。黄委会于民国23年所测8个天文点,纬度中误差达±0″.1～±0″.8,经度中误差达±0″.1～±1″.1。民国时期在黄河流域所测天文点,现有成果

可查的48点，点名是德县、临清、利津、博山、潍县、泺口、济宁、聊城、东阿、周桥、曹县、濮县、开封、郑州、平汉铁路黄河桥北岸、潼关、潼关站东、潼关站西、西安（西兰公路四公里碑西）、西安（大湘子庙街）、武功、宝鸡、凤翔、澄城、长武、归绥、包头、五原、磴口、三盛公、石咀山、贺兰、定远营、金积、宁安堡、盐池、中卫、惠安堡、豫旺、平凉、固原（位于黑城镇）、天水、靖远、定西、通渭、临洮、岷县、兰州。

二、国家天文大地网中的天文测量

50年代初期，全国尚未建立统一基本水平控制，在此情况下，大测区测量一般施测天文点作为发展水平控制的基础。1950—1953年，黄委会在黄河中游地区施测的天文点有南陈村、史家滩、吊桥村、龙门、平渡关、宋家川、辛关、托克托、西山咀、临河、张政桥、宴西村、马跑泉、梁村、泾川、月子源、定边、石咀山等18个。总参测绘局于1951—1953年在黄河下游测设的天文点有小西门、青崖寨、北店子、风埠顶、峡山、三角山等6个，后5点纳入国家天文大地网中。

50—70年代建立国家天文大地网时，在黄河流域共施测一、二等天文点144个。其主要作用是：推算大地方位角，并控制水平角观测误差的积累；推算三角点的垂线偏差，以便将基线、水平角的观测结果投影到参考椭球上；进行椭球定位和进一步研究地球形状大小。国家天文大地网中的天文点有两种类型：一种是拉普拉斯点，布设在一等三角锁段的两端、二等基本锁的交叉处或二、三等三角网中部的起始边端点上，既测天文经纬度又测方位角，其天文方位角按拉普拉斯方程改化得出大地方位角；另一种是一般天文点，只测天文经纬度，不测天文方位角。

国测总局、总参测绘局、黄委会、中国科学院、地质部测绘局等在黄河流域的天文大地网中共施测一等天文点117点、二等天文点27点。

天文观测采用的技术标准，1954年以前以军委测绘局1951年编印的《大地测量作业细则》为依据。1954年以后改用苏联1942年《一、二、三、四等天文测量细则》。

在执行上述细则期间，有的单位于1956年后还采用了苏联1955年出版的《一、二、三、四等三角测量细则》中的天文部分。国测总局和总参测绘局于1963年10月、1965年5月还先后编印出《一等天文测量细则（草案）》、《二、三、四等天文测量细则（草案）》，并于1964年、1965年，在一等与二、

三、四等天文测量中改按上述两细则(草案)作业。1970 年 1 月总参测绘局通知全国执行新编的《一等天文测量细则(草稿)》。黄河流域天文大地网中的天文测量工作,至 1977 年 9 月国测总局印发《一等天文测量规范》时,业已完成。

天文观测中测定天文经度使用的方法是双星等高法和收录无线电时号法。先由观测恒星的结果确定地方恒星时,由收录无线电时号确定格林尼治恒星时,再以地方恒星时与格林尼治恒星时之差求得测站的经度。测定天文纬度的方法一般是使用太尔各特固定丝法,即在中天时观测南北两颗近乎等高的恒星天顶距之差,用以确定纬度。天顶距之差由目镜测微器直接测出。二等天文点也有用附有 60°等高棱镜的 T_3 经纬仪按多星等高法测定经纬度的。天文方位角的测定,一般使用北极星任意时角法,用以测量北极星与地面目标(方位标或三角网之任一方向)之间的水平角。

天文观测中使用的时间系统,1965 年以前采用苏联"标准时刻"系统,以后改用上海天文台和陕西天文台根据中国天文台测时结果建立的综合时号改正系统。1978 年以前使用国际纬度局、国际时间局、苏联台站求定的地极原点。1978 年后,改用中国根据国际和国内纬度观测资料推算出的 1968.0地极原点(记为 1968.0JYD)。

黄河流域国家天文大地网中的天文观测,使用最多的是威特 T_4 型经纬仪,其次是 AY—2″、AY—5″型经纬仪。在个别点上曾使用过 45°等高仪、威特 T_3 经纬仪。黄河流域国家天文大地网中天文点的施测单位、时间、精度载于表 1—9 中,图 1—6 显示了国家天文大地网中天文点的概略位置。

表 1—9 **国家天文大地网中的天文点统计表**

天文点名称	等级	三角网中位置	施测单位及时间	观测中误差		
				经度(秒)	纬度(秒)	方位角(秒)
大山庄	一	埕子口基线网	总参测绘局 1971 年	±0.30	±0.14	±0.14
崔家庄	一	同 上	同 上	±0.28	±0.12	±0.27
四分场西南	一	埕子口—潍县一等锁	总参测绘局 1972 年	±0.30	±0.20	±0.36
东义和村	一	同 上	同 上	±0.32	±0.14	±0.33
风埠顶	一	潍县基线网	总参测绘局 1972 年复测	±0.22	±0.19	±0.20

续表 1—9

天文点名称	等级	三角网中位置	施测单位及时间	观测中误差		
				经度（秒）	纬度（秒）	方位角（秒）
峡　山	一	潍县基线网	总参测绘局 1972 年复测	±0.24	±0.06	±0.18
北店子	一	济南基线网	总参测绘局 1952 年	±0.11	±0.10	±0.14
青崖寨	二	同　上	总参测绘局 1953 年	±0.32	±0.19	±0.11
凤凰山	一	济南—潍县一等锁	国测总局 1959 年			
曲　阜	一	济南—徐州一等锁	同　上			
同　山	一	磁县—郑州一等锁	同　上			
老师岗	一	郑州基线网	总参测绘局 1953 年	±0.12	±0.03	±0.13
坡岗李	一	同　上	同　上	±0.31	±0.21	±0.18
王　庄	一	郑州—徐州一等锁	国测总局 1959 年			
金　山	一	忻县基线网	总参测绘局 1957 年	±0.56	±0.12	±0.22
歪　尖（小五台）	一	同　上	同　上	±0.40	±0.18	±0.19
岗上村	一	忻县—洪洞一等锁	黄委会 1960 年			
上贤村	一	同　上	同　上			
曹家庄	一	洪洞基线网	黄委会 1956 年	±0.40	±0.12	±0.25
燕　壁	一	同　上	同　上	±0.38	±0.14	±0.32
紫金山	一	洪洞—陕县一等锁	国测总局 1959 年			
三角山	二	陕县基线网	总参测绘局 1953 年	±0.46	±0.19	±0.12
西疙疸	一	同　上	国测总局 1959 年	±0.09	±0.12	±0.25
诸坟岭	一	陕县—郑州一等锁	黄委会 1960 年			

续表 1—9

天文点名称	等级	三角网中位置	施测单位及时间	观测中误差		
				经度（秒）	纬度（秒）	方位角（秒）
龙门山	一	陕县—郑州一等锁	黄委会 1960 年			
胡家沟脑	一	陕县—襄阳一等锁	国测总局 1959 年			
脑包山	一	包头基线网	地质部测绘局 1957 年	±0.40	±0.09	±0.20
胡城万滩	一	同　上	同　上	±0.15	±0.16	±0.28
喇麻窨子	一	包头—大同一等锁	国测总局 1958 年			
南北征	一	黑城镇基线网	国测总局 1958 年	±0.32	±0.16	±0.21
脑包山	一	同　上	同　上			
三　台	一	包头—大同一等锁	国测总局 1958 年	±0.39	±0.16	
什病疙疸	一	包头—榆林一等锁	地质部测绘局 1957 年	±0.42	±0.16	
老汗海则	一	榆林基线网	黄委会 1957 年	±0.42	±0.15	±0.23
红　墩	一	同　上	同　上	±0.48	±0.13	±0.39
吴儿申	一	榆林—忻县一等锁	黄委会 1960 年			
石辘辘原	一	榆林—鄜（富）县一等锁	黄委会 1957 年	±0.44	±0.11	
高立坡	一	同　上	同　上	±0.48	±0.16	
东里村	一	鄜（富）县基线网	中国科学院 1954 年	±0.42	±0.12	±0.25
桥西村	一	同　上	同　上	±0.44	±0.11	±0.12
莲花沟脑	一	鄜（富）县—洪洞一等锁	国测总局 1959 年	±0.08	±0.10	±0.22
高　山	一	同　上	黄委会 1960 年	±0.09	±0.08	±0.22
火烧山	一	鄜（富）县—西安一等锁	中国科学院 1956 年	±0.39	±0.14	

续表 1—9

天文点名称	等级	三角网中位置	施测单位及时间	观测中误差		
				经度（秒）	纬度（秒）	方位角（秒）
将军山	一	鄜(富)县—西安一等锁	中国科学院 1956 年	±0.40	±0.12	
九岭头	一	西安基线网	总参测绘局 1954 年		±0.24	±0.19
凉马台	一	同　上	同　上	±0.09	±0.34	±0.28
孙家寨	一	西安—陕县一等锁	中国科学院 1956 年	±0.39	±0.11	
老虎头	一	西安—陕县一等锁	中国科学院 1956 年	±0.39	±0.09	
锥子山	一	同　上	总参测绘局 1963 年	±0.09	±0.12	±0.25
牛　背	一	西安—安康一等锁	国测总局 1960 年			
哈腾套海	一	土克木庙—陕坝一等锁	地质部测绘局 1956 年	±0.48	±0.24	
别里盖庙山	一	陕坝基线网	地质部测绘局 1957 年	±0.42	±0.10	±0.34
绥干团	一	同　上	同　上	±0.39	±0.21	±0.32
羊场号	一	陕坝—包头一等锁	同　上	±0.42	±0.20	
保拉斯太山	一	陕坝—银川一等锁	同　上	±0.42	±0.08	
丁家庄	一	同　上	同　上	±0.42	±0.11	
丰登堡	一	银川基线网	同　上	±0.40	±0.19	±0.29
转角楼	一	同　上	同　上	±0.40	±0.20	±0.36
察汗台格脑包	一	银川—榆林一等锁	黄委会 1960 年	±0.24	±0.13	
苏木兔	一	同　上	国测总局 1960 年			
巴音乌杜罗	一	同　上	同　上	±0.22	±0.12	
胡家小井子	一	银川—黑城镇一等锁				

续表 1—9

天文点名称	等级	三角网中位置	施测单位及时间	观测中误差		
				经度（秒）	纬度（秒）	方位角（秒）
尖山(丁家堂)	一	银川—黑城镇一等锁	黄委会 1957 年	±0.44	±0.10	
尖　山	一	黑城镇基线网	中国科学院 1954 年	±0.40	±0.12	±0.19
石砚子	一	同　上	同　上	±0.40	±0.23	±0.17
周家团庄	一	黑城镇—鄜(富)县一等锁	黄委会 1960 年	±0.21	±0.14	
种　梁	一	同　上	国测总局 1960 年	±0.22	±0.13	
宋咀梁	一	同　上	黄委会 1960 年	±0.24	±0.11	
黄家峡	一	黑城镇—宝鸡一等锁	中国科学院 1956 年	±0.40	±0.14	
水泉岭	一	同　上	同　上	±0.39	±0.11	±0.18
大　山	一	宝鸡基线网	中国科学院 1954 年	±0.46	±0.30	±0.33
肖　村	一	同　上	同　上	±0.42	±0.14	±0.35
史　村	一	宝鸡—西安一等锁	中国科学院 1956 年	±0.39	±0.12	
南堡子	一	同　上	同　上	±0.39	±0.09	
花道子	一	靖远基线网	地质部测绘局 1956 年	±0.42	±0.09	±0.25
宋家梁	一	同　上	同　上	±0.42	±0.10	±0.15
西华山	一	靖远—黑城镇一等锁	黄委会、国测总局 1960 年测后取权中数	±0.16	±0.15	
大石头墼岘	一	靖远—岷县一等锁	国测总局 1960 年	±0.24	±0.19	
雷祖庙	一	同　上	国测总局 1959 年	±0.44	±0.12	±0.35
五猪山	一	同　上	黄委会 1960 年	±0.22	±0.10	
东　山	一	岷县基线网	黄委会 1956 年	±0.39	±0.22	±0.25
高咀岭	一	同　上	同　上	±0.42	±0.19	±0.35

续表 1—9

天文点名称	等级	三角网中位置	施测单位及时间	观测中误差		
				经度（秒）	纬度（秒）	方位角（秒）
年家大庄	一	岷县一宝鸡一等锁	黄委会 1956 年	±0.22	±0.13	
老　殿	一	岷山一宝鸡一等锁	同　上	±0.44	±0.35	
当格南那	一	龙日坝基线网	国测总局 1961 年	±0.22	±0.18	±0.39
茶镇梁子	一	同　上	同　上	±0.24	±0.10	±0.37
平顶山	一	永昌一西宁一等锁	地质部测绘局 1956 年			
小俄博	一	同　上	同　上	±0.44	±0.17	
红山脑子	一	同　上	同　上			
高庙岭	一	西安一靖远一等锁	同　上	±0.40	±0.15	
汤茂池岭	一	同　上	同　上			
大墩岭	一	西宁基线网	同　上	±0.40	±0.13	±0.32
对坡山	一	西宁基线网	地质部测绘局 1956 年	±0.42	±0.16	±0.27
北增大	一	泽库起始边	国测总局 1961 年	±0.22	±0.22	±0.19
泽库南山	一	同　上	同　上	±0.26	±0.26	±0.23
积石山（乙）	一	积石山起始边	国测总局 1962 年			
黑石山	一	同　上	同　上			
白衣寺西山	一	白衣寺起始边	国测总局 1961 年	±0.26	±0.13	±0.23
幸福桥西山	一	同　上	同　上	±0.28	±0.23	±0.23
大坂山	一	西宁一茶卡一等锁	地质部测绘局 1957 年			
大河坝北山	一	兴海起始边	国测总局 1961 年	±0.21	±0.21	±0.20
鄂博尖山	一	兴海起始边	国测总局 1961 年	±0.22	±0.22	±0.22

续表 1—9

天文点名称	等级	三角网中位置	施测单位及时间	观测中误差		
				经度（秒）	纬度（秒）	方位角（秒）
双尖山	一	玛多起始边	国测总局 1961 年	±0.30	±0.29	±0.19
献礼山	一	同 上	同 上	±0.24	±0.27	±0.36
1119	一	吉迈起始边	国测总局 1961 年	±0.30	±0.23	±0.29
昌马河南山	一	同 上	同 上			
里老道	二	德州基线网	总参测绘局 1962 年	±0.69	±0.13	±0.47
故城县	二	同 上	同 上	±0.50	±0.27	±0.68
蔡 庄	一	夏津基线网	国测总局 1959 年	±0.39	±0.20	±0.28
腾 庄	一	同 上	同 上	±0.42	±0.18	±0.23
济宁市（基北）	二	济宁基线网	治淮委员会			
三道街	二	郓城基线网	黄委会 1955 年	±0.12	±0.29	±0.54
前李庄	二	同 上	同 上	±0.14	±0.21	±0.34
郎城铺	二	太康基线网	总参测绘局 1959 年	±0.50	±0.25	
庞村（游山）	二	高平基线网	国测总局 1960 年	±0.44	±0.12	±0.31
大峰头	二	辉县（南村）基线网	同 上	±0.42	±0.21	±0.29
鲁山坡	二	鲁山基线网	黄委会 1955 年	±0.40	±0.10	±0.22
树湾梁	一	河曲基线网	国测总局 1962 年	±0.51	±0.24	±0.34
吴石头	一	同 上	同 上	±0.54	±0.25	±0.40
官道梁	二	离山基线网	黄委会 1957 年	±0.54	±0.19	±0.31
应雨神山	二	同 上	同 上	±0.58	±0.26	±0.45
杨家圪塄	二	韩城基线网	中国科学院 1954 年	±0.24	±0.10	±0.21
秦 村	二	同 上	同 上	±0.36	±0.32	±0.24
三疙瘩	二	定边基线网	黄委会 1957 年			

续表 1—9

天文点名称	等级	三角网中位置	施测单位及时间	观测中误差		
				经度（秒）	纬度（秒）	方位角（秒）
乾沟子（何圈）	二	定边基线网	黄委会 1957 年			
中 村	二	宁县起始边	黄委会 1956 年	±0.39	±0.20	±0.23
良 平	二	同 上	同 上	±0.42	±0.24	±0.34
单梁山	二	中卫基线网	国测总局 1959 年	±0.39	±0.23	±0.27
刘家湾	二	同 上	同 上	±0.39	±0.14	±0.33
尹家溜滩	二	静宁基线网	黄委会 1957 年	±0.12	±0.24	±0.21
吕家异	二	同 上	同 上	±0.12	±0.12	±0.21
苗家梁	二	三道塘基线网	国测总局 1959 年	±0.39	±0.12	±0.17
古墩子北山	二	同 上	同 上	±0.44	±0.12	±0.35
西仓寺	一	合作—尕海二等三角锁	国测总局 1965 年		±0.18	±0.20
劳布郎得	一	合作—尕海二等三角锁	国测总局 1965 年		±0.14	±0.19
驼鞍山	一	祁连山—天峻二等锁	国测总局 1967 年	±0.30	±0.14	±0.19
觉 陇	一	青南区	总参测绘局 1966 年	±0.33	±0.28	±0.37
大武北山	一	同 上	同 上	±0.32	±0.22	±0.27
西卡克日	一	同 上	总参测绘局 1965 年	±0.30	±0.25	±0.36
得 干	一	同 上	同 上	±0.30	±0.22	±0.25
Ⅲ156	一	同 上				
热琴 157	一	同 上				
唐的左列	一	曲麻莱区	总参测绘局 1968 年	±0.28	±0.20	±0.30
木格边西	一	同 上	同 上	±0.26	±0.26	±0.30

第四节 重力测量

大地测量中,为把以水准面为基准的观测资料归算到参考椭球面上,以便对观测数据进行严密处理,需要进行重力测量。随着空间科学技术的发展,也需要有各地重力异常资料。中华人民共和国建立前,黄河流域没有重力资料,全国只在沿海和西南地区测有200多个重力点,精度低,使用价值不大。中华人民共和国建立后,随着经济建设的迅速发展,重力测量的步伐相应加快。1953—1956年,南京地理研究所与总参测绘局合作,用四摆仪测定各等重力点100多个。1955—1985年,中国先后建立了“57重力控制网”和“85重力基本网”,并在“57重力控制网”基础上进行重力网加密。黄河流域除内蒙古自治区和青海省的部分地区外,已普遍有了重力资料。

一、建立重力控制网

为了建立重力控制网,1955年底,根据中苏科学技术协定,两国合作开始在中国建立国家第一个重力控制网,1957年建成,定名为“57重力控制网”。网中有基本重力点22个、一等重力点80个。其中在黄河流域的有西安、兰州、西宁3个基本点和潍坊、德州、济南、开封、郑州、安邑、临汾、太原、延安、包头、银川、平凉、宝鸡13个一等点。基本点由苏联航空重力测量队联测。1955年12月至次年1月,该队联测了中国的北京、西安、青岛、上海、南京5个基本点。1957年3月至8月,又以此5点为起始点,联测了其它基本点。联测是以相对重力仪测定两点间的重力差。联测后,又以中国57重力控制网的基本点与外国的几个基本点组成5个闭合环,进行条件观测平差后求得相邻点间的重力差。重力值由苏联的阿拉木图、伊尔库茨克和赤塔推算过来,属波茨坦系统。

基本点的联测,苏联航空重力测量队使用9架гАз—3型重力仪。两点间的联测次数,一般为2次,最多7次。要求联测中误差不超过±0.15毫伽。

一等点的联测,由中国国测总局重力测量队和苏联航空重力测量队共同进行。中国队使用4架CH—3型重力仪和2架GS—9型重力仪。苏联队使用гАз—3型重力仪。两点间的联测次数,苏联队不少于6架次,中国队不少于 2 架次。要求一等点的联测中误差不超过±0.25 毫伽。一等点未进行统一整体平差，其重力值由基本点推算而得。

70 年代后期，随着中国空间科学技术的发展，原有"57 重力控制网"已不能适应经济与国防建设和现代科学技术发展的要求。首先是国际重力测量委员会已用高精度重力测量技术建立了"一九七一年国际重力系统"，代替了原来具有较大系统误差(±14 毫伽)的波茨坦系统，因此，有必要改善重力基准和新的国际重力系统进行联测。其次，"57 重力控制网"的精度，其基本点的联测误差平均已达到±0.13 毫伽，而一等点的联测误差要求应不超过±0.25 毫伽；用于直接传递到中国的 3 个苏联基本点的重力值，相对于波茨坦的误差积累已达±0.5 毫伽。因此，中国"57 重力控制网"相对于波茨坦的积累误差已超过±0.5 毫伽。这与 80 年代重力测量精度已提高到 10 微伽量级的情况相比，"57 重力控制网"的精度显得过低。其三，"57 重力控制网"的点位分布不均匀，大部控制点位于我国东部地区，而西部地区点数较稀，不能满足要求。

据此，国务院、中央军委 1978 年决定：由国测总局牵头，迅速组织力量建立中国高精度重力网和重力基准。

1981 年 7—11 月，按照中国国测总局与意大利都灵计量研究所的科学合作协议，两国科技人员使用都灵计量研究所研制的可移动式绝对重力仪，测定了中国 11 点的绝对重力值(构成重力基线)，其中泾阳大地原点和郑州 2 个重力点位于黄河流域。点的精度达到 10 微伽。可用这些点来检定相对重力仪的格值，以消除系统误差。1983 年 5 月至 1984 年 5 月国测总局、中国科学院、总参测绘局和国家地震局共同完成了新的国家重力基本网野外联测。为使新网与"一九七一年国际重力系统"有精确可靠的联系，1984 年夏，进行了多路线的高精度国际相对重力联测。联测精度达 15～20 微伽。新的国家重力基本网于 1985 年 4 月通过国家级鉴定，定名为"85 重力基本网"，简称"85 网"。平差后，点的重力值精度达到±8 微伽。"85 网"共有 57 点，其中基准点 6 个、基本点 46 个、引点 5 个。分布在黄河流域的有太原、西安、呼和浩特、兰州、郑州 5 个基本点和由"85 网"联测的潍坊、济南、开封、运城、临汾、榆次、延安、庆阳、包头、临河、银川、中卫、宝鸡、陇西、合作、西宁、郎木寺、红原、花石峡、清水河等 20 个一等重力点。西安、宝鸡、庆阳各有 1 个引点。

二、重力加密

重力加密，是指包括用于天文重力水准、地质矿产资源勘探、空间科学技术和一等水准计算所需要的重力测量。

为了推算三角点及导线点的垂线偏差、重力异常和高程异常，1958—1966年，国测总局以“57重力控制网”为基础布测了天文重力水准。天文重力水准的布设，是沿国家天文大地网中所有一等三角锁（或导线）上，相距约100多公里的各个天文大地点周围的一定范围内，按一定密度加密重力点，然后利用天文大地测量、水准测量和重力测量数据，一并推算所有三角点及导线点的垂线偏差、重力异常和高程异常。天文重力水准分高精度与低精度两个级别。黄河流域中，沿磁县—郑州—信阳、广元—宝鸡—黑城镇—银川—半滩井、宝鸡—西安—陕县—郑州—徐州等一等三角锁段布测了高精度天文重力水准；沿埕子口—济南—徐州、忻县—洪洞—陕县—襄阳、包头—榆林—鄜（富）县—西安—安康、陕坝—银川、半滩井—靖远—岷县、兴海—玛多—竹节寺、陕坝—包头—大同、银川—榆林—忻县—石家庄、茶卡—西宁—靖远—黑城镇—鄜（富）县—洪洞—磁县—济南—潍县、岷县—宝鸡等一等三角锁段布测了低精度天文重力水准。天文重力水准的布测原则是：保证各三角点及导线点上推算垂线偏差的中误差均不大于3秒；高程异常的中误差均不大于3米。1982年国家天文大地网整体平差的结果表明：在全国大陆范围内，天文重力水准线路上高程异常的推算精度，高精度路线为3.2 $\sqrt{L}$厘米，低精度路线为5.0 $\sqrt{L}$厘米；三角点及导线点上垂线偏差的中误差不超过±3～±4秒。

为满足一等水准平差计算的需要，陕西省测绘局在榆次—曲沃—三门峡、曲沃—邯郸、豁口—郑州—徐州、灵宝—光化、徐州—临沂的一等水准路线上，加密重力点453个。

第五节 卫星大地测量

卫星大地测量是观测人造地球卫星进行大地测量的一项新技术。自1957年苏联发射第一颗人造地球卫星后，一些国家的卫星大地测量技术飞速发展。60年代，美国已使用人造地球卫星导航、定位和大地测量。到80年代，国际上卫星大地测量的测量手段已有光学摄影法、激光测距法和无线电技术法3种，其中发展比较成熟的是无线电技术法。人造卫星多普勒观测是无线电技术法之一，它是利用人造卫星发射的固有频率和地面站接收频率的“多普勒频移效应”进行地面点定位的一种方法。

在中国，卫星大地测量工作始于60年代中期。最早应用卫星多普勒定位技术的是在海洋石油勘探中。国测总局1976年曾用MX—702A—3型接收机进行多普勒定位试验。1978年7—8月，该局测绘科学研究所同广东省测绘局合作，利用从加拿大引进的CMA—722B型多普勒接收设备完成了西沙群岛与大陆的联测。

80年代初，随着中国第一个卫星多普勒大地网的布测，卫星大地测量发展到黄河流域。1979年7月，国测总局和总参测绘局联合制定了《全国卫星多普勒大地网布设方案》，并决定全国卫星多普勒大地网的布测工作由两局研究所负责组织实施，河北省测绘局、武汉测绘学院等单位参加。布测目的是：研究卫星多普勒大地网精度，为分析、研究和加强国家天文大地网提供数据；精确测定中国1980西安坐标系与地心坐标系间的转换参数。布网的实施，1980年4月开始接收卫星信号，同年10月信号接收完毕。全网由37个测站（点）组成。大部分测站与国家天文大地网的一、二等三角点重合，8个点与卫星观测站重合，4个点与特级导线点重合。全网37个点中位于黄河流域的有潍坊、郑州、泾阳大地原点和西安、榆林、五原、西宁等7点。全国分为8个测区，每区设7～9个测站。邻区之间至少有2个用于联系的公共测站，全网共有18个公共测站。施测逐区进行，用7～9台美国Magnavox公司生产的X—1502型接收机布置在同一区的各站上，测完一定数量的合格通过次数后，公共测站上的仪器不动，其余测站上的仪器迁至邻区继续观测。每个测站至少观测100次合格卫星通过。观测目标为美国海军导航卫星（NNSS），并接收其播发的广播星历。

全国多普勒网平差后，在666条弦中，多普勒网弦长与天文大地网弦长（1980西安坐标系）的差值收录在表1—10。

其中按六参数短弧平差程序算得的多普勒卫星网弦长，绝大多数大于天文大地网弦长，其相对误差大于1/30万的27条，占总数的4%，其中最大的为1/13万，其余均小于1/30万。

中国第一个卫星多普勒网的点数少，点位稀，需要进一步加密。石油部物探局、青海省、新疆自治区及武汉测绘科技大学（其前身为武汉测绘学院），联合布设西北卫星定位网，并于1986年完成。黄河流域的陕西、甘肃、青海等省均被覆盖在该网中。

表1—10　**多普勒弦长与天文大地网弦长比较表**

弦　长(公里)	<500		500～1500		1500～2500		2500～3500		>3500	
差值(米)	最大	平均	最大	平均	最大	平均	最大	平均	最大	平均
三参数半短弧平差程序(PRIMDP)	2.76	0.85	6.06	1.77	7.17	2.38	9.06	3.05	6.95	2.24
六参数短弧平差程序(HPDOP)	3.55	0.80	6.58	1.67	7.23	2.80	9.51	3.72	7.95	3.51

第二章 高程控制测量

高程控制测量为国家建设提供高程依据,与各种工程建设成败有重要的关系。高程测量的精度,随科学技术进步而日益提高。

中国古代没有精密测量仪器,当时采用的是一些粗略的测量方法。清末和民国期间,已引进西方水准仪器,曾在黄河流域进行部分水准测量,但多各自为政,高程系统不统一。中华人民共和国建立后,为适应全国建设形势的发展,有计划地先后开展了大面积的精密水准测量,三、四等水准测量和一、二等水准测量,确定了统一的高程系统,及时满足了经济建设、国防建设各个方面的需要。其中,在80年代完成的全国一等水准网,在科学技术上达到了国际水平。

第一节 粗略高差测量

古代,对地势高低的测量,除一般采用"相度地势"、"察水流方向"、"访问群众"、"查阅资料"等方法外,还使用了下述几种方法:

一、重差术

东汉初年,中国有《九章算数》,魏晋时刘徽(公元263年左右)为《九章算数》作注。《九章算数注》第十卷《重差》(唐代改名为《海岛算经》),记述重差术的方法是,运用相似直角三角形的原理和勾股定理,用以计算人迹不易到达的地物(海岛),测算其高度和距离。

二、分层筑堰法

沈括(1031—1095年)曾主持汴河水利建设达四、五年之久。于宋熙宁五年(1072年),采用"分层筑堰法"测得开封到泗州(今安徽泗县)"八百四十多里"的高差为"十九丈四尺八寸六分"(合 59.861 米)。"分层筑堰法"是在汴河旁另筑小渠,将其分成许多段,分段筑堰逼高水位,然后逐段测距离和河渠水面差。各相邻渠段水面高差之和就是开封和泗州间"地势高下之实"。

三、开挖井筒测量地势

北宋时,黄河下游多次决口改道,在治河方略上有北流与回河东流之争。争论的焦点主要是回河与否对抵御辽国(即契丹)何者有利?但地势高低则是能否回流的关键。据《行水金鉴》第 13 卷记载:元祐三年(1088 年),范百禄等曾查勘东西二河,认为东流地势高于北流,不可能回河。他又查阅过去查勘资料,其中有王令图、张问等想开引河导水回流入孙口村故道的记载:他们派遣官吏,用开掘井筒测量地下水位至地面之距离,以比较各地地势之高低(当时认为在大平原上地下水位基本是水平的),证明故道难复。范百禄将此情况上报元祐帝。

四、木质水平仪

唐代,在以水攻城时,曾使用过木质水平仪测量地势之高低,李筌《太白阴经》对此有所记载,并阐明其使用方法。宋代,此法得到推广,《河防通议》记载木质水平仪的制作方法是:在"长二尺四寸、广二寸五分、高二寸"的木质长方体的两头,各凿"方一寸七分、深一寸三分的方池,或中心又开池者,深相同";在 3 个方池之间,开一深槽,"深广各五分",把水注满方池,使 3 池之水相通;方池里各放一个水浮子,"方一寸五分,高一寸二分",顶部削薄,厚一分,浮于池内,作为准星。测量时,把水平仪放在四尺高的立桩上,在测量范围内选定位置,树立标尺,用"水平"照准标尺,即可测出地势高低。其原理类似现代水准仪。

明代,总理河道都察院右副都御史刘天和在《问水集》中提到修堤时自制的"水平"说:"甲午筑南旺湖堤,率高一丈,极完矣。余验而疑之,乃施平准法,其间有地下八尺者。黄河之堤若是,不亦大可畏耶?""俾堤面高下一律,否则贻患非小也;但平准极难,且再三试,果无差忒,而后可凭也。"

第二节　水准标石

黄河流域埋设最早，使用最长的水准标石，是光绪二十三年（1897年）海河工程局所设的天津海河口北炮台水准基点，用花岗石制成，编号为$\frac{HH}{155}$。它是顺直水委会、华北水委会和黄委会长期使用的大沽零点高程系统水准原点。该点1959年由于扩建复线船闸被挖掉，在船闸信号标下另设原点，进行了联测。

清末和民国年间，黄河流域各省陆军测量局，埋设了自己的水准原点：山东省最初埋设在济南市棋盘街，1916年改设在泰山山麓；河南省设在开封阮庄；山西省设在太原北门外；陕西省设在陕西陆军测量局院内；江苏省埋在南京陆地测量总局内；安徽省设在陆军测量局门前；河北省设在秦皇岛。

黄河流域最先作为路线埋石的是北洋政府测量局于民国5年（1916年）10—11月埋设在徐州至郑州一等水准路线上的花岗岩标石，编号为1936—2093。

作为水准网最先布设的单位是顺直水委会和华北水委会，民国7年至24年（1918—1935年），他们在北自北京，南至河南新乡和山东临清、德州，西至太行山麓，东至海边的范围内，布设了大面积水准网。曾4次进测到黄河下游河道，留下了一些永久测站点。

民国期间，黄委会的水准测量，分为两种：(1)普通水准——随地形测量的导线进测，未埋设水准标石。导线每二、三十公里埋设一对永久测站点（P、P、M），以混凝土制成，直径1米，高1米，中心有一铁标志，刻有“十”字，表示导线点的中心位置，在一侧有一拐头钉，为水准永久标志（P、B、M）。(2)精密水准测量——民国23年至37年（1934—1948年），完成了从济南经天水到兰州的水准线，并联测了青岛验潮站和顺直水委会的新乡、临清水准点以及华北水委会的德州水准点。这些线路多利用固定建筑物做水准标志，埋设少数标石，用混凝土现场浇筑，直径0.3～0.5米，顶部镶一铜标志。

50年代初，黄委会沿用旧的测量方法，分普通水准与精密水准。从1954年开始，大量埋设精密和三、四等水准标石。截至1958年，在西自兰州，东至太行山，北起内蒙古河套，南抵秦岭的范围内和郑州以下沿黄河至山东利津，共埋设 7000 多个标石。同期，总参测绘局在黄河下游埋设了一、二等水准线，并于 1954 年在青岛市区建立国家水准原点网，包括 1 个原点（设在观象山），2 个附点，3 个参考点（其中参 3 因修大窑沟立交桥，于 1983 年拆除），1972 年又在近郊区建立了备用点。观象山的原点标石埋设在基岩上，镶以玛瑙标志。

1958 年以前，中国没有统一的测量规范，标石类型无统一规格，样式繁多。1957 年出版的《东南部地区精密水准成果表》有 59 种标石类型。黄委会埋设的标石，多在 1953—1957 年完成，标石类型一般分乙型、丙型、丁型 3 种。乙型标石埋设在精密水准路线上，每 30～50 公里一座，顶面尺寸 0.50×0.50 米，底面 0.60×0.60 米，高 0.70 米，有上下两个标志，埋深根据冻土层厚度而定，标石埋深要求在冻土层以下，上标志距地面 0.50 米。丙、丁型标石埋设在各等水准路线上，每 2～6 公里一座，丙型为浅冻土层地区的普通标石，尺寸略小，只有一个标志。图 1—7 是黄委会埋设的丙型精密水准普通标石的顶面，中间的圆圈是标志；丁型是深冻土层地区的普通标石，尺寸更小，有上下标志，标石埋在冻土层以下，标石中钢管之长度随冻土层厚度而定，使管顶标志距地面约 0.5 米。标石上的标志，有铜质、铁质和钢轨之分，上标志之上有护盖，封土均按统一规格进行外部整饰，其式样如图 1—8。但也有露出地面之明标，或同一

图 1—7　标石顶面

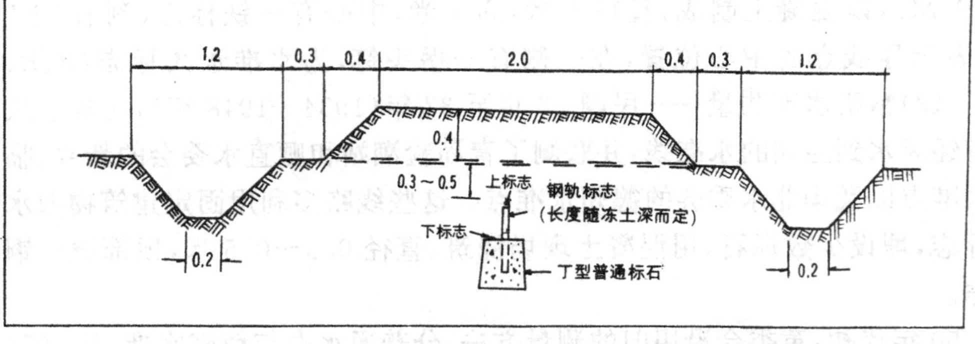

图 1—8　水准标石埋设外部整饰图

地点设明标、暗标各一。

1958年10月，国测总局和总参测绘局联合颁发中国《一、二、三、四等水准测量细则》，1974年国测总局对该细则进行修改，颁发了《国家水准测量规范》，从而使中国水准标石规格逐步达到了统一。规范规定，水准标石分基岩水准标石、基本水准标石和普通水准标石3种。基岩水准标石是研究地壳和地面垂直运动的主要依据，布设在一等水准路线上，每隔500公里左右一座，在基岩不易寻找的困难地区应保证每一省内至少有两座；基本水准标石，埋设在一、二等水准路线上，每隔约60公里一座，一般是低等路线的起闭点；普通水准标石埋设在各等水准路线上，每隔2～6公里一座。各种标石根据当地的地理、地质情况，有混凝土或钢筋混凝土标、岩层标和在墙脚上镶嵌的墙上标志等数种。标志由铜、铸铁、不锈钢、陶瓷或其他合金制成。除墙上标志外一般都是地下标石，标志上有混凝土盖，封土后按一定规格进行外部整饰（如图1—8），在标石正北方1.5米处埋设有高出地面的混凝土指示碑。在宅院不便设指示碑的地方，不封土也不作外部整饰，而在其上方埋设一块与地面同高的指示盘。

标石的保管维护，是一项复杂的事情，人为的和自然的破坏严重，国务院和中央军委曾数次发布了关于长期保护测量标志的命令、通告和条例。水准标石埋设后，均绘有点之记和路线图，便于寻找，并办理委托保管书、占地证明书，耕地内的水准点还办理购地手续。委托保管书的背面印有国务院的《命令》（1955年以后）或国务院和中央军委的联合《通告》（1981年后）。

埋设水准标石是一项繁重的体力劳动。黄委会水准测量队从50年代初期埋石，不断改进工作，最初6人一班，一天只能埋设一座标石。以后增加2人，把一班分为三组：第一组3人，负责查勘、运料；第二组3人，负责挖坑筑标和搬家；第三组2人，负责拆模、绘点之记、办理占地证明书、委托保管书等。一天可埋设三座标石。1977年武振汉小组配上汽车后，改为一个人负责埋设一座标的方法，汽车拉着预制件和埋标石的料物，按已选的路线和点之记，每点留一个人和一份标料，各自负责挖坑、打底盘和柱石、埋设指示碑、办理委托书等，全组一天可完成六七座标石。

第三节　精密水准

精密水准是国家在一定历史条件下施测的精度较高的高程控制。在国际上一般把水准测量分为一、二、三、四等，中国有些部门在20年代至50年代初期把水准测量分为普通水准和精密水准两级，前者相当于国际上三、四等，后者相当于一、二等。精密水准要求用威特 N_2 或 N_3 型水准仪观测，两架仪器单程进行或一架往返观测，相校不符值不超过 $\pm 4\sim 6^{mm}\sqrt{k}$（k为公里数）。黄河流域最早施测精密水准的单位是顺直水委会，从北平沿平汉铁路测至河南新乡。民国23年（1934年）华北水委会应黄委会的请求，承担了天津至德州精密水准线测量。这两条线长共约1000公里。

民国23—37年（1934—1948年）黄委会施测了德州至青岛和济南至兰州线，并联测了新乡、临清等华北水委会水准点，共测2586公里，如图1—9。这些水准线埋设标石较少，多利用固定建筑物作水准标志。而且有两段线路不衔接，是用普通水准联接其高程的。

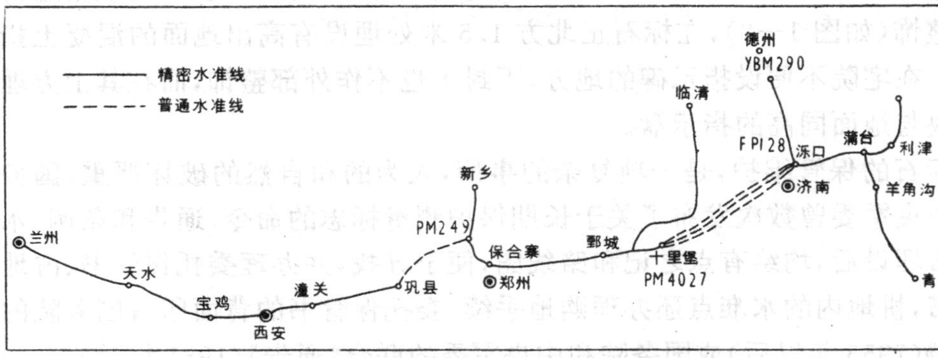

图1—9 1934—1948年黄委会精密水准路线示意图

50年代初，中国尚未布设一等水准网。为了改变过去水准精度低和高程起算零点混乱的状况，建立统一的高程系统和较高精度的高程控制网，为经济和国防建设提供高程控制资料，曾以水利部系统和总参测绘局为主的测绘部门，在中国经济比较发达的东南部地区和主要江河流域进行了精密水准网的布测工作。1950年黄委会成立精密水准队，沿用旧习制订《精密水准测量纲要》，开始试行。1951年华东军政委员会水利部邀请有关部门参考1912年国际一等水准要求，研究制定了《华东精密水准测量规程》，颁令华东地区各省水利厅执行，并送其他各流域、省水利部门参考。此后，黄委会和各水利部门都参考执行了此项规程。

1954年水利部邀请总参测绘局、水电总局、各流域机构和部分水利厅等单位，在《华东精密水准测量规程》的基础上研究制定了《水利部精密水准测量细则》，颁令于这年下半年开始执行。黄委会郑承基参加了研制工作。在此以前所测成果，与此细则略有不符者，有的返工重测，特别困难地段的成果则降为三等使用。1953 年总参测绘局译印苏联 1943 年制定的《一等水准测量细则》和《二等水准测量细则》，并在总参系统实施。而水利部门至 1957 年仍执行《水利部精密水准测量细则》。这期间，由于国际上一等水准精度要求有较大提高，所以有的部门则把水利部精密水准称为二等水准，实际上它的精度高于苏联二等水准。这两种细则不同之点见表 1—11。

表 1—11　　**苏联二等水准细则与水利部精密水准细则比较表**

苏联二等水准细则	水利部精密水准细则
仪器及水准尺的检验规定甚详	甚简略，有关精度鉴定部分未予规定
用铟钢或黑红面木质水准尺	全部用铟钢水准尺
仪器多样性，性能精度不一致	全部用 N_3 水准仪
往返测不符值限差为±6mm $\sqrt{k}$ (k 为公里数)	1954 年前为±2～3mm $\sqrt{k}$ 1954 年改为±4mm $\sqrt{k}$
跨越障碍物或河流之特别水准测量方法较简单	测量方法较严格
每公里偶然中误差±2.0mm 每公里系统中误差±0.4mm	±1.5mm ±0.3mm

黄河流域精密水准网（如图 1—10）的布设，西起兰州，东至黄河入海口，北起内蒙古后套、大同、北京，南至秦岭，共 50 条路线，合计 11088.4 公里。由黄委会、总参测绘局、山东水利设计院、河北水利设计院和长委会共同完成。施测成果于 1956 年参加中国东南部地区精密水准平差，第二年由国测总局出版《中国东南部地区精密水准成果表》。其中黄委会完成的有：宁武—河曲、宁武—太谷东观镇、太谷东观镇—平遥、平遥—离石、河曲—离石、盐池牛家口子—庆阳、庆阳—宁县、宁县—平凉瓦亭、盐池牛家口子—青铜峡—平凉瓦亭、绥德—富县、富县—庆阳、绥德—盐池牛家口子、平遥—侯马、侯马—富县、绥德—离石、太谷东观镇—高平、高平—侯马、宁县—咸阳、咸阳—天水、平凉瓦亭—兰州—天水、富县—临潼、临潼—咸阳、侯马—陕县、陕县—灵宝、灵宝—临潼、高平—郑州黄河北岸、郑州—洛阳、洛阳—陕县、宁武—大同、齐河桑梓店—郑州黄河北岸之一段、洛阳—卢氏、河曲—包

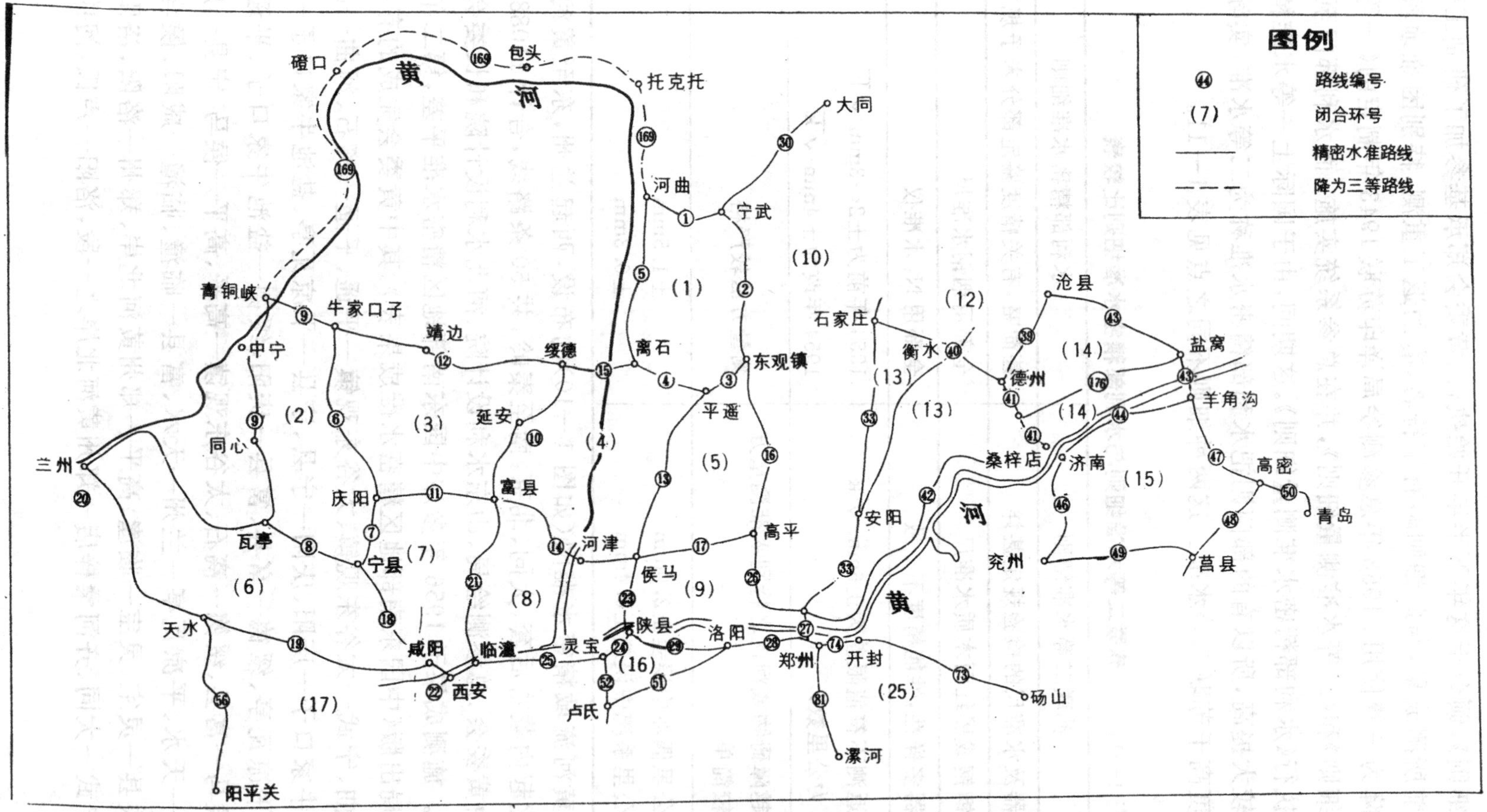

图1－10 黄河流域精密水准线测设示意图

头—青铜峡，共32条路线，计7867公里。其中河曲—包头—青铜峡一线系1953年观测，未参加整体平差，降为三等列入成果表中。山东水利设计院完成的有：齐河桑梓店—郑州黄河北岸之一段、垦利羊角沟—济南、济南—兖州、高密—莒县，共4条路线，计606.2公里。河北水利设计院施测的有：衡水—安阳一线，计312公里。长委会完成的有：天水—宁强阳平关、灵宝—卢氏两条线，计431.5公里。总参测绘局完成的一等线有石家庄—郑州黄河北岸、垦利羊角沟—高密、青岛—高密3条线；二等线有郑州黄河北岸—郑州、沧县—德州、德州—石家庄、德州—齐河桑梓店、沧县—垦利羊角沟、齐河桑梓店—济南、莒县—兖州、利津盐窝—济南泺口8条线。一、二等共1871.7公里。平差时对沿海验潮站进行摸底，选定青岛验潮站1950—1956年平均海水面做为高程零点，采用总参测绘局联测的青岛水准原点高程72.289米做为起算的高程系统，称为“1956年黄海高程系统”。从此结束了我国历史上高程系统混乱的局面。

计算高程采用正常高程系统，即在观测高差中除加入水准标尺一米间隔真长改正外，又加入了正常水准面不平行改正。正常重力公式是按1901—1909年赫尔默特公式计算的，限于当时条件，未加重力异常改正。

1956年的平差由水利部和总参测绘局协作进行，调集各测量单位40多人组成平差委员会。黄委会有濮金良、吕宗灼、李世平参加。平差结果，每公里偶然中误差为±0.58毫米，系统中误差为±0.07毫米。这次平差，自搜集资料、检查验收、调查验潮站、编制高差表、平差计算到编制《中国东南部地区精密水准成果表》，历时一年零四个月。成果表分七册和一本《补充说明》。该成果的出版，为加密三、四等水准和扩测水准网提供了条件。黄河流域水准成果主要在第一、二两册中，各环平差后精度情况见表1—12(参看68页图1—10)。

表列数据，精度是好的。环往返测不符值最大是第15环，允许误差±120毫米，实测－110.6毫米；环闭合差较大的有4、7、13环，允许误差分别为±132.0、±116.0、±132.0毫米，而实测分别为－119.0、＋100.3、＋124.2毫米。

黄河流域精密水准大部分系黄委会施测，在施测过程中积累了经验，如孙忠全、林存温等对水准过河的方法经过几次试验，得出两点经验：(1)用钢管设置固定点，在黄河岸边往往有大片软滩或沙滩，找不到坚硬的岩石做固定点，他们用2～6米长的钢管打入滩中，做临时标点，经过与固定点联测，

表 1—12　　**黄河流域各环平差后精度情况表**

环号	经过主要城镇	环周长（公里）	环往返测不符值（毫米）	每公里往返测不符值（毫米）	环闭合差（毫米）	每公里闭合差（毫米）
1	离石、河曲、宁武、东观镇、平遥	884	－23.9	－0.03	＋10.7	＋0.01
2	瓦亭、青铜峡、牛家口子、庆阳、宁县	922	＋29.3	＋0.03	－86.9	－0.09
3	庆阳、牛家口子、绥德、富县	1108	＋32.2	＋0.03	＋74.8	＋0.07
4	富县、绥德、离石、平遥、侯马	1090	－40.2	－0.04	－119.0	－0.11
5	高平、侯马、平遥、东观镇	703	－77.7	－0.11	＋59.4	＋0.08
6	咸阳、天水、兰州、瓦亭、宁县	1424	－75.2	－0.05	＋0.2	0.0
7	庆阳、富县、临潼、咸阳、宁县	932	－6.9	－0.01	＋100.3	＋0.12
8	临潼、富县、侯马、陕县、灵宝	924	＋2.8	0.0	－25.2	－0.03
9	侯马、高平、郑州、洛阳、陕县	813	－31.9	－0.04	－91.6	－0.11
13	石家庄、德州、桑梓店、郑州黄河北岸、安阳	1140	－25.3	－0.02	＋124.2	＋0.11
14	德州、沧县、羊角沟、济南	732	－57.6	－0.08	＋75.9	＋0.10
15	济南、羊角沟、高密、莒县、兖州	917	－110.6	－0.12	－16.5	－0.02
16	陕县、洛阳、卢氏、灵宝	488	－12.5	－0.03	－28.1	－0.06

认为是稳定的，这样将钢管设置在尺台附近，便于联测，为过河争取时间提供了条件，也提高了水准过河的质量；(2)采用两种观测方法，一是直接读数法（或称汽泡法），一是倾斜螺旋法。这两种观测方法，在使用威特 N_3 水准仪时，由于水准管上无分划线，只适用于倾斜螺旋法。但这种方法使观测和计算都很麻烦，于是他们将放大分划的觇牌安置在标尺上，以 N_3 水准仪楔形丝直接读数。经过几处实验，认为在河宽 500 米以下时，用直接读数法可得到满意的结果，河宽超过 500 米时，仍用倾斜螺旋法为好。

第四节　三、四等水准

黄河流域及其有关范围内的普通水准测量，大都是为测量河道及地形图提供高程资料。最早是海河工程局于光绪二十三年(1897年)至二十四年进行海河干流70公里的水准和河道测量。其次是光绪三十一年(1905年)山东陆军测量局测绘1∶2.5万地形图和民国初年各省陆军测量局迅速测绘1∶5万、1∶10万地形图过程中的水准测量。民国6年(1917年)顺直水委会成立后，普通水准测量一般采用两架水准仪，分正平、校平同向施测，所测高差不符值以$\pm 7^{mm}\sqrt{k}$为限(k为线路长的公里数)。民国22年(1933年)黄委会成立后也沿用这一方法，规定最大视距为100米，至50年代初，仍采用这一规程。由于普通水准是为地形测量服务的，紧随导线进行，联测导线桩(小木桩)高程，利用导线附近固定建筑物如石碑、公里碑和树根钉等作为临时水准标点(B、M)，不埋设标石，未作平差。因而有的差误带到地形图上，有的甚至造成相邻测区高程互不连接。这种随导线进行的水准测量，其路线总长未进行过统计。

1953年6月总参测绘局翻译出版苏联1950年《三、四等水准测量及经纬仪高程测量规范》，该规范对操作要求比较严格，规定了前后视距不等差的限差；采用黑红双面尺，规定了黑、红面读数差和黑、红面尺所测高差之差的限差；标准视线长度三等水准不大于75米，四等水准不大于100米；附合路线或环线闭合差的限差，三等为$\pm 10^{mm}\sqrt{k}$，四等为$\pm 20^{mm}\sqrt{k}$；三等水准正常环周长不大于300公里，在两高等点间单独附合路线长度，三等不超过200公里，四等不超过100公里，两交叉点间的长度三等不超过100公里，四等不超过50公里。

黄委会从1954年开始，按苏联规范在黄河中下游以精密水准环为单元布设12个三、四等水准网。三等观测方法有5种：(1)N_2水准仪，单面木质水准尺，三丝读数，双程观测；(2)N_2水准仪，双面水准尺，三丝读数，单程观测；(3)N_2水准仪，双面水准尺，三丝读数，双程观测；(4)N_3水准仪，铟钢水准尺，中丝读数，单程观测；(5)N_3水准仪，铟钢水准尺，中丝读数，双程观测。四等水准观测方法是用N_2水准仪，双面水准尺，中丝读数，单程观测。1958—1959年黄委会对12个水准网进行平差，参加平差的有黄委会测的三等水准 13540.9 公里，四等水准 1116.3 公里，河南水利设计院、陕西水利设计院、水电总局、北京院测的三等水准分别为 263.1、495.1、401.3、161.0 公里，共计 15977.7 公里。分网位置见图 1—11。各网成果表均附有黄海高程同 1953、1955、1957 年大沽零点高程对照表。黄海高程有两个：一是未经平差即供应的成果(名 1958 年黄海高程)；一是 1959 年平差后的高程。

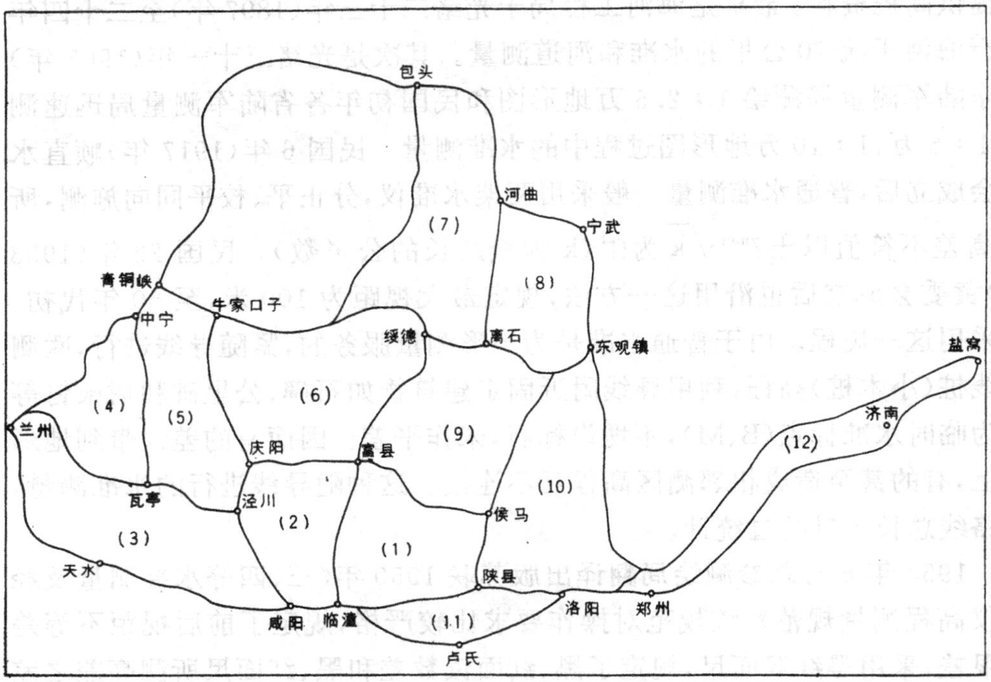

图 1—11　黄委会黄河中下游三四等水准网分网示意图

平差是以精密水准做高程起算，由于有两个精密水准环过大，为了提高其控制强度，在该两环中加布了二等水准 2594.8 公里。平差采用结点逐步趋近法，也有的是单线配赋。平差结果，平均一公里中误差均未超过规定的 $\pm 10^{mm}\sqrt{k}$，只有陕西神木附近(第七网)达到了限差。从路线闭合差来看，159 条(段)三等路线中，有 16 条超限，有 5 条接近限差，共计 21 条，占总路线数的 13.2%。分析其原因：一是在当时追求高指标压力下观测精度不高；二是精密水准加入了正高改正，而三、四等未加改正。三等水准闭合差超过或接近最大限差 $\pm 10^{mm}\sqrt{k}$ 的路线情况见表 1—13。

表 1—13　**三等水准闭合差超过或接近限差的路线情况表**

网号	路线号	线长（公里）	测量方法	闭合差（毫米）	允许闭合差（毫米）
1	8	32.6	N_2双面尺、三丝读数、单程	−101	±57
	11之一段	69.5	N_2单面尺、三丝读数、双程	−99	±83
	13之一段	63.2	N_2单面尺、三丝读数、双程	−139	±80
2	4	124.2	N_2双面尺、三丝读数、单程	+90	±111
	5	111.3	N_2双面尺、三丝读数、单程	+205	±105
3	1之一段	129.4	N_2双面尺、三丝读数、单程	−127	±114
	5	42.8	N_2双面尺、三丝读数、单程	−62	±65
	14	114.8	N_2双面尺、三丝读数、单程	+204	±107
	25	52.3	N_2双面尺、三丝读数、单程	+67	±72
6	3	104.1	N_2双面尺、三丝读数、单程	+199	±102
7	6	117.0	N_2双面尺、三丝读数、单程	+138	±108
	11之一段	61.5	N_3铟钢尺、中丝读数、单程	−75	±78
8	6	75.1	N_2双面尺、三丝读数、单程	+127	±89
	8之一段	59.0	N_2双面尺、三丝读数、单程	+193	±77
9	4	85.7	N_2双面尺、三丝读数、单程	−82	±93
10	6	64.5	N_2双面尺、中丝读数、双程	−80	±80
	11之一段	82.9	N_2双面尺、中丝读数、单程	+109	±91
11	6	71.1	N_2双面尺、三丝读数、单程	+89	±84
	7	64.0	N_2双面尺、三丝读数、单程	+108	±80
	10	83.9	N_2双面尺、三丝读数、单程	−151	±92
12	1之一段	106.4	N_2双面尺、三丝读数、单程	−137	±103

表 1—13 接近和超过限差的 21 条路线中，有 18 条是单程观测，特别是 N_2 水准仪单程观测，精度最差。

水准测量的精度，除与采用的测量方法有关以外，使用的仪器效能和路线环境也是影响精度的主要因素。如第四网中误差最小的只有±1.45 毫米和±2.92 毫米，第三网中的 17、18 两线中误差也只有±2.87 毫米，精度较好，这些都是用 N_3 水准仪、铟钢水准尺、中丝读数、单程观测的，可见仪器效能也占很大成分；再如第 7 网陕西神木附近的水准路线，都在松软沙区，平差结果中误差±10 毫米，达到了限差，这主要是由于路线环境不好造成的。

黄河流域水文站，据 80 年代初统计，主要站约有 500 多个，分属于黄委会及各省（区）水利部门。它们使用的高程，有假定高程、大沽零点高程系高程，也有其他高程系统，而地形测图又多用 1956 年黄海高程系统，这对黄河水利工程的规划设计、水文水情预报、防汛指挥等很不方便。1963 年黄委会决定用三等水准联测各水文站基点的高程，统一到 1956 年黄海高程，至 1981 年底共完成 425 站的联测工作，为黄河流域水文站网统一采用"1956 年黄海高程系统"奠定了基础。此项成果已于 1983 年底提交黄委会水文局。1984 年测三门峡环湖水准时，又增测了 6 个站。

精密水准和三、四等水准在黄河上游地区尚有很大空白区，水准路线的密度，还不能满足测大比例尺图的需要。因此，各测绘部门补充了大量的三、四等和少量的一、二等水准测量工作。根据各省（区）测绘局 1980 年前后出版的《测绘资料目录集》统计，完成三、四等水准路线的长度有：青海省 2131.6 公里，甘肃省 6840.2 公里，宁夏回族自治区 7444.6 公里，内蒙古自治区 18922.4 公里，陕西省 5220.4 公里，山西省 4733 公里，河南省 5224 公里，山东省 9101 公里，以上 8 省区总计近 6 万公里。其中河南、山东两省只统计沿黄河两岸约 100 公里范围内的测线。有些短于 20 公里的线路未作统计。参加测量的主要单位有：总参测绘局、地质部测绘局、国测总局、华北煤田地质局、中南煤田地质局、冶金部地质勘探公司、中南地质局、北京院、水电部十三工程局、冶金部北京勘察总公司、西北煤田地质局、淮委会、铁道部，以及各省（区）水利设计院、测绘局、地质局、煤田勘探公司、冶金设计院、水文地质勘探队、城市建设局和各矿务局等。

第五节　一、二等水准

全国水准测量一般按控制次序和施测精度分为一、二、三、四等。一等水准是国家高程控制网的骨干，也是研究地壳和地面垂直运动及有关科学问题的主要依据。二等水准是国家高程控制的全面基础，控制着三、四等水准的应有精度。

一、一等水准

黄河流域最早的一等水准路线是徐州至郑州一线，系民国5年(1916年)10—11月埋石，民国24年(1935年)陆地测量总局观测，每公里偶然中误差±0.39毫米，每公里系统中误差±0.04毫米。

50年代，精密水准在中国经济比较发达的地区先行布网，于1956年和1959年完成了中国东南、东北部地区精密水准平差。为统一中国高程系统，为社会主义建设事业，提供大面积高精度的高程控制数据。但因布测工作没有统一规划，网的结构、密度和范围，测量精度和平差计算，都不能构成为全国范围的高精度高程控制网。为此，国测总局1958—1964年按照中国制定的《大地测量法式(草案)》在全国范围布设一等水准。其中在黄河流域布测的有：青岛—徐州—郑州—西安—兰州—酒泉，北京—郑州—武汉，北京—包头—兰州—格尔木和天津—青岛等线，如图1—12。因国测总局一度撤销，布测规划未能继续实施。

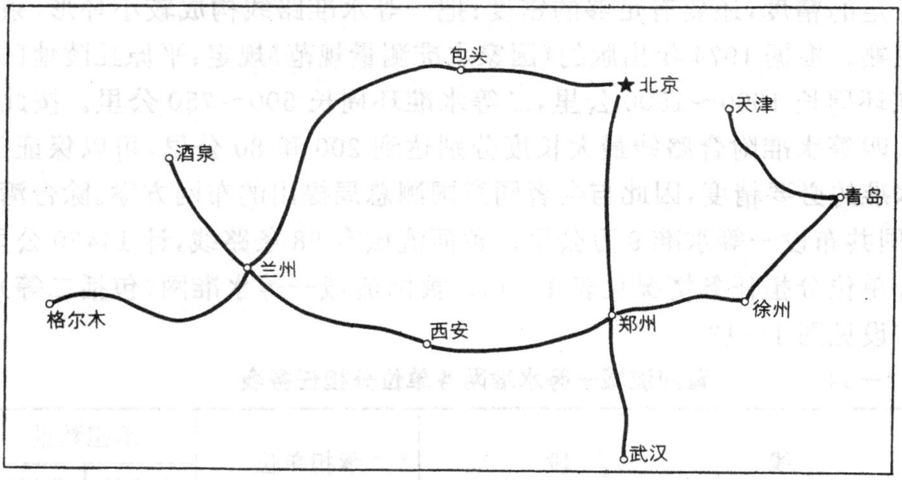

图1—12 1958—1964年国测总局布测的一等水准路线示意图

70年代后期，地震局系统布测了一些地区性的一等水准：青海省有西宁—民乐—张掖线；甘肃省有古浪大靖—皋兰、永登—民和、靖远—海原红园子、靖远—会宁沙家湾、永靖西固—刘家峡、兰州环、兰州—漳县、刘家峡—岷县、武都—定西、甘谷鸳鸯镇—陇西、天水兴隆镇—鸳鸯镇、通渭华家岭—秦安、天水—静宁、平凉—千阳、陇县—秦安、天水—陇西、天水北道埠环、天水东泉镇环、天水—武都、礼县长道镇—西和等线；陕西省有宝鸡环、咸阳—宝鸡、临潼骊山环、泾阳云阳环、西安环、太白支线、韩城—富平、韩城—河津、蒲城环、华阴—韩城、临潼—延安等线；山东省有德州—济南、济南—肥城安驾庄、兰考—东阿鱼山、黄委会兰鱼线$_{21}$—鄄城、兰鱼$_{20\text{补}}$—鄄城、安驾庄—兰鱼$_{33}$、东明环等线。陕西测绘局还施测了西安—三原、三原—洪水以及大地原点环等线。以上共计1.4万多公里，但缺乏整体规划，没有平差条件。

1976年7月国测总局在哈尔滨召开全国一等水准路线布设方案和任务分工座谈会，参加会议的有国测总局、总参测绘局、水利部、国家地震局等系统的有关单位。黄委会派李凤岐参加。会议认为：一等水准不但是高程控制的骨干，而且是现代国防和科学研究不可缺少的资料；为了研究地壳垂直运动、地震预报、平均海水面变化、地球大地水准面形状等科学问题，需要开展一等水准网的全面布设；我国1957年、1959年出版的《精密水准成果表》，测量精度不能满足上述要求，且时过20年，由于社会活动和自然灾害的破坏、地壳的变化，原埋标石损毁严重或高程有所变化，有必要进行复测。会议对布网方案进行研究后认为：为适应各方面的需要，一等水准网不但要具有一定的精度，还要有足够的密度；把一等水准路线构成较小环形，条件已经成熟。根据1974年出版的《国家水准测量规范》规定：平原丘陵地区一等水准环周长1000～1500公里，二等水准环周长500～750公里。按此推算，三、四等水准附合路线最大长度分别达到200和80公里，可以保证三、四等水准的必要精度，因此与会者同意国测总局提出的布网方案。除台湾省外，全国共布设一等水准9万公里。黄河流域有58条路线，计14450公里。

各单位分担任务情况见表1—14。黄河流域一等水准网（包括二等）的路线布设见图1—13。

表1—14 **黄河流域一等水准网各单位分担任务表**

环号	线段	承担单位	承担数量	
			路线数	公里数
19	大同—呼和浩特	内蒙古测绘局	1	190
20	包头—东胜	陕西测绘局	1	90
	包头—杭锦后旗—石咀山—东胜	黄委会	3	880
21	东胜—绥德—吴忠—石咀山	陕西测绘局	3	935
22	大同—代县—榆次—平遥—绥德	陕西测绘局	4	690

续表 1—14

环号	线　　段	承担单位	承担数量	
			路线数	公里数
22	包　头—呼和浩特	内蒙古测绘局	1	150
23	平遥—侯马—三门峡—灵宝—西安—咸　阳—富　平—绥　德	陕西测绘局	7	1160
24	榆次—石家庄—邯郸—侯马	陕西测绘局	3	740
28	天津—博兴—济南—石家庄	总参测绘局	3	720
29	济　南—兖　州	总参测绘局	1	150
	兖　州—邯　郸	河北测绘局	1	410
30	邯郸—郑州—徐州	总参测绘局	2	600
31	博兴—潍坊—青岛原点	总参测绘局	2	300
65	淅　川—灵　宝	四川测绘局	1	210
	三门峡—郑　州	黄委会	1	240
	郑　州—信　阳	总参测绘局	1	280
69	西安—茶镇、汉中—宝鸡—咸阳	国家地震局系统	3	530
70	吴忠—隆德—静宁—兰州河口—黄羊镇—吴　忠	国家地震局系统	5	1265
71	咸　阳—隆　德	陕西测绘局	1	310
72	康县望子关—静　宁	陕西测绘局	1	340
73	康县望子关—临潭合作—兰州河口	陕西测绘局	2	560
74	河　口—西　宁—张　掖	陕西测绘局	2	510
75	额济纳旗—杭锦后旗	陕西测绘局	1	670
77	阿坝—玛多花石峡—共和倒淌河—西宁	四川测绘局	3	930
	阿坝—龙日坝—合作	国家地震局系统	2	480
78	歇　武—玛多花石峡	四川测绘局	1	230
80	格尔木—共和倒淌河	陕西测绘局	2	880
	格尔木—五道渠			
	合　计		58	14450

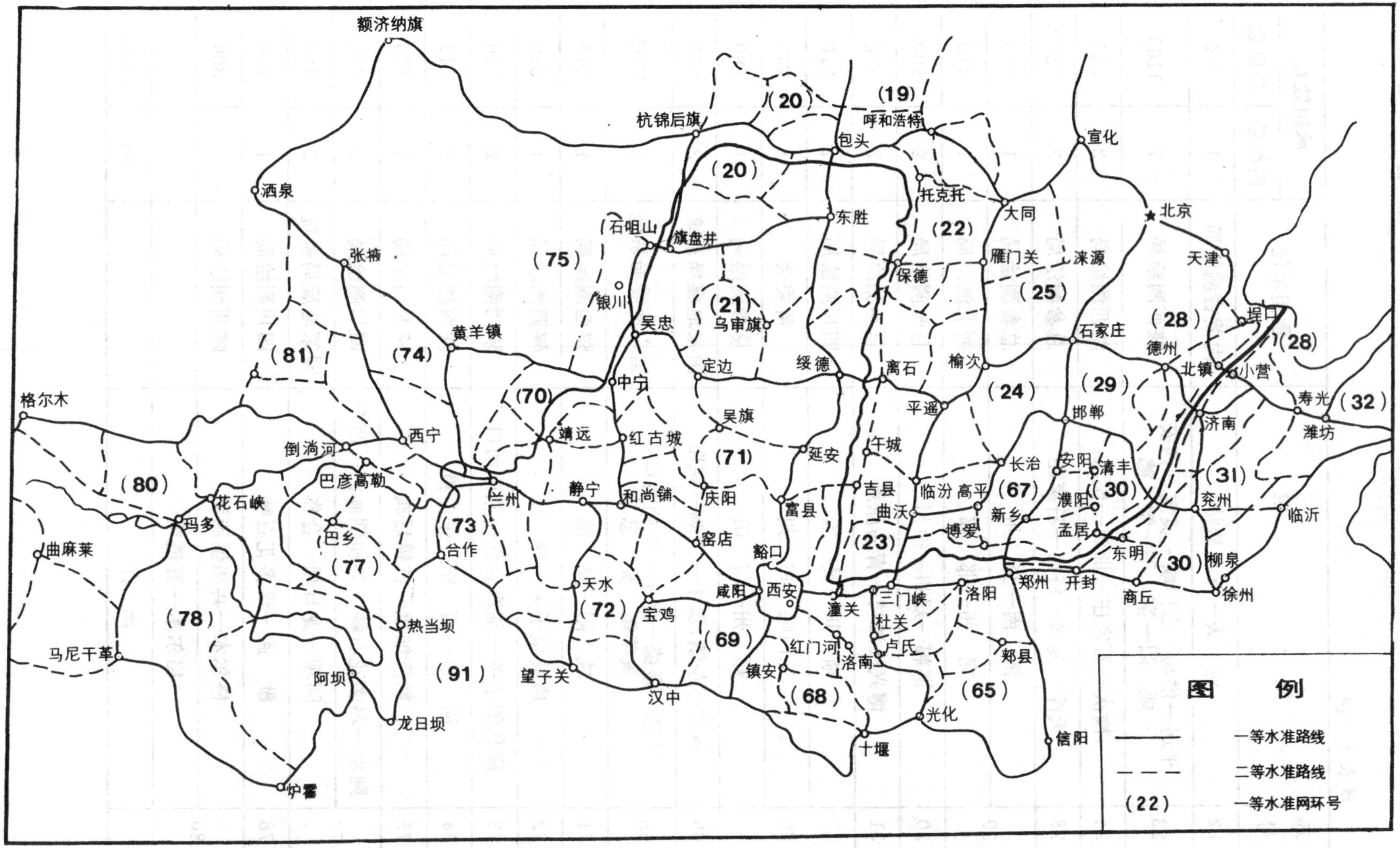

图 1－13　黄河流域国家一二等水准网布设示意图

为了尽可能减少因施测时间过长由地壳垂直运动引起的附加误差，要求各单位在5年内尽快完成整个水准网的观测。

为及时交流经验，处理工作中的问题，国测总局于1979年1月在杭州召开参与布测工作的各部门、单位参加的国家一等水准测量会议，黄委会派林存温参加。会议讨论了以下问题：(1)成立国家一等水准布测工作协调组，由国测系统5人、军测系统3人、水利系统2人、地震系统3人组成，黄委会肖少彤为成员之一，下设资料分析组，以陕西测绘局第四测绘大队为主，各部门派人参加；(2)明确总参测绘局负责研究高程基准面问题，并要求1981年底提出研究报告；(3)建议各单位提供过去采用的高程系统的范围、路线、使用情况和联测位置、点号；(4)同意陕西测绘局在一等水准路线上的重力测量布设方案，由陕西测绘局在1981年底前完成，并对一等水准正常高系统各项改正的准确计算作准备工作；(5)对各单位的任务进行了部分调整；(6)水准标尺的检验、地震前后对水准成果的选用、水准路线标点编号和资料交接手续等。与会者一致认为：一等水准是全国测绘重点项目之一，是直接为社会主义现代化服务的基础资料，要采用现代最新技术和最好的仪器设备，高速度高质量地完成这项工作。

黄委会承担的四条一等水准任务，于1980年底全部完成，实测1302.1公里。1981年7月将成果送交陕西省测绘局第四测绘大队。在这次测量中第一次使用蔡司Ni002补偿式自动置平水准仪，四条路线测得的每公里偶然中误差平均为±0.35毫米(规范要求不大于±0.50毫米)。黄委会负责的包头—东胜—棋盘井(原定石咀山改为棋盘井)—杭锦后旗—包头一等水准环的拼环精度良好，全环周长961.7公里，允许闭合差±62毫米，实测闭合差35.3毫米。

到1981年底，由各单位施测的国家一等水准外业工作基本完成，同时完成了水准路线的重力测量、沿海42个验潮站的联测以及琼州海峡渡海水准测量，水准标尺检定设备的建设、试验和各项研究工作都取得了进展。

1981年底至1982年初，在南京召开全国一、二等水准工作会议。会议确定：外业补测工作除个别特殊情况外，应在1982年底完成；资料分析和有关研究试验工作，在1983年基本结束；1984年逐步转入平差计算。

1985年7月国家一等水准布测协调组在西安召开扩大会议，黄委会设计院派梅家声参加会议，讨论审查陕西省测绘局提出的《国家一等水准平差计算技术设计书》。会议认为，该设计书符合中国目前实际情况。同年10月国测总局批准实施。国家一等水准网整体平差采用不等权条件观测平差法，以青岛水准原点“1985国家高程基准”为起算，以交叉点间高差为元素，以测站数定权，外业观测高差加入标尺一米间隔真长改正和正常水准面不平行改正以及重力异常改正后，100个闭合环中按环闭合差计算每公里水准测量高差中数的全中误差为±1.0毫米(规范要求±1.0毫米)

1986年6月29日至7月1日，在北京召开有关部门、专家、学者参加的一等水准网平差成果鉴定会，黄委会派梅家声参加。鉴定会认为：国家一等水准网布设技术指标先进，测量精度高，确定的高程基准面科学实用，水准原点高程数据准确，数据处理方法严密，成果正确可靠，在科学技术上达到了国际水平。

二、二等水准

50年代，黄河流域除精密水准表所列二等成果外，各经济建设部门和测绘部门根据自己的需要布测了一些二等水准。1958年以前按苏联1943年《二等水准测量细则》进行，以后按中国水准规范施测。根据各省1980年《测绘资料目录集》统计的情况是：黄委会1954—1958年布设三、四等水准网时，因有的精密水准环线较大，为了保证三、四等精度，在精密水准环中加密了9条二等水准线，计2594.8公里。并收集了北京院和冶金部有色金属设计院的二等线两个环，计233.9公里。青海省有总参测绘局、长办布测的二等水准1828.5公里；甘肃省有西北院、长办、兰州城市建设局布测的二等水准562.7公里；宁夏回族自治区有银川石油处布测的二等水准121.9公里；内蒙古自治区有国测总局、呼和浩特市城市建设局布测的二等水准320.1公里；陕西省有建筑工程部综合勘察设计院、长办、西安城市建设局布测的二等水准562.7公里；山西省有国测总局、陕西冶金地质公司、山西水利设计院、山西水文地质勘探队布测的二等水准988.6公里；河南省有淮委会、北京院布测的二等水准1045公里；山东省有山东黄河河务局、山东水利设计院施测的二等水准986.7公里。以上共计9244.9公里。这些二等水准未构成网状，无统一平差条件。

1981年12月26日至1982年1月7日，国家测绘局在南京召开全国一、二等水准测量工作会议，黄委会派梁儒珍参加。1982年2月9日国家测绘局、总参测绘局、水利部、国家地震局联合发出(82)测发字第53号文，批转了这次会议纪要。《纪要》除总结并布置了一等水准下步工作外，还明确了全国二等水准网的布测计划与任务分工。全国计划施测二等水准路线793

环,平均环线周长490公里,路线1138条,设计总长度137039公里,要求1988年底以前完成外业工作。其中跨黄河流域的二等水准线有164条,19913公里(参看78页图1—13),由8个单位施测,分工情况如表1—15。

各单位承担的任务中,都有一部分属于地震研究线,要求按一等水准精度施测。

表1—15　**黄河流域二等水准分工情况表**

单　位	施　测　地　区	所在一等水准环号	公里数
国家地震局	甘肃、宁夏、陕西、山西、内蒙古、河南	22、70、71、72、73	2334
内蒙古测绘局	内　蒙　古	19、20	1460
陕西测绘局	青海、内蒙古、山西、陕西	21、22、23、68、71、72、77、79	5020
黄　委　会	内蒙古、山西、陕西、甘肃、山东、河南	22、23、28、29、30、65、67、68	5416
河北测绘局	山　西、山　东	22、24、28、29、30、67	2002
总参测绘局	山东、河南、青海	31、65、79	2076
甘肃测绘局	甘肃、宁夏、内蒙古	70、72、74、75、81	1203
四川测绘局	青　海、四　川	78	402
合　计			19913

二等水准网的布设对各经济建设部门特别是治黄部门,是一项紧迫的任务。50年代的精密水准和三、四等水准网,已历时20多年,由于社会活动和自然破坏,水准标石受到严重损害,一般地区损失程度在50%以上,严重的如洛河流域仅存5%。虽然国家一等水准正在布测,但密度远不能满足治黄的要求。1975年7月25日,黄委会编制的《治黄测绘工作十年规划》(1976—1985年)就拟定了水准网的复测更新规划,并报送水电部和国测总局。自1976年开始,黄委会进行水准路线的查勘埋石工作,到1987年底完成了全部二等水准的外业工作,总计完成5779公里。其中有部分是根据治黄特殊需要增加的线,按一等精度观测的共1715.1公里。完成的路线是:萨拉齐—托克托—保德—兴县—离石—午城—吉县—河津—潼关,托克托—和林格尔,午城—临汾,宜川—韩城,河津—曲沃,定边—吴旗—庆阳—富县—宜川—吉县,庆阳—庆阳驿马关—泾川窑店,庆阳驿马关—固原王洼,吴

旗—延安，高平—博爱—武陟詹店—濮阳孟居—阳谷寿张—齐河大吴—滨县北镇—无棣埕口，闻喜—博爱，濮阳孟居—东明，濮阳—孟居，新乡—濮阳，郑州保合寨—东明—梁山黑虎庙—梁山路那里—济南—博兴小营—寿光，梁山路那里—肥城安驾庄，民丰（垦利）—集贤（过河线），孟县—洛阳—伊川—旧县—卢氏，杜关—洛阳，洛南—卢氏五里川。

为施测二等水准，黄委会除已有蔡司 Ni002 水准仪外，又增置了蔡司 Ni007 自动置平水准仪。这两种仪器，置平快，观测方便，效率高。减少了水准仪和水准尺垫沉陷时间，为提高精度创造了有利条件。但也产生了新的矛盾，记录赶不上观测，心算易发生差错，增加了核算记录的工作量。1980 年国外微型计算器大量进口，黄委会利用计算器编制了记录程序，经报请国家测绘局批准使用，实现了记录自动化，提高了效率和精度。根据外业成果初步检查，每公里高差中数加入尺长和正常高改正后的偶然中误差最大为±0.79 毫米，最小为±0.28 毫米，平均±0.475 毫米（规范规定±1.0 毫米）。但对 Ni002 水准仪是否受地磁影响有不同认识。

第六节 高程系统

高程测量需要有一个起算零点。元朝郭守敬于至元十二年（1275 年）查勘黄、淮、海大平原时，就提出了以海水面为基准面，以比较大都（今北京市）和汴梁（今开封市）地势之高低。19 世纪末叶，中国开始建立验潮站，由于验潮站所在地和观测精度的不同，产生了不同的高程系统。

一、大沽零点高程系统

大沽是天津市的海港。大沽零点高程系是顺直水委会、华北水委会、黄委会以及黄河流域许多单位采用的高程系。其使用范围是：山东西北部、河南中部和北部，河北、山西、陕西、内蒙古西南部和宁夏、甘肃、青海等省区。

海河工程局于清光绪二十三年（1897 年）开始对海河干流（长 70 公里）进行测量，以海河口北炮台院内的 $\frac{HH}{155}$ 为起算点。光绪二十八年（1902 年）春，天津地方政府向英国海军驻华舰队提出大沽浅滩测量要求，并愿承担工作费用。舰队海军司令同意派船“兰勃勒”号承做该项任务。同年秋完成了大沽浅滩测量，并确定大沽零点作为高程基准面。船长司密斯于光绪二十九年(1903 年)初向海河工程局提供了关于确定大沽零点的报告，指出："作为测量基准点是大潮期(强潮)的平均低潮位。此高程为大沽浅滩外潮标(水尺)的 1 英尺 9 英寸或内潮标的 0 英尺 9 英寸，当潮标水位达到此水平面时，海河内水位在北炮台院内标石顶以下 16.1 英尺(合 4.902 米)。"其后顺直水委会、华北水委会也使用大沽零点为高程测量的起算点。华北水委会又在天津市河北区自由道华北水委会院内建立一个水准基点，并进行了联测。民国 30 年(1941 年)海河工程局校测了北炮台标石和华北水委会院内基点之高程，误差 31 毫米。

民国 23—37 年(1934—1948 年)，黄委会用精密水准引测了顺直水委会和华北水委会的高程，引测点有三(参见 66 页图 1—9)：一是新乡卫河平汉铁路桥 y. y. BM_{600}，系顺直水委会于民国 8 年(1919 年)沿平汉铁路测设的一个精密水准点，高程为 74.067 米，华北水委会的平差值为 74.182 米；二是山东临清 y. BM_{420}，系沿运河的一个普通水准点，华北水委会平差值为 36.417米；三是德州 y. BM_{290}，系黄委会为比较大沽与青岛海水面的差值，于民国 23 年(1934 年)邀请华北水委会从天津至德州施测的精密水准点，华北水委会平差值为 24.655 米。德州经泺口至青岛的精密水准由黄委会施测。由于泺口至东平县十里堡没有测精密水准，所以在 50 年代以来，很长时间有误传，以为黄委会的高程是从临清起算的。1959 年黄委会出版的《三、四等水准成果表》在"概述"中说："大沽高程系统是前黄委会引测自顺直水委会新乡 y. y. BM_{600}，测至黄河北岸华北水委会(C. R. C)PM_{249}得高程为 95.585米，高差为＋21.518 米(华北水委会高差为＋21.331 米)。嗣后黄委会又从 PM_{249}经黄河南岸郑州保合寨引测至山东临清与华北水委会之 y. BM_{420}＝PM_{200}(即黄委会 P. L. R. BM_{72})相接，黄委会采用高程为 36.329 米(华北水委会平差值为 36.417 米)，回算至 PM_{249}得高程为 95.943 米，以后即以 PM_{249}为 95.943 米为起算，作为黄河的起算系统。但 PM_{249}标石已经遗失，50 年代初期仍采用此高程系统，并选定前所埋设的一个比较可靠的基本水准点郑州保合寨 PBM_{1L}＝97.060 米作为起算数据进行了推算工作。"这一段话说明黄河高程是引测临清的，但没有说明临清 y. BM_{420}的高程 36.329 米从何而来，即误认为黄河高程来自临清。1962—1964 年黄委会测绘处对以前的水准档案资料进行清理，1965 年 1 月编写有《解放前水准档案资料整编说明》，发现泺口至十里堡之高差，是由三次测量高差用加权平均法计算而得，十里堡之高程是由泺口推算而得，因而否定了黄河水准从临清起算的说法,更正为从德州起算。由于三次测量有一次权定为2,所以认为泺口至十里堡间施测过精密水准。1984年黄委会档案科常心敏对前黄委会的测绘档案又进行了详细查证,编有《黄河水准测量高程系统的考证》,进一步证实黄河大沽高程引测自德州,并证明泺口至十里堡之间的三次测量都是普通水准:第一次是顺直水委会施测;第二次是民国22—23年(1933—1934年)黄委会第三测量队在堤工测量时施测;第三次是民国24—25年第二测量队测地形图时以双线多边形水准网施测。因而把第一、第二两次权均定为1,第三次权定为2进行加权平均,得出泺口至十里堡之间的高差。黄河高程引自德州推算到泺口,向西推算到十里堡,转向北推算到临清高程为36.329米。这就清楚地证明了黄委会引测大沽零点高程系,高程的起算点是德州。《考证》认为1959年测绘处编写的《黄河历年测图高程系统的化算》不应当把这些不同的起算点高程各自称为"系统",应当只有一个自德州引测的大沽系统,才不致造成混乱。

二、坎门高程系统

清末和民国期间,各省陆军和陆地测量局测量1∶5万军用图时,各自假定高程原点。30年代,国防部测量局计划统一全国高程系统,曾以坎门(在浙江省玉环县)零点做起算,联测了14个省的军用图高程原点,其中在黄河流域的联测情况如表1—16。

三、青岛验潮站系统

青岛验潮站位于青岛市大港一号码头西端,该地区地壳稳定,远离断裂带,所在码头也很牢固。清光绪二十四年(1898年)开始观测潮位,光绪三十年建验潮井。民国32年(1943年)扩建码头时将验潮井南移10米(即现井位),1945年验潮中断,民国36年青岛观象台和港务局修复验潮设施,第二年7月4日恢复验潮。1949年青岛解放,经过整修增设新的验潮设备,重新开始验潮。潮位观测系由安装在验潮井上的瓦尔代验潮仪自动记录。青岛验潮站的标高,因时间和客观条件不同曾有几次变动,分述如下:

(一)青岛标高

民国25—26年(1936—1937年)黄委会用精密水准联测了济南泺口和

表 1—16　**黄河流域军用图高程原点联测情况表**

省　区	原　点　位　置	假定高程（米）	坎门零点高程（米）
江　苏	南京陆地测量总局内	29.0	7.071
安　徽	安徽测量局门前	50.0	23.761
山　西	太原北门外晋一号水准点	1000.0	791.445
陕西(关中)	西安市老关庙陕西陆军测量局院内	97.0	406.637
陕、甘、宁	同　上	改为 397.0	406.637
山　东	(清末)济南市棋盘街 (1916 年)泰山山麓	50.0 300.0	 151.847
河　南	开　封　阮　庄	500.0	78.071
河　北	秦皇岛(联测的是北京北大医院内的点)	74.071	48.802

青岛验潮站的高差，从青岛零点标高（最低潮位）起算，推算泺口和泺口以东水准高程，称青岛标高。山东黄河河务局采用此高程系统，直到 1953 年 1 月才开始改用大沽零点高程系高程，其换算是采用泺口 F.P.128 的高程，该点青岛标高高程为 40.146 米，大沽零点高程为 38.519 米，即原青岛标高高程减去 1.627 米为大沽零点高程。

(二)1954 年黄海高程系

1954 年总参测绘局在青岛市建立国家水准原点网，包括 1 个原点（设在观象山）、2 个附点、3 个参考点（1972 年又建立了备用原点）。在建原点网以前曾利用前华东水利部精密水准及其他部门成果联测了坎门与青岛水准面，二者相差不大。在沿海地区进行了精密水准平差，把青岛 1954 年黄海平均海水面作为零高程面建立了 1954 年黄海高程系。

(三)1956 年黄海高程系

1956 年中国东南部精密水准平差时，为了选用零点，平差委员会曾派王宗梅等，北自大连南至榆林港沿海调查各验潮站的情况，写有详细的调查报告。经平差委员会全面比较各站的具体条件，认为青岛优点较多，遂选定该站 1950—1956 年间完整的验潮资料推算的黄海平均海水面为零，采用总参测绘局联测观象山原点的高程 72.289 米，全网即以此推算，称为 1956 年黄海平均海水面高程。1957 年制定我国《大地测量法式》时,进一步研究了统一高程问题,决定采用“1956 年黄海高程系”。

(四)1985 国家高程基准

1976 年 7 月在哈尔滨召开全国一等水准路线布设方案和任务分工协作座谈会时,明确总参测绘局进一步研究统一高程基准面问题。总参测绘局对沿海 42 个主要验潮站进行了研究,于 1983 年全国一等水准网布测协调组扩大会议上提出可供选择的 4 个方案:(1)继续采用 1956 年黄海平均海水面;(2)采用青岛验潮站的 19 年滑动周期或 1950 年以来全部验潮资料计算的平均海水面;(3)采用沿海分布均匀的多个验潮站平均海水面的平均值;(4)采用与全球大地水准面吻合最好的平均海水面。会议分析其可能性、使用性和科学性后,提出由 2、3 两个方案中选定。

总参测绘局进一步进行计算工作,在平均海水面的计算中,采用了中数法、杜德逊、鲁斯特、陈宗镛、戈登 5 种公式,分别计算了 1952—1979 年 10 个 18.6 年和 10 个 19 年周期平均海水面的平均值。最大互差前者为 0.14 毫米,后者为 0.17 毫米,二者最大互差为 0.62 毫米,都很小。

1985 年召开全国一等水准网布测协调组扩大会议,确定采用青岛验潮站 1952—1979 年的潮汐观测资料,按 19 年周期计算 10 个(1952—1970 年、1953—1971 年……1961—1979 年)滑动平均海水面的平均值。青岛水准原点的高程采用 1980 年观测的水准原点网和沙子口备用水准原点网的成果,经统一平差确定,定名为“1985 国家高程基准”。经过平差计算,水准原点高程为 72.2604 米,较 1956 年原值低 0.0286 米。

四、大沽中等海水面高程系统

民国期间,平绥铁路曾使用大沽中等海水面高程系统。1953 年水电总局、1958 年北京院测量黄河北干流河道和库坝址地形时,以京包铁路萨拉齐车站 BM374 为起算点,采用高程 1006.324 米。1954 年黄河规划委员会(简称黄规会)查证该点大沽零点高程系高程为 1007.637 米。水电总局所测百草塔坝址地形图上有一水准点“水力 211”,其中等海水面高程为 968.776 米。黄委会 1953 年测托克托至潼关水准线时,曾联测“水力 211”,黄委会的编号为 $PLTTPBM_{1032}$上。1959 年出版的“黄河中下游三四等水准成果表”中,列有这个点的 1956 年黄海高程系高程为 968.604 米。说明大沽中等海水面的高程与 1956 年黄海高程系的高程相近。

五、废黄河口零点高程系统

导淮(治淮)委员会测图采用废黄河口零点高程系统,该系统是以 1912 年 11 月 11 日下午 5 时江苏响水县云梯关入海口低海水面为零起算,后又采用验潮站平均海水面为新零点。因原点早已淹没无存,故原点处新旧零点相差多少,已无从查考。后导淮委员会以淮阴马头镇"导淮 BM_{11}"的高程 16.967 米代替废黄河口零点高程系。50 年代河南水利设计院在淮河流域范围内的测图曾使用此系统,1957 年后改用 1956 年黄海高程系,该院对这两种系统化算关系是:废黄河口零点高程系高程等于 1956 年黄海高程系高程加差值 90～160 毫米。

此外,在黄河流域还有不少单位的测图曾采用假定标高,如民国时期黄委会在宁夏灌区、内蒙古后套灌区的假定标高,导渭工程处基点的假定标高,水电总局兰州设计院勘测处在刘家峡一带测图的假定标高,还有陇海铁路的新旧标高等。

六、不同系统间的高程比较

历史上各次测量,由于等级不同,使用仪器、操作方法、平差计算以及气象等因素不同,各个水准点每次测得高程都不相同。陕西测绘局在一等水准网平差时,为了判明一等水准线利用的 5000 多旧标石的高程变化状况,曾采用青岛水准原点 1956 年黄海高程系统的值(72.289 米)为起算,对一等网进行统一平差,求得同名点在同一高程系统中的高程变化量,发现其差值有 57.6%在 0.1 米以下,大于 0.2 米的占 4.6%,37.8%在 0.1～0.2 米之间。分析产生这种变化幅度较大的主要原因是:(1)原有水准测量的精度低,且不均匀。(2)水准测量观测数据处理和平差方法欠严密,如原水准观测高差未加入重力异常改正数,而该项改正量在某地山区的一条路线累积值最大达 0.36 米(路线长 241.8 公里);少数路线由于无标尺检定资料未加标尺长度改正;有的平差计算是由结构薄弱的单独路线起算,以及多次传递的误差积累等。这显然是受当时的技术条件和物质条件的限制而产生的。20 多年地壳变动也是影响因素之一。

1957 年出版的精密水准成果高程和 1959 年出版的黄委会三、四等水准成果高程，即 1956 年黄海高程系高程同以前使用过的大沽零点高程比较的差值，摘录如表 1—17。

表 1—17 1956 年黄海高程系高程与大沽零点高程系高程比较表

水准点	大沽零点高程	1956 年黄海高程	差值（米）
塘沽新港船闸信号标下大沽水准下原点	4.657	3.131	+1.526
天水Ⅱ190 上	1080.903	1079.728	+1.175
河津托潼 3027 暗	403.963	402.701	+1.182
封丘荆隆宫北陶Ⅱ—25 暗上	72.981	71.787	+1.194
兰考三义寨 PBM_{25}明	77.461	76.243	+1.218
郑州保合寨 $PLBPBM_{IL}$	97.060	95.874	+1.186
西安西兰 2—1	400.189	399.040	+1.141
兰州西兰 1—1下	1517.703	1516.265	+1.438
平阴、杨苏 5—3	41.346	40.148	+1.198
寿张，张秋北陶 BM_{11}	44.131	43.221	+0.910
齐河鹊山 $PLBM_{136}$	34.522	33.177	+1.345

坎门高程系高程与 1956 年黄海高程系高程比较：验潮站基点 252 的坎门高程系的高程为 6.959 米，黄海高程系高程为 7.105 米，差值为－0.146 米；南京浦口车站花园水准点 1905 的坎门高程系高程为 7.675 米，黄海高程系高程为 7.965 米，差值为－0.290 米；苏北新沂新安小学内水准点 200m 的坎门高程系高程为 29.319 米，黄海高程系高程为 29.715 米，差值为－0.396 米。

废黄河口零点高程系高程与 1956 年黄海高程系高程比较：蚌埠导淮 BM42 明标的废黄河口零点高程系高程为 20.400 米，黄海高程系高程为 20.312 米，差值为＋0.088 米；润河集 75 西暗标的废黄河零点高程系高程为 26.110 米，黄海高程系高程为 26.129 米，差值为－0.019 米。

黄委会在 1958 年以前采用普通水准所测之地形图（大沽零点高程系），系随测随用，除测量精度不高外，还包含有差错在内，其大沽零点高程系高程与 1956 年黄海高程系高程之差有的到±0.5 米左右。1959 年黄委会编写有《黄河历年测图高程系统与化算》，就是把 1957 年以前（包括中华人民共和国建立前)所测的图化算为1956年黄海高程系统的资料(黄委会从1958年改用1956年黄海高程系测图)。

上述事例说明,水准测量的各种高程系统不可能有一个简单的化算差值,只能就具体水准点进行比较。但就地形图而言,其等高线间距在1米以上时,一般说来各高程系统的差值在0.1米以内者可以认为相等,大于0.1米者按多数点的情况进行化算。则有:

1985国家高程基准高程≌1956年黄海高程≌废黄河零点高程。

从海水面看它们的关系式如下:

坎门高程系零点－0.2米≌1985国家高程基准零点。

大沽高程系零点＋1.3米≌1985国家高程基准零点。

即坎门零点(平均海水面)高于黄海平均海水面约0.2米,大沽零点(大潮期平均低潮位)低于黄海平均海水面1.3米左右。

从地形图上的等高线和高程注记点看,它们的关系式如下:

坎门零点系统测图高程＋0.2米≌1985国家高程基准高程。

大沽零点系统测图高程－1.3米≌1985国家高程基准高程。

青岛零点系统测图高程－2.8米≌1985国家高程基准高程(山东水利设计院采用"－2.4米")。

第七节　水准网局部更新

水准网建立后,水准标石有时因建设需要而被移动,或被人畜破坏,或被洪水冲动,也有的由于地下水位变动,或受地壳变形和地震的影响,水准标石有所升降。因此,必须经常注意这些现象,以免误用高程,造成不应有的损失。黄河中下游三、四等水准网随着一、二等水准网的即将完成,有必要全面更新。黄委会根据实际情况,20多年来对亟待解决的黄河下游水准和三门峡水库环湖水准,曾几次进行更新。

一、黄河下游水准网更新

黄河下游水准网是黄委会1959年三、四等水准网的第十二网。经过几年的使用,发现不足之处有:(1)水准路线的位置选择,有的靠近大堤,有的设在堤顶,水准点的高程受大堤培修影响而变更,甚至有的标石被移动或埋在堤下;(2)从郑州到黄河入海口长800公里,只有北岸郑州黄河铁路桥至阳谷陶城铺一条精密水准线,其余都是三等线。而且,黄河下游河道宽度都在1公里以上,南岸三等线过河困难,造成三等环线过长,控制不了高程精度,所以在豫、鲁交界处往往发生高程矛盾。

1962—1965年黄委会对原第十二网大部路线进行改造,并提高了部分路线的等级。如封丘荆隆宫—位山、北坎头—濮阳、郑州保合寨—兰考三义寨、兰考—东阿鱼山、东阿鱼山—齐河鹊山、齐河鹊山—利津(鲁黄Ⅱ)等原三等线,改按二等要求重新选埋和观测,并增加了黄河南岸泺口—利津(鲁黄Ⅰ)和肥城安驾庄—梁山路那里二等水准线,废除原济南泺口—梁山梅庄、梁山仪合寨—平阴姜沟村二线,增加了濮阳—寿张、古城镇—高堤口、古城镇—张秋、泺口—位山等三等线。原旧范县—莘县朝城、原阳安庄—延津于村、滑县黄德集—濮阳榆林头、长垣孟岗集—滑县黄家村等线未重测,仍采用原高差。用结点法平差,重新调制《黄河下游第十二网第一次重测高程表》。原《黄河中下游地区三、四等水准成果表》中第十二网成果作废。这次计更新二等水准1588.3公里,观测中误差±1.8毫米;三等水准491.8公里,观测中误差±2.9毫米。经过这次更新,发现郑州黄河北岸—阳谷陶城铺线有8点标石上升0.1米左右,有两点下沉0.03米左右,保合寨—三义寨、兰考—鱼山、鱼山—鹊山各线有5点下沉0.1米左右,有2点上升0.07米左右。

1969年7月渤海湾发生地震,考虑到接近地震区的水准高程可能受到影响,因而对济南以下黄河两岸"鲁黄Ⅰ"和"鲁黄Ⅱ"两线部分线段及海口区三等支线进行检测,共测二等水准328.5公里、三等水准88.3公里,1974年编制了复测成果表。

1976年国家开始对全国一等水准网进行大规模测量。黄委会考虑到下游水准经过几次复堤,标石损毁严重,重新布设二等水准网势在必行。为了争取国家网能尽量满足治黄需要,曾研究二等水准布设方案:为便于水文测验、修防工作的使用和保证标石的稳定,在有些河段(主要在河南境内)采用了双重路线,即近河、远河各测一条二等路线。这样布设既便于近河路线随时检测与更新,也保证了对下游水准高精度的要求。1981年黄委会决定重测1:5万黄河下游河道图。这种图与一般1:5万地形图不同,平面精度要求按1:5万图施测,而等高距要求1米。据此1982—1983年再次对黄河下游水准进行全面更新,除利用已测国家二等水准外,又增测二等水准427.8公里,三等水准707公里。水准网更新路线见图1—14。

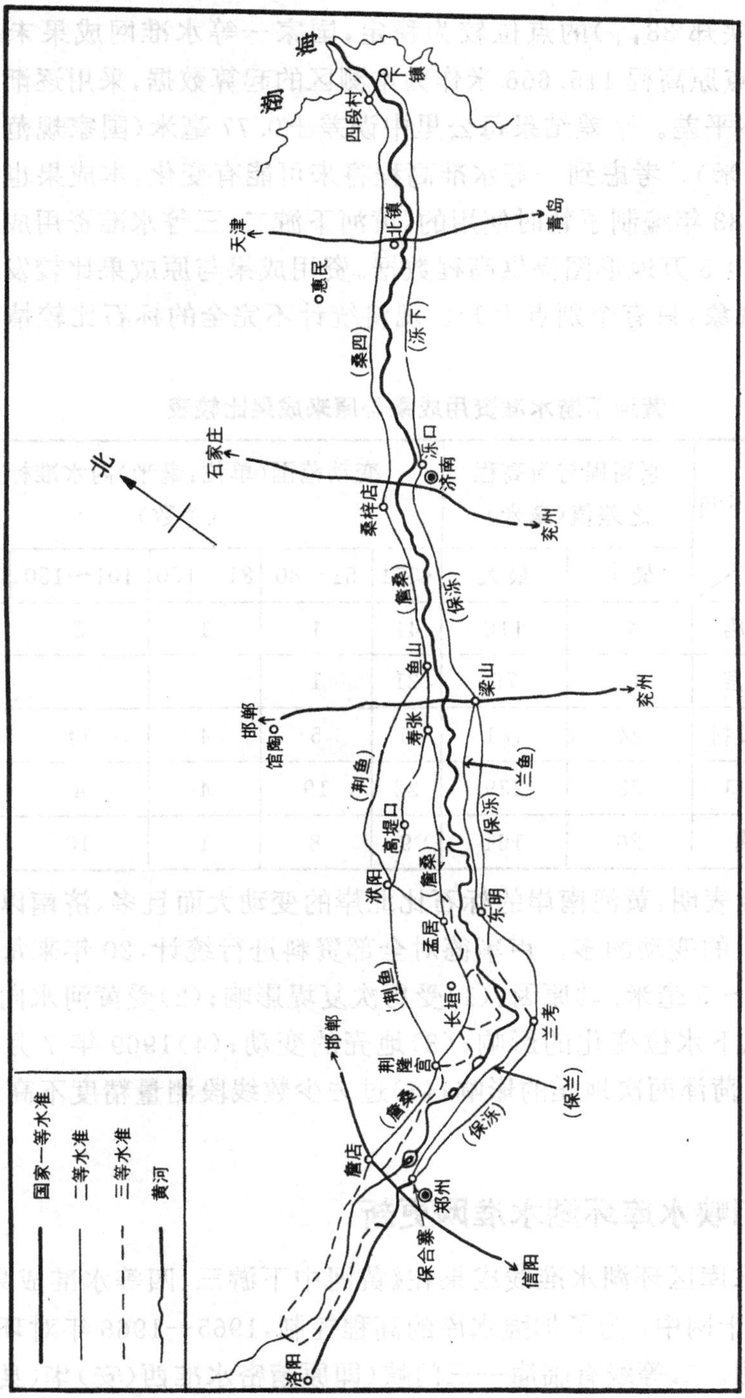

图1－14 1982～1983年黄河下游水准网更新路线示意图

在平差计算时曾对黄河下游国家一等水准点进行分析，认为“Ⅰ三郑61基”(即Ⅰ陕郑$38_{1上}$)的点位较为稳定，国家一等水准网成果未出版以前，暂选用该点原高程115.666米作为本测区的起算数据，采用逐渐趋近法进行全区整体平差。平差结果每公里中误差±0.77毫米(国家规范规定不超过±1.0毫米)。考虑到一等水准高程将来可能有变化，本成果也将随之变更，故于1983年编制了暂时使用的《黄河下游二、三等水准资用成果表》，为黄河下游1∶5万地形图提供高程数据。资用成果与原成果比较发现标石有普遍下沉现象，只有个别点上升。现将统计不完全的标石比较情况列表1—18如下：

表1—18　**黄河下游水准资用成果与原来成果比较表**

比较项目 线名	原高程与新高程之差值(毫米)		变动范围(单位:毫米)内水准标点(个数)				
	最小	最大	<51	51～80	81～100	101～150	>150
詹店—桑梓店	7	116	41	1	1	2	
鱼山—荆隆宫	12	79	21	1			
桑梓店—四段村	24	181	5	5	4	14	3
保合寨—泺口	33	239	22	19	4	4	3
泺口—下镇	26	164	9	8	1	10	6

表1—18表明：黄河南岸的标石比北岸的变动大而且多，济南以下的标石比济南以上的变动的多。卢华德对全部资料进行统计，20年来每年平均非均匀沉陷4～5毫米。其原因：(1)受历次复堤影响；(2)受黄河水向两岸渗流、淤背和地下水位变化的影响；(3)地壳的变动；(4)1969年7月渤海和1983年11月菏泽两次地震的影响；(5)过去少数线段测量精度不高。

二、三门峡水库环湖水准网更新

三门峡水库区环湖水准线成果在《黄河中下游三、四等水准成果表》第一、第二和第十网中。为了加强水库的高程控制，1965—1966年对环湖水准进行更新观测。二等线有临潼—三门峡(即原精密水准西(安)华(县)段、华(县)陕(县)段)、韩城—高陵吴杨；三等线有西安三桥镇—临潼船北、咸阳—高陵陶家、大荔羌白镇—大荔、河津—永济风陵渡、风陵渡—三门峡等。共测二等459.7公里，三等614.9公里，于1967年编制了《黄河中下游地区第1(1)网三门峡水库环湖水准成果表》。

1973年11月三门峡水库改为蓄清排浑低水位运用，原设环湖水准路线位置比较高，三门峡库区水文总站为了便于联测断面端点高程，于1974年在断面端点附近(大沽零点高程300～350米)又埋设了标石，要求施测低线三等水准。经黄委会测绘人员查勘，认为所埋标石路线施测困难，不符合三等水准路线要求。经双方研究用双转点法单程观测。观测结果有些路线超过三等限差，双方同意降为四等使用，计测551.5公里。于1976年1月调制成《三门峡库区环湖(低高程)水准成果表》，只供三门峡库区水文总站测断面使用。

三门峡库区环湖水准线1974年复测后，一方面感到精度欠缺，另方面标石损坏严重。1982—1984年为满足库区水文测验和重测库区地形图，需对环湖水准进一步加强，而330米高程附近选设水准路线非常困难。在此情况下，为了保证精度，结合库区已有水准路线情况，采用了双环环湖水准。外环为一等或二等水准，内环为三等。在库区南岸利用国家西安—郑州的一等，在库区西侧利用国家地震局1980年按一等精度观测的华阴—韩城线，在黄河北岸增设了风陵渡—平陆的二等线，在库区东侧布设了河津—潼关二等线。在一、二等线距河较远的地方又加密了三等线，芮城汉渡—芮城、韩城东论功—韩城坊镇、万荣荣河镇—永济新盛镇、灵宝常阎村—陕县原店镇等线，并用三等支线联测了断面桩高程。共计加测二等线144.9公里，三等线664.2公里。由于三等线地形破碎，施测困难，所以采取了特殊措施。一是采用高精度的仪器蔡司Ni007自动置平水准仪和铟钢水准尺，一是在有沼泽的地段采用5公斤重尺垫(正常情况用2.5公斤尺垫)。经概略平差以1956年黄海高程系统调制了《三门峡水库环湖水准成果表》。由于三门峡水利枢纽原用的是大沽零点高程系统，习惯上水文测验时都采用分档差值换算为黄海高程系统，其最大最小差值相差仅0.04米。故本次成果采用以往差值的平均值1.163米，作为本库区两套高程系统的互换值。即1956年黄海高程系高程加1.163米为大沽零点高程系高程。1984年1月编制了《三门峡库区断面联测三等水准成果表》，同时三门峡地图测绘也改用1956年黄海高程系统。

三、洛河水准更新

洛河(伊洛河)水准网的标石,经过近30年的使用时间,自然的和人为的破坏最为严重,保存率仅为5%。除1982年和1984年列入国家二等施测了洛阳—伊川—卢氏和洛阳—杜关水准外,为了洛河区1∶1万测图需要,1987年又更新了洛阳关林—偃师、伊川—偃师、宜阳段村—伊川、渑池—宜阳韩城镇、三门峡交口—洛宁、洛宁—嵩县蛮峪村6条三等水准线,计测397.6公里。

第三章　地图测绘

地图能够显示国家疆界、政区范围、山岳河川形势、军事要塞、居民地分布、道路远近、土地利用和地形高低诸要素，是政治、军事和经济建设的重要资料，历代统治者都很重视。清康熙以前的地图均非实测，系以概略比例尺和方位编绘。第一次全国性测图，是康熙年间聘用西方传教士用经纬度测量方法施测的《皇舆全图》。此后，乾隆年间、光绪年间以及民国期间，均进行过全国性测图。但限于历史的局限性，测图质量不佳。

中华人民共和国建立后，在国家统一部署下黄河流域测图工作得到飞跃发展。从1958年开始到70年代中期，完成了1∶5万、1∶10万第一期国家基本图；80年代末，除青藏高原特殊困难地区外，基本完成了1∶1万第二期国家基本图，质量达到国际水平。

地形图是水利建设的基本资料之一，黄委会在治黄工作中，对此十分重视。1933—1948年，即完成1∶1万比例尺地形图4.4万平方公里。中华人民共和国建立后的1949—1989年，共测各种比例尺地形图33万余平方公里，及时满足了流域规划及水利工程建设各不同阶段的用图需要。随着治黄工作不断深入，要求地图的品种不断增多，黄委会还编制了流域印刷挂图、遥感图、涤良布图，并出版了《中国黄土地貌图集》、《黄河流域地图集》等大型图集。

第一节　国　家　图

一、皇舆全览图

皇舆全览图又名皇舆全图。明末，西方传教士把西方的经纬度测图法传入中国，清康熙帝接受传教士的劝说，决定聘用传教士进行测图，并亲自过问这项工作。为力求测图的精密，制手摇计算机，他还亲自规定以200里折合经线1度的标准，创造世界以经线弧长为长度标准之始，这比法国提出的关于地球经圈弧长的决定，还早 80 多年。

黄河流域最早的测图，是康熙四十七年（1708 年）派人测绘的河源图。康熙五十年（1711 年），参与皇舆全图的测绘人员分成两队：法国传教士雷孝思领导的为一队，前往山东测量；杜德美领导的为一队，先测喀尔喀蒙古地，后测甘、陕、晋等地。后两队又合测河南及江南等地，于康熙五十七年（1718 年）完成《皇舆全图》。测图方法是首先测少量天文点作起算点，再用三角测量方法推算其他各点的经纬度，然后进行调查填图。

清乾隆年间，又派人到西藏、新疆测绘康熙时期没有实测完的部分领土，于乾隆二十六年（1761 年）在《皇舆全图》的基础上，汇编成《乾隆十三排地图》，覆盖范围较《皇舆全图》增大一倍以上。

《皇舆全图》现已无存，但沈阳故宫博物馆存有清初图集《清内府印刷一统舆地秘图》，全图 41 幅，由沈阳故宫博物馆印刷出版。从该图集得知，清初西洋教士制图，其投影方法是采用伪圆柱投影，以通过北京的子午线为起始线，比例尺约 1∶140 万。该图系彩色绘制，地貌用青兰色写景法表示，居民地分级表示，府用黄色，直隶州用红色，县用兰色，水系用兰色，其他用黑色。

二、会典图

清康熙年间的测图，经过 170 年后，有许多已散失，有的地面景物变化很大，行政区划亦有变更，咸丰五年（公元 1855 年）黄河北徙，改由山东利津入海，地面发生很大变化，原有地图需要重测。光绪十二年（1886 年）十二月成立会典馆，光绪十六年（1890 年）馆内设画图处，多数省设舆图局（馆），培训测绘人才。光绪十七年（1891 年）会典馆颁发草章 5 条：(1)地图方向，上北下南右东左西；(2)比例尺和方格尺寸，方格边长七分二厘（合今 2.2824 厘米），每格省图为百里，府、直隶厅、直隶州为五十里，厅、州、县图为十里，即比例尺分别为 1∶250 万、1∶125 万、1∶25 万；(3)简单图式；(4)各县城测量经纬度，纬度以赤道，经度以格林尼治天文台起算；(5)图说及图表内容。并规定不准以旧图搪塞，各省会典馆（局）设校对官。光绪十五年（1889 年）开始测绘，到光绪二十五年（1899 年）各省陆续完成《大清会典舆图》简称《会典图》。后缩编为省图，由于要求装订成统一大小图册，所以各省比例尺不尽相同。

三、陆军图

清末，中国开始施测用等高线表示地形的地形图。光绪三十年（1904年）在练兵处军司令下设测绘科，筹备全国测量工作。光绪三十一年（1905年），山东省成立测绘局，于光绪三十三年至宣统二年（1907—1910年）完成全省1∶2.5万比例尺地形图，黄河流域其他各省无大进展。民国3年（1914年），参谋本部第六局颁布勘测1∶10万和1∶5万地形图迅速测量计划，规定了图幅尺寸和统一图例。民国5年（1916年），各省声讨袁（世凯）氏复辟，继之又长期内战，外业测图基本停止。民国16年（1927年），南京国民政府成立后，陆地测量总局召开全国测量会议，研究制定各种测量法案问题，决定采用兰勃特（Lambert）投影法，布设沿海和沿铁路干线地区大地控制，准备在统一大地控制下，施测地图。1931年"九一八"日军侵占中国东北3省事件发生后，原测图计划落空，转而又施行迅速测量。民国28年（1939年）成立陕甘测量总队，在陕、甘地区开始较为正轨测图。

50年代初期，为了编制黄河流域规划，曾搜集使用过陆军图，黄规会于1954年编写有《黄河流域地形图的研究》一文，对陆军图情况有较详细说明，大意是：陆军图分为两种：一是1∶10万调查图，二是1∶5万实测图。1∶10万图按经30′纬20′分幅。1∶5万图又分无投影的旧图和有投影的新图两种。旧图由各省完成，有各自的平面和高程起算系统，其相同之点是：图幅尺寸为46×36厘米，采用小三角控制，图例符号大致相同。新图是国民政府国防部陕甘测量总队所测，在甘、宁一带测有二等天文点做为水平起算点，以三等三角作控制，采用兰勃特投影，2.5度分带及海福特椭圆体，图幅尺寸经15′纬10′，横距自经度105°加3500公里起算，纵距自各带标准纬度起算。国民政府陆地测量总局曾对各省假定高程以坎门零点做基准点进行了部分联测，联测结果见本篇第二章第六节表1—16。1954年进行黄河流域规划时搜集的各省区陆军图情况如表1—19。

表内"与坎门高程系统约差"之正负号，即该图等高线高程"加"或"减"所列数字即变为坎门高程系统。青海、四川两省无图，宁夏图含于甘肃省成图内。

各省陆军图互不接边，一般都超过本省疆界。黄规会利用两省重合部分进行对比：陕西图与河南图两同名村庄间的距离3处分别在图上差1.6、7.4和22.8厘米，高程统一化算为坎门高程系后，3处分别差447、347和

1027 米;河南图和山东图 3 处距离分别在图上差 9.0、4.6 和 3.2 厘米,高程差一般在 15～20 米之间。甘肃、陕西西部新图高程化算为大沽零点高程系统与民国时期黄委会精密水准点高程对比:3 处注记点分别差 0.3、1.6 和 2.0 米,7 处等高线差 1～5 米。可见新图精度较好,而旧图在平面和高程方面的误差均较大。

表 1—19　**黄河流域各省区 1:5 万陆军图概略情况表**

省　区	图类	施测年代	搜集的图幅数	与坎门高程系统的约差(米)
山东省	旧	1907—1910,1923—1927,1936(由 1:2.5 万图编绘)	431	－148
河南省(含原河北省大名道)	旧	1916—1937	507	－422
河北省(长城以南)	旧	1917—1919 1933—1935	333	－25
安 徽 省	旧	1919—1921 1933—1938	396(含日军航测 62 幅)	－26
山 西 省	旧	1922—1927	448	－209
陕西省(延安一带)	旧		62	
陕西省(关中一带)	旧	1914—1917	143	＋310
甘肃省、陕西西部	新		223	＋10
内蒙古(后套)	旧	1935(绥西屯垦局测)	38	
内 蒙 古(萨拉齐至安北)	旧		28	
江 苏 省	旧	1916—1923 1928—1935	384	－22

四、1∶5万、1∶10万国家基本图

为适应社会主义建设的发展,需要施测高精度的国家基本图。50年代初期,总参测绘局、地质部、黄委会开展了天文大地网测量,1956年国测总局成立后,加速了进展。到1958年,全国大部分地区基本具备了统一全国大地坐标和高程系统的条件,而且航空摄影测量已成为测图的主要手段。

为了统一我国各种相应比例尺地形图的规格要求,国测总局和总参测绘局联合编制,并于1959年6月颁发试行《1∶1万、1∶2.5万、1∶5万、1∶10万比例尺地形图测绘基本原则(草案)》(简称测图基本原则)。测图基本原则把1∶1万、1∶2.5万、1∶5万、1∶10万比例尺地形图规定为国家基本地图,确立了“测绘这些地图的规范细则必须符合本基本原则的规定”。并指示所有测制国家图的“业务部门都必须遵照执行”。因此,测图基本原则是编制地图规范细则的基础和依据。由于试行以来至今尚未修订,所以各种比例尺国家基本图的规范细则20多年来虽经多次修订,但基本标准是稳定的,一致的。

国测总局和总参测绘局从1958年起陆续公布了地形测量的统一规范,如《1∶1万、1∶2.5万、1∶5万、1∶10万比例尺地形图平板仪测量规范》、《1∶2.5万、1∶5万、1∶10万比例尺地形图航空测量外业规范》、《1∶2.5万、1∶5万、1∶10万比例尺地形图航空测量内业规范》,要求“自公布后,所有全国各测绘部门进行上述比例尺地形测图时应统一按规范执行”。主要目的是:保证质量、统一规格、一测多用、避免重复浪费,实行社会主义协作。但小面积或带状地形测量,允许适当灵活。

规范规定:采用高斯—克吕格投影,图幅按国际分幅法划分,高程采用“1956年黄海平均海水面系统”,坐标采用“1954年北京坐标系”,图上一切地物地貌元素须按统一的图式符号描绘,各种比例尺图基本等高距和高程中误差如表1—20、表1—21。

隐蔽地区可按上述规定增大二分之一。

图上的地面目标和地物对于最近野外控制点的平面位置,中误差(图上):平地和丘陵地不得超过0.5毫米;山地高山地不得超过0.75毫米;隐蔽地区可增大二分之一。

国家将1∶5万、1∶10万国家基本图列为第一期成图。参加黄河流域第一期国家基本图测绘的单位有国测总局、地质部、总参测绘局和黄委会。

表 1—20　　各种比例尺图基本等高距表

比例尺＼地形类别	平地(米)	丘陵山地(米)	高山地(米)
1∶2.5 万	5 或 2.5	5	10
1∶5 万	10	10	20
1∶10 万	20	20	40

表 1—21　　各种比例尺测图高程中误差限差表

地类＼比例尺＼项目	高程注记点中误差(米)			等高线中误差(米)		
	1∶2.5 万	1∶5 万	1∶10 万	1∶2.5 万	1∶5 万	1∶10 万
平　地	0.4 或 0.8	2.5	5	1.0 或 1.5	3.0	6
丘　陵	1.7	3.5	7	2.2	4.5	9
山地、荒漠地	2.5	5.0	10	一根基本等高距		
高山地	5.0	10.0	20	一根基本等高距		

测绘工作从 1958 年开始到 1970 年结束。除青海、甘肃、内蒙古 3 省(区)境内大部分地区为 1∶10 万外,其余均为 1∶5 万比例尺图。此后,又进行地图更新,第二代 1∶5 万比例尺图,各省已大部完成,山东省于 1983 年还完成了第三代 1∶5 万比例尺图。

第一期国家基本图的完成,为黄河流域规划的修订和各项工程规划提供了精密地图资料。50 年代初刊布的黄河干支流水文站流域特征值,系利用旧图或简易测图量算。黄委会水文处与各省(区)水文总站协作从 1972 年开始利用新测基本图重新量算,将新量成果刊印,1973 年经水电部批准公布:黄河流域集水面积原为 737699 平方公里,新量数为 752443 平方公里;黄河干流全长原为 4845 公里,新量数为 5464 公里。

1954 年《黄河综合利用规划技术经济报告》(简称《技经报告》)提出以航测方法测量黄土高原水土保持重点区,最初拟定测图比例尺为 1∶1 万,经计算需 60 年才能完成,后改为 1∶5 万,拟定 10 年完成。1957 年由中国民航专业队承担航摄,到 1959 年共摄 566 幅,约 23.7 万平方公里。1958 年国家把 1∶5 万、1∶10 万地形图列为第一期国家基本比例尺测图,黄委会黄土高原区 1：5 万测图纳入国家基本图范围。

黄委会黄土高原区 1：5 万测图，1958 年开始航测外业调绘。在全国“大跃进”形势影响下，对黄土高原水土保持工作提出“三年小部，五年大部，八年基本完成水土保持任务”的口号，并相应提出“十年(测图)任务二年完”的口号。在出工前，开展“双反(反浪费、反保守)、双比(比干劲、比指标)、促跃进高潮”运动，并抬着毛主席巨像和标语牌到大街游行，气氛高涨。当时，提出的一些测绘作业“跃进指标”，要比 1957 年平均指标高出 3 倍。

1958 年 6 月，在西安召开“战地会议”，再次组织“跃进高潮”。提出“第一次跃进的胜利，只是第二次跃进的开始，跃进不能止步，跃进路上得寸进尺”。掀起了队与队、组与组、人与人互相挑战，批判“条件论”和“右倾保守”，破除规章制度，实际是对内外业人员实行“疲劳战”。多数人对这种作法产生怀疑，但处、队个别领导人认为“不逼不上梁山”，并采取了以下作法：

(1)开展拔“白旗”运动。批判对象是技术骨干和说实话的人，把工程师坚持质量看成是“跃进”的绊脚石，是“洋奴哲学”，提出“土包子要领导洋包子”。

(2)破除规章制度。黄委会的测绘工作，从 1954 年起逐步建立了一套质量管理制度，把成果质量分成优、良、可 3 级，作业组、队部和总队(处)层层把关，保证了成果质量。而这时个别人则认为“有咔叽穿就很好了，何必非穿呢子？可级成果已够用，何必求优、良？”继而批判“差错难免论”，认为“作业员精力集中，不会有差错，何必要检查验收制度？”

(3)搞“试验田”，掐头去尾以短推长。搞“试验田”的办法是：把一切准备工作和清场工作都不算，只计净工作时间；在工作时集中精力搞几分钟或一小时，以推算一天、一月、一年的工作量。

(4)指标直线上升。每周都安排半天政治学习，要求职工作到学习必有收获，有收获就是政治挂帅，就得表现在工作效率的提高上，不断的政治学习，指标就得不断提高，成直线上升。哪里工作效率不直线上升，就是有“白旗”。

由于单纯追求效率，航测调绘没有贯彻规范规定的“走到、看到、问清、画准”的原则，调绘内容简略，综合过大，个别有用信或电话询问村名和人口数的。在开始调绘时，曾派黄淦、徐有臣两位有经验的技术干部去搞试验指标，早出晚回，一天才调绘 14 平方公里，每人平均 7 平方公里，但后来有个小组一天就调绘 451 平方公里，5 个人每人平均 90 平方公里。

1960 年国测总局提议：由水电部、国测总局和黄委会设计院 3 方组成联合检查组，对黄委会完成的成果进行检查。检查组成员有水电部3人（长办2人、北京院1人），黄委会设计院3人，国测总局6人（总局2人、西安分局4人）。1960年9月7日到达黄委会，8—11日制定检查办法和听取测绘处汇报，12日起全面进行检查，至10月29日结束。最后在国测总局程志光处长、屈智宏工程师和水电部袁定庵副处长参加下，通过了一个《水利电力部、国家测绘总局、黄委会勘测设计院对黄委会黄土高原区测量成果检查报告》。《报告》指出：黄土高原区航测外业控制测量大部分精度是良好的，但计算有错误，没有全面检查核对，这些错误一直保留在成图过程中；野外调绘普遍综合过大，窑洞外之房屋大部分未调绘，已调绘的被内业大部分漏绘或舍去；道路网等级不分明、不连接；徒涉场全部未调绘；水涯线不全是常水位；河流宽度、水深注记不够；地类界表示不够，片与片有不接现象；缺乏山名注记，冲沟雨裂调绘很少，比高注记少；没有进行地理调查。航测内业1959年7月以前的精度差，不合要求；7月以后的基本符合要求，但存在着加密中个别差错，地貌特征冲沟雨裂表示不够，曲线的协调性不够，不能做为国家基本图出版。必须进行以上各个方面的补充修改。

据此，黄委会拟定《黄土高原区成果、成图存在问题的处理实施计划（草案）》，得到了联合检查组的认可。其指导思想是，能在室内解决的问题，尽量在内业解决，内业无法解决的再到外业补充作业。当时的补充作业工作，仍然追求高指标，所以问题处理不彻底，1次补充、2次补充，还有3次补充的。时间又拖了2年还不能出成果。

1963年3月，测绘处报请黄委会王化云主任同意：(1)把过去已成图作为水土保持规划用图，其中有98幅经过补充修测的，进行石印；有160幅做了局部修测的，以兰晒成图；其余110幅作废。(2)尚未作外业的地区，从外业开始认真按规范要求作业，认真执行三级检查两级验收制度。1963年8月，国测总局又派人检查黄委会的调绘质量，认为调绘质量符合要求。为了满足治黄急需和国家急需用图，经过数次协商，黄委会承担76幅，其余各幅全部航测外业资料移交给国测总局和总参测绘局完成。黄委会于1969年9月1日把已完成的76幅图送国测总局。

黄土高原区的1:5万航测图，总计摄影566幅，约23.7万平方公里，黄委会12年仅完成合乎基本图标准的76幅，约3.2万平方公里。其余测图分给西安石油处15幅，国测一分局216幅，总参测绘局259幅。国测一分局在完成这项任务中，李广泉科长1964年8月25日在甘肃环县被山洪冲走牺牲。

黄委会黄土高原1∶5万图航测范围及完成情况如图1—15。

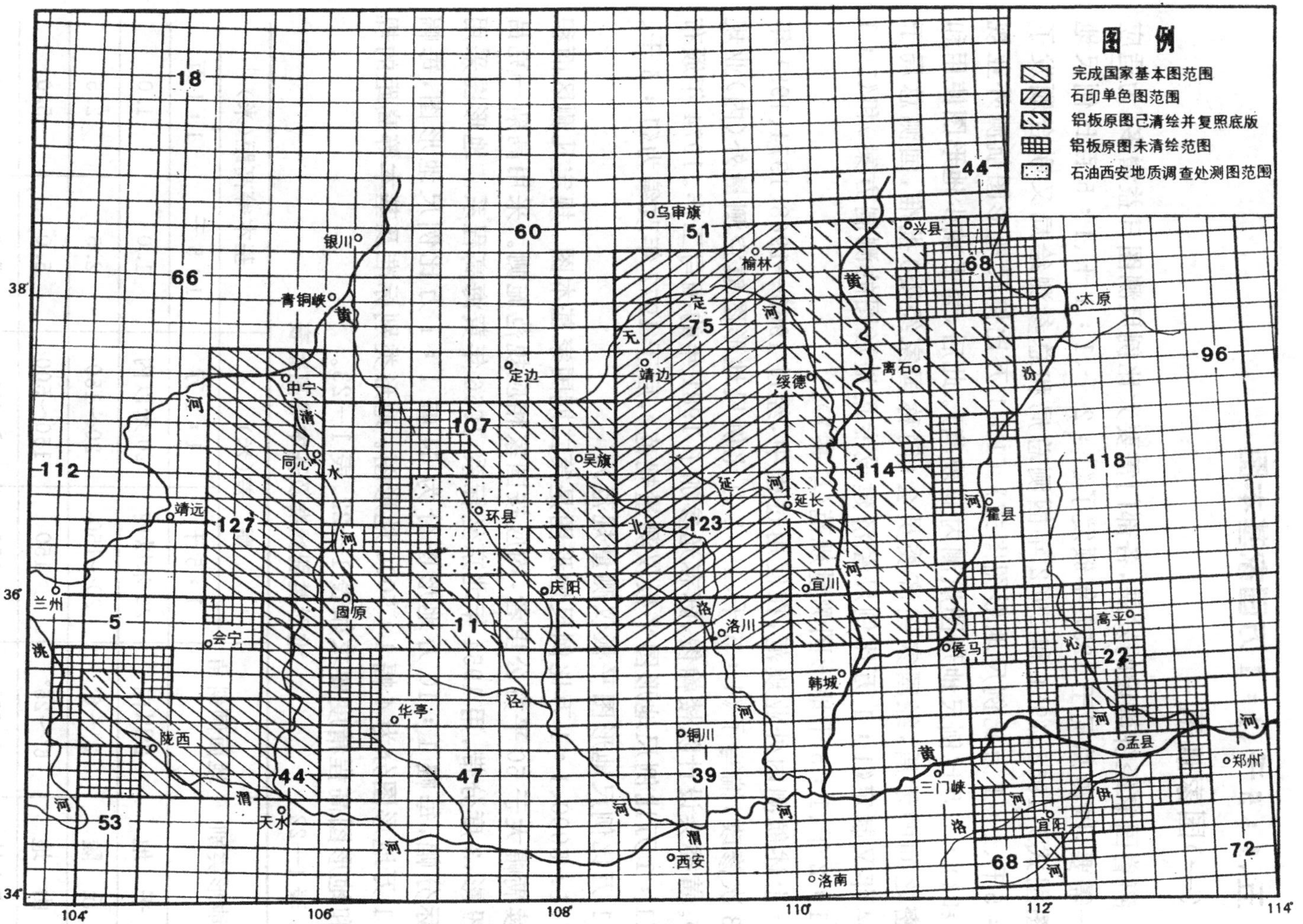

图1－15　黄委会黄土高原1:5万地形图测区范围及完成情况示意图

五、1∶5千、1∶1万国家基本图

(一)国家规范

随着国家经济建设的发展,各部门需要大比例尺测图日益增多。为适应这一需要,国测总局于1957年颁发了《1∶2千、1∶1千、1∶5百比例尺地形图图式》,1958、1961和1962年国测总局和总参测绘局又联合颁发了《1∶5千、1∶1万比例尺地形图图式》、《1∶1万比例尺地形图航测外业规范》和《1∶1万比例尺地形图航测内业规范》。此后,为了减少地形图使用和保密之间的矛盾,经国家经济委员会(简称国家经委)批准,国测总局于1964年又制定《1∶1万比例尺经济建设专用地形图的测制方案》和《1∶1千、1∶2千、1∶5千地形图测量规范(草案)》。

上述航测内外业规范,在使用过程中,经过1966—1968、1974、1981年的3次修改,编写了《1∶5千、1∶1万比例尺地形图航空测量外(内)业规范》。黄委会设计院楼翰俊、陈志光参加了1981年的编写工作。1974年颁布的《1∶1万比例尺地形图平板仪测量规范》,后于1977年改编为《1∶5千、1∶1万比例尺地形图平板仪测量规范》。

1∶5000、1∶1万比例尺地形图是第二期国家基本图。规定凡测区面积连续满幅大于50平方公里者,均应按国家相应规范施测。采用高斯—克吕格投影,3度分带,用1954年北京坐标系,1956年黄海高程系。地形图采用国际分幅,每幅1∶10万地形图分为64幅1∶1万比例尺地形图,每幅1∶1万地形图分为4幅1∶5000地形图。地形类别标准及基本等高距的规定和地形图高程精度要求如表1—22、表1—23。

表1—22 **地形类别标准及基本等高距表**

地形类别	地面倾斜角	高 差(米)		基本等高距(米)	
		1∶5千	1∶1万	1∶5千	1∶1万
平 地	2°以内	20米以内	20米以内	1.0	1.0
丘 陵	2°～6°	20～150	20～150	2.5	2.5
山 地	6°～25°	＞150	150～500	5.0	5.0
高山地	＞25°	＞150	＞500	5.0	10.0

表 1—23 **高程注记点和等高线的精度要求**

地形类别	平地	丘陵地	山地	高山地	
				1:5千	1:1万
高程注记点(米)	0.35	1.2	2.5	2.5	4.0
等高线中误差(米)	0.50	1.5	3.0	3.0	5.0

山地、高山地等高线高程中误差按 $a+btg\alpha$ 计算。其中 a 为高程注记点的高程中误差,b 为地物点平面位置中误差,α 为检查点附近的地面倾斜角。

地物点的平面位置对最近野外平面控制点和平高控制点的位置中误差(在图上):平地、丘陵地不得超过 0.5 毫米,山地、高山地不得超过 0.75 毫米。

(二)测绘成果

黄河流域各省(区)除四川省外,均测有 1:5000、1:1 万比例尺国家基本图。1980 年前后,黄委会和黄河流域各省(区)测绘局,先后各自编制出版了《测绘资料目录集》,根据这些《目录集》选择符合上述规格的 1:5000、1:1 万比例尺地形图,分省(区)列出"1:5000、1:1 万国家基本图完成情况表",如表 1—24 至表 1—31,并用图显示测区位置,如图 1—16 至图 1—23。其中对于 1980 年以后的测图资料进行了调查补绘。统计范围,在黄河中、上游基本上以流域界为界,在下游以沿黄两侧各约 100 公里为界,在困难地区未测 1:1 万地形图而测有 1:2.5 万地形图者,也显示了其测区范围。总计 8 省(区)共完成 1:1 万国家基本图 25659.5 幅(约合 66.7 万平方公里),1:5000比例尺图 35139 平方公里。这是第一代图,由于地物地貌在不断变化,基本图也要不断更新,有些省(区)已开展第二代国家基本图的测绘。

表 1—24 **青海省 1:5 千、1:1 万国家基本图完成情况表**

序号	所在 1:10 万图幅号	测区名称	比例尺	幅数	面积(km^2)	施测单位及年代
1	10—48—121	乐都	1:1 万	58		青海地质局 1971—1973 年
2	10—47—144 10—48—133	拉脊山	1:1 万	34		青海地质局 1974 年

续表 1—24

序号	所在 1：10 万图幅号	测区名称	比例尺	幅 数	面积 (km²)	施测单位及年代
3	10—48—121、122、133、134	乐 都 民 和	1：1 万	105		青海测绘局 1975—1978 年
4	10—47—119、120、131、132 10—48—109	西 宁	1：1 万	149		青海煤田局 1971—1973 年
5	10—47—143、144 9—47—11、12、23，9—48—1、2	贵 德	1：1 万	237.5		青海测绘局 1978—1980 年
6	10—47—141、142 9—47—9、10、20～22	贵 南	1：1 万	407		青海测绘局 1979—1980 年
7	9—47—12、24 9—40—13	同 仁	1：1 万	15.3		青海地质局 1975 年、1977 年
8	9—47—19、20	兴 海	1：1 万	28.75		青海地质局 1975 年、1977 年
9	9—47—34、46	同 德 穆里沟	1：1 万	15.3		青海地质局 1973 年
10	10—47—68、69、79～82、93、94	江 仓 热 水	1：1 万	124		青海煤田局 1974 年
11	10—47—95、96、108	门 源	1：1 万	45.6		青海煤田局 1978 年
12	10—48—133	化隆群科	1：5 千		80.0	青海勘察设计院 1959 年
13	9—47—25	曲麻莱 大 场	1：5 千		102.0	青海煤田局 1978 年
14	10—47—96	宁 冒	1：5 千		50.0	青海煤田局 1978 年

续表 1—24

序号	所在1：10万图幅号	测区名称	比例尺	幅　数	面积(km²)	施测单位及年代
15	10—47—82、83、93～96、106～108、118、119、130		1：2.5万	(192)		兰州军区 1980—1985年
16	10—48—73、85、97、98、109、110		1：2.5万	(96)		兰州军区 1980—1985年
17	9—47—33、34、45～48、59、60		1：2.5万	(64)		青海地矿局 1980—1985年
		合　计		1219	232	

注：表中幅数中不含1：5千的幅数，合计中不含1：2.5万的幅数，面积中只含1：5千的面积。以下各省同此。

表1—25　**甘肃省1：5千、1：1万国家基本图完成情况表**

序号	所在1：10万图幅号	测区名称	比例尺	幅　数	面积(km²)	施测单位及年代
1	9—48—13、26、27	甘　南	1：1万	100		甘肃地质局 1960—1979年
2	10—48—99、100、111～113	坪　城	1：1万	93		甘肃地质局 1979年
3	10—48—100、101、111、112、123、124	河西走廊	1：1万	152		国测总局 1966—1968年
4	10—48—87、88、98、99、100～103、110～115、122～127、134～139	兰州	1：1万	971		甘肃测绘局 1975—1979
5	9—48—17、28、29	临洮	1：1万	8		甘肃测绘局 1979年

续表 1—25

序号	所在1：10万图幅号	测区名称	比例尺	幅 数	面积(km²)	施测单位及年代
6	9—48—34	安口新窑	1：5千		315	甘肃煤炭局
7	10—48—119、120、131、132、143、144，10—49—121、133，9—48—11、12	长庆油田	1：5千		7840	长庆油田指挥部
8	10—48—110	天祝永登大滩	1：5千		83.8	甘肃煤炭局
9	9—48—4、5、16、17、18、28～31	7961	1：1万	512		甘肃测绘局 1980—1983年
10	9—48—6、7、18、19、20	7961	1：1万	220		甘肃林业勘察院 1980—1985年
11	9—48—44、56、57	天水(7028)	1：1万	66		甘肃测绘局 1983年
12	9—48—45、57	张家川	1：1万	56		甘肃测绘局
13	9—48—41～44、52～56、66、67	武山、甘谷	1：1万	512		甘肃测绘局 1982—1986年
14	9—48—32、33	靖宁、庄浪	1：1万	128		甘肃测绘局 1982—1986年
15	9—48—12、23、24、34～36、47、48	宁县、泾川、灵台	1：1万	328		甘肃测绘局 1982—1987年
16	9—48—10、11、22～24	平 凉	1：1万	140		甘肃测绘局
17	10—48—106、107、118、119、130、131、143	环 县	1：1万	180		甘肃测绘局

续表 1—25

序号	所在1∶10万图幅号	测区名称	比例尺	幅数	面积(km²)	施测单位及年代
18	10—48—134,9—48—2、3、14、15、27、39、40	永靖 临夏 临潭	1∶1万	364		甘肃测绘局
		合计		3830	8238.8	

表 1—26 **宁夏回族自治区 1∶5 千、1∶1 万国家基本图完成情况表**

序号	所在1∶10万图幅号	测区名称	比例尺	幅数	面积(km²)	施测单位及年代
1	10—48—34、45、46、57、58、68、69、70、80～83、91～95、104	黄灌区	1∶1万	622		国测总局 宁夏测绘局 1967年、1968年、1975年
2	10—48—33、45	大武口	1∶1万	11		西北煤田地质局 1962—1963年
3	10—48—45	汝箕沟口	1∶1万	4		国测总局 1968年
4	10—48—56、57	银川	1∶1万	38		宁夏测绘局 1979年
5	10—48—70、82	横磁	1∶1万	28		宁夏测绘局 1985年
6	10—48—71、83、84	安定堡	1∶1万	76		宁夏测绘局 1981年
7	10—48—70、71、82、83 9—48—13	灵(武) 盐(池)	1∶1万	23		银川石油勘探局 1965年
8	10—48—67、79、91	乱井扬水灌区	1∶1万	99		宁夏测绘处 1978年

续表 1—26

序号	所在1∶10万图幅号	测区名称	比例尺	幅 数	面积(km²)	施测单位及年代
9	10—48—80、92	中宁北山	1∶1万	15		宁夏地质局 1961年
10	10—48—80、92	白马—罗山	1∶1万	60		宁夏测绘处 1976年
11	10—48—104	中卫南山台子	1∶1万	16		宁夏水电局 1961年
12	10—48—90～92	申家滩	1∶1万	40		宁夏测绘处 1977年
13	10—48—104	马家河湾	1∶1万	25		宁夏测绘处 1977年
14	10—48—95、106、107	红 麻	1∶1万	62		宁夏测绘局 1984年
15	10—48—105、106、117、118、129、141、142	预 明	1∶1万	224		宁夏测绘局 1981年
16	10—48—129、141	炭 山	1∶1万	18		宁夏测绘局 1984年
17	10—48—105、116、117、129、141	同(心)固(原)扬水灌区	1∶1万	100		宁夏测绘处 1977—1978年
18	10—48—116、128	同心—海原	1∶1万	112		银川石油勘探局 1960—1962年
19	10—48—34	红果子沟	1∶5千		62.3	西北煤田地质局 1959年
20	10—48—33	马莲滩	1∶5千		66	宁夏煤炭工业局 1959—1966年

续表 1—26

序号	所在1:10万图幅号	测区名称	比例尺	幅 数	面积(km²)	施测单位及年代
21	10—48—22、34	石咀山	1:5千		600	石咀山矿务局 1959—1960年
22	10—48—33	石炭井—李家沟	1:5千		58.9	西北煤田地质局 1964年
23	10—48—33	呼鲁斯台	1:5千		79.4	内蒙古煤田地质局勘探公司 1964—1965年
24	10—48—32、33	二道岭	1:5千		80.3	贺兰煤炭工业分公司 1966年
25	10—48—82	马家滩	1:5千		102	银川石油勘探指挥部 1966—1967年
26	10—48—94	大水坑	1:5千		90	银川石油勘探指挥部 1970年
27	10—48—142	王洼—银洞子	1:5千		195	宁夏煤炭地质队 1972—1973年
28	10—48—94	摆晏井	1:5千		57	长庆油田指挥部 1975年
29	10—48—95	红井子	1:5千		145	长庆油田指挥部 1976—1977年
30	10—48—95	红柳沟	1:5千		139	长庆油田指挥部 1978—1979年
31	10—48—107	红 麻	1:5千		1487	宁夏测绘局 1978—1979年

续表 1—26

序号	所在1：10万图幅号	测区名称	比例尺	幅 数	面积(km²)	施测单位及年代
32	10—48—70、82	横 磁	1：5千		112	宁夏煤炭地质队 1983年
33	10—48—129、141	炭 山	1：5千		72	宁夏测绘局 1983年
34	10—48—93、94	太阳山	1：1万	7		宁夏煤炭管理局 1959年
35	9—48—8～11、20、21、33	六盘山	1：1万	281		宁夏测绘局 1983年
36	10—48—102、103、115	兰 州	1：1万	（含在甘肃省内）		甘肃测绘局 1975—1979年
		合 计		1861	3345.9	

表 1—27 **内蒙古自治区 1：5 千、1：1 万国家基本图完成情况表**

序号	所在1：10万图幅号	测区名称	比例尺	幅 数	面积(km²)	施测单位及年代
1	11—48—107、108、118～120、131、143 11—49—97、98、109～111、114～116、122～128、137～140 10—49—7	河 套 土默川	1：1万	922		内蒙古测绘局 1976—1985年
2	11—49—116、117	河 套 土默川	1：1万	54		北京军区 1977—1980年
3	11—49—91、92、102～104	武四达	1：1万	160		内蒙古测绘局 1976—1979年

续表 1—27

序号	所在1∶10万图幅号	测区名称	比例尺	幅 数	面积(km^2)	施测单位及年代
4	11—49—129、130	凉 城	1∶1万	65		内蒙古测绘局 1976—1979年
5	11—49—93、94、106	察右中	1∶1万	128		内蒙古测绘局 河北省测绘局 1977—1979年
6	11—49—112、113、124、125	包 头	1∶1万	80		北京军区 1973—1976年
7	11—49—88～91、98～102、111～114	固 阳	1∶1万	302		内蒙古测绘局 1986—1987年
8	10—48—118、130、142	磴 口	1∶1万	146		黑龙江测绘局 1988—1989年
9	11—49—102～106、113～118、129、130	武 卓	1∶1万	440		黑龙江测绘局 1988—1989年
10	11—49—123、124、135～142 10—49—3～8、17～19	达准和	1∶1万	765		黑龙江测绘局 1988—1989年
11	10—48—10、11、22、23、34、35	乌 海	1∶1万	116		内蒙古测绘局 1988—1989年
12	11—49—102、103	西红山	1∶1万	26		内蒙古测绘局 1975年
13	11—49—105、106	察右中	1∶1万	15		内蒙古测绘局 1977年
14	10—49—6、7、18	东 胜 万利川	1∶5千		412.4	内蒙古地矿局 1983年
		合 计		3219	412.4	

表 1—28　　**陕西省 1∶5 千、1∶1 万国家基本图完成情况表**

序号	所在 1∶10 万图幅号	测区名称	比例尺	幅　数	面积 (km²)	施测单位及年代
1	10—49—16～18、27～30、39～42、51～53、62～65	榆　林	1∶1 万	715		陕西测绘局 1978—1982 年
2	10—49—75～78、87～90、99～102	绥　德	1∶1 万	535		陕西测绘局 1977—1978 年
3	10—49—18、19、30、31	府　谷	1∶1 万	57		陕西测绘局 1978—1984 年
4	10—49—19、31、42、43、54、55、65、66、78、90、102	浑(红)河口—无定河口	1∶1 万	258		黄委会 1978—1985 年
5	10—48—83、84、95、96、108 10—49—73、74、85、86、97、98	定　边	1∶1 万	460		陕西测绘局 1978—1981 年
6	10—48—107、119、120 10—49—109、121	吴　旗	1∶1 万	182		陕西测绘局 1975—1980 年
7	10—49—98、99、110、111、122、123	延　安	1∶1 万	244		陕西测绘局 1975—1976 年
8	10—49—111、112、124、136	安　塞	1∶1 万	162		陕西测绘局 1974—1977 年
9	10—49—99、100	子　长	1∶5 千		1000	陕西煤田地质局 1978—1979 年
10	10—49—101、112、113、124、125、136、137 9—49—4、5、16、17	延　长	1∶1 万	286		陕西测绘局 1978—1979 年

续表 1—28

序号	所在1:10万图幅号	测区名称	比例尺	幅 数	面积(km²)	施测单位及年代
11	10—49—122～124、134～136 9—49—2、3、14～17、25～29、37～41	黄 陵	1:1万	1055		国测一分局 陕西测绘局 1967、1975年
12	9—49—14、15	店 头	1:1万	13		
13	9—49—3、4、15、16	南城里	1:1万	42		黄委会 1974—1976年
14	9—49—27、28	白 水	1:1万	20		陕西测绘局 1976—1984年
15	9—48—36、48 9—49—25、26	长 武	1:1万	101		陕西煤田地质局 1977—1984年
16	9—48—47、48、59、60	麟 游	1:1万	204		陕西测绘局 1979—1980年
17	9—48—34、35、46、47、58、59、70～72	宝 鸡	1:1万	173		陕西测绘局 1978—1980年
18	9—48—60、72 9—49—49、50、61、62	咸 阳	1:1万	206		陕西测绘局 1984—1985年
19	9—49—61、62、74	黑 河	1:1万	14		陕西测绘局 1982—1983年
20	9—49—37～41、50～52、62、63	西 安	1:1万	209		陕西测绘局 1974—1976年

续表 1—28

序号	所在1:10万图幅号	测区名称	比例尺	幅 数	面积(km²)	施测单位及年代
21	9—49—51、52、63、64、75、76	商 县	1:1万	280		国测一分局 陕西测绘局 1962—1969年 1975年
22	9—49—53、64~66、77、78	洛 南	1:1万	174		陕西测绘局 1976—1985年
23	9—49—41、53	潼 关	1:1万	13		国测一分局 陕西测绘局 1967—1969年 1975年
24	9—49—52、53、65	华 阴	1:1万	47		陕西测绘局 1976—1984年
25	9—49—52	渭 南	1:5千		54.0	陕西综合勘察院 1973年
26	9—49—28、29	澄合矿区	1:5千		84.5	陕西煤田地质局 1976—1979年
27	9—49—27、28	蒲白矿区	1:5千		125.0	陕西煤田地质局 1975—1977年
28	10—48—96	定 边	1:5千		25.0	陕西城勘院 1960年
29	10—49—64、76	鱼河堡	1:5千		50.0	陕西城勘院 1960年
30	9—48—46	陇 县	1:5千		160.0	陕西城勘院 1960年

续表 1—28

序号	所在1：10万图幅号	测区名称	比例尺	幅　数	面积(km²)	施测单位及年代
31	9—48—59	宝　鸡 贾村塬	1：5千		50.0	综合勘察院 西北分院 1960年
32	9—48—72	周　至 首善齐	1：5千		50.0	陕西城勘院 1961年
33	9—49—40	蒲　城	1：5千		50.0	陕西城勘院 1960年
34	9—49—61	兴　平	1：5千		120.0	陕西城勘院 1960年
35	9—49—61、62	户　县 水磨头	1：5千		70.0	综合勘察院 西北分院 1961年
36	9—49—26	焦　坪	1：5千		237.0	贺兰山 地质分公司 1969—1971年
37	9—49—17	韩　城	1：5千		195.0	贺兰山 地质分公司 1966年
38	9—49—27	铜　川	1：5千		243.5	陕西综合勘察院 1971年
39	10—49—101、102、113、125、126、137、138 9—49—5、6	无定河口 —龙门	1：1万	156.5		黄委会 1977—1979年
		合计		5606.5	2514.0	

表 1—29　　山西省 1∶5 千、1∶1 万国家基本图完成情况表

序号	所在 1∶10 万图幅号	测区名称	比例尺	幅　数	面积 (km²)	施测单位及年代
1	10—49—140	临　汾	1∶1 万	17		山西测绘局 1977 年
2	9—49—18、29～31、41～43	晋　南	1∶1 万	118		山西水利设计院 1956 年
3	9—49—19、20、31、32	垣　曲 夏　县	1∶1 万	51		山西地质局 1960—1978 年
4	10—49—103	孝　义 苏家岩	1∶1 万	5		山西地质局 1956—1960 年
5	10—49—140	洪　洞	1∶1 万	4		山西地质局 1959 年
6	10—49—140 9—49—8	浮　山 翼　城	1∶1 万	55		山西地质局 1966—1978 年
7	9—49—41～43	芮　城 平　陆	1∶1 万	40		山西地质局 1976—1978 年
8	10—49—80、81	古　交 孤偃山	1∶1 万	10		山西地质局 1966 年
9	10—49—138、139 9—49—6、7	乡　宁	1∶1 万	41		山西煤田局 1973—1975 年
10	10—49—127、128、139、140	赵　城	1∶1 万	24		山西煤田局 1966—1967 年
11	9—49—20～22	沁　水 阳　城	1∶1 万	59		山西煤田局 1974—1978 年
12	10—49—82、83	段　王 寿　阳	1∶1 万	21		山西煤田局 1958—1959 年

续表 1—29

序号	所在1∶10万图幅号	测区名称	比例尺	幅 数	面积(km²)	施测单位及年代
13	10—49—19、20、31、43、55、67、78、79、90、91、102、103	临县 河曲 柳林	1∶1万	195		山西煤田局 1960—1976年
14	10—49—101、102、113、125、126、137、138 9—49—5、6	无定河口—龙门	1∶1万	(含在陕西省内)		黄委会 1977—1979年
15	10—49—55～57、66～69、78～80、91、92、103、104	吕 梁	1∶1万	593		山西测绘局 1978—1979年
16	10—49—69、70、81、82、94	太 原	1∶1万	72		北京军区 1979年
17	10—49—93、94	交 城	1∶1万	96		山西测绘局 1978—1979年
18	10—49—139、140 9—49—6～8、18～20	临 汾	1∶1万	246		山西测绘局 1976—1978年
19	9—49—30、31、43	运 城	1∶1万	90		山西地质局 山西测绘局 1978—1979年
20	10—49—7、8、10～20、30、31、42、53、54、65、66、78、90、102	浑(红)河口—无定河口	1∶1万	(含在陕西省内)		黄委会 1978—1985年
21	9—49—32、33、43～47	三门峡—温县	1∶1万	173		黄委会 1966—1972年
22	9—49—11	陵 川	1∶5千		95.0	山西地质局 1958—1959年

续表 1—29

序号	所在1:10万图幅号	测区名称	比例尺	幅 数	面积(km²)	施测单位及年代
23	9—49—22	阳 城	1:5千		93.3	山西地质局 1959年
24	9—49—44	平 陆	1:5千		87.6	山西地质局 1959—1960年
25	9—49—8、20	翼 城	1:5千		106.3	山西地质局 1958—1959年
26	10—49—103、104	孝 义 相 王	1:5千		81.0	山西地质局 1959年
27	9—49—30、31、42、43	运城盐池	1:5千		85.6	山西地质局 1964年
28	10—49—69、80、81、92、93	古交区	1:5千		1564.2	山西煤勘二队 1975—1978年
29	9—49—6	毛则渠	1:5千		460.0	山西煤勘一队 1975—1977年
30	10—49—128、129、140、141	岳 阳	1:5千		19.0	山西煤勘队 1969年
31	9—49—7、8	襄 汾 汾 城	1:5千		569.0	山西煤勘队 1960—1972年
32	9—49—10、11、12	牛山、慈林山	1:5千		686.7	华北煤田局 1958—1961年
33	9—49—10	樊 庄	1:5千		458.5	山西煤勘队 1974年
34	9—49—8、9、20	隆 化	1:5千		234.6	山西煤勘队 1960年

续表 1—29

序号	所在1∶10万图幅号	测区名称	比例尺	幅　数	面积(km^2)	施测单位及年代
35	9—49—10、22	长　河 太　阳	1∶5千 1∶5千		310.0 98.1	华北煤田局 1965—1966年 华北煤田局 1964年
36	10—49—82	皇后圈	1∶5千		110.0	华北煤田局 1959年
37	10—49—82	观家峪 胡家堙	1∶5千		278.8	华北煤田局 1958、1963年
38	10—49—83	南燕竹	1∶5千		50.6	华北煤田局 1960年、1962年
39	10—49—104、105、115、116	汾　阳 孝　义	1∶5千		1100.5	华北煤田局 1959年、1963年
40	10—49—116	张家庄 道美北	1∶5千		385.0	山西煤田局 1966年、1970年
41	10—49—68	岚　县	1∶5千		461.0	山西煤勘队 1973年
42	10—49—55	兴县北	1∶5千		280.0	山西煤勘队 1974年
43	10—49—71、83	寿　阳	1∶5千		425.0	山西煤勘队 1979年
44	10—49—117	霍　东	1∶5千		941.4	山西煤勘队 1979年
45	10—49—9、20、21、31、32、33、43～45、55～57	7850	1∶1万	350		山西测绘局 1978—1986年

续表 1—29

序号	所在1:10万图幅号	测区名称	比例尺	幅数	面积(km²)	施测单位及年代
46	10—49—102～104、114～116、126～128、138、139	7850	1:1万	500		山西测绘局 1978—1986年
47	10—49—80、81、93		1:1万	60		山西测绘局 1981年
48	10—49—82、83、94、95、105、106、117、129、141、142 9—49—9、10、11、21～23、32～35、46、47	8016	1:1万	850		山西测绘局 1980—1985年
		合 计		3670	8981.2	

表 1—30 河南省1:5千、1:1万国家基本图完成情况表

序号	所在1:10万图幅号	测区名称	比例尺	幅数	面积(km²)	施测单位及年代
1	10—50—133～135 9—50—1、2、13	安 阳	1:1万	180		国测总局 1966—1968年
2	9—49—23、24、35、36 9—50—13、25	新 乡	1:1万	200		国测总局
3	10—50—135 9—50—2、3、13、14	清 丰	1:1万	88		水电部北京院 1958年
4	10—50—136、137 9—50—3、4、14、15、26、37～39	东 濮	1:1万	350		河南测绘局 1975—1979年

续表 1—30

序号	所在1∶10万图幅号	测区名称	比例尺	幅 数	面积(km²)	施测单位及年代
5	9—50—25、37	封 丘	1∶1万	8		河南地质局 1975—1979年
6	9—49—68、69	嵩县德亭	1∶1万	13		河南地质局 1964—1965年
7	9—49—53、54	灵 宝 小秦岭	1∶1万	23		河南地质局 1965年、1978年
8	9—49—44、55、56	洛河灌区	1∶1万	84		河南煤田局 1963年
9	9—49—45、57	新 安	1∶1万	19		河南煤田局 1958—1959年
10	9—49—32、33、43～47	三门峡—温县	1∶1万	(含在山西省内)		黄委会 1966—1972年
11	9—49—66、67	卢 氏	1∶1万	33		河南地质局 1966—1975年
12	10—50—135	大 名	1∶1千	2		河北水电设计院 1960年
13	9—50—3		1∶1万	6		山东测绘局
14	9—49—23、24、35、36	焦作矿区	1∶5千		125.0	河南煤田局 1977—1979年
15	9—49—33	济源邱源	1∶5千		75.0	河南煤田局 1971年
16	9—49—44	渑 池	1∶5千		300.0	河南煤田局 1959—1965年
17	9—49—43、44	三门峡 蔡 凹	1∶5千		140.0	河南煤田局 1959年

续表 1—30

序号	所在1∶10万图幅号	测区名称	比例尺	幅　数	面积(km²)	施测单位及年代
18	9—49—58、59	巩县涉村	1∶5千		56.0	河南地质局 1958年
19	9—49—46、48、57、60	龙　门 巩　县 荥　阳	1∶5千		820.0	河南煤田局 1967—1969年
20	9—49—57	宜阳矿区	1∶5千		77.0	河南煤田局 1958年 河南地质局 1972年
21	9—49—57、69	伊川高山	1∶5千		45.0	河南煤田局 1968年
22	9—49—58、59、70、71	登　封	1∶5千		250.0	河南煤田局 1967年 河南地质局 1972年
23	9—49—59、60、71、72、83、84	密　县	1∶5千		3750.0	河南煤田局 1963年、1966年、1982—1985年
24	10—50—133 9—50—1	龙　泉 鹤　壁	1∶5千		617.0	河南煤田局 1966—1968年 煤炭工业部航测大队 1979年
25	9—49—33、34、45、48 9—50—13、25、37	郑州(7718)	1∶1万	336		河南测绘局 1978—1980年

续表 1—30

序号	所在 1∶10 万图幅号	测区名称	比例尺	幅 数	面积 (km²)	施测单位及年代
26	9—49—60、72 9—50—49～53、61～64	豫 东 (8102)	1∶1 万	891		河南测绘局 1981—1986 年
27	9—49—45	洛阳市	1∶5 千		477.0	河南测绘局 1979—1982 年
28	9—49—55、67	故县、长水库区	1∶1 万	20		黄委会 1981—1985 年
29	9—49—45	洛阳市	1∶1 万	18		河南测绘局 1981—1983 年
30	9—49—44～47、55～58、67～69、80、81	伊洛河测 区	1∶1 万	374		黄委会 283.5 幅、河南测绘局 77 幅、河南地质局 5 幅、有色金属河南地质五队 8.5 幅 1986—1989 年
		合 计		2645	6732.0	

表 1—31 **山东省 1∶5 千、1∶1 万国家基本图完成情况表**

序号	所在 1∶10 万图幅号	测区名称	比例尺	幅 数	面积 (km²)	施测单位及年代
1	10—50—117、127～129、139～141	泰安、莱芜	1∶1 万	154		山东地质局 1959—1961 年 1971—1978 年
2	10—50—114、126	长清、齐河	1∶1 万	21		山东煤田局 1959—1961 年
3	10—50—125	东阿—旦镇	1∶1 万	14		山东煤田局 1959—1961 年

续表 1—31

序号	所在1:10万图幅号	测区名称	比例尺	幅　数	面积 (km²)	施测单位及年代
4	10—50—123、124、135	冠　县	1:1万	30		山东水电设计院 1959—1976年
5	10—50—137	东　阿	1:1万	4		山东水电设计院 1959—1976年
6	10—50—116	邹　平	1:1万	12		山东地质局 1960年、1978年
7	10—50—138、139 9—50—6、7	泰　安	1:1万	126		山东地质局 1963年 山东测绘局 1977—1979年
8	10—50—114、115、126、127	济南、历城	1:1万	33		山东水电设计院 1963年、山东地质局 1972年、济南军区 1971—1973年
9	10—50—89、90、100、111、112、123	德　州	1:1万	240		海河设计院 山东地质局 1967—1972年
10	10—50—135、136 9—50—3、4、5	寿张	1:1万	130		水电部十三局 1971—1977年
11	9—50—8、20	蒙阴 常马庄	1:1万	8		山东地质局 1972年
12	10—50—137 9—50—5、6	东　平	1:1万	18		山东地质局 1974年

续表 1—31

序号	所在1∶10万图幅号	测区名称	比例尺	幅　数	面积(km²)	施测单位及年代
13	10—50—68～70、78～83、89～94、100～108、111～115、117～120、123、124、129～131	禹城、寿光	1∶1万	1327		国测总局 山东测绘局 1967—1983年
14	10—50—124、136、137 9—50—3、4	寿　张	1∶1万	94		国测总局 山东测绘局 1967—1979年
15	9—50—15、26、27、38、39	菏　泽	1∶1万	54		国测总局 山东测绘局
16	9—50—5、6、17、18、30	济宁、兖州	1∶1万	109		山东煤田局
17	10—50—140、141	草埠、鲁村	1∶5千		78.0	山东煤田局 1959年
18	9—50—17、18	济宁地区	1∶5千		1600.0	山东煤田局 1959—1965年
19	10—50—131	坊子煤矿 安丘傅家庙子	1∶5千		150.0	山东煤田局 1960年 山东地质局 1978年、1979年
20	9—50—20、21、32	平邑—费县	1∶5千		240.0	山东煤田局 1960年
21	10—50—114、115、126	桑梓店 齐　河	1∶5千		480.0	山东煤田局 1960年

续表 1—31

序号	所在1∶10万图幅号	测区名称	比例尺	幅 数	面积(km²)	施测单位及年代
22	9—50—6	宁 阳	1∶5千		350.0	山东煤田局 1968年、1975—1977年
23	10—50—140	莱 芜	1∶5千		260.0	山东地质局 1961年、1970年、1971年
24	10—50—138	肥 城	1∶5千		195.0	山东煤田局 1958年、1963年
25	9—50—8	蒙阳郑家庄	1∶5千		156.0	山东地质局 1964年、1968年
26	10—50—117	临 淄	1∶5千		84.0	山东煤田局 1973年
27	9—50—43～45	官桥、枣庄、许楼	1∶5千		770.0	枣庄矿务局 1964年 山东煤田局 1976年、1977年
28	10—50—116、117	淄 博	1∶5千		200.0	煤炭工业部航测大队 1976年、1977年
29	9—50—7	泰安磁新	1∶5千		120.0	山东地质局 1979年
30	10—50—115～117		1∶1万	115		山东测绘局 1980—1983年
31	9—50—4～7、15、16、17、19、20、27～32、39～44	菏 泽	1∶1万	1120		山东测绘局 1980—1984年
		合 计		3609	4683	

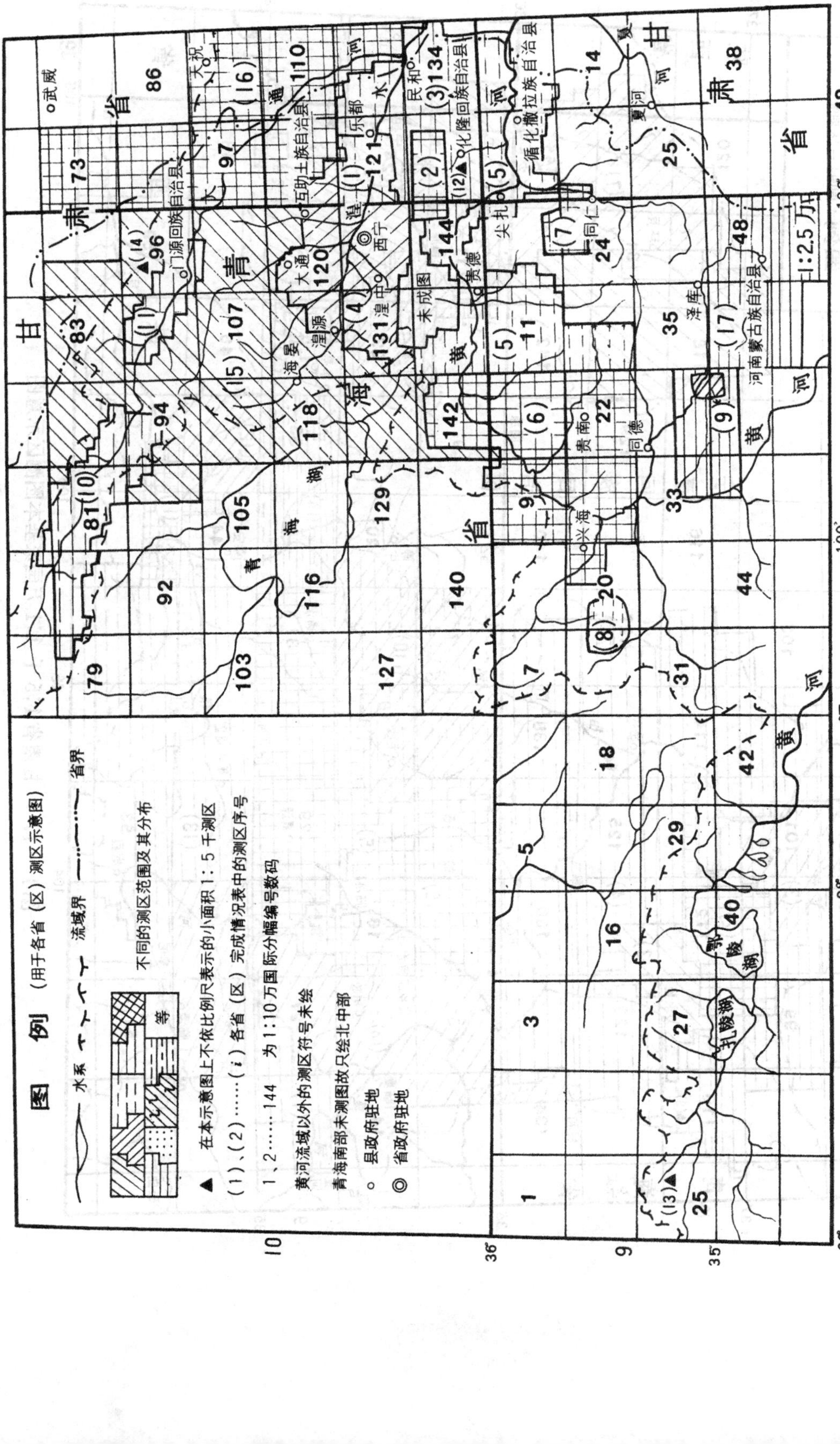

图1－16 青海省1:5千 1:1万国家基本图测区示意图

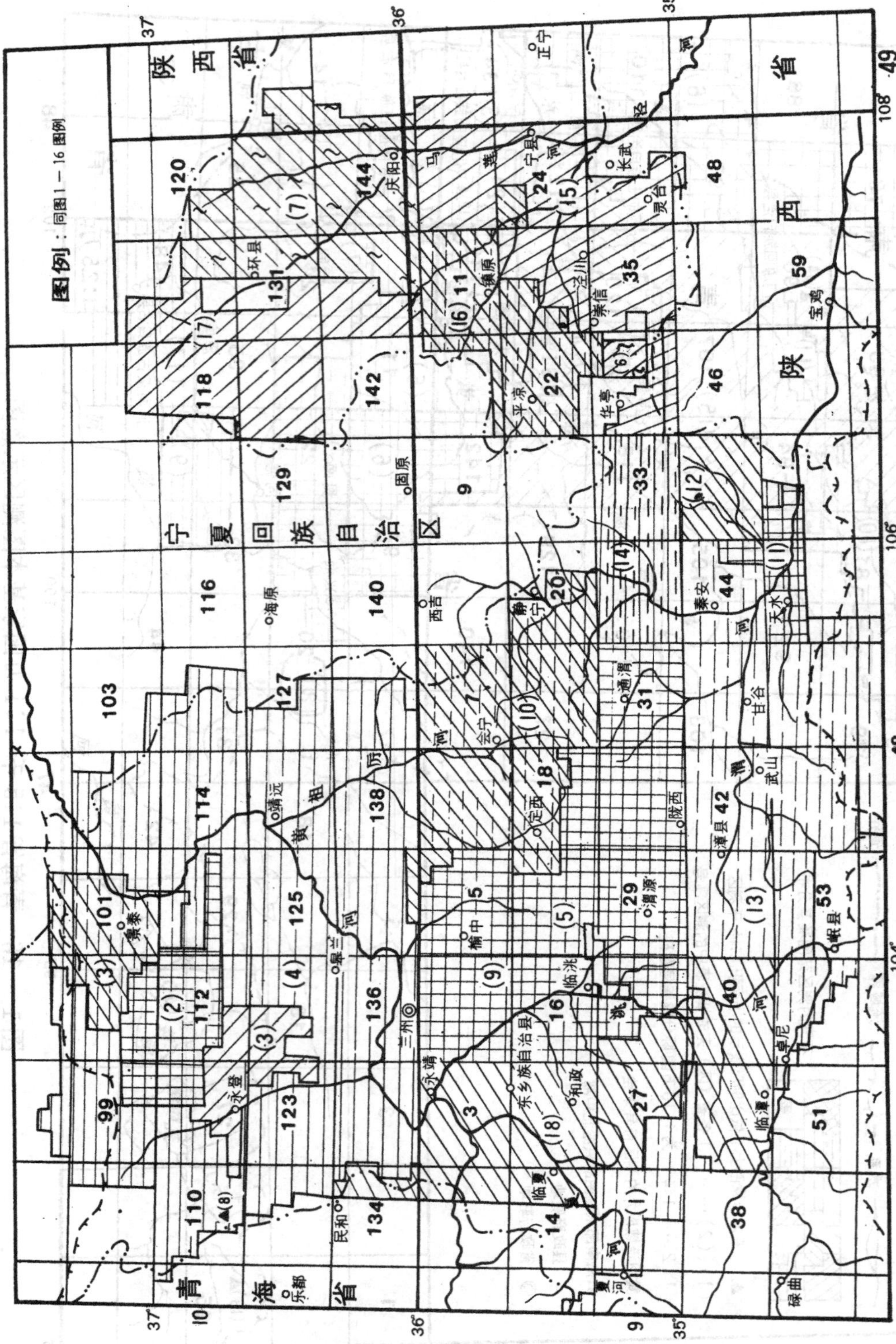

图1－17 甘肃省1:5千1:1万国家基本图测区示意图

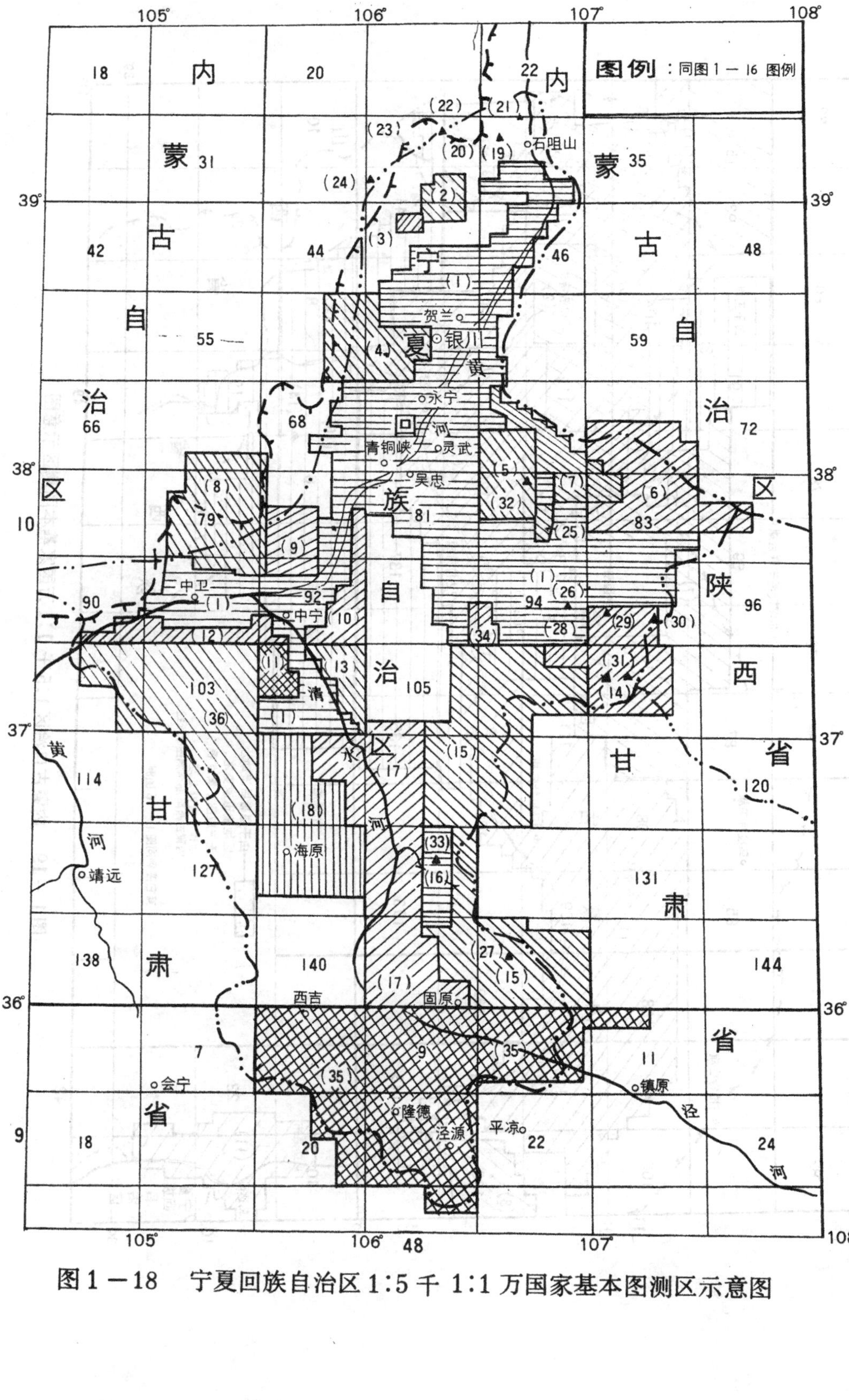

图1－18 宁夏回族自治区1:5千 1:1万国家基本图测区示意图

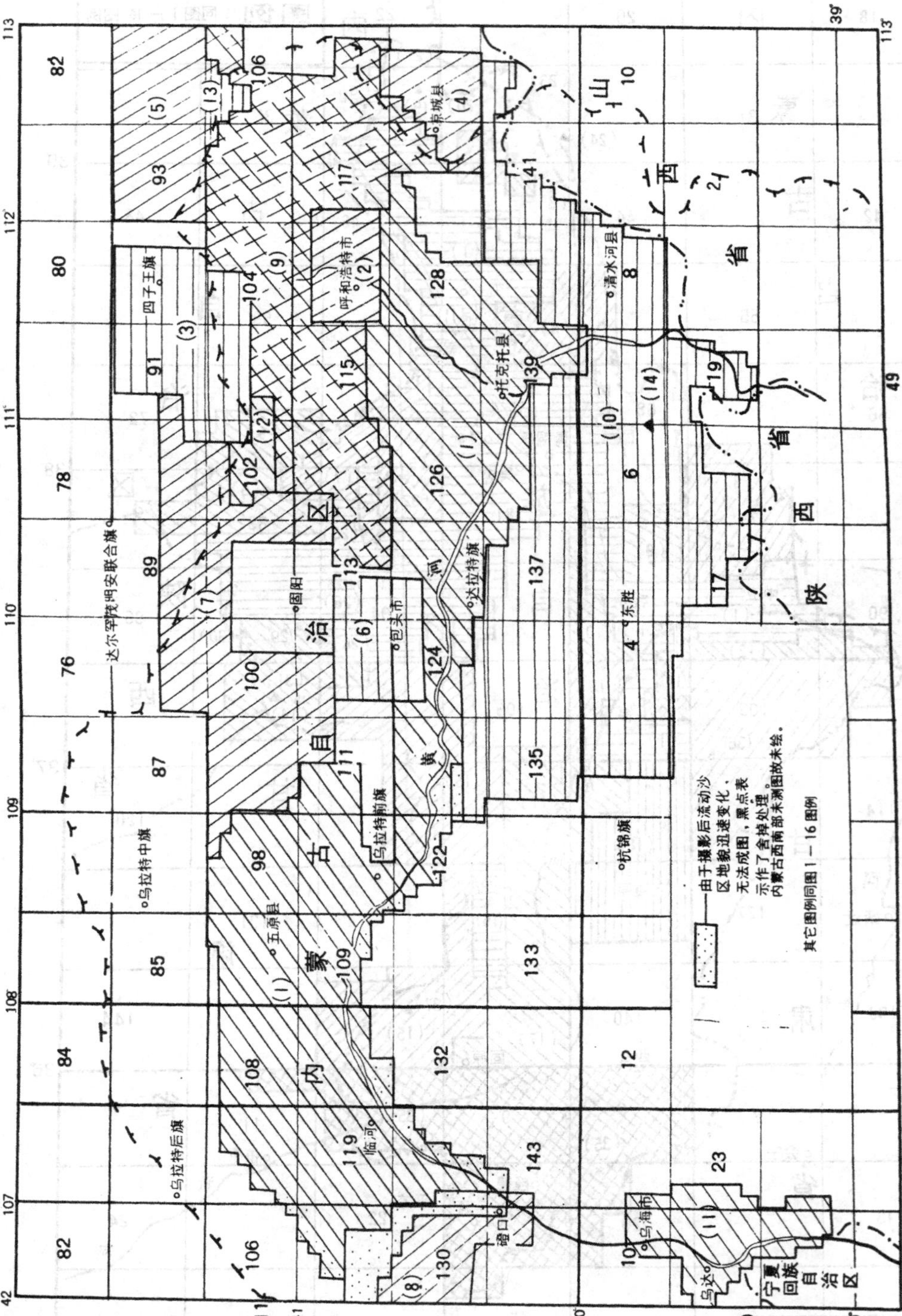

图1—19 内蒙古自治区1:5千1:1万国家基本图测区示意图

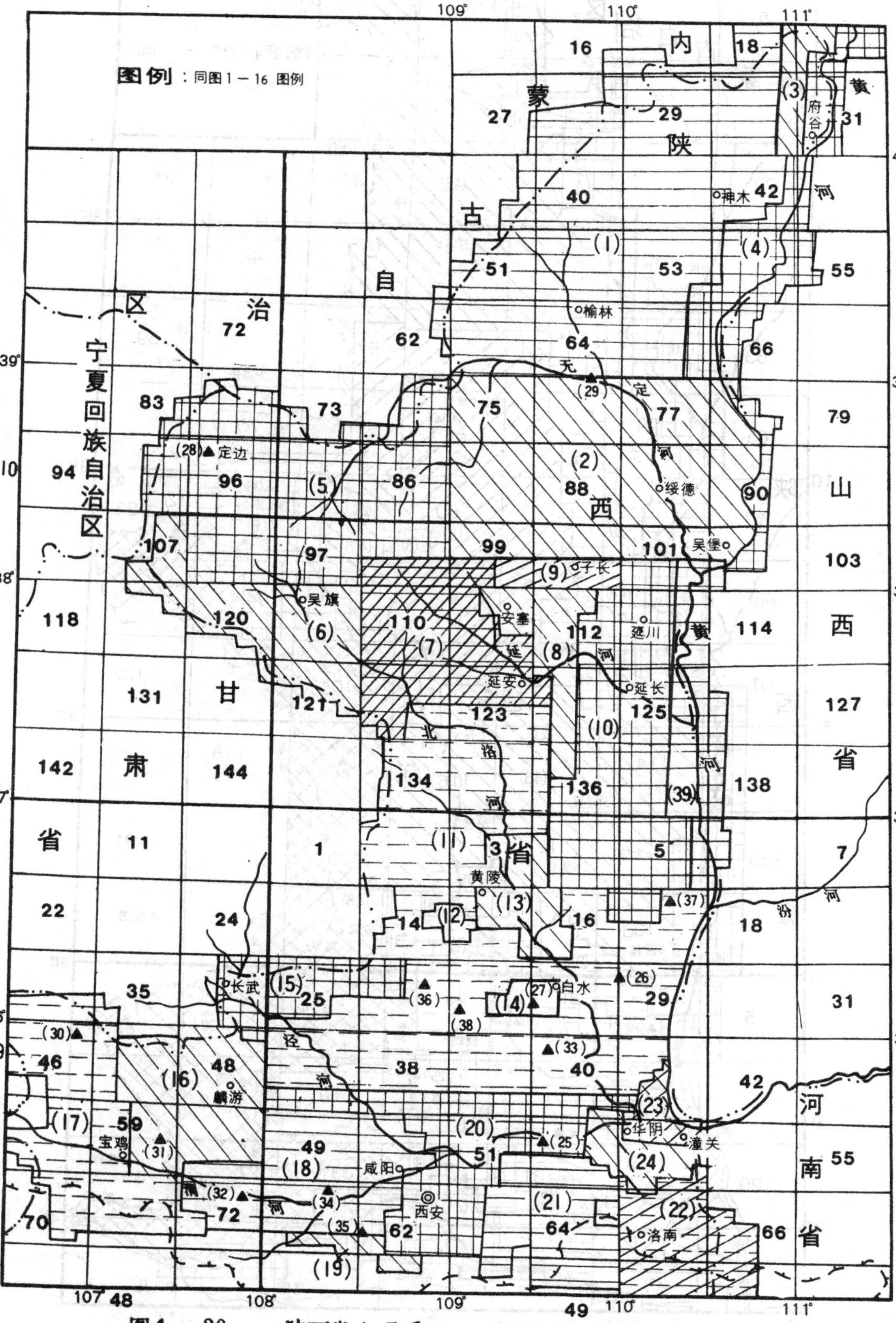

图1－20　陕西省1:5千 1:1 万国家基本图测区示意图

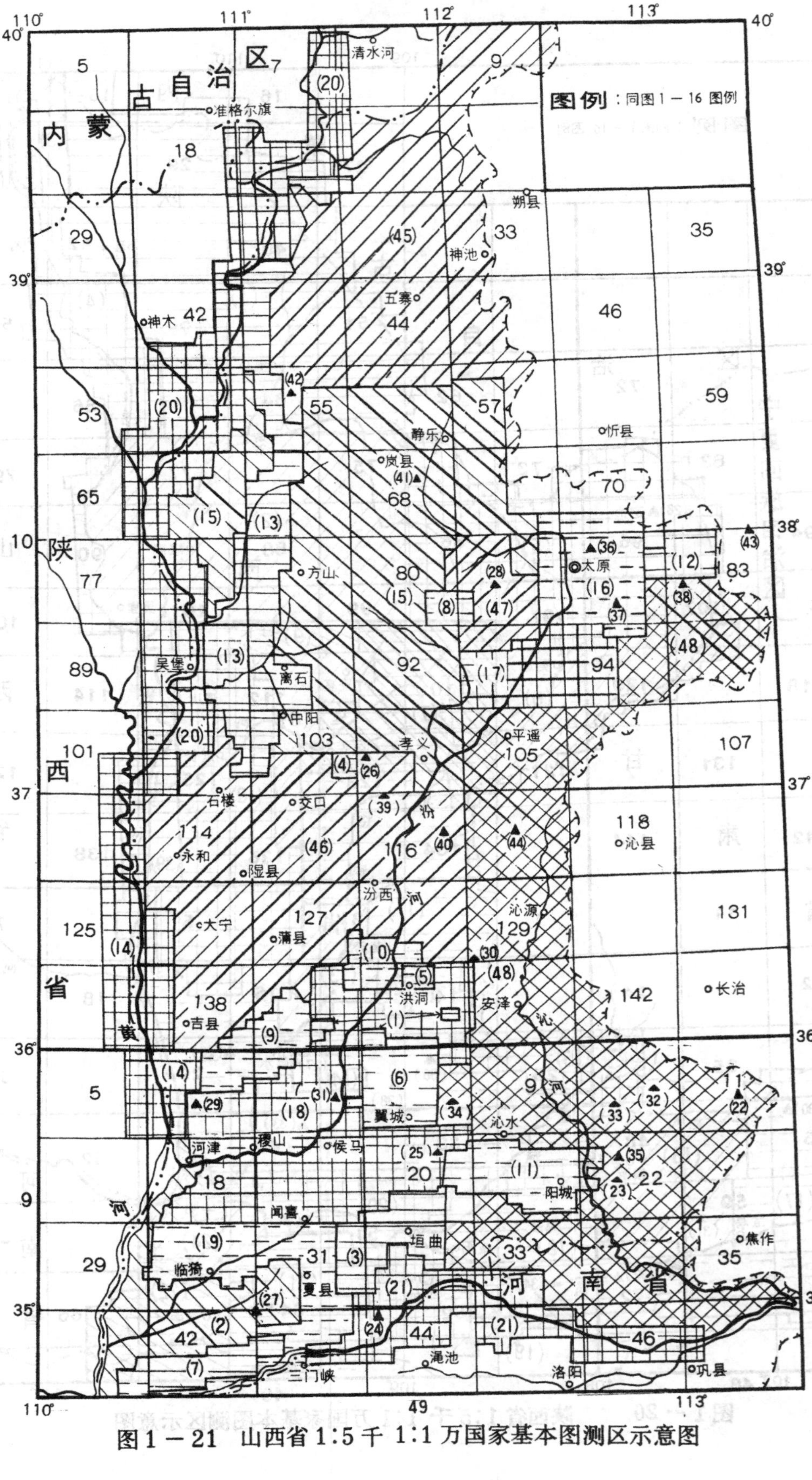

图1－21　山西省1:5千 1:1万国家基本图测区示意图

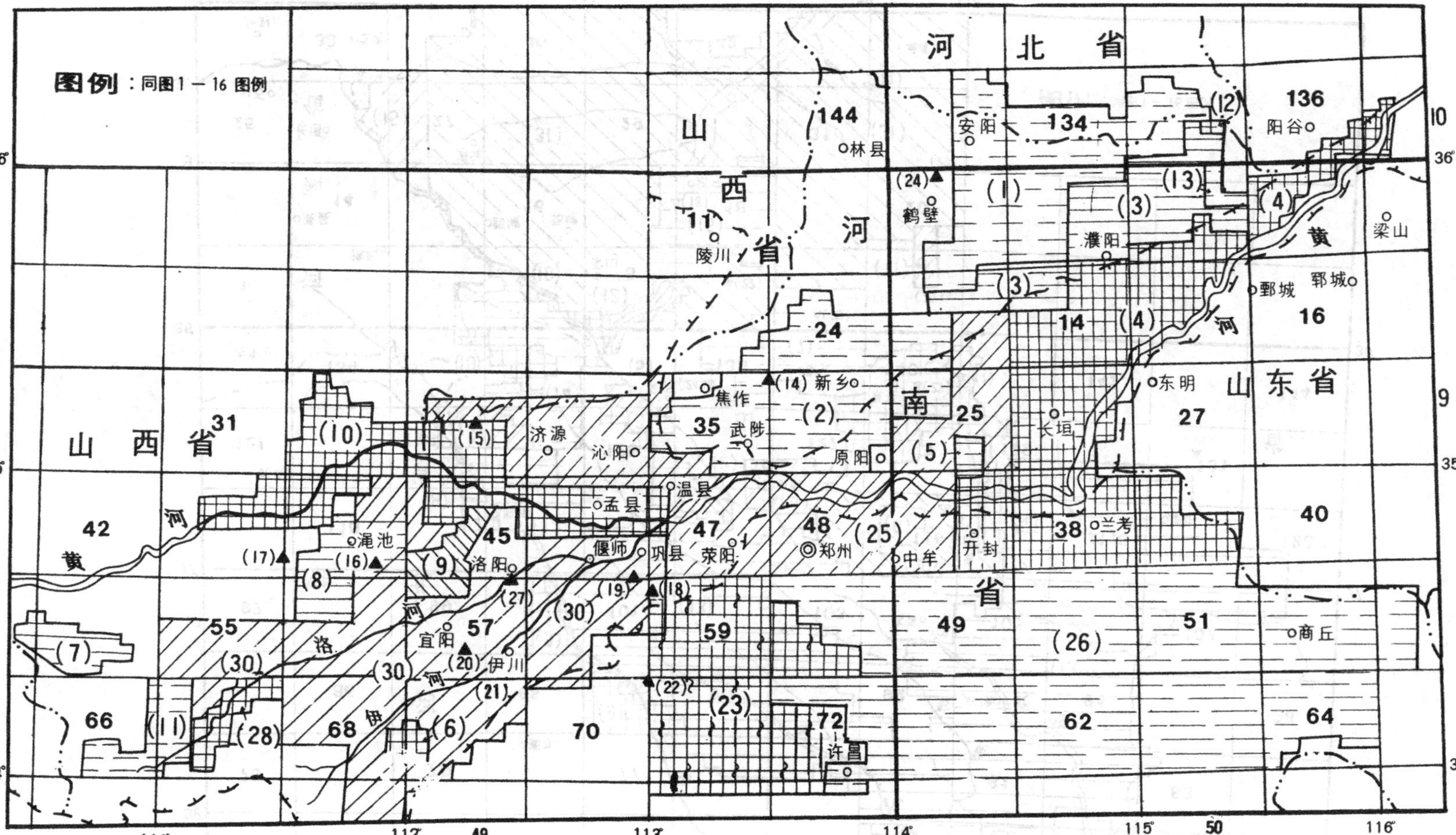

图1－22　河南省沿黄河1:5千1:1万国家基本图测区示意图

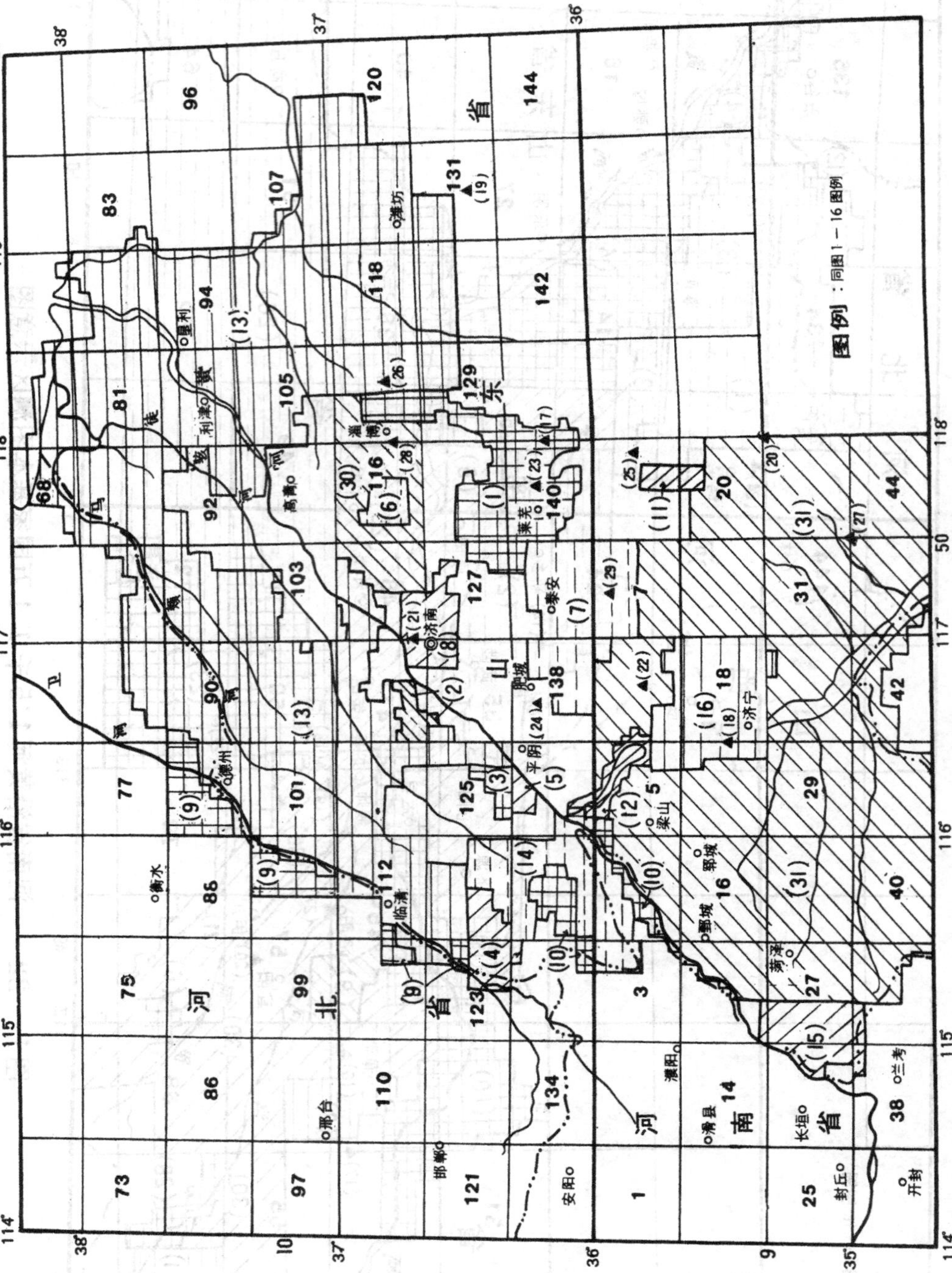

图1－23　山东省沿黄河1:5千1:1万国家基本图测区示意图

(三)质量概况

在实测过程中,各单位比较重视质量。1978 年 9 月中共中央号召开展“质量月”活动。国测总局对所属单位职工进行“质量第一”的教育,健全质量管理机构,加强技术设计工作,大抓测区第一幅图的质量,开展技术培训和岗位练兵,进行质量巡回检查,严格检查验收制度,制定“质量标兵”条件,从而促进了测绘成果成图质量不断提高。陕西测绘局所测成图中,除 1967 年原国测总局一分局航测的 2134 幅 1∶1 万图外,其余均符合要求,优良品率达 75%以上。

1981 年 5 月 4 日国测总局发出通知,授于王卫群等 7 人为国测系统制图质量标兵,其中 3 名属陕西省测绘局,他们是:高俊(女),航测内业技术工人;翁绍琪(男),助理工程师;张希贵(男),技术员。他们的业绩是 3 年超额完成任务,优良品率均在 97.5%以上。

陕西关中和陕北地区 9—48、9—49、10—49 所属 1∶10 万图幅内,有 2134 幅 1∶1 万航测图,系 1967 年航摄,1968—1969 年国测总局一分局完成外业,1969 年底该局撤销,室内作业被迫中断。1973 年陕西测绘局开始筹建,1975 年将这批资料收回。由于外业调绘已近 10 年,像片影像和实地出入很大,因当时急需用图,如重新航摄,需要 2～3 年时间,故决定重点地区进行野外补充调绘,一般地区利用原有资料测图,作为农业规划用图印刷使用。图右上角均注有“农业规划用图”字样。

黄委会完成的1∶1万国家基本图主要有:1964—1965年完成的泾河东庄库区图343平方公里,1974—1976年完成的北洛河南城里库区图2727平方公里,1966—1972年完成的三门峡至温县黄河干流4150平方公里,1976—1985年完成的黄河北干流浑(红)河口至龙门11670平方公里,1981—1985 年完成的洛河故县、长水库区图 500 平方公里,1987—1989 年完成的伊、洛河测区 7890 平方公里,共计 27280 平方公里。测区范围示意图如图 1—24。

三门峡至温县和浑(红)河口至龙门两测区测图简况如下:

三门峡至温县(简称三温段)1∶1 万测图,是为了控制黄河洪水在三门峡至花园口间选择库坝址而施测,共测零整图幅 173 幅。1966 年摄影,1970 年 7 月完成航测外业,1972 年成图。平面控制除国家平差的晋城、南阳、韩城 3 个三角区的成果外,还收集有各单位所测的三、四等三角点和军控点,并对这些成果进行了分析和改算,共计利用基本控制点 560 点。有的图幅没有基本控制点者,又增设了高级控制点 27 点,平均每幅图 3.4 点。高程控制

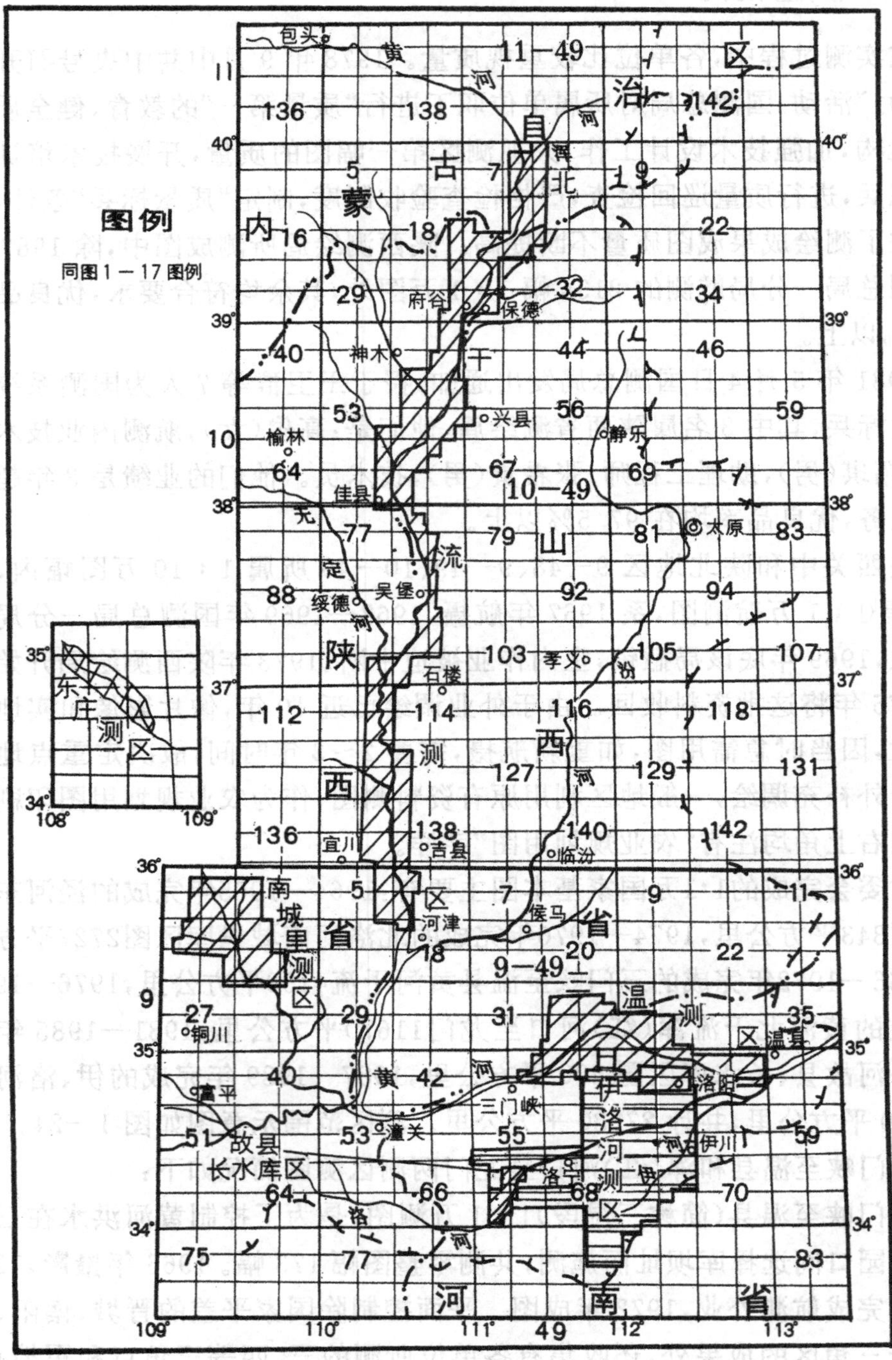

图1－24 黄委会完成1∶1万国家基本图范围示意图

除利用原有18个水准点外，在平地的基本控制点，全部用直接水准联测，在山丘地区加密了直接水准点，使丘陵区三角高程边不多于2条，山区三角高程边不多于6条，并组成三角高程网进行平差。采用3种测图方法：东部平坦区为综合法，全野外布点，每基本片布4个点，等高距1米；丘陵、低山区采用分工法，全野外布点，每像对布5点，内业用立体量测仪测绘等高线，单个投影器转绘地物地貌，等高线间距2米和5米；山区、高山区采用全能法，用多倍仪测图，全野外布点，少部分高山区和隐蔽山区用航线网布点，最大间距8条基线布6点。在测图过程中注意了质量检查。综合法部分，根据对20幅图重合点和检查员检查点统计，共检查高程注记点1196点，图幅最大高程中误差±0.11米（规范规定±0.35米），20幅图平均高程中误差±0.062米。根据19幅图等高线野外检查点的统计，共检测1570点，计算的图幅最大高程中误差±0.48米（规范规定±0.5米），19幅平均高程中误差±0.23米。内业测图部分，曾在室内将1970年小浪底坝址1∶2000白纸测图选取图根级以上的外业控制点182点展绘在相应图幅上，计算的等高线中误差±1.98米（规范规定山地为±3米，高山地为±5米）。1975年又进行一次外业检查，计检查全能法成图5幅、分工法2幅、综合法1幅，最后评定全能法成图为良级、分工法成图为可级、综合法成图为优级。

北干流是指黄河自托克托至龙门的一段峡谷，1975年列入《黄河测绘工作十年规划》。该河段测图由南向北分3段进行，即无定河口至龙门（简称无龙区）、府谷至无定河口（简称府无区）、浑河口至府谷（简称浑府区），共11670平方公里。其中除佳县至无定河口（约1060平方公里）系陕西测绘局摄影（像幅为23×23厘米）外，其余均为黄委会摄影，像幅为18×18厘米，摄影比例尺平均1∶1.6万。无龙区和府无区都加密了三、四等三角控制，使每50平方公里有一个大地控制点，共选设新点143点，修复重建旧点99点。航测内业采用电算加密法，可节省大量外业像片控制工作。像片采用全要素调绘。浑府区像片控制采用一架国产HCG—1型红外测距仪和一架民主德国EOT2000型红外测距仪施测，在三角点稀疏情况下直接用导线法测定像片控制点，节约了80座三角点加密工作。测量精度很好。汪胶生、殷宝智应用最小二乘法原理，对浑府测区进行两条导线平差计算，边长中误差分别为±4.7和±1.22毫米。1979年规定导线长不得超过20公里，该区实测9条导线，最长者15.5公里，平均12.8公里。他们为了探讨合理的最长规定，把几条导线连接起来，视中间三角点为不存在，试算了两条导线：一条总长30.183公里，37条边，闭合差0.685米，相对误差1∶4.4万；另一条总长24.468公里，24条边，闭合差0.350米，相对误差1∶7万。都高于原定1∶1万的要求。航测内业成图经室内仪器检查，质量符合规范要求。

无龙区系在多云情况下摄影，存在像片反差小、影像不够清楚和重叠过大等问题，加之航外作业时有些航线被抽掉，使内业像对内的测绘面积增大，航带接边线附近立体感甚差。经研究采取提高缩小片质量的办法，将不清晰的185个像对返工重缩。重缩时未注意到匀光片已去掉，多倍仪上定向也未发现，造成185个像对存在“变光束”作业问题，分布在21个图幅中。分析认为，其产生的误差与地面高差成比例，故将22个高差在200米以上的像对，在仪器上检查高程注记点和等高线，把较差超过2米者，全部作了改正。为了进一步弄清这一部分图的精度情况，1982年采用两种方法在外业进行部分检查：一种是布设解析图根点作检查点，称“高精度检查”，每平方公里平均布测5.1点；另一种是用极坐标视距法进行检查，称“等精度检查”。检查结果说明成图精度符合要求，如表1—32。

府无区摄影质量较差，独立细小地物和小路等，在多倍仪立体模型上影像不清，作业困难，辨认的位置常有不准现象。经吴叔骏、陈志光、吴方等攻关试验，采用多倍仪装片法转绘地物，即用涤纶片复制调绘片，进行透光缩小，在测绘地貌片时，将影像明显的地物，用辨认法绘出，地貌片测完后，换上同号地物片，此时原来装有地貌片的投影器保持不变，进行第二次定向。对点误差、方向尽可能与测绘地貌片时的对点误差、方向基本一致，以保证地物地貌的套合精度。这一方法解决了摄影质量差、立体模型看不清的困难。

表1—32　**无龙区外业检测结果表**

检查项目＼检查方法	高精度检查			等精度检查		
	点数	中误差	规定中误差	点数	中误差	规定中误差
山地等高线	58	±2.74米	±3.0米	116	±2.13米	±3.0米
山地高程注记点	12	±1.53米	±2.5米	6	±1.35米	±2.5米
山地地物平面点	12	±0.2毫米	±0.75毫米	32	±0.17毫米	±0.75毫米
高山地等高线	34	±3.57米	±5.0米	106	±2.06米	±5.0米
高山地高程注记点	22	±3.16米	±4.0米	10	±1.56米	±4.0米
高山地地物平面点	11	±0.4毫米	±0.75毫米	44	±0.28毫米	±0.75毫米

第二节　水利水电专业测图

一、历次规范及执行情况

(一)水利机关大地测绘暂行标准草案

民国23年(1934年)9月,国民政府内政部草拟《水利机关大地测绘暂行标准草案》征求意见,修正条文未见公布。

(二)水利设计测量细则

民国24年2月11日,国民政府全国经济委员会颁布《水利设计测量细则》,分总则、准备及查勘、水库测量、引水渠测量、导线、水准、地形、横断面、水文等九章。

(三)黄河水利委员会测量规范

民国23年10月,黄委会出版一本英文《黄河水利委员会测量规范》,多承袭华北水委会的测量方法。包括有天文测量、平面控制测量、高程控制测量、地形测量、断面测量、堤工测量、查勘测量和制图等。是治黄机构第一本测量规范,沿用到1954年。它的主要内容如下:

平面控制:在平原地区以量距导线测量为主,黄土高原地区以三角控制为主,有的地区可二者兼用。详情见第一章第一节之叙述。

高程控制:两架水准仪一为正平一为校平,随导线同向进行,正校平观测值较差不大于$\pm 0.007\sqrt{K}$米(K为两水准点间距离或闭合圈之距离以公里计),以石碑、公里碑、树钉等作水准点,间距一般约2.5公里。

地图采用兰勃特投影。图幅编号以经2°纬1°为一个1∶20万比例尺图幅,以右下角之经纬度为该图幅之编号,如116—36。1幅1∶20万图幅分为16幅1∶5万图幅。1幅1∶5万图幅分为36幅1∶1万图幅。1∶1万图幅经差5′,纬差2′.5,其编号如116—36—1(1～16)—1(1～36)。

(四)苏联平板仪测量规范

1954年水利部和水电总局在天津举办各水利水电部门测量人员参加

的苏联平板仪规范学习班。黄委会派李凤岐、常心敏参加。苏联规范的特点是：采用全面大地控制网，由高级到低级，由整体到局部，基本控制密度大；采用克拉索夫斯基参考椭球体，高斯—克吕格投影，6 度或 3 度分带进行计算，图幅按国际分幅；碎部测图要求随测随绘，看不到不能绘出；1∶1 万测图视距一般不超过 150 米，个别可达 225 米；强调检查，具有方位作用的目标点平面中误差不得超过±0.2 毫米，明显地物点中误差不超过±0.5 毫米，不甚明显地物点不超过±1.0 毫米；1∶1 万比例尺地形图基本等高距 2 米，等高线的高程中误差根据地面坡度而定，地面坡度在 2°以内者±0.5 米，2°～5°者±1.0 米，5°～7°者±1.5 米，大于 7°者不超过一根等高距；为防止图纸伸缩，用铝板裱图纸，并要求外业测图绘地物地貌透写图，作清绘参考。

(五)水利水电规范

1959 年水电部起草《水利水电测量基本要求》。1962 年水电部水电总局举办水利水电测量规范研究班，研究制定水利水电工程测量方面的规范、图式，黄委会派李启予参加。1964 年水电部颁发试行《水利水电测量基本技术规范》和 7 种具体规范和图式，以统一水利水电部门的测量规范。

1979 年水利部、电力工业部组织长办、黄委会、天津勘测设计院(简称天津院)、成都勘测设计院(简称成都院)、东北勘测设计院(简称东北院)、中南勘测设计院(简称中南院)和辽宁省水利勘测设计院等单位的技术骨干，以 1964 年规范为基础，广泛进行调查研究，听取各单位对原规范试行意见，吸取 30 年来水利水电测量中的丰富经验和一些切实可行的新技术，进行反复讨论和修改。黄委会设计院楼翰俊、陈志光先后分别参加讨论并主编航空摄影测量部分。国测总局也派人参加航空摄影测量的讨论，认为航测部分不但可以满足水利水电专业测图，而且可以满足国家基本图的要求。1980 年 7 月水利部、电力工业部、国测总局联合颁布《水利水电工程测量规范》(以下简称《水电规范》)。《水电规范》中地形测图包括 1∶500、1∶1000、1∶2000、1∶5000、1∶1 万 5 种比例尺。1∶5000、1∶1 万两种白纸测图连续满幅在 50 平方公里以上者作为限额应按国家规范作业，同时还应满足水电规范的要求，航空摄影、陆地摄影测量不论测区大小均按水电规范作业。地形图的基本等高距如表 1—33。

表 1—33 **水电规范基本等高距规定表**

比例尺 / 地形类别	1∶5百	1∶1千	1∶2千	1∶5千	1∶1万
平 地	0.5	0.5	0.5或1.0	0.5或1.0 (1.0)	0.5或1.0 (1.0)
丘陵地	0.5	0.5或1.0	1.0	1.0或2.0 (2.5)	1.0或2.0 或2.5(2.5)
山 地	0.5或1.0	1.0	1.0或2.0	2.0或5.0 (5.0)	5.0(5.0)
高山地	1.0	1.0	2.0	5.0(5.0)	5.0或10.0 (10.0)

注:1.单位:米。2.括弧内之数字为国家图基本等高距要求。

表列数据,《水电规范》比国家1∶5000、1∶1万基本图等高线密度大,其相应高程精度也较高。

地形图中地物点对邻近图根点的平面位置中误差,限额以上测区与国家基本图相同,限额以下白纸测图比国家基本图略低,平地、丘陵地图上为±0.75毫米(国家图为±0.5毫米),山地、高山地图上为±1.0毫米(国家图为±0.75毫米)。《水电规范》还规定"可采用实测放大图",即按小一级比例尺的精度要求施测大一级比例尺地形图,此时需注明图面比例尺和实际精度比例尺,如"1∶5000成图1∶1万精度"。

高程注记点对于邻近加密高程控制点的高程中误差,白纸测图应不大于三分之一基本等高距。航测立体成图当基本等高距小于2(2.5)米时不大于等高线高程中误差的五分之四,当基本等高距为5或10米时分别不大于2.5和4米。等高线对于邻近加密高程控制点的高程中误差,平地、丘陵地不大于二分之一基本等高距,山地、高山地不大于1根基本等高距。

遵守规范方面,曾有几次反复。1954年以前,规范不健全,理论水平低,贪图进度,操作不严格。1954年学习苏联规范,强调"百年大计,质量第一","规范就是法律",建立起检查验收制度,三门峡库区测图,认真执行规范,使测量理论和技术水平以及成果质量都有很大提高。嗣后有些单位或测区以苏联规范为蓝本,制定本部门或某测区的规范,严格操作。1958年全国"大跃进",批判"洋奴哲学、爬行主义",破除检查验收制度,使规范有名无实。

1961 年国家贯彻"调整、巩固、充实、提高"八字方针，测量规范和制度逐步恢复，到 1964 年测图质量达到了较好水平。1966 年开始"文化大革命"，使已建立的制度又遭破坏，但黄委会的多数职工吸取"大跃进"时的教训，还能保证成图质量基本达到要求。1969 年冬，大批测量骨干下放劳动，严重削弱了技术队伍。1978 年后加强了技术规范的学习，情况逐步好转。各单位在成果成图资料管理上，有的建立了健全的归档制度，资料齐全；有的无归档制度，测图数量不清楚；有的工程已建成，而没有保存地形图。

本志所列资料来源有三：一是 1980 年前后黄委会和沿黄各省（区）测绘局所编《测绘资料目录集》；二是 1983 年后进行的调查和各单位陆续提供的资料；三是黄委会规划设计人员平时联系工作索取的图纸。因此资料不完备。有的工程项目没有测图数量者，只列了项目，没有统计数量，因而本志有些统计数是不完全的。

二、黄河源勘测

黄河源地区的测图，元、清时期根据调查绘制。元至元十七年（1280 年）忽必烈派都实带队考察河源，历时 4 个月，到达星宿海地区，记有"履高山下瞰，灿若列星，以故名火敦脑儿，火敦译言星宿也。"回京后根据记载绘制成图，惜原图遗失。元代陶宗仪《辍耕录》附有河源图，是仿都实图绘制的，成为最早的一幅河源图。

清康熙四十三年（1704 年）拉锡、舒兰到达星宿海西边的河源地区，考察两天，看到黄河源分为 3 支，绘有绢本彩绘图，将中间一条绘的最长，以示正源。康熙四十七年、五十六年为绘制《皇舆全图》两次派人测绘河源。1717 年楚尔沁藏布"往穷河源，测量地势，凡河源左右，一山一水与黄河之形势曲折，道理远近，无不悉载，绘入舆图。"乾隆四十七年（1782 年），黄河在河南青龙岗决口，洪水为患，合龙未就，大学士阿桂之子乾清门侍卫阿弥达"穷河源祭河神"，绘有河源图。

50 年代初期，对河源地区进行实地考察和测绘。1952 年黄委会组织河源查勘队，由队长项立志、工程师董在华、技术员周鸿石等组成。9 月 24 日从黄河沿（玛多）出发，11 月 23 日返回黄河沿。在这次查勘中，首次在河源区用经纬仪沿途施测了带状地形草图；用气压计测得黄河沿高程为 4160 米；用视距导线作控制，实测视距导线 763 公里，草测 1∶2.5 万比例尺带状地形图 2625 平方公里，河道断面 8 个和断面流量测量。并研究了从通天河引水的可能性。

1978年再次到河源地区考察,有黄委会南水北调查勘队,中国科学院北京地理研究所,地矿部陕西水文地质队,南京地理研究所湖泊考察队,青海省政府,青海军区等单位及新闻工作者参加,考察项目各有侧重。黄委会南水北调查勘队为了研究扎陵湖、鄂陵湖的开发利用,与南京地理研究所合作于7月16—31日进行了两湖的水下地形测量。黄委会由萨德本、葛腾等参加施测,利用1∶10万地形图明显地物点做为断面线两端的控制,使用机动橡皮船和超声波测深仪,在扎陵湖测7个断面及16个散点,在鄂陵湖测29个断面及21个散点,用以勾绘两湖1∶10万水下地形图,绘制两湖水深——水量关系曲线,填补了两湖水下地形图的空白。

三、黄河干流测图

(一)1949年以前干流河道测量

干流河道测量始于清末,民国期间也有几次不同目的的测量工作,分述如下:

1.《御览黄河三省全图》测量

清光绪十五年(1889年)河督吴大澂奏请清王朝拟于汴省设立河图局,调熟谙测绘之委员、学生20余人到豫分段测量黄河。光绪帝批:"著准其咨,调数员办理绘图事件,至所称设立河图局及酌予奖叙,未免先事铺张,著毋庸议。"乃从福建船政局、上海机械局、天津制造局和广东舆图局等单位,调精于测算和工于绘图人员20余人,组成4组。上自河南阌乡(今灵宝县境内)金斗关(距潼关2.5公里)起,下至山东利津铁门关海口止,分4段进行测图,共计河道长2412里,测图157幅。测图之边界有的以大堤为界,有的以沙滩为界,测图比例尺为1∶3.6万。总负责人称为"总理",是当时河南省试用道易顺鼎。于1890年测竣,印刷图分装成5册,并编有"图说"。由直隶总督李鸿章、前河道总督吴大澂(成图时吴已调离黄河)、山东巡抚张曜、河南巡抚兼河道总督倪文蔚、山西巡抚刘瑞祺以及3省沿河知府、知州、知县、县丞和有关测量制图人员40多人联名上报光绪皇帝,光绪帝批:"知道了,图留览,钦此。"故定名《御览黄河三省全图》,保存在北京故宫博物院。该图是黄河干流河道测量最早采用经纬度方法施测的地图,以通过京师(北京)的子午线为起始线,没有等高线。

黄委会设计院李凤岐1983年曾利用黄委会1974年出版的《黄河流域

地图(1∶100万)》和地图出版社1974年出版的《中华人民共和国分省地图集》上的同名点坐标与其对比,共对比村镇22处,以后两种图为准,考证该图纬度最大差值在孟津坡头为20′.7,最小差值在济阳为0′.57,平均差6′.54;经度最大差值在平陆为16′.08,最小差值在中牟东漳为0′.0,平均差3′.47,明显的是下段比上段精度高,误差不均匀。该图村庄测绘粗略,多数没测轮廓而用圆圈或圆点表示,但在当时还是精度很好的图。该图特点:以经纬度和计里画方相混使用,每格半寸代表一里,经纬度最小分格2′,每幅图纵16格横32格;重视水利设施之描绘,如堤坝工程之位置,防汛厅防汛堡之位置,历次决口位置,口门大小,负责堵复人员,合龙时间,用银若干等;对水流缓急有所表示,箭头稠密者表示水急,稀疏者表示水缓;图的最后附有一表,注有各防汛营堡所辖地段之长度,各段大堤之宽度和高出地面之高度。

2.鲁、豫、冀三省河务局测图

(1)山东黄河河道图分3段施测:上段,梁山县黄庄至阳谷县陶城铺,于民国13年(1924年)7月20日测竣;中段,范县张秋至惠民县刘旺庄,于民国14年6月10日测竣;下段,刘旺庄至利津县西盐窝,于民国8年10月10日测竣。该图是治黄机构首先施测带有等高线的现代地形图,命名为《山东黄河三游河道图》。

(2)河南河务局于民国8年(1919年)11月成立测量处,至民国12年10月共完成沁河河道长55公里和黄河从孟(县)、济(源)交界至长垣长190.5公里的地形图测绘,共测1∶6000比例尺图69幅,并编绘成1∶4万比例尺图。高程引自顺直水委会郑州黄河铁桥北岸PM249测站点的高程,是治黄部门首次采用大沽零点高程。民国16年(1927年)因仪器被乱军劫走而停测。

(3)河北河务局无测量组织,于民国20—21年请河北建设厅代测1∶5万图10幅。

3.运河工程局测量黄河下游堤岸

为了研究黄河对运河的危害,民国8年运河工程局聘请费礼门指导,测量黄河堤岸,自郑州平汉黄河铁路桥至山东梁山十里堡,测图46幅。比例尺1∶2.5万。图上显示有黄河流势、历年决口、各段险工,并附有实测河道横断面图,图上标有水位与堤外地面高差,以及洪水与低水时河道的不同比降等。图说采用中英两种文字,蓝黑套印。

4.顺直水委会、华北水委会测量黄河下游河道顺直水委会、华北水委会对黄河下游曾进行多次测量。民国8年顺直水委会从新乡用导线引测到郑州黄河铁桥北岸，设PM_{249}永久测站点，后向西测至沁河口再转回新乡，并用普通水准联测高程；民国12年用导线测量自周家桥至济阳县一段黄河河道，计测1：1万简略地图1030平方公里；民国14年又自济南以下30公里处向上沿黄河两岸布设导线至河北、山东交界处，未测图；民国17年顺直水委会改组为华北水委会后，打算对黄河进行整治，抽调测量队自黄、沁交界处解村向下游进测，到民国18年春共测1：1万图320平方公里，1：5000图89幅。时值国民政府明令组建黄河水利委员会(未成立)，该队奉建设委员会令调往他处。

5. 黄委会对黄河下游河道测量

(1)黄委会于民国22年(1933年)成立，当即组建3个测量队。由于汛期洪水成灾，调2个队作堤工测量，于民国23年4月测完，改测地形。从民国22—26年(1933—1937年)先后投入4个测量队施测黄河下游河道1：1万地形图，共测河道图1.3万平方公里，徒骇河河道图约1.1万平方公里，基本等高线间距0.5米，大沽零点高程系统。测区范围见图1—25。

(2)民国25年黄委会委托海道测量局施测黄河入海口图。海道测量局于5月派诚胜艇及甘露舰进测，测量范围自小清河口之羊角沟向北至徒骇

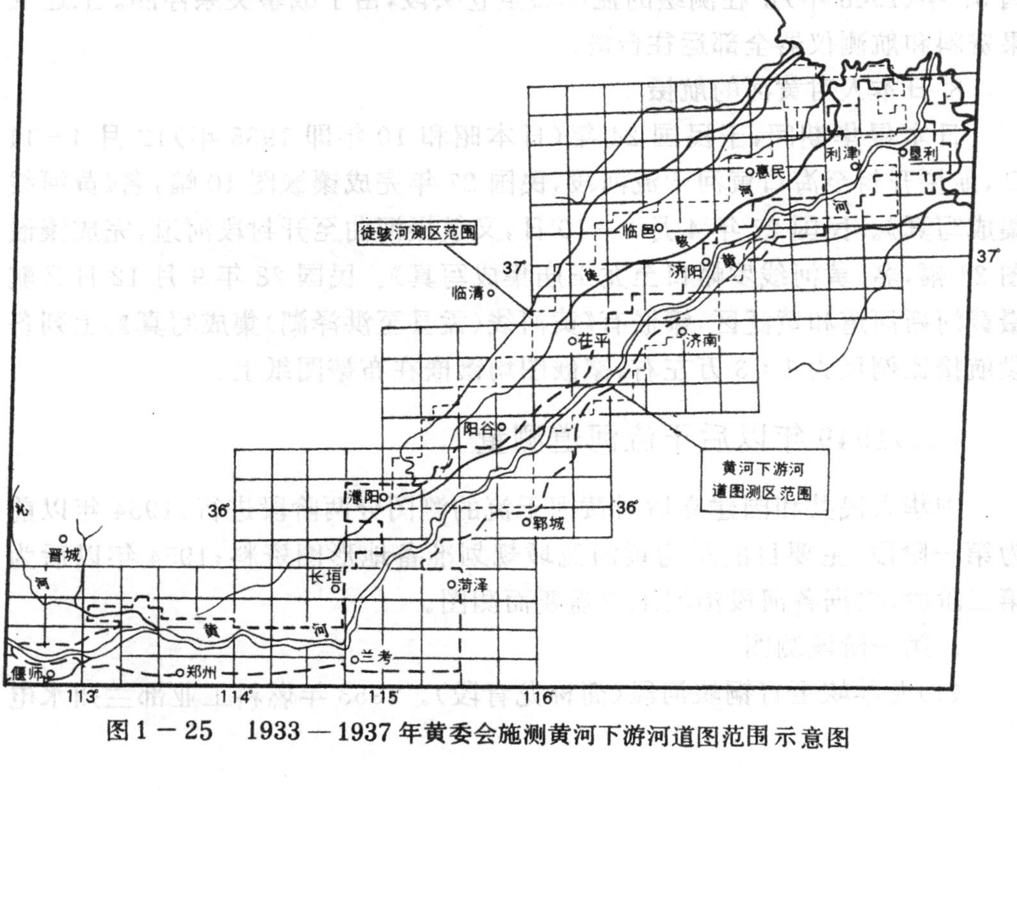

图1－25 1933－1937年黄委会施测黄河下游河道图范围示意图

河口，各处伸入海中水深10米以上，约计测5180平方公里。

(3)民国35年黄委会第十七、第十八两测量队，施测甘肃靖远至宁夏中卫的黄河河道。用导线作控制，平地段用钢尺丈量，困难地段用视距法，每2～3公里测一河道断面，根据断面绘制1∶1万河道地形草图。

6.黄河水灾救济委员会航摄堤防和河道图

1933年9月，成立黄河水灾救济委员会，宋子文为委员长。当即对灾区进行空中视察并摄影，到10月底计完成长垣县大车集至石头庄27公里1∶7500堤防镶嵌图1幅，冯楼一带1∶2.5万水道镶嵌图1幅，开封、兰封、考城、巨野、濮县、长垣、东明等县航摄像片42片，共1万多平方公里。

7.水利航测队航测黄河干流图

国民政府建设委员会水利实验处水利航测队与国防部空军第十二中队合作，对黄河进行过3次航摄：民国25—26年航摄陕县至包头段黄河干流；民国35年航摄三门峡至陕县段和花园口附近；民国36—37年(1947—1948年)航摄三门峡至孟津段、黄泛区和部分黄河故道。共2.2万余平方公里，航摄比例尺1∶2.5万。航测内业完成大部分1∶10万像片镶嵌图，测绘了潼关西北1∶2.5万地形图3750平方公里(并编绘1∶5万图40幅)和潼关至陕县1∶2.5万地形图32幅，图幅尺度7′.5×5′.0，大沽零点高程系统。民国37年(1948年)正在测绘的孟津城至仓头段，由于战事关系停测。上述成果资料和航测仪器全部运往台湾。

8.日本人对黄河的航摄

日本侵华期间，于民国24年(日本昭和10年即1935年)12月4—11日，航摄开封至海口黄河干流河段，民国27年完成镶嵌图10幅，名《黄河线集成写真》。民国27年4月3—10日，又航摄河曲至开封段河道，完成镶嵌图24幅，名《黄河线罗峪口至龙王庙集成写真》。民国28年9月12日又航摄黄河新河道和黄泛区，镶嵌有《黄河线(孟县至洪泽湖)集成写真》。上列各段航摄比例尺为1∶3万左右，镶嵌图均镶嵌在布裱图纸上。

(二)1949年以后干流河道测量

中华人民共和国建立后对黄河干流的测图分两阶段进行：1954年以前为第一阶段，主要目的是为黄河流域规划准备地形图资料；1954年以后为第二阶段，根据各河段治河工程需要而测图。

1.第一阶段测图

(1)龙羊峡至青铜峡河段(简称龙青段)。1953年燃料工业部兰州水电工程筹备处，对龙青段河道进行 1：2.5 万地形图测量。以兰州二等天文点作起算，5″三角锁作控制（三角点没有埋石），采用大沽零点高程系，完成李家峡至青铜峡 1：2.5 万图 2515 平方公里。

（2）青铜峡至托克托河段（简称宁托段）。1953 年黄委会有两个队分别从中宁和托克托天文点起测，以 5″小三角作控制，到三盛公会合。计测 1：1 万地形图 5800 平方公里，采用大沽零点高程系统。

（3）托克托至龙门河段（简称托龙段）。1952—1953 年，由水电总局施测。从土默特右旗大树湾至河曲县龙口的清水河水库区，计测 1：1 万图 85 平方公里，1：2.5 万图 3750 平方公里。龙口至龙门段测 1：2.5 万图 1645 平方公里。用 5″小三角作控制，以宋家川二等天文点作起算。高程引用京绥铁路水准 374 号桩（为 1006.324 米）起算，系大沽中等海水面高程系统，该点大沽零点高程系高程为 1007.637 米。

（4）龙门至孟津河段。1949 年，黄委会为了解除下游洪水威胁，寻找修建大水库的位置，把潼关至孟津段（潼孟段）列为测量重点。1950—1952 年共测 1：1 万地形图 343 幅，8703 平方公里。此次测量自孟津一直测到龙门，称“中游河道测量”，也称“中游水库测量”。峡谷两侧测至山顶外 1 公里，山西、陕西平地测至大沽零点高程 360 米。

黄委会在这一河段测量中，仍沿用旧的规范，根据新的情况，探索了一些新的测量方法：在峡谷地段，采用直接水准与三角高程相结合，秦新基、梁儒珍进行成果资料分析，证明满足测图需要；在碎部测图方面，黄淦提出“随测随绘”，较在工地测点回内业绘等高线的方法，提高了地形地貌的真实性；庞鲤变推广淮委会许有根的“便利高”测量方法，提高了质量与效率。

1951 年 4 月 20 日，在渑池县王家滩测量河道大断面时，用帆船和测深锤测深，因水流湍急，大浪把船打歪，船上测深的刘天铎坠入河中，为治黄事业献出了年轻的生命。为吸取这次教训，后改用羊皮筏子代替帆船，羊皮筏子一般是用经过加工处理的 13 个整羊皮胎绑在一个木排子上，吹饱气，可以乘坐 5～7 人。优点是轻便，没有沉船危险，测断面时从上游顺水而下，测后，人背筏子再到上游，反复进行。

（5）孟津至海口段。民国 22—26 年（1933—1937 年）测有本河段河道图，故第一阶段未进行全河段的河道测图。1949 年 9 月大洪水过后，山东、河南河务局进行了局部测图。1950 年，山东河务局测量队和山东农学院水利系实习生共 92 人测海口区时，克服烂泥深陷、人烟稀少、供应贫乏等困难，食住在帆船上，两个多月完成 580 平方公里 1：1 万地形图施测任务，并施测了三股(主流神仙沟、叉流甜水沟和宋春荣沟)河道的流速和流量。1952年又测了郓城扬集河段1:1万图272平方公里。河南河务局测量队1953年施测京汉铁路黄河桥至兰考三义寨1:1万地形图54幅,约1000平方公里。

在这一阶段,共测1:2.5万图7910平方公里,1:1万图16440平方公里,其中黄委会(包括两个河务局,以下同)完成1:1万图16355平方公里。这一阶段队伍发展快,生手多,规范不健全,对质量强调不够,成图质量不高,但在当时仍是最好的实测图,成为流域规划的重要参考资料。

2.第二阶段测图

1954年后,黄河干流上、中游河段河道测图有:1959年西北院施测龙羊峡至李家峡1:2.5万图约400平方公里;1977—1978年宁夏水利设计院测有黄河宁夏段河道图;1961—1979年内蒙古水利设计院测有乌海市乌达至临河河道1:1万图约1700平方公里;黄委会1966—1972年完成三门峡至温县黄河河道1:1万国家基本图,1977—1985年按国家基本图要求航测了浑河口至龙门1:1万黄河河道图;陕西省航运指挥部为进行开发黄河北干流水运规划设计,1985—1987年先由陕西水利设计院用断面法施测天桥至禹门口(规划阶段)1:2000河道图290平方公里,继而由黄委会设计院、陕西测绘局、天津航运研究所、三门峡水文总站分工协作,又施测了天桥至禹门口(设计阶段)1:5000河道图和1:2000险滩图,其中黄委会设计院完成天桥至佳县1:5000图892平方公里,1:2000图28.3平方公里。

黄河下游河段测图次数较多,全河段测图3次,部分河段测图20多次。

1954年大汛,黄河下游有些河段发生险情,山东黄河河务局1954—1957年施测梁山县银山至张山、郓城至杨集、博兴县道旭河床、鄄城县董口、左营等河段1:1万比例尺图896平方公里,1956年黄委会设计院航摄郑州至济南河道,1957年完成郑州黄河铁桥至开封市柳园口1:1万航测图1278平方公里。1958年黄委会设计院将原计划测图比例尺由1:1万改为1:2.5万,与总参测绘局合作,东阿以下由总参测绘局成图,东阿以上由黄委会设计院成图,于1960年完成温县至黄河入海口1:2.5万图19374平方公里。这是第一次黄河下游全河段测图,为研究河道变化提供了基础图。1958年7月17日黄河下游发生特大洪水,河势变化大,山东黄河河务局1959—1960年施测郓城县杨集至齐河县官庄、博兴县王旺庄河湾、菏泽县刘庄至杨集等段1:1万图1027平方公里。

1960年9月三门峡水库开始蓄水拦沙运用,下游泥沙含量减少,河道发生冲刷，河床下切，滩地坍塌，威胁堤防。为了监视河道变化，于1960年汛前(2月)、汛期(8月)、汛后(11月)进行了3次“监视摄影”，摄影比例尺1：2.5万；1961年12月、1962年12月进行第4、第5次“监视摄影”，摄影比例尺1：3.5～1：5万；1963年10月、1964年11月、1965年11月，进行第6、第7、第8次“监视摄影”，摄影比例尺1：5万。每次摄影面积1.5～2.0万平方公里。同时，河南黄河河务局1961年施测原阳县越石坝至鄄城县苏泗庄1：1万河道图1200平方公里，1963年又测兰考县东坝头河段1：2.5万图725平方公里。山东黄河河务局1962—1965年施测齐河县官庄至泺口、泺口至老唐家、高青县台子至大道王、北镇至利津、菏泽县刘庄至东明等段河道1：1万图1076平方公里。1968年国家计委批准黄河在入海处改道，山东黄河河务局施测罗家屋子改道1：5000图28平方公里，黄委会施测河口改道1：2.5万图400平方公里，还施测了兰考县东坝头至东阿县位山1：1万河道图1212平方公里。1969—1972年河南黄河河务局施测温县至兰考县三义寨1：1万河道图1500平方公里。

1972—1973年，对下游全河段进行第2次测图仍用航测法，名“721”测区，从焦枝铁路黄河铁桥至黄河入海口，测图比例尺1：5万，共测27幅，计10088平方公里。为了满足修防和水文方面的要求，基本等高距为2米，加绘1米间曲线(国家基本图基本等高距规定10米)，高程精度相当1：1万比例尺地形图。采用任意分幅法，地图符号突出显示了治河工程建筑物，是一种专用的1：5万地形图，单色印刷，供防汛、河务、水文、科研等部门应用。过去每次洪水都要进行洪水痕迹测绘，有了这种图可很快把洪水痕迹调绘在图上，既省工又准确。

为保护孤岛油田和入海口地区农业发展而培修的东大堤工程竣工，入海口形势发生变化，1973—1974年黄委会又施测海口区1：1万图936平方公里。1976年黄河改道清水沟入海成功，黄委会对海口摄影，摄影比例尺1：4.8万。同年山东黄河河务局施测西河口至入海口1：5万图500平方公里。

黄委会济南水文总站为了研究河口演变，从1960年开始施测滨海区水下地形，采用三座寻常高标两架六分仪后方交会定位，1973年改用无线电定位，除船上的船台外，在无棣县瑗口、寿光县羊口、黄县龙口设有3处岸台。水深探测初期用测深锤，1964年改用回声测深仪，配合历次航摄资料，到1985年共测1：5万地形图500平方公里。

“721”测区图使用了10年，河道发生变化，黄委会设计院1982年7月摄影，适逢汛期出现较大洪水，12 月再次摄影。由黄委会设计院测绘总队和河南、山东黄河河务局共同完成外业。1985 年完成第 3 次全河段 1：5 万航测图 13000 平方公里。基本等高距 1 米，部分地区加绘 0.5 米间曲线。

此外，山东水利设计院曾测绘梁山至郓城县杨集、高青县马扎子黄河河道图和海口地区地形图，计测 1：1 万图 2260 平方公里。

综上第二阶段测图，共测 1：5 万图 24088 平方公里、1：2.5 万图 20899 平方公里、1：1 万图 1.31 万平方公里、1：5000 图 121.2 平方公里、1：2000图 318.3 平方公里。其中黄委会完成 1：5 万图 24088 平方公里、1：2.5 万图 20499 平方公里、1：1 万图 9140 平方公里、1：5000 图 121.2 平方公里、1：2000 图 28.3 平方公里。另有 15820 平方公里国家 1：1 万基本图不包括在内。

(三)干流库坝址测图

黄河干流库坝址测量，始于清光绪四年(1879 年)壶口测量。《再续行水金鉴》106 卷记载："测得马王庙最高水位为 465.09 公尺……方俊编有《测量壶口地形及水利报告》一文。"可见当时已采用气压计测高，并引进公制。民国 35 年(1946 年)国民政府水利委员会第 224 测量队曾测龙门坝址，民国 36 年 4 月 30 日出版的《水利通讯》第四期有该队队长曹瑞芝编写的《龙门水利工程初步计划》一文。与此同期资源委员会全国水电工程总处兰州水电勘测筹备处曾测朱喇嘛峡、盐锅峡、牛鼻子峡等坝址，直至 1949 年。

中华人民共和国建立后，黄委会、水电总局、西北院、北京院等单位，在黄河干流进行大量库坝址测图。第一阶段是 1950—1954 年，为编制黄河规划提供坝址地形资料；第二阶段是 1954 年以后，为近期初步设计和技术设计及河段选坝施测大比例尺地形图。先后共测库坝址 75 处。第一阶段共施测 1：1 万图 3002 平方公里、1：5000 图 296 平方公里、1：2500 图 6 平方公里、1：2000 图 153 平方公里、1：1000 图 14 平方公里。其中黄委会完成 1：1 万图 2506 平方公里、1：5000 图 8.7 平方公里、1：2000 图 133.3 平方公里。第二阶段统计至 1985 年，共测 1：2.5 万图 317.5 平方公里、1：1 万图 9249.7 平方公里、1：5000 图 768.9 平方公里、1：2000 图 567.8 平方公里、1：1000 图 71.4 平方公里、1：500～1：200 图 15.8 平方公里。其中黄委会完成 1：2.5 万图 112.5 平方公里、1：1 万图 9176.7 平方公里、1：5000图 307.7 平方公里、1：2000 图 344 平方公里、1：1000 图 54 平方公里、1：500～1：200 图 11.5 平方公里。各坝址位置见图 1—26。

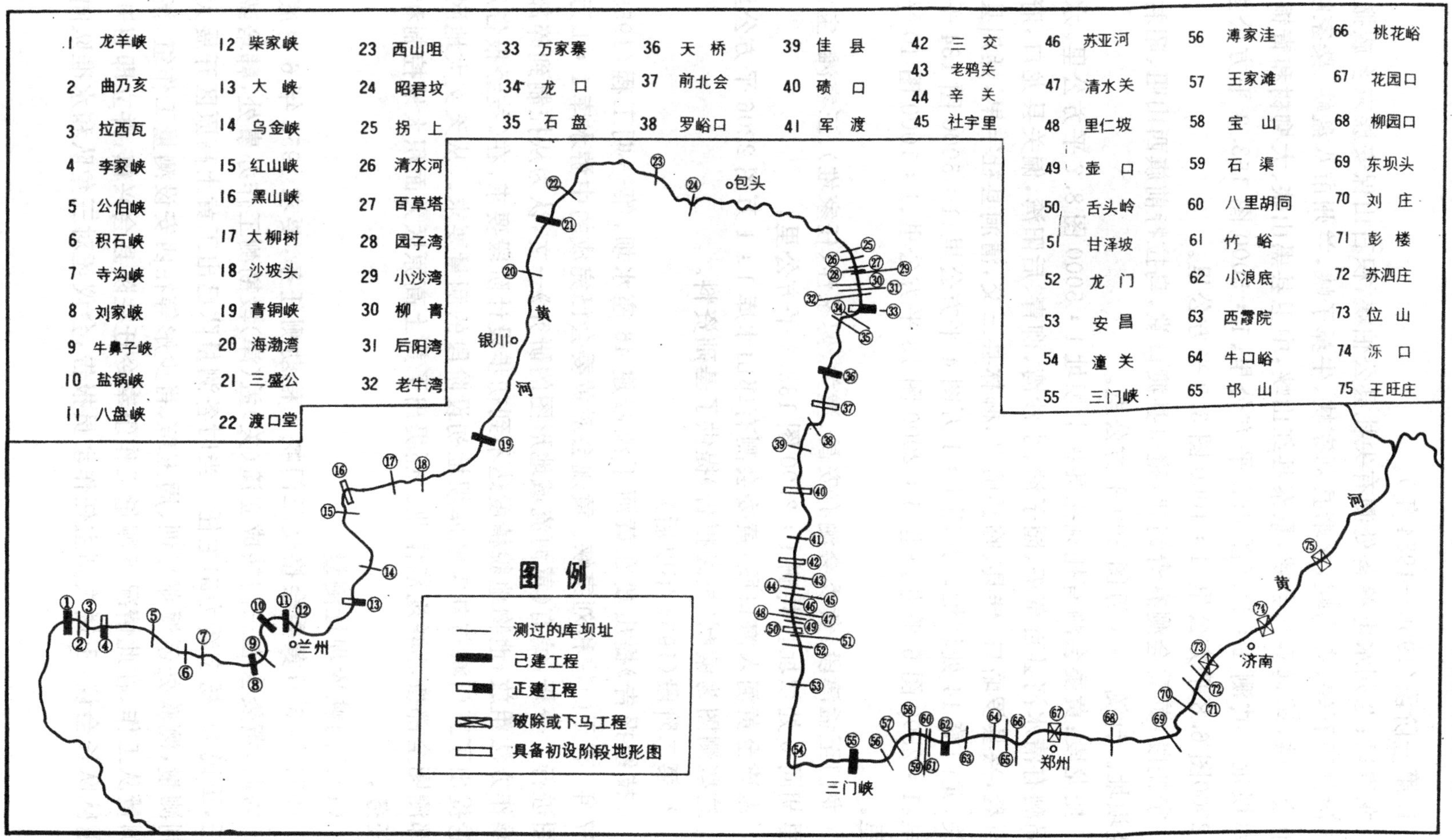

图1－26　黄河干流库坝址测量位置示意图

1.第一阶段(1950—1954 年)

龙青段:兰州水电筹备处测有尖扎县公伯峡,积石山保安族东乡族撒拉族自治县积石峡、寺沟峡,永靖县刘家峡、牛鼻子峡,兰州市八盘峡、柴家峡,白银市大峡,靖远县乌金峡,景泰县红山峡,中卫县黑山峡、大柳树和青铜峡等库坝址。共测 1∶1 万图 492 平方公里、1∶5000 图 153.3 平方公里、1∶2000图 6.8 平方公里、1∶1000 图 3.8 平方公里。

宁托段:黄委会测有青铜峡,磴口县渡口堂,乌拉特前旗西山咀、昭君坟 4 处坝址。计测 1∶1 万图 300 平方公里。

托龙段:黄委会测有托克托县拐上坝址 1∶5000 图 8.7 平方公里。水电总局测有清水河县百草塔、园子湾、小沙湾、柳青、后阳湾,偏关县龙口,府谷县石盘,兴县罗峪口,佳县、临县碛口,柳林县三交,清涧县社宇里,延川县清水关,龙门等 14 处坝址。共测 1∶1 万图 4 平方公里、1∶5000 图 134 平方公里、1∶2500 图 6 平方公里、1∶2000 图 13 平方公里、1∶1000 图 10 平方公里。

龙门至孟津段:黄委会测有安昌、潼关、傅家洼(任家堆)、王家滩、宝山、八里胡同 6 处坝址。共测 1∶2000 图 133.3 平方公里。

孟津至黄河入海口段:黄委会测有邙山水库 1∶1 万图 2206 平方公里。

这些测图为编制《技经报告》提供了基础资料。

2.第二阶段(1954 年以后)

《技经报告》提出要在黄河干流修建 46 座水坝,第一期工程(1955—1967 年)有三门峡和刘家峡。黄规会对黄委会已完成的中游水库 1∶1 万地形图进行了分析,编有《黄河流域地形图的研究》一文,认为从控制到碎部测图操作方法粗放,地物地貌精度达不到初步设计阶段要求。在《技经报告》第七卷提出了三门峡与刘家峡库坝址初设阶段的测量要求。从天文大地网到碎部测图全部按苏联规范作业。还提出了黄土高原区大面积大地控制和测图任务。

(1)三门峡库坝址测量

1954 年 5 月黄委会接受三门峡工程勘测任务,要求 1956 年 6 月底交图。为此,黄委会在三门峡成立潼(关)孟(津)段勘测工作办事处,韩培诚为主任,王锐夫、杨志新为副主任。当时各测量队已出工黄土高原区开展大地控制测量,测验处还派郑光训、周玉瑄、肖少彤等在西安设测量工作组,指导各测量队工作。在此情况下测量工作组奉令迁往陕县会兴镇,并立即召开各测量队队长会议,王锐夫副主任作动员报告,会议还对三角队和水准队向三门峡测区转移工作进行了布置。燃料工业部调水电总局和兰州水电工程处测量队支援，组成三门峡坝址区测量队。三门峡测区测图，采用苏联 H·H·列别杰夫《大比例尺测图规范》，边学习边测量。到 1955 年 1 月底，计完成 1：500 比例尺图 1.62 平方公里，1：2000 图 14 平方公里，并完成会兴镇施工区 1：5000 图 30 平方公里。1956 年三门峡工程局又施测了史家滩、马家河、灵宝涧河、南涧河、黄底河等料场图，计测 1：2000 图 3.4 平方公里、1：5000图 11.4 平方公里。

为及时掌握测量新技术，1954 年 8 月测量工作组召开了由 42 位观测员参加的经验交流会，由肖少彤解释三角测量的疑难问题，对统一标准，提高技术，起到了一定作用。会议还制定了成果检查交接制度，到年底胜利完成了大地控制外业工作。

三门峡测区所布设的三角控制呈“凸”字形分布，南部为西安至陕县国家一等锁，系总参测绘局 1953—1954 年测设，作为本测区起算数据。从潼关向北至韩城黄委会布设一条二等基本锁。两条锁分别依照苏联 1939 年《一等三角测量细则》和《二等三角基本锁测量细则》进行。二、三、四等补充网附着于一、二等锁上，系依照苏联 1943 年《二、三、四等三角测量细则》施测。由于当时北京坐标系尚未传递到测区，故以陕县基线网之三角山二等天文点为座标原点，称“三角山座标系”。该点经纬度用 45°小型等高仪测定，经纬度中误差分别为±0″.46 和±0″.19，天文方位角用威特 T_3 经纬仪按北极星任意时角法测定，中误差±0″.12。经后来推算三角山三角点改化为 1954 年北京座标系：纵座标 X 应减去 289.144 米，横坐标 Y 应加 357.332 米。

三门峡坝址区所布设的二等水准环，引自陕县火车站附近的 C.C.T.K.BM_{94}，高程为 333.428 米。该高程是民国 24 年（1935 年）黄委会施测的巩县至潼关精密水准，系大沽零点高程系统。1954 年黄委会又从郑州保合寨 P.BM_{II}＝97.060 米以精密水准引至测区，测得 C.C.T.K.BM_{94}＝333.617 米；后又在水库区外围陕县—华阴—临潼—富县—河津—侯马—陕县布一精密水准环，周长 922.6 公里，环形闭合差±6.9 毫米（允许闭合差 121.2 毫米），并以 C.C.T.K.BM_{94}＝333.617 米作起算数据，推算出此精密水准环的高程，作为库区测图的起算高程。故坝址区测图图面高程加 0.2 米则变为水库区地形图高程。

三门峡测区，三角和水准控制的布设密度和观测精度都符合规范要求。黄委会首次用手摇计算机对本测区进行大面积的平差计算，其成果符合要求，为 1955 年库区测图的顺利进行创造了条件。

为了完成测区4000多平方公里的白纸测图艰巨任务，黄委会测量总队，利用1954年冬季40天的时间，学习苏联《平板仪测量规范》，由李凤岐、常心敏作辅导。参加学习的除黄委会测量队外，还有山东、河南、山西、陕西水利厅测量队，长委会、水电总局、淮委会，西北黄河工程局、河南黄河河务局、山东黄河河务局等测量队共1700多人。水利部勘测设计管理局派程元赓工程师指导。学习期间，初步制定了检查验收办法。这是水利水电部门地形测量技术的一大转变。

1955年3月各测量队陆续进入测区。中央要求三门峡工程提前“上马”。库区1∶1万测图需相应提前半年于1956年1月1日交图。根据上级指示，上述参加学习的各单位投入测区测图，共组成13个测量队，100多个图根、水准、碎部小组分布在整个测区。黄委会测量总队从开封迁到陕县。测区内各级政府和群众大力支援。洛阳专署还发布指示，“凡测量队所设各种标志、三角点、水准点、图根旗一律认真保护，不准破坏”。

为明确测图工作的责任，总队长王平指定郑光训、李凤岐负总责。测图最困难的是碎部测图，要把地物地貌测绘得完整像真、取舍恰当、清晰易读，精度符合规范要求。为此，测量总队和各测量队都确定2～3个重点组，领导人深入班组，总结经验。苏联地形测量专家叶菲莫夫也到工地指导工作。

为了保证测图质量，总队于6月11日至7月26日组织检查组，重点检查测图的质量和效率。先后检查7个队21个小组。各组都做到了“看不到地形不绘图”的要求，并注意自我检查。图根点误差一般在0.2毫米以内，个别超过0.4毫米者，已令返工；在碎部组进行巡视查图，发现弱点摆站检查，尽可能把差、错、漏消灭在测量工地。各测量队在测图中都设置了专职质量检查员，深入班组现场进行质量检查和技术指导，并承担队级的验收任务，这是黄委会测绘专业建立专职质量检查员制度之始。

在工地测图，需随测随绘，对大多数绘图员来说，都较生疏。他们为了提高目测勾绘的能力，采取了看、练、自检的学习步骤，经过一段时间的苦练，提高了技术。总队还组织“保质超额劳动竞赛”，调动全体职工的积极性，测图效率不断提高。地形五队四组女组长王雄英，扛着图板走起路来有些男职工也跟不上，每天十多个小时站立作业，头顶烈日，弯着腰仔细地勾绘每一个地物地貌，从不叫累。王茂山是一位扶尺能手，不畏艰苦，工作十分认真，在三门峡陡峻的崖壁上，人很难行走的地方，为了使地形图上有足够的立尺点，他冒着危险，用绳子捆住腰坚持立尺。

7月底，总队发出号召，要求各外业小组于10月中旬结束外业，工完帐结。8月，秋雨连绵，时有大风，各组都冒雨出工。安德润小组采用防雨蓬、稳板器、挡风帐等办法保护图板，安德润练习任意方向注字法，克服困难，超额完成了定额工作量，提前完成任务。

8月5日，由王平总队长、阎树楠副处长和李凤岐、毛守岩、黄淦组成汇报小组，带着已完成的铝板铅笔图向水利部、黄规会和苏联地形测量专家汇报，苏联专家叶菲莫夫详细察看了每一块图板后说："图画的很不错，我看到图板后，十分放心图的质量；图的等高线、符号绘得清晰细致，有些图比我们画得还好；你们的成品和进度都不错，不过应在透写图上注明地物名称。"

8月下旬，抽调技术骨干组成总队检查验收组，孙英、李启予为正副组长，于9月中旬在郑州开始验收。根据验收统计，共测图3990.69平方公里。图幅间公共点平面不符值均在0.4毫米以内，高程不符值一般为0.1米左右，最大的一个为0.5米。图幅间接边吻合。发现两幅图有局部问题，退还原队进行修正。清绘工作于9月底开始，制定了《三门峡水库区地形图清绘规程》，采用三色清绘，要求描绘偏差不超过0.1～0.2毫米（按不同地图元素），图面清晰美观。清绘后再次验收，然后复照晒兰图，上交成果。1955年12月25日《河南日报》报导了完成三门峡测图任务的消息："黄河三门峡水库万分之一地形图测量提前完成了，1955年12月23日已将地形兰图送交黄河规划委员会，较原计划提前了7天"。

1956年5月，黄委会又接受黄规会提出的两项任务：一是施测库区瞬时水位，这一任务曾组织70多人用20多天时间即完成；二是三门峡水库区由原测的360米高程补测到385米高程，计有4000多平方公里的扩测任务。这种镶边测图犬牙交错，不但扩测地形，而且要扩测三角，任务艰巨。当时黄委会设计院已建航测室，故决定采用航测方法完成。6月，在潼关成立三角控制测量联合指挥站，协调3个三角队的工作，于9月底完成三角扩测任务。10月在灵宝县盘豆镇开办航测外业培训班，由古振今讲课，同时委托林业部航摄队进行航摄，11月中旬开始航测外业工作。1957年春开始航测内业工作，年底完成任务，共计4876.4平方公里，连同白纸测图共8867.4平方公里。两种测图接边，无不吻合现象，质量符合要求。

三门峡水库测量是黄委会测绘工作的一个划时代的转折。技术上采用苏联规范，使用航测方法，初步订立了检查验收制度，取得了成功的管理经验。

三门峡库区和坝址测绘工作中，涌现出一大批先进模范人物，并受到表彰。主要有：1955年12月黄委会召开黄河首届职工劳动模范会议，屈成德等20多人出席大会，荣获黄委会授予的黄河劳动模范称号；1956年4月农业部、水利部召开全国农林水先进生产者大会，安德润、徐继云、王继尧、曹文富出席会议，荣获两部授予的全国农林水先进生产者称号，并受到中共中央和国家领导人毛泽东、周恩来等接见；1956年，赵清廉荣获河南省卫生系统授予的河南省先进生产者称号。

(2)龙青段库坝址测图

龙羊峡至青铜峡段共施测库坝址19处。其中已建工程有刘家峡、盐锅峡、八盘峡、青铜峡和龙羊峡。主要由西北院及其前身兰州水力发电勘测设计院施测，宁夏水利设计院也承担了部分任务。

刘家峡水电站：1953年完成规划阶段测图。1955年开始按苏联大比例尺规范进行初设阶段测图，支援三门峡和新安江的水电总局兰州水电工程筹备处测量队于1955年10月回兰州后，组成300人的勘测总队，进行库坝址测图，1956年1月21日完成了刘家峡水电站的大比例尺测图任务。测图的基本水平控制，以二等天文点做起算，三等三角锁控制整个库区和坝址(1959年国测西安分局进行了联测)。1957年上半年完成库区1：1万测图，经水电总局检查验收，满足规范要求。

盐锅峡水电站：1952年曾定为第一期施工项目，后水电总局决定“全面规划后才能逐步开展”，未能施工。1958年西北院202测量队在50年代初期测量的基础上，再次进行初设阶段的测量工作，及时提供了为设计和施工使用的地形图资料。

八盘峡水电站：测量任务由水电总局兰州工程筹备处测量队承担，始于1954年。同年5月因支援三门峡和新安江，测量人员调走，测量工作暂停。1968—1969年西北院又重新测量，到1969年后半年该院撤消时，已基本完成了初设阶段所需测图。

龙羊峡水电站：1956年西北院抽调约100人组成第一测量队，布设龙羊峡库坝址区的三角锁、基线和水准测量，1957年开始白纸测图，1958年停测。1978年西北院重建后，补充了测量人员，基本保证了龙羊峡施工测量需要。计完成1：5000图81.2平方公里、1：2000图7平方公里、1：1000图0.85平方公里、1：500图0.8平方公里和施工放样等工作。

青铜峡水利枢纽：1954年黄委会施测1：1万比例尺图32平方公里；1957年青铜峡勘测处施测第一、第二坝址1：1000图2.75平方公里、工区及典型区1：5000图48.69平方公里；1959年宁夏水利设计院施测1：1000图1.5平方公里、1：500图1.2平方公里和工区及沙石料场

1∶2000图15平方公里、水库区1∶2.5万图105平方公里。

此外，西北院于1957、1959、1961、1967年4次测量景泰县黑山峡库坝址图，1958年施测积石山保安族东乡族撒拉族自治县寺沟峡、靖远县乌金峡和中卫县大柳树。1978年后，测量仪器有所更新，增置了电子计算器、红外测距仪、电子测深仪、陆摄仪，激光地形仪重新改装，橡皮汽艇和玻璃钢汽艇替代羊皮筏子，使测量质量和效率都有提高。除保证龙羊峡施工测量项目外，又测了化隆回族自治县李家峡、白银市大峡、贵德县曲乃亥和拉西瓦，尖扎县公伯峡和积石峡等坝址，并对黑山峡进行了补充测量。黑山峡、李家峡、大峡3个坝址图可满足初设阶段的要求，扭转了前期工作的被动局面。西北院重建以后的测图中，平面坐标是用国家三角点或在国家基本图上量出一点的坐标和方位做起算数据；高程仍沿用过去龙青段所使用的大沽零点高程系统，系引自40年代黄委会测设的兰州黄河铁桥BM_3＝1517.651米（该点1956年黄海高程为1516.789米）。李家峡坝址1978—1982年3次共测1∶2000图37.2平方公里、1∶1000图0.9平方公里，大峡1978—1981年共测1∶1万图12平方公里、1∶2000图6平方公里、1∶500图0.7平方公里。

在河道测量和库坝址地形测图中，水下地形测量是一难题，西北院唐晓峰1983年撰写有《在黄河上游测量水下地形的体会》。经验是：过去采用过河钢丝吊测深锤测深的办法，工期长、费用高、质量差。后改用国产TC—50—2型晶体管回声测深仪，安装在67式操舟机为动力的116型橡皮船上，采用断面、散点两种测点法，3人作业，普通方法定位。由于晶体管回声测深仪是声、机、电三结合仪器，耗电大、怕震、怕潮，需要一个保证一定容量的电源和防潮、防颠簸及固定组架的支架。采用密封式镍镉电池供电，体积小，方便可靠。并用"卅"型木架将仪器和换能器分别固定在橡皮船上，换能器可做180°垂直转动，随意进水出水，吃水深度40～100厘米，能任意调节。木支架安有仪器框，仪器装入框内，在颠簸中不致损坏。在急流中，回声仪有时不能显示记录数字，有时显示杂乱波或假波，当汽船大油门逆水行驶时尤为不利。在流速2.3米每秒时逆水小油门低速前进，记录清晰，在流速4米每秒以上时，适当调节增益，顺水测也能准确读数。在施测水下地形时，或逆水小油门低速前进，或将船开到上游，再顺水而下，都可取得准确的水深值。

宁夏水利设计院1958年施测沙波头1∶1000坝址图6平方公里，1∶5000库区图12.5平方公里。1970年又测沙坡头坝址1∶2000图7.4平方公里。

(3)青铜峡至龙门段库坝址测图

本段共施测库坝址33处,其中已建工程有三盛公和天桥。三盛公水利枢纽,1956年内蒙古水利设计院进行过测图,1958年巴彦淖尔盟水利局施测库区1:2.5万图100平方公里,坝址1:1万图61平方公里,三盛公工程局还测了大比例尺地形图。天桥水电站,坝址原在石盘,叫石盘坝址,1966—1967年山西水利设计院曾在此作为水轮泵站施测了地形图。后改为修建水电站,1969年坝址改选在石盘以上的天桥子,后又下移至水寨岛坝址建坝,仍称天桥。黄委会测量队进入工区,施测有1:1000图0.2平方公里、1:2000图2.3平方公里,1973年又测该处黄河河道1:1万图40平方公里,1977年又测电站1:1000图1.85平方公里。

内蒙古水利设计院曾测昭君坟枢纽1:5000图104平方公里,北京院1958—1960年在1953年水电总局北干流测量的基础上,对龙口、罗峪口、碛口、三交、社宇里、清水关6处坝址进行了重测,并增测了偏关县老牛湾、万家寨,兴县前北会,清涧县老鸦关,延川县苏亚河,大宁县里仁坡,宜川县壶口、舌头岭和龙门诸坝址,计测1:5000图173.4平方公里、1:2000图106.2平方公里、1:1000图4.7平方公里。1965年黄委会在北京院所测坝址图的基础上,补测碛口坝址1:5000图4.3平方公里、1:2000图0.8平方公里。黄委会规划大队1970年施测了柳林县军渡坝址1:2000图3.2平方公里,1977—1978年又补测2.6平方公里。1970年施测了辛关坝址1:5000图8.4平方公里。为满足舌头岭坝址初设阶段用图,又于1975—1976年用白纸测图配合陆地摄影方法重新测了1:2000坝址图16.1平方公里,1984—1986年又用航测法增测26平方公里。

根据干流工程布局和库坝址测量情况,坝址测图已由规划阶段用图逐步转入初步设计和技术设计阶段用图。1978年黄委会设计院总结过去测图经验,认为:①过去白纸测图所费劳力过多,时间要求急,所以在布置测区范围时,往往尽可能画小一些,以争取时间。但实际情况是,一个工程特别是大型工程的布设方案往往有多个,测图范围不断扩展,补测任务增大,反而浪费了时间,增加了成本,降低了质量。因此,要求画范围时,要尽可能多考虑几个方案,把测区范围画大些。②初步设计阶段多用1:2000或更大比例尺测图,50年代引进的航测仪器,除一台C_5型精测仪外,全部是测中、小比例尺图的仪器,使用了20多年,多数进入老化期。测大比例尺图,必须引进新的航测仪器。③为了减少调机费用,建议加强规划,最好一次能提出几处测图任务,统筹调用飞机。这些意见得到了上级支持。

1957 年黄委会设计院曾引进一台东德 C_5 型精测仪，由于仪器宽角镜头畸变差太大，不能满足测图精度要求，只有常角镜头(f=200 毫米)可以用于立体测图。过去我国航空摄影机焦距多用 f=100 毫米的，与 C_5 精测仪不配套，致使 C_5 精测仪闲置多年。1980 年经与民用航空公司协商，同意按 C_5 精测仪焦距摄影。同年 3 月，一次就在北干流按 C_5 型精测仪焦距航摄了前北会、碛口、三交 3 处坝址，摄影比例尺 1∶7000，摄影焦距 200.662 毫米。3 处共摄面积 140 多平方公里，重新测绘 1∶2000 比例尺图。

这 3 个坝址的水平控制均在国家三角网的基础上加密了基本控制点。前北会用 HGC—1 红外测距仪导线测定野外象片控制点平面位置，碛口、三交用五等三角及交会法测定野外像片控制点平面位置，按电算区域网方案布点。高程采用 1956 年黄海高程系统，以红外测距三角高程代五等水准测定野外像片控制点高程。1982 年测图完成，经检查验收，质量优良，计测 1∶2000图 130 平方公里，其中前北会 35 平方公里、碛口 55 平方公里、三交 40 平方公里。

(4)龙门至孟津段库坝址测图

本段共测库坝址 11 处，已建工程三门峡测图和小浪底库区(包括在三门峡至温县 1∶1 万测区内)测图情况，前已详述。1958—1960 年北京院测临猗县安昌和新安县八里胡同坝址，计测 1∶2000 图 15.9 平方公里。黄委会 1958、1959、1966 年施测了新安县石渠、济源县竹峪、孟津县西霞院坝址，计测 1∶1 万图 15 平方公里、1∶5000 图 9.4 平方公里、1∶2000 图 2.6 平方公里。孟津县小浪底坝址从 1959 年开始测图以来，曾多次补测、扩测，是测量次数最多的一个坝址，其历次(1959—1985 年)测图情况见表 1—34。共测 1∶5000 图 39 平方公里、1∶2000 图 89.62 平方公里、1∶1000 图 50.3 平方公里、1∶500 图 11 平方公里(1985 年以后测量次数也很多，未统计在内)。

从表 1—34 看，1979 年以前除用陆地摄影测量方法扩测一次外，都是白纸测图。以后有些单位引进一些精测仪，利用已有的像片放大测绘大比例尺图成功，叫“小放大”。黄委会设计院为了小浪底和沁河河口村水库设计急需补测大比例尺图，曾求援地质部华中航测大队、煤炭工业部航测大队、天津院，于 1979—1982 年利用 1966 年三门峡至温县测区的 1∶1.6 万像片，进行 1∶2000 图面 1∶5000 精度的测图。

1982—1984 年黄委会设计院添置精密航测仪器，计有：A_{10}型精测仪、

表1—34 **小浪底坝区历次(1959—1985年)测图情况表**

序号	名 称	成图方法	施测年代	比例尺	数量(km^2)
1	坝 址 图	白 纸	1959	1:5千	39.0
2	坝 址 图	白 纸	1959	1:2千	10.0
3	坝 址 图	白 纸	1960	1:1千	2.8
4	坝 址 图	白 纸	1970	1:2千	7.76
5	堡子料场图	白 纸	1970	1:2千	5.9
6	堡子料场铁路专用线图	白 纸	1970	1:2千	1.54
7	龙门料场图	白 纸	1970	1:2千	5.9
8	小浪底铁路专用线图	白 纸	1970	1:2千	4.7
9	小浪底坝址上游河床图	白 纸	1970	1:2千	1.3
10	坝址图扩测	陆 摄	1973	1:2千	2.0
11	青石咀三坝线图	白 纸	1974	1:2千	5.5
12	二、三坝线图扩测	白 纸	1978	1:2千	2.5
13	二、三坝线图扩测	华中航测大队小放大	1979	1:2千	7.5
14	二、三坝线图扩测	白 纸	1979	1:2千	2.5
15	龙门料场扩测	白 纸	1979	1:2千	8.4
16	小浪底料场扩测	天津院小放大	1980	1:2千	2.0
17	二坝线图扩测	煤航小放大	1982	1:2千	3.8
18	对外公路地形图	煤航小放大	1982	1:2千	11.16
19	坝址、料场扩测	煤航小放大	1982	1:2千	7.16
20	坝 址 图	航 测	1982—1985	1:1千	47.5
21	坝 址 图	航 测	1982—1985	1:5百	11.0

AG—1型精测仪、SEG—6型大型纠正仪、PUG—4型转点仪和国产的HCT—1型立体测图仪等。这些仪器有的可放大3倍,有的可放大10倍。其中A_{10}型精测仪是80年代初最精密的测图仪器。从此,黄委会设计院的航测制图工作,为用航测方法测制大比例尺图具备了物质基础。

1982年5月,小浪底坝址航摄,摄影比例尺1:4000,成图比例尺1:1000和1:500,分别放大4倍和8倍作业,到1985年底完成1:1000图47.5平方公里、1:500图11平方公里。

小浪底坝址这次测图具有任务大、用图急、条件严、要求精度高的特点。特别是对1:500测图,当时国家及专业规范航测系列中均未列入,无规范可依。同时由于受地形和飞行条件限制,航摄比例尺最大只能达到1:4000,造成必须采用高倍(8倍)放大成图的不利条件,属超规范作业。如何达到1:500成图精度,成为主要难题。黄委会设计院测绘总队宋佛山、吴叔骏撰写了《小浪底水利枢纽航测1:500比例尺地形图试验报告》,对完成这项任务的情况作了系统的总结。主要内容有:①建立三、四、五等控制网,为扩测像片控制点打下了坚实基础;②航摄采用垂直黄河飞行,减少像主点落水机率;③全区布设202个对空地面标志,通过与航摄单位的密切配合,成功率达85%,大大提高像片控制点精度,这是黄委会设计院第一次在航摄中布设地面标志并获得成功;④航内加密采用PUG—4刺点仪和ste cometer坐标仪等精密仪器作业,量测光学框标进行逐片变形改正,每像对加密9个点满足高倍放大分块定向需要;⑤航内立体测图采用A_{10}型精测仪测绘,高程按0.5米等高距相应要求定向;⑥采用1:500比例尺精度的白纸测图法和陆地摄影测图法,对成图进行大量测点检查,前者294点,后者1930点,结果是:地物点平面中误差(图上)为±0.531毫米,高程注记点高程中误差为±0.275米,等高线高程中误差为±0.352米,证明完全达到了《水利水电工程测量规范》和国家测绘局《大比例尺航测规范(编写大纲)》对1:500地形图的精度要求;⑦论述了关于1:1000、1:500航测成图对基本平面控制点和像片控制点的必要精度,关于小放大成图的倍数(这是黄委会设计院第一次开展小放大成图试验),关于航测大比例尺地形图地标布设等问题。由于小浪底坝址1:1000成图的质量达到较高水平,1990年1月荣获河南省人民政府颁发的省优质产品奖(是河南省测绘行业第一次第一项省优奖),1990年2月荣获国家测绘局颁发的部级优质产品奖(国家测绘局首次评选部优奖)。

(5)孟津至入海口段库坝址测图

本段共测坝址11处,其中工程建成后又破除的有花园口和位山枢纽,工程“上马”又“下马”的有泺口和王旺庄枢纽。

花园口枢纽的测图有:铁道部大桥施工所测有1:5000图216平方公里;1957年黄委会设计院航测京汉铁路黄河桥至柳园口1:1万航测图及

1959 年施测 1∶2000 坝址图 2.8 平方公里，1961 年（工程建成后）又测库区 1∶1 万图 60 平方公里；黄委会花园口河床演变测验队 1957—1960 年在这一河段所测大断面和水文资料。

东阿县位山枢纽的测图有：1956—1958 年山东水利设计院所测位山、斑鸠店、鱼山等 1∶2000 坝址图 11.8 平方公里；黄委会设计院 1958—1962 年测有位山、鹁山、关山、国那里等比较坝址和冲沙闸、十里铺进湖闸等处地形图，计测 1∶2000 图 15.1 平方公里、1∶500 图 0.46 平方公里。

济南市泺口枢纽的测图有：黄委会设计院 1959 年所测泺口、九家庄、傅家庄等比较坝址，计测 1∶5000 图 24.9 平方公里、1∶2000 图 15.2 平方公里，并测 1∶1 万库区图 135.3 平方公里。

博兴县王旺庄枢纽的测图有：黄委会设计院 1959 年施测 1∶2000 图 4.4平方公里。

黄委会设计院在本河段选测的其他坝址还有：荥阳县牛口峪、桃花峪，开封市柳园口，兰考县东坝头，范县彭楼，菏泽县刘庄，鄄城县苏泗庄等坝址。共测 1∶2.5 万图 112.5 平方公里、1∶1 万图 28 平方公里、1∶5000 图 179.6 平方公里、1∶2000 图 75 平方公里、1∶1000 图 1.74 平方公里。

综上所述，黄河干流库坝址测图中，至 1985 年底，黄委会设计院已有前北会、碛口、三交、舌头岭、小浪底等 5 处地形图可满足初步设计阶段的需要。

四、黄河支流测图

（一）河道及小流域测图

民国 22 年（1933 年），黄委会导渭工程处测渭河河道 1∶1 万地形图 150 平方公里。民国 28—30 年黄委会勘测一队测甘谷至武山渭河河道。民国 29 年黄委会伊洛河第一、第二设计测量队分别测洛河及其支流伊河河道图各约 220 平方公里。民国 33—35 年黄委会第十二测量队测有湟水河道 1∶1 万地形图。

50 年代初期，黄委会测量队、查勘队、西北黄河工程局测量队，先后施测了沁河下游河道，无定河中、下游河道及青云山沟等河道图和韭园沟流域图；1958—1959 年施测宁夏清水河、渭河支流石川河、灵宝宏农涧河和汜水流域；1969 年用航测法施测润城镇至五龙口沁河河道 1∶1 万图；1949—1969 年黄委会及所属单位共测黄河支流河道和流域 1∶2.5 万图 915 平方公里、1∶1万图1810.8平方公里、1∶5000图101平方公里。

青海水利设计院、西北院、北京院1959年在青海省测有水地川、北川河、浩叠河、湟水等河道图，计测1∶1万图约1400平方公里、1∶2.5万图2500平方公里、1∶2000图9平方公里。宁夏水利设计院1958—1960年施测泾河支流茹河、葫芦河甜水沟和清水河河道，共测1∶1万图2975.6平方公里。内蒙古水利设计院1957—1958年施测大黑河河道1∶1万图174幅、三湖河126幅，1967年测巴仁布路格和巴音套亥，共4417.5平方公里。陕西水利设计院1957—1964年测有无定河榆林至绥德河段、葭芦河、清涧河、石川河和渭河宝鸡至咸阳河段的河道，共测1∶1万图2031平方公里。山西水利设计院测有涑水河流域图、汾河兰村至介休河道图、沁河和丹河河道图。山东水利设计院1959—1960、1967、1976年施测大汶河、玉符河，共测1∶2.5万图658平方公里、1∶1万图1819平方公里。上述各勘测设计院共测1∶2.5万图3158平方公里、1∶1万图12643.1平方公里、1∶2000图9平方公里。

(二)支流库坝址测图

黄委会在黄河支流共施测库坝址图170处。计有：

1954年测湟水巴燕峡、清水河五营、祖厉河会宁坝址，共测1∶1万图40平方公里、1∶5000图9.2平方公里。1965—1966年测浑河前窑子、挡阳桥和窟野河的皇娘城坝库区，计测1∶2.5万图272.9平方公里、1∶1万图50平方公里、1∶5000图13.7平方公里、1∶2500图1.2平方公里、1∶2000图1.52平方公里、1∶500图0.2平方公里。1955年测三川河胡堡、斑庄、南村、黑神庙、车家湾、苏家庄、朱家店、李家湾8处库坝址，共测1∶1万图27平方公里、1∶2500图1.4平方公里、1∶2000图9.9平方公里。1951年测清涧河拐峁坝址1∶5000图5平方公里。

在无定河共测库坝址21处：1951年测响水堡、龙湾和薛家峁；1956—1957年测新桥、雷龙湾、旧城、贾家湾、河口庙、响水塔、响水堡(再测)、红石峡、芦草沟、小川沟、镇川堡、高家渠、沙滩坪、冯家渠；1958—1966年测高石崖、下张家窊、苏家崖、白家畔，再测雷龙湾；1972年施测王圪堵上、下坝址和库区图。以上在无定河共测1∶2.5万图87.5平方公里、1∶1万图168.8平方公里、1∶5000图107.2平方公里、1∶2000图20.5平方公里、1∶1000图19.6平方公里、1∶500图0.6平方公里。

在延河测库坝址4处：1951年和1957—1958年测甘谷驿、李家湾、兰家坪、城峁儿，计测 1：5000 图 7.3 平方公里、1：2500 图 4.7 平方公里、1：2000图 6 平方公里。

在北洛河共测库坝址 14 处：1953 年测永宁山、惠家河、吴旗、旦八、石桥峪；1957—1958 年测六里峁、南城里、三迭状、杜家砭、弥家川、双龙、店头、马家河，又测永宁山和吴旗；1965—1966 年测党家湾，再测永宁山。共测 1：2.5 万图 316.5 平方公里、1：1 万图 28 平方公里、1：5000 图 56.5 平方公里、1：2000 图 18.8 平方公里、1：500 图 0.7 平方公里。1974—1976 年又按国家基本图要求测了南城里库区 1：1 万图 2727 平方公里(已纳入国家图中)。

在泾河共测库坝址 54 处：1950—1954 年测有巴家咀、井儿城家、吴家岭、三十里梁家、蒋家老庄、董家、蔡家咀、姚家湾、早饭头等库坝址图；1956—1958 年施测艾旗峁、老虎沟、安山川、巴家咀(再测)、大佛寺、崆峒峡、曲子西沟、沙南、洪德城、许远城、庙沟、桥沟、子房沟、平凉二夹沟、王桥、辛家庄、西和平、杜寨子、柔远川、白家台、定汗寺、陈家砭、谷家店、柳门沟(塌庄)、梁家砭、牛头沟、坡跟前、砖洞、陡沟渠、枣沟、小河口、庙底、姚家沟、小庄、铜城、龙王桥、梁家胡同、郑家河、杨家新庄、蔡家咀(再测)、武家场、水帘洞、桑村、王家河、马家河坝址图；1964—1966 年测巴家咀(再测)、东庄、巩家川坝址图；1970 年、1980 年补测姚家湾、巴家咀坝址图。其中东庄坝址，谷口至河边相对高差达 200 多米，狭窄壁陡，地形险恶，站在谷口看不见对岸下部，成为测图的难题。测图完成后，黄委会测绘处宋佛山写有《东庄坝段 1：2000 测图是怎样完成的》一文，记述了黄委会第一次在同一坝址同时采用正常航摄比例尺航测、1：1.6 万航摄比例尺航测(也是黄委会首次进行小放大航测)、陆地摄影测量和白纸测图 4 种技术手段联合攻克困难的情况，总结了经验。以上泾河共测 1：2.5 万图 364.5 平方公里、1：1 万图 162.1 平方公里、1：5000 图 135.7 平方公里、1：2500 图 19.2 平方公里、1：2000图 46.5 平方公里、1：1000 图 12.7 平方公里、1：500 图 1.2 平方公里。还按国家基本图标准航测了东庄库区 1：1 万图 343 平方公里。

在渭河共测库坝址 31 处：1953 年测千河坝址；1957 年测支锅石峡、朱家峡、石峡子、小泉峡、周家河、龙岩寺、石门、坪头、罗家峡、刘家川、冯家山、伯阳、黄碌；1958—1960 年测邱家峡、宝鸡峡、林家村、首阳、孙家峡、兔儿崖、新店子、罗家峡(再测)、马家磨、安子山、刘家川(再测)、豆家峡、峡口、魏家峡、伯阳、石门(再测)、冯家山(再测)、青崖、石鼓川桩石盂、史家窝、小川；1964—1965 年测秦安，这是黄委会第一次全部采用陆地摄影测图法完成

1：2000坝址图；1973—1974年用陆摄法施测石砭峪1：500图，用以设计进行爆破筑坝成功。以上共测1：2.5万图440.1平方公里、1：1万图16平方公里、1：5000图206.4平方公里、1：2500图5平方公里、1：2000图39.1平方公里、1：1000图0.6平方公里、1：500图0.5平方公里。

在洛河共测库坝址17处：1955年测有双岭、杨九河、韩城、把陡山、磁涧、小箭水凹、牛岭、东湾、陆浑、中溪、古城、罗村、龙门、黑石关；1956年测故县、宜阳、东湾(再测)、陆浑(再测)和长水。共测1：2.5万图1293.6平方公里、1：1万图89.4平方公里、1：5000图166.2平方公里、1：2000图18.6平方公里、1：1000图5平方公里、1：500～1：200图3.3平方公里。并按国家基本图标准航测了故县和长水两个库区1：1万图各250平方公里(纳入国家基本图中)。

在沁河共测库坝址14处：1955—1957年测中乡、槐庄、王村、小南庄、龙门山、铁村、四渡、陈庄；1958—1960年测李增坪、土岭山、大坡、抱肚岭、河口村、五龙口；1966年、1970年、1980年、1981年多次测河口村。共测1：2.5万图411.6平方公里、1：1万图62.2平方公里、1：5000图73.2平方公里、1：2000图27.1平方公里、1：1000图0.3平方公里。

上述支流库坝址170处，共测1：2.5万图3187平方公里、1：1万图643.5平方公里、1：5000图780平方公里、1：2500图31.5平方公里、1：2000图188平方公里、1：1000图38平方公里、1：500图6.5平方公里。

西北院在洮河测有茅笼峡、九甸峡、海奠峡，1960—1961年测千河冯家山、泾河崆峒峡等坝址。

甘肃水利设计院共测黄河支流库坝址13处：1956—1959年在渭河测静宁东峡、静宁北峡和鞍子山，1974年测泾河崆峒峡，1958年测洮河野狐桥，1972年测庄浪河金咀，1959—1960年测渭河刘家川、平镜崖、兔儿崖、五十里铺、高崖，1978年、1983年两次测祖厉河虎头崖。引洮上山水利工程局1958年测大寨沟。3个单位共测1：2万图100平方公里、1：1万图103平方公里、1：5000图24平方公里、1：2000图7平方公里、1：1000图1.4平方公里、1：500图0.7平方公里。

宁夏水利设计院在宁夏南部山区清水河和泾、渭河上游共测库坝址28处：其中有1958—1966年测有石峡口、固原寺口子、青石峡、苋麻河、彭家大湖滩、什字路、马旺堡、沈家河、夏寨、上店子、方家堡、张营、黄家峡、曹家沟、喋喋沟；1967—1973年测冬至河、五营园子河、长山头、上店子(再测)、盘河、六营、蒋家河、店子洼、沙岗子、哨口子、长流水、李家大湾、西峡、邓家河，1983年再测长山头等。共测1∶1万图311平方公里、1∶5000图1011平方公里、1∶2000图38平方公里、1∶1000图20平方公里、1∶500图9平方公里。

陕西水利设计院在泾、北洛、渭河和延河测22处坝址。它们是：漆水河、沣河、长峪、嵩盆峪、万军回、大峪河、三水河庵里、水力河、浊峪河老沟、网川、兰桥、东方红、湾里、灞河、千河、黑河、洑头、东庄、永宁山、吊儿咀、马家河、龙安等。共测1∶1万图250平方公里、1∶5000图257.2平方公里、1∶2000图114平方公里、1∶1000图8.6平方公里、1∶500图1.8平方公里。

山西水利设计院共测大中型水库图25处。其中著名的工程有下静游、汾河一坝、汾河二坝、草庄、潇河大坝等。

河南水利设计院在洛河测有长水、龙脖子、龙门、楸树坡，在沁河测有河口村等。共测1∶2.5万图40平方公里、1∶5000图10.8平方公里、1∶2000图7平方公里。

陆浑工程管理局测有陆浑大坝1∶2000比例尺竣工图1.7平方公里。

山东水利设计院在大汶河测有尚庄炉、大汶口、涝坡、大冶、东周、刘家庄6处库坝址。计测1∶1万图250平方公里、1∶5000图45平方公里、1∶2000图0.5平方公里。

以上各单位（包括黄委会）共测282处（各单位间有重复处），共计1∶2.5万图3327平方公里、1∶1万图1557.6平方公里、1∶5000图2144平方公里、1∶2500图32平方公里、1∶2000图366平方公里、1∶1000图83平方公里、1∶500图18平方公里。

水库坝址一般均选在峡谷地区，陡壁悬崖不易攀登，白纸测图竖立地形尺最为困难。1953年山西水利厅测下静游库区1∶1万地形图时，司尺员孙元宏为了一个地形点，艰难地向上爬，快爬到崖顶时，崖石直立无处可攀，既上不去，又下不来，最后由同伴带着绳索，绕到山顶，将他吊上，才脱离险境。黄委会1976年购到一台激光经纬仪，在陡壁地区可无标尺测点，基本解决了这一难题。

五、水土保持测图

50年代初期，黄委会选择水土流失严重地区施测某些重点和典型区地形图。较大面积测图是1952—1954年所测泾河董志塬1∶1万图。小面积典型区测图43处，它们是：大黑河洞子沟、峁洛兔沟，浑河典型，偏关河典型，县川河李家山，曲峪典型，蔚汾河典型，三川河柳沟、刘家沟、屈家沟，屈产河指南，无定河岔巴沟、梁九沟、牌子沟、长渠沟、红石峡、刘家山、双牛湾、白土沟，延河庙咀、闫家河、枣园、河源，渭河土梁下凹沟、王杨家沟、吕二沟、马家沟、东干河、板沟、陇县、漳县小井沟，泾河新滩、西峰石家堡、马旗源、三岔干沟，静宁牛站沟、小河沟、南堡子沟，北洛河党家河、王家河、石桥峪沟、先进沟、安民沟。计测1∶2.5万图22平方公里、1∶1万图8445平方公里、1∶5000图443.3平方公里、1∶2000图4.6平方公里、1∶1000图1.7平方公里、1∶200图0.1平方公里。

依据1954年《技经报告》提出的要求，黄委会对黄土高原水土保持区开展了大面积1∶5万航测图测绘工作。1958—1959年先后航摄黄土高原水土保持重点区23.7万平方公里(参阅103页图1—15)。1958年“大跃进”期间只求效率，忽视质量。测图成果，至1969年10年完成符合国家基本图标准的只有76幅(合3.2万平方公里)，有258幅图(合107328平方公里)改为水土保持规划用图(参见本章第一节)。

为了分析这258幅水土保持规划用图的质量可靠程度，黄委会设计院李凤岐利用陕北地区8幅国家图与之对比(国家图是1966年调绘，1969年出版)，等高线间距有4幅是10米、4幅20米；黄委会图有4幅是石印图，4幅兰晒图，等高线间距都是10米。对比内容包括居民地、道路网和等高线。对比结果是：黄委会图调绘粗糙，居民地、道路网基本上是依据像片影像绘出，居民地综合过大，道路网等级不分，有的遗漏；内业测绘地貌，计曲线一般是用测标测地形模型描绘的，首曲线一般是在计曲线之间内插描绘的，等高线高程中误差基本符合要求，但仍存在个别粗差。

六、灌区测图

灌区测图最早是民国11—13年(1922—1924年)，陕西省水利局在李仪祉主持下施测的泾惠渠灌区。测图比例尺1∶2万，假定高程，以视距导线作控制，假定坐标，计测896平方公里。30年代又测了梅惠渠、渭惠渠、洛惠渠等灌区，计测1∶1万图1978平方公里。民国34—37年(1945—1948年)，黄委会宁绥工程总队测有宁夏灌区和内蒙古后套灌区1∶1万图，分别为6531平方公里和10312平方公里，1∶2000和1∶1000图15平方公里。

黄委会1949—1952年施测人民胜利渠灌区1∶1万图2250平方公里。1957—1958年施测渭河流域的千东灌区、漆水灌区、渭北高原1∶1万图556平方公里，泾河、北洛河灌区1∶2.5万航测图8320平方公里，无定河的新桥灌区、河口庙灌区1∶2.5万图100平方公里、1∶1万图40平方公里，内蒙古的杨乌灌区1∶1万图1900平方公里，大汶河大汶口灌区1∶1万图385平方公里。合计1∶2.5万图8420平方公里、1∶1万图5131平方公里。

青海水利设计院、西北院、北京院1959—1961年测有泽库塔拉滩、共合塔拉滩，计测1∶2.5万图2800平方公里，1∶1万图156平方公里。

甘肃水电厅和水电设计院1958—1960年施测引洮灌区，1969—1985年测有靖远、会宁、景泰灌区，临洮、定西引水，盐池、环县引水，引大入秦，三角城电灌，西岔电灌等。共测1∶2.5万图70平方公里、1∶1万图1800平方公里、1∶5000图80平方公里、1∶2000图75.3平方公里、1∶1000图60平方公里、1∶500图5.2平方公里。

在宁夏，1956年由北京院西北分院和银川水利局组成青铜峡灌溉工程勘测处，施测青铜峡灌区。1958—1969年，宁夏水利设计院施测卫宁灌区、红寺堡、惠农渠灌区，1977—1979年再测卫宁灌区。共测1∶1万图10762平方公里、1∶5000图17.3平方公里、1∶2000图15平方公里、1∶1000图1.5平方公里、1∶500图1.2平方公里。宁夏测绘处1976—1978年按国家基本图标准施测同心固海扬水灌区、乱井扬水灌区1∶1万图5075平方公里。

内蒙古水利设计院1956—1957年在水利部支援下，组成黄河灌区测量总队，用航测方法施测后套灌区。1958—1960年又测大奈太灌区、巴音套尔盖灌区、民生渠灌区、黄河南岸灌区。三盛公黄河工程局于1963—1964年测有总干第四分水枢纽、黄济分水枢纽、总干第三、第四渠首和南一闸位图。两单位共测1∶2.5万图6077平方公里、1∶1万图16902平方公里、1∶2000图3平方公里、1∶1000图3.8平方公里。

陕西水利设计院1952—1977年测有渭北灌区、泾河灌区、石川河冶峪河灌区、渭惠渠灌区、眉县至长安台地、宝鸡渭北高原抽水灌区，1983年测东雷抽黄灌区。洛惠渠管理局测有洛惠渠灌区。绥榆工程队测有扬桥畔灌区。以上共测1∶2.5万图8410平方公里、1∶1万图1.32万平方公里、1∶5000图48平方公里、1∶2000图68.6平方公里。

山西水利设计院50年代测有晋南排水、汾河二坝东西灌区、汾河一坝灌区、昌源河灌区、文峪河灌区、汾河三坝西灌区、晋南灌区、忻县灌区等。共测 1∶2.5 万图 1.95 万平方公里、1∶1 万图 3141 平方公里、1∶5000 图 424 平方公里。

河南水利设计院 1960—1966 年和 1974 年两次测陆浑灌区，1977 年测赵口引黄灌区。洛阳专署水利局 1965 年测嵩北灌区。河南煤勘公司测洛河灌区和洛北灌区。3 单位共测 1∶1 万图 5661.5 平方公里、1∶5000 图 8.3 平方公里、1∶1000 图 0.7 平方公里。

山东水利设计院 50 年代测有徒骇、马颊、沿海垦区、沿黄灌区，60 年代又测沿黄灌区、广饶北、梁山、冠县南等灌区。水电部十三工程局 1981 年测齐河县潘庄灌区。两单位共测 1∶1 万图 9310 平方公里。

淮委会 1950—1954 年在黄河以南施测 1∶1 万图 1 万平方公里。北京院、水电部十三工程局测有清丰、运东、寿张等灌区，计测 1∶1 万图 5914 平方公里。

以上各单位共测：1∶2.5 万图 25777 平方公里、1∶1 万图 98336 平方公里、1∶5000 图 3295 平方公里、1∶2000 图 586 平方公里、1∶1000 图 66 平方公里、1∶500 图 6.4 平方公里。其中黄委会完成 1∶2.5 万图 8420 平方公里、1∶1 万图 5131 平方公里。

七、涝区、滞洪区测图

民国 36 年(1947 年)3 月花园口堵口合龙，年底黄委会调 5 个测量队施测黄泛区地形图，到民国 37 年秋共测 1∶1 万图 84 幅，合 2343 平方公里，后因战事影响停测。其中最北部的 27 幅，两个队高程不能衔接，未作处理。

内蒙古乌梁素海是后套 10 多条渠道退水之中枢，土地肥沃，芦草丛生，面积约 1000 多平方公里。为了开发这一地区，黄委会 1950 年派队施测。当时地方秩序尚差，由驻军配合作业，克服各种困难，于 8 月底完成了 1∶1 万比例尺 1655 平方公里的测图任务。

黄河下游地区，根据防洪要求，黄委会在 50 年代测有原阳、北金堤、九股路、石头庄滞洪区；60 年代又测石头庄、封丘、孟清、兰(考)东(明)、东平湖滞洪区，范县前张庄、枣包楼，濮阳县刁城寨分洪闸；70 年代又测濮阳县渠村，范县邢庙分洪闸和张庄抽排站。共测 1∶2.5 万图 1105 平方公里、1∶1 万图 9329 平方公里、1∶5000 图 177 平方公里、1∶2000 图 33 平方公里、1∶1000 图 0.7 平方公里。

八、西线南水北调测图

1959—1961 年黄委会设计院第一、第四、第七勘测设计队进行南水北调西线勘测规划工作。共测 3 条引水线和一条输水线的带状地形图，计完成测图 47425 平方公里，其中 1∶10 万图 1000 平方公里、1∶5 万图 32429 平方公里、1∶2.5 万图 12463 平方公里、1∶1 万图 1078 平方公里、1∶5000 图 428 平方公里、1∶2000～1∶500 图 28 平方公里。另有草测图 17495 平方公里。

测区位于青藏高原东部，海拔一般 3000 米，沟谷纵横，山峦交错，相对高差在 500 米左右，白纸测图极为困难，实测图多用短基线交会法测点，草测图是以很少地形点目估勾绘。该地气候多雨，三角测量更是困难，谈英武、周永灿在一个山头上等了四天三夜，才完成该点的观测工作。1960 年 9 月，王天保、陈根林在马尔康地区作控制，一天清晨开始向高峰攀登，下午 5 时才到达峰顶，正遇好天气，抢测完毕，天色已黑。次日在归途中，因雨地滑，王天保不慎跌落在六七十米深的沟底，造成腰椎粉碎性骨折。陈根林急向地形组告急，金德钧、沙丙寅等急往救援，他们砍树作担架，抬伤员去求医，至天黑仍未走出深沟，露宿沟底，王天保一夜呻吟。因内伤造成小便不通，王天保肚子胀痛，在危急关心，措手不及，沙丙寅毅然用嘴吸尿，帮助排泄小便，才使王天保减轻痛苦，又抬起担架赶路。队中共支部书记陈圣学带领 10 多人背着馒头药品中途赶到，直至第三天才抬到医院进行治疗。在抬运途中，陈圣学、芦华德等都曾参加给王天保吸尿。这样感人的事迹，一直在测量队流传，激励人们奋进。

九、航空摄影

黄委会设计院自 1956 年成立航测专业以来，到 1989 年，曾进行多次摄影，概况如下：

三门峡水库摄影 6 次，计 3.41 万平方公里；黄河下游河道摄影 13 次，14.1 万平方公里；京广运河摄影 1 次，0.73 万平方公里；南水北调西线摄影 5 次，3.31 万平方公里；东庄水库摄影 1 次，0.11 万平方公里；三门峡至温县摄影 1 次，0.41 万平方公里；无定河口至龙门黄河河道摄影 1 次，0.46 万平方公里；府谷至无定河口黄河河道摄影 1 次，0.37 万平方公里；浑河口至府谷黄河河道摄影1次，0.29万平方公里；黄河龙门摄影1次，0.02万平方公里；洛河摄影1次，1.1万平方公里；黄土高原区摄影4次，23.7万平方公里；前北会、三交、碛口、小浪底各摄影1次，共0.02万平方公里。以上共摄影40次，48万平方公里。

第三节 地图制图

地图是政治、军事、经济建设的重要资料，中国历史上历代统治者都设官掌管。随着科学技术的进步，制图技术亦随之发展。

一、地图编绘

裴秀（公元223—271年）在晋武帝时任司空，兼管国家地图和户藉，编绘《禹贡地域图》18幅。他在《序》中总结前人编图经验，阐明“制图六体”，即分率（比例尺）、准望（方位）、道里（距离）、高下（高底）、方邪（倾斜度）、迂直（实地迂回距离与平面图上距离换算），为我国古代制图奠定了科学基础。

唐代贾耽（公元730—805年）著《土蕃黄河录》，有文有图，是首次以黄河命名的著作。他根据制图六体绘制了一幅高三丈三尺宽三丈的《海内华夷图》，比例尺1：180万，要素丰富，古今（指当时）地名分色注记，具有历史地图的性质。

宋代地图有很大发展：(1)出现了大批全国统一的“地志”；(2)太宗淳化四年（公元993年）完成了用绢100匹的天下第一大图《淳化天下图》；(3)沈括（1032—1096年）的《守令图》又名《天下州县图》，比例尺1：90万，共20幅，是当时最好的全国地图集；(4)雕刻工艺应用于印刷图，有木刻图，有石刻图。根据贾耽《海内华夷图》缩绘的《华夷图》和《禹迹图》，系南宋绍兴七年（1137年）刻石，现存西安碑林。碑两面分别刻《华夷图》和《禹迹图》。《禹迹图》采用计里画方的方法，横方70、竖方73，是已发现的最早带有数学基础的地图。英国学者李约瑟博士说：“无论是谁把这幅地图拿来和同时代的欧洲宗教寰宇图相比较一下，都会由于中国地理学当时大大超过西方制图学而感到惊讶！”

元代朱思本于至大二年至延祐六年（1309—1319年）绘制的《舆地图》，资料收集广泛，取舍慎重，仍用计里画方方法绘制，对明代制图影响颇广。陶宗仪《辍耕录》中附有黄河河源图，以星宿海为源头，是仿都实图描绘的，山脉采取轴侧投影法形象表示，图上方位上南下北、左东右西，河流由双线组成，“海子”用范围线加水波表示。王喜《治河图略》以图集的形式，采用历代黄河对比的方法，说明他的治河见解。

明代罗洪先以元代朱思本《舆地图》为兰本改为图集形式，名《广舆图》，广为流传，曾6次印刷。嘉靖三十四年(1555年)版共45幅图，其中有黄河图3幅。明代原副都御史总理河道刘天和，于嘉靖十七年(1538年)在陕西任三边军务时，曾刻《黄河图说》石碑一块，有图有文，现存西安碑林。碑文记述了洪武二十四年至嘉靖十三年(1391—1534年)黄河5次入运河的情况，古今治河要略和刘天和的治河意见。明代潘季驯(1521年)著《河防一览》中有黄河图64幅，从星宿海一直绘到入海处，每幅都把黄河置于正中横穿而过，图上注有历史上黄河决溢的地点和日期、修复时间和河堤险要地段等。

清康熙年间实测《皇舆全图》是我国采用西方经纬度法绘制的图集。由胡林翼组织邹世治、晏顾镇等人根据《皇舆全图》和《乾隆内府舆图》编制了《大清一统舆图》，于1874年出版。清代为《水经注》作图者有两家：一是汪梅村、一是杨守敬。汪梅村《水经注图》完成于咸丰九年(1859年)以前，共12幅，全为黄河及下游平原。杨守敬《水经注图》完成于光绪三十一年(1905年)，以《大清一统舆图》为底图，比例尺1∶45万，比较详尽而科学，分8册装订，前5册58幅为黄河部分。考证黄河变迁的图，还有道光二十年(1840年)麟庆所著《黄运河口古今图说》，从明嘉靖元年至清道光十八年(1522—1838年)共制图10幅(即编绘10个不同年代的河口图)。清光绪年间，刘鹗著《历代黄河变迁图考》，附有禹贡图和黄河6次大改道图。

民国23年(1934年)《中华民国新地图》出版，民国37年《全国百万分一舆图》出版。黄委会于民国23—26年将部分新测1∶1万地形图编绘为1∶5万地形图。

1949年以后，随着1∶5万国家基本图的测绘，60年代初国测总局和总参测绘局完成了全国大陆1∶10万、1∶20万、1∶50万、1∶100万基础系列地形图的编制。其中全部用新资料编制的约占40%。随着新测资料陆续扩展，系列图也随时重编，到1982年完成了全部图幅的更新，成为中国编制各种地图和图集的基础。

50至60年代，相继出版《全国挂图》和《世界挂图》。1958年建立国家大地图编纂委员会，组织编纂包括普通、自然、农业、历史和能源五卷大型综合性国家地图集。1964年以后，又出版《中华人民共和国自然地图集》、《中华人民共和国分省地图集》、《中国历史地图集》、《国家农业地图集》和多种专题地图集。

黄委会编绘地图，从70年代开始，1973—1974年编制出版六拼全开1：100万《黄河流域地图》，系多色印刷挂图，为治黄各单位和水利工作者提供了地图资料。1983年完成1：25万《河南黄河地图》，1987年完成1：200万《黄河流域图》。受淮委会委托，1987年还完成1：100万、1：200万《淮河流域地图》。1989年完成1：50万《南水北调西线工程地图》。

在治黄工作中，为了显示工程布局、规划思想或某种成果，往往需要大图面、多色彩的地图，但用量不多。黄委会设计院80年代以来改用涤良布绘制这种彩色地图。其优点是不怕折、不怕压、携带方便、耐用、图面可大可小、彩色样数不受限制，具有周期短、成图快的特点，最适宜于汇报工作用。已经完成的有：《三门峡防洪工程显示图》、《小浪底水库工程位置图》、《黄河下游防洪工程显示图》、《西线南水北调引水线路显示图》、《黄河中游工程布置图》、《黄河通讯网络图》、《全国土壤侵蚀类型图》、《窟野河、秃尾河、孤山川流域治理规划图》等。其中《黄河下游防洪工程显示图》高2.25米，宽4.4米，配13种颜色，底图用大型纠正仪连续放大，保证了地图的几何精度。为水利部制作的《全国土壤侵蚀类型图》，先用遥感技术制成近似1：100万遥感图，再用静电复照改编成1：200万涤良布图，分风蚀、水蚀、溶洞3类土斑，用3种颜色表示，每色又根据侵蚀强度由深到浅分为6级，专业要素18色，再加底图用色5种，共23色，是色样最多的一幅。《黄河通讯网络图》，图幅尺寸4.5×3米，是最大的一幅，采用分层设色表示地势，绘制美观。

1975年黄委会把《黄河流域地图集》列入10年规划项目。1978年，黄委会设计院测绘总队开始收集资料，绘编地理基础底图等初期工作，1980年开始由黄委会主持筹编，1985年成立编辑室，主编张正明、李鸿杰。该图集是一部以江河流域为单元，用地图的形式来表现多学科研究成果和流域治理开发的综合性图集。目的是为有关领导和工程技术人员、科学研究人员，以及关心黄河的各界人士提供进行统筹规划或战略决策研究的科学依据。该图集包括序图、历史、社会经济、自然条件及资源、治理与开发和干支流等6个图组，共92幅，采用四开本，图、文、彩照并茂。《图集》于1987年交中国地图出版社于1989年12月正式出版，公开发行。1991年3月，由水利部主持对《图集》进行部级鉴定，参加鉴定专家一致认为：《黄河流域地图集》是一部以流域为范围的大型综合性科学参考地图集，不仅填补了国内空白，而且经文献检索表明，其内容与规模超过国际上的同类图集，具有很高的科学性、实用性与艺术性，全面达到国际先进水平。

《中国地貌图集》于1980年开始编绘，由9个单位协作，黄委会设计院为主要参加单位之一，武汉测绘科技大学李维能为主编，黄委会设计院王学海为副主编之一。这是一本研究地貌学的图集，目的是帮助测图人员从实践和理论两方面认识中国各类地貌基本特征，以提高地形图对地貌表示的真实性。以航摄照片和实测地形图示范性的对照并附以文字说明。地貌分为9类66种。黄土地貌为其中一类，分黄土冲沟、黄土塬、黄土梁、黄土峁、黄土坪、黄土垌、黄土陷穴和滑坡8种。图集于1985年由测绘出版社出版。出版以来，已获三项国家级奖：1987年获中国地理学会与地理信息系统专业委员会颁发的优秀地图作品奖；1988年获全国第四届(1984—1986年间)优秀科技图书二等奖(发奖单位为中华人民共和国新闻出版署)；1988年获国家测绘局系统优秀地图作品一等奖。

在《中国地貌图集》的基础上，黄委会设计院又编绘出版《中国黄土高原地貌图集》，荟萃黄河中游各类黄土典型地貌，计有彩照38幅、黑白照片12幅，航摄立体像对65对，等高线图51幅，卫星像片及陆摄像片3幅。1987年由水利电力出版社出版。主编王学海。

由黄委会设计院李鼎臣主编的《黄河中游干流河道地图》，1988年出版。该图比例尺1∶10万，从内蒙古头道拐至河南桃花峪，共18幅图，每幅都把黄河置于正中，是折叠式图册。黄委会还完成《黄河水源保护图集》。

二、制图工艺

历代制图工艺都力求精美，但限于历史条件，都达不到应有的几何精度。黄委会从1955年三门峡库区地形图清绘开始，才围绕“几何精度、取舍合理、清晰易读”开展制图工艺的研究。在此以前采用布裱图纸测图，透明纸描绘晒印，图纸伸缩性大，难以保证精度。三门峡库区测图改用铝板裱图，清绘复照原图，防止了伸缩，并制定了“清绘规程”，采用3色清绘，要求描绘偏差不超过0.1～0.2毫米(按不同地图元素)，图面清晰易读。以往注记都用手写，难度很大，这次改用铅字剪贴，清绘后用大型复照仪复照在玻璃板上，再晒蓝图。

1956年成立航测制图室，提高了测绘精度和效率。1958年添置植字机，改用相纸植字对地图注记进行剪贴，试用了一些地图符号模片。1971年开始新材料绘图的试验，1972年毛面聚脂薄膜、涤纶片用于绘图，结束了玻璃板复照裱纸图方法，可以直接复印，节省了复照工序。而后对涤纶片绘图工艺逐年改进和完善。如涤纶片绘图前的处理(清洗和上胶)，成图图面的保护，曲线笔、直线笔、点圆规等绘图工具的焊接与修理，由相纸改为透明注记和符号的粘贴，绘图墨水的配料等等。1979 年并推广刻图法，在聚脂薄膜上涂一层刻图膜，用针刻图，技术容易掌握，线条匀称光滑。在地图晕渲调色方面也掌握了一定技术。

三、地图复制

宋代《禹迹图》、《华夷图》，可供拓印的地图印版，是石印图印刷。现存最早的印刷纸地图是南宋绍兴二十五年(1155 年)杨甲编辑的《六经图》中的《地理之图》。其次是绍兴三十年傅寅著《禹贡说断》中黄河西部印刷图，都是木刻印刷图。清康熙年间《皇舆全图》绘制完成后，“镌以铜版，藏内府”。光绪十九年(1893 年)《钦定皇舆西域图志》由杭州便益书局石印出版。说明欧洲石印技术在清朝已传入中国。

中华人民共和国成立后，为了地图出版的需要，国家于 1949 年在北京成立新华地图社，1954 年新华地图社与上海地图出版社组成中央级的地图出版社，1981 年建立山东地图出版社，1985 年建立西安、成都地图出版社。但还满足不了地图出版的需要。1975 年以后，黄河流域各省(区)测绘局和一些大的企业事业单位，多成立自己的制印机构(印刷车间)。如河南省郑州市就有测绘局印刷厂、煤田地质局印刷厂、地矿局印刷车间等。1933 年至 1955 年黄委会主要是用日光晒蓝图，1956 年改用电光晒图机，1980 年购置了打样机，1983 年底安装了胶印机，1984 年试印彩色地图，1986 年又增添了复印机。每年除印刷测绘成品地图外，还承印与治黄有关的图件。1987 年以后，测绘总队开封多种经营办公室也成立一个印刷车间，有照排机、复照仪、晒版机、烤版机、打样机、胶印机等设备，能承印各种单色图和彩色图。

四、遥感制图

遥感是从航空航天摄影测量技术发展起来的一门新技术。从 1978 年开始，黄委会测绘、水土保持、水文、地质、规划设计、科研等部门开始研究，1983 年黄委会科技办公室成立遥感组，1984 年改为防汛自动化测报计算中心遥感室，到 1987 年黄委会取得 30 多项成果。现仅将遥感制图简述如下：

1978年黄委会设计院测绘总队利用美国1972年和1975年发射的地球资源卫星1号和2号卫片，编制了《黄河流域卫星象片镶嵌图》。比例尺1∶80万，可以宏观了解黄河流域地貌形态、地质构造、水系分布和植被概况。梁印邦利用卫片图发现过去3种1∶100万地图均有不同程度的差异。

1981年水利部遥感中心召开利用航空遥感研究黄河下游河道变迁科研课题论证会，认为下游河道多次摄影已经形成多时相极为珍贵的航空遥感资料，将这一课题纳入了重点研究项目。黄委会设计院测绘总队对1956—1982年8次摄影资料进行分析，由于各摄次情况不同，作图条件不同，决定全区均以1972年摄影资料和正式控制成果纠正镶嵌的像片平面图为"母图"，其他摄次有的用地形图方位物作控制，有的无控制作业缩成像片略图，最后以"母图"为准进行修正。1982年编制成纳入统一坐标系的1∶5万象片图。依据此图黄委会水利科学研究所(简称黄委会水科所)侯素珍、赵业安和希铁龄分别提出《利用航空遥感技术分析三门峡水库拦沙期下游河道的平面变化》和《利用航空遥感分析1982年黄河下游河道演变》的报告。

据1979年资料反映，延安地区在1977年春到1979年春，开荒180万亩(约占地方统计耕地面积的三分之一)，黄委会水土保持处宋志学和测绘总队刘春祥利用遥感技术对此进行核查，在1980—1982年对延安地区进行了航、卫片样区内、外业判读调绘，采用STS/T²S—101电子计算机解译方法，经过几何纠正、数字镶嵌、行政边界套合等工序，编制了土地利用彩色分类图。用计算机计算耕地面积精度为83.7%(以1976年航调制成的1∶1万地形图上的耕地面积为准)，说明上述开荒情况是不可靠的。

1984年黄委会设计院测绘总队引进大型自动纠正仪SEG—6，可以在计算机的辅助下进行几何纠正，速度快，质量好，并具备彩色处理系统，可以光学合成假彩色影象地图。1985—1987年先后完成《黄河禹门口至潼关河道1∶2.5万像片图》、《1∶25万河南省卫星假彩色影像图》、《1∶25万黄河海口卫星假彩色影像地图》、《1∶50万黄河潼关至郑州卫星假彩色影像图》、《黄河下游焦枝铁桥至东坝头河段1∶5万航摄像片图》，为治理黄河和河南省国土资源调查提供了资料。

1985年吕仁义、王明惠总结《1∶25万河南省卫星假彩色影像图》制作经验，编写有《陆地卫星假彩色影像地图制作工艺》一文，对提高假彩色影像地图的工艺效果进行了系统总结，并获水利电力测绘系统优秀论文奖。

第四章　水利水电工程测量

测量在治黄工作中十分重要。它服务于工程的规划、设计、施工和运用管理各个阶段。测量内容，除水平控制、高程控制和地形测图外，还有：为修防服务的大堤纵横断面、河道大断面、滞洪区围村埝和避水台测量，为工程规划或施工的渠系、专用铁路、库区淹没线等线路测量和建筑物施工放样测量，为工程运用管理服务的工程变形观测、库区塌岸和淤积测量等。

第一节　修防测量

一、堤工测量

黄河堤工历史悠久，史载春秋战国时期，黄河已有堤防，且有会盟“曲堤”之说。东汉王景修堤时有“商度地势”之说。唐朝始有木质水平仪，一直在治黄工程中应用。

民国 8 年(1919 年)，运河工程局聘请费礼门作指导，测量自郑州黄河平汉铁路桥至山东梁山十里堡黄河堤岸。这是引用西方测量技术测量堤工之始。

民国 22 年(1933 年)秋，河决豫、冀南北大堤 50 多处。黄委会因规划善后工作，急需用图，抽调第二、第三两个测量队施测黄河两岸大堤纵横断面，一般每 500 米测横断面 1 个并测 1∶1 万地形图，险工段测 1∶2000 图。1947 年黄河水利工程总局测郑州黄河平汉铁路桥至开封南北两岸大堤纵断面和险工图。

1947 年冀鲁豫解放区黄委会和山东黄河河务局为了修堤整险的迫切需要，各招收学生 20 多人，进行培训，担任大堤纵横断面测量，并负责工程量的计算和施工工段的分工。

1949 年后，黄委会(包括河南、山东两河务局)各测量队，多次进行大堤纵断面测量，统一高程系统，统一大堤公里桩编号。截至 1985 年共计测堤顶纵断面测程15360公里，历次岁修及大复堤施测大堤横断面近15万个(次)。河南黄河河务局还测有九堡、韦滩、越石坝、黑岗口、柳园口、曹岗、古城、东坝头等多处险工图，计测1：1万图17幅、1：5000图69幅、1：2000图29幅、1：1000图23幅。山东黄河河务局进行多次险工零星测图20多平方公里。

上游堤工主要是保护西北重镇兰州市、宁蒙河套平原和包兰铁路的安全。1950年黄委会进行内蒙古境内的河堤定线，尔后内蒙古水利设计院进行三盛公至河口镇河堤培修测量。1964年宁夏水利设计院进行了中卫、中宁、青铜峡至石咀山黄河两岸防洪堤定线测量，计测堤线260多公里。

二、大断面测量

黄河大断面测量的目的，一是掌握河床的淤积变化，二是测定河槽的行洪能力和洪水位的变化，三是测验泥沙含量和洪峰流量，为防洪和河道整治提供资料。

30—50年代，在测河道地形图时，做过不少非固定的大断面，将其位置展绘在地形图上。从1952年起，改为跨黄河的固定大断面测量。根据1972—1973年测绘的1：5万图上所标绘的断面共有106个，其中河南境27个，山东境79个。断面间距：河南境20～5公里，山东境13～1.6公里，总平均为7公里。断面布设单位有河南、山东两河务局、黄委会河床测验队和水文站。1969年河床测验队撤销后，其布设之断面由两局测量队施测。大断面每年汛前、汛后(有时增加汛中)各测一次。河南、山东两河务局分别从1962和1970年起要求按水流传递时间进行统一性测验。

大断面测量方法，50年代初使用帆船一趟一点法，点位测定用视距法或交会法，测深用花杆或测锤。60年代改用机船，浅水用橡皮船。河南境内大断面，河宽多在10公里以上，断面端点用铁三角架或混凝土标杆，目标不明显，观测困难。山东境内断面虽小，但数量多。所以两局统一性测验欤数不多。1952—1987年两局共测5700多个断面(次)。为了补充黄河大断面不能严格按某次同流量及时统一施测的缺陷，河南黄河河务局每年汛期，派人查勘河势，绘制成河势图，将主流线标在图上，供防汛部门研究各年河势之变化。山东黄河河务局所属河道较窄，则采用四等水准施测洪水痕迹的办法。大断面测量为研究下游河床冲淤变化提供了资料。据1982年和1954年花园口流量基本相同时沿河各断面相比，1982年水位比1954年高1.2～

2.8米，即黄河泥沙淤积使水位平均每年上升4.1～9.7厘米。

内蒙古水利设计院在三盛公至河口镇布设大断面117个，间距2～3公里，用以研究该段河床变化和大堤培修工作。

三、围村埝与避水台测量

（一）北金堤滞洪区围村埝、避水台测量

1951年兴建石头庄溢洪堰，分洪流量5100立方米每秒，开辟北金堤滞洪区。平原黄河河务局测量队在滞洪区施测20个大断面，间距约4.5公里，黄委会和山东黄河河务局测有1：1万地形图，为计算各大断面滞洪水位提供了资料。根据计算的水位全区2294个自然村按不同水深（0.5～3.0米）划分为7个等级，以不同标准修建围村埝，到1958年基本竣工。1964年黄委会又进行一次滞洪区大断面测量，并对两千多个村庄的地面和围村埝高程施测四等水准，在村内外建筑物上留下临时水准点。据此于1964—1969年进行了以修建避水台为主的第二期工程，对以前未做够标准的围村埝进行加高帮宽。

（二）黄河滩区避水台测量

河南省境黄河滩区宽广，分布着6000多个村庄。三门峡工程建成后，滩区群众大量修筑生产堤，不仅阻碍行洪，而且使泥沙在主槽大量淤积，形成悬河中的悬河，给防洪造成新的威胁，并严重影响滩区村庄的安全。1974年决定废除生产堤，修筑村庄避水台时，适逢黄委会1972年开始测量的1：5万河道航测图完成，为避水台的规划提供了可靠资料。

四、兰州黄河洪水淹没范围测量

兰州市处在一个山间盆地，自柴家峡下口至桑园峡上口，长42.7公里。由于桑园峡峡口狭窄，1981年9月大洪水期间，防洪形势十分紧张，甘肃省测绘局技术干部，冒着狂风暴雨，测绘峡口以上壅水范围，及时编绘了《兰州市黄河洪水淹没图》，为兰州市防汛指挥部提供了资料。

第二节　线路测量

一、运河选线勘测

1958—1960年，黄委会设计院第五勘测设计工作队和第四测量队，对京广运河、京秦运河和塘莱运河进行了规划阶段的选线勘测。

当时的地形图有淮委会50年代初期所测1∶1万地形图，民国时期顺直水委会和华北水委会所测海河流域1∶1万地形图，民国时期河南、河北两省1∶5万陆军图和京津沿海地区少量新航测的1∶5万国家基本图。选线勘测方法以1∶1万地形图为主图每约5公里选一明显地物点作控制，导线（运河中线）用经纬仪测一测回并以磁方位作检查，或用罗盘仪测方位角，用测绳丈量距离，困难地段，用视距法，将导线位置展绘在1∶1万地形图上。缺1∶1万地形图者用1∶5万陆军图或航测图补充，无图区用透明方格纸展绘导线，两端相接于图上。导线穿过河道，交角不小于25°。运河转折角0°～6°不测弯道；6°～10°只测始点、顶点和终点3点；10°以上者以目估曲线位置根据地形起伏情况加测弯道桩，弯道半径一般不小于800米。路线测点高程以四等水准单程联测，沿线尽量与国家水准点闭合，一般每200米测一高程点，采用1956年黄海高程系统，编制纵断面图。不平坦地区测横断面，自导线中心左、右各测出300～500米。运河穿过大河流处，要向上游测2公里向下游测3公里的河道纵横断面。穿过小河、沟、渠，只测其宽度和底部高程。穿过铁路，要测纵横断面上下各1公里。所有上述地物及城镇都在图上和纵断面图上表示其位置并注记名称。

运河选线勘测，分京广南段、京广北段、京秦、塘莱4段，均于1958年底完成初选。

京广运河南段，是由方城至黄河的一段。分高线、中线、低线3个组进行。高线自方城东南八里沟汉淮分界石柱起（此点以南由长办选测），沿山麓经鲁山、宝丰、郏县、禹县等地，于牛口峪入黄河。中线也从八里沟开始，经平顶山西、禹县侯集、新郑双洎河水库，在郑州南郊穿京广铁路入贾鲁河，又自小京水向西至牛口峪。低线自中线3号桩鼓羊庄开始，向东南入甘结河，在新郑过京广铁路，在郑州东过陇海铁路，到保合寨入黄河。上述3组于1958年9月26日开始，到10月22日完成外业，共选线1024公里。

京广运河北段，是从北京至郑州段。分高、中、低3线，在北京的尾水设计高程分别为51米、45米和41米，所以也称“51线”、“45线”和“41线”。51线自芦沟桥开始，经房山西、易县、完县、唐县、石家庄、元氏、磁县、安阳、淇县、新乡到黄河荥泽渡口，包括比较线共长770公里。41线自北京南苑西北大水坑北土埂开始，经良乡、房山东、易县东、徐水西、满城、完县、望都、定县、无极、藁城、元氏、柏乡、隆尧、内邱、任县、邢台、永年、邯郸，在磁县南9公里处井龙村与51线合为一线，包括比较线，选线全长485公里。45线由丰台南京津路黄土坡车站东南41线8号桩开始，在高、低两线中间通过，到内邱北大辛庄又与41线重合，选线长356公里。

京秦运河，是北京至秦皇岛的线路。西自南苑西北大水坑北土埂开始，与京广41线相接，经通县南、玉田县、唐山至秦皇岛汤河口。该线路由两个组相向施测，共完成选线207公里。

塘莱运河，是自塘沽至莱州湾的线路。北起天津盘沽镇的海河，向南经黄骅县越宣惠河，过无棣县越套尔河，过沾化县越徒骇河，在利津县黄河四号桩水位站以上4公里处越黄河，经广饶县在羊角沟越小清河，经寿光县越渁河，经潍县越汀河入昌邑县，在小刘家与胶莱河相交为终点。选线由两个组相向进行，自1958年10月29日开始，至11月23日共完成选线勘测491.7公里，河道交叉1∶5000～1∶1000地形图28平方公里。

上述初步勘测的线路，经与地方政府和有关单位协商，线路有多处变动。1959—1960年又完成了以下选线和地形测量任务。

京广运河南段，选线测量220公里，施测线路缺图区、河道交叉建筑物（沙河、汝河、双洎河、潮河、贾鲁河、须河等）、港埠码头（郑州、新郑、禹县、郏县、宝丰、鲁山等）各项1∶1万～1∶2000测图70平方公里。

京广运河北段，选线测量980公里，施测线路缺图区（涞水、易县、满城、完县一带）、河道交叉（永定河、唐河、沙河、滹沱河、漳河、安阳河等20余处）、运河建筑（分水枢纽7处、跌水电站4处）、港埠码头（北京、满城、石家庄、邢台、邯郸、安阳、新乡、黄河北岸等）各项1∶1万～1∶2000测图共440多平方公里。

以上完成选线勘测4534公里，1∶1万～1∶1000地形图538平方公里。

二、渠系定线

黄河流域，古代灌区渠系施工定线多凭经验。现代采用科学方法进行渠系定线。

20—40年代陕西省水利局进行的有：民国17年（1928年）榆惠渠定线（后资金缺乏停建），民国19年泾惠渠定线，民国23年洛惠渠定线，民国24年渭惠渠定线，民国26年织女渠定线，民国29年黑惠渠定线和定惠渠定线，民国34—35年沣惠渠、涝惠渠定线等。同期甘肃也进行某些渠系定线。

1949年后，黄河流域随着灌溉事业迅速发展，不但要测绘比灌区面积大得多的1∶1万地形图，而且要精确地进行渠系定线测量。沿黄河各省（区）的渠系测量，最初没有统一规范，一般均仿照铁路定线方法结合具体情况施测。1964年《水利水电规范》含有《渠系和堤线测量规范》，其精度要求：中心导线点或中心线桩对邻近图根点的点位中误差不超过±2.0米，对邻近基本高程控制点的高程中误差不超过±0.1米，且对总干渠渠首的高程中误差也不应大于±0.1米。横断面点对中心桩纵向平面位置中误差在平地、丘陵地不超过±1.5米，在山地高山地不超过±2.0米。中心导线点或中心线桩横向误差应不大于0.2米。曲线丈量距离与理论长度比较，不符值不大于曲线长度的1∶1000，困难地段可放宽为1∶700。主要渠系定线有：

（一）人民胜利渠定线

人民胜利渠是1949年后在黄河下游兴建的第一个大型引黄灌区。1950—1952年黄委会在灌区施测1∶1万地形图2250平方公里。1951—1952年黄委会先后调3个测量队进行施工定线测量。定线先在图上选线，计有总干渠、干渠、支渠、斗渠、农渠，总长约1000公里。测量队分导线、水准、横断面和土钻等班，白天测量，晚上进行横断面计算，随后按设计断面放样。渠道曲线折角一般均大于6°，全部用偏角法测设；曲线长度、切线长度、曲线半径等数据，都在现场用对数计算；每20米打一曲线桩，曲线丈量长度与理论长度不符值不得超过1∶1000。直线段每100米打一断面桩，遇地形变化时加桩。水准按正、校平施测，两水准仪所测高差的较差不大于0.007 $\sqrt{K}$（K为公里数）米。

灌区各级渠道所经地点填高挖深不同，断面形态各异，民工难以掌握。引黄工程处主任韩培诚提出挖标准断面法，并把施工管理任务交给测量队。该灌区从干渠到农渠全部实测定线，并用标准断面指导施工。在直线段每隔100～200米，在曲线段的起点、中点、终点都按设计断面挖一个标准断面。遇断面形态变化处加挖标准断面。这样既不怕木桩遗失或被人移动，又使民工施工一目了然，从而加快了施工进度，保证了质量。现在该灌区已成为全国著名的粮食亩产超千斤的丰产区，比1951年增产5倍多。

(二)引洮工程定线

引洮工程是从洮河引水灌溉甘肃的董志塬和宁夏的南部山区。1958年黄委会设计院参加了该工程的渠线定线工作。渠线共分3段：上段由岷县北古城至会宁赤土岔，长950公里，由黄委会设计院和西北院承担；中段由赤土岔经固原至环县境，长235公里，由宁夏水利设计院承担；下段由环县至庆阳董子镇，长214公里，由甘肃水利厅承担。此项工程大都经过山区，跨越很多河沟，上段要求通行汽船，规定曲线折角大于6°，曲线间直线段不小于70米。由于该工程是在“大跃进”形势下仓促“上马”，采用边测量、边设计、边施工的方法进行。测量工作实际上是边选线、边定线，尽管测量人员历尽艰辛完成了任务，但由于工程浩大，脱离了当时实际，不得不中途“下马”。

(三)景泰抽黄灌区定线

甘肃省景泰灌区，是利用黄河上游刘家峡、盐锅峡、八盘峡水电站的廉价电力，抽黄河水发展两岸高台地的灌区之一。由甘肃水利设计院测量队定线。第一期工程，于1969年10月动工，1974年建成，分11级提水，总扬程448.9米，随定线随施工，干渠全长14公里为输水管道，支渠总长177公里。第二期工程于1985年动工，已完成总干渠长100公里，支渠240公里。

(四)青铜峡灌区定线

宁夏河西灌区素有“七十二连湖”之称。历来就存在排水不畅、湖泽积水成灾的问题。中华人民共和国建立后，建成了青铜峡灌溉工程，宁夏各族人民对灌区排水工程进行有计划地改造和扩建。为配合灌区改造，测量任务繁重，宁夏水利局测量队的常年任务以渠系定线和渠系建筑物大比例尺测图为最多。其导线点要求联测国家坐标，在需要建筑物的地方埋设一对标石，以便测图，每隔50米测一渠道横断面。

1956年以前，为使大片连湖排除积水，需对河西5条排水沟进行改造，计测261.5公里。为在干涸的湖滩地建立5个国营农场，每个农场又进行30～90公里的渠系定线。

1956年以后，对原有的古老渠道进行改造。裁弯取直的改线测量工作既零碎又繁重，测量人员克服往返过渠趟水的困难，完成了唐徕渠、大清渠、秦渠、惠农渠、汉渠、汉延渠等改线测量480.6公里。现青铜峡有东、西总干渠两条，长58公里，干渠11条805公里，排水沟21条609公里。

宁夏引黄灌区除青铜峡河西、河东灌区外，还有卫宁灌区和陶乐灌区。卫宁灌区干渠定线5条，长345公里，排水沟11条，长180公里；陶乐灌区系抽黄灌溉区，定线长度100公里。

(五)三盛公和土默川灌区定线

三盛公枢纽1958年动工，1961年建成。灌区分后套和黄河南岸两部分。1958年即开始对后套灌区的定线和改线测量，有内蒙古水利设计院灌区测量总队和黄委会设计院测量队参加。后套灌区分总干渠、干渠、分干渠、支渠、斗渠、农渠、毛渠7级，总干渠长180公里，干渠、分干渠800公里，其他4级约2000多公里。黄河南岸灌区总干渠243公里，斗渠、农渠约300公里。土默川灌区是从黄河提水灌溉，渠系分6级，共长300多公里，为内蒙古水利设计院定线。

1958年8月黄委会设计院地形一队董诗豪任定线水准组组长，当测到二干渠(距临河县5公里)时，渠内有水，为了争取时间，没绕道过桥，他下渠试水深，不幸冲入深坑而牺牲。

(六)陕西关中及陕北灌区定线

陕西水利设计院50年代测量洛惠渠渠系、桃曲坡灌区渠系、沣惠渠渠系、冶峪河渠系、无定河定惠渠和织女渠渠系。70年代测量宝鸡峡引渭、交口抽渭、大峪、羊毛湾、冯家山、石头河、渭南抽渭、渭北抽渭等灌区的渠系定线。到1989年受益面积万亩以上的渠道定线7000多公里。在宝鸡峡引渭渠道定线中，经过高塬边滑坡地段，定线时特别注意了要使设计断面全部落实到坚实的老土上，这对后来施工、放水运行打下了良好基础。

(七)汾河灌区定线

山西水利局测量队，50年代测量汾河一坝、汾河二坝、文峪河、潇河、昌源河、惠柳樱、洪山、霍泉、汾西、南垣、浍河、小河口等灌区的渠道，计测定干、支渠线1996公里。60年代又测汾河一坝、汾河三坝、祁县、文水庞庄、汾南电灌等灌区渠道，计测干、支渠1770公里。

(八)下游引黄灌区定线

黄河下游引黄灌区,包括河南、山东两省沿黄两侧的自流引水灌区72处(河南33处、山东39处)和扬水站9座(河南7座、山东2座)。1952年人民胜利渠建成放水后,效益显著。河南、山东两省沿黄灌区迅速发展,两省水利厅相继开展灌区定线测量(方法同人民胜利渠),1956年山东王旺庄、打渔张灌区相继建成,1957年河南花园口、黑岗口也相继开灌。1958年"大跃进"期间,引黄工程迅速发展,省、地、县水利部门都参加了渠系定线。定线方法简化,导线曲线以目估测定,用五等水准或经纬仪高程测定公里桩,在平坦地区取消了横断面测量,很快完成了各灌区的主要渠系工程。但管理不当,大水漫灌,缺少排水配套设施,造成大片盐碱化。1962年除人民胜利渠外,全部关闸停灌,许多渠道废弃还耕。1965年有的开始复灌,地、县水利局又相继测量新灌区,废渠又重新修复。到1982年,河南省共有引黄干渠101条,长1353.5公里;支渠824条,长2220.2公里;斗渠5485条,长4001.3公里;农渠8052条,长2328公里。截至1983年,山东省共有引黄干渠321条,长3728公里;支渠2669条,长6728公里。两省共有排水干沟280条,长4087公里;支沟1895条,长6510公里。

三、库区淹没线测设

水库淹没界线测量,一般在大坝施工开始前、后进行,按照《水利水电工程测量规范》第九章《水库淹没界线的测设》,规定各类界桩高程对最近基本高程控制点的高程中误差,不得大于表1—35的规定。

表1—35 **各类界桩高程中误差限差表**

界桩类别	内 容 说 明	界桩高程中误差(米)
Ⅰ类	居民地、工矿企业、名胜古迹、重要建筑物及界线附近地面倾斜角小于2°的大片耕地	±0.1
Ⅱ类	界线附近地面倾斜角2°～6°的耕地和其他有较大经济价值地区,如大片森林、竹林、油茶林、养牧场及木料加工场等	±0.2
Ⅲ类	界线附近地面倾斜角大于6°的耕地和其他具有一定经济价值的地区,如有一般价值的森林、竹林等	±0.3

黄委会曾对三门峡、天桥、陆浑、故县等水库进行淹没线的测定。黄委会设计院测量队定线组组长王瑞文1982年编写有《故县库区淹没定线》一文。做法是：

（一）室内计划

根据规划高程数据和回水曲线，把近期和远期土地征用线和移民线绘在地图上，距坝近的一半距离一般为水平线，距坝远的一半距离为回水线。绘回水线时分成几个断面，使回水线形成台阶式，台阶的梯度根据地面倾斜角和经济状况分0.1～0.3米。在淹没范围外布设一条环湖水准。环湖水准等级根据环线长度而定，故县环线周长小于200公里，采用三等水准，做为基本控制，也是水库运用时施测淤积的高程基本控制。为了淹没定线引用方便，又加设了部分四等水准，用五等水准测定界桩。为保证界桩高程精度（±0.1米），三、四等水准点间的密度要能使五等路线最大长度不超过6公里，将三、四等水准路线绘在图上，便于做出实施计划。

（二）界桩测设实施

三、四等水准布测后，开始边桩测设。测设时需有设计单位、地方政府和农业大队代表参加。界桩线分近期、远期土地征用线和移民线，界桩分别以4种颜色标记桩顺序号，如“人Ⅰ”、“人Ⅱ”、“土Ⅰ”、“土Ⅱ”分别表示近期、远期移民线和土地征用线，每类各有序号，又分临时桩（木桩）和永久桩（混凝土桩）两种。土地征用线在大片耕地及经济价值较高的林区，每50～100米打一木桩，每1～2公里设一永久桩，其他应设界桩的地区，临时桩的间距以能显示界桩线通过的实际位置为原则，并适当加设永久桩。通过村镇的移民线桩，200户以上者在村两头、200～20户者在村内各设永久桩，20户以下或散列式居民地根据具体情况设1～2个永久桩，并在每个居民地的内部建筑物上标出移民界限。

界桩测设分近期、远期两条线进行。地形坡度在20°以上陡峻荒凉山区和石质山，在界线10米以上可不测设；荒凉的沟可不进沟，只在沟口设1～2个永久桩；土质山坡按土质稳定坡度计算测至其高程。

当测线的高程接近设计高程时，应按后视标尺读数和设计高计算出前视标尺应有读数，即后视点高程＋后视标尺读数－设计高＝前标尺应有读数。按此指挥前尺移动，使读数与计算值相符，然后打桩，测桩顶高程，其差值应不大于1厘米。如需设永久桩，可在木桩一侧设置，其顶与木桩平。每测一桩应填写点之记，并办理委托手续。

（三）成果整理

测设一个阶段后（如完成一个乡或一个生产大队），要检查记录，进行水准平差，以生产大队为单位整理成果表。其内容为：界桩号、类别、颜色、设计高程、实测高程、点位说明、界桩保管人。成果表一式四份，大队 1 份、县移民局 1 份，上交黄委会两份。

四、专用铁路定线

民国 35 年（1946 年），为了在花园口黄河堵口施工，曾修广武至花园口铁路支线，计长 16.6 公里，堵口完成后即拆除。1949 年后，为了黄河下游修防抢险运石的需要，先后修建 12 条铁路支线，即广武—花园口、兰考—东坝头、巩县水头黄河石场专线、巩县米河红石山石场专线、开封—柳园口、辉县共山石场—抬头、封丘—清河集、长垣—渠村、济南黄台山石场—盖家沟、博兴小营—王旺庄、北镇四宝山—杜科以及东银铁路等。共长 314 公里。截至 1985 年共运修防石料 1590 万立方米，为加固下游堤防做出了贡献。其中最大的一条是东银铁路，现将东银铁路定线测量介绍如下：

东银铁路原计划从兰考县的东坝头（与陇海铁路宽轨换装）起，东至梁山县银山镇，全长 210 公里，实际完成银山至东明霍寨长 183.6 公里。1970 年开始查勘选线，山东黄河河务局原办公室主任吴化善任铁路施工指挥部指挥长，黄委会测绘队黄淦（当时下放到菏泽修防处）任线路组组长，曾提出三条路线方案比较：(1)顺背河堤顶随弯就曲，只作一些小的裁弯；(2)基本脱离大堤，走背河平地，在每个险工或集中用石地段修筑供料支线；(3)走在背河堤顶，需在临背河作较大的裁弯。对第二方案考虑到与防洪运石的修路目的不尽相符，多数人不赞同，对一、三方案同意选线比较。遂于 1970 年按第三方案选线勘测，并草算工程投资和用工计划。山东黄河河务局考虑到土方量和用工量太大，要求再选线比较。同年夏，以第一方案的走向为基础，在曲线半径不小于 300 米的条件下，作必要的裁弯，选定了路线，由山东黄河河务局测量队进行两次线路初测。其中包括：导线、路线平面图、偏角法弯道测设、水准测量和横断面测量。线路中进行了两次天文方位角观测，由黄委会济南水文总站董占元进行内业计算。黄委会测绘队进行铺轨定线测量。1972 年冬开始施工，到 1980 年陆续完成银山至霍寨的铺轨。

第三节 枢纽区施工放样

1989 年统计，黄河流域已建大中型水库 180 座。其坝区建筑物放样，在 1985 年水电总局颁布《水利水电工程施工测量规范》以前，没有统一规范，一般根据建筑物情况而定。混凝土建筑物放样精度要求 20 毫米，土工建筑物要求 20 厘米或更大些。根据这一要求和地形允许情况，设计各坝区基本控制网的精度和等级。三门峡首级控制网是苏联列宁格勒设计院设计的，以二等三角作基本控制，测角中误差为±1″.0，由 7 个三角形传递到坝轴线，最弱点点位中误差为±4 毫米；高程以二等水准做基本高程控制；坝体放样采用交会法和导线测量。有些坝区施工控制网是结合变形观测考虑的。水电总局要求于 1986 年 7 月 1 日起执行《水利水电工程施工测量规范》。该规范分十三章，做了详细规定，为我国水利水电工程施工测量建立了统一执行标准。主要标准是：平面控制网可采用二、三、四等三角网、边角网或导线网，最多不超过三级，最末级控制点相邻点位置中误差不大于±10 毫米。高程控制网采用二、三、四、五等水准，最末级水准点相对于首级水准点的高程中误差，对于混凝土建筑物不大于±10 毫米，对于土石料建筑物不大于±20 毫米。轮廓点的放样中误差相对于邻近基本控制点，混凝土建筑物平面为±20～30 毫米，高程为±20～30 毫米；土石料建筑物平面为±30～50 毫米，高程为±30 毫米。另外，还包括隧洞贯通、设备安装、辅助工程、疏浚工程、施工期变形观测、竣工测量等内容。

龙羊峡工程施工任务，由水电部第四工程局承担，施工测量队伍有 180 多人，其中有的曾担任过三门峡和上游几座水库工程的施工测量，积累了一定经验，他们在龙羊峡工程施工测量中所采用的方法是：

一、建立二等三角施工控制网

龙羊峡枢纽工程，建筑物多，要求有一个统一的高精度的施工测量控制网，以保证各建筑物的精确定位。为使控制点误差影响在放样点总误差中不起主导作用，施工控制网的相对点位误差定在 5 毫米以内。控制网由 14 个主点 16 个三角形组成，在黄河左右岸各测设一条基线，按二等网要求进行基线丈量和角度观测。左、右岸基线相对误差分别为 1∶75 万和 1∶71 万，三角形最大闭合差1″.38,测角中误差±0″.34,最弱边精度1:40万。相对点位误差在2毫米以内。为了检验本网的稳定性及其精度,一年以后,又以相同方法进行一次全面复测,经与原成果比较,同一条边边长变化在5毫米以内者占86%,方位角变化在1″以内者占75%,主网各点误差变化在5毫米以内。

龙羊峡的布网经验是:(1)在地形条件许可情况下,控制网应采用一级布网形式,不搞分级控制,以保证直接放样的控制点的高精度和均匀性。(2)坝区布网,一般边比较短,因此边长的传递误差将迅速增加,故在网中布设了两条基线,以提高边长精度。(3)观测采用特制的仪器底盘,强制置中误差不大于0.2毫米,照准标志使用蔡司平面觇牌,对提高短边三角网的观测精度起了显著作用。

二、采用短程红外测距仪

在施工测量中布设低级控制点(如开挖边坡点、立模点、图根点等)的工作量很大。过去采用交会法、经纬仪导线法等,设站多、工作量大、效率低。后采用EOT2000红外测距仪布设低级控制点,其相对点位误差大多数可保证在10毫米以内,比交会法或经纬仪导线具有速度快、精度高、不受图形和导线长度限制等优点。

三、采用激光经纬仪进行断面测量

水电工程多建在峡谷,两岸山高坡陡,陡坡断面测量是一项繁重的工作。施工前要提供原始断面,施工期间进行开挖边坡检查和收方,竣工后还要测竣工断面。测量陡坡断面时,立尺非常困难,过去曾创造"特征点交会法",利用断面线上的小石块、裂隙、小草、岩石花纹等特征点,用两台仪器进行交会,初步解决了人工立尺问题,精度也较好。但这种方法须在一定的地形条件下才有可能,且找点费时,效率低。1978年后该局和武汉测绘科技大学合作研制了一台激光经纬仪,即用一个1.5毫米的激光管装在一台J6型经纬仪上,将激光经纬仪架在断面线的任一点,对准断面线射出光点,两台经纬仪进行交会,可在3小时内施测200多个断面点,提高了工效。在精度方面,统计279个断面点由两站测的高程,差值在0.1米以内者为246点。又用3台经纬仪对60多点交会,坐标闭合差大部在0.1米以内。

他们用激光经纬仪施测大跨度地下建筑物（隧洞、地下厂房）的剖面，也获得良好效果。过去测量隧洞断面采用花杆皮尺法，劳动强度大，精度低，且容易把松动岩块捅下砸伤测量人员。后把激光仪架在断面线 B 点上，在断面上打出一系列的小光点，另一架经纬仪架在 A 点上，使 AB 平行于洞中心线，以 AB 距离作为基线，经纬仪跟踪光点读出每一点的水平角和垂直角，即可求出断面上各点的高程和距离。他们施测了宽、高为 15×16 米的隧洞近 150 个断面，每个断面仅用 10～15 分钟。

四、采用电算

在激光经纬仪投入使用后，3 个小时可交会 200 多点，如用手摇计算机则需两个人计算 3 天，当时他们用 DS102A 测地电子计算机，只用半天就可算完。

五、用陆摄法施测断面和放样

在 1978 年龙羊峡工程开工之初，与黄委会合作用陆摄法测制峡谷两岸陡坡 1∶500 比例尺地形图 16 幅和 1∶200 图 24 幅，为工程设计和施工及时提供了地形资料。同时根据这些地形图截取了土石方开挖的原始断面，省去了大量的原始断面测量。为了验证从地形图上截取断面精度，经过多次实测对比，证明采用此法所计算的土石方可以满足要求。作为竣工验收所需断面，他们用陆摄像片直接在 1318 立体自动测图仪上施测，经检查证明，只要像片控制点布置得当，摄影基线垂直于断面方向，断面点的精度可以保证在 0.2 米以内。

利用陆摄放样边坡开挖线。过去放样边坡开挖线，是先施测原始断面，再根据设计开挖线，在断面图上找出坡顶点的位置，然后用交会法或其他方法把坡顶点放到实地上，外业工作量很大。改用陆摄法放样，首先在开挖线附近的岩壁上，每隔 5 米或 10 米，选择一个点用油漆涂上标志，然后对开挖区进行摄影，在立体坐标量测仪上量测各标志点的坐标，以此做放样控制点，在此像对上量测开挖断面坡顶点位置，将这些坡顶点刺在放大像片上。放样时只需带像片和皮尺，就可根据标志点把坡顶点放到实地上，节省了外业劳动。

第四节 工程变形观测

水电工程建设中，为了深入研究建筑物的实际应用状况，变形观测被认为是最真实的行之有效的手段。变形观测分为两类：一是内部观测，即在建筑物中埋设或安装观测仪器，用来测量各种物理量（包括应力、应变、渗压、土压、裂隙、温度等），主要使用的是差动电阻式遥测仪器；二是外部观测，即用大地测量方法观测建筑物的动态，同时，一部分内部观测基准点的稳定性也要由外部观测去监测，是工程变形观测的重要组成部分。

50年代初期，对变形观测不太注意，以后才引起重视。例如：山西省潇河大坝于1951年建成，混凝土滚水坝高3.35米，长347.2米，分23个坝段，未进行观测。1962年汛期，被冲毁8个坝段长122.2米。1964年修复，才埋设观测标志，每年定期观测。陕西省冯家山水库，1972年基本建成，1974年3月蓄水，土坝高73米，坝顶长282米，设有57个坝面变形观测点，经观测发现坝体横向变形趋向下游，河床坝段中部迎水面向下游最大水平位移21毫米，坝顶向下游水平位移38毫米，而背水坡向下游水平位移59毫米；坝顶最大沉降量100毫米。这些观测数据为工程及时处理提供了资料。三门峡大坝的变形观测，由三门峡工程局技术处测量队承担。水平位移采用二等三角和视准线相结合方法施测，沉降位移用精密水准观测，从1960年8月开始到1964年底3年多的观测资料表明：水平位移趋向下游2毫米，沉降位移在大坝浇筑期变化剧烈，观测点在6个月中最大沉降值5.5毫米，1961年初大坝浇筑到353米高程后，逐渐趋于稳定状态，沉降最大的一点2年多的时间仅沉降2.1毫米，说明大坝逐渐趋于稳定状态。由此可见，水利枢纽工程的变形观测是非常必要的，它可及时掌握工程的动态，为工程采取安全措施提供准确的资料。现将刘家峡和渠村两工程的变形观测简介如下：

一、刘家峡主坝外部变形观测

刘家峡大坝由河床混凝土主坝、左右岸混凝土副坝、溢洪道和黄土副坝组成，全长840米。坝顶高程1739米，水库正常高水位1735米，校核洪水位1738米。混凝土主坝最大坝高147米，坝顶长204米，分10个坝段，1966年

4 月—1969 年 4 月浇筑完成混凝土主坝、副坝和黄土副坝，都有外部变形观测项目。主坝变形观测情况如下：

观测工作由刘家峡水电厂测量队和华东水利学院河川系承担，观测设备布置见图 1—27。

观测项目：水平位移有坝顶、1715（高程）廊道、1660（高程）廊道；沉降位移有坝顶和 1631（高程）廊道。观测项目分重点观测和一般观测，重点观测每月进行 2～4 次，一般观测每月 1～2 次。

坝顶视准线法为重点观测项目，全长 853 米，共 17 个测点，左岸基点设在左坝端山头，右岸基点设在黄土副坝坝端，基点下部有 3 根钢管插入砂岩中，做为基点的稳定措施。观测时分段进行，1975 年 6 月 24 日正式开始观测。

1715 廊道水平位移设计有激光准直法、引张线法、视准线法和前方交会法 4 个观测系统。前二者为重点观测项目，后二者为一般观测项目。激光准直法因仪器故障未发挥作用，引张线全长 158.6 米，设 13 个测点，其端点分别设在 Ⅰ、Ⅸ 坝段上（端点位移由 Ⅲ、Ⅸ 坝段倒垂线观测成果推算）。于 1972 年 10 月 5 日正式启用，采用两用仪观测，仪器游标最小读数 0.1 毫米。观测误差不大于 0.2 毫米，考虑到垂线改正时的误差传递，若垂线观测误差不大于±0.2 毫米，则引张线的观测成果误差小于±0.3 毫米。1715 廊道视准线法为一般观测项目，全长 155.7 米，共 7 个测点，其观测基点也设在 Ⅰ、Ⅸ 坝段上（基点位移由倒垂线推算），于 1968 年 10 月 28 日开始正式观测，采用 DKM_3 经纬仪以滑动觇标法，对各测点进行正倒镜往返观测，其精度平均为±0.2 毫米，若垂线观测误差为±0.2 毫米，则视准线法的观测误差为±0.3 毫米。

1660 廊道视准线法和前方交会法为一般观测项目，全长 171.4 米，共 8 个测点，左岸观测基点伸入岩洞 50 余米，右岸观测基点伸入岩洞约 3 米，于 1967 年 10 月正式启用，用威特 T_3 经纬仪以小角度交会法对各监测点进行往返观测，各测 4 测回。

坝顶沉降观测为重点观测项目，路线全长 850 米，工作基点埋设在左岸坝端基岩上，于 1975 年 2 月 7 日正式启用，用 N_3 水准仪按二等精度观测。

坝基沉降观测在 1631 廊道进行，沉降点的布置按纵横排列成“田”字形 4 个闭合环。用 N_3 水准仪和 32 厘米悬挂式微型水准尺进行双转点单向观测。多年观测结果，其最弱点的观测误差为±0.6 毫米。

混凝土内部温度观测，典型断面设在主坝 Ⅵ 坝段中心剖面处，因仪器质

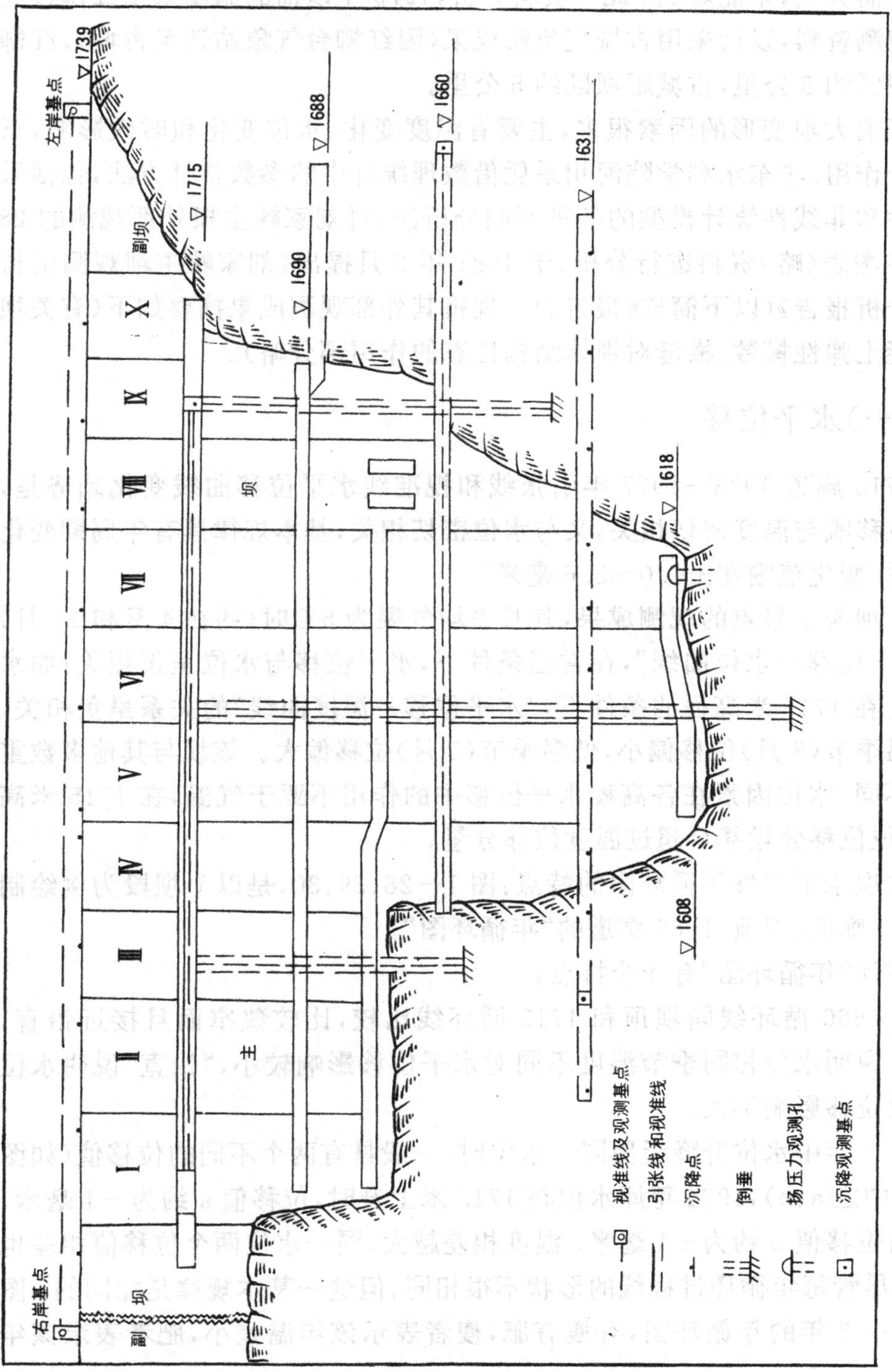

图1－27 刘家峡混凝土主坝外部观测设备布置示意图

量欠佳而失效，未能观测。此项资料分析，1975 年以前的温度采用红柳台气象站观测资料，以后采用古城气象站成果(因红柳台气象站迁至古城)。红柳台距坝区约 3 公里，古城距坝区约 5 公里。

影响大坝变形的因素很多，主要有温度变化、水位变化和时效影响，三者综合作用。华东水利学院河川系凭借数理统计中的参数估计方法，包括采用线性和非线性统计模型的各种回归分析法，对刘家峡主坝外部观测的 28 种成果图表(略)资料进行分析，于 1981 年 2 月提出《刘家峡主坝观测资料研究分析报告》(以下简称《报告》)。现将其外部观测成果摘要如下(有关坝体混凝土弹性模数、横缝对坝体结构性态的作用部分略)。

(一)水平位移

1715 廊道 1973—1977 年引张线和视准线水平位移曲线变化趋势是，水平位移既与温度密切相关，又与水位密切相关，基本规律具有年周期变化的性质，变化范围在±1.0～3.6 毫米。

Ⅴ坝段 7 号点的观测成果，其月平均气温为 5℃时(约在 4 月和 11 月)的“水平位移—水位曲线”，在常温条件下，水平位移与水位呈正相关；如水位不变在 1715 米高程的条件下，“水平位移—温度曲线”的关系呈负相关，即高温季节(8 月)位移偏小，低温季节(3 月)位移偏大。该坝与其他多数重力坝不同，水位因素在各高程水平位移中的作用不亚于气温，在 1715 米高程，水位位移分量甚至超过温度位移分量。

主坝水平位移年循环图的特点：图 1—28、29、30，是以Ⅴ坝段为例绘制的 1715 廊道、坝顶、1660 廊道的“年循环图”。

主坝“年循环图”有 4 个特点：

1.1660 循环线同坝顶和 1715 循环线比较，比较狭窄而且接近铅直，“狭窄”说明水位相同季节温度不同对水平位移影响较小，“铅直”说明水位变化对位移影响不大。

2.一年中水位升降经历同一水位时，一般具有两个不同的位移值(如图 1—28 中之 a、b)，1974 年库水位在 1715 米上升时，位移值 a 约为－1 毫米，下降时位移值 b 约为＋1 毫米。温度相差越大，同一水位两个位移值相差也越大。尽管每年循环过程线的形状不很相同，但这一基本规律是相同的。图 1—28 中 3 年的年循环图，有瘦有肥，瘦者表示该年温差小，肥者表示该年温差大。

3.“年循环图”略成菱形。每年坝体混凝土的平均温度 8 月份最高，3 月图例：坐标点旁的数字代表相应月份，a·b 为一年中同一水位的位移值。

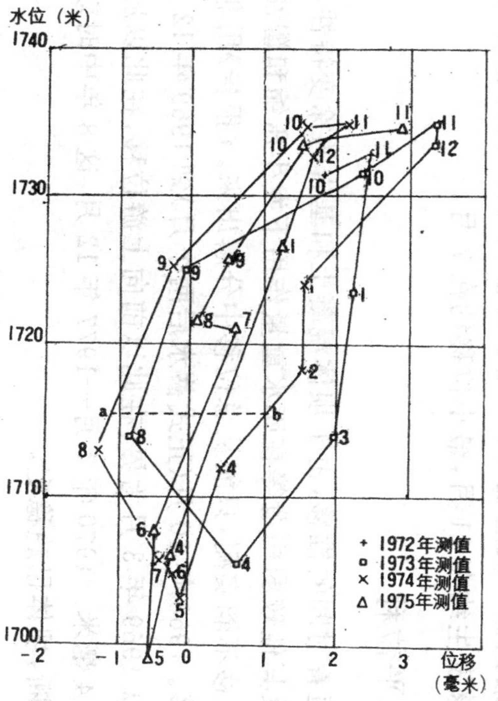

图1－28　1715 廊道 1972－1975 年

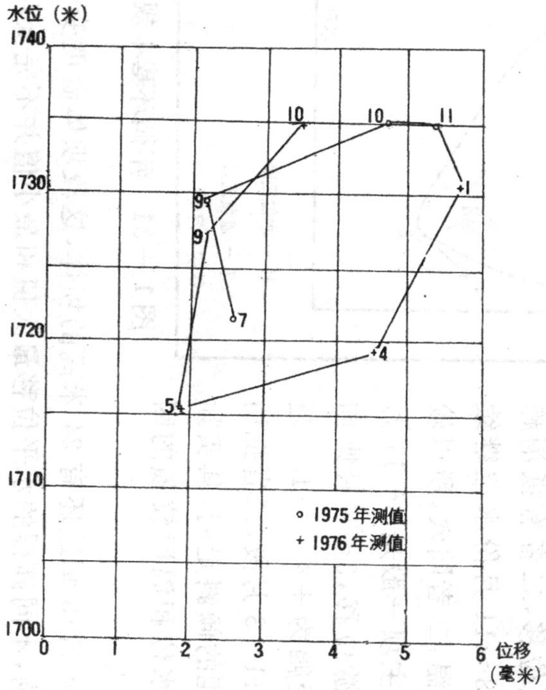

图1－29　坝顶 1975－1976 年

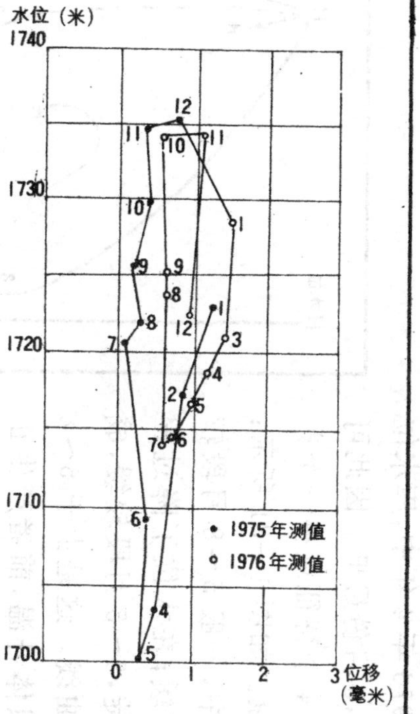

图1－30　1660 廊道 1975－1976 年

图1－28～图1－30　刘家峡混凝土主坝V 坝段廊道和坝顶位移循环图

份最低。1973—1976年4年中，库水位则在11月份最高，5月份最低。因此可利用3、5、8、11月4个特征点将一个典型循环图分成4段。如图1—31所示：在水位上升过程中，一般5～8月段较陡，8～11月段较缓；在水位下降过程中11～3月段较陡，3～5月段较缓，成为略近于菱形的曲线。这是由于5～8月份水位上升，坝体升温，前者产生正位移，后者产生负位移，二者有抵消趋势，所以较陡；而8～11月份水位继续上升，坝体开始降温，二者同效，所以较缓。因此，刘家峡主坝一般是8～11月以较大幅度向下游位移，3～5月则向上游位移；一般变幅为＋4～－1.5毫米。5～8月段和11～3月段，二者抵消结果也有两种可能的倾斜走向，其实际倾斜走向取决于水位和温度较强的因素，如图1—31箭矢。

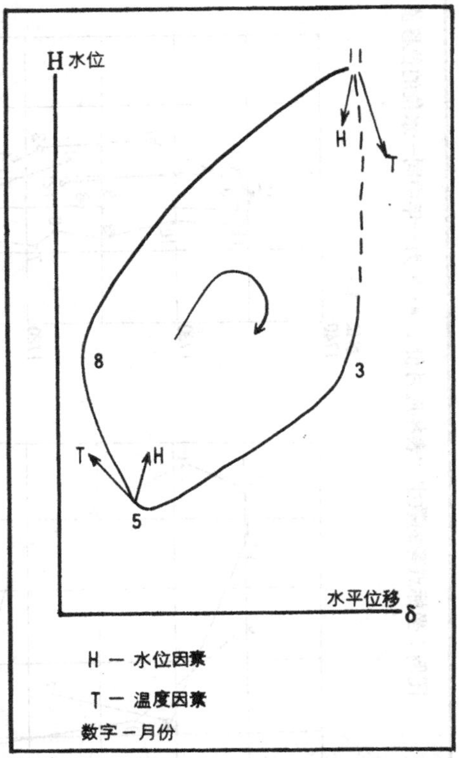

图1－31 年循环基本规律图

4.由于坝顶至1715廊道还有24米高的坝体，这段坝体温度变化对坝顶位移有较大影响，不同高程的水平位移最大值和最小值并不完全对应。以V坝段为例，坝顶最大位移发生在1月，最小位移在9月，而在相应时间内1715廊道最大位移发生约在11月，最小位移约在7月。

(二)时效水平位移

时效位移是随着时间的推移，由于坝体混凝土和基岩的徐变特性、库底地质的裂隙节理及其他较弱构造等在库水重量作用下发生压缩和塑性变形而引起的。时效位移不能实测，只能从总位移中分解出来。《报告》用非线性参数分析时效位移。1968年10月（正式蓄水后两个月）到1969年12月，V坝段的时效位移以1969年3月为界，在此以前向上游位移，在此以后向下游位移，总变幅为4毫米。1970年1月—1977年12月，这8年中时效位移已不显著，由此判断，坝体已趋稳定。

（三）沉降位移

坝顶沉降，主要由于混凝土温度变化和库水重量变化所引起，气温上升时坝顶升高，气温下降时相应降低。但气温沉降分量的大小极值均分别比气温最高月份7月、最低月份12月滞后1个月的时间，沉降变幅达6.5毫米；水位沉降分量也呈年周期变化，但其变幅甚小，在0.5～1.2毫米之间，可见水位变化对坝顶沉降影响甚微。然而其周期变化的峰和谷与库水位变动的峰和谷相应：水位高时，水位沉降分量是负值（上升）；水位低时是正值（下降）。这是由于水位上升时因水压力对坝顶部的作用使其向下游倾斜，致使坝顶上游肩（沉降观测点位置）上升，水位降低时相应降低。这也可能是由于水位上升时上游面混凝土湿涨、下降时收缩引起微小变化所致。

时效沉降比较微弱，1975年5月—1977年8月2年多的时间内累计不到2毫米。

1631坝基沉降观测值，1969—1972年各个沉降点的沉降量为1.5～3.5毫米，1972年以后基本趋于稳定。

二、渠村分洪闸变形观测

渠村分洪闸位于黄河下游软基上，设计分洪流量10000立方米每秒。分洪闸共56孔，每孔净宽12米，中墩厚1.4米，边墩宽1.2米，闸室总宽749米，闸室全长209.5米，底板长15.5米，以钢筋混凝土灌注柱作为承重和抗滑的结构措施。中墩底板下设33根基桩，桩长14～17米，桩径均为85厘米。闸前设控制堤一道，长1200米，平时保证安全，分洪时破堤开闸。

分洪闸于1976年11月开始施工，1978年6月建成。外部变形观测由水电部第十一工程局测量队承担。1977年4月至1978年10月，用蔡司Ni004和威特N_3水准仪按二等水准精度对闸室底板和闸墩各进行5次沉降观测，取得了一些观测成果；1978年9—10月在控制堤内进行三级充水试验，用威特T_2经纬仪进行6次水平位移观测，最大视距320米，未设中间工作基点，观测精度不够理想，成果中出现不规律现象。

黄委会工务处杨树林、设计院李世同对观测资料进行整理，计有十几种成果图和表。杨树林整理的主要结果是：

(一)不均匀沉降

边孔和中孔产生较大的不均匀沉降,因受边荷载作用,边孔的沉降量最大,影响范围3～4孔,第一孔影响最大,到第四孔影响不太明显,影响距离约40米。

(二)极限沉降量和沉降持续时间

从沉降过程线看,施工期间沉降量最大,随着时间的增长而沉降量递减,充水时沉降量再次突增。以闸室底板为例,充水试验前第一时段月平均沉降量为5.61毫米,第二时段为3毫米,第三时段为1.9毫米,第四时段为1.46毫米。充水试验期,水深6米时累计平均沉降量为26.19毫米,充水放空后,平均回弹量为5.52毫米。由于观测时间过短,根据沉降过程线粗估,边墩(孔)极限沉降量为160毫米,中墩(孔)极限沉降量为120毫米(李世同资料:至1981年底,边孔总沉降量为95.3～141.4毫米,中孔61.7～84.8毫米),闸室沉降持续时间约为3～4年。

(三)闸室、闸墩倾斜观测

闸室关闸充水时,闸室产生向上游倾斜,因为关闸挡水时,闸墩前端沉降量大,后端沉降量小,故闸室向上游倾斜。中墩倾斜度各闸墩基本相同,为0°5′,边墩向上游倾斜度为0°2′40″。

(四)闸墩沉降观测

充水前,边墩(孔)沉降量大,中墩(孔)沉降量小,其累计平均沉降值分别为101.60毫米和43.87毫米。充水期间中墩沉降量大,边墩沉降量小,其累计平均沉降值分别为23.72毫米和16.98毫米。充水放空后,中墩(孔)回弹量大,边墩(孔)回弹量小,其平均回弹量分别为5.60毫米和4.77毫米。

(五)闸身水平位移观测

为观测闸身水平位移,在两岸距边墩临水面30米处,各埋设一倒垂线观测设备,作为水平位移观测的起算基点,倒垂线观测仪和经纬仪设在同一个观测墩上,从充水试验开始,经过6次观测,观测墩的位移量均在1毫米以内。关闸挡水水深6米时,闸室墩顶普遍向上游移动,位移量约10毫米左右(根据李世同资料:中墩平均上移11.71毫米,最大21.3毫米,边孔为1.5

～5.93毫米)。充水结束后,虽有恢复,但倾斜仍继续发展,到1981年6月,中孔平均上移20.43毫米,边孔为4.2～8.5毫米。底板桩顶基本不动。

第五节 库区塌岸和淤积测量

库区塌岸和淤积测量,是多沙河流水库投入运用后的主要测量项目。塌岸测量的目的,主要是求出黄土陡岸由于库区蓄水,风浪拍打而滑塌的速度、坡度形状及休止角。淤积测量则是求出库区淤积量和淤积形态。从库区进出口水文站的测验,可以算出水库的淤积量,但它不包括库岸塌方,同时也无法确定库区各部位的淤积变化。因此,断面和地形测量仍是库区测量的主要手段。现分别以三门峡和巴家咀为代表简介如下:

一、三门峡水库测量

三门峡水库工程1957年4月开工,随着大坝浇筑的不断提高,库水位上升,塌岸日趋严重。1958年春建立三门峡库区水文实验总站。该站和黄委会设计院测量队配合进行多次重点塌岸段和全库区测量。

重点塌岸段测量:在建库初期,除水文实验总站的测量外,测量队于1958—1961年共测重点段10处。测量内容包括1:2000地形图、1:1000沿岸流图(即兼测沿岸的水流流向和流速),并测塌岸断面和跨河大断面。测量队所测10处重点塌岸段情况如表1—36。

库区淤积测量:1955—1956年施测水库1:1万地形图时,就进行了大断面测量,计测干流断面110个、北洛河断面68个、泾河断面4个、渭河断面96个、汾河断面20个,与地形图配合为设计阶段库容计算和水库运用期间库区淤积计算提供了基础资料。

水库蓄水运用2年多,库岸坍塌严重,原设断面桩多数遗失或塌落。1960年水文实验总站从三门峡至临猗县南赵村布设59个固定断面,控制河道长190公里 。1961年测量队负责断面控制桩座标和高程联测及岸滩(陆地)断面测量,计测设混凝土桩177个,大木桩77个,断面测量51个。断面水下部分由水文实验总站施测。第一次完成了当时全库区的断面淤积测量。

表 1—36　　　　**三门峡水库区重点塌岸段测量情况表**

重点段名称	施测时间	1：2千测图面积（平方公里）	1：1千测图面积（平方公里）	塌岸断面（个）	跨河大断面（个）
三门峡市	1958年10—11月	11.16		9	
	1960年3月		0.37	15	
	1961年6月	2.92		18	3
灵宝梅家湾	1959年	5.84			
	1961年9月			4	
大禹渡	1959年	2.24			
	1961年9月			5	1
潼(关)东	1959年	3.1			
潼(关)西	1959年4月	2.82		5	
	1960年3月		0.22	13	
	1961年5月			5	
风陵渡	1958年	5.0			
	1959年	7.3			
	1960年		0.44	9	
	1961年5—6月			9	
朝邑镇	1959年5—6月	5.5		21	
	1960年		0.33		
韩阳镇	1959年	2.84			
茅津渡	1961年5—6月				4
永乐杜村	1959年	3.6			
	1960年3—5月		0.35	15	
	1961年6月	0.7		7	2
总计		53.02	1.71	135	10

三门峡水库因库区淤积严重，1962年改为“滞洪排沙”运用，枢纽工程经增建和改建后，水库又改为“蓄清排浑”运用，蓄水高程降低。为及时了解库区淤积情况，1971年施测库区335米高程以下地形图。自大坝至永济老

城，共测1：1万图789.5平方公里，其中岸上和滩面部分由测量队施测，水下部分由水文实验总站以断面法施测，将成果交测量队成图。永济老城至禹门口段的1：1万河道图由测量队完成。

水库自“蓄清排浑”运用以后，库区淤积形态发生变化，需要再次测图。由于许多大地控制点遭到破坏或遗失，要求按低水头（340米）范围恢复和选设新三角点，并将原三角山坐标系和原大沽零点高程系分别改算为1954年北京座标系和1956年黄海高程系统，测图范围在龙门测至390米高程，渭河、北洛河及潼关以下测至340米高程。岸上及滩面由测量队航测成图，水下部分由水文实验总站和测量队共同施测。计增测三角点24个，测图面积2700平方公里，于1987年底完成。

二、巴家咀拦泥库测量

巴家咀拦泥库位于泾河支流蒲河上，东距甘肃省西峰市15公里。1951年8月黄委会测巴家咀库区和坝址图，1958年又测1：500、1：2000、1：5000坝址图。该库于1958年9月动工兴建，1962年7月建成，最大坝高58米，1964年坝前淤厚达35米。1964年12月北京治黄会议确定为拦泥实验坝，由黄委会负责进行试验，计划分8期将坝加高至100米，第一期从坝后加高8米，以后试验在淤土上加高。为配合坝体加高，测量了3个坝后蒲河河谷横断面，坝址1：2000、1：500地形图和泄洪洞进出口及电站地形图。

第一期坝体加高期间，黄委会测量队进行了沿库区横断面桩的布设，并测量了断面，计测蒲河断面43个，黑河断面18个。曾拟定以后每年的断面测量由（黄委会成立的）拦泥实验工程处施测，并进行淤土加高实验。1973年10月至1975年底，在库区淤土面上加高坝体8米（总坝高达74米）后，地方政府意见，将该库改为以发电为主，兼顾灌溉，拦泥试验停止，测量也未按计划继续进行。

1979—1980年，为了巴家咀水库增建泄洪工程的需要，黄委会设计院又施测了1：2000坝址地形图，1980年6月再次补测1：2000地形图。

第五章 测绘管理

中国的测绘管理,历史上有少量记载。民国时期,曾设陆地测量总局施行测绘管理。黄河流域各省设有陆军测地局分局或陆军测量局,有的建设部门也成立了测量队,但为数不多。中华人民共和国成立后,测绘管理机构迅速发展。黄河流域各经济建设部门纷纷组建自己的测绘力量。国测总局和总参测绘局,对黄河流域测绘管理水平的提高以及整体测绘事业的发展发挥了主导作用。两局测绘队伍是流域内国家基本测绘的主要力量。

50年代初,总参测绘局和少数经济建设部门,虽建立了测绘管理制度,但均属内部纵向管理。1956年,国务院设立国测总局,负责领导和管理全国测绘事业。1958—1961年黄河流域各省(区)成立测绘管理机构,加强本地区的测绘管理。

国测总局设立后,会同总参测绘局,对全国基本测绘进行规划,拟定大地测量法式和地形图测绘基本原则,编写、颁布全国基本测绘技术标准,建立全国测绘管理制度。国务院有关部也组织力量编写、颁发本专业全国统一测绘规范。在贯彻以上测绘法规的基础上,黄河流域逐步形成了以国家管理制度为主、经济建设部门管理制度为辅的统一测绘管理体制。1958年以来,流域内各省(区)的测绘管理机构在经济建设部门的配合下,认真贯彻测绘技术、计划、测量标志和资料档案等具体管理制度,并在实施过程中,经过数次补充和修改,使之日益完善。

第一节 测绘机构

古籍《尚书·尧典》载有:“乃命羲和,钦若昊天,历象日月星辰,敬授人时。”《周礼·夏官篇》有:“取方氏掌天下之图以掌天下之地。”《地官篇》有:“大司徒掌建邦土地之图”。说明中国古代就设有掌管天文和地图的官职。以后历代王朝多设有专管测绘的机构。民国时期,曾设陆地测量总局和各省陆地测量局。

50年代初期，为了国防和经济建设的需要，黄河流域建成测绘机构数百个。1950年建立军委作战部测量局，1952年改为总参测绘局；1954年地质部成立测绘局；1956年成立国家测绘总局。这3个局又在黄河流域各省（区）设立了下属单位。另外，流域内的水利水电系统、城市建设系统、煤田地质系统、交通铁路系统等，都设置了本部门的测绘专业机构。现将与治黄关系密切的测绘机构分述如下：

一、流域、地域性机构

（一）顺直水利委员会

黄河流域较早进行大规模水利测量的是顺直水委会。民国6年（1917年），直隶省（今河北省）霖雨为灾，天津城厢租界多处受淹。北洋政府派熊希龄负责京畿一带水灾河工善后处理，熊在天津召开有关沿河单位参加的河务会议，商讨整治计划。为适应河工测量需要，在天津设测量处。民国7年3月20日，顺直水委会正式成立，由熊希龄任会长，测量处隶属顺直水委会。民国17年10月，顺直水委会改组为华北水委会，李仪祉任第一任委员长。该会曾4次测量黄河下游。

（二）淮河水利委员会

1912年成立江淮水利测量局，1914年改称导淮测量处，有测量人员100多人。1929年改称导淮委员会，1930—1937年有4个测量队，主要测淮河下游河道和灌区。1947年改为淮河水利工程总局。1950年成立治淮委员会，下设一个精密水准队、两个控制队、11个地形队、5个机动队，测绘人员2500多人，开展西至大别山麓、北至黄河、东至黄海之滨大面积测量工作。1958年7月治淮委员会撤销。70年代后期重建治淮委员会之后，至今未组建测量队。

（三）黄河水利委员会

民国初至22年（1933年），治黄机构有冀、鲁、豫3省河务局。其测绘机构有：山东河务局于民国7年（1918年）成立测量组，河南河务局于民国8年成立测量处。民国16年（1927年）测量仪器遭北洋溃军抢掠，测量工作暂停。1935年再次组建沁河测量队。

民国22年5月，国民政府在南京筹建黄河水利委员会。同年9月1日黄委会在开封成立。委员长李仪祉以高薪聘挪威人安立森(SIG·Eliassen)为工务处工程师和测量组主任,负责测绘工作。李仪祉先后派许心武、安立森赴天津,与华北水委会商洽征聘经验丰富的工程师并借用测量仪器,得到华北水委会的赞助。同年成立第一、第二、第三测量队和导渭工程处测量队,均隶属工务处。民国23年成立黄河上游水利地质勘测队和第一、第二精密水准队,次年成立咸(阳)潼(关)精密水准队、设计测量队和绥远黄河测量队,民国25年成立第四测量队,职工共500人左右。

民国27年(1938年),日军进逼开封,黄委会迁西安,各测量队改组。民国28年成立(花园口)黄河泛区测量队。同年黄委会奉命兼办"贵州、四川两省赤水河航运工程"和"勘测设计疏浚四川青衣江、大渡河航道"任务。又先后组成赤水河第一、第二设计测量队,川甘水道第一、第二设计测量队和青衣江设计勘测队,支援云、贵、川水利工程测量。民国29年成立伊洛河第一、第二设计测量队。民国30年川甘水道第一、第二设计测量队改组为上游第一、第二勘测设计队。民国31年,云、贵军事告急,赤水河第一、第二设计测量队调回兰州,分配到洮河工务所和湟水工务所,隶属上游工程处。民国31年,各测量队按全国统一编号改为第十一至第十五测量队,导渭工程处测量队改为第二一一测量队。民国34年建立精密水准队和宁夏工程总队(次年改为宁绥工程总队),历任总队长严恺、闫树楠,历任副总队长闫树楠、孙致祜,下设4个分队。民国35年,洮河和湟水工务所改编为第十七、第十八测量队,在下游成立第十六测量队。并将第十一至第十八测量队和第二一一测量队陆续调黄泛区,组成黄泛区第一至第五测量队,原测量队番号仍保留。民国36年6月黄委会改为黄河水利工程局(后称总局)。

民国37年(1948年)6月开封第一次解放后,黄河水利工程总局各测量队相继疏散,第十五、十六和第十二测量队分别迁至福建、浙江和青海、甘肃,支援当地水利测量;8月,黄河水利工程总局及其所属第十一、十三、十七、十八测量队南迁,其中第十一队途中留南京,其余三队随局于民国38年秋到达重庆北碚,合并到长江工程总局。宁绥工程总队于民国37年10月从绥远迁兰州。以上各队都在当地解放后,由1949年6月华北、华东、中原三解放区联合召开的济南治黄会议决议成立的黄委会派员接收,陆续回到开封,重新进行组织。

冀鲁豫解放区黄河水利委员会和渤海解放区的山东黄河河务局,自1946年成立以后,均抽调学生组成青年测量队,担负下游复堤施工测量。1948年10月开封第二次解放后,冀鲁豫黄河水利委员会接管黄河水利工程总局，设立开封办事处，并成立一个临时测量队，测绘险工地图和支援中国人民解放军南下的架桥任务。

1949年6月，经过半年的筹备，华北、华东、中原三大区在济南召开会议，决定成立统一的黄河水利委员会，7月1日在开封正式办公。1950年1月，根据政务院水字1号令，黄河水利委员会改为流域性机构。

黄委会的测量组织分两种类型：(1)河务局或工程局领导的测量队，主要为下游修防及中游水土保持服务；(2)黄委会及设计院直接领导的测量队，为治黄各专业服务兼顾国家规划的任务，是治黄测量主力。

山东黄河河务局测量队，初建于1946年，至1949年为60人，1950年夏缩编为50人，1956年增至100人，1957年6月分出部分人员另组河道观测队，测量队缩编为40人。1958年划归位山工程局领导，第二年又回归河务局。1969年河道观测队与测量队合并，改名为“五七总队三连”，共65人。1972—1975年撤销队级，保留测量组，隶属黄河济南水文总站，共19人。1976年恢复测量队，编制45人，归局工务处领导。1980年以后归局规划设计室领导，编制36人。

平原黄河河务局测量队，于1949年7月由原冀鲁豫黄委会测量队改组而成，共49人，1952年12月随平原黄河河务局建制一并撤销。

河南黄河河务局测量队，于1953年初由原平原黄河河务局测量队部分人员组成，40人。1970年精简留22人，与黄委会水文处河床测验队合并，称测量队，共59人。1981年增加钻探任务改称勘测队，1983年增至114人。

西北黄河工程局测量队，初建于1950年，50人，1961年撤销。

黄委会及设计院直属测量机构的组建及沿革情况是：

1949年9月组成黄委会第一测量队，12月成立引黄灌溉济卫工程测量队，共127人。1950年2月成立测量总队，总队长闫树楠。同年撤销引黄济卫工程测量队，先后成立第二、第三、第四、第五测量队和精密水准队。8月，测量总队撤销，成立测验处，历任处长王子平、张少耕，历任副处长闫树楠、张崇德、王平。测验处负责水文测验、泥沙研究和测绘等业务。处下设测绘科，5个地形队，1个精密水准队，1952年增加第二精密水准队，同年又增加第三、第四精密水准队，1953年4个精密水准队合并为1个精密水准队。

1954年为了适应黄委会开展黄河流域天文大地等测量工作的需要，水利部于1953年10月调长委会1个测量队，1954年1月调第六、第七测量队的技术干部，1954年4月又调第三、第五测量队，从而增强了黄委会的测量力量。1954年黄委会对测量力量统一进行建队，外业队按专业分三角第

一、第二、第三、第四、第五测量队,水准第一、第二测量队,地形第一、第二、第三测量队和天文观测、基线查勘两个组,连同测量工作检查队和供应站,总共800多人。1954年5月,在三门峡建立潼(关)孟(津)段勘测工作办事处。6月,为了三门峡坝址测图,调集水电总局第一测量队、兰州水电工程筹备处测量队和黄委会地形第三测量队,组成坝址测量队。1954年下半年为开展三门峡库区大地测量,除集中4个三角测量队外,山东、河南黄河河务局亦派测量技术人员支援。

1954年10月,黄委会成立测量总队,总队长王平,历任副总队长虞夫、王省三、李怀亭,总队设技术科、秘书科、人事科、财务科,总人数1035人。1955年水利部从淮委会及山东、河南、陕西等水利厅抽调技术力量支援三门峡库区测图,增加了地形第四、第五、第六、第七、第八、第九测量队,总人数达1700多人。同年,为迎接黄土高原大面积地形测量任务,黄委会派黄淦、唐锡麟2人在计划处处长韩培诚带领下,赴北京筹备航空摄影测量。水利部除派航测专家古振今帮助订购仪器外,又从黄委会、长委会、淮委会等单位抽调60名青年技术人员到上海同济大学学习航测,并派古振今、赵汝龙、唐志伟、刘恒炳4人前往任教。冬季,总队又派7名技术干部到总参测绘局航测队见习。

1956年,测量队按专业进一步调整,组成三角第一、第二、第三测量队(分别承担选点、造标、观测工作),天文基线队,地形第一、第二、第三测量队和精密水准队,并成立航测制图室。在开封设航训班。同年秋,向德意志民主共和国蔡司厂和苏联订购的航测仪器到货,主要有立体量测仪、立体坐标仪、C_5精密立体测图仪、1318摄影经纬仪、1318自动测图仪、多倍投影仪、纠正仪、直角坐标仪等共30多台。

1956年,黄河勘测设计院成立,黄委会撤销测验处和测量总队。设计院下设测绘处,设计院副总工程师闫树楠分管勘测工作。历任测绘处处长王省三,历任副处长王省三、张子明、李怀亭、郑光训、胡斌、陈圣学,历任处工程师古振今、肖少彤、李凤岐、黄淦。处下设秘书科、技术室、验收组、航测室和各外业队。

1959年三角和水准测量基本结束,外业队改为第一、第二、第三、第四测量队。由于开展南水北调勘测工作,第一、第二测量队与规划设计、地质人员共同组成7个勘测设计队。测量专业只保留第三、第四两个测量队。

1963年1月,设计院撤销,测绘处归黄委会直接领导,古振今、肖少彤、李凤岐由处工程师改称主任工程师。

“文化大革命”期间，1967年12月成立黄委会革命委员会，测绘处改为“测绘系统革命委员会”。原测绘处机关和航测室改为测绘连。1969年冬，黄委会精简机构，建立黄委会规划大队，负责勘测设计工作，大量测绘人员被下放基层、农村劳动锻炼，内外业暂时保留182人。1972年成立测绘队，历任队长郭国材、李怀亭，副队长苏平、王明惠、徐永修、赵国元、徐继云，队工程师李兴群。队下设办事组、生产组和政工组，取消外业队和航测室建制，测绘队直接领导内外业13个组。

1978年，恢复黄委会勘测规划设计院，重建黄委会设计院测绘总队，设计院副总工程师李凤岐分管测绘工作。历任总队长郑光训、张民权，副总队长苏平、张民权、张守先，主任工程师肖少彤、宋佛山。总队下设政工、秘书、技术、行政4个科，并恢复队、室建制，成立第一、第二测量队、航测室和测量仪器修配厂。

1983年3月，测绘总队撤销，在郑州建立测绘处，主管测绘内外业的生产计划和技术业务工作并领导航测室；在开封成立测绘大队，领导驻开封的两个外业队和测绘后勤工作。测绘处处长张民权，副处长张守先、鲁炎欣，主任工程师宋佛山、吴叔骏，处下设秘书科、技术科和航测室；测绘大队大队长鲁炎欣(兼)，下设技术、政工、行政3个科和第一、第二两个测量队。

1985年1月，恢复测绘总队，总队长张民权，副总队长张守先、鲁炎欣，总工程师宋佛山，主任工程师吴叔骏。总队设计划经营科、办公室、技术科，原航测室改为航测制图队，测绘大队归总队领导，下设4个组(股)和7个中队，取消第一、第二测量队建制。

1987年3月4日，根据党政分开的精神，张民权任专职中共总队书记，张守先任总队长。4月，宋万熙任工会主席。1988年6月，梅家声、吴叔骏、吴淮3人任总队副总工程师。

测绘总队(处)历年职工人数见表1—37。

表1—37 **黄委会设计院测绘总队(处)历年职工人数表**

年份	人数	年份	人数	年份	人数	年份	人数	年份	人数
1949	127	1951	283	1953	398	1954下半年	1035	1955①	1328
1950	258	1952	296	1954上半年	803	1955	1243	1955②	1700

续表 1—37

年份	人数	年份	人数	年份	人数	年份	人数	年份	人数
1956	1101	1963	356	1969 下放后	182	1976	298	1983	421
1957	1306	1964	312	1970	223	1977	350	1984 年底	398
1958	958	1965	352	1971	227	1978	389	1985 年底	396
1959	769	1966	349	1972	236	1979	360	1986	395
1960		1967	360	1973	237	1980	418	1987	393
1961	443	1968	360	1974	228	1981	443	1988	382
1962	378	1969 下放前	232	1975	272	1982	440	1989	367

注：凡未指明为特征值的，均为该时间区间的平均值（因人数在不断增减，取用平均数）；①为 1955 年测绘总队不包括其他单位支援人数的最高数；②为 1955 年测绘总队包括其他单位支援人数在内的人数；

（四）水电部西北勘测设计院

中华人民共和国建立前，资源委员会全国水电工程总处设有兰州水电勘测筹备处，1949 年 8 月兰州解放后，由甘肃省工业厅接收，有测量人员十数人，1953 年划归水电总局领导，改名“兰州水电工程筹备处”，并组成百人的测量队与水电总局第二测量队共同工作，为龙羊峡至青铜峡河段的开发进行测量工作。1954 年支援三门峡坝址测量，次年被编为黄委会地形第五测量队，1955 年冬回到兰州，组成刘家峡测量队，共 300 人。同年成立兰州水力发电勘测设计院。1956 年初，于刘家峡成立勘测总队，总人数达 2000 人。院机关设测绘科，外业分为第一、第二两个测量队，1957 年第一、第二测量队更名为 201、202 测量队，同时又组成黑山峡测量队，总人数 500 人。

1958 年，水利、电力两部合并，兰州水力发电勘测设计院改为水电部西北勘测设计院，负责西北 5 省（区）水利水电勘测设计工作。测量队分为 201、202、203、204 计 4 个测量队，归院勘测处领导。1960 年甘、青两省因经济困难，西北院紧缩编制，只留一个 160 人的测量队，为了解决测量人员生活困难,大批派往新疆,小部分派往陕西支援地方测量。1963 年开始重建,1964 年发展到 200 人。1969 年后半年,西北院撤销,测量人员全部下放。

1978 年末,在西安重建西北院,院下设勘测总队,总队下属 170 人的测量队,1985 年底发展到 210 人。

二、各省(区)测绘机构

(一)国测总局系统测绘机构

50 年代后期,各省(区)地质局成立测绘管理处,1964 年前后,测绘管理处改归国测总局领导。1969 年国测总局撤销后,又下放到地方。1974 年 5 月国测总局恢复后,各省(区)相继建立测绘局。各省(区)测绘局有两大任务,一是代表省(区)人民政府行使政府职能,加强对省(区)测绘工作的管理;二是负责组织实施全省(区)的基本测绘生产,并建立自身的测绘队伍。

四川省测绘局:1975 年成立,总人数一直保持在 1600 人左右,负责西南地区测绘任务和全国性大地测量。

青海省测绘局:1974 年成立,总人数保持在 500 人左右。

甘肃省测绘局:1974 年成立,1984 年底人数 576 人。

宁夏回族自治区测绘局:1974 年建立测绘处,1978 年改称测绘局,一直保持 350 人左右。

内蒙古自治区测绘局:1960 年成立由内蒙古计委领导的测绘局,共 263 人。1964 年 3 月改为测绘管理处,隶属国测总局。1969 年下放,保留 40 人。1973 年 11 月重建自治区测绘局,一直保持 830 人左右。

陕西省测绘局:1958 年 1 月,国测总局接收地质部测绘局所属西安各单位,成立西安分局,职工 3949 人,负责中原、西北、西南地区的测绘工作。1961 年改称国测第一分局,1969 年国测第一分局撤销,保留 117 人。1970 年改为陕西省测绘队。1973 年 8 月成立陕西省测绘局,负责中原、西北地区测绘任务和全国性大地测量以及各种测量规范的编制,总人数 2600 多人。

山西省测绘局:1974 年 11 月成立,职工人数 400 多人。

河南省测绘局:1973 年 11 月成立,人数 300 人,1985 年发展到 650 多人。

山东省测绘局:1973 年 12 月成立,编制 500 人,1985 年发展为 670 多人。

(二)水利水电系统测绘机构

四川省水利设计院测量队:1963 年成立 3 个测量队,120 多人,机构及人员一直保持稳定。1975 年后陆续增加,1985 年有两个队,共 180 多人。

青海省水利设计院测量队:50 年代发展到 3 个队,共 200 人,1960 年精简为一个队,人员精简一半,1961 年又改为两个队。1970 年人员下放,只留 30 人,以后一直保持一个队,30～40 人。

甘肃省水利设计院测量队:1975 年成立,测量人员 181 人,分 3 个分队,分别隶属于院下的 3 个勘测设计工作队。到 1985 年仍保持这个建制。

宁夏回族自治区水利设计院测量队:1954 年前曾有一个临时测量队,1954 年 7 月随宁夏省建制撤销,并入甘肃省农林厅银川水利分局,正式成立测量队,编制 50 人。1956 年水利部支援 4 个队,组成青铜峡灌溉工程勘测处,连同水利分局测量队共 5 个队,250 多人。1957 年调出两个队。1958 年 10 月,宁夏回族自治区成立,由天津和黄委会调进两个队,恢复到 5 个队。1959 年下半年精简两个队,测绘人员剩 100 人,1961 年再次精简,与地质队合并,测绘人员 50 人。1969 年测绘、地质分开,保留 50 多人的一个队,1975 年后又发展为 80 多人。

内蒙古自治区水利设计院测量队:1954 年内蒙古和绥远省合并时,原绥远水利局有 3 个测量队,原内蒙古水利局有一个测量队,共 167 人。1956 年成立设计院,建立勘测总队,包括水利部支援的天津第二、第六测量队共 6 个测量队,300 多人。1963 年精简人员,保留一个队 60 多人,1977 年增加到 80 多人,1985 年发展到 120 人。

陕西省水利设计院测量队:1952 年成立两个队,共 60 多人,1959 年发展到 160 人,1960 年精简为 100 人。1978 年成立测量总队,共 160 人,直到 1985 年无大变化。

山西省水利设计院测量队:1949 年有 42 人,1953 年组成 5 个队共 118 人,1958 年精简为 38 人。1959 年采用航测技术,人员增加到 40 多人,1966—1975 年调出和下放 10 多人,1977 年又发展到 80 多人。

河南省水利设计院测量队:1957 年人数 400 多人,1958 年精简一半,后稍有增加,1970 年缩编为 100 人,1976 年采用航测技术,1983 年末改为勘测总队,总人数 116 人。

山东省水利设计院测量队:50 年代人数最多达 519 人,分 8 个队,1960 年精简后不到 100 人,1970 年只剩 32 人,1983 年恢复到 89 人。

此外,还有水电部的第十一、第十三、第四工程局,都有一定测量实力。

(三)其他系统测绘机构

各省(区)地质局测量队建立较早,实力雄厚,有的建立了航测专业。各省煤田地质局、煤矿设计院也有一定外业航测力量。煤炭工业部航测大队于1965年在西安成立,担负着全国煤炭航测内业工作,1976年后引进各种航测新仪器40多台,在编职工770多人,1985年改称为煤炭工业部航测遥感公司。各省地震局、城市勘测设计院、交通厅勘测设计院、长庆油田、银川石油勘探局、胜利油田、中原油田、郑州铁路复测队等,均有自己的专业测绘力量,为黄河流域测绘作出了贡献。

第二节 技术管理

测绘技术管理,主要包括:制定和推行技术标准、审核技术设计、进行技术指导、施行质量控制和质量检验等。中华人民共和国建立后,黄河流域的测绘技术管理逐步建立和健全。各主要测绘管理单位(县级以上)设置技术管理负责人(如处工程师、总工程师等)和机构(如生产技术处、科)。直接生产的测量队,由一名队长或队工程师负责技术管理,并设内业组或技术组协助工作。健全的技术管理体制,保证了流域中测绘技术管理的正常开展。

一、技术标准

中华人民共和国建立初期,国家和部门尚未制定统一的技术标准。除总参测绘局系统外,在黄河流域工作的测绘单位,在技术标准方面各有一套,有的沿用民国时期的测量规范,如黄委会当时沿用民国23年(1934年)制定的《黄河水利委员会测量规范》(英文本);有的临时制定简单的技术要求。由于水平控制和高程系统紊乱,质量不佳,成果、成图常无法通用和拼接。

1952年后,总参测绘局陆续翻译出版苏联的测量细则、规范。从1954年起,黄河流域的国家天文大地网测量和规模较大的地形测绘,一般改按苏联技术标准作业。黄委会的精密水准测量,改为采用水利部1954年制定的《精密水准测量细则》。

从50年代后期开始,国测总局、总参测绘局陆续制定并颁布中国国家统一测绘技术标准，其中包括确立国家大地测量和基本图测绘基本标准的《大地测量法式》和《地形图测绘基本原则》，以及三角、基线、天文、水准、重力、光速测距、国家基本图等方面的细则、规范和图式等，并在经过一段时间的实践后，结合技术发展，及时进行补充和修改，使其更加完善。

随着国家统一测绘技术标准的制定，有关国家经济建设部门也制定了本部门的统一技术标准，要求下属各部门的测绘单位对承担的国家基本测绘项目，严格按国家统一技术标准作业。对仅要求满足本专业需要的测绘项目，可按本专业统一技术标准作业。由于要求特殊，国家和专业技术标准均不能满足的，可自制技术要求，加以补充。这种以国家统一技术标准为基础，以专业技术标准作补充的测绘技术标准体系，是 30 多年来黄河流域测绘成果、成图质量的可靠保障。1954 年至 80 年代末，黄河流域测绘工作中执行的细则、规范及其颁发部门、时间收录于表 1—38 中。

表 1—38 **黄河流域执行测绘规范细则表（1954 年以来）**

作业内容	规范细则名称	颁发部门	颁布时间
天文基线三角重力测量	苏联 1942 年《一、二、三、四等天文测量细则》		
	苏联 1939 年《一等三角测量细则》		
	苏联 1939 年《二等三角基本锁测量细则》		
	苏联 1940 年《一、二等基线测量细则》		
	苏联 1943 年《二、三、四等三角测量细则》		
	苏联 1955 年《一、二、三、四等三角测量细则》		
	《一、二等基线测量细则》	国测总局、总参测绘局	1958 年 10 月
	《一、二、三、四等三角测量细则》	同 上	1958 年 10 月
	《中华人民共和国大地测量法式》	同 上	1959 年 9 月
	《一等天文测量细则（草案）》	同 上	1963 年 10 月
	《一、二、三、四等三角测量细则（修订本）》	同 上	1964 年 3 月
	《二、三、四等天文测量细则（草案）》	同 上	1965 年 5 月
	《光速测距仪作业细则（草案）》	国测总局	1965 年 5 月
	《大地重力测量细则》	国测总局	1965 年 5 月
	《一等天文测量细则（草稿）》	总参测绘局	1970 年
	《国家三角测量和精密导线测量规范》	同 上	1972 年
	《国家三角测量和精密导线测量规范》	国测总局	1974 年 6 月
	《国家一等重力规范》	国家测绘局、国家标准局	1987 年 10 月

续表 1—38

作业内容	规范细则名称	颁发部门	颁布时间
高程测量	《精密水准测量规程》	华东水利部	1951 年
	苏联 1950 年《三、四等水准和经纬仪高程导线测量规范》		
	苏联 1939 年《二等水准测量细则》		
	苏联 1943 年《一等水准测量细则》		
	《精密水准测量细则》	水利部	1954 年
	《一、二、三、四等水准测量细则附高程导线测量》	国测总局、总参测绘局	1958 年
	《国家水准测量规范》	国测总局	1974 年 6 月
国家基本图测绘	苏联 1938 年《大比例尺测量规范》		
	苏联 1943 年《平板仪测量规范》		
	苏联 1954 年《地形测量规范第二部航测综合法》		
	苏联 1955 年《平板仪测量规范》		
	苏联 1957 年《1：1 万和 1：2.5 万比例尺地形测量规范》		
	《1：2.5 万、1：5 万、1：10 万比例尺地形图航空摄影测量外业规范》	国测总局、总参测绘局	1958 年 4 月
	《1：1 万、1：2.5 万、1：5 万、1：10 万比例尺地形图测绘基本原则(草稿)》	同 上	1959 年 6 月
	《1：2.5 万、1：5 万、1：10 万比例尺地形图航空摄影测量内业规范》	同 上	1960 年
	《1：1 万、1：2.5 万、1：5 万、1：10 万比例尺地形图平板仪测量规范》	同 上	1959 年
	《地形测量规范》	国测总局	1959 年
	《1：1 万比例尺地形图航空摄影测量外业规范(草案)》	国测总局、总参测绘局	1961 年 12 月
	《1：1 万比例尺地形图航空摄影测量内业规范》	同 上	1962 年 10 月
	《平板仪规范》	同 上	1961 年

续表 1—38

作业内容	规范细则名称	颁发部门	颁布时间
国家基本图测绘	《1∶1千、1∶2千、1∶5千地形图测量规范(草案)》	国测总局、总参测绘局	1964年
	《1∶2.5万、1∶5万、1∶10万航测外业规范》	总参测绘局	1972年9月
	《1∶1万比例尺地形图航空摄影测量外业规范》	国测总局	1974年10月
	《1∶1万比例尺地形图航空摄影测量内业规范》	同　上	1974年
	《1∶1万比例尺地形图平板仪测量规范》	同　上	1974年
	《1∶5千、1∶1万比例尺地形图平板仪测量规范》	同　上	1977年
	《1∶5千、1∶1万比例尺地形图航空摄影测量外业规范》	同　上	1981年
	《1∶5千、1∶1万比例尺地形图航空摄影测量内业规范》	同　上	1981年
专业测量	《城市测量规范》	城市建设部	1955年
	《大比例尺规范》	黄委会	1956年
	《大比例尺测量规范(草案)》	地质部	1956年
	《测量技术规范》	冶金部	1956年
	《水利水电测量工作基本要求》	水电部	1959年
	《城市测量规范》	城市建设部	1959年
	《大比例尺地形图测量规范(初稿)》	地质部	1959年
	《1∶2千、1∶5千地形规范》	国测总局	1961年
	《水利水电工程测量基本技术规范》	水电部	1964年
	《水利水电规划设计阶段地形测量规范》	同　上	1964年
	《冶金测量规范》	冶金部	1964年
	《1∶1千、1∶2千、1∶5千比例尺地形地质勘探工程测量规范》	地质总局	1976年
	《1∶1千、1∶2千、1∶5千比例尺地形地质勘探工程测量规范》	国测总局、地质总局	1978年
	《水利水电工程测量规范》	水利部、电力工业部、国测总局	1980年7月
	《水利水电工程施工测量规范》	水电部	1985年
	《城市测量规范》	城市建设环境保护部	

二、技术设计

1961年，国测总局颁发《大地地形测量技术设计与检查验收规定》，要求全国测绘部门贯彻执行。经过一定时期的实践，于1964年、1978年作过两次修改，1989年国家测绘局进行第三次修改后，仍以1978年的名称——《测绘技术设计规定》颁布施行。1961年后，黄河流域各省（区）测绘主管部门及一些大的测绘生产部门和单位，把贯彻执行《测绘技术设计规定》作为技术管理的一个重要部分，取得了好的效果。

60年代初至80年代末，黄委会测绘处及测绘总队，为使制定的技术方案切实可行，保证测绘成果、成图符合技术标准，取得好的经济效益和社会效益，坚持按"先设计后施测"的原则工作。技术设计由测绘处或测绘总队技术科负责。进行技术设计前，首先派人收集测区及其附近的已有测绘资料，经过分析、鉴定，筛选出可用部分。其次是在掌握测区已有资料的基础上组织测区查勘，查明已有水平、高程控制点标石、觇标的完好情况，弄清各种地理要素的分布、特征和地区困难类别，收集测区的气候、交通、社会治安、风俗习惯、物资供应、生活条件、农作物生长季节等方面的状况。对准备利用的已有地形图，还要查明测图后各种地理要素的变化。查勘结束后，提交查勘报告。技术设计根据上级下达任务的文件、已有测绘资料可利用情况、查勘报告和有关技术标准、生产定额和已有设备进行。设计完成后，提交技术设计书。技术设计书的主要内容包括任务概述、设计方案和技术设计图、表等。技术设计经测绘处或测绘总队有关主任工程师或总工程师审核签字，报上级主管部门批准后，作为作业的主要依据。

三、质量检查

为确保测绘工作能认真、准确地执行技术标准和技术设计，促进作业水平和测绘成果、成图质量不断提高，国家测绘专业管理部门、军事测绘管理部门和有关经济建设部门，从50年代开始制定和推行测绘工作检查、验收制度。总参测绘局，于1953年首先制定军事测绘检查、验收制度。国测总局1958年颁发《测绘工作检查验收规定》，在该局系统内部实行。地质部测绘局、黄委会于1955年也实行了自己制定的检查验收制度。50年代后期，黄河流域有关经济建设部门中的较大测绘单位，一般都建立了测绘检查验收制度，并设立检查验收机构。

推行检查验收制度的结果，严格按技术标准作业受到重视，改变了忽视质量的现象，成果成图质量迅速提高。

（一）国测总局系统的质量检验

国测总局于1958年制订《测绘工作检查验收规定》，经过一个时期的实践，进行修订后，1964年9月颁发《测绘工作检查验收规定（试行本）》。1964年至1966年，该局在黄河流域工作的部门或单位，均按此规定进行质量检验工作。

技术检查，分测前检查、中间检查和验收检查。测前检查，是指生产开始前对业务技术准备工作的检查，目的在于事先发现和消除可能导致损害测绘成果、成图质量的各种因素。中间检查，是指生产过程中的经常性检查，目的在于及时发现和纠正不正确的作业方法与损害质量的行为，并帮助作业员解决技术方面的问题，以保证生产的顺利进行。验收检查，是对各工种、工序完成的成果、成图进行室内或室外检查，目的在于了解成果成图的最后质量。中间检查贯彻于生产的全过程。结合测绘生产机构的组织状况，60年代前期，国测总局系统的中间检查一般分四级：一级检查，是作业组自查；二级检查，是分队对作业组的检查；三级检查，是大队对分队的检查；四级检查，是分局对大队的检查。各级检查人员在执行任务时，深入生产第一线，通过观察作业、检查记录、设站检测、巡视对图和察看新设测量标志等途径，力争把损害质量的问题发现并解决在萌芽状态。

验收工作，分为分队、大队、分局3个级别：一级验收，是分队对作业员或作业组所交成果、成图的验收，目的在于通过详查和整理，及时处理所发现的问题，并通过对成果、成图的统计、分析，作出初步质量评定；二级验收，是大队对分队所交成果、成图的验收，目的在于了解分队所交成果、成图的质量状况，及时处理所发现的问题，并审核分队所交统计数据和质量评定资料；三级验收，是分局对大队所交成果成图的验收，目的在于通过抽查和处理所发现的质量问题，对大队的质量评定进行审核，作出最后质量评定。各级验收中的质量评定，按既定标准划分为“优”、“良”、“可”3个等级。

经过约两年的实践，国测总局对1964年9月颁发的《测绘工作检查验收规定（试行本）》进行修订，并于1966年颁发《测绘成果成图检查验收规定（草案）》。1973年国测总局重建后，又着手对1966年的《测绘成果成图检查验收规定（草案）》进行修订，于1978年颁发了《测绘成果成图检查验收规定》,同时通知:1966年的规定停止使用。1967年到80年代末,国测总局在黄河流域工作的部门和单位,先后执行了这两个规定。由于组织机构的变更,1973年后改变以前实行的四级检查三级验收为三级检查两级验收。第一级验收由队进行,第二级验收由省(区)测绘局主持。

(二)总参测绘局系统的质量检验

总参测绘局及北京、济南、兰州三大军区的测绘大队,在黄河流域作了大量测绘工作,1958年以前执行总参测绘局的质量检验制度,以后采用全国统一的或总参测绘局制订的检验制度。实行作业组(或中队)、队、大队三级检查和队、大队两级验收。

(三)经济建设部门的质量检验

50年代中期和后期,流域内各经济建设部门的测绘工作,先后实行了检查验收制度。各部门制定的检查验收制度内容大同小异,与总参测绘局和国测总局的制度比较接近。但由于测绘队伍组织机构不同,实行的检查验收级数不尽一致:作业组以上设队、处(或总队)两级机构的部门,实行三级检查(作业组自查、队对作业组的检查、处或总队对队的检查)、两级验收(队对作业组的成果、成图验收和处或总队对队的成果、成图验收);作业组以上仅设队一级机构的单位实行两级检查一级验收。

30多年来,各系统、各部门都认真实行测绘质量检查验收制度,测绘技术标准得以切实贯彻,取得了好的成果和成图质量,满足了各经济建设部门用图的要求。

黄委会测量总队于1954年秋成立后,吸取国内、外经验,决定建立质量检查验收制度。当年就在总队技术科设置检查验收组,由10多人组成,冬季便开始了黄土高原区和三门峡水库区大地测量成果的验收。1955年,各队开始加强内业组的力量,以便承担本队的检查验收工作。一个地形队一般设置检查验收人员7至8人,其中有野外检查员3至4人,每人负责3个作业组,巡回检查于各组之间。这一年的上半年,测量总队制定了黄委会第一个测绘成果成图检查验收规定,并颁布实行。结合当时总队的机构状况,规定中明确实行三级检查两级验收。

1955年,检查验收制度实行初期,执行人员对贯彻制度缺乏经验,作业人员不习惯于验收制度的约束,矛盾时有发生。测量总队(后改名测绘处)及各队领导对贯彻检查验收制度十分重视,采取措施:选拔一批有一定技术水平、责任心较强的技术干部充实检查验收队伍;以“百年大计质量第一”和“规范就是法律”教育职工,在思想方面为贯彻检查验收制度铺平道路;重视听取检查验收汇报,并给予及时指导和有力支持;对检查验收中发现的重大问题,进行严肃处理,除责令重测外,还要追查有关人员的责任。1955年是实行检查验收制度的第一年,测绘质量出现了根本性好转,这一年完成的三门峡水库1:1万比例尺地形图,受到黄规会苏联专家的好评。据测量总队1955年外业检查员的部分检查工作日记统计:在设站检查的2817个地形点中,地物点平面位置超过限差的仅占1.2%,等高线超过限差的仅占4.8%。1956—1957年,测绘质量进一步提高。

1958—1960年“大跃进”期间,在“左”的思想影响下,规范被当成不合理的规章制度,检查验收制度被视为束缚人们手脚的绳索,一概予以废弃,造成这3年完成的黄土高原区1:5万比例尺国家基本图航测内、外业成果不符合质量标准的重大损失。1960年冬中共中央开始纠正“左”的错误,1961年黄委会恢复实行测绘检查验收制度。接受1958—1960年的教训,在以后的30年间,主持测绘工作的领导人和职工,把实行检查验收制度作为确保测绘质量必不可少的措施,一直坚持执行。“文化大革命”前期,执行检查验收制度虽然受到干扰,质量有所下降,但大部分老职工对1958—1960年的损失记忆犹新,自觉抵制损害质量的行为,基本保持了测绘成果、成图的可靠性。

第三节 生产计划管理

测绘生产管理的主要内容有:制定计划,制定定额,组织计划的实施,根据国家的方针、政策,研究和改进管理体制或办法,以促进测绘生产的发展。

一、统一规划

测绘计划分长期规划和年度计划。长期规划主要由测绘管理部门和经济建设部门根据自己的长期任务制定。50年代初期,总参测绘局曾初步拟定过全国基本测绘规划。水利部、地质部等也结合本部门需要制定过大区域测绘规划。国测总局1956年成立后,进一步制定了全国基本测绘全面规划,并先后分别拟定建立统一测量基准和基础设施具体规划、全国天文大地网设计和分工施测规划、全国高精度高程网的设计和分工施测规划、国家基本比例尺地形图的设计和施测计划等。

黄河流域的基本测绘规划，是全国基本测绘规划的一个重要部分，在拟定上述规划时已统一制定。根据全国基本测绘规划对黄河流域提出的任务，大部分由国测总局、总参测绘局两个系统承担，国务院有关部属专业部门和流域内有关省(区)的经济建设部门，结合本部门的需要，也施测了一部分。黄委会承担了全国天文大地网、精密水准和三、四等水准及1∶5万比例尺国家基本图的部分施测任务。

国测总局于1973年重建后，1976年7月在哈尔滨召开会议，研究、制定全国一等水准布设方案。黄河流域的陕西省测绘局、内蒙古自治区测绘局、四川省测绘局和黄委会参加了这次会议，并与总参测绘局、河北省测绘局、国家地震局系统，共同承担了黄河流域14450公里的国家一等水准布测任务。这次一等水准规划，确定用5年左右时间完成。

1981年12月26日至1982年1月7日，国测总局在南京召开会议，除总结一等水准前一段工作和布置下一步工作外，着重研究、确定了全国二等水准的规划方案和分工。要求用7年左右时间完成外业工作。黄河流域的陕西省、甘肃省、四川省、内蒙古自治区测绘局和黄委会参加了这次会议，并和总参测绘局、河北省测绘局、国家地震局系统，分担了黄河流域19913公里二等水准的布测任务。

1973年后，黄河流域各省(区)测绘局，以全国基本测绘规划为主，结合本省(区)需要，还制定了本省(区)的综合测绘规划。如内蒙古自治区测绘局1975年制定的全区测绘工作10年规划和陕西省测绘局1986年编制的《陕西省“七五”测绘项目计划》等。

驻黄河流域的国务院有关部属经济建设部门和流域各省(区)的经济建设部门，在不同时期制定本部门的工程规划时，也制定有相应的测绘规划。如黄规会在1954年编制完成的《黄河综合利用规划技术经济报告》，曾对治黄测绘规划拟定了近期和远期任务。1975年，黄委会根据治黄工作的发展，编制了《治黄测绘工作十年规划初步意见(1976—1985年)》，并于同年上报水电部。上述报告和规划，对黄委会1955—1985年30年间的测绘工作，起了重要的指导作用。

二、制定年度计划

制定年度计划，是测绘生产管理部门和生产单位的经常性工作，一般在上年末或本年初进行。50年代初至70年代末，国家对测绘部门一律按事业部门的办法管理，各测绘单位的年度计划，根据上级下达的年度任务和要求制定。

进入80年代后，随着国家经济体制改革的进行，国家测绘局和有些经济建设部门，对测绘生产单位放权，实行经济责任制，在保证完成上级下达任务的前提下，准予承揽外单位的测绘任务。这些单位制定的年度计划，除确保指令性任务的完成外，还要竭力完成已签定合同的其他测绘任务，多作贡献，增加了经济收入。

制定年度计划，一般要进行以下工作：弄清任务内容和要求；收集有关测绘资料；进行测区查勘，掌握测区情况；根据技术设计测算各工种、工序的工作量；划定地区困难类别，并结合地区困难类别确定生产定额；确定各工种、工序投入力量的大小及投入时间；确定承担任务的单位并分配任务；确定各单位上交成果的时间。

1964年后，黄河流域各省（区）测绘管理处、测绘局，为使各部门的资料能互相利用，避免重测造成浪费，要求在本省（区）作业的各测绘单位，年初报送当年测绘计划项目，年终报送当年测绘生产统计年报。

三、定额

测绘生产定额，是衡量生产计划指标和生产水平的标准，也是制定成本定额的主要依据。50年代，总参测绘局、国测总局先后制定了本系统的统一测绘生产定额，分别在本系统使用。1962年，国测总局对本系统的生产定额加以修订，定名为《测绘工作统一作业定额》，并颁布施行。1978年对1962年制定的《测绘工作统一作业定额》修订后，改名为《测绘生产统一定额》，于1979年1月颁发执行。1987年，为适应经济体制改革要求，国家测绘局对1979年颁发的《测绘生产统一定额》再作修订，于同年5月颁发本系统各部门和单位，并通知自1988年开始施行。

国务院各有关部委，在制定本专业全国统一的测绘生产定额以前，在黄河流域工作的国家和地方各经济建设部门使用的测绘生产定额，由所属测绘单位制定,经部门批准后施行。80年代,随着经济体制改革,国务院有关部、局,分别制定出本专业全国测绘生产统一定额,水电总局1983年代表水电部制定的《水利水电工程测绘生产定额》是其中一例。

国测总局、国家测绘局1979年、1987年颁布的《测绘生产统一定额》和水电总局1983年制定的《水利水电工程测绘生产定额》,均紧密结合以下3个条件确定各工种、工序单位工作量的生产定额:(1)作业依据的规范细则;(2)困难类别;(3)作业组人数。困难类别均划分为5类,定额以(单人)工日为计量单位。

除生产定额外,国测总局于1979年还制定了《测绘生产成本定额》。经国家物价局同意,国家测绘局又于1987年颁发了《测绘产品收费标准》。1985年11月,水电部颁发《部属水利水电勘测设计单位勘测及科研试验取费标准》。

四、测绘生产管理改革

1978年中国共产党十一届三中全会以后,测绘生产管理工作进行改革。黄河流域各省(区)测绘局和一些经济建设部门,在加强政府职能作用、增强测绘基层单位活力等方面,做了大量有成效的工作。

(一)加强政府职能作用

70年代,黄河流域各省(区)测绘局着重于自身建设和本部门的生产业务管理,政府职能作用发挥不够。80年代,结合测绘经济体制改革的需要,按照国测总局1980年7月颁发的《我国地图编制出版办法》,加强了本省(区)的地图编制出版管理。

1983年,陕西省测绘局,对西安、咸阳、延安、铜川、宝鸡、临潼、渭南、汉中8个城市近百个公共场所、旅游参观点的地图、示意地图进行检查,发现有严重错误的地图44幅。其中严重的问题是国界绘制不准确和漏绘中国南海诸岛。1988年,又对地图印刷出版工作进行检查,发现有些单位不认真执行国务院和陕西省人民政府关于编制出版地图的规定,擅自出版,随意翻印,以致出现划错国界、省(区)界和漏绘中国南海诸岛等问题。为纠正这些错误,陕西省测绘局、新闻出版局,于1988年7月联合发出《关于加强地图编制出版印刷管理工作的通知》,对地图编制审查、印刷出版发行等提出7条规定。

为保证测绘产品质量和资料的正确使用，提高效益，防止有些单位超出本单位技术水平和设备能力搞不正当经营，粗制滥造，非法牟利，黄河流域各省(区)测绘局，根据国家测绘局 1986 年 6 月颁发的《测绘许可证试行条例》，先后向本省(区)符合条件的测绘单位发放测绘许可证，并按《测绘许可证试行条例》进行管理。经省(区)测绘局审查，符合下列条件的测绘单位，由省(区)测绘局发给测绘许可证。这些条件是：(1)测绘产品质量达到国家和部颁技术标准；(2)具有按规定程序批准的测绘产品的技术文件；(3)具有保证测绘产品质量的仪器设备和测试手段；(4)有一支保证产品质量和进行正常生产的专业技术人员、技术工人和检查验收人员队伍。凡持有测绘许可证的单位，允许在规定的业务范围内从事测绘生产和使用测量标志及测绘资料。无测绘许可证的单位，一律不得从事测绘生产活动。

(二)实行经济责任制，增强基层单位活力

1956 年至 80 年代初，在黄河流域工作的国测总局一、二分局和省(区)测绘局，对基层生产单位一律实行事业单位的管理办法。任务由上级下达，经费靠上级下拨，且多按人头计算，生产越多，开支越大，经费越紧。责、权、利脱节，缺乏活力，不利于调动单位和职工积极性。随着国家经济体制改革，国家测绘局在 1984 年 8 月召开的测绘管理体制改革座谈会上提出：扩大测绘单位的自主权，测绘生产单位实行指令性计划、指导性计划和市场调节相结合，在保证国家和地方指令性计划完成的前提下，可自行承揽各种测绘业务，使测绘服务领域向广度和深度发展。为充分调动职工积极性，进一步推行多种形式的经济责任制，黄河流域各省(区)测绘局，根据上述精神扩大了生产单位的自主权，并实行不同形式的经济责任制，使生产单位从单纯生产型逐步向生产经营型转变。

流域内各经济建设部门测绘单位的管理，80 年代以前，是随本部门按事业单位进行管理。经费管理实行实报实销制度：年初作出预算，年终决算时，经费不足上级补，经费剩余全上交。在全国经济体制改革进程中，从 80 年代初期开始，大多数经济建设部门扩大了测绘单位的自主权，实行技术经济责任制，在保证完成本部门指令性测绘任务的前提下，对外可以承揽各种测绘业务，为国家多作贡献，同时也增加经济收入。

黄委会设计院 1980 年指定测绘总队为试行企业化管理单位(事业单位试行部分企业管理办法)。第一年，首先改变过去长期实行的测绘经费实报实销办法为预算包干。年初，设计院按测绘总队的全年任务确定包干经费，

年终决算时，节余的不退，不足的不补；节余的留成部分，按设计院规定的比例，测绘总队从中提取职工奖金和集体福利基金。总队对各队也按此法办理。1981年，设计院又进一步确定测绘总队为试行企业化管理的扩权单位。每年设计院确定测绘任务和经费后，测绘总队独立经营，在保证完成指令性任务的前提下，可以扩权接受外单位的有偿业务，并签定承包合同和办理结算。随着全国经济体制改革的发展，为进一步调动测绘单位及其职工的积极性，根据国家计划委员会1983年颁布的《关于勘察设计单位试行技术经济责任制的通知》精神，设计院安排测绘总队从1985年起，实行技术经济责任制。改变过去实行的测绘经费预算包干办法为按测绘单位完成的任务数量、质量确定其应得经费。经费的多少根据水电部颁发的内部取费标准计算。每年设计院确定测绘总队的任务后，用责任书形式把测绘总队应完成的任务数量、质量、取费金额、安全生产等责任和权利确定下来，年终根据责任书的完成情况进行决算。在保证完成设计院下达任务的前提下，总队有权承揽外单位的委托任务。总队对各队也按技术经济责任制的办法管理。总队和各队的盈余，除提取的能源、交通和建设基金上交设计院外，提取的事业发展基金、集体福利基金和奖励基金，按设计院规定的比例在院、总队、队之间分配。各队对作业组，根据任务的具体情况，采用多种形式的承包责任制方法进行管理，调动了职工的积极性，收到良好效果。

第四节　测量标志管理

1949年后，为适应国家经济建设的发展，各有关测绘部门和专业部门的测绘单位，在黄河流域施测了大量天文点、重力点、水准点、三角点和基线。为了长期使用，在这些点（包括基线两端点）的实地位置上均埋设有标石，在三角点的地面上还建造了木质或钢质觇标。这些标石和觇标，统称为测量标志，是国家的财富，保存得好，可长期使用。国家对保护测量标志，历来十分重视。1955年12月，国务院发布了由周恩来总理签署的《国务院关于长期保护测量标志的命令》。命令要求各测量单位做好测量标志的委托保管工作；全国各部门、各单位和各族人民都应妥为保管；对盗窃或有意破坏者，应按情节轻重依法惩办等。1957年7月，第一届全国人民代表大会常务委员会第八十一次会议通过的《中华人民共和国治安管理处罚条例》规定：损毁或擅自移动临时性测量标志的，应处三日以下拘留、六元以下罚款或者警告。“文化大革命”前，测量标志的保护，总的说来是比较好的，人为破坏现象很少。从1966年到70年代末，破坏相当严重。为制止这种现象，1979年7月，第五届全国人民代表大会第二次会议通过的《中华人民共和国刑法》规定：故意破坏国家边境界碑、界桩或永久性测量标志的，处以三年以下徒刑或者拘役。黄河流域各省（区）测绘管理处、测绘局和黄委会等专业部门的测绘单位，遵照上述命令和法规，为保护测量标志作了大量工作。

50年代以来，在黄河流域进行测绘的总参测绘局、国测总局、黄委会、地质部测绘局等部门的测量队，在测量标志建好后，都及时向当地政府（区、乡或公社、大队）办理测量标志委托保管书，同时还会同地方政府购置所占耕地，并由土地所有者出具占地同意书。测量标志委托保管书和占地同意书一式三份，一份随成果上交，存放在施测单位；一份由受委托保管单位保存；一份交地方测绘管理部门。

1955年国务院发布《国务院关于长期保护测量标志的命令》后，各级人民政府和测量单位，对测量标志管理做了大量工作。特别是1964年各省（区）测绘管理机构在业务上改归国测总局领导后，黄河流域各省（区）测绘管理处，为保护测量标志，在省（区）人民政府领导下，与地、盟、市、县、旗、区、乡政府配合，在宣传教育、检查标志现状、追查破坏者和维修方面取得了明显成绩。

1963年2月6日，内蒙古自治区人民委员会转发了国务院1962年12月批转的《国家测绘局、总参谋部关于加强保护测量标志的报告》，重新印发了《国务院关于长期保护测量标志的命令》，并通知要求各盟、市、旗、县认真贯彻，加强管理。由县、旗人民委员会组织，以公社或生产大队为单位，对管辖地区的永久性测量标志进行全面检查；在群众中开展一次保护测量标志的宣传教育；对情节严重的破坏测量标志者，依法处理。各盟、市、县、旗统一行动，采用各种方式宣传国家和自治区关于保护测量标志的文件精神，落实测量标志归口管理单位，对测量标志进行逐个实地检查，对破坏测量标志者，以教育为主，在承认错误的基础上，作出适当处理。这次检查，比较深入，基本弄清了测量标志保护情况和存在的问题。牧区测量标志的损坏程度较小，人口稠密的农业区和城市郊区的损坏严重，一般在60%以上。据临河县、五原县、杭锦后旗、乌拉特前旗、鄂托克旗的检查结果统计，被损坏的三角点、水准点标志94个，其中属于贪图标料拆毁觇标和迷信压了风水挖掉标石的人为破坏50个；属风吹、日晒、雨淋等自然损毁的20个；埋在沙区的标石，因地貌改变，指示盘或指示碑的下落不明，找不到标石的24个。

青海省测绘管理处，在1964年6月召开全省测绘工作会议，决定对全省测量标志进行一次检查。7月中旬成立有9个单位参加的省测量标志检查领导小组。7月下旬至8月初，各州、市、县分别成立了测量标志检查组。到11月中旬，共检查三角点1575个、水准点75个，其中三角点觇标完好的占52.5%，一般性损坏的占6.3%，全损毁的占41.2%；三角点标石完好的占82.5%，一般性损坏的占3.5%，全损毁的占14%；水准点标石完好的占58.7%，一般性损坏的占32%，全损毁的占9.3%。当时分析测量标志损坏的主要原因有：对保护测量标志的宣传教育工作做得不深入，委托保管工作做得不扎实；受风吹、雨淋、电击等自然因素损坏；人为破坏。针对这些情况采取措施，一方面对尚完好的测量标志，向所在公社重新办了委托保管手续；另一方面以张贴宣传画、放映幻灯片等方式向群众进行宣传教育。人为性破坏基本终止。

1964—1965年，陕西省在全省范围内对测量标志进行检查和维修。9个专区和西安市都成立了测量标志检查领导小组及其办公室，各县、市成立检查组，省测绘管理处派人参加并进行技术指导。在做好宣传教育工作的基础上，以县、市为单位，对测量标志进行逐点检查。共检查三角点、水准点10259个，其中完好的6628个，基本完好的2224个，损毁的1407个。检查中追查分析了损坏原因，进行了简单维修，逐点落实了保管者。

60年代后期至70年代，受"文化大革命"的影响，测量标志破坏相当严重。1981年9月12日，国务院、中央军委发布《关于长期保护测量标志的通告》。1982年，城市建设环境保护部在成都召开"全国测量标志维护管理会议"。1983年，国测总局下发《关于测量标志维修费补贴办法》。1984年1月，国务院颁布《测绘标志保护条例》。黄河流域各省(区)测绘局，为贯彻上述通告、条例精神和成都会议要求，普遍再次展开测量标志检查、维护工作。

甘肃省测绘局与有关部门配合，1982年后对兰州、白银、天水3市所辖县、市及平凉、庆阳、武山等地区的测量标志进行普查。检查三角点1332个，其中觇标和标石损坏的426点。检查水准点778点，其中404点的标石遭到损坏。

为做好测量标志普查工作，1984年7、8两月，河南省测绘局与确山县人民政府协作，在确山县首先进行试点。通过试点，对标志普查的组织领导、宣传教育、实施调查、维修保管方面取得了经验。在试点后，河南省测绘局制定了《河南省测量标志普查若干规定》，并从当年8月起，分期分批展开了全省测量标志普查。据1985年至1987年在洛阳、三门峡、郑州3市的检查结果统计:测量标志1510个,其中完好的846个,损坏的664个。在河南省组织的测量标志普查中,凡涉及黄河流域的地区,黄委会均派技术干部参加。

80年代,陕西省进一步加强测量标志维护工作,群众积极保护测量标志,主动反映测量标志损毁事件达20起。有关单位处理12起,公安机关查处了3起破坏事件,2名当事者受到拘留处罚。陕西省测绘局1989年、1990年,各安排6万元,作为测量标志的重点检查维修经费。

1986年,内蒙古自治区再次组织测量标志普查。同年12月,自治区人民政府颁发《内蒙古自治区测量标志管理办法》。规定了自治区、盟、市、县、旗各级测绘管理机构在测量标志管理方面的基本任务。在维修方面确定:国家建造的各种一、二等控制点,由自治区测绘局和有关大军区按照商定的分工范围负责维修;三、四等及其以下各级控制点由使用单位根据需要维修。

1985年,山西省人民政府颁布《山西省测量标志普查暂行规定》。由省测绘局组织,1985年、1988年对太原市、长治市和临汾、晋中、运城、忻州地区的测量标志进行普查,共检查基本控制点6513个,测量标志的损毁率在50%以上。

第五节 测绘资料档案管理

一、管理制度

50年代,黄河流域的测绘资料和测绘档案(简称测绘资料档案)管理,各行其是,没有统一的规定。在国测总局、总参测绘局筹划下,到50年代末,形成了政府测绘部门与军事测绘部门两个全国性测绘资料档案管理系统。前者以国测总局为主,包括其他政府部门的测绘机构以及各自在地方建立的测绘资料处、室、馆、库、站为一网;后者以总参测绘局为主,包括各军、兵种,各大军区和所属部队建立的测绘资料处、馆、室、库为一网。网内各部门都实行归口管理。这种体系和制度的建立,是黄河流域测绘资料档案管理得以顺利进行的重要保证。

国测总局1959年制定的《全国测绘资料工作暂行规定》,为全国政府部门的测绘资料档案管理制度统一奠定了初步基础。在以后的实施过程中,经过数次修改,使其日臻完善。1963年修改后,定名为《国家测绘总局系统测绘资料和测绘档案管理工作暂行规定》,1964年修改后,定名为《全国测绘资料管理规定(草案)》,1977年、1984年的两次修改,均以《全国测绘资料和测绘档案管理规定》这一名称颁布施行。

以上规定,包含有以下6个方面的内容:(1)各级测绘资料、档案管理部门的职责;(2)测绘资料、档案保密等级的划分和保密制度;(3)测绘资料、档案的交接、归档和处理;(4)测绘资料、档案的整理、统计和保管;(5)测绘资料、档案的提供利用;(6)测绘资料、档案的鉴定销毁。

在省(区)测绘管理机构的推动下,从60年代开始,全国测绘资料档案管理规定,便逐步贯彻到在黄河流域工作的各经济建设部门。流域中各省(区)测绘管理机构和一些经济建设部门,为准确实施国家规定,结合本地区、本部门情况,制定了一些具体办法或规定,如"资料人员岗位责任制"、"资料档案安全保卫制"、"测绘成果保密规定"、"测绘档案立卷归档办法"等,下发测绘资料档案管理单位执行。

二、保管与供应

60—70年代,黄河流域的测绘资料档案,按其性质分别由国测系统、流域内各省(区)测绘系统、经济建设系统三类部门保管和供应。

国测总局负责保管、供应的资料档案有:总局所完成的各种测绘资料档案;有关部门完成并同意交付总局保管、供应的航空摄影资料档案;有关部门施测或编绘并交付总局出版、保管、供应的基本测绘资料档案;为编制重力异常图,有关部门施测并交付总局保管、供应的各种重力资料档案。

流域内各省(区)测绘管理机构保管、供应的测绘资料档案有:由总局调拨的各种测绘资料;本部门完成的各种测绘资料档案;有关部门在该省(区)施测或编绘并交省(区)测绘管理机构出版的各种基本测绘资料档案。

各经济建设部门保管、供应的测绘资料档案有:专业部门摄制,总局同意由其保管、供应的航空摄影资料档案;为部门需要按专业规范、细则、图式施测的各种比例尺地形图(包括相应的水平控制和高程控制)资料档案;经济建设部门完成、不参加全国天文大地网及水准网平差的基本水平控制、基本高程控制资料档案。

1977年后,黄河流域的测绘资料档案划分为全国性、地方性和专业性三大类,分别由国测总局、省(区)测绘局和各经济建设部门保管、供应。

按照国家规范、细则、图式测绘的下列资料档案为全国性资料档案:国家一、二等天文大地测量(包括天文、三角、长度、导线、水准)资料档案;重力测量的基准点、基本点及Ⅰ、Ⅱ级点和重力加密点资料档案；1：5万、1：10万航空摄影资料档案；1：5万～1：10万各种比例尺地形图和地图编绘制印资料档案；全国及局部地区保密的形势图和地图集资料档案；中国拍摄的航天、航空遥感资料档案。全国性测绘档案由国测总局保管，全国性测绘资料由国测总局和省(区)测绘局负责供应。

按照国家规范、细则、图式测绘形成的下列资料档案，为地方性资料档案，由省(区)测绘局负责保管、供应：国家三、四等天文大地测量(包括天文、三角、长度、导线、水准)资料档案；省(区)测绘局施测形成的1：5000～1：2.5万航空摄影测量、平板仪测量和地图编绘制印资料档案；省(区)保密的形势图和地图集资料档案。

根据专业需要，各经济建设部门按照专业或国家规范、细则、图式施测形成的下列测绘资料档案，为专业性测绘资料档案，由有关经济建设部门保管、供应：各种比例尺航空摄影测量、平板仪测量形成的地形图和地图、地图集的编绘制印资料档案；不参加国家天文大地测量(包括天文、三角、长度、导线)平差的基本水平控制、基本高程控制资料档案。

40年来，黄河流域各部门的测绘资料档案管理单位做了大量工作，成绩显著。据统计，陕西省测绘局测绘资料档案馆及经济建设部门资料室，共保管天文、重力、基线、三角、水准等天文大地测量成果档案41万多点(条)，各种比例尺地形图原图档案6万多幅，覆盖面积330多万平方公里的航空摄影底片、地形图、专题图档案。陕西省测绘局测绘资料档案馆，1983—1989年，向陕西省和全国供应大地测量资料67万点，各种比例尺地形图(复制图)42万张，航空摄影像片74万片。1987—1989年，用户到该馆查阅测绘档案近1700卷。内蒙古自治区历届测绘管理机构，1959—1988年，向社会用户供应的测绘资料共计各种比例尺地形图114.8万张，普通地图28.8万张，地图集1.6万册及大量天文、三角、导线、水准点复制成果和航空摄影像片等。青海省测绘局资料室，1974—1985年，向社会用户供应的测绘资料，计有各种比例尺地形图18.5万多张，各种挂图2.3万多张，各种图集1322册，航空摄影像片16.2万多张。据1990年初统计，黄河档案馆储藏测绘资料2139本，图纸16.45万张。

50年代初期，黄委会的测绘资料档案归测验处管理，处内设专职管理测绘资料档案的干部。1956年因测验处撤销，改由设计院负责。1959年设计院建立档案资料室，负责管理全院各专业(包括测绘)的资料档案。1963年设计院撤销后，所属资料档案管理归并到黄委会档案科(1983年改组为黄河档案馆)。1978年恢复设计院建制,1985年又成立设计院档案科。经黄河档案馆与设计院档案科协商决定,从1986年起,设计院测绘工作形成的资料档案划归设计院档案科管理。

黄委会的测绘资料档案管理,主要有两项内容:一是收集、保管和提供利用;二是归档。归档工作主要内容是整编,从其他部门收集来应入档的测绘资料,一般由黄委会或设计院的测绘资料档案管理单位负责整编;会或院直属测绘部门生产中形成应入档的资料,从1962年起,由测绘管理部门负责整编。1962年,设计院测绘处集中一批技术干部,成立资料整编组,对积压下来的未入档资料按规定进行整编。参加整编的人数,时多时少,少时数人,多时10多人。持续到1969年冬,因大批干部下放劳动,被迫中断。1974年,恢复资料整编工作。人员多时五六人,少时二三人。到1985年,大批被积压待归档的资料,整编完毕。

黄河流域各部门之间的测绘资料供应,80年代以前实行无偿提供原则,80年代开始实行收费供应。

三、安全保密工作

测绘资料档案是国家宝贵财富,大部分属保密资料。40年来,黄河流域各测绘管理部门和生产单位,对测绘资料档案安全和保密都十分重视,列为部门保卫工作的重点,遇到测绘资料档案丢失或失密事故,无不严肃追查。具体负责测绘资料档案管理的单位,从50年代初采取的防丢失、防失密等简单措施开始,到50年代后期,已形成一套以防丢失、防失密、防霉烂、防自燃、防火、防虫、防鼠为重点的安全保密制度。黄委会资料档案管理单位,为防丢失,建立测绘资料档案收入账、供阅账、销毁账。发出测绘资料,必须开具发单(一般为四联单)。为防虫蚀、鼠咬,投放药物杀鼠、灭虫;为防火患,严禁在库房中生火、吸烟;为防霉烂,经常适时地为库房通风,80年代安装了空调设备;为防硝酸片基航摄底片自燃爆炸的危险,测绘总队于1979年建成航摄底片专用地下储存库,1985年又用安全片基底片对硝酸片基底片全部进行等比例尺复制,替换原底片,彻底消除了这一隐患。

为推动测绘资料档案的安全保密工作,黄河流域各省(区)测绘管理处、测绘局,不定期地组织本地区的测绘资料档案安全保密大检查。检查以有关专业部门和专区、盟、市、县、旗的测绘资料档案管理单位自检为主,省(区)测绘管理机构予以协助。

1963—1965年，内蒙古自治区测绘管理处，组织一次以“查数量、查制度、查积压、查复制、查漏洞”为主要内容的测绘资料档案检查。检查范围，以国测总局、自治区测绘管理处1958年以后供应的1：2.5万～1：20万比例尺地形图、航空摄影像片及天文、三角大地测量成果资料为重点，以测绘资料供应清单存执为依据，进行账、物核对，自行检查，自治区测绘管理处派人协助。检查结果表明，不少部门的测绘资料档案管理是好的，没有出现大的问题，有的单位则出现了一些问题。

内蒙古自治区测绘管理处对22个自治区直属机关和高等院校的检查发现：账、物相符的单位9个；账物不清的单位10个，缺少地形图4644张、航空摄影像片3213片；少数单位的库存数超出领用数。对40个盟、市、县、旗的检查发现：7个单位短缺地形图375张；1个单位把领用的1：2.5万地形图全部描绘、蓝晒，发出多少，无账可查；4个单位丢失地形图14张。出现以上问题的主要原因是：单位撤销时没有办理移交手续，无法查清；有些专业单位在地形图上进行规划设计或地质填图后，有的上报，有的归入行政或其他专业技术档案，未留手续，无法清查；使用手续不健全，没有建立领、借和销毁登记手续。

四、编汇测绘资料目录集

为及时、准确地掌握本地区测绘资料的情况，以便相互交流和利用，避免重测浪费，内蒙古自治区建设厅测绘处和地质局测绘大队于1960年至1963年，连续编汇、出版了《内蒙古自治区测绘资料情报目录》第一、二、三册。国测总局在1964年颁发的《全国测绘资料管理规定（草案）》中要求：各测绘单位编纂本单位完成的测绘资料目录，报所在省（市、区）测绘管理机构；各省（市、区）测绘管理机构汇编本省（市、区）内各单位完成的测绘资料目录，供本省（市、区）归口单位使用，并报送国测总局；国测总局汇编全国测绘资料目录，供有关部门使用。后因“文化大革命”和国测总局及各分局撤销，这一要求在黄河流域未彻底贯彻，仅青海省测绘管理处1965年出版了《青海省测绘资料目录》，陕西省测绘队1972年出版了《陕西省测绘资料目录集》第一集。至80年代初，黄河流域各省（区）测绘局普遍汇编出版了本省（区）测绘资料目录集。黄委会设计院测绘总队于1980年至1986年出版了《黄河流域测绘资料目录集》。黄河流域各部门已出版测绘资料目录集的概况见表1—39。

表 1—39　　黄河流域已出版测绘资料目录集表

名　称	资　料 测绘时间	编纂单位及时间	说　明
青海省测绘资料目录		青海省测绘管理处 1965 年	1 本
青海省测绘资料目录集	1956—1979 年	青 海 省 测 绘 局 1980 年	1 本
宁夏回族自治区 测绘资料目录集	1949—1981 年	宁夏回族自治区测绘局 1981 年 12 月	3 册(3 本)
内蒙古自治区 测绘资料情报目录	1950—1959 年	内蒙古自治区建设厅测绘处 1959 年 10 月	
内蒙古自治区 测绘资料情报目录	1959—1962 年	内蒙古自治区 地质局测绘大队 1962 年	
内蒙古自治区 测绘资料情报目录	1962～1963 年	内蒙古自治区 地质局测绘大队 1963 年	
内蒙古自治区 测绘资料目录集	1954—1979 年	内蒙古自治区测绘局 1980 年	1 本
四川省测绘资料目录集	1949—1979 年	四 川 省 测 绘 局 1980 年 9 月	1 本
甘肃省测绘资料目录集	1949—1978 年	甘 肃 省 测 绘 局 1980 年 10 月	1 本
陕西省测绘资料 目录集第一集	1949—1971 年	陕 西 省 测 绘 队 1972 年 12 月	1 本
陕西省测绘资料 目录集第二集	1972—1979 年	陕 西 省 测 绘 局 1980 年 6 月	1 本

续表 1—39

名　　称	资　料 测绘时间	编纂单位及时间	说　明
山西省测绘资料目录集	1949—1977 年	山 西 省 测 绘 局 1978 年 12 月	1 本
山西省测绘资料目录集	1978—1979 年	山 西 省 测 绘 局 1981 年 8 月	1 本
河南省测绘资料目录集	1949—1979 年	河 南 省 测 绘 局 1982 年	1 本
山东省测绘资料目录集	1949—1979 年	山 东 省 测 绘 局 1980 年 12 月	共 3 册 (3 本)
黄河流域测绘资料 目录集第一、二、三、四册	1949—1979 年	黄委会设计院测绘总队 1980 年	共 4 本
黄河流域测绘资料 目录集第五册	1980—1985 年	黄委会设计院测绘总队 1986 年	1 本

第二篇

地质勘察

黄河是世界上含泥沙最多的河流，也是著名的难治之河。在大地构造上，黄河横跨西域陆块和华北陆块。流域内深大活动断裂较多，并伴随强烈地震活动。据记载，共发生6级以上强震65次，震中主要在鄂尔多斯台块周缘，西域陆块的深大断裂带和太行山前活动断裂带上。因此，地质勘察工作，在治河和水利水电开发事业中，具有其特殊性。

流域内黄土分布广阔，厚度之大为世界罕见。黄土堆积区，是黄河泥沙的主要来源。大量水利工程在这一地区修建。因此，黄土成为黄河地质勘察研究的重要课题之一。

黄河工程地质工作，是治黄决策的重要基础。从干、支流开发，河段规划，工程选点、设计、施工，到工程管理，各个阶段地质勘察工作必须先行。对论证工程的技术可能性、安全稳定性和经济合理性，地质勘察工作既是基本手段，又是基本依据。因此，黄河工程地质工作，在治黄事业中具有十分重要的地位和作用。

地质学是一门现代科学。1802年“水火之争”后，才初步形成。在中国虽然很早以前就产生了许多光辉的地质思想，但作为一门科学——中国地质学，是在20世纪初才开始建立。

西周时期（公元前约9世纪），《山海经》一书中就记载了无定河的“流沙”。公元前780年，黄河流域已有地震记载。公元前90年，司马迁著《史记》中写到：“幽王二年，西周三川皆震。”讲的是陕西省岐山地震，黄河三大支流泾、北洛、渭河因地震而阻塞。阳嘉元年（公元132年），张衡发明了“候风地动仪”。公元190年，唐蒙所著《博物记》对延安的石油有形象的描述：延寿（安）县南有山石，出泉“水”，大大筥簾，注地为沟。其水有肥，如煮肉洎，羕羕永永，如石凝膏。燃之极明。不可食。县人谓之“石漆”。公元6世纪，任昉在《述异记》中对泉水这样记载：“阳泉在天馀山北。清流数十步。所涵草皆化为石，精明坚劲。”公元770年，颜真卿在《麻姑山仙坛记》中，对化石有记载，这要比西方公认的“第一个肯定化石乃是生物遗体”的人约翰·雷

(1627—1705年)早900年。北宋沈括在《梦溪笔谈》(1086年)中,对岩溶这样记载:"……如大小龙湫、水帘、初月谷之类,皆为水凿之穴。"沈括对沉积作用作了描述:"……凡大(黄)河、漳水、滹沱、涿水、桑乾之类,悉是浊流。今关、陕以西,水行地中,不减百余尺。其泥岁东流,皆为大陆之土,此理必然。"沈括提出的上述论点,比现代地质学的奠基人詹姆斯·郝屯和魏尔纳提出的,作为地质学形成标志的水成说,要早732年。

中国古代还用绘画反映地质现象,称之为"中国画中地质学"。清朝陈梦雷在《图出集成·山川典》(1726年)中所绘郑州北郊广武山图画中,可以清楚看到地壳上升形成的地质地貌。

在我国古代,虽有光辉的地质思想和领先于世界的地质调查记载,但由于历史原因,直到20世纪初才开始有了中国地质学。在此之前,主要是外国地质学者在中国进行地质调查。最早的是美国人庞培莱,他于1863—1864年,曾到我国西北进行矿产地质调查。1868年到1872年,德国学者F.V李希霍芬7次考察中国地理地质,多次到黄河流域的甘肃、陕西、山西、河南、山东省进行了重点为地层学的调查,建立了一系列地层剖面,后著有《中国》五卷,对中国地质学起了先导作用。

清朝末年到辛亥革命前,清政府于1902—1908年,先后派丁文江、李四光、章鸿钊、翁文灏等人留学日本、英国、比利时等国,学习地质科学。民国期间,1912年2月7日,章鸿钊被任命为实业部矿务司地质科科长。这是中国历史上第一个政府地质机构和第一位地质官员。1913年成立地质研究所,1916年地质研究所22人毕业,中国地质工作有了骨干力量,随即在北京成立地质调查所。

翁文灏等1919年编制了中国第一张地质图——《中国地质约测图》(1∶600万)。1920年2月16日,甘肃省海原县发生了10度地震,死20万人。地质调查所翁文灏带队前往调查,发现地震与地质构造关系密切。其论文《中国震中地域及其地质原因》,1922年在比利时布鲁塞尔万国地质学大会上宣读,引起国际同行的极大兴趣。1926年王竹泉、李捷等,在极其困难的条件下,绘制了主要范围为黄河流域的《太原—榆林幅》、《南京—开封幅》1∶100万区域地质图。

从清朝末年到1949年,中国老一辈地质专家所作的地质勘察工作,多属于地质基本工作和矿产地质调查,对黄河专门地质勘察较少。

1933年在黄河大水后,才正式成立了统一的治黄机构——黄河水利委员会。有了治黄机构,但没有专门地质勘察队伍。老一辈水利专家就黄河治理提出了种种见解，也对地质勘察提出过具体要求。1947年张含英在其《黄河治理纲要》中提出："全流域及干、支流之地质应普遍调查之。"并提出了应钻探的一些坝址。但由于社会条件的限制，未能付诸实施。1935年11月，由侯德封承编的《黄河志》地质篇（1937年6月出版），是在地质调查所编制的部分地区1：100万地质图等资料的基础上完成的。这是最早全面记述黄河流域地形、地层、地质构造及经济地质的论著。尤其志书中"黄河流域全图，更具简志，说明概略，使阅者对于此区域之石质矿藏以及地史，皆可一览而晓，虽限于篇章难窥全貌，而务得要领，足资先躯"。据资料查考，1934年最早在陕西眉县城上游魏家堡渭惠渠进行拦河坝坝基钻探，使用的是人力钻，遇到砾石就无法钻进。1936年在渭河宝鸡峡拦河坝坝基勘探中，首先使用钻机钻进。

抗日战争时期，在陕北开展找矿，也进行了一些地质勘察工作。1939年延安自然科学研究院成立，1941年设置采矿系，武衡任地质教员。1943年还开辟了地质展览馆。地质勘察主要是找石油。

中华人民共和国成立后，1950年冬，中国地质工作计划指导委员会成立，全国各地区的地质勘察机构有了统一的领导。1952年8月10日，成立中华人民共和国地质部。从此，在全国各个领域展开了大规模的地质勘察工作。随着对黄河的全面治理和开发，黄河流域的水利水电地质勘察工作和地质勘察队伍，得到了迅速发展。

黄委会十分重视培养地质勘察人员和组建自己的勘察队伍。1951年开始，分别派水利工程技术人员和工人进修工程地质和学习钻探技术。由于治黄地质勘察技术队伍尚未形成，1955年以前，黄河流域的地质勘察工作，主要依靠地质部黄河地质队承担。1956年以后，黄委会和流域内各省（区）水利机构的地质勘察队伍相继组成。先后在黄河流域进行地质勘察的单位主要有：西北院、北京院、天津院、黄委会设计院，以及青海、甘肃、宁夏、内蒙古、山西、陕西、河南、山东省（区）水利设计院。西北院、北京院、天津院主要进行黄河干流中、上游水利水电工程地质勘察；各省（区）水利设计院主要以其行政辖区内黄河支流水利水电工程地质勘察为主；黄委会设计院主要承担黄河中、下游地区干、支流部分水利水电工程和南水北调西线工程的地质勘察工作。煤炭、冶金、石油、铁道、交通、邮电等部门，为本行业需要，也在黄河流域进行了大量的地质勘察工作。

粗略统计，到80年代初期，西北院、北京院、天津院、黄委会设计院和流域各省（区）水利设计院，共有勘测职工约7000人，其中地质人员近千人。仅黄河干流已建、在建和进行过可行性研究的33个坝址，已完成钻探进尺约32.5万米，为中华人民共和国建立前全国42年各行业总计钻探进尺的2倍。在黄河流域完成地质调查的工作量，更是前所未有的。

黄河流域地质勘察工作，与整个国民经济的发展，特别是与治黄事业密切相联系。50年代初期，治黄以下游防洪为主，地质勘察工作开展较少。1955年7月18日，在第一届全国人民代表大会第二次会议上，由邓子恢所作的《关于根治黄河水害和开发黄河水利的综合规划的报告》，明确提出在黄河干、支流上修建一系列拦河坝和水库的意见，此后黄河地质勘察工作逐渐转入黄河中、上游干、支流。从此，黄河地质勘察工作揭开了新的一页。

水利水电工程地质勘察，大致分规划前期的一般性地质调查、规划阶段、可行性研究阶段、初步设计阶段和技施设计阶段。一般性地质调查主要沿干、支流河道进行，以选择可能筑坝地段为主要目的。1950—1954年，以干流龙羊峡以下河段及黄河中游的主要支流为主。1955—1961年，除黄河干、支流外，还进行了南水北调西、中、东三线的查勘。1970—1980年，还进行了高扬程、远距离的提灌工程的地质勘察。1980年以后，地质勘察主要集中在黄河干、支流大型水利水电工程项目上。

水利水电工程地质勘察，以干流水利枢纽、电站库坝址勘察为主。此外，还有泵站、引水渠线、引黄涵闸、输水隧洞、渡槽等建筑物场地的地质勘察。50年代中期，参照苏联规范进行。1958—1961年，在“大跃进”的形势下，基本勘测程序被打乱，地质勘察工作多在“边勘察、边设计、边施工”的情况下进行。1960—1978年，先后由于国家经济困难和“文化大革命”的影响，干流地质勘察工作进展缓慢，主要以中游可行性研究工程为主，支流库坝址及引水枢纽、渠线的地质勘察工作相应较多。随着科技的进步，规划设计向高坝大库发展，地质勘察工作重点也逐渐转移到少数骨干工程上。

截至1988年，黄河干流历次查勘选出的坝址60处，其中已建、在建工程（包括黄河下游废除和停建的4个工程）共16处，进行过初步设计、可行性研究及规划阶段地质工作的工程坝址28处，进行过少量地质勘察工作或因并级开发而取消的工程坝址16处。

据1988年黄委会设计院调查资料，黄河支流已建大、中型水库171座，其中绝大多数地质勘察工作是由各省（区）水利设计院勘察队伍完成的。

南水北调东线工程的关键问题，是穿黄试验隧洞的勘探，已由天津院完成。南水北调中线工程规划研究阶段的地质勘察，已由长委会完成。南水北调西线工程超前期地质勘察由黄委会设计院承担，已完成雅砻江调水工程的地质勘察;通天河、大渡河调水方案地质勘察正在进行。

黄河流域大规模地质勘察工作已进行了40年。其基本特点是:机构由小到大,工作流动分散,全河统一规划,多院共同参加,干、支流同时开发,部、省院相互配合。勘察工作由简单到全面,技术装备不断完善,勘察手段逐步齐全,新技术不断推广,定性评价向定量评价转化,某些专题勘察研究和部分地质勘察技术达到国内、国际先进水平。重大课题不断有所突破。

地质部及其所属各省(区)地质机构、中国科学院、国家地震局等单位,在黄河流域进行了大量基础地质工作,完成的1∶20万区域地质测绘,涉及黄河流域的有177幅,其中成图的有171幅,仅黄河源头地区6幅未全部完成。在1∶20万区测基础上,各省(区)还编制了1∶50万、1∶100万的地质图、构造体系图、地震烈度图等。黄委会编制完成1∶400万黄河流域地图集,地矿部兰州水文工程地质中心编制完成1∶200万黄河流域地质图系等。这些都是黄河水利水电地质勘察工作的基础。

黄河流域的黄土,一向是国内外地质专家、学者和勘测设计单位研究的重点。1868年,德国学者F·V李希霍芬在中国进行地质考察,在所著《中国》一书中,对黄土有详细的论述。中华人民共和国建立后,有一大批地质专家和流域各水利设计院,对黄土有广泛的研究。从黄土成因、黄土工程地质特征等方面,提出了研究报告,发表了很多见解。最主要的成果,有刘东生的《黄河中游黄土》和张宗祜的《中国黄土》等专著。

黄河流域第四纪地质的研究与中国古文化的研究,有着十分密切的联系。流域内第四纪不同的地质历史时期,都找到了完整而系统的人类化石和古文化遗址。这不仅在中国是独一无二的,而且在全世界也是罕见的。这种现象除了和中国的古地理、古气候有密切关系外,还与黄河的发展史有着不可分割的联系,这是黄河流域的一个重要特征,也是黄河流域地质勘察工作的一个特点。

通过40多年来的黄河建设,已锻炼出一支热爱黄河、勇于吃苦、能打硬仗、技术求精、能够解决黄河重大工程地质问题的地质勘察队伍。这支队伍具备了在各种复杂工程地质条件下,对大、中型水利水电工程进行地质勘察的能力,对区域稳定、高边坡变形、深厚覆盖层、软弱夹层、岩溶、黄土及下游软基等重大工程地质专题,能够采取有效手段和正确、先进的方法与工艺开展地质勘察研究工作。已为数十座大、中型水利水电工程,提供了“数字齐全准确,结论明确可靠”的地质勘察研究资料。

黄河流域地质勘察队伍的技术装备也有了很大的发展。各种规格的钻探及掘进设备，各种地质测试仪器和综合物探仪器，类型品种齐全，精度和自动化程度较高、定量化、数字化有显著的提高。在地质内业工作中，电算技术已得到应用，比较广泛的开展了 CAD 制图，建立了各类数据库。其它新技术、新工艺、新方法，不断得到推广。地质、勘探、物探专业化，有了新的发展。地质勘察技术管理、全面质量管理和经济管理，都有了显著进步。黄河流域的地质勘察队伍已经能够满足黄河干、支流大、中型水利水电工程开发的需要，并且向开拓新的地质勘察领域迈出了步伐。

40 多年来，在黄河流域作了大量的地质勘察工作，取得了巨大的成绩。地质勘察工作的重点主要是在水利水电工程区段上，但对流域性水文地质、工程地质工作开展的较少，这应该说是存在的一个问题，有待逐步加以解决。

在人民治黄地质勘察工作中，广大地质勘察工作者，发扬艰苦奋斗、以河为家的精神，数十年来奔波在大河上下。在深山峡谷，荒漠原野，地质勘察队员战胜种种艰难险阻，进行工作。他们攀登悬崖峭壁，穿越荆棘丛林，风餐露宿；他们徒步翻越巴颜喀拉山口，乘羊皮筏抢渡金沙江，创造了多少人间奇迹！他们攻克了一个又一个技术难关，不断把地质勘察水平从一个高度推向另一个新的高度。每一座水利水电工程，都留下地质勘察队员献身黄河的业迹。有的为黄河地质勘察事业献出了宝贵的生命。不仅他们，还有他们的亲人，承受着精神的、生活上的负担而默默的奉献着。他们的精神，他们的业迹，将永远激励着人们。

第六章 地质勘察机构

黄河流域地质勘察机构，是在中华人民共和国成立后，随着黄河治理规划工作的开展和水利水电工程建设的发展，逐步建立起来的。在黄河流域进行地质勘察的单位众多，但从治河和开发水利水电需要，在黄河干、支流进行水文地质工程地质勘察的单位，主要是黄委会设计院，水电部所属西北院、北京院、天津院及黄河流域各省(区)水利水电设计院。

第一节 黄河水利委员会

一、机构沿革

(一)地质勘探大队

黄委会于1950年改为流域机构之后，就积极着手组建勘测设计队伍。

1952年10月25日，黄委会测验处成立土层探验队，调沁河南段段长张道一任队长，曹生俊任副队长。有职工98人。

土层探验队1953年扩建为钻探大队，下设机钻分队和土钻分队。4月，钻探大队改为钻探科，仍属黄委会测验处领导，科长张道一。有职工132人。

1954年5月，水利部工程总局钻探总队第四分队人员和设备划归黄委会，钻探科改称勘探大队。有职工225人。

勘探大队1955年10月改名地质勘探大队，大队长张道一，副大队长郝致和、杨伯龄。有职工329人。地质勘探大队受黄委会领导，下设机钻分队、土钻分队、三门峡土调钻探队。

1956年2月成立水利部黄河勘测设计院，地质勘探大队划归设计院领导。大队除原来机钻、土钻分队及三门峡土调钻探队外，3月成立地质队。共有职工805人。

地质勘探大队1957年7月更名为工程地质处，处长郑子龙(未到职)，副处长王兆传、张道一。工程地质处下设地质科、勘探科、供应科、实验室、生产计划组，第一、二、三、四地质钻探队，物探组，洛阳供应站。职工 1124 人，其中地质 133 人、物探 3 人、勘探技术人员 21 人。地质科、勘探科对地质和勘探业务进行管理；供应科负责财务报销和器材供应；实验室承担各工程的地质试验；4 个地质钻探队分别负责各工程地质测绘、钻探、山地勘探等工作；洛阳供应站为器材供应中转站。处与各地质钻探队还设专门计划统计人员，负责各工程项目勘测工作量的统计汇总上报工作。

（二）设计院勘测设计工作队

1958 年 8 月，黄委会设计院为实现勘测设计“大跃进”，将部分规划设计人员调到各地质勘探队，组成设计、地质、钻探三种专业人员参加的，由领导干部、工人和知识分子组成的 5 个“三结合”勘测设计工作队，各队受院直接领导。工程地质处下设技术科、供应科、实验室，王兆传、张道一任副处长。技术科设地质组、勘探组、计划统计组。共有职工 965 人。

为适应大规模西线南水北调勘察需要，黄委会设计院于 1959 年将两个测量队和 5 个勘测设计工作队合并，组成第一、二、三、四、五、六、七勘测设计工作队，队长分别为：张道一、凌光、姜善保、王兆良、沙涤平、宋寿亭、郑光训。工程地质处成为设计院的一个业务处保留。处属物探组于 1960 年 4 月扩建为物探队。1959、1960、1961 年地质勘察职工分别为 1253、1357 和 953 人。

1962 年初，撤销 7 个勘测设计工作队，调出设计和大部分测量人员，成立第二、三、四、六地质勘探队。

（三）地质处和地勘队

1963 年 1 月，根据上级关于精简机构压缩人员的指示，黄委会设计院奉命撤销，工程地质处改为地质处，直属黄委会领导。处长孟洪九，副处长张道一、姚动，处属科不复存在，只保留下属二、三、四、六等 4 个地质勘探队、物探队、实验室和少数管理干部。3 月物探队调入地质人员，更名为地质物探队。1964 年王省三接任处长职，后增刘金为副处长。1962—1965 年，职工人数分别为 563、609、669 和 854 人。

1966 年末，大部分外业队职工集中郑州，参加“文化大革命”。1968 年 1 月成立地质勘探系统革命委员会，取代了地质处，主任姜善保，副主任陈志金。1969 年 11 月撤销地质勘探系统革命委员会。同时成立黄委会规划大队，姜善保任领导小组组长，队部设在洛阳市东马路。规划大队下属：规划一、二、三分队，地质勘探一、二、三队，地质物探队，测量三、四队。地质人员分别调入各规划分队、地质勘探队，以及黄河天桥、洛河故县、沁河河口村、伊河陆浑水库设计组。实验室人员部分归入黄委会水科所，部分调入规划大队、黄河修防段、洛阳地区。1972年有勘察人员420人。

（四）规划设计大队地勘组及地勘队

黄委会于1971年底在郑州成立规划设计大队。原在洛阳办公的规划大队，于1973年8月撤销，人员陆续回到郑州。规划设计大队大队长王锐夫，副大队长白五年、李学珍、顾鹤皋等，姜善保任中共黄委会规划设计大队核心组组长。规划设计大队下设地勘组，组长李修亭，副组长张家秦、彭勃。地勘组下设地质组、勘探组、计划组，负责业务领导、技术管理、计划管理。原在各规划分队和各设计组地质人员调入大队下设的第一、二、三地质勘探队和地质物探队。1974年地质物探队地质人员调出改称物探队。1974—1977年地质勘察职工分别为557、682、795和829人。

（五）设计院地质勘探总队及地质总队

1978年3月，水电部批准黄委会规划设计大队撤销，恢复黄委会勘测规划设计院。下设地质勘探总队，总队长刘金，副总队长张道一、曹俊明、崔云海，后增徐永修、宋寿亭。管辖地质勘探一、二、三队，以及山地队、地质队、物探队。有勘察职工872人。1979年12月，实验室由黄委会水科所回归设计院，年底勘察职工人数达1159人。

地质勘探总队1980年2月分为地质勘探处和物资供应处。地质勘探处副处长宋寿亭，8月增马国彦为副处长。下设秘书、地质、勘探组。第一、二、三勘探队，以及物探队、“80”钻机队（因1980年引进法国VPRH钻机得名）、山地队、机械修配厂、技工培训班、实验室，均由院直接领导。实验室有人员近百人，定为副处级单位，主任杜建寅，副主任黄守敬，主任工程师袁澄文。下设岩石、外业、土工、渗流、材料、矿化、技术、行政组。1980年有地质勘察职工847人。

1981年3月地质勘探处改为地质处，并成立地质勘探总队。9月任命彭勃为地质处处长，副处长先后由宋寿亭、张道一、马国彦担任。处下设工程师室、秘书组、勘探组，以及第一、二、三地质组。地质勘探总队，总队长郭长江，副总队长李元庆、娄东方，下设办公室、勘探科、财务器材科，以及第一、二、三地质勘探队和山地队、“80”钻机队、修配厂。物探队与实验室直属黄委会设计院领导。物探队队长李丕武。实验室增董遵德为副主任。1981—1984年地质勘察系统分别有职工733、572、913和902人。

1985年4月地质处与地质勘探总队合并，仍称地质勘探总队。总队长杨保东，副总队长李元庆、娄东方、曹俊明，总工程师彭勃。下设政工、秘书、计划经营、财务器材科和主任工程师室，以及第一、二、三地质勘探队和山地队、物探队、地质队、“80”钻机队、修配厂、洛阳供应站。院属实验室更名科学试验研究所，所长董遵德，副所长孙忠伟、尹菲。共有地质勘察试验职工820人。

1986年3月24日，经上级批准，地质勘探总队分成地质总队与地质勘探总队。两总队与科学试验研究所均直属设计院领导。直至1992年的6年中，除各机构内部科、室、队有小的调整外，其余无大变动。地质总队总队长先后由杨保东、马国彦、李宏勋担任。地质勘探总队总队长先后由郭长江、娄东方、杨炳炎担任。1992年上半年地质勘察职工总数为844人。

地质总队有职工142人(不含物探大队)。下设：办公室9人，分管行政事务、劳动、人事、福利、安全、教育、收发文电、医疗、办公用品采购发放等；技术室14人，负责技术规范、规程、标准的监督实施，对各队、室技术工作的指导、检查及成果评审验收，情报资料及全面质量管理、计算机使用；计经科12人，负责计划、统计、财务、器材管理、业余设计、第三产业的经营管理；描图室7人，承担复印、描图、晒图等工作；水资源室11人，进行黄河流域地下水资源计算评价；小浪底地质队32人，担负小浪底水利枢纽工程地质勘察中标书设计与技施设计地质工作；南水北调地质队16人，负责南水北调西线工程引水线路与坝址地质勘察；碛口地质队9人，承担碛口坝址工程地质勘察工作；龙门地质队8人，负责碛口到禹门口河段规划阶段地质勘察工作；故县地质队4人，负责故县水库大坝施工地质及勘察资料整理；岩土汽车队14人，对外承担工业与民用建筑地基勘察、汽车运输；其它3人。

物探队于1989年改为物探大队，有职工78人，归属地质总队，经济上独立核算。物探大队大队长李丕武，副大队长孙振乐、陈树荣。下设办公室、技术室、财务器材室和物探一、二分队。全大队有技术干部50人，占职工总人数的64%。其中高级工程师3人，工程师12人，有各种初级技术职称的32人。

地质勘探总队有职工520人。总队机关96人，其中办公室11人、劳人科7人、党群工作部门9人、计财科17人、行政科28人(含汽车、门卫、基建、幼儿园等工种)、技术科24人。下属第一、二、三地质勘探队,分别有职工110人、101人、105人。各地质勘探队内设钻机组、水电组、器材组、修理班、办事组。开发公司71人,从事第三产业的经营管理。精密铸造厂37人。

科学试验研究所有职工104人,其中干部70人,工人34人。所长董遵德,副所长尹菲、史效群,总工程师王绪庆。科研所下设:办公室16人,负责行政管理、财务器材、机械电器修理;技术室11人,负责计划管理、全面质量管理、仪器维修、图书资料管理、微机使用、打字、复印、规程与规范管理、对外签订合同等;材化室20人,负责材料试验、矿物分析、化学分析等;土工室24人,分土工与渗流两个组,承担土力学试验及渗流试验;第三产业4人,分别从事饭店经营与塑料制品加工。

二、装备与技术

(一)地质

地质专业队伍和技术装备,经历了一个由无到有、由简单到齐全配套的发展过程。黄委会所属地质机构人员和生产设备,从50年代初期开始,40年来,逐步成长为一支具有高技术水平和设备先进的队伍。1949年10月,调入北洋工学院矿冶系1936年毕业生李殿旭到黄委会之前,没有专职地质人员。1952年招进矿业工程大学毕业生及高中毕业生各1人,整理钻孔地质资料。1953年后,黄委会先后采取选派水工专业大专、中专及高中毕业生,到地质部、北京地质学院、南京大学地质系、长春地质学院、华东水利学院学习地质专业知识和开办地质训练班的办法,培养工程地质人才。到1956年,使109人在水文地质工程地质专业知识水平上和实践经验上得到提高。同时接受南京大学地质系、长春地质学院、北京地质学院专科毕业生19人。在此基础上,1956年成立地质队,开展了洛河故县水库工程坝址、伊河东湾水库工程坝址监钻、建筑材料坑槽探素描;三川河、无定河、泾河、沁河库坝区1∶10万、1∶2.5万、1∶5000地质测绘等地质工作。监钻工作,由现场了解钻进情况、作岩心相互关系报告表、画岩心素描图、钻孔压水试验现场值班与内业计算、整理钻孔资料绘制钻孔柱状图等工作组成。计算岩心采取率及单位吸水量的工具为计算尺。地质测绘装备有罗盘、手锤、放大镜、望远镜、气压计、皮尺、照像机等。地质测绘所用地形底图的比例尺比地质图比例尺大1倍。

50年代后期,地质勘察工作大发展,仅黄委会在黄河干、支流上开展的大型水利工程勘察项目就不下10处。1956年时，已经初步掌握了从苏联引进的水利工程地质勘察规范、规程。60年代初期，经过调查研究，编写出区域地震、新构造运动、水库淤土性质、水库浸没等多篇专题报告。

1963—1964年，强调重视质量，集中40多人整理地质资料。中游组整理泾河、北洛河、渭河地质资料与图件；三秦间组综合整理黄河三门峡一秦厂间地质报告及图件；下游组分闸坝、围堤、库区、区域4个小组，按三门峡勘察报告模式整编位山、东平湖地质资料，提出报告与附图108张。通过整编资料，熟悉了情况，提高了技术水平，使60年代中期承担的巩家川、党家湾、东庄等库坝区地质测绘及地层剖面测量精细度都有提高。同时，第二地质勘探队还完成了伊河陆浑水库补充地质勘察和施工地质工作。

随着治黄工程建设的发展，地质专业设置逐步健全。70年代末，分别建立坝基、边坡、围岩、水文地质、河床覆盖层、软基、区域构造、库区地质、岩体测试、天然建筑材料等专业组，提高了工程地质勘察质量，推进了专门工程地质问题的深入研究，写出专题调查研究报告19篇。

在对外技术交流方面，也有了新的发展。1973年，马国彦、杨保东两地质员受派到阿尔巴尼亚，援建费尔泽水电站作地质工作。70年代末80年代初，开展赤平极射投影分析软弱结构面、滑坡及泥化夹层，进行河床覆盖层等专题技术研究，引进法国钻孔多点位移计、铟钢丝收敛仪、倾斜仪、钻孔膨胀仪、钻孔测频测温器、拜森地震仪、T400综合测井仪等仪器设备，并聘请法国技术人员随仪器到小浪底坝址区操作使用，有一半仪器收到了预期效果。随后，黄委会设计院受水电部委托，在小浪底工地举办工程地质勘察测试仪器学习班，部属设计院勘察人员到班学习。

引进和使用先进技术，在治黄地质工作中得到了重视。80年代，先后在黄河小浪底库区及南水北调地质工作中，应用卫星照片与航空照片进行地质解译，在数千平方公里土地上判读断裂与地层，节省了人力。80年代末，开始应用微型电子计算机整理地质资料。1992年成立电算室，建立钻孔数据库，开发了钻孔柱状图绘图软件。

至1992年初，地质总队拥有仪器设备160多台(套)，价值120余万元。主要有：汽车11部、机动橡皮船2只、电台3部、对讲机11部、航空判读仪2部、变倍判读仪1部、遥感图像转绘仪1部、地质编录仪1部、微地震仪1台、甚低频电磁仪2台、回弹仪4个、伸缩仪1部、声波仪1台、专用测频测温器1台、钻孔膨胀仪1部、万向接头伸缩仪1台、钻孔固定倾斜仪1台、读数仪2个、收敛仪2个、点荷载仪1台、压入硬度计1个、摆球硬度计1个、钻孔摄像机1部、COMPAQ386微机2台、IBMPC/XT增强型微机1台、909桌面印刷系统1套、HIDMP—61绘图仪1台、CALCOMPAO数字化仪1台、24针打印机2台、PC—1500袖珍电子计算机5个、红外线测距仪1台、经纬仪8台、水准仪5台、摄像机2部、录像机1部、照相机11架、数字求积仪2个、复印机1部、照排机1部、晒图机1部、工程钻机2台、静力触探仪1台、杠杆式等应变直剪仪1台、三联固结仪2台、电动相对密度仪1台、翻译通1个、计算器人手1个。

1974—1992年共搜集编印滑坡文集4集，隧洞文集3集，沙土液化文集1集，岩土工程地质力学文集2集。自1983年创办《黄河地质与勘察》(1986年改为《黄河地质》)专业刊物，至1992年共出刊20期，与185个单位建立了情报交流关系，其中水电系统98个，地质矿产系统10个，大专院校21个，科学研究系统16个，人民解放军军工及石油系统10个，其它单位30个。80年代写出科研报告29篇，其中赵颇编写的《利用遥感技术研究东部重力异常梯度带对小浪底水利枢纽影响》和马国彦编写的《小浪底水库工程三坝址左岸夹泥的研究报告》两篇论文，被选入1986年第五届国际工程地质大会论文集。1987年潘伯敏等编写完成岩体测试手册，并印刷出版。地质专业技术队伍得到了发展，1992年地质总队有技术人员122人，其中高级工程师11人、工程师38人、助理工程师49人、技术员24人，承担了工程地质问题极为复杂的小浪底水利枢纽等工程地质勘察。

(二)钻探

黄委会1951年1月在开封招收60名青年工人，由岳华勇带队到长春参加冶金部举办的钻探培训班学习钻探技术。同时派李若富等人赴官厅水库学习钻探操作，同年6月结束学习返回开封。吉林省营城子煤矿派往冶金部钻探培训班学习的崔云海和官厅水库工程钻探队钻探工人刘文华等3人调到黄委会。这些人员在水利部工程总局领导下，1952年8月到黄河干流王家滩坝址，开动3部美国150型钻机进行钻探，从此，黄河流域地质勘探的历史揭开了新的一页。

1952年初组建土钻队，设备十分简陋，钻探使用的钻具为盘钻、勺钻、麻花钻，无法采取原状土样，护孔壁套管采用木板条箍制，钻进靠人“推磨”，可以进行标准贯人试验、钻孔抽水试验、大型载荷试验。1953年机钻设备以苏式联动150型和日本立根300型钻机为主，开始了对基岩进行岩芯钻探和压水试验。钻探队配修理班，能做简单修理工作。运输钻探器材主要靠牲畜拉胶轮车，一个钻探队有3～4个机组，全部器材10辆车就可以搬走。1956年搬运钻探设备已改用汽车，并可以按照规程、规范进行岩芯钻探。

1958年钻探人员动脑筋搞革新创造，改进合金钻头镶嵌办法和铁砂钻头锯水口操作方法。改进了标准贯入试验人力脱钩为自动脱钩。勘探技术人员侯锡琳在取土器基础上改制出真空活塞薄壁取砂器等。使钻进效率与质量得以提高。

60年代，钻探动力开始向电动化方向发展。钻机给进系统由手把式改为油压式，普遍推广使用了钻杆自动扭卸器。1965年在泾河东庄水库坝址勘探中，首次架设跨度500米、高出河水面300米的过河缆索。缆索吊斗不但能水平移动，而且能垂直升降，解决了深山峡谷地区往来运送器材及人员过河的困难。在巴家咀拦泥库坝前淤土勘探中，研制了旋页式原状取淤器。在天桥水电站地质勘探中，机长毛勋身制成钻孔止水器，解决了钻孔遇承压水强涌水带来的封孔难题。70年代初期，开始使用反循环和双层单动岩芯管钻进，以提高岩芯采取率。使用红星转盘式直径1米的大口径钻机，代替竖井以采取水下泥化夹层。推广使用小口径金刚石钻探工艺，提高了钻进速度与岩芯采取率。但是因为钻孔口径小，无法配套作压水试验。

1980年，投资90多万美元，从法国购进一台VPRH钻机（VPRH为：振动、冲击、回转、液压四项功能的英文第一个字母），除具有四项功能外，还可做动、静触探试验。钻管外径有219毫米与127毫米两种规格。钻探机与内燃机集中于一辆汽车上，钻管与机械手集中于另一汽车上，两车各重17吨，各自开动，实现搬迁、立井架、拧卸钻管、钻进等自动化。钻进时，孔内岩石破碎后由压缩空气吹出。购置此钻机目的，是想在黄河小浪底水利枢纽工程勘探中使用，钻取接近天然状态的河床砂卵石层颗粒级配。但经率定检验发现，所取砂卵石样品，大于100毫米的颗粒含量，比天然状态时少26.2%；100～2毫米的颗粒含量，比天然状态时多0.3%；小于2毫米的颗粒含量，比天然状态时多25.9%。加之黄河小浪底坝址砂卵石层中孤石较多，钻进困难，钻机重量大，交通条件要求高，适用性受到了限制，未能充分发挥效用。

1980年在袁澄文介绍国外套钻工艺原理基础上，随后宋秉礼、唐晓岚等研制成功用套钻方法采取含泥化夹层岩芯的技术。套钻工序是：先钻一段0.5～1米深直径42毫米的小钻孔，小钻孔中放入注液铁管，顺注液铁管注入粘结剂，待粘结剂凝固后，用110毫米口径钻具套住注液铁管钻进，达到注液铁管底时卡断岩芯，将注液铁管连同串结的岩石一齐提出。至1986年，先后打套钻孔40多个，除注液铁管上下两端岩芯轻微磨损外，大部孔段能100%地取出岩芯，有效地提高了钻取泥化夹层的准确率。但由于粘结剂在水中凝固的技术未得到解决，限制了套钻在水下钻孔中使用。

钻探技术的发展，不仅促进了勘探效率的提高，而且使钻探准确率和质量有了显著进步。1981年，第二地质勘探队在小浪底坝址槽孔试验时，在宽1米、深80米混凝土截渗墙上打钻孔，直达墙底而不出墙体，钻进方向控制准确。

套管起拔机为勘探技术人员乔鸿本从1981年起研制3年而成，定名VPP－Ⅱ型，机重1000公斤，由减震器、30千瓦调频电动机、双轮振动器、冲击器、万向联传器、异径接头、卷扬机等主要部件组成，悬挂在专用支架上以边振动、边冲击、边提拉同步施力起拔套管。1984年10月30日—11月8日，在小浪底坝址河床砂卵石层中起拔深度53米、直径168毫米套管成功。经河南省计量测试学会组织第七研究院七一三研究所测试，起拔套管机瞬时冲击加速度最大为23.5米/秒^2，最大平均冲击力90吨。起拔套管力大速度快。后又在小浪底坝址30、33－1、36三管钻孔试验，比50人拉绳起拔套管提高速度95～122倍。1985年4月1日，获国家专利，并获“首日专利纪念卡”。但因地质勘探多在山坡河滩进行，交通条件不好，起拔套管机重量大，搬迁不易，使应用推广受到了限制。

进入80年代以来，在改革形势推动下，钻探技术发展较快。主要表现在：套钻向定向取芯技术方向发展；逐步淘汰钢粒钻进，普及小口径金刚石钻进；超前靴取砂器的研制改进与应用；三联压水试验器的研制与应用；气动标准贯入器的研制与应用；大口径钻井技术及聚丙稀低固相泥浆护壁；沉井法大口径砂卵石竖井开挖；取原状夹泥技术的发展；SM植物胶冲洗结粘液的引进与应用；静力触探、超重型120击动力触探技术应用等。在小浪底坝址勘探中，1991年完成了直径1.5米、深50米的特大型供水井的造孔、安装和抽水试验。

1992年拥有主要装备：XY－2型地质钻机11台、XY－2B型地质钻机2台、XU300－2A型地质钻机9台、SGZ－1A150型地质钻机2台、XY－3型地质钻机1台、G－2型工程钻机1台、G－2A型工程钻机2台、SH30－2型工程钻机1台、VPRH钻机1台、CZ－22型钢丝绳冲击钻1台、CZ－30－Ⅱ型钢丝绳冲击钻1台、KD－160坑道钻机1台、KD－100潜孔钻机1台、WT－3物探钻机1台、HP40车装钻机1台、金属切削机床42台、汽车28辆、5～160千瓦发电机组23台。1992年钻探技术队伍中有技师3人、技术工人373人、工程师11人、会计师3人、经济师3人、主治医师1人，具有初级职称人员72人，正副处级干部9人，正副科级干部35人。

(三)物探

为了组建物探队伍，黄委会设计院1956年派人到吉林省四平市地质部物探局学习物探技术。1957年组建物探组，职工7人，有苏制电位计，仅能做电法勘探。1963年增添51型地震仪，GB1－1型测井仪，开展了地震、电测井及辅助测井勘探。1976年增添声波仪、水声仪、放射性测定仪、钻孔电视仪，可以做电测井、声测井、放射性测井及钻孔电视的综合测井、声波、水声、地震、电法等多种物探方法的探测。80年代初，又添置ES系列地震仪、3000系列测井仪、SP－Ⅲ型地层剖面仪等，提高了物探探测精度。1992年拥有DDC－2型电法仪、JJ－2B型激发极化仪、拜森1575地震仪、ES－125地震仪、ES－1210型和ES－1225型多道地震仪、T400测井仪和3000系列综合测井仪、SP－Ⅲ型浅地层剖面仪、SYC－2型、SYT－1型和5217型声波测试仪、ZK－2型和SL－2型测桩仪、RD－400管线探测仪、大型电火花穿透装置以及IBM286、486微型电子计算机。除常规电法勘探、地震勘探和电测井外，还发展了弹性测试、水声勘探、综合测井(包括电测井、声测井、放射性测井)、浅层反射地震(CD)层析成象技术、地基和桩基检测、地下管线探测。随着探测技术和探测精度的提高，应用领域也逐步扩大，不但可应用于规划阶段探测覆盖层厚度、基岩埋深，还可以为可行性研究、初步设计、技术设计等阶段的水库、大坝基础处理，探测基岩、土体弹性波、破碎带及软弱夹层位置，以及圈定渗漏带、爆破影响带与塑性带和检查固结灌浆效果，为地质、设计提供资料。

除服务于水利水电工程外，还在深圳国际机场、大连港口、国防建设工程中进行物探，在工业与民用建筑的桩基检测、混凝土构件检测、地下管(线)网探测方面发挥作用，并取得较好的经济效益和社会效益。

1986—1990年间，受水电总局委托，物探大队王少甫等编写了《水利水电工程物探规程》。

(四)试验

随着治黄事业的发展，黄委会试验设备与技术均有较大发展。至1992年4月，已拥有固定资产250余万元，其中万元以上设备35台(套)，分别为：AET－5000型美国产声发射仪1套、TC－355A日本产岩石高压三轴仪1台、矿11—50奥地利产格罗采尔压力盒5套、中型剪力仪1台、WE—100万能试验机1台、岩石高压渗透仪1台、CTS—25型声波仪1套、现场岩体软弱夹层慢剪仪1套、SZ30—24—2A砂砾石三轴仪1台、SJ—1A静三轴仪3台、动三轴仪一套、SJ—20中压静三轴仪1台、TSJ—20中压台式三轴仪1台、KTG固结处理机1台、高压渗透仪1台、D—6/1.0卧式冰柜1台、日本产乐声空调1台、YJ—200A压力试验机1台、WED—2压力试验机1台、WE—10B万能试验机1台、Y—2A衍射仪1台、POL西德产偏光显微镜1台、SUPER—286日本产微型电子计算机(包括打印、绘图)1套、AST—386香港产微型电子计算机(包括打印、绘图)1套、汽车2部、理光复印机1台、909中西文桌面印刷系统1套、英国产高速油印机1台。

科学试验研究所104人中,有高级工程师4人、中级职称(包括经济师等)28人、助理工程师级21人、技术员级17人、工人34人。

试验研究任务主要承担常规的岩、土、材料物理力学等试验。同时,还可以进行泥化夹层现场慢剪试验(包括孔隙水压力测定);现场地应力测试;现场岩体压缩蠕变试验;现场围岩经向千斤顶变形试验;断层带原位渗透变形试验;砂卵石(80×80厘米)抗剪试验;室内砂卵石三轴(直径30厘米、高60厘米)试验;室内声发射测地应力试验;岩组法测地应力试验;粘土岩膨胀试验;塑性防渗墙试验;岩石高压(10兆帕)渗透试验;土体高压(0.25兆帕)渗透试验。此外,岩石加工制件技术在国内处于领先地位,水下粘结剂已研制成功。

第二节 部属设计院

一、西北勘测设计院

1946年,国民政府资源委员会全国水力发电工程总处,在甘肃省天水成立西北勘测处,处长顾文魁,全部技术人员20多人,其中地勘技术人员2人。

中华人民共和国成立后,1950年10月,在接收西北勘测处基础上,建立了兰州水力发电筹备处,并开始组建地勘机构。1951年奉上级指示,兰州水力发电筹备处改名为兰州水力发电勘测处,从北京、浙江调进钻机和钻探人员(108人),组成勘探队,有沙立文钻机2部、立根钻机1部、手摇钻1

部。队领导人为贾宗淮、周希孔。到1953年底，完成黄河盐锅峡水电站等坝址钻探5处，共打钻孔268个，总进尺1.4万余米。

燃料工业部1953年4月25日以(53)燃人字2454号文下达指示，将兰州水力发电勘测处扩组为兰州水力发电工程筹备处，并派王自强、赵征为正、副处长。下属地勘队，正、副队长为常志荣、贾宗淮，负责黄河刘家峡、牛鼻子峡、八盘峡、乌金峡、黑山峡及洮河茅笼峡等坝址的钻探。1954年汛期，第一次使用钢丝吊桥在黑山峡进行河心钻探成功，解决了黄河峡谷汛期水深流急，用木船和木笼钻台钻探的困难。

1955年10月，兰州水力发电工程筹备处改名为电力工业部兰州水力发电勘测处，由于处长王自强奉调赴西藏支援地方建设，副处长赵征赴苏联学习，经电力工业部和甘肃省决定，派张增凡任该处中共总支书记，翟东平任副处长。

1955年，第一届全国人民代表大会第二次会议通过的《关于根治黄河水害和开发黄河水利的综合规划的决议》，确定刘家峡为第一期开发工程，兰州水力发电勘测处承担了刘家峡水利枢纽工程的勘测工作，遂组成刘家峡地质勘探工作组，郭有华任组长，成员有张子林、贾宗淮。下设地质队，队长俞克礼；钻探队队长常志荣，副队长秦述祖。当时地质队员15～20人，勘探人员100余人。1956年3月，从三门峡坝址勘探力量中调进3个机组，6月调进福建古田开挖队(该队先支援三门峡)，到年底有20个机组。年内成立了勘测队，下设4个专业队，即地质队、钻探队、开挖队、测量队。1957年勘测队机组发展到26个，人员最多时达1752人，其中正式工945人，临时合同工807人。

兰州水力发电勘测处1957年2月升格为电力工业部兰州水电勘测设计院，归电力工业部水电总局管辖。因设计人员少，仍以勘测业务为主。院内设地质科，科长杨树林。野外勘测机构无大变化。继续进行刘家峡水电站勘测工作。

1958年9月，兰州水电勘测设计院改名为水利电力部西北勘测设计院，院下设勘测处，何志忠任中共勘测处总支书记，处长李守仁(兼)、副处长安清荣，房广猷与周希孔为正、副总工程师。处下设测量、水文、地质等科，地质科正、副科长为周希孔、俞克礼。因水电工程勘测任务增加，又先后成立5个地质勘探队。各队的领导成员和任务是：

101队，负责黄河兰州以上刘家峡、寺沟峡等工程及青海省水电工程地质勘察，队长杨树山，地质负责人林铭德。

102队，负责甘肃省黄河以外工程地质勘察，重点为河西地区，队长王宪清，地质负责人韩长耀。

103队，负责陕西省境内工程地质勘察，队长刘勘，地质负责人先后为藏军昌、黄元谋。

104队，系由北京院成建制调给西北勘测设计院的一支队伍，负责兰州以下黄河干流青铜峡、乌金峡等工程地质勘探工作，队长刘玉文，地质负责人洪玉辉。

105队，负责白龙江流域工程勘察，队长张学祖，地质负责人柏万利。

105队1961年撤销，其人员与102队大部人员合并组成设计、测量、地勘多种专业的勘测设计队，赴新疆工作两年，后于1963年撤销，大部人员陆续调回甘肃省，少量人员留新疆工作。

102队1963年撤销，组建甘肃省河西地区昌马水库勘测总队，沙万堂、王宪清任正、副队长，周希孔任勘测总工程师。下属地质专业队，队长黄容、副队长韩长耀；勘探队正、副队长为秦述祖、孔祥念。

1965年开展"设计革命化"后，西北院先后在陕南、白龙江、黑山峡分别组成包括测量、地勘、设计专业的勘测设计队开展工作。

"文化大革命"中，地勘工作几乎停顿。1969年后，西北院被解散，设计人员下放，地勘队伍也随之下放到水电三局、四局、五局和甘肃省一条山工程局。

1978年，水电部决定恢复西北勘测设计院，由下放水电三局、四局、五局及北京院下放十五局的力量组织筹备。11月中共水电部规划院党组书记邹林光在刘家峡水利枢纽工地宣布水电部决定，西北勘测设计院于1979年1月1日正式恢复。到1985年西北勘测设计院勘测总队下设地质勘探、物探、测量、岩基试验、修配等队（厂），有职工1858人，

勘测机构1984年以后进行改革，实行转轨变型，由单一的生产型，转变为生产经营型，"立足水电，面向社会，一业为主，多种经营，推行以承包为主的经营责任制，为解决指令性任务不足，积极承包社会上的任务。抽调部分地勘力量组成基础工程施工队，承接电站大坝基础灌浆任务、硐挖任务及锚索钻孔任务、滑坡监测工程。"

勘测总队至1991年在编职工人数1716人（其中包括新招工人在学习岗位的201人）。1991年度完成货币产值2324.42万元，其中计划内产值1265.6万元，对外承包产值1058.82万元。全员劳动生产率人均13545元。

1991年勘测总队队部有科室15个，约170人。

总队所属外业队(厂)如下:

地质勘探队 6 个共 651 人,基础工程队 96 人,岩基试验队 23 人,物探队 63 人,地质队 182 人,龙羊峡滑坡监测中心 10 人,修配厂 74 人,蒿子店水文监测站 12 人。并在安康、西宁勘测基地及海南岛建材公司设有办事组。

主要设备有:各类钻机 75 台,各类水泵及泥浆泵 83 台,各种维修机具(包括车、钻、刨、铣、磨床及螺纹车床等)55 台,各类汽车(包括载重、吊运、翻斗、大客、旅行、吉普等车型)126 辆,机动船舶 7 艘,空压机及柴油发电动力设备 38 台,测绘仪器 43 台,物探仪器(包括地震、测井、声波)7 台,各类微机 44 台。

1979—1991 年,勘测总队历任总队长:底志忠、刘经诚、陈飞(副院长兼)、黄元谋、张庆堂(副院长兼)、郑合顺;历任副总队长有:张波、王培德、黄元谋、杨学武、董定安、张敬业、庆祖荫、吴中浩、毛增辉、李启德、周其洪。

1992 年有工程技术人员 299 人,其中具有高级职称 32 人。

西北院勘察人员,自中华人民共和国成立到 1992 年的 40 余年中,共进行 10 余个大中型水电站工程的勘测。其中刘家峡、龙羊峡、盐锅峡、八盘峡、青铜峡等水电站已经建成,经多年运转考验,地质勘察工作所得工程地质结论符合客观实际;李家峡、大峡水电站已完成勘察工作,正在兴建;黑山峡、拉西瓦、公伯峡、积石峡工程初步设计阶段勘察有的已经完成,有的将要完成;小峡、乌金峡等工程可行性研究项目的勘察正在进行。钻探技术从 50 年代的峡谷河床木笼、石笼、钢丝吊桥钻台钻进,发展到 80 年代的小口径金刚石钻头钻进、绳索取芯钻进、水下深厚覆盖层取样等。地质测绘开展了高陡峡谷区利用钢丝绳软梯作地质剖面、峡谷两岸地质照片填图(后改为陆地摄影地质照片)、大型地下厂房地质编录。科学试验进行了高边坡稳定研究、巨型高速滑坡及涌浪问题研究。西北院勘测队伍,在完成黄河上游 10 多座大中型水电工程勘测中,积累了丰富经验,已成为一支具有较高技术和配套设备的勘测力量。

二、北京勘测设计院

水利部北京勘测设计院于 1953 年成立,下设勘测处。1955 年有钻机 5 台,钻探工人 88 名。1956 年建立地质勘探总队,在黄河青铜峡、三盛公作地质勘察;在托克托至清水河一带作灌区调查。

燃料工业部水力发电建设总局 1953 年成立,下设勘测处。1954 年成立勘测总队,所属第二工程地质队在黄河石盘坝址进行地质工作。1956 年电力工业部勘测设计局第一、二地质勘探队,分别在黄河万家寨、任家堆、八里胡同坝址进行地质勘察工作。1956 年电力工业部成立北京水电勘测设计院。

水利部与电力工业部 1958 年 2 月 11 日合并成立水利电力部,水利部北京勘测设计院与电力工业部北京水电勘测设计院同年 8 月合并成立水电部北京勘测设计院。院下设地质勘测总队,总队长孙家驹。总队下设 13 个地质勘探队(有钻机 100 余台)、10 个测量队、物探队、物探研究室、实验室、修配厂等。职工总数达 3300 余人。1961 年 5 月,精减机构,将部分勘探队下放到各省(区)。1958—1965 年,分别在黄河龙羊峡、黑山峡、刘家峡、万家寨、龙口、前北会、罗峪口、碛口、军渡、三交、清水关、社宇里、里仁坡、壶口、龙门、安昌、任家堆、八里胡同等处,开展选坝或初步设计阶段地质勘察工作。1969 年北京勘测设计院撤销,人员下放水电第四工程局和第十一工程局。

1982 年,水电部北京勘测设计院恢复建制,下属勘测处,职工 209 人,设工程师室、地质队、物探队、测量队、实验室、修理车间。在原有工作基础上,1990 年开展振动加固地基。1992 年改为能源部、水利部北京勘测设计院,下属机构未变。

三、天津勘测设计院

天津勘测设计院是在 1978 年调原北京勘测设计院下放到第十一工程局的人员和原海河勘测设计院下放到第十三工程局的人员成立的。下设地质勘测总队,职工 750 人,总队长孙福增,副总队长连嘉昌、孙振江、郭益三。1983 年地质勘测总队改名为勘测处。处长连嘉昌、副处长郭益三、郭兴洲、姚小海、张月江。1985 年撤销勘测处,改为地质勘探总队和航测遥感大队,总队长连嘉昌(后由郭光天担任),副总队长姚小海、郭兴洲。总队下设地质队、物探队、土钻队,第二、三地质勘探队及岩土实验室,编制职工 450 人。航测遥感大队下设地质遥测组。

1978 年以来,天津勘测设计院地质勘探队伍,曾担任黄河干流舌头岭坝址、万家寨坝址、龙口坝址、大柳树坝址、南水北调东线位山穿黄工程及引黄入晋济京等工程的地质勘察工作,首次在黄河下游河床以下岩溶发育的石灰岩地层中,成功地完成了勘探试验硐的开挖,总长 487.5 米,断面宽

2.93米,高 2.6 米。

第三节 省(区)属勘测设计院

一、青海省

青海省农林厅1955年委托陕西省水利勘测设计院,代培钻探工25人,1956年成立钻探队。1957年全队职工50余人,设两个钻探机组,使用仿苏300型手把式钻机。队长郭士宪,副队长韩志刚、郭生满。

1958年成立地质勘探总队,改属青海省水电厅设计院领导。总队长仪文年。下设一、二、三钻探分队,四分队为机械凿井分队,有6~8部钻机,总队职工增至250人,其中地质技术干部18人,并设地质组、电探组。1959年增设五分队,即地质分队,地质人员增至30多人。全总队360余人,开动钻机12部。

在60年代初期,接受西北院和北京院下放部分人员和设备,总队分成两个地质勘探队,一个属省水利勘测设计院,另一个归湖滨工程局,两个队职工增至400余人,其中地质技术人员45人。后湖滨工程局撤销,两个地质勘探队重新合并。1962年秋,青海省水利与电力分家,地质勘探队属省水利局设计院领导,在编人员35人,其中技术人员5人,队长先后由张学宽、廖资生担任,副队长为王永康、刁耀华。

1963年至1966年期间,地质人员陆续归队,设备有所增加,1966年有钻机3部,凿井机1部,100米汽车钻1部,职工120人。1968年接受12名地质专业大学生。自1967—1971年,地质勘探队几易归属,前后属省水利局、省畜牧厅水利局、省农林厅水利局下设的设计院和省水利水电工程队领导。

1972年底招收青工108人,地质勘探队增至220余人,其中地质人员21名,在原工作基础上开展了水泥灌浆和基础处理。1973—1974年有300型和600型油压钻机6部,冲击钻、水井钻2部,购进物探6通道轻便地震仪1部。1979年又招收青工20人,职工人数增至270人,其中地质人员24人。当年年底,水、电地质勘察机构再次分开。

进入80年代,职工队伍继续扩大,设备增加。1987年有职工270人,地质技术人员15人。历任队长韩志刚、赵建国、张学宽、何近康、吴生福、杨永庆、曾国斌、高宏喜、廖太玉。至1988年12月,全队有各种专业技术人员67人,其中高级地质工程师2人,地质、物探、试验、测量工程师21人,助理工程师5人,技术员10人,大、中专见习生21人,勘探技师6人。引进地质遥感、现场大型抗剪、声波测试设备技术,以及金刚石钻探技术,并添置点荷载仪、触探仪、彩色合成仪等。历年来进行湟水、大通河流域规划工程坝址的地质勘察工作。完成文字报告390份,供水井153眼,基础处理工程9项。

二、甘肃省

甘肃省农林厅水利局,于1950年接受水利部所属单位工人5名,借用铁道部门冲击钻一台,开始了钻探工作。1952年成立钻探队,职工陆续增到50人。1958年水利局改为水利厅,同时成立勘测设计院,院下设勘测室及钻探队,有勘测职工150人,其中地质组30人(包括物探人员6人)。

1964年有勘测职工230人。1965年除地勘队外,另组成7个勘测规划设计队。1966年到1978年机构变动频繁。1982年才逐步改为3个勘测设计总队。1990年勘测人员980人,其中技术人员200余人(内有工程师50余人),技师15人。先后承担洮河、大通河、祖厉河、渭河上游、泾河上游及陇中沿黄地区扬水灌溉等大型水利工程地质勘察工作。其中"引大入秦"工程盘道岭隧洞,长15723米,是我国目前最长的水工隧洞。

三、宁夏回族自治区

1958年,自治区水电局开始筹建地质勘探队伍。一方面派人到承担黄河大柳树坝址勘探工作的西北院大柳树工区104地质勘探队学习勘探技术,另一方面从西北院调进钻机两台和钻工14人,年底成立钻探队,职工68人,其中技术人员7人。

自治区水电局1959年10月成立水电勘测设计院,将钻探队与电力设计组的地勘人员及设备合并,成立地质勘探队,有职工77人,其中技术人员11人。因精减机构,1962年上半年撤销地质勘探队,与测量队合并建立勘测队,有地勘人员28人,其中技术人员6人。1964年春撤销勘测队,恢复测量队与地质勘探队,属工程处设计室领导。

自治区水利局1965年3月28日决定,勘测设计院与工程处合并,成立设计工程处,下设地质勘探队,职工42人,其中技术人员8人。1968年9

月，地质勘探队成立革命领导小组，1972 年撤销。工程处地质勘探队有职工 54 人，其中技术人员 14 人。

1979 年 1 月恢复自治区水利局勘测设计院，地质勘探队归勘测设计院领导。1985 年地质勘探队下设 3 个钻机组和地质、实验、测试、修配、行政组，职工 91 人，其中工程师 6 人，助理工程师 2 人，技术员 4 人。历年来进行过清水河长山头水库及固海扬水灌溉等大型水利工程的地质勘察，提出地质勘察报告 20 份。其中 1980 年和 1984 年各有一项科技成果获自治区级三等奖。

四、内蒙古自治区

1956 年建立水利勘测设计院，次年组建地质勘探队，职工 50 人，其中干部 2 人，技术人员 18 人，工人 30 人。1960 年成立物探组，进行电法勘探，陆续发展地震、声波勘探。1979 年基本实现基岩小口径钻探。1984 年建立遥感组，开始利用航片和卫片进行地质解译。1985 年，地质勘探队（包括地质、物探、钻探、遥感）有职工 139 人（其中技术人员 44 人，工人 75 人），试验室 42 人，修配车间 30 人，测量队 117 人。历年来进行的主要勘察工程有：大黑河红领巾水库、浑河挡阳桥水库、红山水库、黄河干流蒲滩拐坝址、龙口水电站坝址及引黄济京内蒙线路勘察、河套灌溉工程勘察。自 1957 年到 1985 年，完成岩芯钻探 641 孔，进尺 84104 米；土钻 5887 孔，进尺 39074 米。

五、陕西省

陕西省水利局 1952 年 9 月组建钻探队，1956 年水利局改为水利厅，下设水利勘测设计院，钻探队有职工 80 人，其中技术人员 5 人，工人 75 人。1958 年钻探队改为地质勘探队，有职工 100 人。1959 年增建电勘组，又陆续增设地震、测井专业。1985 年 10 月有职工 500 人，其中技术人员 100 人，工人 400 人。11 月地质勘探队扩建为陕西省水利电力土木建筑勘测设计院地质勘察总队，下设生产经营部、地质队、钻探队、岩土工程队、新疆分队、实验室、出版室、汽车队、修配厂、技术咨询服务部、技术科、供应科、劳动服务公司、办公室、人劳科，职工 551 人，其中技术人员 143 人，工人 408 人。先后承担过渭河支流石头河水库、千河冯家山水库等高坝大库工程地质勘察。

1979 年 3 月陆晓晖编写的《石砭峪定向爆破筑坝工程地质勘察总结》

和1980年10月濮声荣编写的《水工隧洞喷锚支护的地质勘察研究》,均获全国科技大会奖。

六、山西省

1955年2月,山西省工矿研究所地质人员和山西省水利厅机械修造部的人员,组成汾河水库地质勘探队,属省建设厅领导。1957年水利厅成立水利勘测设计院后,汾河水库地质勘探队并入水利勘测设计院,扩建为水利勘探总队,增设物探组,职工180人,其中技术人员50人,工人130人。1966年水利勘探总队改归凿井总队领导,1971年又归属勘测设计院。1983年水利勘测设计院进行调整,下设勘测一队(地质队)、勘测二队(测量队)。

1984—1985年,勘测一队(也称水利工程地质勘探队)下设办公室、计财科、人劳科、供应科、总务科、医务室、技术室、实验室、地质科(包括物探共52人)、勘探科(包括钻机组共123人)、修理车间、汽车队等,职工299人。其中工程师12人、助理工程师21人、技术员37人、技师7人、干部9人、工人213人。历年来进行过汾河水库、玄泉寺水库、石家庄水库、峪口水库等大型水利工程勘察。

七、河南省

1951年治淮总指挥部计划处成立水库基本工作队,内设钻探队。1956年治淮总指挥部与河南省水利局合并为河南省水利厅,水库基本工作队改编为第一、二、三勘探队,各队分别设勘测股、钻探股、试验股、物探股,共有10个钻机组,职工740人。钻探使用仿苏钻机,开展了电法勘探、常规土工试验。1959年,两个勘探队和测量队合并,成立河南省水利勘测设计院勘测队;另一个勘探队改为凿井队。60年代以来,业务范围扩大,设备陆续增加,先后增置汽车油压钻机、电测井、声波测试、同位素测试、静三轴剪力仪、野外大型剪力试验、十字板剪力仪等勘察设备。

1984年成立河南省水利勘测总队,下设第一、第二勘探队、地质队、测绘队、实验室、物探组、总工程师室、办公室、计划经营科、财务科、供应科、机修厂服务部,职工530人。钻探采用金刚石小口径钻具和绳索取芯,并增加静力触探仪、地震仪、点荷载仪、回弹仪等设备。多年来,工作地点在淮河流域,在黄河支流洛河故县水库和沁河河口村坝址做过地质勘察工作。

八、山东省

1952 年山东省农林厅水利局成立钻探组。1956 年水利局建制改为水利厅，钻探组改为钻探队，同年 10 月和山东省治淮指挥部勘测设计处合并，建立山东省水利勘测设计院，下设勘测室(包括钻探队)、土工实验室。1959 年开展物探工作。逐步发展为岩心钻探、土层勘探、物探、测绘等综合性地质勘探队伍。

1961 年 5 月，北京院勘测总队第十一地质勘探队下放到山东省水利勘测设计院，编为地质勘探二队，职工 53 人。

1971 年 3 月山东省水利勘测设计院各专业室撤销，地质勘探队和测量队由院直接领导。1985 年地质勘探队职工总数 146 人，其中技术人员 24 人，工人 63 人。

山东省水利勘测设计院担负过黄河支流大汶河各水利工程的地质勘察。

第七章 地质调查

黄河流域幅员广阔,资源丰富。历来在流域内进行地质调查多系煤炭、石油、冶金、建筑、交通及水利水电等国民经济部门,根据各自需要,组织开展不同范围和不同内容的地质调查工作。地质勘察工作的发展,有助于对大地构造和地质、地貌研究的深化,使人们对黄河流域一些重大地质问题的认识有了提高,为治黄规划和水利水电工程建设提供了宝贵资料,有力地促进了认识黄河和改造黄河的进程。本章主要记述为治黄而进行的黄河干、支流河道地质调查,并简要记述黄河流域地质概况及基础地质调查工作。

第一节 黄河流域地质概况

一、区域大地构造

黄河流域西部地区属西域陆块,东部属华北陆块,两者分界大致在青铜峡—固原—宝鸡—西安一线。

西域陆块,是早寒武纪至印支运动间古特提斯洋板块多次向中国东北部大陆碰撞俯冲形成的。在黄河流域内有祁连、东秦岭、昆仑—西秦岭及巴颜喀拉山等断块(或称褶皱带)。这些断块呈北西或北西西向带状分布,岩层挤压变形强烈,褶皱紧密,断裂构造异常发育,有大规模中、酸性岩体和小型基性与超基性岩体侵入。各断块间以深断裂分界。除贺兰—六盘山深断裂走向为近南北向外,其余均与断块展布方向一致。

华北陆块,吕梁运动形成其基础,经中元古至古生代沉积,使其加厚并固结硬化。中生代时期,因太平洋板块沿其西侧深海沟向欧亚大陆板块俯冲,使华北陆块产生脆性变形引起断裂活动,形成一系列近北东向还有东西向的断块盆地、隆起和断陷盆地。如阿拉善与鄂尔多斯断块盆地;阴山、吕梁山、太岳山、秦岭和泰山等隆起;银川、河套和汾渭等断陷盆地以及巨大的华北陆缘盆地(或称裂谷盆地)。新生代以来,以继承性差异升降活动为主。

二、地层岩性

太古界主要分布在阴山、吕梁山、峭山、熊耳山一带，为一套中深变质岩。岩性以片麻岩类、角闪岩类、变质岩类为主。

元古界在流域东部出露较广，西部较零星。主要为中深及中浅变质的碎屑岩夹碳酸盐岩类及火山岩类。也有未变质的碎屑岩、碳酸盐岩及火山岩类。

古生界在东西部的差异较大。东部寒武奥陶系以碳酸盐岩为主，缺失志留系、泥盆系及石炭系下统，石炭系中、上统及二叠系，以砂、页岩为主，含煤层。西部地区以海相碎屑岩、灰岩、火山岩为主，并有不同程度的变质。

中生界在华北陆块区以河湖相碎屑岩为主，含煤及油页岩。西域陆块三叠系为变质的砂岩、板岩夹灰岩及火山岩。侏罗、白垩系以砾岩、砂岩、页岩为主，分布在山间拗陷盆地中。

新生界第三系除巴颜喀拉褶皱带和昆仑—西秦岭褶皱带零星分布外，在祁连褶皱带及华北陆块内均分布较广。岩性以陆相盆地或湖相碎屑岩沉积为主，河流相碎屑岩次之，局部夹有厚层石膏、盐岩和含油含煤地层，并有火山岩分布，华北陆块普遍缺失古新统沉积。第四系分布于全流域，成因类型复杂，岩性岩相变化大。主要岩性为黄土、卵砾石、砂、砂类土和粘性土，局部有淤泥、盐渍土和冻土分布。黄土在黄河流域内分布范围之广，厚度之大，为世界之冠。黄土不仅堆积于低洼及缓坡地区，而且也堆积在丘陵、低山等剥蚀地区。黄土堆积区成为黄河泥沙的主要来源地，而且也是流域内的主要农业区。因此，在黄河的治理与开发中，占有十分重要的地位。

黄河流域侵入岩分布比较广泛，类型种类繁多，详见表2—1。

表2—1 **黄河流域岩浆岩分布一览表**

时代		酸性(γ)	中性(δ)	基性(β)	超基性(ε)	碱性(ξ)
新生代	喜山期	甘肃		内蒙古、河南		
中生代	印支—燕山期	河南、山西、内蒙古、陕西、甘肃	山东、山西、陕西、甘肃、青海	山东、山西	山东、甘肃	河南、山西、陕西、甘肃

（表头斜线栏：岩性 / 分布地区 / 时代）

续表 2—1

时代 \ 分布地区 \ 岩性		酸性(γ)	中性(δ)	基性(β)	超基性(ε)	碱性(ξ)
古生代	华力西期	内蒙古、宁夏、甘肃、青海	内蒙古、甘肃	内蒙古	内蒙古、甘肃、青海	
古生代	加里东期	陕西、甘肃、青海、内蒙古、河南	内蒙古、陕西、甘肃、青海	陕西、甘肃、青海	内蒙古、陕西、甘肃、青海	
元古代	五台—晋宁期	河南、山西、内蒙古、陕西	河南、山西、内蒙古、青海	河南、山西、内蒙古	河南	
太古元古代		甘肃	山东		山东	
太古代	阜平期	山东、河南、山西、内蒙古	山东、河南	内蒙古、河南	山东、山西	

三、地貌

(一)流域地貌

黄河流域地势西高东低,呈三个大的阶梯:天祝—积石—岷县以西为最高的一级,第二级以太行山为东界,太行山以东为第三级。第一级阶梯第三纪末以来,经多次整体性抬升成为青藏高原的一部分,高原面平均海拔4000米。

第二级阶梯以鄂尔多斯台块为主体,海拔1000～2000米。南界秦岭,北抵阴山,东部有太行山、中条山、熊耳山、崤山、吕梁山,西部有贺兰山、六盘山等。鄂尔多斯台块四周分布着银川盆地、河套盆地、汾渭盆地。盆地自第三纪形成以来,一直处于沉降过程,盆地高程由300米向上游逐次升高至1000米。本区最大特点是水系发育,侵蚀作用普遍而强烈。黄土高原区大部分为丘陵起伏,沟壑纵横,保存下来的平坦塬面已经很少。

第三级阶梯地势低平,海拔一般低于100米。自第三纪以来就以沉降为主。中更新世以来,黄河冲积泛滥加剧,形成由冲积扇平原,冲、湖积平原和冲、海积平原组成的华北大平原。

(二)河谷地貌

根据约古宗列盆地以下黄河纵、横剖面特征及区域地貌和构造条件,黄河干流河谷地貌，可分为青铜峡以上、青铜峡以下至孟津宁咀及宁咀以下三大河段。

1.青铜峡以上河段：构造属西域陆块，地貌为第四纪以来不断抬升的青海高原区。河谷地貌是在上述构造地貌条件下，由河流溯源下切作用所形成。因溯源下切的进程在各处不同，又可分为三段：(1)玛曲以上以宽浅河谷为主，河流比降为1‰，两岸地势起伏平缓，河谷阶地不发育，湖盆、沼泽和草滩分布较广，河床覆盖较厚。(2)玛曲至刘家峡下口，为河流强烈下切地段，峡、川相间，河谷深切，岸坡陡峻，河流比降平均为2‰左右。其中龙羊峡长38.6公里，落差235米，比降达6.1‰，属各峡之冠。(3)刘家峡以下至青铜峡，河谷两岸地形与上段相似，河流比降在1～2‰，河床覆盖层(砂卵石)从兰州以下变厚，可达20～30余米。河谷岸坡较缓，盆地区(如兰州)可见四级阶地。

从地貌及地质构造条件看，青铜峡至兰州为黄土高原与青藏高原交接地带，河谷纵断面上的裂点应在青铜峡至兰州间，由于溯源侵蚀作用，裂点已上溯到玛曲至刘家峡间。因此，该段河流比降最大。青铜峡至刘家峡河段长度，大体反映了第四纪以来此段黄河溯源侵蚀的速度。

2.青铜峡至宁咀河段：黄河自青铜峡进入华北陆块后，流向明显地受陆台中断陷盆地的控制，先由银川盆地北流，到河套盆地后转为东西向，至托克托后，因受吕梁山的影响，沿其西侧低洼地带折转南流，从广泛堆积有三趾马红土的古夷平面上，下切成深250～300米，长约725公里的晋、陕峡谷。穿过峡谷后，注入汾渭断陷盆地，至潼关，受秦岭华山阻挡，沿灵宝、三门峡盆地向东奔流，切穿晋、豫山地，最后进入华北平原。

本区自新第三纪末以来，也以上升为主。其边界大致在宁咀至桃花峪间。

断陷盆地区河谷宽阔，一般为数公里，宽处可达数十公里。第四系地层巨厚，且分布广泛，河床比降0.17～0.4‰。水流平缓，沙洲较多。

峡谷段谷底宽一般为300～600米，宽处可达600～1000米，河流比降平均在1‰左右，岸坡陡峻，断续发育有五级阶地。河床覆盖层厚度多在20米以下，但峡谷下口(禹门口、小浪底等)河床覆盖层厚达80米左右。峡谷上口附近(小沙湾、三门峡湾)为基岩河床。

3、宁咀以下至黄河入海口段：本段属华北坳陷区。宁咀至桃花峪，河谷宽3～5公里，河谷两岸有南、北邙山和一、二级阶地断续分布。河床由砂卵石渐变为粉、细砂，河槽宽浅，沙洲较多。桃花峪以下渐变为地上河，以“宽、浅、散、乱”游荡型河段著称于世。因此，两岸筑有防洪大堤束水。桃花峪至位山附近，为黄河冲积扇平原，利津以下为河口三角洲区。

（三）黄河的形成与发育

黄河的形成与发育，历来是地理、地质学家感兴趣的问题，也是治黄决策中需要研究的问题。1925年，王竹泉发表《黄河河道成因考》，对晋陕峡谷段的黄河发育历史进行了阐述。50年代，冯景兰（1955年）、张伯声（1955、1958年）先后发表文章，对黄河的形成时代进行探讨。1980年以来，这一问题引起更加广泛的关注。1983年，中国科学院渭河地貌组在《渭河下游河流地貌》一书中，论述了黄河中、下游河道贯通的问题。同年戴英生在《人民黄河》上发表题为《黄河的形成与发育简史》的文章，较全面地阐述了黄河的发育历史。1988年李容全等，对共和至宁夏段黄河发育史进行了探讨。同年刘书丹等提出黄河进入黄淮海平原的时间，并论述了黄河冲积扇平原的发育过程。1992年，潘保田专文论述黄河的形成与发育。综合上述研究成果，黄河发育概况可基本明晰：

黄河流域第三纪时期，湖盆众多。各盆地中大部分以红色碎屑沉积为主，局部夹有盐岩或石膏层。经过第三纪末第四纪初的地壳运动后，早更新世时期，保留的较大湖盆有扎陵湖—鄂陵湖、唐克（若尔盖）湖、共和湖、银川—河套湖、汾渭—三门湖及华北湖群。而这些湖盆，除华北湖群外，均为内陆型，在大部分时间以淡水沉积为主，且各自形成独立的集水系统，控制了当地水系的发育。据此看来，第四纪初的地壳运动，造成流域地势的西高东低，因而导致了原有内陆湖的外溢连通，使“西出昆仑，东入大海”的黄河开始形成。

当时的黄河，因为有众多湖泊的调蓄水沙作用，水文特点、泥沙含量均与现在的唐克以上河段相似。因此，在早更新世时期，黄河可能已经是流入华北盆地的最大河流。但当时黄河堆积的物质不一定比洛河或沁河多，因而豫东平原区还没有或很少有黄河沉积物。

中更新世时期，西部地势的抬高，加剧了河流的下切，湖盆开始逐个被切开、疏干而消亡。位居最下的三门湖消亡最早，约在早中更新世末，共和湖消亡于中更新世末，银川—河套湖盆大约消亡于晚更新世晚期。以上三大湖盆的相继消亡，使黄河中下游水文特性改变，输送到下游的泥沙含量增大，随之也促进了华北平原的形成和发展。

四、活动断裂及地震

流域内的深大活动断裂较多，并伴随有强地震活动。

（一）位于西域陆块的主要活动断裂

1. 青铜峡—六盘山—宝鸡—西安断裂：在流域内呈反“S”形分布，是西域陆块与华北陆块的分界断裂。本断裂自元古代开始直至现代都有强烈活动，目前仍具有岩石圈断裂性质。

2. 共和—天水断裂：自青海湖南山进入流域后，经尖扎南、临夏南、漳县、天水南而东延出境。断裂在空间上基本沿祁连山南缘前寒武系地层的南侧边缘分布，新生代以来活动仍很强烈。

3. 玛沁—玛曲断裂：断裂规模巨大，在流域内作北西西—南东东向展布，是昆仑山—西秦岭深断裂系的重要组成部分。沿断裂两侧基岩十分破碎，次级断裂面发育，岩层产状紊乱，往往形成强烈揉皱，断裂继承性活动显著，新生代以来尤为明显。

（二）位于华北陆块区的深大活动断裂

主要集中分布于鄂尔多斯台块周缘和太行山前及华北断陷盆地中。

1、鄂尔多斯周缘断裂系：包括银川盆地、河套盆地和汾渭盆地的边缘断裂，新生代以来活动强烈，近代地震活动的烈度大、频度高。

2、太行山前断裂系：新生代以来，活动仍十分活跃，是流域内东部平原和中部山地高原的分界线，是华北平原强震多发带。

此外，华北拗陷盆地中，还有一些隐伏的活动断裂，如兰考—聊城断裂等。其规模比上述断裂要小，但近代也有强震活动，并曾使黄河下游部分堤段遭受影响。

据历史记载，黄河流域自公元前78年至1976年，共发生6级和6级以上强震65次，其中8级和8级以上5次，7～7.9级17次，6～6.9级43次。主要发生在鄂尔多斯台块周缘盆地内或盆地边缘，以及西域陆块的深大断裂带上和太行山前等活动断裂带上。

五、黄河干流河谷工程地质特征

黄河流经不同地质构造单元和地貌区。按工程地质环境及河流特征，干流河谷可分为三段。

（一）河源至青铜峡河段

地形特点为峡谷与盆地相间。峡谷段为相对上升区，落差集中，陡崖高耸，河谷呈V型，河床冲积层薄。出露岩层主要有前寒武系变质岩和花岗岩类、古生界碳酸盐岩及中生界砂板岩，岩性致密坚硬，强度高，透水性弱。盆地为相对下降区，主要由第三系或白垩系较软弱的红色岩层组成，地貌交接处常伴随有大断裂通过。

该段工程地质条件较好，河水含沙量低，开发条件优越，被誉为中国水电基地的"富矿"河段。在已建和规划选点拟建的各梯级水库周边，皆由不透水岩层组成，不存在永久渗漏问题。该河段地质构造虽复杂，挽近期断裂发育，但可以通过勘察选址，将水电工程置于相对稳定地段。但龙羊峡至积石峡峡谷河段，近代物理地质作用明显，普遍发育有崩塌、滑坡和卸荷松动岩体，其规模达数百万至数千万立方米，故应重点研究岸坡稳定问题。

（二）青铜峡至桃花峪河段

从上到下为：银川—河套盆地，晋陕峡谷，汾渭—三门盆地，晋豫峡谷，华北盆地。盆地为淤积型河段，是发展农业灌溉的基地；峡谷为侵蚀型，是修建水电工程高坝的良址。区内大致以长城为界，其北为鄂尔多斯高原沙漠区，南为黄土高原区，境内水土流失严重，为黄河的主要来沙区。晋陕峡谷（黄河北干流）落差集中，河谷狭窄，两岸岩体宽厚，河床冲积层薄。构造上处于相对稳定的鄂尔多斯东缘，无大断裂通过河谷，岩层倾角平缓，地震基本烈度除万家寨库区的龙王沟口以北和龙门舌头岭下游石鼻子以南为7～8度区外，全河段均为6度或低于6度区。出露岩性，峡谷两端为寒武、奥陶系碳酸盐岩，中间河段全部为二叠、三叠系碎屑岩，属坚硬—半坚硬岩体，其强度均能满足工程要求。鉴于岩体中有多层构造泥化夹层存在，当地缺乏混凝土骨料，但石料、土料丰富，此河段修建水电工程适宜修建当地材料坝。

峡谷两端碳酸盐岩河段，左岸地下水补给河流，右岸在万家寨和龙门甘泽坡坝址，地下水位均低于黄河水位，有岩溶渗漏和坝基渗透稳定问题；天桥水电站坝下有裂隙岩溶承压水，是神府煤田能源基地理想的供水水源地。

晋豫峡谷段大体以垣曲（古城）盆地为界，其西为古生界碎屑岩和碳酸盐岩，并有岩浆岩组成的峡谷，褶皱紧密，断裂构造发育，地震烈度高，为7～8度区。位于此河段的三门峡水利枢纽工程坝址区，工程地质条件优良，水库区有淤积、塌岸和浸没等问题。垣曲盆地以东，除八里胡同为寒武系、奥陶系碳酸盐岩峡谷外，其余均为二叠系、三叠系碎屑岩组成的峡谷，褶皱舒缓，断裂发育，地震烈度弱于西部，为7度区。由于岩体中有构造夹泥，谷坡存在岸坡变形，河床有基岩深槽，位于此河段的小浪底水利枢纽工程坝址，工程地质条件比较复杂。孟津（宁咀）以下至桃花峪，为峡谷过渡华北平原的过渡型河段。

（三）桃花峪至入海口河段

为平原淤积型河段。两岸靠大堤约束河流，河床一般高出堤背地面3～5米，成为地上悬河。地震基本烈度为6～8度区。主要工程地质问题为河道淤积，闸、坝基础均置于深厚、饱和、疏松的软基上，易产生砂基液化、渗透变形和不均匀沉陷等问题。

黄河干流河谷地质纵剖面略图见图2—1。

第二节　区域地质调查与编图

1911年以前，先后有美国人庞培勤，英国人达伟德，德国人李希霍芬，俄国人热瓦斯基、奥勃鲁契夫，美国人威理士、勃拉克等分别在黄河流域的甘、宁、绥、秦、晋、冀、豫、鲁等省境内，进行一些小范围的地质调查。1910年，我国地质学家邝荣光编出《直隶地质图》，这是最早涉及黄河的区域地质图。1911—1949年，我国地质事业有所发展，老一辈地质学家李四光、黄汲清、侯德封、翁文灏、曾树声、叶良辅、袁复礼、杨钟健、卞美年、谭锡畴、王竹泉、李捷、孙健初等，均在黄河流域内进行过地质调查，并有部分1∶100万地质图幅出版。

中华人民共和国成立后，我国地质事业迅速发展，在开展区域地质调查的同时，大地构造、地震、区域水文地质等调查研究工作也有很大发展，其成果被广泛应用于国民经济各部门。仅就与黄河水利水电工程地质勘察关系密切的主要成果简述如下：

一、区域地质调查

(一)1∶100万区域地质调查

1919年,北京地质调查所编出区域地质图太原—榆林幅;1924年谭锡畴主编北京—济南幅;1926.年王竹泉重编太原—榆林幅;1929年,李捷等编南京—开封幅;1936年,孙健初编长安—洛阳幅及西宁—酒泉幅。1945年后,黄汲清教授领导重编1∶100万地质图(14幅)。

1960年,全国地质科学协调会议决定,编一套1∶100万中华人民共和国地质图。编图工作由地质部地质科学研究院领导,各省(区)地质局、地质科学研究所或区域地质测绘大队承担。1988年在调查基础上编图任务基本完成。其中涉及黄河流域的有K—48临河幅、K—49呼和浩特幅、J—47西宁幅、J—48兰州幅、J—49太原幅、J—50北京幅、I—47玉树幅、I—48宝鸡幅、I—49西安幅、I—50南京幅等10幅,均已出版。

1∶100万地质图,是研究黄河流域区域性工程地质问题和进行流域规划时的主要基础资料。

(二)各省(区)1∶50万(或1∶100万)地质图编绘

60年代至70年代,流域各省区根据已有资料,按图幅面积大小,分别选择1∶50万或1∶100万比例尺,编制省(区)地质图,出版时间各省不一。详见表2—2。

表2—2　**黄河流域各省(区)1∶50万(或1∶100万)地质图出版时间表**

省(区)名称	出版时间(年)			比例尺
	第一次	第二次	第三次	
青海	1972	1981		1∶100万
四川	1976			1∶50万
甘肃	1961	1972	1977 (1∶100万)	1∶50万
宁夏	1981			1∶50万
内蒙古	1964	1982		1∶100万
陕西	1967	1980(未印刷)		1∶50万

续表 2—2

省(区)名称	出版时间(年)			比例尺
	第一次	第二次	第三次	
山西	1977			1：50万
河南	1962	1982		1：50万
山东	1966	1977		1：50万

(三)1：20万区域地质调查

1：20万区域地质调查，是根据50年代地质部提出的要求，由各省(区)地质厅(局)组织力量进行的。中国人民解放军建字72400928部队承担了黄土高原区的志丹、子长、清涧、绥德、横山、榆林、佳县、神木等幅的调查与编图。北京地质学院参加了山东省章丘、临淄、济南、泰安、济宁、新泰等6幅图的调查工作。

区域地质调查按1：20万区测规范要求进行。并经野外调查、实测剖面、取样、物探、化探，增加航片、卫片解译等资料，进行整理后编图，最终经省地质厅(局)审查批准出版。

黄河流域涉及到的1：20万区域地质图幅，共177幅。各省(区)历年出版图幅数量见表2—3，图幅编号名称及位置见图2—2。

表2—3 **黄河流域各省(区)1：20万地质图完成情况统计表**

省(区)名称	已出版图幅数量			在编印中的图幅数	空白区	总计
	60年代	70年代	80年代			
青海	8	10	1	11	6	36
四川		1	4	2		7
甘肃	6	18	6			30
宁夏	3	2	3	3		11
内蒙古		14	15	1		30
陕西	8	7	3.5		2.5	21
山西	2	15	2			19
河南	6	3	1		1	11
山东	6				6	12
合计	39	70	35.5	17	15.5	177

区域地质调查工作十分艰苦，尤其是青海、四川、甘肃、内蒙古等高寒地区，人烟稀少，交通不便，一般情况下，完成一幅图需3年左右时间。经过地

质人员 30 多年的艰苦劳动，至 1985 年，黄河流域涉及到的 177 幅图中，已出版 144.5 幅，正在编制中的有 17 幅，尚未进行调查的空白区有 15.5 幅，其中青海省有 6 幅，位于黄河源头区。另外 9 幅半，为第四系覆盖区。

二、大地构造研究与编图

地质部地质科学研究院地质研究所，1959 年编出《1：300 万中国大地构造图》。

1960 年，在黄汲清教授指导下，重新编制出版《1：300 万中华人民共和国大地构造图》，1962 年说明书出版。该图综合了 1960 年以前的地质资料，以历史分析法对中国大地构造的发展，地台区、地槽区的划分及特征，作了说明。

1973 年，中国科学院地质研究所大地构造编图室张文佑主编的《1：500万中国大地构造轮廓图及说明书》出版。

1975 年，地质部地质科学研究院以地质力学观点编印出《1：400 万中华人民共和国构造体系图》。

1977 年，国家地震局广州地震大队、中南矿冶学院地质系、湖南省地震队和武汉地震大队，在陈国达教授指导下，按地洼与递进观点编制出版了《1：400 万中国大地构造图及简要说明书》。

1979 年 12 月，黄汲清指导，中国地质科学院地质研究所构造地质室编制《1：400万中国大地构造图》。

1981 年，地质部地质科学研究院矿床研究所，利用卫片解译编制出版了《1：600 万中国陆地线性构造及说明书》。

1984 年，中国地质科学院地质力学研究所李述清，在孙殿卿、吴磊伯指导下，编制《1：250 万中华人民共和国及其毗邻海区构造体系图及简要说明》。

大地构造研究是以大量地质调查为基础，研究的结果又指导着地质调查的深入开展，是区域工程地质研究的基础。

三、地震地质及编图

1952 年，中国科学院编出《1：800 万中国地震活动区域图》。

1956 年，李善帮主编《1：500 万中国地震区域性划分图与历史地震烈度统计表》。

1970 年中央地震工作小组办公室，编出了供内部使用的《1∶300 万中国主要构造带的强震震中分布图》。

1978 年，国家地震局编《1∶300 万中国地震震中分布图及烈度区划图》。1981 年，又出版《中国地震烈度区划图》、《中国地震烈度区划工作报告》。后者附有中国新构造图、中国主要构造体系新活动和强震震中分布图、中国地震区带分布图、中国地震震中分布图、中国地壳垂直变形图、中国历史地震分布图、中国活动构造和强震震中分布图、中国大地构造和强震震中分布图、中国晚第三纪—现代应力场图解及中国地壳视厚度图。以上各图比例尺均为 1∶600 万。另外单独发行的有 1∶300 万中国地震震中分布图、1∶300 万中国强震震中分布图、1∶300 万中国地震危险区划图、1∶300 万中国地震烈度区划图及说明书、1∶300 万中国地震等烈度图及 1∶1000 万中国地震震源分布图。上述图件，全面反映了我国地震研究成果，是评价区域构造稳定的主要依据。

《鄂尔多斯周缘活动断裂系研究》是黄河流域内一次规模较大的专门课题研究。鄂尔多斯周缘全长约 2300 公里，西、北、东三面被黄河环抱，南面有黄河最大支流渭河流过。沿此带历史上曾发生过 5 次 8 级和 8 级以上强震。周缘断裂系活动特征及影响的研究，对邻近地区的经济建设和黄河治理与开发有着密切关系，是国家地震局第七个五年计划期间的重要研究课题。

1984 年，由国家地震局所属 8 个单位，联合组成鄂尔多斯周缘活动断裂系课题组，进行了为期 3 年的调查研究。研究工作是在前人工作的基础上，选择有典型意义的活动断裂或其中一段，开展以地质地貌测量为中心的综合研究。

3 年间，课题组 40 多人辗转于大河上下，长城内外，以辛勤劳动取得了一批宝贵数据与成果。研究报告初稿写出后，经丁国瑜、李坪、韩慕康、刘志勤和张裕明审阅，于 1988 年出版，书名为《鄂尔多斯周缘活动断裂系研究》。书中就鄂尔多斯周缘断裂涉及的大地构造轮廓和新构造运动、断裂系各段第四纪活动特征、大震的地表破坏与发震构造等做了论述，并探讨了鄂尔多斯地区的深部构造及岩石圈动力学特征。

1991 年，中国科学院地质研究所工程地质力学开放研究室李兴唐发表专著《活动断裂研究与工程评价》，从工程地质和工程观点论述了活动断裂的调查、研究方法和工程评价原则及工程对策。文中对黄河碛口水库坝址周缘活动断裂进行了评价，根据地壳稳定性分区标准，碛口坝址区属稳定区。

四、区域水文地质调查

流域内1∶20万水文地质调查，其任务由地质部下达，后由各省(区)地质厅(局)水文地质队、中国人民解放军水文地质勘察部队进行工作。北京地质学院、地矿部所属宣化地质学校(后改为河北地质学院)、郑州地质学校也参加了此项工作。调查工作开始于50年代中期，1955—1956年完成工作较多，质量较好。1966—1974年"文化大革命"期间，未进行调查，1975年后恢复调查并进行印刷和出版工作。截至1988年，黄河流域内进行过工作的图有88幅，出版的有76幅(详见272～273页间图2—2)。

区域水文地质调查的主要内容是：对测区内的地下水，按含水介质特征，进行类型划分，并论述各种类型地下水的补给、运移、排泄条件，从而对测区地下水资源做出评价。在多数图幅的调查中，还包括区域工程地质岩组的划分，岩体特性的论述和工程地质分区。故对坝库区的工程地质勘察、施工供水有着重要的指导作用和参考价值。

五、区域工程地质研究及编图

60年代初，北京地质学院张忠胤教授，曾几度在黄河下游从事工程地质工作，于1964年2月，编写了两篇论文，题目是《关于地上悬河地质理论问题》和《关于结合水动力学问题》，1980年遗稿出版。他的这两篇论文，是工程地质和水文地质学的基本理论，对于探讨地上悬河的成因，探讨粘性土地区地面沉降、地基沉陷、地下水浸没及土壤中水份运移等问题的机理，提供了独特的理论依据和研究方法。

区域工程地质编图，是以区域地质为基础，以岩体工程地质类型、水文地质、地貌及外动力作用等为条件，通过综合论证和分区阐述区域性工程地质问题，为流域治理规划和工程建筑服务。此项工作始于1954年《黄河综合利用规划技术经济报告》编制期间，当时资料很少，仅编有《1∶200万黄河流域大地构造图》和《1∶400万黄河流域地震分区图》。

1975年，根据黄委会编制的测绘工作10年规划，将编辑《黄河流域地图集》纳入计划项目，1976年作准备，1978年正式开始。1980年，黄委会设计院地质处承担了其中的地貌图、地质图、构造与地震图、金属矿产资源图、能源与非金属矿产资源图、水文地质图、工程地质图、黄河河谷地质横剖面图等8幅图的编制工作。编图中曾得到谷德振、刘国昌、姜达权、戴广秀等地质专家的指导。1984年12月，水电部在郑州主持召开了地图集评审会进行评审，1986年3—6月定稿，1989年12月出版。除黄河河谷地质横剖面图外，7幅图比例尺均为1∶400万，每幅均附有简要说明。

陕西省地质局第二水文地质队，根据其起草的《黄河地质工作总体设想》，1978年开始编写《黄河中游区域工程地质》一书，主笔戴英生。初稿完成后，经陕西省地矿局及地矿部，先后召开初审和评审会议审查通过，1986年1月出版。书中附有黄河中游区域工程地质图、地质构造图、黄土分布图、地貌图、黄土地貌景观图，各图比例尺均为1∶200万。该书共三篇，第一篇为黄河中游地质环境；第二篇为黄河中游区域工程地质环境；第三篇为黄河中游区域工程地质问题（其中包括区域稳定性、土壤侵蚀与黄河泥沙问题、黄土边坡稳定性与地基湿陷变形三部分）。该书对流域工程地质工作，具有指导作用。

80年代，地矿部906水文地质大队，完成《西北地区区域地壳稳定性图》。地矿部地质力学研究所完成《黄河流域区域地壳稳定性分区图》。“七五”期间，地矿部水文地质工程地质指挥部（后改名为中国水文地质工程地质勘察院）所属队伍，完成了《黄河中游能源基地环境地质综合评价》。

为修订黄河治理开发规划，1984年4月，国家计委将黄河流域环境地质图系的编制任务下达给地矿部，地矿部又以地计(1985)96号文将此任务下达给地矿部兰州水文地质工程地质中心及有关单位。地矿部水文地质工程地质司，于1985年3月在北京召开第一次工作会议，布置任务，5月在兰州召开第二次工作会议，审查编图设计，6月开始编图。编图所用资料，主要来源于沿黄各省区地质部门。1986年4月，地矿部组织评审验收委员会，进行评审验收，认为达到了编图设计要求。1986年6月至1987年11月陆续出版。

在编制的图系中包括地质图、第四纪地质图、地貌及外动力地质现象图、地质构造及地震烈度分区图、岩土体工程地质类型图、黄土湿陷类型分区图、工程地质图、水土流失图、水文地质图、地下水资源分布及开发利用分区图。图幅比例尺均为1∶200万，并附有说明书。该图系对修订黄河规划具有较大的使用价值。

第三节　河道地质调查

中华人民共和国成立前，在黄河干、支流局部河段上，进行过一些零星调查，但资料很少保存下来。从1950年开始，为治理和开发黄河需要，专门组织进行了河道地质调查。1950—1955年间，由于水利、水电部门地质人员不足，地质调查工作大部委托地质部或者邀请有关院校地质专家参加，重点在干流龙羊峡至桃花峪间进行。1955年后，此项工作才由黄委会、水电总局和沿黄各省(区)水利局(厅)的地质人员承担，调查范围也逐步扩展到全干流和各主要支流。

一、干流河道

黄河干流河道地质调查工作，1950—1955年重点在龙羊峡—托克托、托克托—龙门、龙门—桃花峪三河段上。龙羊峡以上，因社会经济及交通条件的限制，1957年之后才陆续展开。桃花峪以下，为地上悬河，仅以防洪为目的对河道进行地质调查。

(一)龙羊峡以上河段

在我国历史上，曾数次进行过河源考察。元朝初年(1280年)元世祖忽必烈派都实考察黄河源，是我国历史上第一次大规模考察河源。都实一行历时4个月到达河源地区，同年冬回到大都(今北京)，元人潘昂霄根据都实之弟转述，写成《河源志》一书。

清初(1704年)康熙帝侍卫拉锡、舒兰探查河源，拉锡绘有《河源图》，舒兰写有《河源记》。乾隆四十七年(1782年)乾隆帝命乾清门侍卫阿弥达考察河源，阿弥达在考察后给乾隆帝的奏疏中称："……至噶达素齐老地方，乃通藏之大路，西面一山，山间有泉流出，其色黄，询之蒙、番等，其水名阿勒坦郭勒，此即河源也。"传说河之西有一巨石，高数丈，名"阿勒坦噶达素齐老"，石上有天池，池中有泉喷涌，洒为五道，是黄河真源。此说与阿弥达考察相近。以往我国地理书籍常称黄河发源于噶达素齐老峰下，即来源于此。

为了进一步查清河源情况，为全面治理和开发黄河作准备，50年代初期，黄委会、水电总局共同组织河源查勘队，共60人，1952年8月从开封出发，于9月24日—11月23日对玛曲以上河段进行查勘。查勘中记述了沿河出露的地层、岩性、颜色及产状。经这次查勘，确认约古宗列渠是黄河正源。

青海省水利局勘测设计院第二勘测设计总队三分队，1957年进行了拉干峡至外斯（香扎寺）段查勘，全队41人，内有地质人员1名。查勘工作于5月13日由拉干峡逆河上行，11月1日到达香扎寺。1958年2月，编写出《黄河上游地区水土资源勘查报告》。拉干峡至外斯段，填绘有1：5万线路地质图及1：50万线路综合工程地质图。经查勘选出导线0217（多松）、多日干、察（茨）哈河口、江欠（前）、班多、野狐峡等6个坝址。

黄委会设计院第七勘测设计队，1960年对西线南水北调积石山—洮河输水线路查勘后，分组分段进行黄河玛多至拉加峡下口间的河段查勘，8月结束外业，1960年12月写出查勘报告。查勘河道长达1000公里，填绘1：5万带状地质草图约7000平方公里，选出纳曲、哥雅贡马、均果扎龙、下日乎寺、康赛等5个坝址。

青海省水利局勘测设计院，1978年进行鄂陵湖至羊曲河段查勘，选出特合土（哥雅贡马）、建设（均果扎龙）、官仓（下日乎寺）、门堂、多松、多尔根、玛尔当（多日干）、尔多、茨哈、江欠（前）、班多、羊曲等12个坝址。各坝址均填有河谷地质剖面图及简要地质说明。

这一河段，唐克以上为纵向河谷，谷宽、坡缓，湖泊、沼泽滩地断续分布。唐克至玛曲为沼泽滩地。玛曲以下河流穿过变质岩和岩浆岩分布区时，形成深山峡谷；穿过第三系地层分布区时，河谷相对放宽，时有阶地断续分布。此段河道具有水多、沙少、谷窄、比降大、岩石坚硬（或半坚硬）等特点，是修建水电站的良好坝址。

（二）龙羊峡至托克托河段

为查明黄河下游水患之主因，水利专家李仪祉一行3人，1934年9—10月，在黄河甘肃省达家川至内蒙古包头段进行考察，写有《对于黄河上（中）游交通及水利之意见》。

1946年，国民政府水利委员会组织黄河治本研究团，张含英任团长，西北大学地质教授张伯声应邀参加。7—9月查勘了龙羊峡至兰州河段。9月底乘羊皮筏经小峡、大峡、乌金峡、红山峡、黑山峡至青铜峡进行查勘，并考察了宁夏、绥远灌区及大黑河。

南京国民政府资源委员会与美国顾问团，1946年12月乘飞机察看青铜峡。

1951年，中国地质工作计划指导委员会，组建黄河上游工程地质队，进行兰州以上部分河段查勘，写有《黄河朱喇嘛峡水力发电工作计划》和《盐锅峡工程地质勘察第一期工作总结报告》。

水电总局和黄委会联合组队，1952年查勘龙羊峡至青铜峡河段。分查勘、调查（左、右岸各一组）、贵兰段测量、兰宁段测量等5个组。8月上旬筹备，9月初由兰州出发，逆河上行，10月30日至龙羊峡，后返回兰州，11月9日从兰州顺河向下查勘，12月9日结束。1953年2月编写出《黄河贵（德）宁（夏）段查勘报告》。水电总局地质工程师张兴仁参加了这次查勘。此次查勘共选出坝址15处，从上到下为龙羊峡上口、龙羊峡下口、松巴峡的吉利、李家峡、公伯峡、积石峡、寺沟峡、刘家峡、盐锅峡、八盘峡、小峡（桑园峡）、乌金峡、黑山峡、黑山峡下段、青铜峡。

北京地质学院高平教授和张咸恭讲师，应水电总局邀请，1953年进行积石峡至八盘峡段地质调查。

1953年5月，黄委会组建宁（夏）托（克托）查勘队，对该段河道坝址进行查勘。1954年3月，编出《黄河宁托段查勘报告》。报告记述了该段黄河干、支流自然情况，并对青铜峡、石咀山、三道坎、南粮台、西山咀、昭君坟等6处坝址工程地质条件，作了分析论述。

1954年2—6月，冯景兰、钱学博参加黄规会组织的中苏专家查勘团，进行黄河入海口—刘家峡段河道勘察。地质方面选龙羊峡、龙羊峡当郎沟、拉西瓦、松巴峡、李家峡、公伯峡、寺沟峡、刘家峡、牛鼻子峡、盐锅峡、八盘峡、柴家峡、大峡、乌金峡、黑山峡、大柳树、青铜峡等17个坝址。

水电部第四工程局1977年编出《龙羊峡—李家峡河段查勘报告》。1978年9月又编出《李家峡—刘家峡河段查勘报告》。

西北院1979年3月所编《黄河干流龙羊峡至青铜峡水力资源普查成果汇总说明》，选定龙羊峡、拉西瓦、左拉、李家峡、公伯峡、积石峡、寺沟峡、刘家峡、盐锅峡、八盘峡、小峡、大峡、乌金峡、小观音、红毛牛、青铜峡等16个梯级工程坝址。同年8月，黄委会提出《黄河干流综合利用规划修订报告》，选出大柳树、沙坡头代替小观音工程坝址。

黄委会1984年开始编制《修订黄河治理开发规划报告》，设计院地质总队参加2人。此次修订规划，将龙（羊峡）青（铜峡）段原规划梯级中左拉、红毛牛二坝址取消，保留15个梯级。

黄委会设计院地质总队许万古、马昕、徐国刚3人，1986年4月查勘了大柳树、沙坡头和海勃湾等坝址，于1986年12月，提交《黄河上游青铜峡至河口镇段工程地质报告》。

龙羊峡至青铜峡段，河道长900公里，峡谷与盆地相间出露，其间有19个峡谷，是黄河水电的“富矿”区。出露地层有前泥盆系变质岩及新生界沉积岩。受历次地壳运动的影响，并有岩浆岩生成，白垩系以前地层褶皱剧烈，岩层倾角40～90度；白垩系及第三系岩层，褶皱较轻微，倾角多在20度以下。

青铜峡至托克托段，河道长868公里，黄河进入河套盆地，地形平缓，河谷宽阔，为发展灌溉创造了良好条件。

（三）托克托至龙门河段

应水电总局的要求，地质工作计划指导委员会1951年组建了以贾福海为队长的清水河工程地质队。1951—1952年，进行了托克托至龙口间河谷两岸地层剖面测量和包头至河曲段工程坝址复勘，并对小沙湾和龙口坝址做了较详细的地质工作。1952年提交了《山西河曲龙口坝址地质简报》和《绥远清水河小沙湾坝址地质简报》。

黄委会、西北黄河工程局、陕西省水利局、山西省水利局和地质工作计划指导委员会，1952年3月共同组成查勘队，进行托克托至龙门间查勘。地质人员刘秉俊、王水参加坝址查勘组，负责调查各坝址的地层、岩性、构造及天然建筑材料等情况。4月18日，从托克托县的河口镇顺河而下，依次查勘并选出百草塔、园子湾、小沙湾、鹿头乡、柳青、老王河、羊湾河、龙口上、龙口下、姚峁、石盘、林遮峪、马家湾、东豆峪、西豆峪、大会坪、白云山、碛口镇、柏树坪、马回坪、老鸦关、延水关、里仁坡、壶口、龙门等25处坝址。1952年10月，刘秉俊、王水在开封写出《黄河托龙段坝址地质初步查勘报告》。鉴于这次查勘要与其它专业人员一起行动，地质人员在时间和人力上都感到不足，各坝址查勘全靠野外观察，未能作详细调查研究，有些地质条件比较差的地方，也选了坝址。

水电总局为布置龙口至禹门口间的地质勘探工作，1952年10月邀请地质工作计划指导委员会地质工程师贾福海、高崇礼参加查勘了石盘上、石盘下、林遮峪、前北会、黑峪口、张家湾、罗峪口、东豆峪、西豆峪、秃尾河口、大会坪、小会坪、佳县、白云山、开阳村、碛口上、碛口下、柏树坪、三川河口、马回坪、老鸦关、社宇里、延水关、佛寺里、河念里、里仁坡、马粪滩、壶口、石门、死人板、三跌浪等31个坝址和比较坝址。在野外对每个坝址的地形、地质、工程布置、建筑材料、施工场地等条件进行了分析研究。1953年1月返抵北京。最后提交了《黄河河曲龙口至河津禹门口勘测报告》。

地质部袁道先、刘广润及水电总局陈家珍等人,1953年参加清水河工程地质队,填绘了包头至河曲黄河两岸带状地质图,对龙口坝址钻探资料进行了编录,提交了托克托至河曲段地层柱状图及包头至河曲段的地质勘查报告。1954年提交了《晋绥交界地带黄河两岸白云岩预测报告》。

地质部为配合编制黄河技术经济阶段工程地质报告,1954年组织4个队进行龙羊峡至龙门间河道地质调查。一队负责龙羊峡至刘家峡河段,队长王圣全;二队负责刘家峡至青铜峡河段,队长张硕项;三队负责河曲至三川河口河段,队长刘广润;四队负责三川河口至龙门河段,队长戴英生。查勘中,三队还填绘了从河曲县楼子营至绥德西峪河黄河两岸各宽1000米的1∶10万带状地质图。1955年底,经地质部水文地质工程地质局汇总,编写出《黄河河曲至龙门间一般性工程地质勘察报告》。

1958年3月,北京院派地质人员进行河道地质调查。同年7—8月,北京院、水利水电科学研究院、中国科学院古脊椎动物研究所、山西省政府等单位,组成两个查勘组,分别查勘了上段的龙口、石盘、前北会、罗峪口、佳县、碛口和下段的三交、社字里、清水关、里仁坡、壶口、龙门等坝址。

为研究黄河多泥沙特点,利用泥沙修建淤填坝,水电总局、地矿部水文地质工程地质局、黄委会、三门峡工程局、水利水电科学研究院、北京院等有关单位,1961年10月,组织查勘了碛口至龙门河段,11月26日在西安小结,并写出报告。

1979年初,内蒙古勘测设计院查勘托克托至龙门河段。3月又邀请国内13个单位的专家、教授、地质工程师到托(克托)龙(门)段查勘,并研究地质问题。

为配合修订黄河治理开发规划工作,黄委会设计院地勘总队蒋三智、马昕、聂济生、杨云辉等4人,于1985年6—7月从三门峡逆河而上,查勘了干流部分坝址。从上到下为:万家寨、龙口、天桥、前北会、罗峪口、碛口、军渡、三交、辛关、清水关、舌头岭和禹门口等,于1986年12月提交《黄河中游干流(河口镇—桃花峪)河段工程布局修订规划工程地质报告》。

黄委会设计院据能源部、水利部(89)水规水字第13号文要求,组织了由规划、地质、水工、施工等专业共12人参加的查勘队,1990年10月11—22日对黄河北干流里仁坡—壶口河段进行了选坝查勘,1990年12月提出《黄河北干流里仁坡—壶口河段查勘报告》。在报告中对查勘的曹村湾、同乐坡、古贤、壶口等4处坝址进行了初步论证,建议对古贤、壶口两坝址进一步做勘测工作。1991年进行了两坝址1∶1万工程地质测绘，1992年提交了两坝址工程地质测绘报告。

为了加快黄河北干流河段的开发，尽快确定黄河北干流工程布局规划，1992年6月，由水利部何璟总工程师等5人，黄委会陈先德副主任、邓盛明副总工程师及黄委会设计院规划、地质、水工专业等8人参加，在晋、陕两省水利部门配合下，从万家寨至渭河入黄处，进行了查勘。现场听取了碛口、军渡、古贤、舌头岭、甘泽坡等坝址的地质介绍。查勘后认为：北干流各坝址前期地质勘察工作已完成相当大的工作量，工程地质问题基本清楚，该河段工程地质条件较好，应尽快搞出碛口以下河段工程布局规划。

托克托—龙门峡谷段全长725公里。寒武、奥陶系碳酸盐岩分布于峡谷的南北两端和天桥附近；石炭二叠系煤系地层出露于龙口、天桥附近及碛口、军渡、小滩至船窝一带；其余几乎全是三叠系砂岩、页岩地层。碳酸盐岩中岩溶发育，在孟门、船窝一带，石炭二叠系分布区滑坡发育，三叠系地层中有泥化夹层与石膏。

(四)龙门至桃花峪河段

1935年8月23日—9月2日，黄委会工程技术人员与挪威籍主任工程师安立森，共同查勘了孟津至陕县干流河段，并写出报告，对三门峡、八里胡同、小浪底3处坝址进行比较，称三门峡在地质地形上皆极相宜。

1939—1944年，日本侵华期间，其东亚研究所在本段内查勘，第二计划中选出三门峡、八里胡同、小浪底3处坝址。1946年12月，南京国民政府资源委员会派员会同美国顾问团人员，乘飞机察看上述坝址。

1950年2月，黄委会组织龙门至孟津河段查勘，邀请北京大学冯景兰和河南地质调查所曹世禄两位地质专家参加。地质组乘船顺河而下，先后在三门峡、白浪—抱沙间、八里胡同、小浪底等处查勘，填绘了三门峡、八里胡同、小浪底3处坝址地形地质图，采集岩矿、化石标本共240件，5月27日回到洛阳整理资料，6月完成《黄河陕县孟津间小浪底、八里胡同、三门峡3处坝址查勘初步报告》。报告中指出："就地质情况来说，三门峡最好，次为八里胡同，更次是小浪底。但在白浪—抱沙间的石英岩区，可能会发现比八里胡同和小浪底都好的坝址。"两位专家离开查勘队后，黄委会查勘人员又分成两个组，一个为新坝址查勘组，一个为库区查勘组。新坝址查勘组逆河而上，查勘了槐扒、王家滩后，于6月抵潼关，与库区组会合，草拟报告后，再次乘船向下，查勘八里胡同和小浪底两库区和复查傅家凹南岸地质。7月写出

《八里胡同水库(三门峡以下)、小浪底水库(八里胡同以下)库址查勘报告》。完成王家滩、傅家凹、槐扒3处地形地质图。黄委会将分段编写的6册勘查报告进行整理汇总,于1950年10月编出《黄河龙门孟津段查勘报告》。报告指出:龙门至潼关间为黄河、汾河、渭河冲积土与砂砾石;潼关至陕州两岸为黄土;陕州至三门峡为黄土与三门系砾岩,老君碛以下为第三系红色砂岩、泥岩;三门峡至八里胡同属峡谷,分布有奥陶系灰岩与石炭二叠系砂页岩,宝山附近为震旦系石英岩;八里胡同至东沃为寒武系灰岩;东沃至白鹤为二叠、三叠系砂岩,白鹤以下两岸为黄土。

1950年7月,地质专家冯景兰随水利部部长傅作义考察潼关至孟津河段。9月冯景兰、白家驹等进行潼孟段工程地质普查,由冯景兰写出《豫西黄河地质勘测报告》,白家驹写出《黄河中游潼关坝段地质简报》。

西北大学地质系师生,1951年查勘三门峡至西霞院河段,编有沿河地质图及地质报告。1952年8月,西北大学地质系张尔道教授等进行潼关至八里胡同河段地质调查,并写出调查报告。

为配合三门峡至小浪底区间规划,黄委会设计院第二勘测设计队,1960年组织水工、地质人员6人,查勘任家堆至三门峡河段,选出龙岩、西寨、粮宿、槐扒4处坝址。

为研究碛口拦泥水库修建后,龙门—潼关段河道冲淤情况,黄委会于1965年8月组织查勘组进行查勘,沿途打洛阳铲孔27个,取样117组。10月,地质勘探二队又打钻孔26个,进尺465.8米,取样580个。1966年5月写出《龙门至潼关河段地质报告初稿》。

龙门至桃花峪区间,仅三门峡至小浪底河段为基岩峡谷,出露地层大体与托克托至龙门区间相似,但该段断层发育。河床覆盖层除三门峡坝址外,其余均较厚,小浪底坝址处为80米左右,王家滩坝址达百米以上,一般地段不少于40～50米。

(五)桃花峪至黄河入海口河段

黄委会设计院地质工程师李殿旭等,1958年6月随王化云主任查勘山东省境内黄河河段,选出位山、鱼山、东平湖3处坝址。11月王克强等人查勘四号桩至入海口段。

为了解下游河道两岸水文地质,预测花园口、位山、泺口和王旺庄4个水库的水文地质条件,1958年6月黄委会设计院第五勘测设计队和地质处下游组,共同组织进行桃花峪至入海口段黄河两岸1:5万综合性工程地质调查。以搜集已有孔、井地质资料为主,配以必要的浅坑,以及利用民井抽水等办法进行调查。1960年,编写出《黄河下游沿岸地带综合性地质水文地质普查报告》。

1964年7月,黄委会和河南、山东黄河河务局,组织对下游防洪大堤质量的全面普查,地质工程师王克强参加,依靠搜集已有钻孔试验资料,重点补打洛阳铲孔。9月结束查勘,经整理分析绘制大堤纵横地质剖面图并写出报告。

地学工作者杨联康,为研究黄河发育史,1981年徒步考察黄河。7月中旬从黄河源顺河而下,途经9省(区)108县,历时315天,于1982年5月31日到达黄河入海口。沿途得到地方政府和治黄职工的协助。

二、支流河道

黄河支流众多,流域面积较大,地质调查工作做得较多的有洮河、湟水、清水河、窟野河、三川河、无定河、汾河、渭河、泾河、北洛河、洛河、沁河、大汶河等13条。分述如下:

(一)洮河

洮河发源于青海省河南蒙古族自治县西倾山东麓。由西向东流,至岷县折向北流,于甘肃省永靖县靶子口汇入黄河,全长673.1公里,流域面积25527平方公里。流域内大致以白石山—海奠峡一线为界,其南属青藏高原区;其北为黄土高原区。洮河干流以岷县西寨为界,其上为上游,地势坦荡,谷宽势平,切割侵蚀轻微。西寨至海奠峡为中游,地势陡峻,山大谷深,切割强烈,多峡谷,如石门峡、九甸峡和海奠峡等。海奠峡以下为下游,河谷宽广,河道游荡不定,阶地发育,主要分布在右岸,地形破碎,丘陵起伏,水土流失严重。下游河道滑坡、崩塌、泥石流较发育,特别是巴谢河左岸,1983年3月7日,发生洒勒山大滑坡,体积达3100多万立方米,滑动速度快,摧毁3个村庄,伤亡260人。

流域地处秦岭褶皱带。在岷县以上,以三叠系浅海相碎屑岩夹碳酸岩为主;中游以上古生界碎屑岩、碳酸盐岩为主;下游为白垩系、第三系红色岩层,上覆黄土。流域内主要大断裂有共和—天水大断裂、临潭北—岷县北大断裂和迭山北麓大断裂。主要工程地质问题是区域稳定和高陡岸坡稳定。

1893年到1952年间,先后有我国地质学家谢家荣、袁复礼、侯德封、孙健初、叶连俊、关士聪、武绍及奥勃鲁契夫(俄)、安特生(瑞典)、维楼·梭腾(美)等,在洮河流域做过区域地质或矿产地质调查。

燃料工业部水电总局,为了解洮河水力资源,1953年9月组成查勘队进行河道查勘。领队陈益焜,全队12人中有地质人员邵维中、俞克礼、许任德3人。分水利、地质、经济调查、测量4个小组,徒步查勘河道300公里。从下向上选出茅笼峡、海奠峡、九甸峡、石门峡、野狐桥、拉浪等6处坝址。并推荐茅笼峡为第一期开发对象。于1954年提出《洮河查勘报告》。

1958年,甘肃省引洮上山工程局勘测设计处组成查勘队,从岷县逆河而上到卓尼上游,查勘河道及鲁巴寺、拉郎沟、新堡沟、大峪沟等坝址。为了引水和调蓄水量,从上而下选出野狐桥、大沟寨、古城3个坝址,并进行地质勘察工作。中国科学院工程地质研究所谷德振、孙广忠、孙玉科、李兴唐及黄委会乔元振、杨保东、胡明发、闵德林等参加了坝址和引水线路地质工作。

1960年10月,黄委会设计院杨先敬、邵德超应邀参加野狐桥坝址、库区及引洮工程引水口和部分渠段的查勘。同时,黄委会设计院第七勘测设计队,在进行南水北调西线积石山—洮河输水线路查勘时,查勘了岷县至河源河段。

甘肃省水电局一总队和定西地区水利局,1975年共同进行临(洮)定(西)电灌规划选线查勘测量,对沿线泵站站址和建材进行了坑探,渠首选在三甲集附近,年底提出《临定电灌工程地质查勘报告》。

进入80年代,甘肃省水电设计院主要在中游九甸峡坝段进行勘测工作,其工作深度已接近可行性研究阶段。

(二)湟水

湟水发源于青海省海晏县大坂山南麓。流向东南,过民和县入甘肃省,于永靖县付子村汇入黄河,干流全长373.9公里,流域面积32863平方公里。湟水最大支流大通河,发源于青海省天峻县托莱南山南麓,流向东南,于天堂寺入甘肃省,出享堂峡后汇入湟水,其长度为561公里,大于干流。

流域内大体以天祝—享堂峡—积石峡为界,其西属青藏高原区,其东为黄土高原区。湟水流域地貌具三山夹两谷景观。从北向南为:祁连山、大通河谷、大通山和大坂山、湟水谷地、拉脊山。湟水河谷呈盆地与峡谷相间分布,泥石流比较发育。

湟水流域地处祁连褶皱带内。出露地层:下元古界为一套变质较深的结晶片岩系,中上元古界为碎屑岩、碳酸盐岩、浅变质岩系,下古生界由浅海相碎屑岩、碳酸盐岩及基性火山岩组成。以上各层,往往组成大山的主体。白垩系及新生界地层,则分布于各个盆地中。主要断裂呈北西向,从北往南为:冷龙岭山脊大断裂、托莱山南坡—大坂山南坡大断裂、疏勒南山—大通山大断裂及拉脊山北坡大断裂等。以上均为活动性断裂。流域规划主要梯级均在中、上游峡谷段,岩性多为前震旦系变质岩类,工程地质条件良好。

1947年,西北勘测处查勘大通河及湟水,重点查勘了享堂峡。

1957年电力工业部兰州水电勘测设计院,进行了大通河流域查勘,写有查勘报告。

为了向秦王川地区调水,甘肃省水电设计院1957年、1958年和1966年,三次进行大通河河道查勘。1972年编出《引大入秦灌溉工程地质报告》,1976年提出《引大入秦灌溉工程修改初步设计报告》,1985年12月提出大通河流域(甘肃省境内)规划报告。

青海省水利电力勘测设计院与湖滨工程局,1958年选出武松塔拉坝址作为引大(通河)济湖(青海湖)的调节水库坝址,进行了地质勘测工作,当年引水隧洞开工,掘进175米,后因工程“下马”,保管不善,资料丢失。

西北院据国务院(68)39号文精神,1968年和1969年进行了引大(通河)济黑(河)工程勘测设计工作(重点是武松塔拉坝址和引水线路),于1970年3月提出《引大济黑工程规划研究报告》。报告指出:库址优良,坝址较好,关键是引水隧洞地质条件复杂,特别是进口洞段,在230米长的松散堆积层中通过,围岩稳定条件极差。

1977年4月至1986年3月,青海省水利电力局勘测设计院进行大通河水力资源调查,选出武松塔拉、尕日德寺、萨拉、海浪沟、纳子峡、石头峡、克图峡、卡萨峡及栏杆峡等坝址。

甘肃省水电设计院和金昌市水电局,1984年先后两次组织引硫(磺沟)济金(昌市)查勘(硫磺沟系大通河的支流)。1985年12月提交《引大济西(大河)工程可行性研究规划工程地质报告》,1987年提交《引硫济西水利工程地质勘察报告》。

黄委会设计院据水利部水计[1988]8号文精神,1988年6月组织设计、地质人员对引硫济金工程进行查勘,1989年2月提交《引硫济金工程可行性研究工程地质勘察报告》。

青海省水利局水电勘测设计院,1986年对青海省境内河段进行了轮廓规划,在大通河上初步提出武松塔拉、大洲龙、萨拉、海浪、纳子峡、石头峡、上棠村、雪龙滩、珠固寺、拉扎口、甘冲沟、岗子沟、青岗峡及拉隆口等坝址。

对主要坝址进行了电法勘测和山地勘探，写有《大通河流域规划地质勘查意见书》。1988年，进行1：5万地质测绘和1：10万地质构造纲要图的编制，补充了上述坝址的地质资料，指出了各坝址及引水工程地质条件及问题，提交有《大通河流域规划地质勘察报告》。其中石头峡坝址、雪龙滩和珠固寺水电站坝址地质勘察深度，基本达到可行性研究阶段。

1991年8—10月，黄委会设计院组织规划、地质等专业人员参加的查勘队，从大通河河口至河源进行了实地查勘，重点是干流梯级和有关引水地区，1991年12月提出《大通河流域查勘报告》。

(三)清水河

清水河发源于宁夏回族自治区固原县开城乡黑刺沟。由南向北流，于中卫县马滩下游注入黄河。全长320公里，流域面积14481平方公里。三营以上为上游，长74公里，河谷宽1～3公里；三营至同心折死沟为中游，长86公里，河谷宽3～10公里；折死沟以下为下游，长160公里，谷宽大于10公里。

清水河位于宁南黄土高原，海拔1300～2200米。南有六盘山，右岸从南往北为云雾山、王家山、康家山、张家山及烟洞山，呈近西北向断续分布；左岸从南往北为月亮山、南华山、西华山、黄家洼山及香山，呈北西向展布。群山之间，为清水河断陷盆地。盆地内第四系沉积厚达200余米，下伏第三系和白垩系地层。黄土堆积之前的古地形较平缓，河流发育期间又在第三系地层中形成宽谷，沿河有一至四级阶地及漫滩分布，是黄河支流中川台地较宽广的河流。河谷平川主体由二级、三级阶地构成，其上广布湿陷性黄土，因此，泵站在建成运行后下陷，建筑物、渠道产生宽大裂缝。流域内主要断裂，右岸有烟洞山—小关山东弧形断裂；左岸有香山—六盘山断裂，均为活断层。流域内西海固地震带，是我国的强震活动带。固原西南至李俊一带，地震烈度为9度区，其余为7～8度区。流域内由于第三系地层富含石膏等易溶盐类，加之降雨稀少，蒸发强烈，成为黄河上游有名的苦水分布区。在三营以北，地下水矿化度一般为3～10克/升，甚至大于10克/升，地下水类型多为硫酸盐氯化物型水或氯化物硫酸盐水。

1962年4月，宁夏回族自治区地质局水文队王连琪编出《宁夏回族自治区南部综合水文地质普查报告》及比例尺为1：50万附图。1971年自治区成立治理清水河办公室，进行清水河治理规划工作。

1985年12月，宁夏回族自治区水利勘测设计院何焕章、徐家远编出

《清水河流域规划报告》。同时甘肃省编有《甘肃省清水河流域规划报告》及《甘肃省清水河流域开发治理规划初步意见》。

(四)窟野河

窟野河是黄河中游多沙、粗沙支流之一，发源于内蒙古伊金霍洛旗毛乌素沙漠东缘，由西北向东南流，于陕西省神木县贺家川乡沙峁头注入黄河。全长242公里，流域面积8706平方公里。河源至转龙湾为上游，河谷顺直，开阔，无明显河槽，平均谷底宽800米，两岸高出河床20～40米，间有基岩出露。转龙湾至神木县城为中游，河谷开阔，谷底宽1000米，有明显的滩槽之分，两岸基岩出露较高，从上到下，由50米渐增高至100余米。神木县城至河口为下游，属黄土丘陵区，河谷明显缩窄，河流弯曲呈不对称状，阶地断续分布，谷底宽400～600米，其中有多处峡谷段，山头高出河面在100米以上。

窟野河流域西北部是干旱剥蚀的鄂尔多斯台地，地势平缓，地面为沙丘和风沙草滩；东南部是黄土丘陵区，梁峁起伏，沟壑纵横，水土流失严重。

流域出露基岩，主要为三叠系、侏罗系砂、页岩，岩层水平。未发现断层与褶皱。

窟野河中游为神府煤田，贮量达254亿吨，为我国特大型煤炭生产基地。

1953年黄委会水土保持第七查勘队(队长苏平)，对窟野河进行了水土保持普查，自上而下选出转龙湾、暖水川、古寸塔、房子塔、王桑塔等5处坝址。选择上述坝库的目的有二：其一是为黄河减沙，其二是发展川地灌溉，并写有查勘报告。

1965年，黄委会组织力量，对窟野河进行拦泥坝布局选点查勘工作。此次查勘范围，以神木县为中心，上至乌兰木伦河的大柳塔和特牛川的古城壕，下至河口沙峁头村。选出皇娘城、王家畔、王桑塔、贺家川、温家川、沙峁头等6处坝址。经比较，推荐皇娘城坝址作为修建拦泥坝的对象，并进行了水工布置。此次查勘认为：皇娘城坝址以下干流，上段因川地较多，人口稠密，不宜建坝；下段贺家川、温家川、沙峁头3坝址，因受碛口水库的影响，已失去作为梯级开发的条件。

为重点研究干流下游河段修建大型拦泥库的条件，并探讨在支沟集中拦泥布局的方向，1990年3—4月，黄委会设计院、黄河中游治理局，组织规划、设计、地质人员共9人，对窟野河干流各坝址及两条沟(牛拦沟、解家堡沟）进行查勘。查勘范围，干流河道从转龙湾至河口，长174公里。自上而下查勘的坝址有：转龙湾、新庙（位于牸牛川）、皇娘城、石板上、张家塔、白家川、高家塔、沙峁头。1990年7月提出《窟野河秃尾河孤山川集中拦泥规划报告》。

（五）三川河

三川河发源于山西省吕梁山西麓方山县境内的赤坚岭。由东川、南川和北川三条支流相继在离石县城附近会合后称三川河，于柳林县石西乡两河口汇入黄河。干流全长176公里，流域面积4161平方公里。

三川河的东川、南川、北川，均发育于吕梁背斜西翼。出露基岩以灰岩为主，岩层向西缓倾，由于断裂构造的影响，在柳林附近有石炭二叠系煤系地层出露。下游地带，则为二叠系上部及三叠系砂页岩。基岩上覆黄土，厚度大，分布广，经侵蚀形成典型丘陵沟壑地貌，第四纪中更新世黄土地层在该区发育良好，研究工作较多，故有"离石黄土"之称。

三川河中、上游段，河谷宽阔，漫滩和低阶地发育。下游河口地段，河谷深切，岸坡陡立，比降大，处于强烈下切阶段。

1955年11月，黄委会顾鹤皋、边平铨等6人，在山西省水利局李舒艿、郭政新配合下，进行了三川河流域查勘，选出南川的朱家店、河神庙、三盆湾；北川的峪口、班家庄、胡堡；东川的车家湾、苏家庄等8处坝址，提出《三川河灌区水库查勘报告》。1956年1月，黄委会邵德超等进行专门性地质调查，共完成1∶5000坝址地质测绘8.2平方公里，1∶2.5万库区地质测绘34.4平方公里，编写有各坝址地质查勘报告。

1956年4月，黄委会设计院地质队组成三川河地质组，在土钻队和山西省水利局钻探队配合下，进行了河神庙、峪口、车家湾3处坝址的地质勘探和水文地质试验。打钻孔5个，进尺200米；探井3个，进尺45米。并提出坝址地质勘察报告。

（六）无定河

无定河是黄河多泥沙支流之一。发源于陕西省定边县白于山北麓，流向东北，至巴图湾后折转向东，在榆林县鱼河堡会榆溪河后，折转向南，经米脂县城，在绥德会大理河，于清涧县河口村注入黄河。全长491公里，流域面积30261平方公里。新桥以上为黄土丘陵梁垧区，新桥至鱼河堡流经风沙区，鱼河堡以下流经黄土丘陵沟壑区。无定河流域出露基岩为中生界砂、页岩，岩层水平，无褶皱与断裂。

1951年3—8月，黄委会西北黄河工程局李振华、王文俊领队，进行无定河干、支流查勘。提出《无定河查勘总报告》，选出薛家峁、龙湾、响水堡、红石峡、沙滩坪等5处坝址。

1953年黄委会组织水土保持查勘队，队长郝步荣，中国科学院派员参加，进行无定河流域水土保持查勘。同年12月，提出《无定河、清涧河流域水土保持查勘报告》。对1951年查勘所选坝址进行了研究，认为响水堡、红石峡淹没小，效益高，并作出了工程规划布置。

黄委会地质工程师李殿旭带领第一钻探队，1954年在红石峡、响水堡、合流咀、芦草沟、曹家渠、镇川堡、薛家峁、沙滩坪、葛家圪崂、赵家塔、郭家坪等11处坝址，进行钻探和压水试验，共打钻孔23个（平均每处坝址2个孔）进尺656米。

黄委会设计院无定河地质组，1956年4—12月，进行技术经济报告阶段的河道工程地质调查和坝址区专门性地质测绘。完成1：10万河道地质测绘470平方公里，1：1万及1：5000坝址地质测绘72平方公里。同年12月提出无定河综合利用规划阶段工程地质报告。

黄委会设计院第一勘测设计队，1961年5月进行无定河专门性查勘和拦泥库选点。杨先敬带队，有水工、地质、测量等专业人员参加。查勘了新桥、雷龙湾、响水堡、白家畔等47处坝址，并在白家畔坝址进行了1：5000地质测绘。年底提出《无定河工程地质查勘报告》。

1964年2月，黄委会组成无定河淤地坝勘测组，有规划、设计、地质、测量、水文等专业人员共15人参加。对流域内28座大、中、小型淤地坝进行勘测研究，年底各专业均提出小结报告。

1970年，黄委会组成以王建华为队长的无定河工作队，进行查勘，并选出王圪堵坝址。1972年，榆林地区推荐王圪堵水库为无定河近期兴建工程。

（七）汾河

汾河是黄河第二大支流，发源于山西宁武县西南管涔山雷鸣寺附近的宋家崖。河流走向大致由北向南，至新绛附近折向西流。汾河入黄口，因受黄河流势摆动影响，变化较大，在河津县湖潮村与万荣县庙前村之间约26公里的范围内摆动。干流长694公里，流域面积39471平方公里。

汾河西有管涔山、吕梁山，东为云中山、太岳山。太原盆地居上，临汾盆地在下，形成南北狭长，盆地与峡谷相间的地形。山岭、峡谷区基岩裸露，山麓和盆地中黄土广布，盆地边缘断层活动明显，洪洞、临汾曾发生8级强震。

1934年，山西省水利工程委员会在上游进行查勘，选出下静游坝址。

1935年10—11月，国民政府黄委会丁绳武、沈锡圭，由山西省建设厅和汾河河务局人员陪同，查勘干流静乐至临汾段，提出《查勘汾河拦洪水库报告书》。

山西省水利局、工业厅、工矿研究所，1954年5月共同组织人员，沿河从静乐到汗道岩进行地质踏勘。同年在古交坝址进行勘查。完成1∶1万地质测绘18平方公里，钻孔3个，进尺189米。

在编制黄河规划期间，1954年5月下旬，黄河查勘团曾由宁武顺河查勘了汾河石家庄、罗家曲、下静游、古交等坝址。

1954年7月和1955年6月，南京大学郭令智、夏树芳教授，两次到汾河流域考察。在南京大学学报发表了《汾河流域地质与地貌》文章，概述了丁村与柴庄地质剖面，认为“丁村组”时代属更新世。

北京地质学院山西中队，1958年在文峪河水库区进行1∶1万地质测绘，并提交地质调查报告，论述了库坝址工程地质条件。

山西省水利勘测设计院，1980年11月进行文峪河上游勘测，建议近期考虑柏叶口、田家沟水库修建方案，远期考虑三道川的温家庄和葫芦沟的逯家岩水库修建方案。

山西省水利勘测设计院地质勘察队，1982年在文峪河的寨则至米家庄段进行勘察。完成1∶5万地质测绘194平方公里，1∶2000柏叶口坝址地质测绘2.4平方公里。同年11月，提出《山西省文水县文峪河寨则至米家庄段规划选点阶段工程地质勘测报告》。

（八）北洛河

北洛河发源于陕西省定边县白于山南麓郝庄梁，由西北流向东南，至甘泉转向南偏东，在大荔县枣林镇汇入渭河。干流全长680公里，流域面积26905平方公里。

北洛河在甘泉以上为黄土丘陵区，过富县后为洛川黄土塬沟壑区，在白水、澄城间为黄土台塬区，过洑头后进入渭河盆地。河谷中除洑头至三眼桥间出露古生界石灰岩和煤系地层外，向上游全为中生界砂、页岩。在三眼桥至洑头间石灰岩出露区，河谷内地下水位低于河水，在下游洑头、温汤村，泉水溢出地表。

1951年，黄委会西北黄河工程局进行北洛河查勘，选出南城里、马家河和东峁岭3处坝址，写有查勘报告。

黄委会水土保持第八查勘队，1953年进行水土保持查勘，选出吴旗坝址。

黄河勘测设计院地质队许万古等，1957年4月组成北洛河地质组，进行河道及坝址地质测绘，完成洑头至吴旗长约500公里河道地质填图和吴旗、永宁山、六里峁、南城里、党家湾、下段村、弥家川、马家河、杜家砭、七里镇等10处坝址的1∶1万地质测绘。年底写出《北洛河流域工程地质报告》。

黄委会设计院第三勘测设计队，1961年组成北洛河规划小组，专门对拦泥库坝址进行调查研究，选出石门子、秦家河、吴旗、洑头、庙台、枣树湾、榆树坪、志丹等坝址。提出《北洛河流域拦泥库地质踏勘报告》。

黄委会地质处李殿旭、规划处曹太身、测绘处李鑫山及陕西省水利厅陈炽昌等，1964年6月复查了南城里至洑头河段，选出南城里和党家湾两坝址。写有《北洛河干流洑头至南城里工程地质复查报告》。

黄委会规划办公室中游组曹太身、唐太本等，1965年查勘永宁山坝段。重点研究了川口、永宁山和石畔3处坝址。同时还查勘了东峁岭坝址。写有《北洛河永宁山坝段查勘研究报告》及《北洛河东峁岭坝址查勘研究报告》。

（九）泾河

泾河发源于宁夏回族自治区泾源县六盘山东麓马尾巴梁老龙潭。向东流经甘肃省平凉市、泾川及陕西省彬县、泾阳，于高陵县蒋王村汇入渭河。干流长455公里，属扇形水系，流域面积45421平方公里。

流域西有六盘山，东为子午岭，北为白于山西部的羊圈山，南部有岐山，中部为黄土塬，整个流域地形呈四周高中间低的盆形。因其位于甘肃省（陇山）东部，故称“陇东盆地”。

下游河段两岸陡峻，河水下切很深，水流湍急。流域内西部及南部为基岩山地，断裂构造发育，地震烈度较高。其余绝大部分为黄土覆盖，仅在河谷中有白垩系地层出露，岩层近水平，构造断裂不发育，地震烈度较低，岩体虽完整，但成岩作用差，力学强度较低，属半坚硬岩石。在彬县附近，有侏罗系煤田分布。

1922—1924年间，水利专家李仪祉为了调查泾谷水库（泾惠渠渠首）自然形势，查勘了泾河张家山以上峡谷段，几经周折，先从峡谷下口逆河而上，受地形险阻未成；又拟由峡谷上口顺水而下，也未实现。但决心不变，遂于1924年4月28日，携帐篷、带干粮；决心从东岸翻钻天岭进入，费时7日，行程百余里，完成了此段河道地形、地质调查，写有《查勘泾谷报告书》。

1935年，黄委会郑士彦等人，自张家山查勘到亭口(其中石灰岩峡谷段，因地形阻隔未到)，选出大佛寺坝址。

中华人民共和国建立后，对泾河进行过大量调查研究工作。1950年11月，黄委会西北黄河工程局副局长邢宣理、西北大学地质系教授张伯声、黄委会泥沙专家吴以敩及陕西省水利局人员组成查勘队，自彬县断泾村沿干流至泾川，又沿马连河至宁县进行查勘。查勘后，认为早饭头坝址最好。提交有《泾河查勘初步报告》。

黄委会西北黄河工程局，1951年春进行巴家咀坝址勘测，1952年打土钻孔18个，进尺551米。

北京地质学院袁复礼教授，1952年在甘肃省平凉一带，进行区域地质调查。

1952年8月，清华大学张光斗教授、西北行政区水利部部长李赋都、黄委会西北黄河工程局邢宣理、黄委会耿鸿枢、吴以敩，查勘了巴家咀、姚家湾及曲子镇坝址，提交有《泾河、黑河、姚家湾水库查勘报告》。

黄委会西北黄河工程局勘测队，1954年4—7月查勘了茹河干、支流，选出井儿城、富家坪、王凤沟、小河口、打石沟、九沟川、姜家岔、齐家油房8处坝址。

1954—1956年，黄委会第三地质钻探队，在泾河沙南、蔡家咀、早饭头、董家、姚家湾、三十里梁家、郑家河、司咀子、张旗、康家川等10处坝址进行钻探，打孔30个，进尺1306.4米。黄委会西北黄河工程局，在蔡家咀完成土钻孔17个，进尺597.3米。

1955年7—9月，西北大学地质系李学增教授，领队调查了泾川县王家沟及固原县马王沟，搜集有关地形、地质、水土保持资料，编写出《泾河流域上游王家沟调查报告》及《泾河流域上游马王沟调查报告》。

黄委会设计院地质队彭勃等，1956年4月组成泾河流域地质调查组，进行河道及坝址的一般性勘测，其中：庙底、沙南、安口窑、大佛寺、张家山、枣沟、巴家咀、洪德和桥沟等9处坝址，进行了1：1万地质测绘。对水帘洞、沙塘川、吊儿咀、蔡家咀、早饭头、彬县、三十里梁家、董家、姚家湾、龙王桥、王凤沟、郑家河、雨落坪、柳杉渠、康家川、老虎沟、张旗、司咀子、白家店子、十里堡、曲子镇、司沟门、问道宫、铜城、梁家扁、定汉寺、杨庄、辛家庄、艾旗峁、庙沟、桑村、武家场、杨家新庄、梁家胡同等34处坝址，进行了一般性勘测工作，编写有各坝址的工程地质报告。同时沿干、支流河道进行了查勘，观测路线长1311公里。1957年1月,由邵德超写出《泾河流域技术经济阶段工程地质查勘报告》。

甘肃省水利厅勘测设计院第四勘测队,1959年7—11月对宁县吴田沟、范坡、汭河十字路、磨平川、泾川合志沟、梁家胡同,进行地质勘测,并编写出勘测报告。

黄委会设计院第三勘测设计队,1961年查勘了达溪河的雷家河,黑河的路家沟,洪河的川口新庄,茹河的景儿城,蒲河的乌龟石,西川的陡沟渠,东川的太平湾、李良子,白马川的东庄,柔远川的段景、张湾、鸭儿狐、于家坪、胶泥咀,城壕川的城壕渠等15处坝址,并编有各坝址的查勘报告。

黄委会地质处1964年组织泾河地质组,进行泾河干流及支流达溪河、黑河、洪河、颉河、茹河、柔远川、三水河、红崖河、四郎河、无日天沟、九龙河、古城川、瓦缸川的地质查勘。在干流上选出的坝址有东庄、老龙潭、崆峒后峡、张家山;在支流选出的坝址有颉河三关口,小芦河嵩路子,大芦河燕麦渠、下后沟,潘阳涧下刘家河,朱家涧龙王庙、燕雷家,洪河庙咀、姚家川、龙王桥,茹河小河口、王凤沟、九沟川、碾张家,蒲河郑家河、西川儿沟、寇家河、庙沟、颜家新庄、子房村、艾旗峁、石桥、辛家庄、谷家庄、北五里堡,东川西和平、柳沟门、杜家寨子、相庄、白家店子,马连河枣树台、砖硐,四郎河武家场和马栏河桑树等37处坝址。每个坝址都填绘有1:5000、1:1万地质草图,写有查勘报告。1965年,在全面查勘的基础上,搜集地质部、石油部、中国科学院等单位的有关资料,进行整理汇编,由邵德超写出《泾河流域基本资料汇编》,刘自全等编制出1:50万泾河研究程度图、构造纲要图、地貌图、矿产和天然建筑材料图及1:20万泾河流域地质图。1966年12月,黄委会地质处审查认为,该汇编资料可以满足泾河流域水利建设前期工作要求。

(十)渭河

渭河是黄河最大支流,发源于甘肃省渭源县鸟鼠山,流经甘肃省陇西、武山、甘谷、天水及陕西省宝鸡、咸阳、西安、渭南、华县、华阴,于潼关县老城汇入黄河。全长818公里,流域面积62440平方公里(不含泾河、北洛河)。宝鸡峡下口(林家村)以上为上游,由变质岩、火成岩组成的峡谷与第三系组成的谷川相间分布;林家村至咸阳为中游,河谷展宽,南为秦岭,北为黄土高原;咸阳以下为下游,河谷宽30~86公里,最宽达100公里。中、下游地段构造上属渭河断陷盆地,南北两侧均以深大断裂为界。特别是南侧,新生代以来秦岭强烈上升,盆地下陷,1556年华县8级地震,就发生在此断裂带上。

盆地北侧黄土台塬广布，灰岩断续出露，灰岩中岩溶异常发育，泾河张家山泉，北洛河温汤泉，合阳瀵泉，都是由岩溶水溢出而成。修建在灰岩峡谷中的羊毛湾水库和桃曲坡水库，都曾发生严重漏水。

在天水至咸阳间的渭河河谷两岸，滑坡、崩塌、泥石流等异常发育，著名的葡萄园、卧龙寺滑坡就发生在这里，天水至宝鸡间的陇海铁路深受其害。

1934 年秋，黄委会和北平地质调查所，曾先后派员踏勘渭河宝鸡峡。

1936 年，黄委会购置美国钻机一台，当年 10 月 1 日至次年 3 月 21 日，在宝鸡峡打钻孔 4 个，总进尺 29 米，于 1937 年 4 月由技佐胡听泉写出《渭河宝鸡峡拦泥坝址钻探报告》。这是黄河流域第一份坝址地质钻探报告。

1953 年，陕西省水利查勘队，进行渭河支流漆水河查勘。

黄委会设计院，1956 年 11—12 月，由水工、地质人员组成查勘组，进行漆水河到宝鸡间渭河北岸和宝鸡至陇西间干、支流河道查勘。从下向上踏勘了干流峡口（黄石峡）、窦家峡、琥珀峡（裴家峡上口）、邱家峡、哑子峡等 5 处坝址；同时还查勘了支流漆水河龙岩寺、陈家沟、周家沟，千河冯家山，牛头河小泉峡，葫芦河后川峡、石窑子、刘家峡，散渡河罗家峡、朱家峡，漳河支锅石峡等 11 处坝址，年底写出《渭河流域踏勘报告》。

黄委会设计院地质队岳熙、边平铨等，1957 年组成渭河地质组，进行渭河流域地质调查。在干流宝鸡峡之黄录、石门、林家村，支流漳河支锅石峡，散渡河朱家峡、罗家峡，葫芦河刘家峡、石窑子，牛头河小泉峡，千河冯家山，漆水河龙岩寺、周家河等 12 处坝址，进行了 1∶1 万地质测绘和 1∶10 万库区地质测绘。1958 年 9 月写出《渭河流域技术经济报告阶段中工程地质部分调查报告》。

陕西省水利厅勘测设计院，1958 年组织踏勘了漆水河，选出镇头、紫石崖、羊毛湾 3 处坝址。同年 8 月踏勘千河，选出石咀子坝址。

黄委会规划大队二分队和甘肃省水利厅，1970 年共同组织进行渭河宝鸡峡以上支流的坝址查勘。填绘有各坝址地质图，并写有工程地质报告。

黄委会地质勘探三队，在 1959—1960 年期间，组织进行冯家山坝址地质勘探。

甘肃省地矿局水文工程地质队，在 1981—1984 年期间，组织在渭河首阳至天水社棠间进行 1∶5 万综合水文地质勘察，编写有勘察报告。报告阐述了勘察区的水文地质、河谷工程地质条件。附有 1∶5 万河谷工程地质条件分区图及河谷第四纪地质、地貌图。此次勘察，对第四纪地质进行了较详尽的研究。

(十一)洛河

洛河发源于陕西省兰田县木岔沟，流经陕西省洛南，河南省卢氏、洛宁、宜阳、洛阳、偃师，于巩县巴家闸注入黄河，干流全长447公里，流域面积18881平方公里。伊河是洛河最大支流，发源于河南省栾川县张家村，流经嵩县、伊川，在偃师岳滩附近汇入洛河，长265公里。中华人民共和国建立后，曾有一段时期将伊河入口以下的河段称伊洛河。

洛河流域大部分地处东秦岭褶皱带，以火山岩组成的山地为主，其间分布着一些小型山间盆地或断陷盆地，其中以下游的洛阳盆地最大，盆地中堆积有较厚的新生代地层。

对洛河河道组织全面调查，是在中华人民共和国建立之后。河南省地质调查所曹世禄、清华大学教授冯景兰和西北大学教授张伯声，1950年共同在豫西山区进行地质调查，编有线路地质图及小范围的地质图。

黄委会和河南省水利局1951年组成查勘队，由魏希思、仝允杲工程师带领，进行洛河流域查勘，历时3个月。在干流上选出杨九河、范里、故县、长水等坝址；在伊河上选出潭头、石门岭、石门沟、任岭、小箭水凹、陆浑、伊阙(龙门)等坝址。编有范里、故县、长水、陆浑、伊阙等处的1∶5000地质图及说明书。

地质部水文地质工程地质局邓林、蔡桂鸿等，1954年10—11月查勘伊河三官庙、谭头、望头岭、东湾、小箭水凹、大石桥、陆浑、古城寨、郭家寨、伊阙及洛河杨九河、范里、故县、长水、韩城、宜阳、黑石关等坝址。编有《伊洛河踏勘简报》。

地质部水文地质工程地质局胡海涛工程师等，1954年4月踏勘了洛河陆浑、中溪、古城寨、龙门、故县、韩城、宜阳等各坝址，编写有地质踏勘报告。

地质部水文地质工程地质局941地质队戴英生等和黄委会钻探队，1955年5—12月共同进行洛河技术经济报告阶段工程地质勘察，完成伊河东湾、小箭水凹、陆浑、大石桥、古城寨、郭家寨、伊阙和洛河范里、故县、长水、韩城、宜阳、黑石关等13处坝址1∶5000地质测绘104.8平方公里。进行钻探的坝址有故县、长水、黑石关及小箭水凹、陆浑、大石桥、古城寨等7处，共打孔37个，进尺1622米。提出了《伊洛河技经阶段工程地质勘察报告》。在勘察过程中，东北地质学院刘国昌教授、苏联地质专家诺沃日洛夫及马舒可夫曾到现场查勘和指导。

河南省水利勘测设计院蒋甫南、曾庆茂，1959年3—7月在洛河卢氏至高南河段进行1∶5万地质测绘，选出望云庵、曲里和徐家湾3处坝址。

(十二)沁河

沁河发源于山西省太岳山脉霍山南麓的平遥县黑城村。流势自北向南，流经沁潞高原，横穿太行山峡谷，进入华北平原，于河南省武陟县方陵注入黄河。全长485公里，流域面积13532平方公里。沁河最大支流丹河，发源于山西省高平县赵庄附近的丹珠岭，在河南省沁阳县北金村汇入沁河，全长169公里。

沁河西有太岳山，东为太行山。上游为沁水盆地，出露基岩为二叠系、三叠系砂页岩及煤系地层，产状平缓，河谷宽浅，黄土层厚度及覆盖范围均较小。润城镇以下河谷切穿太行山、王屋山之奥陶、寒武系灰岩时，形成深而窄的峡谷，比降大，蛇曲多，沿河地形险峻，交通极为不便。在济源市五龙口出山后，即进入华北平原，在沁阳以下，渐变为地上河，靠两岸大堤束水防洪。

1952年4—6月，以平原省黄河河务局为主，有黄委会和平原省水利局参加组成沁河查勘队，队长林华甫，查勘五龙口以上河道，选出润城及河口村两处坝址，提出有《沁河查勘队查勘总报告》。

中国科学院地理研究所陈述彭等，1954年4—5月进行沁河流域地貌地质调查，编有流域及河道地貌图和文字报告。报告认为：沁河在山西断块上升之前已经存在。

黄委会1955年3月组成以苏平、杜建寅为正、副队长的查勘队，查勘了干流郭道镇至五龙口河段，选出侯壁、北石、石渠、南孔村、平坡、石坊、冀氏、石室、槐庄、润城、五龙口等11处坝址。

黄委会设计院地质队郑谅臣及北京地质学院实习生2人，于1956年7月，在丹河的郭壁至金村河段进行地质查勘，选出后陈庄、大化石、铁城3处坝址。

黄委会设计院地质队王永正等组成沁河地质组，1956年8—12月，进行沁河石室到五龙口1∶5万综合性工程地质调查及丹河龙门口至三股泉段地质调查。1957年6—8月继续进行丹河郭壁至高都段地质测绘和龙门口坝库区地质填图。1958年2月提出《沁河流域技经阶段工程地质勘测报告》。

山西省水利设计院1958年组织查勘丹河上游，选出任庄水库坝址。

为解决晋城县工农业用水问题，山西省水利局、长治专署、晋城县组织查勘小组，1960年1月进行查勘，并选定东焦河水库与三股泉电站两处坝址。

为配合黄河下游规划，探讨在沁河干、支流上修建高坝的可能性，1964年黄委会规划设计处王长路和地质处符宝臻查勘干流五龙口、河口村、润城及丹河东焦、三股泉等5处坝址，写有《沁、丹河库坝址查勘报告》。

黄委会第五勘测设计工作队、河南省水利厅、新乡和长治专署水利局，1960年组织查勘沁河润城至五龙口石灰岩峡谷段，选出李增坪、土岭山、豹突岭、大坡4处坝址。

山西省引沁灌溉指挥部，1970年9—11月在沁河选出安泽县郎寨、沁水县下河北村两处引水方案。1971年4—6月又选出和川引水方案，并就3处进行比较。1972年4—6月，组织规划、设计、地质等专业人员到现场查勘研究，确定在下河北村修建引水枢纽，7月编出《山西省沁河灌区工程初步要点》。1973年，又组织地质人员进行沁河干流安泽县马壁至沁水县槐庄段地质填图。

1985年7月至1987年5月，河南省水利勘测设计院勘测总队进行沁河五龙口—沁阳段1：5万水文地质测绘，面积约300平方公里。

（十三）大汶河

大汶河又称汶河，在大汶口以上分两支。北支为干流，称牟汶河；南支为柴汶河。干流发源于山东省新泰、莱芜山区沂源县旋崮山沙崖子村。自东向西横穿泰安地区，在东平县马口村入东平湖，于平阴县陈山口出湖后注入黄河，全长239公里，流域面积9098平方公里。大汶口以上为上游，支流众多，为主要集水区；大汶口至东平县戴村坝为中游；戴村坝以下为下游，又称大清河，为历代洪水泛滥区。

大汶河流域地势东高西低，上游宽广，下游窄狭。河流上游呈扇形，流域的北、东、南三面为泰山、鲁山和蒙山所环抱，中部为徂徕山、新甫山，山势陡峻；大汶口以下北部为丘陵，南部为平原，偶而有基岩孤丘。大致以张夏—安驾庄—堤城为界，以东地区，由寒武、奥陶系灰岩组成各山之主体，山间盆地中堆积有老第三系红色粗碎屑岩，河谷中有黄土层及第四系冲积、坡积层分布；以西为灰岩丘陵区及冲积平原。

1951年11—12月，华东军政委员会水利部，邀请黄委会和山东、平原省水利局等12个单位共18人组成查勘团，查勘汶泗河、南北九湖和大运河。在大汶河查勘了干流及支流柴汶河，选择涝坡、大汶口两座水库坝址。1952年2月提出《汶泗运河查勘报告》。

黄委会设计院1957年8月派出吴致尧、龙于江、王志敏等人，参加编制汶河防洪规划调查。查勘选出山口上、山口下、大辛庄、汶阳庄、黄前、大河、涝坡、磐阴、耿家凹、北横山、洋流店(疃里)、乡城、大汶口、戴村坝、石坞等15处坝址。王志敏编写出《汶河流域各库坝址地质查勘资料》。

1958年9—12月，山东省地质局区测一队泰山中队、水文地质工程地质大队第三分队、北京地质学院等单位，先后在汶河流域泰安、新泰、莱芜等县境，进行过规划阶段地质查勘，选出东周等90余处坝址。并分别于1958年9—12月，写出勘查报告。1959年，泰安专署水利局组织进行了汶河东周、黄前、涝坡等坝址的勘探。

黄委会设计院吴致尧等，1962年4月，同山东省水利厅、泰安专署水利局共同组成汶河查勘组，进行汶河干流河谷重点查勘。6月写出《汶河流域防洪规划地质报告(复写稿)》。

山东省泰安地区1967年邀请山东省水利设计院、省计委、农林厅等单位共40余人参加，于5月中旬至11月，进行大汶河查勘。12月由泰安地区编写出《山东泰安地区大汶河流域治理规划报告》。

1985年4月，泰安地区水利水产局编出《山东泰安市大汶河流域开发治理规划(草稿)》。

第八章 干流水利工程地质勘察

黄河干流水利水电工程地质勘察，始于 1952 年。开始主要为编制黄河综合规划作地质勘察工作，随着 1954 年《黄河综合利用规划技术经济报告》的制定，提出龙羊峡—黄河入海口 46 个梯级开发方案（不包括龙羊峡以上河段 12 个梯级），勘察工作进一步展开。1955—1957 年，依照苏联规范规定的技术经济、初步设计、技术设计、施工设计各阶段的勘察程序进行，并以技术经济阶段勘察为多。1958—1960 年，初步设计阶段地质勘察全面展开，在 51 个梯级中（包括规划新增 5 个梯级），共有 35 个开始了初步设计阶段勘察，有些工程处于边勘察、边设计、边施工状态。1961—1963 年，国家经济困难，大部分工程停建或缓建，地质勘察工作也随着调整。之后，随着规划工程向高坝大库发展，地质勘察也转向研究高坝大库中的工程地质问题。1966—1976 年“文化大革命”期间，勘察程序被打破，规范、规程未能很好执行，地质工作处于无人负责状态。1978 年以后，工作逐步恢复正常，勘察手段与技术水平有所发展。进入 80 年代，重视学习国外经验，在初步设计前增加可行性研究阶段勘察。上游河段有龙羊峡、李家峡进行技施阶段勘察；拉西瓦、公伯峡、积石峡进行可行性研究阶段勘察。中游河段以补充可行性研究阶段勘察为主。1991 年小浪底增加了标书设计阶段勘察。

截至 1992 年 5 月底，完成黄河干流龙羊峡—黄河入海口已建和在建工程地质勘察 16 处，从上游到下游依次为龙羊峡、李家峡、刘家峡、盐锅峡、八盘峡、大峡、青铜峡、三盛公、万家寨、天桥、三门峡、小浪底、花园口、位山、泺口、王旺庄。作过规划、可行性研究、初步设计各阶段不同程度的地质勘察工作的未建工程 28 处，从上游到下游依次为拉西瓦、尼那、山坪、直岗拉卡、康扬、公伯峡、苏只、黄丰、积石峡、大河家、寺沟峡、柴家峡、小峡、乌金峡、小观音（黑山峡）、大柳树、沙坡头、三道坎、海渤湾、小沙湾、龙口、碛口、军渡、三交、龙门、西霞院、桃花峪、东坝头。作过少量地质勘察，或并级开发而取消的坝址，从上游到下游依次为牛鼻子峡、吊吊坡、旧磴口、昭君坟、前北会、罗峪口、清水关、里仁坡、壶口、安昌、任家堆、石渠、八里胡同、柳园口、彭楼等。

黄河流域主要坝址勘察程度图见图 2—3。

第一节 已建和在建工程

一、龙羊峡水利枢纽

龙羊峡水利枢纽，位于青海省海南藏族自治州共和县和贵南县交界处的龙羊峡峡谷进口以下2公里处，距青海省会西宁市147公里。大坝为混凝土重力拱坝，最大坝高178米，库容247亿立方米。装机容量128万千瓦。开发任务是以发电为主兼顾防洪和灌溉。

坝址处河流为东西向，峡谷深150余米，峡谷顶宽200余米，崖顶以上地势平坦，平水期河水面宽40米。

坝址区位于瓦里贡山隆起带，印支期花岗闪长岩侵入体的西南边缘部分。主要建筑物地基均由花岗闪长岩组成。岩性坚硬，断裂发育。侵入体围岩为三叠系变质砂岩夹板岩和少量薄层状灰岩。库区位于共和盆地内，库岸为早、中更新世河湖相沉积，岩性为粘土、砂质粘土及砂层。相对高差达300～500米。历史上曾产生过巨型高速滑坡。

共和盆地为一断陷盆地，其中沉积有白垩系、第三系及下、中更新统地层。盆地区存在有隐伏大断裂，新构造运动比较强烈。1981年9月以来，电站施工围堰建成后，每当汛期库水位抬高10～20米水头时，近坝库区常有弱震发生。

1952年，水电总局和黄委会联合组成查勘队查勘龙羊峡，提出龙羊峡宜建高坝的方案，并从峡谷上口到当郎沟的9公里地段内，选出4处坝址。1954年，黄规会在坝段地区进行了比例尺为1：1万地质测绘，确定坝址在当郎沟。1956年，北京院第十三地质勘探队，进入坝区开展全面地质勘察。1958年6—9月，西北院进入坝区对三、四坝址及库区左岸曲沟一带进行地质测绘。1958年10月—1959年9月，北京院第十三地质勘探队，对一、二坝址进行地质勘察和大比例尺工程地质测绘，1960年提出初步设计阶段地质报告，10月提出《龙羊峡二坝址高坝工程地质研究报告》，1962年提出《黄河龙羊峡地区新地质构造调查报告》。勘察认为：一坝址距峡谷上口最近，施工交通方便，但是两岸崖高仅80米左右，不能满足筑高坝的要求；四坝址位居最下游，两岸悬崖高达600米，但是靠近当郎沟大断层，且山麓堆积巨厚，也不宜筑高坝；中间的二、三坝址地形、地质、水工布置及施工条件都比较好。

1964—1966年，北京院主要集中在二坝址进行地质勘察。1966年北京院再次提出初步设计工程地质报告。报告认为二坝址较好。1966年审查时，认为三坝址隐蔽，人防条件好。为此，1967年，北京院地勘七队，又补充三坝址勘探，1969年11月，提出三坝址坝线选择工程地质报告。经此次勘察探明，三坝址地质条件比二坝址复杂。

1976年1月28日，中共中央、国务院批准兴建龙羊峡水利枢纽。1976年初，在现场召开坝址复审会。会议研究认为，二坝址断层相对较少，基础处理工程量较小，水工布置及施工条件也较三坝址好，会议选定二坝址。同年水电部第四工程局勘测设计研究院地勘一队，进行二坝址补充勘探和近坝库岸的勘测。二坝址共选有5条比较坝线，经1976年6月初步设计讨论会选出二、四两条坝线，围绕两线进行补充地质勘探，并在四坝线河床开挖了长约65米的过河平硐。1977年10月4日在现场召开初步设计审查会，会议决定将四坝线适当上移，作为选定坝线。1977年12月7日导流洞开工。1978年发现坝肩软弱带，进一步做补充勘测工作。西北院地质队地质组长伍意宗，在搞软弱带地质测绘时摔下悬崖，以身殉职。

1979年10月31日导流洞全部打通，12月29日下午截流成功。1980年8月建成围堰。1980年1月，河床坝基开挖，挖去了3米砂砾石，在左岸河床卸荷裂隙发育地段挖深9米，1982年6月达建基面。

在施工过程中，西北院又围绕坝肩岩体稳定性、近坝断裂带的深层变形、下游泄水消能区岩体抗冲刷及岸坡稳定、水库近坝库岸滑坡涌浪、水库诱发地震等问题，进行勘测研究。施工中69号断层用混凝土塞处理，塞深大于断层宽度，下游用钢筋混凝土加固，沿帷幕线部分为混凝土防渗井，深15米，井下为水泥灌浆，深36米。水泥灌浆帷幕，孔深18～20米。

20多年来，累计完成主要勘察工作量为：机钻孔217个，进尺17564米；1∶5万地质测绘430平方公里，1∶1万地质测绘113平方公里，大于1∶1000地质测绘4平方公里；硐井117个，总长5138米；动力弹性模量测点572个，原位抗剪试验97件，岩土物理力学试验188组。

1986年10月15日导流洞下闸蓄水，至1988年10月水库已蓄水79亿立方米。1989年6月4日，最后一台机组投入发电运用。

1990年2月26日，在大坝西偏南方向距大坝77公里的塘格木农场附近发生6.9级地震，更加引起了对水库诱发地震研究的重视。

二、李家峡水电站

李家峡水电站工程，位于青海省尖扎县和化隆回族自治县交界处的李家峡峡谷中段。北距西宁市直线55公里(公路135公里)，最大坝高165米，库容16.5亿立方米，装机容量200万千瓦。是以发电为主，兼顾灌溉效益的工程。

坝区河谷呈“V”形，两岸基本对称，基岩裸露，主要由前震旦系中深变质的混合岩和片岩相间组成，并穿插花岗伟晶岩脉。片理走向与河流斜交，夹角50～60度，片理倾角40～50度，倾向上游略偏右岸。岩性坚硬，透水微弱。顺河方向的陡倾角断层和层间破碎带甚发育。库区出露基岩为变质岩及第三系红色岩层，近坝岸坡及库尾有滑坡、崩塌堆积和松动岩体，坝区地震基本烈度为7度。

1978年9月起，水电部第四工程局勘测设计研究院地勘一队，进行规划阶段地质勘察。1981年4月，选出上、中、下3个坝址。1982年底，完成可行性研究阶段地质勘察，选定中坝址。1984年，西北院第六地质勘探队继续进行地质勘察。1985年底，完成初步设计阶段地质勘察。1988年4月1日，导流洞动工开挖。1991年，截流成功。累计完成主要地质勘察工作量为：1∶1万地质测绘80平方公里，1∶5000地质测绘10平方公里，1∶2000地质测绘5.9平方公里；机钻孔107个，进尺11240米；平硐55个，总长3543.8米；竖井1个，深68米；坑槽探1655立方米；静力弹模试验点28个。

经勘察查明的主要工程地质问题有：坝前滑坡问题；坝基抗滑稳定问题；岸坡稳定问题。坝前滑坡有两个，1号滑坡在右岸坝上游180～780米，体积约700万立方米，属深层切层滑坡，后缘高出正常蓄水位145米，勘察时发现滑体上有长为100米及400米的拉裂缝，且裂缝仍在继续发展中。2号滑坡在左岸坝上游800～1950米处，体积1475万立方米，为顺层岩质滑坡，后缘有拉裂缝。据计算，蓄水后1号滑坡将产生滑动，2号滑坡部分地段可能产生滑动。故建议，对前者需要进行工程处理，对后者进行监测。

三、刘家峡水利枢纽

刘家峡水利枢纽，位于甘肃省临夏回族自治州永靖县境内的刘家峡峡谷下口以上2公里，洮河口下游0.65公里处。下距兰州市100公里。主坝为混凝土重力坝，最大坝高147米，库容57亿立方米，装机容量116万千瓦。是以发电、防洪、防凌、灌溉、供水为开发任务的具有综合效益的工程。

坝址处河面宽40～50米，岸顶河谷宽110～150米，岸高约100米。出露基岩为前震旦系云母石英片岩和角闪片岩，岩层陡倾，岩性致密坚硬。左右岸分别有2～3条断层斜切，顺河有3条断层，岩层间错动带发育。

1945年，抗日战争胜利后，国民政府全国水力发电工程总处总工程师张光斗，会同美国内务部垦务局设计总工程师萨凡奇到刘家峡踏勘。1946年7月，地质专家张伯声参加国民政府水利委员会黄河治本研究团查勘刘家峡。1952年，水电总局进行贵德至宁夏段查勘时，地质工程师张兴仁参加，共同选出刘家峡苏州崖坝址。随后，兰州水力发电勘测处钻探队，在苏州崖坝址钻孔8个，进尺891.89米，开挖探槽与探坑13个。为了取得河床复盖层厚度资料，于河水封冻时，在冰上进行人力冲击钻探。北京地质学院部分师生与水电总局第四工程队，分别进行坝址区1：1万与库区1：10万地质测绘，为编制黄河综合规划及时提供了资料。

1954年黄规会编制完成的《黄河综合利用规划技术经济报告》中，提出刘家峡水利枢纽为第一期开发重点工程后，对刘家峡坝址区开展了大规模勘测。成立了刘家峡地质勘探工作组，抽调和组织地质、勘探、开挖、试验等人员（高峰时达到1752人），对苏州崖、红柳沟、马六沟、洮河口4个比较坝址进行地质勘察。

国家选坝委员会，1956年底根据勘察资料和现场查勘，认为红柳沟坝址基岩岩性致密坚硬，并在两岸出露高度100米以上，坝基地质构造虽然比较复杂，且有顺河断层通过，但作为高坝基础，仍有足够的强度。最大优点是施工便利，可缩短建设工期，据此选定红柳沟坝址。1957年8—10月，苏联地质专家古里也夫及沙金等到现场查勘，发现红柳沟坝址的69号顺河断层，在第四纪晚更新世时还有过活动，错断了第四级阶地。按苏联规范要求，在第四纪时有过活动的断层上不能建坝，应另选坝址。于是大部人员搬到马六沟坝址勘察，少部分人员仍留红柳沟研究坝址区构造稳定性。

在50年代，承担刘家峡水利枢纽工程地质勘察工作人员，常年在深山峡谷，工作和生活条件艰苦，物资供应困难，在气温零下20度寒冷季节，仍住单帐蓬，架钢索桥水上钻探，跨黄河架接钻场供水管线。柳华山和陈明华地质小组，在悬崖峭壁上用软梯作地质剖面，用岸坡摄影了解岩层和断裂分布等，坚持完成勘测任务。1956—1958年，共完成1：5万综合性工程地质测绘280平方公里，1：1万、1：5000、1：2000工程地质测绘52.98平方公里，1：1000工程地质测绘1.58平方公里；打机钻孔118个，进尺8438.19米，土钻孔195个，进尺5009.91米；打平硐71个，总长1234.2米；挖坑槽探321个，18811.9立方米；原位抗剪试验13组，变形试验21个。

通过各种地质工作，查明69号断层宽4米，最后活动时间距今已有15万年，之后此断层一直比较稳定。左岸坝肩分布有大小不等的18层层间挤压破碎带，在水库蓄水后可能产生渗漏和管涌。这些层间破碎带与构造裂隙组合，还可能影响岸坡稳定。坝上游300～500米处的苏州崖滑塌体，体积约85万立方米。另外，在10多平方公里范围内，用30多个观测孔作群孔抽水，对基岩裂隙潜水和裂隙承压水、孔隙潜水和裂隙潜水的补排关系等有了新认识。

1958年4月，水电部邀请30多名苏联和中国专家，到工地对地质资料并结合实际，进行详细审查，5月在北京召开讨论会，对红柳沟与马六沟两坝址比较后，建议采用红柳沟坝址。

1958年6月完成初步设计，选定坝轴线在红柳沟坝址6～34号地质剖面间。7月经水电部审查，8月开始技术设计，确定坝轴线在34号地质剖面下游5米处。1958年9月27日开挖导流洞，1960年截流，进行基坑开挖。1961—1963年，国家困难时期停止施工。1964年复工，3月水电部补发初步设计审批文件。1964年10月，水电部会同有关单位在现场对工程防空安全、泥沙淤积、工程地质问题进行审查。认为坝址地质构造虽较复杂，但已基本查清，通过工程处理可建高坝。审查认为69号顺河断层已稳定。左岸坝肩岩体中分布的18层层间构造破碎带需挖除。苏州崖塌滑体首先要防止水的渗入，水库蓄水后要注意观察。中科院地球物理研究所多次鉴定，坝区地震基本烈度为7度。

1965年再次开展技术设计，年底完成。1966年2月水电部审查，3月批复，紧接着进行施工详图设计，1969年基本完成。

1965年10月—1969年6月，开挖基坑期间，右岸与河床基岩挖深1～5米，至微风化层；左岸挖深7～15米至弱风化层。69号断层坝基部分挖除后再用混凝土塞处理，并在坝基下游用钢筋混凝土加固。防渗帷幕深80～143米。1969年4月第1台机组发电，1974年12月竣工，全部机组发电。1977年4月，水电部第四工程局石泉分局勘测设计研究院，提出《黄河刘家峡水电站设计书技施设计》。70年代末期，又将坝区地震基本烈度提高为8度，并按9度设防。

水库自1969年蓄水后，库坝区设立了地震观测台站，至1992年初，经

20多年观测，无异常信息出现，可证明坝库区地壳稳定，原定地震基本烈度为7度是正确的。其它主要工程地质问题经处理后，工程运行正常。

四、盐锅峡水电站

盐锅峡水电站，位于甘肃省永靖县境内，上距刘家峡水利枢纽工程30公里，下距兰州市70公里。坝高55米，库容2.2亿立方米，装机容量35.2万千瓦。

电站工程于1958年9月27日开工，1961年11月18日第一台机组发电，1975年9月8台机组全部投产。

坝址区出露基岩主要为白垩系河口群砂岩、砂质砾岩，次为粉砂岩及粘土岩。

1951年3月至1952年5月间，兰州水力发电工程筹备处进行盐锅峡下段地质勘探。1953年水电总局和北京地质学院，进行八盘峡至积石峡段1：10万河道地质调查。1957年兰州水电设计院组织实习人员进行盐锅峡1：5000地质测绘。1958年6月，西北院开始进行盐锅峡坝址区勘察，在峡谷的上、中、下段共选出3个坝址。1958年9月3日，选定坝址和坝线位置，10月进行库区工程地质勘察。

完成主要地质勘察工作量为：1：2.5万地质测绘80.4平方公里，1：2000地质则绘6平方公里，1：500地质测绘0.45平方公里，机钻总进尺2252.9米，平硐总长173.7米。

坝址区主要工程地质问题是坝基抗滑稳定性和渗透问题，处理后工程运行正常。

五、八盘峡水电站

八盘峡水电站，位于兰州市上游52公里，坝高40米，库容0.49亿立方米。装机容量18万千瓦。

坝址区基岩为白垩系砂岩、砂质粘土岩，中厚至薄层状，岩性软硬相间。岩层倾向左岸偏下游，倾角20～40度。顺河有三条断层贯穿坝区。有层间错动现象。

1954年7—8月，水电总局兰州水电勘测处进行坝址区地质勘探，打斜孔1个，进尺71.91米。1958年6月起，西北院进行初步设计及补充初步设计阶段地质勘察。首先在长 4.2 公里的峡谷段内，自上而下选出 4 个坝址。经八盘峡选坝委员会讨论后认为：二、三两坝址条件最差，一坝址稍逊于四坝址，四坝址地质条件相对较好。1959 年在四坝址做了大量工作，10 月提出《八盘峡选坝阶段工程地质勘测报告》。1960 年 5 月，西北院 103 地质勘探队，提出《黄河八盘峡水电站工程初步设计第三篇工程地质》。1966 年 11 月，西北院提出《八盘峡水电站工程地质条件》。1969 年主体工程开始施工，开工后，因地层较缓，抗滑稳定性不好，坝线向上游移动 103 米。1975 年 6 月第一台机组发电，1977 年竣工。

电站坝址累计完成钻探进尺 2071 米；1∶2.5 万地质测绘 105 平方公里，1∶5000 和 1∶2000 地质测绘 22.4 平方公里。

坝址区主要工程地质问题是顺河断层引起的坝基渗透稳定和抗滑稳定。经工程处理后，1975 年开始运转以来运用情况正常。

六、大峡水电站

大峡水电站，位于甘肃省白银市和榆中县交界处，黄河大峡峡谷出口处约 500 米长的河段上，上游距兰州市河道距离 65 公里，为混凝土重力坝，坝高 70 米，库容 0.9 亿立方米，装机容量 30 万千瓦。

坝址区基岩为前寒武系黑云母角闪石英片岩及侏罗系砂砾岩。河床覆盖层厚 28～34 米。基岩中断层较发育，但规模不大。

1954 年 11—12 月，水电总局兰州水电勘测处在峡谷上口附近打一钻孔，进尺 145 米。1958 年西北院选出大崖头、小鹰咀、大峡出口及条城坝 4 个坝址，同时进行规划阶段地质勘察，经比较认为峡谷出口以上 500 米附近条件较好。1977 年 6 月，西北院开始进行大峡水电站选坝阶段勘测设计工作。1981 年西北院地勘三队，在长约 1 公里的河段内，选择勘探了上、下两个坝址，经综合比较认为，下坝址较优。1982—1984 年进行初步设计阶段地质勘察。为了解河床基岩中顺河断层发育情况，分别在两岸各打一斜孔，两孔共发现断层 6 条，规模均不大。到 1991 年 6 月，共完成库区 1∶2.5 万地质测绘 54 平方公里，坝区 1∶1000 地质测绘 0.89 平方公里，1∶500 地质测绘 0.6 平方公里，建筑材料调查 1∶2000 地质测绘 1.7 平方公里；钻孔 241 个，进尺 9706 米；平硐总长 824 米；竖井总深 154 米；野外大型抗剪试验 3 组。

经勘察选定的坝址靠近峡谷出口，两岸地形开阔，施工条件好，坝基岩石强度较高，裂隙不发育，断层宽度小，岩体透水性小，河床覆盖层最厚31.13米。

1991年10月15日，大峡水电站正式开工兴建。

七、青铜峡水利枢纽

青铜峡水利枢纽，位于宁夏回族自治区青铜峡峡谷下口出口处。北距银川市80公里。是一座以灌溉、发电为主的综合性工程。坝高42.7米，库容6.03亿立方米，装机容量27.2万千瓦。

青铜峡坝区出露基岩主要是奥陶系砂页岩及灰岩互层。断层发育，岩石破碎。灰岩中岩溶发育，透水性大。坝区地震基本烈度为8度。

1946年底到1947年1月，美国人萨凡奇等到青铜峡查勘，在查勘后所写《治理黄河初步报告》中，提出青铜峡坝址。1954年5月，地质部黄河第一工程地质队，查勘选出山神庙坝址和龙王庙坝址，1955年北京院西北分院104地质勘探工作队，承担钻探工作。因山神庙坝址左岸岩溶发育，于1957年又选出点将台坝址与龙王庙坝址进行比较。后又在峡谷出口处300米地段内，自上而下选出四、一、三、二等4条比较坝线，经勘察认为，一、三两坝线较优。1957年5月，北京院提出《青铜峡枢纽工程规划报告》。同年11月，水利部组织有苏联地质专家参加的现场查勘，认为青铜峡坝址地质条件复杂，不宜修建高坝，一坝址工程地质条件较优。

1957年底起，西北分院104勘探队进行初步设计阶段勘察。于1958年7月提出《黄河青铜峡水利枢纽工程初步设计阶段工程地质勘察报告》。最后由水电部和北京院中外专家组选定为三坝线，主要理由是1号断层不通过三坝线的电站部位。初步设计报告提出后，于1958年8月26日开始施工。在基坑开挖中发现：右岸地下有溶洞和5号、6号断层，断层最宽达17米；左岸有1号和7号断层，最宽达10米。断层两侧岩层破碎，涌水量极大，情况都比原来预计的严重。选用混凝土塞处理方案后，使开挖工程量较原计划增加。1967年12月31日坝体土建工程全部完成。

1954—1958年间，共完成钻孔138个，进尺6346.8米；1∶2.5万地质测绘126平方公里，1∶1000地质测绘1.5平方公里。

坝址区主要工程地质问题是坝基渗漏，经防渗处理后，电站运行20年来，基础无异常现象发生，坝体普遍裂缝的原因尚待研究。

八、三盛公水利枢纽

三盛公水利枢纽，位于内蒙古自治区磴口县(巴彦高勒)东南2公里，包兰铁路黄河三盛公铁桥下游2.6公里。是一座以灌溉为主的大型水利枢纽工程。主要工程包括长2100米的拦河土坝、宽326米的拦河闸、左岸总干渠进水闸、审乌进水闸、南岸灌区进水闸、电站、16.5公里长的围堤及3460米长的左右岸导堤。最大水头8.6米，总库容0.8亿立方米。

三盛公坝址位于河套冲积平原的西南端，河床及高漫滩为第四系全新统地层，上部6～9米为细砂，下部为砾质砂层，总厚10～15米。上更新统为洪积及冲积的砂、砾质砂和粘性土，组成两岸的一级阶地，顶面高出河床4～5米。中更新统冲积、洪积层组成二级阶地，上部为砂及粘土，下部为砂、砾质砂及砾石层，顶面高出河床10～15米。所有建筑物地基均为松散的第四系地层。

1957年，北京院勘测总队301队，进行初步设计阶段勘察，1958年4月提交《内蒙三盛公水利枢纽工程初设地质勘察报告》。1958年夏，黄委会设计院内蒙勘测设计工作队，承担总干渠、山洪交叉建筑物、总排水干渠、二号和三号闸、第1～11号分水闸等工程的扩大初步设计阶段地质勘察。1958—1959年，内蒙古自治区水利勘测设计院地质勘探队，进行技术设计阶段地质勘察工作，10月提出《内蒙三盛公水利枢纽修正初步设计工程地质勘察报告》。1960年进行施工阶段地质勘察，1961年9月提交《黄河内蒙灌区三盛公水利枢纽工程地质勘察报告(技术设计)》。

枢纽工程于1959年6月开工，1961年10月基本建成。之后内蒙古自治区水利勘测设计院地质勘探队又分别于1964—1965年、1973年、1977—1978年，进行渠首电站等处地质勘探，1978年5月，提出《内蒙古自治区黄河三盛公枢纽水电站初设工程地质勘察报告》。

历年来累计完成地质勘察工作量有：库区1∶2.5万地质测绘91平方公里；枢纽区1∶5000和1∶2000地质测绘39.7平方公里；共打土钻孔1580个，进尺15724米；探井(坑)381个，进尺452米；地基承载力试验2组。

枢纽区主要工程地质问题是细砂层及砾质砂层，易产生渗透破坏和震动液化。经工程处理，自1961年运用以来，未见异常现象发生。

九、万家寨水利枢纽

万家寨水利枢纽工程，位于晋、陕峡谷北端，山西省偏关县与内蒙古自治区准格尔旗交界处，南距偏关县城 32 公里。是一座发电、供水大型工程。混凝土重力坝坝高 90 米，库容 8.9 亿立方米，电站装机容量 108 万千瓦，引水总干渠和南、北干渠总长 314.5 公里。枢纽工程于 1993 年 5 月 22 日奠基兴建。

坝址区河谷呈"U"型，两岸陡峭，岸高 50～120 米，谷宽 350 米左右。出露基岩主要为寒武奥陶系灰岩、白云岩。石炭二叠系砂页岩仅出露于下城湾附近，岩层倾向北西，倾角 3～10 度。第三系分布在两岸山顶的黄土之下，老岩层之上。河谷陡崖上发育有 3 层水平排列的溶洞，河床无覆盖层。

1952—1953 年间，地质部清水河工程地质队、水电总局地勘队进行规划阶段地质勘察。1956—1958 年，北京院进行初步设计阶段地质勘察，1958 年 6 月提出《万家寨水电站初设第一期工程地质报告》。选定万家寨中坝址，建混凝土坝。

1973—1975 年，由黄委会、内蒙古自治区、山西省联合组成规划选点组，对小沙湾至龙口河段进行两次规划研究，重点在龙口坝址进行勘察，推荐龙口高坝一级开发方案。1978—1979 年，内蒙古自治区水利设计院又对该段进行规划选点，并侧重对龙口进行补充勘探，提出《黄河龙口、万家寨、小沙湾水电站工程地质简介》。

1983 年 2 月 19 日，水电部在"引黄入晋济京汇报会"上决定，由天津院和内蒙古自治区水利设计院进行万家寨中坝址可行性研究阶段地质勘察。1983 年 3 月，天津院地勘三队、地勘一队和内蒙古自治区水利设计院地勘队开始工作，年底天津院提出《黄河万家寨水电站可行性研究阶段工程地质报告》。经水电部审查，基本同意勘察报告中对软弱夹层、承压水、天然建筑材料和地震基本烈度等所做的结论。同时，提出下阶段应查明错动带及泥化夹层的分布、性状、力学参数、库区右岸水文地质条件、岩溶发育规律、地下水入渗、排泄条件及可能的永久渗漏量等问题。1984—1987 年，天津院进行初步设计阶段工程地质勘察，完成主要工作量为 1∶10 万地质测绘 20102 平方公里，1∶1 万与 1∶2.5 万地质测绘 455 平方公里，1∶2000 与 1∶5000 地质测绘 37.1 平方公里，1∶500 地质测绘 0.6 平方公里；机钻 76 个孔，进尺 7764 米，土钻 17 个孔，进尺 399 米；平硐 14 个，总长 91 米。

坝区主要工程地质问题有：坝基软弱岩层泥化夹层倾角平缓，存在抗滑稳定问题；右岸河湾地段地下水位低于河水位 30 米，水库蓄水后有永久渗漏问题。

十、天桥水电站

天桥水电站，位于晋、陕峡谷北段的山西省保德县和陕西省府谷县交界的黄河干流上，下距两县城均约 8 公里，为一径流电站。主要工程包括混凝土重力坝段、土坝段、电站和泄洪闸。坝高 42 米，库容 0.66 亿立方米，装机容量 12.8 万千瓦。

电站区位于吕梁背斜的西翼，河床及东岸出露基岩地层主要为奥陶系灰岩，西岸以石炭二叠系砂页岩为主。岩层倾向西，倾角 5 度左右。两岸山顶上覆盖黄土，河床覆盖层最厚 23 米。灰岩层中有承压水。

1953 年 10—12 月，水电总局第二工程地质队选出上、下石盘两坝址，并进行地质测绘。1968 年 7—9 月，晋、陕两省和黄委会共同查勘，选出天桥和义门（石盘）两坝址。1969 年陕西省水利勘测设计院地质勘探队，进行天桥坝址地质勘察；黄委会第二勘探队，进行义门坝址地质勘探工作，张百臻为地质技术负责人。7 月 15 日，水电部钱正英副部长到现场视察时指出："以往勘探的两处，承压水头高，施工导流条件不好，要勘探水寨寺（水寨岛）坝址后再比较选择。"1969 年 11 月，经勘探后提出初步设计报告，并向水电部汇报，水电部以（70）水电革生水字 19 号文批复，同意报告推荐的水寨寺方案，并指出河左侧应补充一定地质勘察工作量。同时，明确地质勘察工作由黄委会派人在工程指挥部统一领导下进行。

1970 年 4 月 26 日，水电部召开会议，明确主体建筑物放在水寨岛左侧。同月 29 日开工，工程进入边勘测、边设计、边施工阶段。1973 年水寨寺坝址河床钻探时，揭露了灰岩中承压水，承压水头高出河水面 10 米，单孔最大涌水量达 67 升每秒。钻进时，喷水涌砂，孔口坍塌，影响钻进、取原状砂及压水试验。勘探技术人员曹生俊等，采取加重泥浆比重，粗径钻具上方装逆止阀，改进孔口台，压水试验管底部增设自动启动阀，钻杆下端安装环形减压圈，钻孔空心实心止水器等措施，制止了承压水喷涌，保证了钻探继续进行。1977 年提出技术设计书，年底 4 台机组全部安装完毕。

截至 1977 年，完成钻孔 138 个，进尺 5041.1 米；1：2000 地质测绘 2 平方公里；平硐进尺 330 米，原位抗剪试验 6 组。

电站区主要工程地质问题是，当库水位抬高后，承压水水头抬高以及抬高后对坝基抗滑稳定影响。经勘察分析论证认为，承压水位可能抬高至库水位以上3～6米。据此，计算其对坝基抗滑稳定的影响，并提出相应的工程处理要求。后为水库运行所证实，到1992年未发现影响工程正常运行的地质问题。

十一、三门峡水利枢纽

三门峡水利枢纽，位于黄河中游下段晋、豫峡谷的上口，左岸属山西省平陆县，右岸属河南省三门峡市。坝址在三门峡市下游约15公里。坝址处岩石坚硬，河谷狭窄，自左岸到右岸河中迄立人门半岛、神门岛、鬼门岛，将河水劈为三股，故名三门峡。

1954年《黄河综合利用规划技术经济报告》中三门峡水利枢纽列为第一期工程。1957年4月动工兴建，1960年建成。混凝土重力坝，坝高106米，库容360亿立方米，装机容量89.6万千瓦。在工程建成运用后，因库区泥沙淤积严重，大面积农田被浸没。因此，对枢纽工程进行两次改建，运用方式由“蓄水拦沙”改为“蓄清排浑”，水库蓄水位降低，当库水位335米时，库容60亿立方米，装机容量改为25万千瓦，后又作了扩大装机15万千瓦的准备。是一座具有防洪、防凌、灌溉、发电等综合效益的工程。

三门峡大坝座落在中生代闪长玢岩岩体上。闪长玢岩呈岩床侵入于石炭系间，厚90～130米。岩床与围岩产状一致，倾向上游，倾角12～17度。闪长玢岩岩性坚硬，岩体完整，透水微弱或不透水，单就坝基地质条件论，是黄河干流上少有的优良坝址。库区为新生代断陷盆地，盆地内堆积有第三系红色砂岩、泥岩及第四系砂砾层和黄土。绝大部分库岸为黄土构成。坝下游有巨厚的奥陶系灰岩分布，坝区地震基本烈度为8度。

1935年8月23日—9月2日，黄委会工程技术人员和主任工程师安立森（挪威人），为查勘拦洪水库坝址，由河南省孟津县白鹤溯河而上至八里胡同，再由陕县会兴镇（现三门峡市）顺河下行至三门峡。查勘后认为，三门峡为一优良坝址。11月，李仪祉在《黄河流域水库问题》演讲时指出：三门峡地质适宜筑坝。日本东亚研究所在侵华期间，于1941年1—7月，对三门峡进行过地质调查，指出三门峡至砥柱石间的河床为闪长玢岩，岩床较厚，可视为最好的水坝基础。1946年12月—1947年1月，国民政府经济委员会邀请美国顾问团萨凡奇对三门峡进行实地查勘。

1950年黄委会组织查勘队，进行龙门至孟津间河道查勘时，清华大学教授冯景兰应邀参加，并写有《黄河陕(县)孟(津)段地质查勘报告》。1952年，水电总局副局长张铁铮和黄委会主任王化云，陪同两位苏联专家查勘了潼关至三门峡河段。专家认为，三门峡建坝条件优越，值得详细工作，并指定了第一批钻孔位置。1952—1953年，水电总局进行技术经济报告阶段地质勘察，完成1：2000地质测绘3.7平方公里，钻孔13个，进尺558米。提出《三门峡坝址地质勘察报告》。

1954年5月，由地质部水文地质工程地质管理处进行初步设计阶段第一期地质勘察。1955年8月，由地质部水文地质工程地质局941队、黄委会、水电总局北京院地质勘探队，共同组成三门峡地质勘察总队，进行补充初步设计、技术设计、施工详图阶段地质勘察，以及坝基处理的灌浆试验、施工辅助企业场地地质勘察，贾福海任主任工程师。1958年4月，开始对东起会兴镇，西至西安，北至韩城，共7000平方公里的水库区，进行浸没与塌岸勘察。

黄委会钻探分队"五四青年钻机组"1954年在水库桥基钻探中，效率高，质量好，成绩突出，先后被评为全河、省、部先进单位，9月被青年团中央授予"优秀先进集体"。机长李汉兴先后出席了会、省、部和团中央召开的建设社会主义积极分子代表大会，并受到毛泽东、刘少奇、周恩来等党和国家领导人的接见。会后还分别参加了北京市和河南省组织的巡回报告。工人日报、中国青年报、河南日报，对"五四青年钻机组"进行报导。

历年来完成勘察工作量为：1：5万地质测绘7150平方公里，1：5000地质测绘19.3平方公里，1：2000地质测绘14.95平方公里，1：1000～1：500地质测绘1.46平方公里；机钻5189米，土钻22660米，平硐340米，岩土力学试验6372组(个)。1959年8月提出《黄河三门峡水利枢纽工程地质勘察报告》。报告对水库塌岸、淹没、浸没、大坝轴线位置选择、坝基渗漏、天然建筑材料、附属建筑物的地质条件作了说明。勘察中用1米直径钻孔检查灌浆效果与坝下游灰岩中打大口径水井解决坝区施工供水等，在当时尚属国内首创。

此外，在坝、库址勘察期间，铁道部设计总局第三设计院在陇海线的大营车站至灵口车站间，还进行了库岸坍塌与黄土湿陷的调查与预测。地质部水文地质工程地质局941地质队，在库区渭河两岸进行了1：20万综合性水文地质调查。

十二、小浪底水利枢纽

小浪底水利枢纽工程，位于河南省济源市和孟津县交界处，在三门峡大坝下游130公里，南距洛阳市40公里。壤土斜心墙堆石坝，坝高154米，库容127亿立方米，装机容量180万千瓦。

小浪底坝段上自竹峪，下至蓼坞，长14公里。出露地层有二叠系上石盒子组、石千峰组，三叠系刘家沟组、和尚沟组和二马营组。岩层倾角较平缓，坝区断层发育，河床覆盖层最厚达百米以上，河谷基岩岸坡变形破坏普遍，岩体中泥化夹层发育。坝区处于晋、豫山地和华北平原分界带，新构造活动迹象明显。

1939—1944年，日本侵华期间，其东亚研究所在八里胡同等地进行黄河中游查勘中，提出小浪底坝址，并列为第二计划。1946年12月—1947年1月，美国顾问萨凡奇等人，应国民政府经济委员会邀请，查勘黄河，所写《治理黄河初步报告》中，又提出小浪底坝址。

1950年2月，北京大学地质教授冯景兰、河南地质调查所曹世禄查勘黄河潼(关)孟(津)段时，调查了小浪底坝址地质。1953—1954年，地质部黄河中、下游地质队，进行技经报告阶段地质测绘，黄委会第一钻探队在大峪河口、大小西沟和猪爬崖3处打钻孔11个。

1958年春，黄委会设计院第二勘测设计工作队补充技术经济报告阶段地质工作。同年8月，黄委会设计院在《小浪底水利枢纽设计任务书》中提出，按正常高水位163米，坝高27米进行勘察，并要求12月底提交小浪底坝址地质资料。经勘察人员努力，11月底提出全部地质资料。不久又提出正常水位232米方案，要求地质勘察随着规划设计方案的变动加紧工作。于12月提出232米方案的《黄河干流小浪底枢纽技经报告阶段(补充)报告》，选出大峪河口至尖凹、大小西沟间、东坡村下游猪爬崖3处，并指出一、二两处较好。

1959年10月，黄委会邀请在西北院帮助工作的苏联水工、地质、施工等专家，到小浪底查勘和听取关于232米方案的汇报。苏联专家在肯定232米低方案的技术可能性和经济合理性的同时，建议下阶段工作应集中研究高方案。同年底提出了《三门峡—西霞院梯级开发方案技经报告》。

随后，黄委会根据周恩来总理在三门峡会议上讲话精神和水电部李葆华副部长的指示，研究了280米高方案，并要求1960年6月完成280米方案的初步设计,保证1960年下半年主体工程开工。据此,黄委会设计院第二地质勘探队,增调地质人员30余人,主要在二坝址按280米方案要求,开展勘探和试验研究工作。围绕小浪底作历史地震调查和坝址区新构造运动的研究。1960年4月提交《黄河干流小浪底枢纽初步设计选坝阶段工程地质报告》,对坝址区各种岩石的物理力学性质、新构造现象、河床基岩深槽、右岸基岩滑坡等方面作出描述和评价。1960年5月19日至6月18日,水电部会同山西、陕西、河南3省有关单位和苏联专家,在郑州开会审查,会议肯定了280米方案。后因国家经济困难,地质勘察工作暂停。

黄委会设计院第二勘测设计工作队,1958年进行小浪底坝址补充勘探中,钻探工人付廷兴研制成功钻杆自动卡盘,既能提高钻进效率,又能保证提下钻具的安全,是勘探工作中有价值的革新。

1969年黄委会规划大队第三分队,重新对小浪底坝段开展规划设计勘察研究,主导思想是在小浪底修建混凝土坝或混凝土与当地材料混合坝。地质方面由黄委会及水电部第十一工程局共10人组成,在以往工作基础上,分别对小浪底一、二坝址进行了复查性的地质测绘工作。1970年下半年,又在一坝址左岸河边基岩台上,进行了层间页岩夹层原位抗剪试验两组。

1970年底至1971年上半年,黄委会调集第一、第二、第三勘探队、物探队进入小浪底工区,对一、二坝址展开大规模的勘察研究。同时河南省黄河小浪底工程筹建处成立,崔光华、姚哲、韩培诚、段忠诚等为负责人,统一领导勘测设计工作。1971年8月,在一坝址左岸边基岩台上的弹模槽试坑中,发现在三叠系砂页岩地层中,软岩夹层受构造影响形成剪切带,即泥化夹层。在此期间,勘察重点是解决影响建坝的两个重要工程地质问题:

其一是泥化夹层。通过地表调查发现三叠系刘家沟组第3至第5岩组泥化夹层分布较普遍,靠近断层较多,远离断层较少,一般延伸百余米,风雨沟以西地堑中,最长出露500米。在一坝址28个钻孔中,由物探电测井配合,共发现泥化夹层18层。泥化夹层厚度变化较大,薄到泥膜,厚达40毫米。主要为软弱页岩挤压搓碎而成。对泥化夹层还进行了颗分、含水量、容重测定、抗剪试验、电子显微镜与差热分析鉴定。通过勘探、试验研究认为,泥化夹层是坝基抗滑稳定的控制因素。

其二是右岸坝肩破碎体。通过打钻孔10余个,地质探硐2条,查清了右坝肩山体实为一巨型滑坡体,总方量约1100万立方米,最大厚度80米,沿岩层倾向以北东18度向河床滑动,滑距40～50米,后缘沿10号断层带及走向裂隙拉裂,形成空档区。破碎壁以南岩体形成二级滑塌。滑坡体岩层破碎，钻探过程中掉块、坍塌、漏浆十分严重，钻进难度很大。开挖探硐时，坍塌、掉块也很严重。在探硐内取滑带土原状样进行了室内土工试验，摩擦系数小，右坝肩稳定性差。因此，不宜选作坝肩。

为了选择地质条件较好坝址，又对上游的竹峪坝址与青石咀坝址进行了地质调查和钻探。在一、二坝址间增加了中坝线，并进行勘察。

在此期间，除发现一、二坝址泥化夹层与破碎体外，还存在以下主要地质问题：(1)河床中存在着基岩深槽，堆积覆盖层厚50米。(2)一坝址右岸二级阶地下部存在的4、5号断层交汇带，宽20余米，斜交于坝基。(3)二坝址右坝肩存在2号滑坡体，由多列式滑体组成，总方量约410万立方米。

截至1972年5月，完成坝段1∶2000～1∶5000地质测绘47平方公里。一坝址钻孔86个，进尺5720米。二坝址钻孔65个，进尺5860米，大口径钻孔1个，进尺23米。竹峪坝址钻孔2个，进尺120米。青石咀坝址钻孔3个，进尺155米。三坝址钻孔8个，进尺430米。在一、二坝址作砂岩与砂岩野外大型抗剪试验8组，作页岩与页岩野外大型抗剪试验7组，作大口径(1米直径)岩芯新鲜页岩大型抗剪试验2个点。

1972年6月，黄委会规划大队革命委员会编写出《黄河小浪底水库工程初步设计工程地质勘察报告》。在坝址综合评价与选择意见中认为：中坝线河谷左侧二级阶地基座上3号、4号深槽发育，规模较大，致使混凝土坝段布置和施工困难，建议予以否定；二坝址右岸虽有滑坡体分布但规模较小，下部岩体完整，河谷对称，坝顶长950米，优点突出，河床虽有两个深槽，深50多米，其中又夹有20米的细砂层，但在技术上有办法克服，如建造混凝土坝，建议选定该坝址；一坝址右岸为滑坡体，分布规模较大，但可以处理，河床覆盖层较薄，且河床左侧有基岩露头，对混凝土坝段布置和施工条件都有利，如建造混合坝，建议选定该坝址。

同年9月，水电部在洛阳召开小浪底工程初步设计审查会，根据历年勘察资料，对先后勘察过的5个坝址逐一进行评价。会议认为，竹峪坝址左岸岩体表层有滑动迹象，河床覆盖层深50米以上，右坝肩上游有大断层通过，坝址位置太靠近上游，规划布局不合理；一坝址左岸二级阶地基座面以下有深槽，岩体中有断层破碎带和泥化夹层，右岸为约1100万立方米的大滑坡体；二坝址左坝肩有宽100～150米的破碎带通过，右岸有基岩顺层滑坡，体积约410万立方米，河床有基岩深槽；三坝址右岸坡脚有顺河方向大断层通过；青石咀坝址问题相对较小。整个坝段地质条件复杂，问题很多。要求深入调查研究滑坡、泥化夹层及区域构造稳定问题。

至此，小浪底水利枢纽，仍处于选址阶段。水电部钱正英副部长针对地质方面存在的基岩岸边稳定、层间泥化夹层及区域构造稳定等主要问题，要求进一步开展工作，找出规律性的东西，选出较好的坝址。1973—1974年间，因小浪底工程筹建工作停止，地质勘探队撤出小浪底，留下部分地质人员进行资料整理和调查研究，提出《小浪底水库坝段区页岩与泥化夹层工程地质条件》专题报告等。

1975年，坝址选择的勘察工作又重新开展。黄委会规划设计大队地质方面主要负责人彭勃等，综合分析小浪底地质条件后认为，修建当地材料坝是较为适宜的。三坝址与青石咀坝址都具有布置泄水建筑物的地形条件。

1975年初，黄委会规划设计大队开展三坝址1：2000地质测绘，年底第二地质勘探队进驻小浪底。1976年初，在青石咀坝址同时开展地质测绘与勘探。青石咀坝址共完成1：2000地质测绘35平方公里，机钻孔10个，进尺1000米，地质探硐一条，深80米；三坝址1：2000地质测绘35平方公里，机钻孔27个，进尺1926.5米。6月，提出《黄河小浪底水库工程规划选点地质报告》。报告主要论述275米蓄水高程当地材料坝的工程地质条件，指出“从各坝址的工程地质条件来看，修建混凝土坝或混合坝型都是不适宜的，只有考虑修建当地材料坝。若修建当地材料坝，一、二坝址存在问题较多，青石咀和三坝址则比较优越。”

同年7、8月，水电部在郑州召开小浪底、桃花峪水库工程规划技术审查会，会议肯定小浪底坝段优于桃花峪，并要求对青石咀进行补充勘探。在1976年下半年补充勘探发现，青石咀坝址左岸靠大峪河一侧，基岩面太低，无布置大跨度隧洞的条件；通过河床的断层达15条之多，有些断层交汇在一起形成很宽的破碎带。据此，勘探工作完全转向三坝址。

1977年，第二地质勘探队201机组，在三坝址南岸钻探时，为保证岩芯质量，采用回次进尺0.2米的干钻方法，付出比常规钻探多1倍的劳动，很好的完成了任务。该队1979年在小浪底、故县两工区近200公里往返4次搬迁的情况下，全年还完成钻进1451米，优良品率100%，并实现了当天由故县工区搬出，当天在小浪底工区架机开钻的勘探工作高速度记录。201机组5年连续年进尺超千米，是黄委会规划设计大队完成任务最多的机组，1979年初被评为黄委会先进集体。组长刘连仲参加了全河劳模大会。随后又被水利部命名为先进集体。

从1977年开始，着重对三坝址河床深槽的展布、形态、复盖层的结构及物理力学性质，右岸东坡及西沟塌滑体的形态展布勘察研究。1979年请法国专家进行咨询，并引进 VPRH 钻机、钻孔膨胀仪、T_{400}测井仪、钻孔取砂器、电感式钻孔多点伸长仪、1575B 地震仪等共 18 种，增加了小浪底坝址勘察手段。郭六法、曹生俊对 VPRH 钻机的冠状钻头进行改进，获得治黄重大科技二等奖。郭六法、侯锡琳等还改进 VPRH 钻机直径 110 毫米双管自动调节超前切割靴取样器，获黄委会设计院优秀成果三等奖。在此期间，开展遥感遥测等研究，1980 年分别提出《用图像处理系统提取线性构造的体会》、《对小浪底水库三坝址左岸地下洞室工程围岩分类的探讨》、《对小浪底水库滑坡模拟试验研究报告》、《对小浪底水库施工期滑坡涌浪模型试验研究报告》、《小浪底边坡岩体变形特征及机理探讨》等研究报告与学术论文。

截至 1981 年初，共完成三坝址与库区 1∶1 万地质测绘 580 平方公里；机钻孔 170 个，进尺 15982.64 米；管钻孔 24 个，进尺 1346.94 米；平硐 36 条，长度 2774 米；竖井 4 个，85 米；原位抗剪试验 30 件，弹模点 43 个；砂砾石层跨孔试验 67.3 米；伽马—伽马测井 14 个孔，216 米，伽马测井 53 个孔，4663 米。

1981 年 4 月编写出《黄河小浪底水库工程初设要点工程地质勘察报告》。9 月，水电部在郑州召开小浪底工程初设要点审查会，会议认为，三坝址距上游 1、2 号滑坡体较远，对可能出现的滑坡涌浪影响较小；枢纽建筑物布置和施工条件也比较有利，同意初设要点报告推荐的三坝址作为工程选定坝址。要求下一步重点补充查明：(1)泥化夹层的分布性状；(2)左岸单薄分水岭及右岸坝肩山体稳定问题；(3)洞群进出口高边坡及大跨度洞室围岩稳定问题；(4)深厚覆盖层造混凝土防渗墙的可能性问题；(5)区域稳定性问题；(6)河床砂层及砂卵石层的震动液化问题；(7)水库诱发地震问题；(8)岸坡变形机制及变形体稳定性问题。

80 年代，在开展小浪底水利枢纽主要地质问题专题研究工作过程中，曾与中科院地质所合作，进行了“边坡变形机理工程地质模拟试验”；委托水电部基础处理公司，完成了河床深槽防渗墙槽孔试验；与中国人民解放军 89002 部队协作，黄委会设计院在左岸较破碎的地层(包括断层带)中，以新奥法开挖了跨度 15 米，长度 50 米的试验隧洞；与北京大学合作利用遥感技术研究了“三花间”基本构造格局及区域稳定性问题；委托河南省地震局等单位，对小浪底坝址区地震基本烈度进行了复核，并进行了地震危险性分析，提出了地震参数；委托哈尔滨工程力学研究所与黄委会水科所，对河床覆盖层进行了震动液化试验；委托北京水科院岩土所、武汉水利电力学院、长办水科院、武汉岩土研究所、南京水科院等单位，对筑坝土料、坝壳料、坝基覆盖层的各种参数及三轴渗流试验工作进行了研究;由黄委会水科所进行了水库滑坡涌浪试验。

此外,长春地质学院肖树芳及成都地质学院侯德堃等,对小浪底砂页岩地层中泥化夹层分布、物理力学性质,也做了调查与试验,按泥化程度、物质成份、颗粒组成,进行了泥化夹层分类。1983年完成《小浪底水库工程三坝址左岸泥化夹层的研究》、《小浪底水库河床覆盖层的研究》,1984年完成《小浪底砂砾石含砂率试验研究》、《小浪底大型洞室勘测及综合测试研究》等科研报告。

在此期间,黄委会设计院地勘总队,研制成功了套钻新工艺,提高了钻孔中泥化夹层的采取率。1988年又研制成功了坑道钻取泥化夹层试样的钻探工艺。黄委会设计院科研所董遵德等,用试验前在泥化夹层上加压,限制泥化夹层卸荷膨胀的方法,使野外大型抗剪试验时,泥化夹层的性状更接近自然,结果提高泥化夹层抗剪强度10%以上。

1982—1983年,黄委会设计院地质处组织40余名地质员,对小浪底坝址地质资料进行了系统整理。1983年6月,编写出《黄河小浪底水库工程初步设计工程地质勘察报告》,同年7月在水电部召开的技术审查会上进行审查。

1984—1988年,黄委会设计院与美国柏克德公司联合进行小浪底工程轮廓设计,地质资料由设计院地质处提供,满足了设计要求。

1984年2月,根据国家设计程序新的要求,补充编写了《黄河小浪底水利枢纽可行性研究报告——工程地质篇》。该报告把历次资料进行汇总,作全面比较,得出了三坝址相对优越的结论。同年10月,水电部在北京召开了小浪底工程设计审查会议,认为:尽快修建小浪底水利枢纽是非常必要的,原则上同意可行性研究报告,根据多年来对小浪底坝段地质条件的比较论证,同意最终选定三坝址,原则上同意坝型为土石坝等。

1985年7月,黄委会设计院与中国地质大学达成协议,共同研究小浪底坝址左岸单薄分水岭裂隙岩体渗流。11月,正当渗流组人员与配合的工人在107号竖井中部吊盘上量测裂隙时,井口黄土突然塌方,工人刘鹤亭未按安全规定系安全带,被砸落到深41米的井底。同在吊盘上工作的中国地质大学博士研究生万力,在受伤情况下,仍由井口人员配合下到井底,在1米多深的水中救出刘鹤亭,刘因伤势过重,抢救无效身亡。万力受到黄委会设计院奖励,并荣立三等功。

按黄委会设计院要求,1986年根据勘察试验研究工作新的进展情况,地质总队又一次编写出《黄河小浪底水利枢纽工程初步设计工程地质勘探报告》,1987 年水电部组织国内有关专家戴广秀、王思敬等进行现场考察评估。同年 7 月水电部在郑州、北京两地召开技术审查会进行审查。

1988 年 7 月底,黄委会设计院完成小浪底枢纽初步设计报告,地质方面将已有资料进行了整理,编写出初设报告附件《工程地质勘察报告》。1988 年 10 月 26 日,水利部向国家计委报请审批《黄河小浪底水利枢纽初设报告》。1989—1991 年,水利部邀请中国国际工程咨询公司和世界银行专家组,对小浪底水利枢纽多次考察评估,地质方面进行了配合。之后,重点对泄洪建筑物进出口部位、电站厂房及大坝基础等,进行补充勘察研究。

截至 1991 年,在小浪底坝址完成的主要工作量:1∶2000 地质测绘 12 平方公里,1∶500 地质测绘 1.25 平方公里;机钻孔 315 个,进尺 28330 米,土钻孔 46 个,进尺 2323.65 米;地质探硐 50 条,总长 5228.65 米;竖井 37 个,进尺 842 米;原位抗剪试验 16 组,86 件;基岩静弹试验点 45 个;钻孔压注水试验 1655 段次,河床覆盖层抽水试验 22 段次,群孔抽水试验 4 次。

小浪底水利枢纽工程,处在黄河中游最后一段峡谷的出口,位居承上启下控制黄河水沙的关键部位。是一座以防洪、防凌、减淤为主,兼顾供水、发电,除害兴利,综合利用的枢纽工程,在治黄体系中具有战略意义。根据坝址地形地貌工程地质特点,泄水建筑物放在左岸,电站厂房布置在地下。

小浪底水利枢纽前期工程 1991 年 9 月 1 日开工,河南省省长李长春、副省长宋照肃和水利部副部长严克强等,参加了在小浪底坝址现场举行的开工仪式。

十三、花园口水利枢纽

花园口水利枢纽位于京广铁路新黄河大桥下游 6 公里黄河干流上,南岸属郑州市,北岸属河南省武陟和原阳县。由泄洪闸、拦河坝、溢洪堰和防护堤组成。拦河坝高 5～7 米,长 4822.4 米;溢洪堰长 1464 米;泄水闸总长 209.1 米,高 12 米;防护堤长 8381.3 米,堤高 4～5 米。规划任务为壅水灌溉冀、鲁、豫 3 省 4358 万亩农田。1959 年 11 月 29 日开工,1960 年 6 月建成。

坝区河床表层以第四系全新统粉细砂为主,厚 11～16 米,向下依次为中砂(3～4.5 米)、粉细砂(5 米)、中砂夹粗砂及粉砂(大于 5 米)。

该枢纽是黄委会编制的《黄河综合治理三大规划草案》中提出的开发梯

级之一。1958年8月,黄委会设计院第五勘测设计队,在岗李到花园口地段内进行选址勘察。自上而下选出岗李坝址(上坝址)、铁牛大王庙坝址(中坝址)和花园口坝址(下坝址)。同年,在下坝址进行钻探。1959年进行上、中坝址钻探及库区地质测绘和建材调查。累计完成钻孔132个,进尺3405.4米,12月提出《岗李枢纽初步设计阶段工程地质报告》。1960年提出《枢纽泄水闸基混凝土板与地基土壤摩擦试验报告》与《枢纽泄水闸地基静力荷载试验报告》。

1961年10月19日,花园口流量达6300立方米每秒。大水过后,即发现泄洪闸冲刷坑被冲深到79.28米高程,低于河水面约13米。至1962年2月,又发现下游钢筋混凝土沉排及防冲槽均有下沉,下沉量最大达到5米。1962年12月又发现闸下游陡坡段、消力池、沉排及防冲槽均严重损坏。加之三门峡水库运用方式改变,大量泥沙下泄,此枢纽不利于下游河道排沙,故于1963年7月17日破除拦河土坝。

十四、位山水利枢纽

位山水利枢纽位于山东省阳谷县、东阿县、梁山县和平阴县的交界地带。工程包括拦河建筑群(拦河闸、坝、电站及船闸),抬高水位7米。东平湖水库建筑群(进湖闸、出湖闸、出湖电站及船闸),位山引黄建筑群(引黄闸、电站、沉沙池、分水闸、防沙闸),穿黄建筑群(穿黄南闸、穿黄北闸、进水闸、冲沙闸、抽水站、蓄水池),输水总干渠,临清建筑群及齐岗建筑群等。规划任务为壅水灌溉冀、鲁、豫农田2000万亩,以及防洪、防凌、航运等。

枢纽区上部为黄河及大汶河等冲洪积的沙、沙土、淤土等,下伏为石灰岩,地表有少数石灰岩孤丘分布。

1958年2月,黄委会和山东黄河河务局进行选点,选出位山坝址、鱼山坝址、位山引黄闸及南岸路那里石洼闸址后,随即进行地质勘探。同年5月1日,第一期工程位山引黄闸开工,8月5日,东平湖围坝开工,11月拦河闸、徐庄和耿山口进湖闸、陈山口出湖闸、第一拦河坝及第二挡水坝等相继开工。1958年底,提出规划阶段地质勘察报告。

1959年,山东黄河河务局沿东平湖围坝的临背湖坝脚,用麻花钻进行钻探。黄委会第六勘测设计队提出《位山枢纽工程综合地质报告》,并在上述建筑物分布区进行补充钻探。1959年底提出《位山枢纽初步设计第三篇工程地质报告》。1960年2月东平湖蓄水时坝脚发生渗水、管涌,经北京水科院和黄委会水科所调查后，共同提出《东平湖围坝渗透变形问题初步研究报告》。1960—1961年，黄委会第六勘测设计队进行围坝及梁山县城渗水勘探、围坝地基处理和天然建材调查。1962年，黄委会地质物探队对位山工区历年勘探资料进行全面汇总和质量检查。经整理分析后，于1963年10月编写出《黄河位山枢纽东平湖水库工程地质勘察报告》和《黄河位山枢纽东平湖水库浸没问题研究》。

位山枢纽工程计划分五期施工，1958年5月1日第一期工程开工，到1960年7月完成四期工程后，暴露出枢纽和水库均存在着一些严重问题：(1)河道淤积十分严重；(2)东平湖水库围坝地基渗透变形严重；(3)水库外围低洼地区渗水，有20多万亩耕地发生盐碱化、沼泽化。加上三门峡工程的改建和运用方式的改变，洪水、泥沙无法达到原规划的控制条件，枢纽工程渡汛安全问题突出。

1962年4月28日经中共水电部党组研究提出破坝意见，1963年10月21日，国务院批示同意破坝方案，1963年12月破除拦河坝。大坝破除后，东平湖水库采用二级运用，地质勘察工作随着二级运用设计而展开。后经勘察弄清大面积地下水位抬高是由于库内外露于地表的石灰岩孤山丘，其深部有岩溶相通造成的。

1965—1966年，山东位山黄河工程局进行东平湖东坝段的杨成坝、吴桃园、熊村、韩村、索桃园、南大桥、杜窑窝、武家漫8个重点段的地质勘探，为工程处理提供依据。1968年黄委会生产指挥部与山东黄河位山工程局，对上述重点段进行处理。1976年为加固处理东坝段又进行补充勘探，钻探工作由东平修防段组成两个土钻组完成。同年10月，进行西坝段地质勘探，12月中旬提出《东平湖围坝加固工程初步设计阶段补充地质勘察报告》。

自1958年到1976年，共完成地质勘察工作量为：1∶2.5万地质测绘1404平方公里，1∶1万地质测绘19平方公里，机钻孔101个进尺1877.6米，土钻孔1288个进尺19735米，长期观测孔110个进尺1148.6米，原状土试验1252组。1978年黄委会设计院编写出《黄河下游位山地区近代冲积湖积层的工程地质特性》专题分析报告。

十五、泺口水利枢纽

泺口水利枢纽位于济南市北郊泺口镇附近，津浦铁路黄河大桥下游7公里处。枢纽工程包括泄洪闸、拦河闸、北岸引黄闸、电站、船闸和拦河土坝。

土坝长 1100 米，高 10 米，总库容 0.3 亿立方米。规划任务为灌溉、供水、航运等。

枢纽区位于鲁西山前冲洪积和黄河近代冲积区。上部为浅黄、黄、棕色粉土、砂壤土、壤土、粉细砂，厚约 12 米。下部为浅海、湖沼相灰色、灰黄色壤土，较密实坚硬，含钙质结核。

1958 年 5 月开始坝址比选方案并进行勘探，选出桥上（津浦铁路桥上游曹家圈）方案和桥下（姬家庄、俞付庄）方案。黄委会设计院第一地质勘探队进行桥上方案的引黄闸、拦河闸等 5 处和桥下方案的扬水站、拦河闸、顺河船闸等 14 处地基勘探。1959 年 11 月至 1960 年 9 月，黄委会设计院第六勘测设计队进行桥下方案的陈家庄泄洪闸、八里庄电站、船闸及拦河闸基勘探。黄委会设计院下游地质组进行库区综合水文地质测绘。1960 年 2 月，山东省水利厅地勘一队进行齐家庄泄洪闸基补充地质勘探。同时，黄委会设计院编出《泺口枢纽工程初步设计第三篇（工程地质）》。历年完成土钻孔 231 个，进尺 4951 米；库区 1：5 万工程地质水文地质测绘 254 平方公里；原状土试验 220 组。

枢纽工程经国务院和水电部负责人同意于 1960 年 2 月动工，根据中共山东省委指示，1960 年 8 月 18 日停建。

十六、王旺庄水利枢纽

王旺庄水利枢纽位于山东省滨州市与博兴县境内，上距泺口枢纽 142 公里，规划水头高 7 米，总库容 0.3 亿立方米。包括拦河泄洪闸、拦河土坝、防洪堤、电站及顺黄、穿黄船闸。规划任务是灌溉、航运、渔业、供水等。

枢纽区属滨海平原，上部为近代冲积的粉砂、砂壤土、壤土夹粘土互层，厚 10 米左右；下部为棕、灰黄色砂壤土。

1958 年 11 月，黄委会设计院第一地质勘探队进行南岸拦河闸选址勘探。1959 年 12 月—1960 年 10 月，黄委会设计院第六勘测设计队和山东省水利厅地勘一队，进行北岸丁家拦河闸、韩家墩防沙闸、南岸船闸及电站初步设计阶段地质勘探和拦河闸技施设计阶段地质勘探。1960 年 12 月提出《黄河王旺庄枢纽初步设计工程地质报告（南方案）》和《黄河干流王旺庄枢纽初设工程地质补充报告（北方案）》。共完成土钻孔 219 个，进尺 4402 米。

经中共山东省委批准，枢纽第一期工程于 1960 年 1 月开工，1962 年根据中共山东省委指示停建。

第二节 未建工程

一、拉西瓦水电站

拉西瓦水电站坝址位于青海省贵德县与贵南县交界处，龙羊峡峡谷下口以上4.5公里。上距龙羊峡水电站32.8公里。规划最大坝高250米，库容10亿立方米，装机容量372万千瓦。

坝址区基岩为中生代侵入的粗粒花岗岩，岩性均一坚硬。在建坝高程以下两岸无覆盖。风化层较薄。坝区上、下游均有三叠系石英砂岩及硅质灰岩和第三系红色砂岩分布。坝址区处于伊黑龙大断层和差其卡（拉西瓦）断层之间，故花岗岩中小断层发育。断层破碎带宽一般为10～15厘米，个别达1～2米。地震基本烈度为7度。

1953—1976年间，黄委会、西北院、北京院、水电部第四工程局等单位，进行过多次查勘、规划。提出一级（拉西瓦）和二级（曲乃亥、拉西瓦）开发方案。水电部第四工程局在综合历次查勘意见后，于1977年提出的《黄河干流龙羊峡至李家峡河段查勘报告》中认为一级开发方案较优。1978年，西北院地勘二队做进点准备。1982年9月开始进行规划阶段地质勘察。经勘察后认为，拉西瓦坝区具有修建高坝的地质条件。据此，西北院在1983年编制的《黄河干流龙羊峡—青铜峡梯级开发规划报告》中正式推荐拉西瓦一级开发方案，并于1983年5月提出《拉西瓦水电站可行性研究阶段勘察任务书》，同年即开始进行可行性研究阶段的地质勘察。除对拉西瓦一级开发方案中的石门、三角体和门口3个坝址和长引水洞地面厂房方案进行全面勘探和比较外，还进行库区及建材地质调查和区域稳定性研究，设地震监测台及活动断层观测点各一个。1984年9月，提出《拉西瓦水电站可行性研究中间地质报告》。同年11月，西北院邀请有关单位的地质、地震、水工专家，在坝址现场召开技术讨论会，对区域稳定、坝址选择、开发方式、水工布置等重大问题进行了研究。与会人员一致肯定一级开发方案，并推荐石门坝址，随后勘察工作围绕石门坝址展开。

1986年7月，西北院提出《黄河拉西瓦水电站工程可行性研究报告（技术专题附件之一）工程地质报告》。认为石门坝址坝基为坚硬均质块状花岗岩，山体雄厚，河床覆盖层厚1～3米。岩体风化浅，透水性弱，裂隙不发育。

仅需要研究区域稳定性问题。

拉西瓦水电站地处深山峡谷之中，交通极不便利，给地质勘察造成极大困难。自 1978 年开始准备至 1982 年开始勘探，历时 4 年多。历年来完成主要地质勘察工作量有：1∶2.5 万地质测绘 40 平方公里，1∶1 万地质测绘 2 平方公里，1∶5000 地质测绘 18.4 平方公里，1∶2000 地质测绘 2 平方公里，1∶1000 地质测绘 0.75 平方公里；机钻孔 54 个进尺 8403.5 米，平硐总进尺 6836.3 米，竖井总深 232.3 米。

拉西瓦水电站地质勘察有两个特点，一是勘察按程序无反复，因而进展顺利；二是勘探中硐探、竖井所占比重较大。主要工程地质问题是水库库区及坝址两岸高边坡的稳定。

二、尼那水电站

尼那水电站坝址位于青海省贵德县境内，黄河龙羊峡出口下游约 5 公里处，系拉西瓦水电站和李家峡水电站两梯级之间，为充分利用水头而新增设的一座低水头河床式电站。距下游贵德县城 20 公里，上距拉西瓦水电站约 8 公里。最大坝高 45.5 米，装机 16 万千瓦。

坝址区出露为下三叠统浅变质岩，岩性主要为变质钙质砂岩、泥质板岩及少量灰岩，左岸还出露有第三系上新统粘土岩。两岸阶地为第四系上更新统黄河冲积层，河床中有全新统砂卵砾石冲积物。砂板岩呈单斜构造，有四组断裂切割，规模不大。库区有横河向伊黑龙大断层通过。电站场地地震基本烈度为 7 度。

1989 年 5 月，补充河段规划时进行可行性研究，西北院勘测总队地勘二队承担工程地质勘察工作，1990 年 4 月提交了可行性研究报告。该阶段对流域地质、库坝区基本工程地质条件及主要工程地质问题、天然建材等进行初步的勘察论证。1990 年 11 月，由水利水电规划总院会同青海省计委，对可行性研究报告进行了审查。会议通过了报告，明确下一阶段勘察工作为：查明伊黑龙大断层的延伸、规模和性状；进一步论证曲布藏村浸没地段基本地质条件；深入研究变质岩层间错动带和其它结构面组成的楔形体对大坝抗滑稳定的影响；查明变质岩和红层不整合接触带在坝基的分布、宽度、物理力学特性和渗透稳定性；研究红层的物理力学特性、水理性质和风化速度等，研究左岸土层的湿陷性及近坝地段塌陷对副坝的影响；查明左岸副坝的绕坝渗漏。

审查会后，西北院勘测总队拉西瓦分队、地勘二队及物探队，分别承担初步设计阶段的地质、勘探、物探等工作。于1991年3月进点，12月完成外业勘测任务。累计完成工作量为：

地质测绘1：1万30平方公里，1：2000为0.75平方公里，1：1000为2.4平方公里。勘探：基岩钻探40孔2212.32米，土钻29孔164.26米，竖井41个308.75米，硐探3条121.7米，坑槽探20个780立方米。物探：地震波速测试116.6米，电法剖面6条1420米，地震剖面4条8800米，声波测井7孔224.5米。各类试验：岩土物理力学性试验24组，天然建材骨料试验68组，土料试验62组，水质分析14个，野外混凝土与岩石抗剪试验4组，承压板法变形试验8点，孔内压水试验203段，单孔抽水试验5组，钻孔注水试验1段，试坑注水试验4个。

初步设计阶段地质勘察报告于1992年上报水利水电规划总院及青海省。

三、山坪水电站

山坪水电站坝址上距尼那水电站坝址10.4公里，下距贵德县黄河大桥3公里，坝址处河宽80～100米。最大坝高45.7米，装机容量16万千瓦。1991年夏季开始进行规划阶段地质测绘工作。未进行勘探及试验。

电站位于贵德断陷盆地中部，无区域性断裂通过。坝址区基岩为第三系上新统红色粘土岩夹砂岩，未发现断层，仅有少量裂隙，呈单斜构造，倾向南东，倾角6度。地震基本烈度为7度。基岩上覆第四系上更新统卵石及砂壤土。河床漫滩及低阶地为全新统冲洪积砂卵石及砂壤土。

由于坝基岩石为第三系粘土岩夹砂岩，水电站水头虽不高，但存在强度低，抗风化能力差，在干湿交替的情况下易崩解软化，岩层倾角较缓且倾向下游偏右岸，有不均匀沉陷及抗滑稳定问题和副坝坝基渗透问题。

四、直岗拉卡水电站

直岗拉卡水电站坝址位于青海省尖扎县直岗拉卡乡，上距李家峡水电站5.5公里，最大坝高38米，总库容0.118亿立方米，装机15万千瓦。1991年3月，西北院地勘六队开始可行性研究地质勘察工作，至1992年6月，在4条勘探线上共打孔15个，进尺约550米。

坝段内出露地层有上第三系红色粉砂质粘土岩，砂岩夹砂砾岩透镜体，第四系上更新统与全新统冲洪积砂壤土碎石土及砂卵砾石层，分布在黄河漫滩及1、2、3级阶地基座之上。上坝址左岸有下群寺滑坡，纵长3.7公里，横宽0.8公里，体积约3亿立方米。

坝址地处尖扎断陷盆地西缘，地质构造较简单，仅坝址上游左岸有两条小断层在红层中通过。地震基本烈度为7度。

五、康扬水电站

康扬水电站坝址位于青海省尖扎县境内，上距直岗拉卡7公里，最大坝高36.5米，总库容0.352亿立方米，装机容量15万千瓦。1991年3月，西北院勘测总队地勘六队开始规划阶段地勘工作。至1992年6月，钻孔5个进尺195米，取样4组作室内岩石试验。

坝址附近水面宽140～170米，坝基及两岸出露岩层为上第三系临夏组紫红色粉砂质粘土岩、砂岩及砂砾岩，上覆盖第四系全新统砂卵石层及砂壤土，地层构造简单，地震基本烈度为7度。

六、公伯峡水电站

公伯峡水电站坝址位于青海省化隆、循化二县的公伯峡出口处，下距循化县城25公里。规划坝高133米，库容2.9亿立方米。装机容量150万千瓦。

公伯峡全长18公里，出露基岩以前震旦系深变质的片麻岩、云母石英片岩为主，峡谷出口段有白垩系砂砾岩及第三系砂砾岩，变质岩中穿插有石英岩、伟晶岩和花岗岩脉。在占卜乎村上游附近有花岗岩体分布。

1954年至1978年间，在峡谷段进行过多次查勘，先后选出林不赫、公伯寺、古什群、占卜乎4个坝址。1978年西北院在编写的《黄河干流李家峡到刘家峡河段查勘报告》中提出古什群和占卜乎坝址。1981年西北院地勘一队进行勘察，1982年4月提出《黄河公伯峡水电站规划选点阶段工程地质说明书》。自1983年5月起，进行可行性研究阶段地质勘察。截至1985年底完成1∶5000地质测绘4.25平方公里，1∶2000地质测绘2.2平方公里；钻孔36个进尺4455.5米，平硐2498米，竖井104.9米。1986年7月，西北院勘测总队编出《黄河公伯峡水电站选坝内审地质汇报提纲》。指出：古什群坝址基岩为前震旦系混合岩化黑云母斜长片麻岩。岩体中有条带状、网状花岗岩脉穿插，断裂较发育，岩体风化破碎，片理横交河床，倾向上游，两岸谷坡不对称，河谷狭窄，山体雄厚，右岸边缓倾角断裂及坝前倾倒体对坝基不利。占卜乎坝址两岸地形单薄低矮，河床及左岸为花岗岩，右岸上部为白垩系第三系砂砾岩，岩性较软，砂砾岩下不整合有片麻岩，最下部为花岗岩，弱风化带厚度在两岸为 20～30 米，河床处为 10～20 米。1988 年 10 月，水利部对公伯峡水电站可行性研究报告进行审查，审查后选定下坝址（占卜乎），随后进行初步设计阶段工程地质勘察。

七、苏只水电站

苏只水电站坝址位于青海省循化县境内苏只村边，上距公伯峡水电站坝址 12 公里，最大坝高 46 米，装机容量 20 万千瓦，总库容 0.483 亿立方米。1991 年 7 月西北院勘测总队地勘一队开始规划阶段地勘工作，钻孔 2 个进尺 80.56 米。

该电站坝址处河面宽 150～180 米，左岸有 140 米宽的漫滩，右岸为冲刷岸。两岸可见 1、2 级基座阶地。坝址出露的地层有第三系上新统临夏组砖红色粘土岩，成岩度较差，结构密实，岩质湿化易崩解。第四系全新统厚约 8～12 米，分布于河床及两岸阶地基座之上，岩性为砂卵石及砂壤土层。

坝址地处化隆—循化断陷盆地的中部，红层呈舒缓单斜构造。未发现断层，地震基本烈度为 6 度。

主要工程地质问题是：第三系粘土岩类易崩解泥化，抗剪强度低。坝下游尾水区易于冲刷。

八、黄丰水电站

黄丰水电站坝址位于青海省循化县境内大别列村边，上距苏只坝址 9 公里，下距循化县城 5 公里。规划最大坝高 48 米，总库容 0.84 亿立方米，装机容量 21.6 万千瓦。1991 年 8 月，西北院勘测总队地勘一队开始规划阶段地质测绘工作。

坝址处河面宽 120～200 米，水深 6～7 米，两岸有 1、2、3 级阶地，但不对称。河床及阶地基座为上第三系粘土岩，泥质胶结，结构较紧密，遇水易崩解，河床及两岸阶地上覆第四系冲积砂卵石层与砂壤土。水电站处于化隆—

循化断陷盆地的中部，地震基本烈度为7度，岩层呈单斜构造。

坝址主要工程地质问题：粘土岩遇水软化，抗剪强度低，两岸粘土岩顶板低于正常蓄水位，需研究绕坝渗漏问题。

九、积石峡水电站

积石峡水电站坝址位于青海省循化县与化隆县交界的积石峡出口，关门村上游1.5公里处。规划最大坝高88米，总库容4.2亿立方米。最大发电水头63米，装机容量75万千瓦。

积石峡河段出露基岩有前震旦系绿泥石石英片岩和白垩系砂砾岩。前者分布于峡谷段的中上游，后者分布在峡谷出口段。新地层产状近水平，断层不发育，两岸谷坡及山顶有第四系黄土和坡积物。

1954—1966年间，水电总局、西北院、北京院先后进行过多次查勘和地质调查。1978年9月，水电部第四工程局勘测设计研究院，对其间索通坝址和关门坝址进行复勘，并推荐关门坝址。1984年起，西北院第三地质勘探队开始可行性研究阶段地质勘察。1985—1986年间，西北院多次组织人员赴现场查勘，在积石峡关门坝址2公里的河段上选出上、中、下3个坝址。下坝址因右岸分布有大范围的滑坡体，地质勘察重点放在上、中两个坝址上。1989年完成选坝地质勘察，1990年完成可行性研究阶段地质勘察。

关门坝址河谷开阔，两岸岸坡大体对称。河谷基岩为白垩系砾砂岩、砂岩、粉砂岩及页岩。岩石强度虽不及变质岩高，但仍可满足筑坝要求，且断层少，岩体较完整，施工、交通条件均较好。据调查积石峡峡谷进出口区域性断层上复盖的上更新统沉积物，未发生错动。国家地震局烈度委员会鉴定地震基本烈度为7度。

至1990年10月底，共完成各种比例尺地质测绘179.97平方公里；剖面测绘126条，总长94.84公里；机钻孔93个进尺6275.98米；平硐22条总深1218.9米；基岩竖井总深69.95米；野外大型试验16组。

主要工程地质问题，一是软弱夹层，二是滑坡群。1991年8月，水利水电规划设计总院和青海省主管单位共同主持，审查并通过了可行性研究报告，同意采用上坝线混凝土面板堆石坝，坝下掩埋钢管引水，左岸岸边厂房方案。1992年，开展初步设计阶段地质勘察。

十、大何家水电站

大何家水电站坝址位于青海省民和县与甘肃省积石山县分界处。右岸为积石山县大何家镇。上距积石峡坝址6.2公里，规划最大坝高30米，装机容量20万千瓦。1991年6月，西北院勘测总队地勘三队开始规划阶段地勘工作，至1992年上半年，共钻5孔，总进尺182.83米。作室内岩石试验3组。

坝址右岸为陡山坡，左岸为二级阶地平台。坝址处河水面宽95～120米。

坝址基岩为第三系上新统临夏组紫红色砾岩、砂岩及泥岩，岩相变化大，分为5个大层。河床砂卵石层厚4～6米。坝址所处大地构造单元，位于当蕊五台山隆起与民和临夏断陷盆地的交接部位。关门断层在上游数公里横穿黄河，大何家—关滩断层于坝址下游1公里横穿黄河，两断层在晚更新世活动强烈，老地层逆冲于新地层之上，但自晚更新世以后未见活动迹象。本区地震基本烈度为7度。

坝址左岸陡坡出露3条断层，宽度2～20厘米。

坝址区主要工程地质问题为：泥岩、砂岩、砾岩软硬不一，存在不均匀沉陷；泥岩的泥化与崩解；右岸副坝地基的绕坝渗漏；左岸坝前陡坡的边坡稳定等问题。

十一、寺沟峡水电站

寺沟峡水电站坝址位于青海省民和县和甘肃省积石山县及临夏县交界处，华亭寺以下2.5公里处的何家槽村。规划最大坝高54米，库容1亿立方米，装机容量25万千瓦。

坝址区出露基岩为前震旦系角闪斜长片麻岩，其间有伟晶花岗岩脉。片麻岩倾向北东，倾角50～60度。河床覆盖层厚1.9～6米。

1954年规划勘察时选出此梯级。1959年4月至1961年6月间，西北院进行初步设计阶段地质勘察。计完成库区1∶5万地质测绘380平方公里，坝址区1∶5000及1∶1000地质测绘共11平方公里；机钻进尺2174米，土钻进尺495米，平硐312米。勘察后认为，坝址地质条件优良，没有特殊的和重大的工程地质问题。1977年9月，水电部第四工程局勘测设计研究院编出的《黄河干流李家峡至刘家峡河段查勘报告》,也提出了相同的看法。

十二、柴家峡水电站

柴家峡水电站坝址位于兰州市西固区梁家湾村。为低水头电站,规划坝高 15～20 米,装机容量 9.6 万千瓦。

1988—1989 年,甘肃省水利厅设计院地质队进行可行性研究阶段勘察,钻孔 5 个,进尺 277 米。

坝址区基岩为白垩系紫红色砂岩及砂质页岩,岩层倾向下游,层间错动造成的泥化夹层较发育,因而存在坝基抗滑稳定问题。

十三、小峡水电站

小峡水电站坝址位于甘肃省兰州市下游,邻近什川乡。为混凝土坝,规划最大坝高 61 米,最大水头 14.5 米,装机容量 20 万千瓦。

1972 年 3 月查勘选点,9 月提出选点报告。1979 年提出规划说明。

西北院曾做过河段地质踏勘。坝区出露地层为前寒武系石英云母片岩,片理走向北东 50～60 度,倾向北西(即倾向下游偏右岸),倾角 72～85 度,顺片理方向,普遍有花岗岩脉、伟晶岩脉侵入。坝址区位于陇西旋扭构造体系的展布范围,东侧距离区域性白杨树张性断裂较近。

十四、乌金峡水电站

乌金峡水电站坝址位于甘肃省靖远县乌金峡出口处,上距兰州市 90 公里。规划坝高 54.5 米,装机容量 13.2 万千瓦。坝址区基岩为斜长花岗岩,河床覆盖层厚 23～31 米。谷底宽约 150 米。两岸有漫滩和断续分布的五级阶地。

1953 年下半年北京地质学院高平、张咸恭二位专家做过地质调查。同年 9—11 月,兰州水电工程筹备处进行 1∶5000 地质测绘。1954 年 1—5 月在峡谷下口打钻孔 7 个,其中有两个斜孔,总进尺 254 米,查明河床覆盖层厚 25～29 米。

1958 年西北院又在峡谷上口河床钻探,查明河床覆盖层厚 25.7 米。同时在下口处进行补充技术经济报告阶段地质测绘,选出墩墩山、黛玉沟和峡谷出口3个坝址。1960年10月提出《黄河乌金峡水利枢纽初步设计阶段工程地质勘察报告》。

1960—1970年间,在峡谷出口附近的2.7公里河段内选出3个比较坝址,自上而下为一坝址(黛玉沟)、二坝址(黄崖湾)和三坝址(北湾水位站)。并认为,如果采用低坝方案则可选三坝址。

历年来完成库区1∶2.5万地质测绘327平方公里,坝址区1∶5000～1∶1000地质测绘11.5平方公里,建材1∶2000地质测绘1.7平方公里;岩芯钻探1477米,平硐181米。

坝址区基岩为斜长花岗岩,岩石坚硬,构造裂隙发育,岩体风化较深,右岸强风化带最厚达28米,河床覆盖层厚25～31米。无大的顺河断层,地质条件虽较差,但可满足建低坝要求。

十五、小观音(黑山峡)水电站

小观音水电站坝址位于甘肃省景泰县、靖远县和宁夏自治区中卫县交界的黄河黑山峡上口以下29公里处。距包兰铁路甘塘站和营盘水站均为30余公里。规划坝高144.5米,库容67.8亿立方米,装机容量115.2万千瓦。

1952年8月到1953年2月间,水电总局查勘黑山峡河段。选出回回帽、黑崖咀子、五雷旋、老鸦崖、留青石和大柳树等6个坝址。1954年8月水电总局兰州水电勘测处在黑崖咀子勘探时,因河水流速过大,无法在船上立钻机,采用架设钢索吊桥,在吊桥上立钻机打水上孔。1958年北京院进行黑山峡段地质勘探,并在黑崖咀子下游2公里处选出小观音坝址。西北院推荐小观音高坝方案。1965—1966年,西北院对峡谷段内7个坝址进行初步设计阶段地质勘察,再次确认小观音坝址。1973年水电部第四工程局第二地质勘探队进行补充勘察。1983年西北院地勘四队又进行初步设计阶段地质勘察。1984年9月,水电部在景泰县召开现场会,经会议讨论认为小观音坝址地质条件较好。

1985年止,累计完成主要地质勘察工作量有:1∶5万地质测绘639平方公里,1∶2.5万地质测绘152平方公里,1∶1万地质测绘3.5平方公里,1∶5000地质测绘2.65平方公里,1∶2000地质测绘1.6平方公里;机钻孔119个进尺9749米,土钻孔进尺714米,平硐39个2119米,竖井2个进尺62米,坑槽探7459立方米。

1985年12月25—30日，水电部在北京召开“黑山峡河段开发方式比较重编报告”审查会，参加审查的地质专家有：姜国杰、余永良、朱建业、赵鹤勤、李世懋、俞克礼等。审查意见为：小观音与大柳树坝址自1958年以来进行了同等深度研究。两坝址都开挖了过河平硐，钻探均达万米以上。小观音距历史发生的海原8.5级地震中心30公里。1961年、1979年地球物理研究所与兰州地震研究所均鉴定地震基本烈度为8度。小观音无顺河断层。河床表面基岩透水性较强，岸坡风化不深。左岸坝肩较高处层间挤压破碎带与千枚岩增多，并有断层交汇；右岸坝肩山体单薄，处在1号坍滑体和2号堆积体之间，因此余地不大；两岸坡有卸荷张裂隙和不利断裂组合。1986—1992年进一步查明1号坍滑体为80万立方米，挖除后可作围堰填筑料，下部基岩是稳定的，因此将拱坝线上挺60米，是一条较好的坝线。1989年国家地震局兰州地震研究所，对坝址地震基本烈度进行复核及地震危险性分析，提出未来百年内坝址地震基本烈度为7度。

小观音坝址区基岩为寒武系厚层变质砂岩夹少量千枚岩，河床砂砾石层厚8～12米。两岸坡表层有滑塌体及松动、倾倒岩体分布。岩体中断裂较发育。但经河床两侧钻探的倾向相对的斜钻孔查明，坝址区河床下没有顺河方向的大断层存在。

坝址区主要工程地质问题有：(1)左岸有1、2、3号断层组成的破碎带，可能产生较大的压缩变形；(2)右岸有北西西向和北东东向两组断裂切割，对坝肩稳定不利；(3)坝址区山顶山坡分布有危石、滑塌体和松动、倾倒体等需清除；(4)右岸上游紧靠坝线处有1号塌滑体，下游2号堆积体，如浸水或施工触动坡脚时，可能产生整体滑动。

十六、大柳树水利枢纽

大柳树水利枢纽工程坝址位于宁夏回族自治区中卫县虎峡下口以上2.5公里处。规划坝高163.5米(一级开发)，库容110.3亿立方米，装机容量192万千瓦。

大柳树坝址基岩为寒武系变质砂岩夹少量千枚岩，岩体破碎，岩层走向大体与河流一致，岩层倾向右岸，左岸倾角65～85度，右岸倾角30～75度。两岸均有最厚35米的倾倒岩体分布，坝址下游峡谷出口有201号活动大断裂。

1954年5月，地质部黄河第二工程地质队进行地质测绘，1957年兰州水力发电勘测处进行勘探，1959年写出《黄河大柳树水电站补充技经阶段工程地质勘察报告》，共提出7条坝线，认为其中的三坝线(峡谷下口以上2.5公里)及七坝线(峡谷下口以下1公里)较好。

1960年5月，水电总局以(60)计字第26号文，要求北京院按一级开发大柳树坝址进行勘测设计工作，必须把地质情况搞清楚，并在1960年10月前，就地质条件能否筑高坝作出结论。为此，北京院组织力量开展野外地质勘探，1961年12月提出《黄河黑山峡大柳树水利枢纽高坝方案选坝阶段工程地质勘探报告》。报告认为：坝址构造十分复杂，挤压破碎带成群，岩体风化深度很大，地震烈度8～9度，距坝址50公里的宣和堡村发现第四纪全新世断层，坝址断层是否有最新活动，尚需进一步查明。因此，修建混凝土高坝是不适宜的。修建高土石坝还存在：坝基有宽100米的构造破碎带，且严重透水；在8～9度地震区，顺河有无活动大断层没有查明。1961年地球物理研究所鉴定，坝址区地震基本烈度为9度。

1966年9月，西北院和宁夏水电局组成查勘组，对大柳树至小观音进行复查，认为其间的留青石坝址，两岸坝肩有断层，且裂隙发育，岩体破碎，不宜修建高坝；眉梁营坝址岩石风化破碎，倾倒岩体很多，风化层厚度达数十米。1975年12月，国家计委在兰州召集甘肃、宁夏、青海以及水电部负责人开会，到会者认为大柳树地质勘察工作不够充分，需继续做勘察工作。自1978年10月开始，西北院地勘四队对大柳树坝址进行了一年多勘察工作。1979年兰州地震研究所鉴定地震基本烈度为8度。1980年提出《黄河大柳树枢纽工程选坝地质报告》。

1980—1981年间，西北院两次对大柳树坝址进行复勘，重点勘探了七坝线。1982年3月写出《黄河大柳树坝线(低坝方案)规划阶段地质工作说明书》。1982年8月，受宁夏回族自治区政府委托，中国科协组织国内著名专家、学者，深入实地考察研究，历时3年，于1985年8月提出工程地质专题报告。同期，自治区地矿局、地震局进行地质勘察和测试，提出活动断裂、地震活动对大柳树坝址影响的资料。

1983—1985年，为论证大柳树坝址筑高坝的可能性，进行了可行性研究阶段地质勘察，查出坝址岩体受构造影响，完整性差，比较破碎，层间挤压破碎带及断层较发育，两岸多冲沟切割风化很深，对大隧洞群不利，河床复盖层及基岩风化则很浅。曾打过河平硐一条，确定无顺河大断层。根据地形地质条件，适合修建当地材料坝。

截至1985年累计完成主要地质勘察工作量：1：5万地质测绘1873平

方公里，1：1万～1：2.5万地质测绘940平方公里，1：5000地质测绘12平方公里，1：2000地质测绘8.2平方公里，1：1000地质测绘1.7平方公里；机钻孔137个进尺11501米，平硐总长2698米，竖井总深636米。

1987年，国家地震局地质研究所编出《大柳树坝址地震烈度复核报告》，认为大柳树坝址，在1709年地震时，不包括在极震区内，烈度为8度左右，不致于超过9度。

1989年3月，天津院接受大柳树水利枢纽工程地质勘察，任务是按规划阶段勘察精度，论证大柳树高坝方案的地震地质和工程地质条件的可能性。

1989年，国家地震局兰州地震研究所、地质所、地震预报中心3单位，对大柳树201号活断层进行考察，查明晚更新世末期，即2.8～1.3万年至今，该断层共发生6次地震事件。

截至1991年10月，天津院共完成1：5万地质测绘2000平方公里，1：1万地质测绘150平方公里，1：2000地质测绘2.5平方公里；打钻孔620米，打平硐760米，作了岩体性状简易测试。委托国家地震局对坝库区主要断层的活动性及地震危险性重新复核和鉴定。并提出《黄河黑山峡河段主要断裂活动及大柳树坝址地震危险性分析报告》等。

1991年10月，天津院完成《黄河大柳树水利枢纽规划阶段工程地质勘察报告（修订）》。论证与回答了一些重要的地质问题。这些问题是：大柳树坝址区地震基本烈度按50年基准期，超越概率为0.10，重现周期为500年，定为8度，其相应的基岩峰值地震加速度为0.24；临近坝基的7号大断层，自晚更新世以来没有活动，因此坝基只是高烈度抗震问题，而不存在抗断问题；建造高面板堆石坝或高土石坝与右岸大跨度洞群的工程地质条件是可靠的；坝址地段岩层自然边坡最大高度已达180米，但未发现大型塌滑体与大型潜伏塌滑体。1991年10月21日—11月1日，水利水电规划设计总院组织18名地质专家和教授进行现场审查，同意大柳树宜建高土石坝的结论。

1991年，甘肃省电力局、宁夏回族自治区水利厅，分别委托工程地质学教授张咸恭、胡海涛等，对大柳树建造高坝大库的地震地质条件与工程地质条件进行考察研究，并各自提出了研究报告。

小观音和大柳树两坝址地质勘探工作之所以费时较长，除地质条件比较复杂外，主要是一级开发和两级开发意见长期得不到统一所致。两坝址淹没损失基本相同，地质条件都比较复杂，都处于地震烈度8度区，大柳树距活动断裂近而略高于小观音。两坝址均具修高坝的条件，大柳树坝址适宜修土石坝，小观音坝址适宜修混凝土坝。

十七、沙坡头水利枢纽

沙坡头水利枢纽工程坝址位于宁夏回族自治区中卫县城西南20公里，虎峡下口以下4公里，距包兰铁路沙坡头站1公里。规划坝高13.5米。

50年代，西北院和北京院曾在沙坡头附近选出红牦牛、童家园、上河沿、沙坡头和闫王砭坝址。1958—1959年西北院进行沙坡头坝址初步设计阶段地质勘察。1970年宁夏水利工程处地质队补充地质测绘，并在上河沿、闫王砭两坝址进行勘察。1981年，宁夏水利厅勘测设计院进行沙坡头坝址两坝肩基岩埋深的电法勘探，1989年7月提出《黄河沙坡头水利水电枢纽可行性研究报告专题报告之四——工程地质》。报告中就上河沿到美丽渠口长约2公里地段内的4条坝线进行比较后认为：一、三、四坝线居上游，其中三坝线地质条件较好。二坝线靠近下游，出露岩层为砂岩、炭质页岩互层和粘土页岩、炭质页岩互层，虽岩性相对较软，但可满足低混凝土坝筑坝要求。二坝线的突出优点是可以少修1.8公里长的傍山渠道。

到1989年，完成坝址区1：5000地质测绘12平方公里，钻孔28个，进尺1005米，平硐375米。

沙坡头坝址区基岩为泥盆系上统砂岩、炭质页岩互层（占57%）和粘土页岩、炭质页岩互层（占43%）。主要工程地质问题有：1.坝基岩体透水性属中等至较严重透水，岩体裂隙率为2.5%，因此有压缩变形和渗漏问题；2.副坝长447米，仅有一个钻孔，尚须进一步查明副坝坝基的地质条件和问题；3.坝址区地震基本烈度为8度。

十八、三道坎水利枢纽

三道坎水利枢纽工程坝址位于内蒙古自治区乌海市乌达区，包兰铁路黄河桥上游1.7公里。规划坝高30米，装机容量13万千瓦。

坝址区右岸出露奥陶系灰岩和砂岩，河床和左岸为第四系冲积层。据电测结果冲积层总厚200～400米，据钻孔揭露：深度56米范围内，0～10米为砂壤土、壤土和粘土，以下为砂砾石及淤积的泥质砂。50年代初期编制黄河规划时查勘选出此坝址。1958年北京院分别在黄河铁路桥上游1.7公里、2.55 公里和 3.5 公里处，选出 3 条勘探线进行勘探，打钻孔 17 个。1959—1960 年，内蒙古自治区水利设计院地质勘探队进行选坝阶段补充地质勘探。1975—1976 年进行初步设计阶段地质勘探。累计完成库区 1：1 万地质测绘 65 平方公里，坝址区 1：5000 地质测绘 11 平方公里，1：2000 地质测绘 4.9 平方公里；钻孔 58 个，进尺 2076 米。

坝址区主要工程地质问题是河床覆盖层的沉陷、渗漏和液化问题。

十九、海渤湾水电站

海渤湾水电站坝址位于内蒙古自治区乌海市西北 1.1 公里。规划坝高 14 米，库容 4.1 亿立方米，装机容量 10 万千瓦。

1975—1976 年，内蒙古自治区水利设计院进行旧磴口和海渤湾河段规划选点阶段地质勘察，完成 1：2.5 万地质测绘 20 平方公里，钻孔 4 个，进尺 247 米。

坝址区全为第四系松散沉积物，总厚度在 450 米以上。在钻孔揭露的 80 米深度内，0～15 米为壤土、中细砂及砾卵石；15～19 米为淤积的粘土、细砾；19 米以下为砾质中砂。坝址区主要工程地质问题是松散地基的沉陷、渗透和震动液化。

二十、小沙湾水电站

小沙湾水电站坝址位于内蒙古自治区准格尔旗龙王渠与清水河县小沙湾村附近。下距红河（浑河）入黄河口 15 公里。

小沙湾坝址处于晋、陕峡谷北端，出露基岩为寒武奥陶系灰岩、白云岩。1951 年水电总局查勘此段时，先后选出拐上、百草塔、园子湾和小沙湾 4 个坝址。同年地质部 263 队进行地质测绘，认为小沙湾坝址地质条件较好。1953 年水电总局钻探队进行钻探。地质部清水河地质队进行地质测绘。1954 年规划最大水头 31 米，库容 1.5 亿立方米，装机容量 30 万千瓦。

1974—1979 年间，内蒙古自治区水利设计院进行库区及建材调查。1979 年 3 月水电部规划管理局和内蒙古自治区水利局主持召开龙口、万家寨、小沙湾坝址工程地质讨论会，按初设第一期要求对 3 个坝址的地质条件进行讨论和评价。1980 年 6—8 月，进行小沙湾两条坝线的勘察，1981 年 5 月，内蒙古自治区水利设计院写出《内蒙古自治区清水河县、准格尔旗小沙湾水电站初设第一期地质勘察报告》。1983—1984 年,内蒙古自治区水利设计院根据向准格尔煤田送水的要求,对小沙湾进行勘察,共打钻孔 25 个,进尺 952 米,完成 1∶2000 地质测绘 1.45 平方公里。同时,还进行了小沙湾取水枢纽沉沙池、加压泵站和输水管线的地质勘察。

累计完成钻孔 39 个,进尺 2420 米;1∶5000～1∶2000 地质测绘 5.6 平方公里。坝区主要工程地质问题是岩溶漏水问题。

二十一、龙口水电站

龙口水电站坝址位于山西省河曲县城北 17 公里,上距万家寨坝址 25 公里。规划坝高 48 米,库容 1.8 亿立方米,装机容量 40 万千瓦。

坝址区处于晋、陕峡谷北部灰岩峡谷段南端,出露基岩为奥陶系灰岩、白云岩,岩层产状受弥佛寺背斜控制,弥佛寺至石崖沟以北,倾向上游,倾角一般 10 度以上,最大达 40 度;以南倾向下游,倾角 5～6 度。坝区已发现断层近 40 条,以走向北东、倾向南东的逆掩断层最发育。灰岩中岩溶发育。

1952 年 5 月—1954 年 6 月,地质部清水河地质队与水电总局钻探队,先后做过查勘和 1∶5 万地质测绘。选出上、中、下、四、五比较坝线,水电总局钻探队进行规划阶段地质勘察。1958—1959 年,北京院勘测总队地勘一队,进行初步设计阶段地质勘察。1978—1979 年间,内蒙古自治区水利设计院地质勘探队进行补充勘察。勘察后认为,坝基的泥灰岩和角砾状灰岩强度较低,且有岩溶渗漏问题,因而不宜修建混凝土高坝,下坝线修建混凝土中、低坝方案较好。

1984 年,天津院组织力量进入坝址区,除下坝线外,又根据水工布置要求,在下坝线下游增选出第六坝线,进行可行性研究阶段地质勘察。截至 1985 年底累计完成:库区 1∶2.5 万地质测绘 305 平方公里,1∶1 万地质测绘 105 平方公里,坝址区 1∶2000 地质测绘 7.5 平方公里;钻孔 52 个,进尺 5890 米,平硐 6 个,进尺 73 米。

龙口坝址下坝线出露基岩为奥陶系中统灰岩,其间夹有 12 层连续的泥化夹层。其中 4～6 层延续稳定,厚 2～8 厘米,岩层倾向偏下游,垂直坝线方向的视倾角 3～4 度,因而对抗滑稳定不利。河床无覆盖层,两岸高程 900～1050 米(高出河水面 45～95 米)间的岩壁上有岩溶发育。左岸近河地带地下水位仅高于河水位 10～15 米,右岸近坝库区地下水位低于河水位,因而有永久渗漏问题。河床坝基普遍存在承压含水层。

由天津院提出的《黄河龙口水电站可行性研究报告》，经水利部规划设计总院于 1992 年 11 月在山西和天津分两阶段召开审查会议，审查通过。

二十二、碛口水利枢纽

碛口水利枢纽工程坝址位于山西省临县碛口镇附近，右岸属陕西省吴堡县。规划坝高 140 米，库容 124.8 亿立方米，装机容量 150 万千瓦。

坝址区出露基岩为二叠系上石盒子组、石千峰组和三叠系刘家沟组。前者含泥岩较多，后者以砂岩为主，岩层倾角平缓，断层不发育，岩体中有泥化夹层，河床覆盖层厚 10～15 米。地震基本烈度为 6 度。

1952 年水电总局查勘队与黄委会托(克托)龙(门)段查勘队，先后查勘并选出上、下两个坝址。1958 年北京院进行技经报告和初步设计阶段勘察，研究了 5 条比较坝线，初步认为五坝线较好，1958 年 10 月写出《黄河碛口水电站初设要点坝址选择报告》，报告推荐五坝线。随后继续进行初步设计阶段勘察，1959 年 2 月写出《黄河中游碛口坝址初设阶段勘测报告》，1959 年 8 月写出《黄河碛口电站初设选坝阶段工程地质勘察报告》。

1965 年北京水利水电学院院长汪胡桢，根据 1964 年治黄会议精神，带领 100 余名师生深入碛口坝区，与黄委会协作进行以拦泥为主要目的的高坝方案勘测、设计。1966 年因“文化大革命”的开展而终止。这次工作中，首次在砂页岩体中发现泥化夹层，并进行了简单的野外大型抗剪试验。1987 年，黄委会设计院开始进行可行性研究阶段地质勘察，由张百臻工程师负责，着重对坝址区泥化夹层和天然建筑材料做调查研究，对黄河各级阶地的成因、类型、物质组成进行详细分层调查。

1988 年夏，在库区兰家会、刘家湾、陈家圪塔等地的黄河一、二、三、四、五级阶地上，共取样 20 组，送中国科学院地质研究所，利用热发光作绝对年龄测试，得出塬与五级阶地形成于距今 58～54 万年间；三、四、五级阶地形成于距今 26～21 万年间；二、三级阶地形成于距今 21～15 万年间；一、二级阶地形成于距今 12～5 万年间。

截至 1991 年完成主要勘察工作量为：1∶5 万地质测绘 2800 平方公里，1∶1 万～1∶2.5 万地质测绘 109 平方公里，1∶2000～1∶5000 地质测绘 21.6 平方公里；机钻孔 52 个，进尺 5226.68 米，土钻孔 13 个，进尺 416.1 米，管钻孔 116 个，进尺 775.4 米，平硐 14 个 502.5 米，竖井 2 个 33.7 米，坑槽探 4800 立方米；物探地震测点 1170 个；原位抗剪试验 11 组 50 件，静力弹性模量试验 42 点，岩土力学试验 173 组。

1992 年 10 月，水电规划设计总院，在山西省离石县召开选坝会议，会上大家一致同意黄委会设计院推荐的索达干坝址。

坝址区主要工程地质问题，是泥化夹层造成的抗滑稳定问题和缺乏良好适用的混凝土细骨料。

二十三、军渡水电站

军渡水电站坝址位于晋、陕峡谷中段，左岸为山西省柳林县军渡乡郝家津村，右岸为陕西省吴堡县老城附近。下距黄河军渡公路桥 0.8 公里。规划坝高 39 米，库容 1.5 亿立方米，装机容量 30 万千瓦。

1970 年黄委会规划一分队进行查勘，认为该河段建坝条件较优，随即进行军渡坝址区地质测绘。1977—1978 年间，黄委会设计院物探队在坝址区进行地震和电法勘探。1978 年 4 月，黄委会设计院与山西省有关单位领导人进行军渡坝址现场查勘时，又增选上坝址。黄委会设计院第一地质勘探队地质组刘自全为地质负责人，进行上、下坝址地质测绘与钻探工作，黄委会水科所岩石组开展现场抗剪试验，并在上坝址选出 4 条坝线，1980 年下半年，结束野外勘测工作。1984 年 9 月编写出《黄河军渡电站可行性研究工程地质勘察报告》。

累计完成勘探工作量为：1：2 万地质测绘 57 平方公里，1：1 万地质测绘 5.7 平方公里，1：2000 地质测绘 3.1 平方公里；机钻 85 孔 3539 米，土钻 25 孔 151 米，平硐 8 个 264 米；原位抗剪试验 35 件。

军渡坝址区基岩为二叠系上统石千峰组和三叠系下统刘家沟组，岩性为砂岩与粘土岩互层。坝址区为一单斜岩体，倾向下游偏右岸，平均倾角 6 度。下游有高角度正断层展布。坝基岩体中有夹泥 10 层，其中有 3 层分布最广，厚度 1～10 厘米。河床覆盖层厚 2～6 米，岩体透水性微弱，有局部承压水。地震基本烈度 6 度。坝址区主要工程地质问题是泥化夹层带来的坝基抗滑稳定问题。

二十四、三交水电站

三交水电站坝址位于山西省柳林县三交镇上游 2.5 公里的坪上村附近。右岸属陕西省绥德县。规划坝高 39 米，库容 1.3 亿立方米，装机容量 20

万千瓦。

1958年10—12月，北京院进行地质勘察，累计完成库区1∶10万综合性地质踏勘145平方公里，坝址1∶1万地质测绘8.1平方公里；钻孔3个进尺122米，平硐9个进尺243米。年底编出《黄河干流三交、老鸦关电站初步设计选坝阶段工程地质勘测报告》。

坝址区出露基岩为三叠系砂质页岩夹砂岩。河床覆盖层厚7～9米。

二十五、龙门水利枢纽

龙门水利枢纽工程坝址位于晋、陕峡谷末端，黄河禹门口上游。规划坝高216米，库容114亿立方米，装机容量210万千瓦。

坝段南起禹门口黄河铁路桥，北至舌头岭北的鄂河口，长28公里。出露基岩由南向北依次由老到新：铁路桥南有前震旦系变质岩分布，但范围很小，且仅在右岸；铁路桥向北至船窝，为奥陶系灰岩；船窝至小滩为石炭二叠系煤系地层及砂岩泥岩层，岩性软，且有滑坡群分布，不具备修建高坝条件；小滩以北至鄂河口为三叠系刘家沟组，岩性以砂岩为主，夹粘土岩、泥岩、粉砂岩等，岩体强度相对较高。

1954年以前，虽经多次查勘，但多按低坝方案考虑，选出的坝址有石门、死人板、三跌浪等。1958年北京院查勘龙口至龙门河段，认为石门坝址具有修高坝的地形条件。提出龙门、壶口并级开发。1959年1月，北京院向陕西省汇报，并组成选坝委员会到现场查勘。初勘后一致认为，石门坝址具备修高坝条件，但对韩城煤田（桑树坪煤矿）淹没影响严重。因此，于1959年3月，又组织晋、陕两省有关单位进行复勘，在石门上游1公里和22公里处分别选出甘泽坡坝址和舌头岭坝址，并由北京院龙门地质大队进行勘探。勘探工作以甘泽坡修建混凝土坝为重点。舌头岭坝址工作较少，仅作为备用坝址。1961年编写《龙门水利枢纽工程地质勘察报告》。1969年，黄委会规划一分队对甘泽坡和舌头岭坝址做了些补充调查和比较研究工作。1975—1978年，黄委会规划设计大队第一地质勘探队进行甘泽坡坝址勘察，第三地质勘探队进行舌头岭坝址勘察。

1978年5月，黄委会规划设计大队第三地质勘探队在进行河上钻探时，一只机船翻沉河底。为打捞沉船，组长陈海俊顺着接长伸到河底的钻杆，先后潜入6米深的急流中100多次，摸清船位，拴好钢索绳，把沉船打捞上岸，挽回经济损失近万元。

1978年1月,地质勘探一、三队分别编出两坝址的地质勘察报告及《龙门甘泽坡区域岩溶发育规律研究报告》。同年5月,水电部规划局和黄委会,邀请全国14个单位的水工、地质专家张光斗、谷德振等56人,在西安召开技术座谈会,讨论坝址选择问题。讨论后认为,甘泽坡坝址存在:(1)河床及两岸岩溶发育,右岸地下水位在很大范围内与河水位一致,因此存在岩溶漏水和浸没桑树坪煤矿问题;(2)右岸小煤窑采空区内的灰岩以上岩体松动变形严重,必须处理,且工程量巨大;(3)河床覆盖层厚而且其中细砂层有液化问题;(4)灰岩层中有泥化夹层。主要优点是交通方便,距下游灌区近。舌头岭坝址地形条件较好,地质条件简单,河床覆盖层厚10～18米,主要缺点是交通条件差,输水渠线长。从地质条件看,舌头岭明显优于甘泽坡,一致同意选舌头岭坝址。

1978年6月—1982年底,根据水电部指示,舌头岭坝址勘察由天津院负责。1983年又改由黄委会设计院承担,于1988年完成《龙门水利枢纽工程可行性研究报告》。

累计完成地质勘察工作量为1∶5万～1∶10万地质测绘7309平方公里,1∶5000地质测绘67平方公里,1∶2000地质测绘49.2平方公里;机钻孔总进尺26732米,土钻孔总进尺1432.2米,套钻孔总进尺615.8米;基岩平硐64条总深2077米,基岩竖井4个总深65.8米,土平硐6条总深94米,土竖井53个总深1147米;地震测点37个,声波测试2059米,测井1441米,重力测点865个,电法测点20257个;原位抗剪试验53件,静弹模试验48个,岩土力学试验407组。

舌头岭坝址的主要工程地质问题是:坝基抗滑稳定问题;左岸山梁上三叠系和尚沟组砂质粘土岩的蠕变变形问题;左岸黄河与鄂河间单薄分水岭问题;利用刘家沟组砂岩轧制人工砂作建材使用问题。

二十六、西霞院水利枢纽

西霞院水利枢纽工程坝址位于河南省孟津县与洛阳市吉利区交界处,焦枝铁路黄河大桥下游10公里。规划坝高43米(最大水头14.4米),库容1.3亿立方米,装机容量15万千瓦。

1958年黄委会设计院第二地质勘探队进行勘察,完成库区1∶2.5万地质测绘27平方公里,坝址1∶5000地质测绘4.1平方公里;钻孔5个,进尺190米。1969—1972年,铁道部武汉大桥局为选择穿黄隧洞线路,在坝址勘探线下游1～2公里处，勘探了两条剖面线，共打钻孔211个，进尺14440米，完成1∶1万地质测绘30.8平方公里。

坝址区处于晋、豫山地和华北平原交界带，河床宽达3公里，两坝肩为黄河二级阶地，阶面高出河水面25～30米。阶地上部为黄土，河床砂卵石层厚20～30米，下伏第三系砂岩及粘土岩层。主要工程地质问题是：坝基河床砂卵石渗流稳定，库区塌岸及黄土湿陷。

二十七、桃花峪水利枢纽

桃花峪水利枢纽工程坝址位于河南省郑州市西北30公里，京广铁路黄河大桥上游12公里处。右岸为邙山，左岸为黄、沁河冲积平原。规划最大坝高23米，库容24.7亿立方米。枢纽包括拦河坝长4公里，拦河闸总宽1.9公里及左岸围堤59公里，属大型平原水库。

1950年春，黄委会龙(门)孟(津)段查勘队，在孟县至黄河铁路桥间选出3个坝址：一坝址左岸为孟县化工，右岸为巩义市(巩县)赵沟；二坝址左岸为孟县南贾，右岸为巩义市(巩县)荒峪；三坝址左岸为武陟县御坝，右岸为荥阳县桃花峪。1952—1954年，黄委会钻探队在该3个坝址进行勘探，其中一、三坝址及围堤仅钻少量土钻孔。在二坝址不仅进行了3条坝线的勘探(孔距约500米)，还在北岸滩地进行了两组多孔抽水试验和6组大型载荷试验，载荷板最大边长为3米。因当时钻探队刚刚组建，没有地质人员鉴定岩性及整理资料，故成果不系统。

1958年由水利部水科院及黄委会设计院，共同选择左岸为草亭，右岸为刘沟、陈沟的中坝址进行勘探。1959年又选出右岸为官庄峪的上坝址以及左岸为姚旗营、右岸为东张沟和鸿沟的下坝址。上坝址仅钻2个土钻孔。3个坝址未经详细比较。为了增大库容(75亿立方米)而选定下坝址，由黄委会设计院第五勘测设计工作队进行初步设计阶段地质勘探工作。

1960年5月，水电部组织的现场会议上决定，该水库于年底“上马”，遂又进行补充勘探工作。先后在坝址及围堤(坝)进行了3～4条剖面的勘探。同时进行室内试验、现场原位测试及专题试验研究。设计项目负责人为水科院渗流专家刘宏梅，汪闻韶负责土工试验，方涤华负责现场测定砂土密度及原状砂的试验工作。汪闻韶于1959年对坝址区土工试验资料进行系统的综合整理分析，随后又和黄委会水科所的李沄共同主持了现场判别砂基液化及用爆炸法加密砂基的可能性试验，1959年在姚旗营新老滩地进行标准装药量单孔及多孔试验研究。黄委会设计院王喜彦为工程地质负责人。

1976年,由黄委会、河南省地质局及陕西省水文地质一队,共同对桃花峪水库左岸浸没问题,进行了分析计算和预测。黄委会地质勘探二队在坝址及闸基打钻孔6个,进行了砂土密度的标准贯入试验、伽马—伽马测试及取原状砂试验。为研究砂基的液化进行了室内动三轴试验研究。同年6月提出《黄河桃花峪水库工程选点地质报告》。

1958—1976年,共完成地质勘探工作量为:1∶5万地质测绘1054平方公里,1∶2.5万地质测绘129平方公里,坝址区1∶1万地质测绘4.3平方公里;机钻孔27个,进尺2219米;土钻孔643个,进尺16388.9米;抽水试验18组。编写初步设计第三篇工程地质报告,高坝工程地质报告,坝址、南岸、北岸、白马泉坝段等地的水文地质工程地质及天然建筑材料等专题报告十多种。

桃花峪水库位于黄河冲积扇的顶部,广大地区均为第四系细碎屑深厚的覆盖层。南岸的邙山及北岸孟县以西的北邙山,为黄土丘陵,分布着中、上更新统黄土类土,其下为第三系半胶结的砂岩、砾岩、泥灰岩及粘土岩。河道内主要为粉细砂、中砂,下部偶夹砾质粗砂透镜体,厚30～70米。大堤及其北岸多为双层结构的地层,上部为粘性土,下部为砂层。该区所存在的主要工程地质问题为:粉细砂地基震动液化问题,渗透稳定问题,北岸温县、武陟县境内约200平方公里面积内蓄水后的浸没问题;其次为坝肩附近滑坡、库区坍岸及伊、洛河夹河滩的浸没问题。

二十八、东坝头水利枢纽

东坝头水利枢纽工程坝址位于河南省兰考县与长垣县交界处。1958年,黄委会为编制黄河综合治理三大规划,调黄委会设计院第一地质勘探队进行勘探。1959年黄委会设计院第五地质勘探队补充坝址区及库区勘探。1959年11月至1960年3月,进行泄洪闸及电站的地质勘探。共完成土钻孔116个,进尺3024米;库区1∶2.5万综合水文地质测绘280平方公里。编写出《黄河东坝头水利枢纽地质报告》和《黄河东坝头水利枢纽工程初步设计第二卷地质报告》。

坝址区地层主要为近代黄河冲积层。主要问题是地基粉细砂层的震动液化和不均匀沉陷。

除上述28个梯级外,在编制黄河治理与开发规划过程中,多年来,还对一些比较坝址进行过规划选点阶段的地质勘察工作。后因规划工程布局选点的变化，这些梯级不再作为工程坝址，多数被并级开发而放弃。故不作文字记述，只列表展示(见表2—4)。

表2—4 **黄河干流工程规划比较坝址地质勘察工作统计表**

坝址名称	位置	勘察单位	勘察时期(年)	勘测工作量		
				地质测绘(平方公里)	钻探进尺(米)	平硐(米)
牛鼻子峡	甘肃永靖	兰州水电工程处	1952、1953		197	
吊吊坡	甘肃靖远	甘肃水电局二总队	1971		4个孔	20
旧磴口	内蒙古磴口	内蒙古水勘院	1975		212	
昭君坟	内蒙古包头市	包头市建委、内蒙古水勘院、黄委会	1954、1962、1964		1372	
前百会	山西兴县	北京院	1958	126.2	1372	146(m^3)
罗峪口	陕西神木	北京院	1960	3.0	526	
清水关	陕西延川	北京院	1958	14	308	30
里仁坡	陕西延长	北京院	1958		403	
壶口	山西吉县	水利部工程总局勘探四队	1954		90	
安昌	山西万荣	黄委会第二钻探队、北京院	1953、1958	353	2846	
任家堆	河南渑池	黄委会、地质部黄河工程地质队、北京院	1953、1956	282.5	3488	84(m^3)
八里胡同	河南新安	黄委会、黄委会设计院	1953、1957、1958		1097	30
柳园口	河南开封	黄委会设计院勘五队、勘六队	1959、1960	156.3	5309	
彭楼	河南范县	黄委会设计院勘四队、勘五队	1958、1960		2889	
石渠	河南新安	黄委会设计院	1959	2.6	365	

第三节　下游大堤及涵闸工程

黄河下游现行河道，自桃花峪至黄河入海口，全长786公里。北岸自孟县以下，南岸自郑州黄河铁桥以下，除山东省梁山县十里铺、徐庄、耿山口至济南玉符河口地段傍依山麓外，两岸靠总长(不包括河口堤)1395公里大堤束流。桃花峪至东平湖附近为黄河冲积扇平原区，东平湖至垦利县宁海村为冲积平原和冲、海积平原区，宁海以东为黄河三角洲平原区。

现存临黄大堤，都是在历史上遗留下来的旧堤基础上逐渐加修而成的。原来的旧堤质量很差，堤身矮，隐患多。中华人民共和国成立后，进行了复堤加固，并随着河床的不断淤高，先后进行了三次全面加高培厚。与此同时，为了查清堤身隐患，对大堤、堤基及河道进行了勘察。1950—1990年间，共在大堤上建涵闸103座，在这些涵闸建设过程中，做了大量地质勘探工作。

一、堤身及堤基

1951年7—11月，山东黄河河务局工务科组织临时地质探验队，用竹制人力冲击钻，对部分堤段、滩地进行勘探。

1955年4月，根据黄委会下达的“了解堤基和老口门地段的土层分布”的任务，山东、河南黄河河务局，分别对所辖堤段进行锥探。采用活节钢碗取土锥、洛阳铲等工具，沿大堤每500米左右布置一个勘探剖面，每个勘探剖面布孔3～5个，孔深3～20米。河南境内钻孔3286个，进尺25350米；山东境内钻孔5998个，进尺45293米。编绘出临背河堤脚及堤身地质纵剖面图及地质横剖面图3610个。

1957年，河南、山东黄河河务局进行重点险工堤段地质勘探。河南省有花园口、篦张、西格堤、曹店、北坝头、颜营、四明堂等7处；山东省有苏泗庄、四隆村、董寺、马扎子、秦家道口、郭庄等6处。共打钻孔102个，进尺1304米。

1959年6月—1960年12月，黄委会设计院地质处组成黄河下游地质组，进行沿河地带1∶5万综合性地质—水文地质测绘，完成测绘面积5763.5平方公里，简易水质分析212个，注水试验70次，简易抽水试验29次。1962年编写出《黄河下游沿岸地带综合性地质—水文地质普查报告》。

1965年5—12月，进行河南省境内的马渡到来童寨、曹岗、常堤、辛店、三官庙至郭庄及山东省境内的泺口、董寺、刘七沟、常棋屯等险工和渗水堤段的勘探，计完成钻孔276个，进尺2748米。

二、老口门及重点堤段

老口门是历史上黄河决口处。因决口时冲刷很深，堵口时填以泥沙、秸料、石料等，秸料腐烂形成孔隙，透水性大，口门背河留下的坑潭常年积水，是大堤最薄弱的部位，因而也是加固大堤的重点。主要有：

（一）石桥老口门

石桥老口门（郑州十堡决口）位于黄河右岸郑州市北郊的申庄到石桥间，大堤公里桩号21＋000至22＋670，全长1670米。

1887年8月14日溃决时，冲刷口门宽430多米，而后陆续扩至1670米。同年12月兴工筹堵，1888年12月19日合龙闭气。1954年洪水期发生严重渗水，并有泉涌冒水翻砂。

1965年5月，河南黄河河务局钻探队进行勘探。完成1∶5000水文地质测绘1.5平方公里，土钻孔32个，进尺734米，设长期观测孔10个。勘探查明大堤溃决时最大冲刷深度35米，取出堵口料物有秫秸、谷草、麻绳、木桩、竹缆、碎砖块等。查明了口门附近的地层岩性及物理力学性质。

（二）九堡老口门

九堡老口门堤段位于黄河右岸河南省中牟县，大堤公里桩号47＋412至48＋850。1843年（清道光二十三年）黄河特大洪水时大堤漫水决口，同年堵复。历史上曾出现过严重渗水，背河低洼，常年积水。为进行大堤抗震加固设计，需探明老口门位置、宽度、深度、土质及分布情况。1982年河南黄河河务局在桩号48＋075至48＋450堤段进行1∶2000地质测绘0.74平方公里，钻孔13个，进尺789.3米。1986年7—11月，黄委会设计院又在桩号47＋412至48＋850堤段钻孔20个，进尺565.3米。编写了黄河九堡堤段工程地质报告。查明了老口门宽度为1438米，最大冲刷深36米，内填高粱杆、树枝、块石及土，钻进中大部分孔段漏浆。取样作试验，查明了各层物理力学性质。对其主要工程地质问题进行了评价。

(三)白马泉堤段

白马泉堤段位于河南省武陟县二铺营乡，黄河左岸大堤公里桩号68+469至75+000，沁河堤公里桩号77+500至79+000，自上游的白马泉起到下游的御坝，长8.73公里。1958年7月大洪水时，背河发生小喷泉、砂沸、突涌。泉口直径2～12厘米，冒水高度3～5厘米，有的喷泉水中含砂，形成砂环，环径30～100厘米，最高15厘米；砂沸口小于1厘米，成群分布，形似蜂窝状；突涌系淤泥被承压水顶起翻出地面而成的稀泥堆。

为了研究该段大堤的渗透稳定性和桃花峪水库围堤设计及大堤加固设计，曾数次在该区进行工程地质勘察工作。1956—1958年，由黄委会水科所在白马泉及御坝两处，钻孔48个，进尺926.7米，设立地下水长期观测断面，编写了黄河大堤白马泉堤段渗透试验研究报告。1958—1961年黄委会设计院在该区进行1：5万水文地质测绘20平方公里，钻孔35个，进尺1187.91米，进行了地下水的长期观测工作，编写了白马泉地区水文地质工程地质条件报告。1965年，北京地质学院师生在该区生产实习，作1：1万水文地质工程地质测绘，并编写白马泉—御坝堤段工程地质勘察报告。1986年黄委会设计院在该区进行了1：1万工程地质测绘，钻孔21个，进尺718.74米，编写了白马泉—御坝堤段工程地质勘察报告。1988年，黄委会设计院地质总队将上述资料进行综合整理分析研究，编写了黄河白马泉—御坝堤段水文地质研究报告，查明了该堤段上部为5～10米壤土层，下伏60～70米细砂层，此细砂层与黄河河床细砂层连通，细砂层透水性较壤土大。因此，河道行洪时河水通过砂层，对背河表面顶托，形成承压水，使背河壤土层与砂层发生流土变形。

根据1958年大洪水期间观测，结合地层厚度计算，当渗透比降超过0.71时，发生泉涌、砂沸及突涌(稀泥堆)。当渗透比降小于0.45时，不发生渗透变形。

(四)荆隆宫老口门

荆隆宫堤段位于河南省封丘县荆隆宫乡，大堤桩号159+300至162+300。该处历史上曾多次决口，堤身薄弱，大洪水时背河水井发生自流。

为给大堤加固提供地质资料，1987年4—11月，黄委会设计院在该堤段进行勘察，完成1：2000地质测绘3.25平方公里，钻孔33个，总进尺957.8米，编写了荆隆宫堤段工程地质勘察报告。查明了口门宽度为1250

米，口门填料主要为麦秸、玉米杆和少量荆条、小木块，混杂大量粉细砂、壤土团。秸料多已腐烂，形成空洞，据钻孔注浆试验，每分钟耗浆量达 59.4～64.8升。

(五)董寺堤段

董寺堤段位于山东省齐河县董寺，大堤公里桩号为 79＋600 至 80＋100，长 500 米。该堤段背河低洼，浅层多为透水粉土及粉砂，其上壤土层较薄甚致缺失。因此，在 1954、1957、1958、1964 年洪水时，背河渗水严重，并发生许多泉涌。为给加固大堤提供地质资料，1957 年 6 月，黄委会设计院勘探一队在此堤段钻探 6 个钻孔。同年 7 月，齐河修防段用小麻花钻钻了 12 个孔。1958 年 5—6 月，黄委会设计院勘探一队又钻孔 11 个，设长期观测断面 2 个。1965 年德州修防处又在该堤段进行地质勘察，完成 1∶5000 水文地质测绘 0.5 平方公里；钻孔 15 个，进尺 219.84 米，小麻花钻孔 60 个，进尺 302.8 米；单孔抽水试验 1 组。编写有齐河董寺渗水段初设阶段水文地质勘察报告。

(六)南北庄堤段

南北庄堤段位于河南省兰考县南北庄村，大堤公里桩号为 133＋900 至 135＋700，长 1800 米。该堤段背河低洼，堤基多粉细砂层，背河常年渗水，为进行该堤段的加固设计，曾进行两次地质勘探工作。1958 年由河南黄河河务局钻探队钻孔 15 个，进尺 335.9 米。1987 年 4—5 月，黄委会设计院在此勘探，钻孔 16 个，进尺 379.45 米，编写有南北庄堤段工程地质条件报告。通过勘探，了解到粉细砂层最大厚度为 15.4 米。该堤段有 1855 年前之古河道，宽 1500 米。

(七)高村老口门

高村老口门堤段位于山东省东明县高村境内，大堤公里桩号为 202＋300 至 204＋800，长 2500 米。该堤段曾于 1879 年 10 月、1880 年 9 月及 1921 年决口。堤段内老口门背河有长约 150 米的坑塘，经常渗水，有时发生小的泉涌。为了了解该段基础情况，给加固设计提供资料，黄委会设计院于 1987 年 5—7 月进行地质勘察工作。完成工作量为：1∶2000 地质测绘 2.5 平方公里，钻孔 29 个，进尺 788.8 米，编写有高村堤段工程地质条件报告。查明了秸料层的分布，口门填料主要为高粱杆、玉米杆及少量树枝、木桩、麻绳等物,其中夹杂有粘土、壤土及砂壤土。地下水位以上的秸料多腐烂形成空洞,钻探时发生严重漏浆现象,灌浆试验吃浆量达36～55升/米·分,6个试验孔秸料层总厚40.43米,灌入总浆量为20.84立方米,折合土料总量达12吨。

三、河道

为调查了解下游河道冲淤变化情况,由黄委会河床演变测验队提出任务,1958年4月先由黄委会设计院第一地质勘探队进行勘探,1960年改由黄委会设计院第五、六勘测设计队进行。采用平底木船,把钻机安置船上,钻具通过船底打的洞,顺河自河南省桃花峪至下游山东省济阳县下界,逐孔、逐剖面进行木船抛锚勘探。共完成河道横剖面143个,钻孔663个,进尺7975米。

在河南省境内,勘探孔大多布置在两岸滩地及水边,水上孔较少。在山东省境内勘探孔大多布置在水中,水深1～3米。横剖面间距1.5～3公里,钻孔间距为300～600米,孔深为8～11米。

四、涵闸

中华人民共和国成立前,黄河下游两岸仅有几处虹吸引水工程,日本侵华期间,1943年8月修建武陟张菜园闸。中华人民共和国成立后,1951年3月动工兴建引黄灌溉济卫工程渠首闸(人民胜利渠渠首闸)。1950年到1990年底,黄河下游河南、山东省境内两岸大堤上共修建引黄涵闸87座,分洪闸3座,退水闸13座,共计103座。工程规模较大和勘探工作较多的有4座。

(一)渠村分洪闸

渠村分洪闸位于黄河左岸河南省濮阳县渠村乡大芟河险工段内,闸总宽749米,共56孔,闸长23.8米,设计流量10000立方米每秒。

1976年1—6月,黄委会规划设计大队第二地质勘探队完成选址勘探,打钻孔60个,进尺577.3米。1976年11月开始动工兴建。黄委会规划设计大队第二地质勘探队负责施工地质工作。1977年12月提出施工阶段地质报告。施工开挖基础情况与勘探资料一致。工程于1978年5月竣工。

(二)石洼进湖闸

石洼进湖闸位于黄河右岸山东省梁山县路那里险工段,原36～39号坝间。总宽344米,共49孔,设计流量5000立方米每秒。是黄河下游较早采用混凝土灌注桩的开敞式大型进水闸。

黄委会设计院第一、六、二地质勘探队,于1958、1962、1965年分别进行路那里、十里铺和孙楼等工程的规划及初步设计阶段地质勘探,计钻孔51个。1966年8—9月,黄委会地质处派地质和勘探人员与山东黄河河务局的两个钻机组配合,进行石洼进湖闸勘探。钻孔17个,进尺339米。10月提出《东平湖水库石洼进湖闸初设阶段工程地质报告》。

工程于1967年春动工,同年7月建成。在3—5月间,黄委会派地质和试验人员到工地参加桩基施工编录和土工试验。进湖闸建成后,1969年5月23日,山东黄河位山工程局进行充水试验,时间10天,水位达46.89米高程,当时未发现问题。后经观测发现,闸基板因沉陷而裂缝,最大沉陷量196毫米,岸墙向外倾斜90毫米。1970年8月12日测得闸墩向下游位移8毫米。1976年11月至1978年2月进行改建加固。

(三)张庄入黄闸

张庄入黄闸位于河南省台前县张庄村与山东省阳谷县陶城铺村交界的金堤河入黄河处。设计流量270立方米每秒。

1962年10月黄委会设计院第一地质勘探队进行勘探,完成钻孔16个,进尺303米,取原状土92组。1963年,黄委会第一地质勘探队进行张庄入黄闸和相距150米处扬水站技施阶段地质勘察。同年秋,入黄闸开工兴建,1964年建成。1968年7月21日观测,闸身向黄河位移6.3毫米。1978年,黄委会设计院地质勘探总队第二地质勘探队,在张庄入黄闸上、下游,进行抽排站可行性研究阶段地质勘探。

(四)打渔张引黄闸

打渔张引黄闸位于黄河右岸山东省博兴县,黄河大堤桩号183+650处的王旺庄险工段,上距北镇黄河大桥10公里。

1952年7月,山东省农林厅水利局完成土钻孔12个,进尺298.4米。9月提出《打渔张引黄灌溉工程闸址地质探验剖面图及简要文字说明》。

工程于1956年10月竣工。1964年12月30日观测,闸基回弹量19毫米。1974年4月10日观测，闸基最大沉陷量101毫米，同年9月29日观测，岸墙向两岸外倾90毫米，闸身向上游位移20毫米。

经河道、堤基、老口门及闸基勘探查明：现行河道地带表层15～20米范围内，属全新世堆积，各地岩性因所处地貌单元不同而有所差异。在冲积扇平原区内，河床相以粉、细砂层为主；洪泛相以壤土、砂壤土、粘土夹沙层为主；在冲积扇平原前沿的渠村至东平湖一带，表层5米以内夹有湖、沼沉积的灰、灰黑色壤土，淤泥类土；在打渔张及其以下有海积层分布。埋深20～30米以下，普遍有晚更新世堆积，一般较全新世密实，含小粒钙质结核。

下游堤、闸基的工程地质问题，主要是渗透变形，不均匀沉陷和地震液化问题。较特殊的问题有粘土层因具干裂裂隙而透水较强和闸基回弹现象。

另外，工程规模较小或勘探工作较少的其他62座涵闸，不作文字记述，列表展示（见表2—5）。其余37座小型涵闸从略。

表2—5 **黄河下游62座规模较小或勘探工作较少涵闸地基勘察简况表**

所在		闸名	勘探单位	勘探年月	钻探工作量	
省	岸				孔数（个）	进尺（米）
河南省	左岸	共产主义渠	黄委会设计院	1958		96.5
		张菜园（新）	新乡修防处	1975.3	15	337.0
		韩董庄	新乡修防处	1966.12	8	196.6
		柳园	新乡修防处	1981.1	8	201.1
		祥符朱	新乡修防处	1968.9	10	326.2
		于店	新乡修防处	1967	3	65.7
		红旗（老）闸	黄委会设计院	1958	13	239.7
		堤湾	新乡修防处	1968.9	5	118.7
		辛庄	新乡修防处	1981	7	114.8
		大车	新乡修防处	1984.10	7	188.9
	右岸	东风	河南省水勘院	1958	35	
		花园口	河南省水勘院	1955.8	3	55.2
		杨桥	黄委会设计院	1978.4	4	75.9
		赵口	河南省水勘院	1970—1971	20	455.1
		黑岗口	开封水利局	1956	10	216.2
		柳园口	开封水利局	1966	7	200
		三义砦	黄委会设计院	1957	11	238.9

续表 2—5

所在省	所在岸	闸名	勘探单位	勘探年月	钻探工作量 孔数（个）	钻探工作量 进尺（米）
山东省	左岸	郭口		1983.11	6	181.2
		潘庄	德州修防处	1970.11	5	103.5
		韩刘	德州修防处	1966.3	7	121
		豆腐窝	德州修防处	1970.11	4	82.2
		豆腐窝分凌闸	德州修防处	1970.11	5	115.9
		李家岸	山东河务局	1966、1970、1984	11	341.6
		邢家渡		1966.7	20	
		葛家店	德州修防处	1966.2	7	110
		簸箕李	惠民修防处	1975.12	10	235.7
		白龙湾	惠民修防处	1982.6	5	131.3
		大雀闸	惠民修防处	1971.4	4	38.6
		小开河	惠民修防处	1971.1	4	60.2
		张肖堂	惠民修防处	1979.1	6	145
		韩家墩	山东省水勘院	1959	44	1021.6
			山东河务局	1981	14	303.4
		宫家	惠民修防处	1966.3	7	100.2
		綦家咀	山东河务局	1952.8	10	236.3
		綦家咀分洪闸	山东河务局	1970.11	7	172
		王庄	山东河务局	1985	12	392
		神仙洞		1975.4	2	31.6
	右岸	闫潭	菏泽修防处	1970.3	9	167.8
		谢砦	菏泽修防处	1979.11	8	141.4
		刘庄	菏泽修防处	1958、1978	8	505.7
		赫砦	菏泽修防处	1972.4	7	89.1
		苏泗庄	菏泽修防处	1978.11	5	74.7
		旧城	菏泽修防处	1971.4	5	103.1
		苏阁	菏泽修防处	1967、1982	10	278
		国那里	菏泽修防处	1960.11	4	89.2
		林辛进湖闸	山东河务局	1967.3	12	330
		睦里	山东河务局	1966.10、1980.10	3	28

续表 2—5

<table>
<tr><th colspan="2">所在</th><th rowspan="2">闸　　名</th><th rowspan="2">勘探单位</th><th rowspan="2">勘探年月</th><th colspan="2">钻探工作量</th></tr>
<tr><th>省</th><th>岸</th><th>孔数
（个）</th><th>进尺
（米）</th></tr>
<tr><td rowspan="18">山东省</td><td rowspan="18">右岸</td><td>北店子</td><td>山东河务局</td><td>1961、1981</td><td>15</td><td>259.5</td></tr>
<tr><td>老徐庄</td><td>山东河务局</td><td>1982.8</td><td>6</td><td>165.9</td></tr>
<tr><td>盖家沟</td><td>黄委会设计院</td><td>1958</td><td></td><td>196.4</td></tr>
<tr><td>土城子</td><td>泰安修防处</td><td>1966.4</td><td>3</td><td>45</td></tr>
<tr><td>张　桥</td><td>惠民修防处</td><td>1967</td><td>3</td><td>57.2</td></tr>
<tr><td rowspan="2">马扎子</td><td rowspan="2">山东河务局</td><td>1952.4</td><td>9</td><td>194.7</td></tr>
<tr><td>1983.11</td><td>9</td><td>293</td></tr>
<tr><td>道　旭</td><td rowspan="3">惠民修防处</td><td>1968.10</td><td>2</td><td>52.2</td></tr>
<tr><td>麻湾分洪闸</td><td>1972.4</td><td>14</td><td>379</td></tr>
<tr><td>麻湾分凌闸</td><td>1970.11</td><td>4</td><td>86.4</td></tr>
<tr><td>曹家店引黄闸</td><td>山东河务局</td><td>1983.6</td><td>15</td><td>417</td></tr>
<tr><td>曹家店分凌闸</td><td>惠民修防处</td><td>1970.8</td><td>3</td><td>66.7</td></tr>
<tr><td>纪　青</td><td>山东河务局</td><td>1982.11</td><td>2</td><td>39.7</td></tr>
<tr><td>十八户</td><td>惠民修防处</td><td>1968.11</td><td>6</td><td>120</td></tr>
<tr><td>西双河</td><td>山东河务局</td><td>1984.9</td><td>13</td><td>394</td></tr>
<tr><td>杨　庄</td><td>山东河务局</td><td>1985.12</td><td>3</td><td>62.9</td></tr>
<tr><td>胡楼引黄闸</td><td>山东河务局</td><td>1985.4</td><td>21</td><td>504</td></tr>
</table>

第九章 支流水利工程地质勘察

支流水利工程地质勘察,主要在湟水、清水河、无定河、汾河、渭河、泾河、北洛河、洛河、沁河、大汶河等10条支流上进行。1952—1956年间,多属规划选点勘察。1958—1965年间,做了大量初步设计阶段勘察。1966—1977年间,支流工程地质勘察项目增多。一般支流水利工程地质勘察,主要由各省(区)水利水电设计院承担,黄委会设计院承担了规模最大的故县、陆浑水库工程勘察和部分支流水库工程地质勘察工作。

截至1988年,已建大(库容大于1亿立方米)、中(库容0.1～1亿立方米)型水库171座。本章选择一些地质勘察工作较多或者地质条件较特殊及规模较大的加以记述。

其中已建的工程有:清水河的长山头水库,无定河的新桥水库,延河支流杏子河的王瑶水库,汾河的汾河水库,汾河支流文峪河的文峪河水库,泾河的崆峒峡水库,泾河支流蒲河的巴家咀拦泥库,渭河的宝鸡峡引水枢纽,渭河支流千河的冯家山水库,渭河支流石头河的石头河水库,渭河支流沣河的石砭峪水库,宏农涧河的窄口水库,洛河的故县水库,洛河支流伊河的陆浑水库,沁河支流丹河的任庄水库,大汶河的雪野水库,玉符河的卧虎山水库等,共17座。

进行可行性研究阶段勘察未修建的工程有:无定河的王圪堵水库,汾河的石家庄、玄泉寺水库,北洛河的永宁山、南城里、党家湾水库,泾河支流茹河的王凤沟水库,泾河支流马连河的巩家川、老虎沟水库,泾河的大佛寺、东庄水库,渭河支流葫芦河的刘家川、石窑子水库,渭河支流黑河的黑河水库,渭河支流千河的石咀子水库,洛河支流伊河的东湾水库,沁河的张峰、润城、河口村水库,大汶河的涝坡水库等,共20处。其中大佛寺、南城里、永宁山、张峰等水库曾一度施工。

对仅做过地质测绘与钻探的工程选26处,列表表示,不作文字记述。

第一节 已建工程

一、长山头水库

长山头水库位于宁夏回族自治区清水河上，距清水河入黄河口26公里。坝高38米，浆砌石坝，总库容3.05亿立方米，是清水河已建库容最大的水库。1959年由宁夏回族自治区水电局钻探队进行勘察，完成1∶1000地质测绘0.27平方公里；钻孔3个，进尺65.8米。

坝址区基岩为志留系长石砂岩夹薄层板岩，河床覆盖层厚2～5米。

长山头水库于1959年3月开工兴建，1960年8月建成。1964年汛期，上游张家湾水库失事后，使该水库淤积加快。经1965、1972、1980、1982年先后4次加高大坝，溢流段坝高达30米，非溢流段坝高为38米。库区淤出土地4万亩，1978年，中共宁夏回族自治区委决定，建立长山头机械化农场实施耕种管理。

二、新桥水库

新桥水库位于无定河上游红柳河上，属陕西省靖边县。该坝为均质土坝，坝高47米，库容2亿立方米，是无定河已建29座大、中型水库中库容最大的工程。

水库位于红柳河从黄土丘陵沟壑区进入毛乌素沙漠的边缘地带，地层为红柳河冲积、洪积物，岩性以砂、砂壤土、壤土互层为主。

1957年5—11月，黄委会西北黄河工程局和黄委会设计院地质队，共同进行规划阶段勘察。在河床钻2个土钻孔，进尺120米，两岸挖竖井6个，进尺228.5米。1958年9月10日动工，1959年9月29日建成。当蓄水深达32米后，大坝发生裂缝，两坝肩及下游坡脚处有水渗出。坝下游坡局部出现滑塌。1960年11月，陕西省水利厅勘探队进行勘探。1961年1—8月，黄委会设计院第三地质勘探队又进行补充勘探，以查明坝区水文地质条件，论证大坝的坝基、坝肩渗透稳定性。当年在坝下游坡脚附近打孔时，因打入下部砂层承压水含水层，发生钻孔涌水，水位高出地面7.2～10.9米，涌水导致井孔周围塌陷，经抢险处理后，涌水、塌陷停止。两次勘探共完成1∶5万地质测绘79平方公里，1：1万地质测绘13平方公里；机钻孔2个，进尺120米；土钻孔46个，进尺1294米；竖井7个，进尺229米。

新桥水库蓄水后出现大坝裂缝，坝下渗水和滑塌。1961年勘探后查明，是因施工前未经详细勘察，施工时未做必要工程处理造成的。经采取在坝上游水中倒土补救处理，加之水库淤积很快，也使坝基和绕坝渗流逐渐减弱，水库运用至今未再发生问题。

三、王瑶水库

王瑶水库位于陕西省安塞县王瑶村附近的延河支流杏子河上，下距延安市65公里。

该工程在未经勘探的情况下，于1970年10月动工兴建，1972年9月建成。坝高55米，库容2.03亿立方米，电站装机容量75千瓦。

该坝施工时，坝基右端砂砾石层未能彻底清除，蓄水后坝基渗水量较大。因工程防洪标准偏低，需增建泄洪排沙洞，1974年黄委会规划设计大队第三地质勘探队进行拟建泄洪排沙洞的地质勘探，完成1：2000地质测绘1.5平方公里，1：500地质测绘0.1平方公里；钻孔13个，进尺711米。

坝址区出露基岩为侏罗系和白垩系的砂岩和泥岩互层，岩石强度中等，岩体完整，岩层近水平。经开挖证明，围岩稳定性良好。

由于水库淤积严重，坝基渗水问题逐渐减弱。

四、汾河水库

汾河水库位于山西省娄烦县南罗家曲乡下石家庄。坝高61.4米，库容7.23亿立方米。电站装机容量1.3万千瓦。在汾河流域15座大、中型水库中库容最大。

坝址区位于吕梁山东侧，出露基岩为前震旦系细粒花岗片麻岩、角闪片岩及粗粒黑云母斜长片麻岩，岩体中有辉绿岩脉穿插，河谷两岸基岩之上有黄土分布。

1935年10—11月，国民政府黄委会选出下静游坝址。1953年及1954年山西省水利局、山西省工业厅研究所踏勘汾河上游河段，选出下静游、罗家曲及古交3个坝址。1955年2月，山西省农业建设厅水利局和省工矿研究所组成地质勘探队，进行规划阶段地质勘察，选出5个坝址，经初步勘探，否定了二、三、五3个坝址。1957年4月,山西省水利局地质勘探队进行罗家曲、下石家庄坝址勘察。1958年5月,选定下石家庄坝址,并开始初步设计阶段地质勘察。1959年提出工程地质勘察报告。累计完成库区1:5万地质测绘442平方公里,坝址区1:2.5万地质测绘60平方公里,1:5000地质测绘25平方公里,1:1000地质测绘3.4平方公里;钻孔109个,进尺5183米。

汾河水库大坝于1958年7月动工兴建,1961年5月竣工。电站工程于1982年开工兴建,1986年建成。水库运用多年,截至1983年11月,淤积已达3.05亿立方米,除淤积严重外,未发现其它问题,库岸坍塌也不严重。

五、文峪河水库

文峪河水库,曾称峪口水库,位于山西省汾河支流文峪河上,在文水县城西北峪口村附近。坝高55.8米,库容1.05亿立方米,电站装机容量2500千瓦。为汾河流域第二大水库。

1958年以前做过少量流域地质普查,1958年北京地质学院山西中队进行1:1万地质测绘,在崖底村西北选出两个坝址。1959—1964年,山西省水利厅勘探队进行初设、技施设计阶段地质勘察,完成1:2000地质测绘2.1平方公里,溢洪道1:500地质测绘1.13平方公里,钻探进尺2189米。1965年12月写出《山西省文水县峪口水库工程地质勘察总结》。

坝址区位于吕梁山东侧,崖底背斜东翼,出露基岩为二叠系石千峰组紫红色细砂岩、粉砂岩、砂质页岩和粘土岩互层,夹少量砾岩透镜体。岩层倾角17度,岩体中有泥化夹层,并有小型逆断层,河床覆盖层厚8~10米。

大坝采用水中倒土施工,春季化冻时,施工中曾发生大规模的坝体滑坡。1966年大坝竣工,蓄水后右岸泄洪洞地段发现渗水,且溢出点高,系防渗处理不佳所致。

六、崆峒峡水库

崆峒峡水库位于泾河上游崆峒山与太统山构成的峡谷(前峡)下口处,属甘肃省平凉市崆峒乡,下距平凉市13公里。坝高63.8米,库容0.297亿立方米,电站装机容量1890千瓦。

1958年,黄委会设计院第三地质勘探队进行规划阶段地质勘察,1959

年5月写出《崆峒峡坝址地质报告》。1960年2—7月，西北院104地质勘探队进行初步设计阶段地质勘察，认为前、后峡会合处下游的柳树沟坝址较好。1970年冬，甘肃省计划会议确定，崆峒峡水库为全省水利基建项目。1971年4—7月，甘肃省水利水电设计院第一总队、平凉专署和平凉县组成“三结合”班子，对沙南、沙塘、聚仙桥、甘家坟和柳树沟坝址进行查勘比较，认为前峡（聚仙桥）坝址避开了区域性断裂，坝址区无大断层，两坝肩基岩裸露，河谷狭窄，河床覆盖层很薄，工程量小，因而选定聚仙桥坝址。1971年7月4日，经甘肃省生产指挥部审查确定后，1971—1973年甘肃省水利厅设计院进行初步设计阶段勘察，勘探发现右坝肩漏水严重。

1976年11月17日，在施工中，右岸输水洞出口段山坡发生滑动，后邀请兰州大学张咸恭教授，交通部第一铁道设计院张征海总工等共同“会诊”。会上有两种意见：一种认为右岸为一大古老错落体；一种认为坝肩裂隙发育系构造作用（后期扭力）形成。后进行深入调查研究和勘探，确认右坝肩不是错落体，漏水量大与张裂隙发育有关。据此，提出对右坝肩进行灌浆处理。经1975—1979年灌浆处理，1980年建成蓄水后，运行正常。

累计完成1∶2.5万地质测绘25平方公里，1∶5000地质测绘13.5平方公里，1∶2000地质测绘5平方公里；机钻进尺3106米，土钻520米。

七、巴家咀拦泥水库

巴家咀拦泥水库位于甘肃省泾河支流蒲河上，东距西峰市15公里，坝高74米，总库容4.96亿立方米。

库区处于鄂尔多斯断块中部黄土高原沟壑区，出露基岩为白垩系砂岩、泥岩互层，岩层近水平，节理不发育，岩体完整，两岸有厚层黄土分布。河床覆盖层厚0～5米，河床下基岩中有承压水，承压水头高出河水面5～37米。因透水性弱，涌水量不大。

1952年秋和1954年，黄委会西北黄河工程局进行土层钻探。1954年黄委会进行规划选点阶段勘探。1958年黄委会设计院第三地质勘探队进行初步设计地质勘察。同年动工修建。1960年甘肃省水利厅设计院地质勘探队进行输水洞线地质勘探。1960年大坝修至50米以上时发生裂缝，到1961年发展更烈，1962年大坝筑至55米高。经检查，大坝裂缝主要原因是施工质量差造成的。

由于水库淤积很快，1964年黄委会第一地质勘探队对坝前淤土进行勘探试验研究，以了解淤土的自然状态、组成、物理力学性质，为在淤土上加高大坝提供依据。

由于钻孔分布在稀软淤泥上，钻场安装与搬迁十分困难，勘探一队104机长李元庆、张应盘等，采用木船上安钻场，船四角系钢丝绳与岸上4个绞车相连，有收有放拖动淤泥上木船移动的办法，解决了淤泥上搬迁的困难。勘探中因淤泥固结差，呈流塑状，用原有取土器取不出原状样品。宋秉礼、曹凤国受照相机快门的启发，研制旋叶取淤器，因下端封闭不全，只能取塑态淤泥。侯锡琳根据海港取淤器旋转封闭原理，研制单、双管回转取淤器，两端封闭严密，不但能取塑态淤泥，而且能取流态淤泥，解决了取淤泥样品的困难问题。

水库拦洪运用4年，至1965年坝前淤积厚达35米。为勘察淤泥上能否加高土坝，在坝前进行了挤淤法、盖重法、排水固结法、电渗法等试验。1965年7月，水库上游因降暴雨，坝前水位急剧上涨，全部试验观测仪器被淤泥淹埋。黄委会第一地质勘探队大部分职工，在队长杜跃东、中共支部副书记曹俊明带动下，跳到齐腰深的淤泥中，用脸盆清淤4天，共清除淤泥200立方米，使试验得以继续进行。

1965—1966年，在坝后加高大坝至66米。1973年坝前淤土厚达43.5米，1973—1975年在坝前加高大坝至74米。黄委会原确定将此库作为拦泥实验库，计划继续加高大坝至100米，以达到库内淤积相对平衡。后因水库运用方式改变，未再继续进行加高。

在1964—1975年勘探过程中，发现有两点不同于一般水库的特殊现象：(1)淤土固结很慢，其中存在有较大的孔隙水压力；(2)大坝蓄水后，坝体内浸润线上陡下缓，呈下凹型。经地质技术人员涂克龄等研究分析认为，这一现象与坝前水深小、淤土厚、淤土透水性比坝体小、坝基有透水性较强的砂砾层分布等有关。

历年完成主要地质勘察工作有：1∶2000地质测绘0.714平方公里，钻探进尺2264米，竖井进尺166米。1984年黄委会设计院写出《在大型水库坝前淤土地基上加高坝体的一个实例》文章。

八、宝鸡峡引水枢纽

宝鸡峡引水枢纽，位于陕西省宝鸡市西11公里，渭河宝鸡峡下口的林家村。枢纽工程包括拦河坝、进水闸、引水隧洞、冲刷闸及引水渠。灌溉面积

294 万亩。

1934 年国民政府黄委会曾派员查勘，查勘后提出《渭河宝鸡峡拦河坝钻探计划报告》。1936 年黄委会导渭工程处进行钻探，在砂砾层中打钻孔 4 个，总进尺 29 米。

1957 年，黄委会设计院地质处渭河组，对坝址进行了草测。

1958—1962 年，陕西省地质局水文工程地质大队进行勘探，1959 年 2 月提出《渭河宝鸡峡水库工程地质报告》。1961 年提出《黄土塬边渠道工程地质条件报告》。勘探期间，参加协作的科研单位、大专院校、勘测设计单位共有 10 余个，进行地质、土工、防渗等方面研究，先后提出阶段性研究报告 40 余份。1962 年后，陕西省水电设计院地质队，对斗鸡台、卧龙寺、蔡家坡等重点地段的黄土滑坡，进行调查勘探，1967 年提出初步设计阶段《塬边渠道工程地质报告》。60 年代，地矿部水文地质工程地质研究所，还配合引渭渠道对黄土塬边的滑坡进行地质工作。

宝鸡峡枢纽区基岩为第三系砂砾岩，岩层倾向南西西，倾角 33～47 度。河床覆盖层薄，下部基岩较完整。

主要工程地质问题是引水渠线经过的滑坡群和人工开挖的高边坡段的稳定问题。1985—1989 年，陕西省水利电力土木建筑勘测设计院地质勘察总队，进行了长 98 公里的塬边渠道稳定性问题勘探和灌区水文地质勘察。

九、冯家山水库

冯家山水库位于陕西省渭河支流千河上，在千阳县下游 20 公里。坝高 73 米，库容 3.89 亿立方米，电站装机容量 4000 千瓦。

1951 年黄委会西北黄河工程局查勘选出该坝址，1956—1957 年，黄委会设计院进行规划阶段勘察，发现右岸古河道。1958—1962 年又进行初步设计和扩大初步设计勘察，1959 年 9 月提出《冯家山坝址工程地质报告(扩大初设阶段)》。1960 年 3 月动工兴建，同年 11 月停建。

1961—1963 年，西北院进行千河流域规划勘测研究时，对该坝段的桂家峡坝址和冯家山坝址，进行过一些补充工作和重点研究。1966—1967 年，陕西省水利设计院对千河流域重新进行规划，又对桂家峡、刘家坪、冯家山 3 个坝址进行比较，并选定冯家山坝址进行初步设计阶段勘察。

1970 年大坝工程复工，1972 年建成，1974 年 3 月下闸蓄水。1979 年编写出《陕西省冯家山水库竣工地质报告》。历年累计完成 1∶1 万地质测绘

22平方公里,1∶5000地质测绘9.8平方公里,1∶1000地质测绘1.4平方公里;钻孔135个,进尺7231米。

坝址出露基岩为下元古界大理岩、板岩及太古界绿泥石片岩。构造为一走向北西西的倒转背斜,并发育有北西西向和北西向冲断层。右岸有一古河道。主要工程地质问题是坝基和古河道渗漏,经灌浆处理后,水库蓄水运用情况正常。但施工期引水隧洞进口渠道边坡曾沿反倾向节理发生滑坡。

十、石头河水库

石头河水库位于陕西省眉县斜峪关南1.5公里的温家山附近,渭河右岸支流石头河出秦岭北坡峪口处。大坝为粘土心墙土石混合坝,坝高107米,库容1.25亿立方米,电站装机容量5.47万千瓦。

坝址区位于秦岭北坡,出露基岩为下元古界片岩类及大理岩,其间穿插有中生代辉长岩侵入体。左右岸高出河床约50米处,有三、四级阶地分布,阶地上部为黄土,下为砂砾石层。

1953年,陕西省水利局钻探队进行选点,1959年陕西省水电设计院地质勘探队,在长15公里河段内进行规划阶段勘测,选出卧虎石、将军石、温家山、卧龙寺、栎树椏、黄土岭等6个坝址,1967年进行卧龙寺和温家山两坝址地质测绘,1969年开始在温家山坝址勘探,同年10月水库工程开始施工。1971年8月,写出《石头河水库初步设计阶段地质勘察报告(初稿)》。1977年完成坝址初步设计和技施设计阶段地质勘察工作。共完成1∶5万地质测绘130平方公里,库区1∶5000地质测绘20平方公里,坝区1∶1000地质测绘1.5平方公里。钻孔175个,进尺12309米;平硐2条,进尺120米;物探标准点486个;大型(1×1米)剪切试验1组。

经勘察查明,坝址区地质条件基本上是好的。对河床砂砾石及岸坡阶地底砾层的渗漏问题,采取了截渗处理,水库自1981年蓄水后运行正常。

十一、石砭峪水库

石砭峪水库位于陕西省长安县,渭河右岸支流沣河东支石砭峪河出秦岭北坡峪口处。为黄河流域第一座定向爆破修筑的高坝,坝高82.5米,库容0.225亿立方米。

1953年6月—1954年6月,陕西省水利局钻探队在石砭峪一、二坝址打钻孔 27 个。1958 年 11 月陕西省水电设计院地勘队进行三坝址勘探，1959 年 2 月编出《石砭峪水库规划阶段工程地质勘察报告》，1959 年进行初步设计阶段勘察，完成 1：2000 坝库区地质测绘 1.67 平方公里；钻孔 11 个，进尺 604 米。当年编出《渭河流域石砭峪水库初步设计工程地质勘察报告》。

坝区基岩为片麻花岗岩，岩石坚硬，断层、节理裂隙发育，河谷深而窄，具有优越的爆破筑坝条件。

1973 年 5 月，定向爆破筑坝成功，总装药量 1594 吨，为中国当时最大的定向爆破筑坝。1974 年黄委会规划设计大队写出《沣河石砭峪水库定向爆破筑坝爆破效果分析》。1978 年水库工程基本建成。

1979—1980 年，水库蓄水后发现漏水严重。为查明漏水原因，1981 年黄委会设计院第三地质勘探队进行勘探，完成 1：500 地质测绘 0.04 平方公里，1：100 地质测绘 4000 平方米；钻孔 39 个，进尺 1543 米。1982 年，由边平铨等写出《石砭峪防渗周边地质勘察报告》。勘察查明，漏水主要是未经处理的岸边卸荷裂隙及截渗体与基岩结合不良所造成。

十二、窄口水库

窄口水库位于河南省灵宝县境内黄河右岸支流宏农涧河上，北距灵宝县城 21 公里。粘土心墙坝，坝高 76 米，库容 1.6 亿立方米，电站装机容量 4800 千瓦。

1959 年 9—12 月，河南省水利厅勘探队进行勘察。完成 1：5 万综合性地质测绘 100 平方公里，1：2000 地质测绘 1.5 平方公里；机钻孔 13 个，进尺 510 米；土钻进尺 379 米。1960 年 3 月提出《宏农涧河窄口水库扩大初步设计工程水文地质勘察报告》。

坝址区基岩为震旦系灰绿色安山岩、硅质页岩及第三系紫红色粘土岩、砾岩。河床覆盖层厚 12～15 米，下伏基岩新鲜完整。大坝于 1968 年开始施工，1974 年建成。

十三、故县水库

故县水库位于河南省洛宁县洛河干流上，下距洛阳市 165 公里。坝型为混凝土实体重力坝，最大坝高 125 米，总库容 12 亿立方米，电站装机容量 6

万千瓦。

坝址位于秦岭纬向复杂构造体系与新华夏系的联合与复合部位。河谷走向北东。谷底宽130米,谷坡55度,两岸相对高差150～200米。河床覆盖层厚12米。两岸基岩裸露,为震旦系上熊耳群火山熔岩,因多次喷溢,似层状产出,分7层,倾向上游偏左岸,倾角25度,岩性主要有流纹岩、辉绿岩、凝灰岩。部分岩面上有风化囊分布。坝基范围内:除左岸有5号断层通过外,其余为19条小断层;有构造挤压带14条;河床坝基有50余条卸荷宽张裂隙。相对不透水层埋深5～70米。

(一)地质勘探

1.1950—1960年

1950—1951年间,黄委会、河南省水利局联合查勘选出坝址。1954年10月,地质部黄河中下游地质队(即941队)派人进行坝址查勘,在长约3公里的峡谷段内选出上、中、下3个坝址。1955年4月,地质部水文地质工程地质局941队约10人进驻工地,队长戴英生兼任技术负责人,开始规划阶段勘察工作,黄委会第二钻探队负责钻探。1955年12月编制出《伊洛河技术经济阶段工程地质勘查报告》,认为3个坝址中,下坝址断层既多又大且岩石破碎,不宜筑坝。中、上坝址虽有断层通过,但仍可修建90米水头的混凝土坝。

1956年2月,黄委会编制故县水库工程设计书,并与地质部水文地质工程地质局商定,地质测绘、勘探布置及技术指导,由其941队负责,其余工作由黄委会设计院承担。1956年4月,941队编出故县初步设计阶段工程地质勘察设计书,与黄委会设计院所属第一、第三钻探队、土层探验队、地质队部分人员约300余人进入工地,戴英生等在上、中坝址间选出一、二、三3条坝线进行勘探,后补选四坝线并组织勘探。1956年底,941地质队奉命撤离,行前提交了初步设计阶段中间地质报告,遗留勘察工作交黄委会设计院继续进行。1957年底,勘察人员撤出工地,部分地质人员在郑州整理资料。1958年8月提出故县坝址地质报告。认为:坝区内各坝线河床覆盖层砂卵石厚度大都在12米左右。一坝线两岸岩石风化深,且有性质很坏的古风化软弱夹层,对坝基稳定影响较大,又难以处理,右岸有宽达28米的14号断层,对坝基稳定及渗漏极为不利;二坝线左岸的14号断层下盘非常破碎,两岸岩石风化深;三坝线有14号断层形成的大片破碎岩体,右岸有体积较大的现代堆积物,河床钻孔又发现高出河水面近80米的断层承压水,与一、二坝线比较，工程地质条件差，不宜筑坝；四坝线岩石坚硬，风化层薄，与前3条坝线相比，工程地质条件最优，可修建混凝土坝。

1958年10月，中共河南省委决定，故县水库开工兴建。调民工数千人进入工地，先开挖导流洞。由于地质情况不清，进口段开挖中发生较大塌方，迫使改变进洞位置。

1959年春，以黄委会设计院地质人员杨保东为主，河南省水利厅配合勘察，在四坝线上补作勘探工作，随后又在四坝线下游增选五坝线。

1959年9月，设计选定爆破堆石坝方案后，地质方面配合23吨炸药爆破试验，进行勘测工作。了解爆破前后距爆破中心不同距离的岩体裂隙张开度、岩体透水性等变化。选定五坝线修建定向爆破堆石坝，现场地质人员数人配合导流洞及截水槽开挖回填。1959年12月，王永正等编出初步设计工程地质勘察报告。认为：从工程地质条件看，四、五两坝线较好，五坝线的地形、地质对定向爆破筑坝有利。

在1959年苏联地质专家斯拉扬诺夫、康德拉申、沙金等，相继到工程现场指导工作。

1960年因国家经济困难，故县工程停建，勘察人员撤出。

2.1969—1970年

1969年9月，黄委会提出《河南省故县水库复工报告》，得到河南省革命委员会与水电部军管会批准。随后，黄委会派设计与地质人员9人，彭勃、杨保东为地质负责人，进入故县工地，随河南省故县水库指挥部工作，除熟悉以往勘测资料外，还到坝址现场核对地质资料，参加编制复工阶段的选坝报告。1970年1月完成选坝报告，通过试验定向爆破堆石速度、块度不符要求，否定了五坝线定向爆破堆石坝方案，并推荐在四坝线修建混凝土拱坝。河南省革命委员会与水电部批示："可按混凝土拱坝作勘察，如地质条件复杂，也可以考虑混凝土重力坝"。1970年上半年再次围绕四坝线进行勘察，勘察中发现右坝肩17号探硐中6号断层东侧派生的21条张性裂隙内存在着液性粘泥，累计厚度0.4米。左岸坝肩探硐内的断层也有类似情况，严重影响拱坝安全。因而，在6月编制的《河南省故县水库第四坝址工程地质勘察报告》中认为：坝肩软泥易滑动，且难以处理；河床坝基又有断层交汇形成的宽达30米的破碎带，因此不宜修建混凝土拱坝；作为混凝土重力坝基，不单河床覆盖层厚，且有较大断层斜穿河床坝基，相对不透水层埋深达100米，防渗处理比较复杂。

1970年6月底，故县水库民兵师邀请有关勘测设计与科研单位的人员参加召开“故县水库现场定坝型会议”,与会地质人员彭勃、乔元振、杨保东等,根据以往勘察资料分析后,提出在五坝线下游100米处选出六坝线,并得到与会人员的一致赞同。会后勘察工作迅速转向六坝线,打钻孔初步证明河床砂卵石层厚12米,并且未发现断层。同年8月设计编制选坝报告,并报请河南省革命委员会批准,同意选定地质条件较好的六坝线建混凝土宽缝重力坝。黄委会规划大队第三地质勘探队,对六坝线勘察持续到年底。

1970年底,因小浪底水库工程筹建工作开始,故县水库工程缓建,地质勘察力量转移到小流底水库工程,只留数名地质人员,除参加华东水利学院作故县典型坝段深层滑动结构模型试验外,乔元振等5名地质人员还对坝区地质勘察资料作系统整理,先后编制出《洛河故县水库第六坝址坝区工程地质勘察报告》和《洛河故县水库坝区工程地质勘察综合报告》。勘察报告指出,六坝址谷窄岸陡,岩石坚硬,风化层较薄,河床复盖层薄,其下未发现较大断层,相对隔水层深50米。缓倾角裂隙的延伸一般小于5米,最长的30米,且大都闭合被铁质薄膜胶结,很少有软泥。挤压坚密的糜棱岩与断层泥,渗透性很小。只是左岸5号断层对沉陷和侧向稳定有影响,应作工程处理,左坝肩2号风化囊软弱,加压后将有较大变形,必须处理。结构模型试验中以缓倾角裂隙延伸长140米试验,安全系数仍可达到1.06,模型试验还显示坝基上部岩体弹性模量的高低,对坝体应力、应变的影响并不明显。

3.1972—1976年

1972年9月,水电部组织对故县水库设计进行现场审查。认为故县坝址位于秦岭东段,主要受东西向地质构造控制,断层发育,一～三坝线为震旦系辉绿岩、玢岩、安山岩;四～六坝线为海西期石英斑岩,局部地段还有燕山期火山集块岩及凝灰质含砂砾岩,强度高达80兆帕。六坝线没有较大断层通过,相对隔水层埋深在50米以内,修建117米高的混凝土重力坝是可以的,建议采用六坝线。混凝土与岩面、缓倾角裂隙面的摩擦系数暂按0.7和0.6考虑。建议对区内火成岩的岩相、喷出顺序、岩性、风化深度、13号断层的活动性、断层与节理密集带的分布、延伸、平缓裂隙夹泥分布情况及其强度、下游冲刷坑地质情况等,进行补充论证。

1973年1月,水电部批准故县水库扩大初步设计,同意在六坝线修建混凝土宽缝重力坝。故县水库第2次复工。

1973年3月,水电部副部长王英先指出:“国内有些工程初看表面岩石不错,但勘察工作越多,发现问题越多,故县水库六坝线勘察工作不多,要精心把缓倾角裂隙、坝基岩体透水性搞清。全部查清不可能,但要基本查清,不要因地质出大问题。”地质专家李维弟、俞克礼指出:河床上部基岩缓倾角节理受卸荷影响有无夹泥,将影响开挖深度,要注意研究;对1米宽的断层也要了解等。随后,黄委会第一、二地质勘探队进入工地,开展勘察至年底。发现坝基下埋藏一层厚60米的辉绿岩,顶部混成岩有全强风化厚2～3米,向上游倾至坝脚处的深部尖灭;大坝基础有8、9号风化囊;复盖层下有高角度小断层,坝下有99号较大逆冲断层,5号断层延伸变化大等。了解到坝基不透水层埋深:左岸为15～30米,右岸为30～40米,河床从基岩面算起为30～50米,最深达70米;5号断层透水性极微,87号断层透水性大。黄委会水科所在现场进行直径为0.5米的岩石变形模量试验11组,0.5×0.5米抗剪试验4组29件。其中摩擦系数最低的是裂隙面平直光滑附泥质薄膜,或裂隙面稍起伏,夹1～3毫米次生粘泥的结构面,摩擦系数为0.64,凝聚力为零,约占全部试件的14%。长春地质学院与西北大学地质系作岩石薄片鉴定44个,将石英斑岩正名为流纹岩,将霏细岩正名为凝灰岩。地震测深及剖面联测21条52点,发现了河床复盖层下8号裂隙密集带;电测井11个孔总深1321.83米。邀请水电部中南院物探队进行8个钻孔内摄影236.5米,发现向下游缓倾角裂隙在河水面以下35米有明显界限,35米以上缓倾裂隙间距平均为3.8米,35米以下缓倾裂隙平均间距为10米。并编制了《故县水库缓倾角节理的研究报告》。1973年12月,编制了《洛河故县水库工程补充扩大初步设计工程地质勘察报告》,认为:重力坝不会有深层滑动,8号裂隙密集带还需进一步查清等。

1973年国家地震局武汉地震大队,对坝区地震基本烈度调查鉴定,提出《关于故县水库地震基本烈度的评定意见》,将坝区地震基本烈度定为7度。

1974年1月,设计编出扩大初步设计补充报告,4月在水电部召开的故县工程技术汇报会上,同意“坝基深层抗滑稳定没有问题”的认识,确定在六坝线修建混凝土实体重力坝。同时指示,鉴于深层抗滑稳定很重要,须对向下游缓倾角裂隙进一步勘察研究。

1974—1975年,进行施工图设计阶段勘察。聂济生等编制《洛河故县水库施工图设计阶段工程地质勘察专题报告》。否定了左岸4号断层与8号断层裂隙密集带;确定了河床内基岩表层强风化层的厚度小于2米,左右岸为2～6米;1号断层与3号断层及影响带均为极微透水,不会构成渗漏通道;群孔抽水试验核查,河床砂卵石层的渗透系数达到350～400米/日,比以前确定的渗透系数大2.5倍;坝下游辉绿岩顶部风化软弱夹层未向两岸延伸,大坝泄流冲刷对两岸边坡稳定影响不大。

因兴建故县水库投资归属未能解决，河南省决定故县水库工程停工缓建。1975年底勘察人员大部撤出。1976年对前两年所作群孔抽水分析研究，编制了学术论文《对故县群孔抽水的几个问题的探讨》。

4.1978—1991年

1978年故县水库第3次复工兴建，水电部第十一工程局进驻工地开始施工准备，同年开始大坝坝肩削坡，黄委会设计院第二地质勘探队进入工地勘察，乔元振为地质负责人。

1978年6月下旬，水电部规划院总工程师冯寅建议，由潘延龄、张兴仁两地质工程师会同黄委会设计院地质人员彭勃、乔元振等，与设计施工人员共同制定大坝建基面岩石开挖标准。主要内容是：(1)岩石达到弱风化；(2)裂隙闭合无夹泥；(3)锤击无哑声；(4)岩体声波速度不低于2500米/秒。地质人员在河谷两岸作节理统计确定开挖边坡。开挖中，左岸2号坝段5号断层上盘凝灰岩与流纹岩接触带上，发现两个风化囊，1980年3—4月补充勘察，打钻孔9个，进尺265.67米，开始使用0.2米测段的孔内声波测试，共测127.5米，查明了此风化囊的分布范围及其工程地质特性，提出将两风化囊连同上部岩体一并挖除的建议，并得到实施。同时还按照设计要求，查明了5号断层延展。1980年5月，应黄委会设计院要求，水利部规划设计管理局邀请长办、天津院、北京院参加，在故县召开“坝基岩体开挖标准鉴定座谈会”，会议除将声波速度下限提高到3000米/秒外，其余仍维持原标准。会上还建议对坝基进行固结灌浆试验，作动力弹模与静力弹模对比。11月，大坝基坑砂卵石挖除后见到基岩，所有河床基岩面光滑完整，坝基内仅增加10余条宽度小于0.5米的小断层。随后在风化囊上部基岩上勘探，打浅孔19个，进尺295.2米，作孔内声波测试1438点，总长286.8米。查明8号风化囊厚1～3米，产状近水平，囊体纵波速度小于3500米/秒，透水性强，其上下岩体纵波速度大于4200米/秒；9号风化囊并不存在。

1981年2月，12号坝段甲块基础岩石开挖到434米设计建基面高程，为研究8号风化囊是否挖除，又在其上部补打9个金刚石小口径钻孔，进尺127.21米，各孔除作压水试验外还作声波测定96.4米，测点482个；打潜孔钻6个进尺55.3米，声波测点146个。查明8号风化囊波速为2200～3200米/秒，分布面积为217平方米，厚度0.4～3.4米，分布高程在426.8～431.07米间。随后在风化囊最厚与风化最强的地方开挖竖井，观察到低速层为一构造挤压带，带内岩体碎裂松弛，岩块以弱风化为主，透水性强，沿少数架空裂隙有集中渗流。地质、设计人员和水利部工作组研究，对8号风化囊拟做灌浆处理。3月，在水利部工作组帮助下，设计、施工、管理人员组织对已开挖到设计建基面的岩体进行验收，虽经再三撬挖，所见岩石仍非常破碎，达不到坝基岩石开挖标准中锤击无哑声和裂隙闭合的标准。并且在撬挖中还发现，个别裂隙有局部架空并充填少量泥。

4月上旬，水利部冯寅副部长到工地检查工作，要求对新发现的小构造要掌握具体规律，需要补充地质勘探和灌浆试验。

4月下旬，水利部设计管理局以(81)水设字第22号文通知："故县水库坝基地质条件较复杂，必须针对已发现的地质问题，补充必须的勘探试验与设计分析，提出坝基补充地质报告。"随后，坝基验收、施工地质与补充勘察同步进行。1981年5月10日，黄委会设计院、水利部第一工程局(原水电部第十一工程局)、故县水利枢纽管理处均派人参加，共同完成13坝段甲块基坑验收。验收范围内，原河床砂砾石覆盖层约12米，岩面顶板高程为439至440米，基坑基岩开挖分层进行，第一层用浅孔钻，一般孔深3.5米。第二层及第三层均用手风钻按剩余开挖深度二分之一钻孔。最后实测预留的撬挖层为0.5～0.8米，用风镐挖除至建基面434米高程。建基面为下震旦统以微风化为主的灰褐、红褐及深灰色坚硬的流纹岩。岩石裂隙发育，割切块度为10～20厘米。绝大部分裂隙闭合，只有个别裂隙局部张开，充填岩块、岩屑和泥质。建基面岩石的抗压强度一般大于100兆帕。7个钻孔声波测定结果，在建基面以下3米范围内，平均纵波速度大于4000米/秒。建基岩面经多次地质锤击检查最后达到基本无空、哑声，构造裂隙中基本无夹泥。

验收委员会认为：(1)验收坝块地质基本符合设计的工程地质特性；(2)验收坝基建基面竣工形态、尺寸符合设计要求；(3)鉴于以上两项，同意验收，可进行基础混凝土浇筑前的准备工作；(4)混凝土浇筑前必须再次进行清洗，经管理、设计、施工组成的隐蔽工程验收小组检查认可、签证后，方得开始浇筑。验收证书中附有工程地质条件说明、1：100建基面地质素描图、3条地质剖面图、裂隙统计表、岩石回弹仪测试成果表、钻孔声波测试成果表。

坝基补充地质勘察开始后，全部地质员达40人，在河床坝基开挖部分作1：200地质素描、地质图；实测11个裂隙纵剖面并逐条编录；两岸开挖3条各深约18米的平硐，作混凝土与岩石接触面抗剪试验2组10件，其中有9个件作了静动弹性模量试验对比，河床坝基范围内开挖6个深5～10米的竖井，观察缓倾裂隙分布与架空处的集中渗流；打机钻孔10多个，深

30～50 米，其中 9 个作声波、伽马—伽马射线、自然电流电阻、电视扫描等测试和观察岩体结构、裂隙分布等；钻 20 多个深 15～20 米的浅孔，作声波测试。1981 年 12 月初编制《洛河故县水利枢纽工程施工阶段坝基地质补充报告》。

补充勘察查明了小构造分布规律，原 8 号风化囊实际是浅埋挤压构造带，最大厚度只有 1.4 米，用声波测定变形模量只有 700～1000 兆帕，需灌浆处理。坝基发现 4 条小背斜和几个帚状构造；16 条小断层(其中 3 条为缓倾角断层)，15 条小型构造挤压带和 51 条零星分布的有少量泥质充填的局部架空裂隙。局部架空裂隙是河谷卸荷后沿缓倾角裂隙产生的。80％沿向上游缓倾角裂隙产生，20％沿向下游缓倾角裂隙产生，延伸长度大部分小于 3 米，少部分 3～5 米，极个别达 20 米。架空部分的长度在缓倾角裂隙长度的 20％以下，架空处张开宽度一般 3～10 毫米，少数 10～20 毫米，极个别 100～200 毫米，充填岩块、岩屑及少量泥，壁面粗糙，呈舒缓波状，架空多在波谷处。架空裂隙分布在河床基岩面以下 20 米内，可用固结灌浆处理。同时认清了坝区大部分岩体不仅“硬”、“碎”，而且有“紧”的特征。

12 月中旬，水利部工作组在故县工地召开“专题报告审查会”。会议对浅层滑动问题的抗剪指标争论较大。经反复讨论，未能取得一致认识。后来水利部(82)水规字第 5 号文《关于故县水利枢纽工程专题报告的审查意见》指出：坝基浅层滑动摩擦系数不应超过 0.6，各坝段可在综合分析已有资料，补充必要的勘探试验后，根据具体情况加以调整；关于河床坝基抽排降低扬压力问题，考虑到坝基裂隙发育且夹泥分布无规律，大面积抽水可能引起坝基管涌和排水孔堵塞，且排水孔反滤不易做好，运行管理较复杂，因此不宜考虑抽排措施，对 12 坝段甲块浅埋构造挤压带，以采用连同上部已浇注的混凝土一并挖除为稳妥；固结灌浆试验，应加大钻孔深度在有盖重的条件下进行；还应抓紧进行帷幕灌浆试验；寻峪沟的断层，规模较大，距坝趾 200～300 米，其构造稳定对大坝影响值得注意。此外，还应研究建坝后水库诱发地震的可能性。根据水利部文件要求，降低了坝基摩擦系数，取消了抽排措施，使坝体混凝土增加 20 余万立方米，坝宽增加 10 余米。

1982 年故县地质组张百臻等调查库区周围主要断层，年内提出区域构造稳定性分析报告(草稿)，认为从构造形迹和断裂强度看，库坝区较周围为弱，地震烈度产生 7 度以上的可能性极小。

根据黄委会设计院决定，1982 年 2 月开始，地质与勘探人员还参与了坝基施工固结灌浆与帷幕灌浆的检查验收，用双层单动岩芯管金刚石钻头对固结灌浆坝段打检查孔 20 个，进尺 528.88 米，从取出岩芯上直接观察灌浆水泥的结石情况。还在孔内进行声波测点 135 个，从测点波速情况看，固结灌浆效果比预料的好，尤以在保证不抬动岩层情况下，稠浆大压力灌浆效果为更好。作压水试验 77 段，检查帷幕灌浆试验的效果，也达到了要求。

大坝基础河床部分固结灌浆后，布置了数百个检查孔，进行加固效果检查，单位吸水量一般小于 0.02 升/分·米·米，单位耗灰量大都小于 5 公斤/米，波速小于 2500 米/秒的低速测点基本消失，平均波速一般大于 4300 米/秒，岩体弹性模量已接近坝体混凝土。

1984 年，彭勃在黄委会设计院地质总队办的《地质与勘探》刊物上发表《故县水库坝址工程地质条件剖析》。

1981—1986 年，继续对 5 号断层用开挖槽、洞回填混凝土的办法进行处理。

从 1981 年 5 月 10 日编制第一号基坑验收证书起，至 1992 年初，已先后编制验收证书 36 份。共作出 1∶100 建基面素描图 3.8 万余平方米，只剩约 150 平方米没有浇注，未能作出素描。

1989 年故县水库列为国家重点工程。

1990 年 10 月编制故县水库工程下闸蓄水设计文件 16—《洛河故县水库工程工程地质说明》。1991 年 1 月 20 日，故县水库下闸蓄水。在水利部组织召开的下闸蓄水验收会议上，地质工作以资料齐全、详细、正确受到好评。下闸蓄水后，除配合施工作了导流洞封堵段地质素描外，又委托水利部、能源部第十一工程局在坝区打长期观测孔 5 个，进尺 150 米，并进行了长期观测孔安装。

(二)水库库区勘察

1955—1956 年，地质部 941 地质队完成故县水库库区 1∶10 万地质测绘 96 平方公里，1∶2.5 万地质测绘 78.6 平方公里。编制的技术经济阶段工程地质勘察报告认为：库区主要问题是老婆岭单薄地段第三系砾岩可能渗漏与松散地层的塌岸。

1956 年黄委会钻探队在库区塌岸及可能渗漏地段勘察。1958 年编写的地质报告认为：老婆岭主要为第三系砾岩，其透水性很小，加之岭上地下水位已高于设计库水位，故不会形成渗漏。在 1959 年 12 月编出的初步设计工程地质勘察报告中，用正常高库水位 549 米，消落水位 500 米，计算库区塌岸方量为 2709 万立方米，分析浸没仅发生在库尾的范里盆地。

1970年,由于设计库水位变更,对库区浸没及塌岸作了复查,重新估算了浸没面积、塌岸范围与方量,同意初步设计阶段地质勘察对库区所作不存在重要工程地质问题的结论。

黄委会设计院地勘总队故县地质组,1980年对水库采用初期水位510～536米、正常水位535.5～540米两期蓄水运用,进行库区1:2.5万补充地质测绘70平方公里,对塌岸及浸没作了补充调查。1981年编制《洛河故县水库库区塌岸、浸没调查报告》。

1982年正常高水位改为534.8米,黄委会设计院于1983年4月,再次提出重新预测库区塌岸和浸没范围的要求。并由故县地质组在库区作1:1万地质测绘79平方公里,基岩按岩性填图,校对了以往塌岸剖面,对可能浸没地段的水文地质条件作了补充,于1984年10月提出《洛河故县水库库区浸没塌岸预测报告》。

1986年7月23日,水电部下文要求确定水库全部赔偿费用。因估报的浸没面积略偏大,塌岸面积偏小,给库区移民工作带来了困难。1987年2月,黄委会设计院决定,要本着实事求是的精神,与地方移民办事机构共同察勘,核实塌岸、浸没范围。1987年3月,共同对范里盆地塌岸察勘核实,对1984年编制的《洛河故县水库库区浸没塌岸预测报告》作了局部修改,重新编制了浸没塌岸范围。5月编出《洛河故县水库库区塌岸浸没预测补充报告》,计算塌岸最宽为347米,塌岸量4562万立方米,浸没面积1722亩(1.15平方公里)。

黄委会设计院地质总队赵颇等,1988年对水库诱发地震专门调查后,编制《洛河故县水利枢纽工程水库诱发地震调研报告》认为:从库盘岩层的构成看,与三门峡水库部分地段相同,因为三门峡水库蓄水后没有产生诱发地震,所以故县水库也不会有水库诱发地震产生,即使库内关上断层产生水库诱发地震,计算其最高震级为4.6级,考虑水库诱发地震是浅源,震中烈度也只有6度,不超过库坝区设防地震基本烈度。

(三)砂石料勘察

1955年对坝址附近天然建筑材料——砂卵石料的范围、厚度进行观察,估算储量510万立方米。

1956—1959年,黄委会设计院分两次对寻峪沟、故县盆地、坝下游洛河滩3个料场进行勘察,共钻孔30个,进尺293米;挖探坑30个,总深87米;取试验样品23组。探得储量374万立方米。除寻峪沟料场粘土含量高且有粘土夹层外，其它两料场质量良好，对修建混凝土重力坝或土石混合坝均可满足要求。

1970年上半年，在洛河滩与寻峪沟河床中，开挖探坑15个，深22.5米，取样26组。

黄委会水科所，1972年依据当时规范鉴定，故县水库料场砾石中，安山岩、流纹岩、英安岩、燧石、含燧石角砾岩5种岩石，具有碱活性。用这些骨料掺郑州热电厂粉煤灰，配600号水泥制混凝土，作碱骨料反应长度法试验，龄期100天，膨胀率不超规定标准。

1973年，黄委会规划设计大队第一地质勘探队机组，与地质试验人员，对故县盆地料场2、3、4号料区，进行详查补充勘探。按125～133米乘100米的方格网布点，每点深度达水下4米，用直径273毫米管钻打孔取样，并选部分孔在水上部分挖坑取样。共打管钻孔56个，总深329.58米；挖试坑2个，深6.95米；取试验样品110组。分别作砂石比、颗分、不同粒径的砾石成份、形状、磨圆度测定，用骨料制备混凝土并测定不同龄期强度及抗冻性等。1974年，黄委会水科所结构室材料组、黄委会规划设计大队第一地质勘探队地质人员、水电部第十一工程局试验人员参加，共同整理资料写出报告。以水下3米计算储量为445万立方米，为大坝混凝土用量的2.8倍，砂、石粒度模数适宜，有害物质很少，质量良好。

1978年，依据三门峡工程施工时，用采砂船开采砂砾石料，0.15～0.6毫米的颗粒损失25～30%的经验，水电部第十一工程局提出，在故县盆地河滩区勘探寻找10万立方米纯净细砂掺合料的要求。1979年初，黄委会设计院地质勘探总队故县地质组进行普查选择，随后对所选砂子料场作1∶2000地质测绘0.3平方公里，挖试坑148个总深390.9米，取样试验112组，并编出《洛河故县水库天然建筑材料勘察工作报告》。勘察的细砂料储量与质量均可满足要求。在1980—1981年的砂石料开采时，因使用陆地开采法，未用采砂船开采，故勘察的细砂料未用上。

1980年，新的碱活性骨料规范下发，规定的碱活性岩石种类有了增加，加上施工用水泥含碱量超标0.6%，所配制混凝土的膨胀量是否超标，需要试验研究。1981年初，黄委会水科所邀请长办科学院研究制定试验办法。双方合作在故县盆地料场3、4号料区水上部分取样，分别采用岩相法、化学法、长度法测定骨料中碱活性含量与影响。并于1981年8月提出初步报告，1982年3月提出中间报告。长度法试验的活性骨料用故县料场骨料，非活性骨料用福建省石英砂，试验得出混凝土半年(180天)龄期膨胀率为

0.05%,在标准限量0.1%以下。

水电部规划院1982年5月,对报告评审后认为:"长度试验样品代表性不够,应再作岩相法、化学法、长度法试验;利用统计法进行分析,取样深度应与施工开采深度一致。故县大坝混凝土有无碱性膨胀,必须认真试验论证,如果这一问题不能很好解决,即使大坝建成,也不予验收。"根据这一意见,黄委会设计院研究决定,迅速开展补充勘探、试验,并明确这项任务由设计院地质勘探总队故县地质组乔元振全面负责。1982年6月底,开始碱活性骨料补充地面调查,随后在故县盆地料场3、4、5区布孔,孔深达水下4米,水上2米采取人工开挖,分别在水上取样46组,水下取样44组,共90组。所取样品(成品除外)经筛分称重、计算含砂率、计算粗骨料各级重量。砂样充分搅拌,按照四分法,每组样内取2~3公斤,由黄委会水科所作岩相鉴定。经过4名地质人员1年半的对照标本、对照579块专门薄片鉴定资料,到1984年底共鉴定出水上、水下样品45组。以后又按孔将水上、水下样品混合,作岩相鉴定22组,合计为67组。按新规程鉴定的可疑碱活性骨料,除有1972年的5种外,还有石英砂岩、石英岩、流纹英安岩、安山玢岩、凝灰岩、火山角砾岩、蚀变珍珠岩、千枚岩、白云岩等9组,总含量为粗骨料的35~40%。故县料场粗骨料岩石种类共35种,非活性岩石以辉绿岩、片麻岩、玄武岩、砂岩、钙质结核、闪长岩、角闪岩为主,占含量43~60%,其他17种非活性岩石含量甚少,约占4~6%。粗骨料还作岩石薄片鉴定,作化学成分分析16组。

90组细骨料岩相,其岩石成份达68个品种,15种可疑活性细骨料含量在13~26%之间,53种非活性细骨料含量在34~78%之间。

1986年黄委会设计院科研所完成67组化学法试验,得出凝灰岩、燧石、石英砂岩、流纹岩、流纹英安岩、石英岩、英安岩等7种为活性骨料,但活性程度较低。

1987年开始长度法试验,选用故县施工中筑坝所用洛阳、荆门产水泥,按实际浇筑坝体混凝土骨料配比中碱活性含量,配制各种试件,各种材料在摄氏20度恒温下放置24小时后,制成25.4×25.4×275毫米的试件,成型后拆模,置入相对湿度95%、摄氏38度恒温箱中养护,按龄期30、60、90、180、270、360天观测长度以计算膨胀率。至1988年共完成长度法试验76组,得出用故县料场成品砂、活性骨料与工程所用四种高碱水泥配制的砂浆试件,180天龄期的膨胀率均小于0.054%,不超过规定标准0.1%允许值的结果。洛阳热电厂粉煤灰掺量10~20%时膨胀率最小,掺量20~30%时试件出现收缩现象。故县工程选用的各种混凝土外加剂，无论单掺或混合掺用，对碱性均影响不大。

总的来看，故县坝体混凝土不存在碱活性膨胀的危害。与10年来对浇筑的大坝混凝土体实际观测相同。1988年12月，黄委会设计院朱秀云、乔元振编写的《故县水库混凝土骨料碱活性问题勘测试验研究报告》，被评为黄委会设计院优秀成果。

其它还进行了围堰防渗土料、防渗墙固壁土料、附属工程和施工供水水源地的勘察。

1956—1992年，完成的主要地质勘察工作量有：1∶10万地质测绘96平方公里，1∶2.5万地质测绘148.6平方公里，1∶1万地质测绘83.5平方公里，1∶5000地质测绘5.17平方公里，1∶2000地质测绘6.62平方公里，1∶1000地质测绘0.95平方公里，1∶500地质测绘0.812平方公里；1∶200施工地质素描31126平方米，1∶100施工地质素描42894平方米；机钻孔352个进尺20143.4米，土钻孔33个进尺1235.7米，管钻孔132个进尺850.4米；平硐49条长1161.5米，土硐与砂砾石坑359个总深1807.1米，坑槽探6306立方米；地震测试222段，声波测试577孔25222点（每点长0.2米），电法伽马—伽马测井37孔3315.5米，孔内摄影8孔236.5米；静力野外弹模试验46个，野外岩体抗剪试验12组54件，野外混凝土与岩石抗剪试验8组34件，岩体物理力学性质试验4256个，水质分析360个；压水试验182孔1838段，抽水试验36段。

十四、陆浑水库

陆浑水库位于河南省嵩县洛河支流伊河上，距洛阳市70公里，坝型为粘土斜墙砂卵石坝，坝高55米，库容13.2亿立方米。

1951年，黄委会和河南省水利局伊洛河查勘队，在嵩县盆地出口，陆浑村上游约1公里的唯一震旦系火山溶岩露头处选出坝址。1954年10月，地质部黄河中下游队踏勘坝址，在编写的伊洛河踏勘简报中记述了坝址地质。1955年4月，地质部水文地质工程地质局、黄委会共同组队，进行伊洛河防洪枢纽踏勘，5月写出枢纽踏勘报告，述及陆浑坝址。1955年5月，地质部水文地质工程地质局，派941队戴英生负责，进行伊洛河库坝区综合性工程地质测量，作1∶1万坝址地质图及1∶10万库区地质图。黄委会第四钻探队配合完成5个钻孔。12月编出《伊洛河技术经济阶段工程地质勘察报告》。

报告指出:陆浑水库地处秦岭东段,坝址左岸为第三系砾岩及第四系早更新统砂砾石层,右岸及河床为震旦系火山岩,河床为砂卵石层,两岸基岩上有第四系松散堆积物。并指出,渗漏不易处理。1957 年 8—11 月,黄委会设计院第二地质勘探队,派出部分人员,打钻孔 3 个,并开展 1∶5000 地质测绘。1959 年春,黄委会设计院第二勘测设计队继续钻探,共打孔 13 个,黄委会设计院实验室开展试验工作,黄委会水科所作左坝肩砂砾石层管涌试验。

1959 年 3 月,中共河南省委决定修建陆浑水库,并要求立即开工。在坝址地质尚未查清的情况下,仓促"上马",成为典型的"三边"(边勘测、边设计、边施工)工程。11 月 16 日苏联水工专家及地质专家斯拉伏扬诺夫与中国专家到现场了解情况,认为:坝轴线位置合适,采用粘土斜墙砂卵石坝型,河床覆盖层用粘土截水墙处理,坝基不作灌浆处理等。1959 年 12 月,黄委会设计院第二地质勘探队王以仁等,编出《伊河陆浑水库初步设计书第三篇工程地质报告》,提出河床 2 号孔钻出有断层泥。

1960 年 1 月开挖左侧明渠导流截水槽,在 8～12 米覆盖层中,逐层取样作颗粒分析。部分地段挖至基岩,黄委会设计院地质人员与陕西工业大学实习师生随即开始基坑素描,并分别取岩样作物性试验 8 组。截水槽开挖后,揭露出大、小顺河断层 6 条及 30 余条古风化夹层破碎带。其中 5 号断层最宽达 40 米,出露于 0+638 至 0+678 桩号间,断层带近下盘一侧为断层泥及岩块,并有泉水上涌。回填时将断层带下挖 2～3 米,然后铺 0.3～0.5 米混凝土底板,24 小时后发现两处泉水透过混凝土底板上涌,采取木框圈围高 5 米时填土方压住上涌水头。截水槽开挖期间,还在槽内打两个钻孔,以了解基岩透水性,从 2 月初开始回填,至 3 月初除导流段外,全部回填至原地面。4 月 20 日改隧洞导流后,开始堵口,清理导流段基础,并加紧筑坝。1960 年 6 月,黄委会设计院第二勘测设计队编出《陆浑水库技施设计阶段工程地质报告》,作出 1∶2000 坝址地质图。到 7 月中旬,大坝按临时断面抢筑到 327 米高程,高出河床面 49 米。

1961 年 1 月,改河南省水利厅施工总队施工为三门峡工程局施工;改陕西工业大学设计为黄委会设计院设计,勘测工作全由黄委会设计院负责,黄委会设计院第二地质勘探队全部进入陆浑工地,王永正为地质负责人。

1961 年 2 月,水电部指示,将陆浑水工建筑物设计标准由二级提高为一级。

1961 年 12 月编出《陆浑水库修改初步设计地质报告》。试验作出粘土抗冲刷流速为 1～1.5 米/秒,粘土掺水泥抗冲刷流速为 9～14 米/秒。当库水位达325米时,截水墙下比降将达6～7,计算0.2～0.5厘米宽的裂隙可产生1.5～8.1米/秒流速。1962年4、5月,黄委会设计院第二地质勘探队在坝区再次进行1：2000地质测绘,对火山岩详细分层,并分层做薄片鉴定。1962年12月24日,提出了《陆浑水库修改初步设计补充地质报告》。1961—1962年,在大坝下游钻孔5个,黄委会设计院物探队用电测深配合探明5号断层在坝下游的位置,并在其中104、105两钻孔中设置长期观测地下水的装置。因截水墙下断层带未作灌浆处理,仅浇筑了0.3～0.5米混凝土板,设计、地质及施工人员担心会产生渗透破坏。

1961年冬,黄委会设计院第二地质勘探队在库区勘探淤积土厚度,打剖面孔9个,取原状样14组,黄委会地质处实验室作淤土试验。1963年4月,趁水库放空,再次入库区勘探淤土,在8个勘探剖面上打孔60个,取样147组,黄委会地质处实验室进行试验。1964年9月编出《陆浑库区淤积土的技术性质试验报告》。测定淤积土干容重为0.83～1.57克每立方厘米,渗透系数为0.09～0.001米/时。同时,黄委会水科所第一次用同位素在库区钻孔中测定淤土密度。

1963年7月,开始在坝下游5号断层带作钻孔管涌试验,在顺河方向两钻孔中,上游孔压水并依次抬高水头,下游孔观测水位、流量变化及携带颗粒,以判定是否管涌,完成2组5个试段。1963年12月,黄委会地质处编出坝基钻孔管涌试验初步总结。1964年改管涌试验每组2孔为3孔,再次进行1组4段试验。钻孔管涌试验共作9段,取得7段试验成果,断层带变形坡降15.8～29.1,上下盘影响带变形坡降4.52～30.3,破坏坡降均在15.8以上。在两孔裂隙贯通,坡降21.8情况下,每分钟流量3.6升,连续冲刷22小时裂隙未见扩大。试验中有4个试段,栓塞深12.26～30.62米,当单孔压水水头50～80米时,地面发生抬动裂缝。1964年库水蓄至310～311.26米,总持续时间1个月,坝后测压管水位比枯水期升高1米多,渗透传递时间5—9天。同时大坝下游因库内泄水增大,使水位升高1米多。

1965年7月黄委会编出《陆浑水库坝基钻孔管涌试验》。同时编出的《陆浑水库坝基渗透稳定专题报告》,用联立方程求出坝下各段渗透水头,与1964年用电拟试验测定水头基本相同。经过分析认为,5号断层带中有局部渗流通道,产生集中渗流冲刷破坏是可能的。同时,黄委会规划设计处陶光允编出的《陆浑水库基础处理问题研究报告》,也从截水槽底的断层、施工处理方法、钻孔管涌试验、天然铺盖、电拟试验等方面,分析对比后认为:5号断层有裂隙冲刷之虑。并指出,要加强监测,采取工程处理措施,下游打孔观测水位等。黄委会地质处实验室编写完成《陆浑拦河坝截水槽接触冲刷试验报告》和《大坝二向电拟试验报告》。

1965年8月，大坝全部竣工，拦河坝顶达330米高程(河床高程278米)。

黄委会第二地质勘探队陆浑地质组编写出《陆浑水库竣工地质报告》。根据0+640至0+680桩号间的5号断层破碎带岩性不均一，泉水沿断层出现，预计蓄水后将造成渗透破坏，建议采取垂直防渗处理。0+880至0+900桩号，因施工不当造成混凝土与岩石接合面形成透水夹层，将产生接触冲刷，也应注意观测。

1970年4月，黄委会生产指挥部编写的坝基存在问题及处理方案的汇报材料，提出设计在截水墙前筑混凝土防渗墙伸入基岩30米，造价103.5万元。1976年8月，河南省水利局主持，水电部规划设计院领导人参加的审查会议上，确定对坝基进行处理。1977年10月，黄委会规划设计大队编写的《陆浑水库土坝遗留问题处理初步设计》，提出坝基与两坝头处理概算费用共1000万元。1978年8月大坝抗震由7度提高到8度，坝顶增防浪墙到333米高程，特大洪水时可蓄水至331.3米高程。1987年黄委会委托北京水科院对坝基渗透稳定问题进行论证，水科院1989年提出报告，认为可以逐步蓄水，抬高水位。

大坝与左岸山体接触部位为基岩，沿坝轴线延伸长700米，均为第四系下更新统砂卵石层。1955年12月，地质部941队在技经阶段勘察报告中指出：建库后，左岸山头的断层及砂卵石层将严重渗漏。1959年11月，苏联地质专家到工地考察时，建议左岸砂卵石层作管涌试验。1959年陕西工业大学提出设计，要求对左岸上游粘土岩包山处理。1960年2月，苏联地质专家到工地踏勘，指出左岸砂卵石层不是湖积和洪积，主要问题不是管涌，而是边坡稳定。1960年1月，黄委会水科所、黄委会设计院地质组、陆浑水库工程指挥部、黄委会工地设计组，共同组成砂砾石岭渗流研究小组，作室内管涌试验5组，经试验获得临界坡降0.44～1.15；另作现场管涌试验2组，测得渗透系数为0.2～2.08米每日，坡降达1.2～1.74未见管涌；作电拟试验8个断面，水位差54米时，逸出坡降不大于0.66。3月结束外业，4月黄委会水科所编出《陆浑水库左岸砂砾石岭渗流问题研究》。1961年，黄委会设计院地质组，提出研究西坝头断层破碎带化学管涌问题。同年底，黄委会设计院实验室两次派人，前往工地会同地质人员实地查勘，选择取样地点，取断层泥样品1个，裂隙充填物样品4个，作薄片鉴定、脱水分析、差热分析，最后得出断层破碎带发生化学管涌的可能性很小的结论。1961年12月黄委会设计院第二地质勘探队编写的修改初步设计地质报告中，认定左坝肩砂卵石临界渗透坡降为1.2，允许坡降为0.4。1962年起，对左坝肩进行1：1000工程地质测绘，作试坑注水30个，钻孔4个，压水36段，抽水3段，挖坑槽探3345立方米，野外抗剪试验5件。黄委会设计院实验室对基岩断层与砂卵石层作竖井法及规定流向水平渗透管涌试验10组。1964年改管涌试验用素混凝土封闭周边为钢筋混凝土封闭周边，改饱和时间1天为15～20天，抬高压力再作规定流向水平渗透管涌试验4组，得冰水沉积砂卵石层渗透坡降为37.2，断层破碎带渗透坡降27.0，且均未破坏。1964年12月，黄委会地质处实验室写出《陆浑水库左岸冰水沉积砂卵石层及断层破碎带渗透稳定问题研究》。1964年1月，黄委会编出《陆浑水库工程技术设计第五卷西坝头处理专题报告》，指出上游不作包山防渗，只作堆碴防护，下游削坡，造价35万元。并同时编出《陆浑水库左坝肩砂砾石渗漏问题的分析》，得到水电总局同意。水电总局在同意对左坝肩砂砾石渗漏问题分析的同时，指出：砂卵石层结构不均一，长期集中渗流可引起局部管涌，应在下游加强观测。遂设观测孔和观测点13个。1964年库水位310米高程持续一个月，发现下游砂卵石层渗水出逸点高程299～301.45米，出逸点与库水位最高点相比滞后1个月。1965年将上述观测资料报告水电总局，水电总局答复：正式蓄水前要作堆石反滤处理。1976年8月，水电部规划院领导人再次表示，对西坝头要进行处理。1977年10月，黄委会规划设计大队编出《陆浑水库土坝遗留问题处理初步设计》，选下游反滤排水方案。1978年12月，黄委会水科所编出《陆浑水库三向渗流分析报告》，用有限单元法计算，库水位308米时，下游出逸点292.1～298米，与1976年1月10日实测库水位307.52米，下游出逸点高程293.46～298.86米接近。1980年，黄委会设计院完成《伊河陆浑水库左坝肩砂砾石渗透变形资料》科研报告。

1986—1988年，在下游坡进行了反滤与削坡工程处理。

输水隧洞位置靠近右坝肩，1959年黄委会设计院第二地质勘探队在选出的洞线上钻孔勘探。1959年开始输水洞进出口土石方开挖后，地质人员随掘进作洞身1：100展示图及施工地质编录工作。1961年7月隧洞工程全部完成。

溢洪道位于右岸，全长570米。1955—1959年，地质部941地质队及黄委会设计院第二地质勘探队做地面地质测绘，打土钻孔3个，了解基岩深度。1959年12月，初设地质报告中指出，进口闸门附近有断层，应考虑其影响。1959年冬动工开挖,1961年6月按渡汛要求,边坡挖至313米设计高程,对开挖地段作1∶500边坡工程地质分区图,并对削坡施工地质进行编录。年底,在修改初步设计地质报告中指出,溢洪道进口有17、18号断层。1962年后,地质人员配合护坡衬砌作地质编录,至1962年8月完成0+220～470号桩段地质素描。1962年8—9月,地质与设计共同研究闸基能否灌浆的问题,双方技术负责人到闸基现场查勘。1963年7月,黄委会第二地质勘探队陆浑地质组,在编写溢洪道技术设计阶段工程地质报告中,曾写明闸基地段无大断层,0+150～175号桩间宜作闸基。水电总局地质总工程师到闸基查勘时指出,此处构造相当复杂,须仔细研究。边坡扩大开挖,清碴下挖后发现闸基断层变宽为15米。1963年10月对闸基补充钻孔12个,压水试验32段,作1∶100地质素描等,黄委会地质处实验室取样作室内试验36组,现场弹性模量、抗剪、管涌试验等35个。对溢洪道挑流段勘察,钻孔4个,作岩石试验4组。1964年6月,黄委会第二地质勘探队提出进口闸基补充技术设计地质报告,除论述断层力学强度不足,需设置补强处理外,还认为断层有局部集中渗流,甚至发生管涌的可能。水电总局审查批准闸基报告,同意采取闸基灌浆防止局部管涌的措施。1964年12月,编写出进水闸基技术设计补充地质报告。1965年3月溢洪道全部竣工。勘察溢洪道时仅发现断层10条,开挖后实际共有断层38条。

泄洪洞位于溢洪道与输水洞之间,包括进水塔、洞身、消能鼻坎等建筑。隧洞断面8×10米。是根据1961年2月水电部指示增设的。黄委会设计院第二地质勘探队1961年2—10月,在右坝肩5条线路上进行地质调查,选出C—C线进行钻探,洞线长650米。在进水塔基础部位,地质人员坚持打钻勘探,但因塔基位置地形陡峻立钻机困难,钻孔位置被后移数十米,致使塔基无钻孔控制。1963年1月编出泄洪洞技术设计地质报告,指出进口塔架基础下有11号断层,破碎带宽3米。塔基挖至290米高程时,发现11号断层破碎带变宽到12米而被迫停工。当年8月,水电总局在工地召开现场会,确定闸基后退。1964年2月,在新选进水塔基础范围内打钻孔8个,并进行岩脉、页岩夹层、断层泥的物理力学性质勘察试验,12月编出《陆浑泄洪洞进水塔基地质报告(施工详图阶段)》。塔架于1965年8月建成。洞身部分于1963年2月施工。1963年8月,完成导流洞地质编录。1963年秋,当主洞挖至施工支洞附近交叉段时,洞顶岩体中出现缓倾角风化的煌斑岩脉,由于未及时支撑发生小规模塌方。1965年泄洪洞全部竣工。勘测时发现断层12条,开挖后揭露出断层41条。

灌区渠首工程，包括灌溉发电洞、电站、泄洪陡槽及节制闸、渡槽四部分。灌溉发电洞于 1969 年选在泄洪洞与输水洞间。1970 年黄委会规划大队第一地质勘探队负责钻探。同年，巩县民兵团开挖进出口明挖段，1971 年现场会议定线。1972 年 6 月 5 日开始进洞，12 月 27 日打通(全长 300.5 米)，为直径 5.7 米的园形洞。

1955—1964 年，陆浑水库工程完成的主要地质勘察工作量有：1∶2.5 万地质测绘 145 平方公里，1∶2000 地质测绘 2.2 平方公里，1∶500 地质测绘 1 平方公里；机钻孔 132 个进尺 5009 米，土钻孔 57 个进尺 700 米。

十五、任庄水库

任庄水库位于沁河支流丹河上，在山西省晋城市高都乡李庄村北 300 米处，距晋城市 20 公里。坝高 35.3 米，为均质土坝，库容 0.843 亿立方米。

山西省水利设计院地质勘探队，1958 年进行规划阶段地质勘察。1959 年 10 月初动工兴建，1960 年 3 月竣工。1963 年水库漏水严重，同时大坝产生裂缝和滑塌。为查明原因，山西省水利设计院地勘队 1963—1964 年进行勘探，黄委会派地质人员参加。共完成土钻孔 33 个进尺 1600 米，探井 5 个及库、坝区的地质测绘。情况查明后，1969 年进行修复。

坝址区基岩为奥陶系白云质灰岩，裂隙岩溶发育，是产生漏水的主要原因。据调查，水库蓄水时，下游 30 公里处的三股泉水量明显增大。

十六、雪野水库

雪野水库位于大汶河支流瀛汶河上，在山东省莱芜县大冬暖庄附近。坝高 30.3 米，库容 2.21 亿立方米，电站装机容量 1050 千瓦。是大汶河上库容最大的水库。

1958 年 5 月，山东省水利设计院勘测室进行查勘，6 月 20 日开始钻探，完成岩芯钻孔 3 个，进尺 55.10 米，编写出《山东莱芜县雪野水库地质勘探简略报告》。1959 年 10 月，提出《莱芜县雪野水库地质勘探报告及附图》。水库于 1958 年动工，1966 年建成。运行正常。

库坝址区均为花岗岩，构造简单，两岸分水岭高大宽厚，不存在漏水问题。

十七、卧虎山水库

卧虎山水库位于山东省历城县境黄河右岸支流玉符河上。坝高36.5米，库容1.16亿立方米。

1958年5月，地质部山东大队一分队进行水库区地质测绘。1958年9月3日大坝开始修筑。1959年8月，山东省水利设计院地质勘探队进行溢洪道及输水洞比较选线地质勘探，该坝于1960年建成。

根据1975年8月淮河发生的特大暴雨校核，卧虎山水库防洪标准偏低，1976年又进行大坝质量检查地质勘探。1978—1979年，进行扩建溢洪堰的施工地质勘探。1981年4—10月，为查明库区滑坡体的分布等，又进行了库区工程地质勘探，完成库区1：1万地质测绘9平方公里，坝址1：1000地质测绘0.2平方公里；岩芯钻探1540米，土钻63米，竖井34米。

坝库区基岩为寒武系中统徐庄组紫色页岩，地质构造简单，库两侧分水岭宽厚，不存在严重地质问题。经坝体质量勘探查明，填筑土体质量无问题。

第二节　在建和未建工程

支流未建水库工程坝址的地质勘察，以1958—1960年间完成工作量最多，主要集中在中游地区几条大支流或多泥沙支流上。其中有些水库工程（大佛寺、南城里、永宁山、张峰等）曾一度进行施工，后又停工缓建。下面记述其中进行地质勘察工作较多的20处缓建和未建工程的勘察情况。

一、王圪堵水库

王圪堵水库坝址位于无定河上游，陕西省横山县王圪堵村附近，设计坝高38米，库容2.72亿立方米，拟建细沙、沙壤土混合水力拉沙坝。

1970年底，黄委会无定河工作队选出该坝址。1972年1月陕西省榆林地区推荐为近期工程。1973年4—10月，黄委会规划大队第三地质勘探队进行初步设计阶段地质勘察。完成1：2.5万库区地质测绘43平方公里，1：5000坝址地质测绘3平方公里；机钻孔33个，进尺1085米；土钻孔16个，进尺498米；以及各种水文地质试验工作，提出《无定河王圪堵水库初步设计工程地质勘测报告》。1975年黄委会规划设计大队提出《王圪堵水库拉砂坝坝址河床砂层震动液化研究》，1984年黄委会设计院提出《王圪堵水库拉砂坝坝体和坝基河床砂层的振动液化试验》。

坝址区右岸出露基岩为侏罗系中、上统及白垩系下统的砂岩及泥岩互层，左岸为晚更新世堆积的河湖相粉细砂及砂壤土互层，河床砂及砂砾层厚度小于10米。主要工程地质问题是：(1)坝基、坝体及左岸岸坡渗透稳定性和震动液化问题。为此进行了左岸渗漏模拟试验，坝基砂土层的爆破液化试验和坝体爆破震动液化试验；(2)库区测绘时发现萨拉乌苏组中有揉皱层纹发育，且分布较广泛，其成因究竟是冻融或是震动液化，目前尚不清楚；(3)当地缺乏良好的反滤料。

二、石家庄水库

石家庄水库坝址位于汾河上游，山西省宁武县石家庄村，规划坝高65米，库容5亿立方米。

1983—1986年，山西省水利厅设计院开始进行规划阶段地质勘察，选出上、下两个坝址。完成1∶1万库区地质测绘71平方公里，1∶5000坝址地质测绘6.6平方公里；钻孔8个，进尺604米；探井19个，进尺312米；地震勘探剖面5800米。提出《山西省宁武县石家庄下坝址规划阶段地质勘测报告》。

坝址区基岩为侏罗系下统大同组的砂质泥岩、泥质粉砂岩、泥岩夹砂岩、中统云岗组泥岩、页岩及砂质泥岩。河谷宽800～850米，河床砂砾石厚8米左右。库盘区出露基岩为三叠系中统及侏罗系陆相碎屑岩，库区有为数较多、规模较大的滑坡体，如宁化滑坡、中山阁滑坡及好水沟滑坡。库岸稳定是主要的工程地质问题。

三、玄泉寺水库

玄泉寺水库坝址位于汾河上游的灰岩峡谷段，在太原市北30公里。规划坝高52.8米，库容1.2亿立方米，拟建混凝土重力坝。

1958年，山西省太原市在玄泉寺附近选出两个坝址，初步认为一坝址较好。1972年10月，山西省水利工程地质勘探队进行地质勘察。1973年3月—1975年5月间，山西省计委组织煤化局、地质局、冶金局、中国人民解放军202部队和山西省水利工程地质勘探队，进行初步设计阶段地质勘察。1978年上半年，山西省水利工程地质勘探队继续进行工作，7月提出《山西省太原市玄泉寺水库初步设计阶段工程地质勘察报告》。完成1：2.5万区域综合地质调查970平方公里，1：1万库区综合地质调查22平方公里，1：1000坝址地质测绘0.7平方公里；钻孔40个，进尺8053米。

坝址处河谷底宽160米左右，河床砂砾石厚25～27米。两岸地下水补给河水，河床以下66～70米深仍有单位吸水量达45～57升每分·米·米的极严重透水段。库盘为寒武、奥陶系灰岩、白云岩。北岸地下水分水岭较高，不致产生大量渗漏。南岸漏水的可能性取决于王村地垒岩体的隔水性，目前尚不清楚。

四、永宁山水库

永宁山水库坝址位于北洛河上游，陕西省志丹县永宁乡前瓜园村附近。规划坝高86.5米，库容9.3亿立方米，电站装机容量4000千瓦。

1957年，黄委会设计院地质队进行规划阶段地质测绘，1958年10月至1959年12月间，黄委会设计院第三勘测设计队进行初步设计阶段勘察。共完成1：5000地质测绘3.7平方公里；机钻孔5个，进尺329米；土钻孔2个，进尺26米。提出《北洛河永宁山坝址地质报告》。

坝址区出露基岩为白垩系下统志丹群洛河组巨厚层石英砂岩。岩石强度中等，岩体完整，区内未发现有断层。据河床钻孔揭露，基岩中有承压水。1960年水库工程开始施工，输水洞打通后，因国家经济进行调整而停工，输水洞所经砂岩体完整，围岩稳定。

五、南城里水库

南城里水库坝址位于北洛河中游，陕西省黄陵县南城里村附近，距黄陵县城22公里。规划坝高78米，库容8.6亿立方米，电站装机容量1.3万千瓦。

1951年，黄委会西北黄河工程局，查勘选出该坝址，并写有《南城里查勘报告》。1957年，黄委会设计院地质队，进行1：1万地质测绘，写出南城里测绘小结。1958年，黄委会设计院第三勘测设计队进入坝址区开展工作，完成1：5000坝址地质测绘42平方公里；机钻孔8个，进尺437米；土钻孔

6个，进尺248米。提出《北洛河南城里水库扩大初步设计阶段工程地质勘察报告》。1960年，进行坝基断层灌浆试验。1961年打通导流洞，两坝肩开始削坡。后因国家处于经济困难时期而停建。1962年，黄委会设计院地质处资料整编组，对《北洛河南城里水库扩大初步设计阶段工程地质勘察报告》审查，认为地质资料尚不能满足初步设计阶段要求。

坝址区出露基岩为三叠系砂岩夹页岩，岩层倾向上游，倾角3～5度，左岸有一条走向北北东的断层穿过。河谷右岸为基岩陡壁，左岸为黄土阶地，有湿陷问题。

六、党家湾水库

党家湾水库坝址位于陕西省蒲城县党家湾村附近北洛河上。

1957年8月，黄委会设计院地质队，进行1：1万坝址地质测绘9.7平方公里，写有党家湾坝址测绘小结。1965年10月至1966年10月，黄委会第三地质勘探队和地质物探队，进行初步设计阶段地质勘察。勘探中发现河床寒武、奥陶系石灰岩中，地下水位较河水位低40米左右。为此，于1966年开展坝库区岩溶调查及水文地质勘察，布置顺河方向勘探剖面，上起三眼桥，沿河向下经曹村、坝址、麻街、洑头至温汤村；横河剖面西起蔡邓镇，东至坝左岸分水岭处。在曹村打竖井进行了长达数月的注水试验。在坝库区进行水位观测。1966年提出勘察报告认为，坝库区出露的灰岩中岩溶发育，水库区地下水位低于河水位40米，由北向南坡降平缓，说明上下游岩溶裂隙连通性好，透水性强。因此，蓄水后，漏水问题严重。勘察成果经黄委会地质处审查认为，勘察工作达到了初步设计第一期要求。

1971年，黄委会将党家湾全部地质勘探资料移交给陕西省水利电力设计院地质勘探队。

七、王凤沟水库

王凤沟水库坝址位于泾河二级支流茹河，甘肃省镇原县开边乡王凤沟村附近。下距镇原县城25公里。

1954年黄委会西北黄河工程局查勘选出该坝址。1956年，黄委会泾河查勘队地质组，填绘库坝址地质草图，打钻孔3个，进尺155.7米。1959年秋动工兴建，1960年因国家遇到经济困难而停建。

1974年，甘肃省水电局提出规划选点报告。1975—1976年间，黄委会规划设计大队第三地质勘探队和庆阳地区钻井队，进行初步设计阶段地质勘察。完成1：1万库区地质测绘11平方公里，1：1000坝址地质测绘1平方公里；机钻孔39个，进尺1693米；平硐4条，进尺71.3米；竖井及探坑65个，进尺356米。1976年底提出《泾河流域茹河王凤沟水库初设阶段工程地质报告》。

经勘探发现，坝址左岸二级阶地下有基岩深槽，较现行河床基岩面低5米左右。左岸三级阶地坝址下游侧为一古滑坡，滑坡底面切入基岩近10米，基岩倾角为1～3度。滑坡体后缘有一裂缝，靠坝肩处宽数米，另一端宽达30～40米，其中填有黄土。坝右岸四级阶地也有一古滑坡，滑面在阶地基座面上的砂砾石层中，滑体上有晚更新世黄土覆盖。

坝址区出露基岩为下白垩统巨厚层砂泥岩，交错层理发育，强风化层厚4～5米。主要工程地质问题是，两坝肩滑坡体的稳定问题，滑坡体后缘破裂带的渗透稳定问题和区域稳定性问题。

八、老虎沟水库

老虎沟水库坝址位于甘肃省宁县老虎沟村泾河支流马连河。

1956年黄委会设计院泾河查勘队选出老虎沟坝址。黄委会设计院第三勘测设计队1958年进行扩大初步设计阶段勘察。计完成1：5000坝址地质测绘2.2平方公里；机钻孔9个，进尺537米；土钻孔19个，进尺491米；土竖井2个，进尺约60米。同年12月提出《泾河流域马连河老虎沟坝址工程地质勘测报告》。

老虎沟坝址出露基岩属白垩系下统，以砂、页岩为主。岩层近水平，微向西北倾，未发现有断层。河谷两岸有4级基座阶地。基座面上有砂砾石层，上部为黄土，具弱至中等湿陷性。河床覆盖极薄，有基岩出露，基岩中见有承压水，高出河水面3.3～9.5米。

坝址区主要工程地质问题是黄土湿陷问题。

九、巩家川水库

巩家川水库坝址位于泾河支流马连河下游的甘肃省宁县境内。

1964年黄委会查勘组因老虎沟坝址分布大片湿陷性黄土，改选此坝址，同年5月黄委会第一地质勘探队进行勘察，共完成1：5000坝址地质测绘3.6平方公里；机钻孔18个进尺1836.1米，土钻孔4个进尺133.2米，水文地质试验155段次，竖井进尺99.7米，槽探2045.3立方米，岩土试验900个。1965年5月，提出《泾河流域马连河巩家川坝址初设第一期工程地质报告》。

1964年7月，6号孔钻探时，孔口黄土坍塌，木踏板掉进孔内卡在3米深处。为捞取木板，副机长张应盘让人拴住脚，头朝下倒置身体系于孔内捞取木板。张应盘用手摸索着往下移动，忍着脚脖被勒红肿的疼痛，头晕眼花，终于把木板捞出，使勘探得以继续进行。

坝址区出露下白垩统保安群砂页岩互层，岩层近水平，无褶皱，无断裂。

十、大佛寺水库

大佛寺水库坝址位于泾河中游陕西省彬县城北14公里的安化村至乔家坡间，设计坝高62米，总库容16.67亿立方米。

黄委会泾河查勘队1953年选出3个坝址。1954年到1957年9月间，先后有黄委会第三钻探队和黄委会设计院地质队进行技经阶段地质勘察。认为上坝址河谷较宽，基岩高程低，左岸有较厚的第三系砂砾石层分布，可能产生严重漏水，下坝址将淹没大佛寺古迹，因此选定中坝址。

黄委会设计院第三地质勘探队1958年在中坝址进行初步设计阶段勘察，11月提出《泾河流域大佛寺水库工程地质报告》。

水库工程1959年春动工兴建，1960年2月导流输水洞打通，两岸开始削坡，同时进行施工地质工作。后因国家经济困难而停建。1963年在两坝肩补做了地质测绘。累计完成1：1万地质测绘11平方公里，1：5000地质测绘9.5平方公里，1：2000地质测绘1平方公里；机钻孔45个，进尺2907米；土钻孔14个；电测剖面15个。

库坝区地层构造条件简单，岩性为白垩系砂岩及含砾砂岩。河床覆盖层厚度一般小于10米。基岩中发现有两层承压水，水头高出河水面4～6米。岩石力学强度不高，但完整性好，在开挖的长400米导流输水洞中，仅见到一条裂隙。隧洞成型好，围岩稳定性好。

70年代，经煤炭部门勘探，发现水库下存在侏罗系煤层，量大质优。

十一、东庄水库

东庄水库坝址位于泾河进入渭河盆地前的老龙山峡谷中段，陕西省淳化和礼泉县交界处。规划坝高 230 米，总库容 35 亿立方米。

1961 年黄委会设计院进行彬县至张家山峡谷段 1∶20 万地质测绘，同年提出《彬县至张家山地质测绘报告》。1964 年黄委会泾河查勘队提出东庄坝址，黄委会地质处技术负责人彭勃带领地质组进行详细勘察和小比例尺地质测绘。9 月水电部副部长钱正英要求论证在峡谷段修筑高坝的技术可能性和经济合理性。

1964 年秋，黄委会勘察人员开始由礼泉县进驻东庄坝址区，正值秋雨绵绵，交通极其困难。黄委会地质处处长王省三亲自指挥，在动员会上提出：只要天上不下刀子就要前进！并令第二地质勘探队队长李汉兴开第一部汽车，王省三乘第一部车带队前进。汽车轮打滑，就用拖拉机拖着前进，30 公里的路程整整走了一天。

1965 年 1 月，黄委会第二、三地质勘探队和地质物探队，在坝段进行地质勘察。地质物探队担任坝址外围区域测绘，该区属地质空白区，他们从打化石，建立地层顺序开始。东庄坝址山陡谷深，地势险峻，地勘人员在地形高差 1000 米的高山峡谷荆棘丛生地区勘察，完成 1∶10 万区域地质调查 300 多平方公里。中共支部书记宋增福带病跟班作业，地质员每天坚持在野外工作长达 14 小时，往返高差达 600～1000 米。地质组长刘自全，在测绘中，首次在渭北地区采集到晚奥陶世标准化石，并发现石炭系与奥陶系角度不整合，为修正华北陆块西南部晚奥陶世古地理提供了可靠依据，并被地质部出版的《中国西部奥陶系》一书所采用。

在勘探工作中，由于坝段上下为灰岩峡谷，两岸陡崖峭壁高达 200 米以上，加之河床狭窄，水流湍急，水边无立脚之地，眼观对岸虽不过 300 米，人员往来却很困难，更不易设场钻探。接受勘察职工曹生俊、崔云海、李汉兴、郭六法等所提建议，在上、下坝址各架设一道跨度 540 米，高出河床近 300 米的过河缆索。吊篮能平走，也能上下升降，不但能载人，也能运钻机器材，大大方便了工作，减少钻场平整开挖岩石 2 万立方米。宋秉礼等人研制的"双品字密集式硬质合金钻头"，提高钻进效率 54%。赵东方机组第一次完成 300 米深的钻孔。地质人员为进行坝址 1∶5000 地质测绘，腰系绳索，利用软梯在高 100 米的陡崖上爬上爬下，进行地质编录。

1965年11月提出《泾河东庄拦泥水库规划阶段工程地质报告》,以及区测报告及附图,对了解坝段地层、构造、工程地质条件、地震等提供了依据。1966年黄委会第二地质勘探队在选出的上坝址处,继续进行初步设计阶段地质勘察,12月提出《泾河东庄坝址初设第一期工程地质勘测报告》,推荐上坝址。

1977年12月至1978年1月,陕西省水电局对东庄水库进行两次查勘,基本同意选用上坝址。1978年5月,陕西省邀请清华大学教授张光斗、中国科学院地质研究所谷德振教授等10余位专家,对坝址区地质问题进行现场查勘研究,也基本同意选定上坝址。戴英生工程师提出,灰岩地区地质条件复杂,应对上游砂岩地段进行调查。此后,陕西省水电设计院进行东庄坝址补充地质勘探。1979年,又在东庄上游15公里处选出湾里坝址,进行地质勘察。1982年7月提出《泾河东庄水库规划选点阶段地质勘察报告》,认为坝址区地质条件基本查明,上坝址出露的奥陶系灰岩,具有层厚、岩石坚硬、透水弱等特点。因而,上坝址是修建高混凝土坝的较好坝址。但坝址区地下水位低于河水位20多米,有漏水之虑。

1991年3月下旬,水利部规划总院在西安召开"泾河规划暨东庄水利枢纽工程前期工作座谈会",对东庄水利枢纽可行性研究进行了部署和安排。明确东庄水利枢纽的开发,应以防洪、减淤、灌溉、城镇供水及发电等综合利用为目标。该项目由上海勘测设计院(简称上海院)总负责,地质勘探工作由西北院负责,陕西水利设计院参加部分设计与地勘工作。鉴于东庄与湾里两坝址各有利弊,建议在两坝址之间进一步优选新址。

1992年7月下旬,上海院在西安召开"泾河东庄水利枢纽工程坝段选择地质技术讨论会",邀请全国水利工程地质专家对东庄灰岩坝段和新选的西马庄砂页岩坝段的工程地质条件和坝段选择问题进行研究。专家们一致认为:灰岩坝段地下水位低于河水位约30米,呈"悬托河",渗漏问题肯定存在,坝段内无隔水层,防渗处理既复杂又困难,工程量大。西马庄砂页岩坝段,不存在影响当地材料坝的重大工程地质问题,筑坝条件简单、明确。因此,大多数专家根据地质条件,建议将砂页岩坝段作为可行性研究阶段工作的重点。专家们还建议:应加快东庄水利枢纽工程建设任务和规模的论证,进一步做好各坝址的枢纽工程设计方案比较,早日选定坝址。

1965年至1991年底,累计完成1:10万地质测绘300平方公里,1:1万地质测绘39.7平方公里,1:5000地质测绘16.2平方公里,1:2000地质测绘2.2平方公里;机钻孔24个,进尺6167米;平硐13个,进尺415米。

十二、刘家川水库

刘家川水库坝址位于甘肃省静宁县共和乡刘家川附近的渭河支流葫芦河上。

1951年,黄委会西北黄河工程局渭河查勘队选出刘家川坝址。

1957年,黄委会设计院渭河查勘队查勘此坝址。1958年9—12月,黄委会设计院第三勘测设计队进行勘察,完成1∶5万地质测绘390平方公里,1∶1万地质测绘6.3平方公里,1∶2000地质测绘2.8平方公里;钻孔7个,进尺254.3米;竖井一个,深24.5米。提出《渭河流域葫芦河刘家川坝址工程地质报告》。

1961年9月,甘肃省水利厅又在坝址区进行补充勘察,钻孔22个,进尺851米,提交《莲花水库工程地质勘察报告》。

坝址区出露基岩为前震旦系粗细粒花岗片麻岩、石英闪长岩、正长岩等,走向北西的正断层和平移断层较多。

十三、石窑子水库

石窑子水库坝址位于甘肃省秦安县城上游5公里处石窑子附近的渭河支流葫芦河。

1957年10月,由黄委会设计院渭河查勘队选出该坝址。完成1∶1万坝址地质测绘5.6平方公里,1∶5万库区地质测绘88平方公里,写出《渭河流域葫芦河石窑子坝址专门性地质报告》。

1964年5—11月,黄委会第三地质勘探队进行勘探。完成1∶20万地质测绘351平方公里,1∶1万地质测绘6平方公里;钻孔8个,进尺499.4米;土钻孔32个,进尺128米。1965年12月编写出《渭河流域葫芦河石窑子拦泥库工程地质勘察报告》。

坝址区基岩为花岗岩、角闪花岗岩、片麻状花岗岩、千枚岩和片岩等。

十四、黑河水库

黑河水库坝址位于渭河南岸支流黑河上,属陕西省周至县境,距黑峪口5公里。该水库主要任务是为西安市城市供水。引水渠道已开工修建。

1955 年及 1970 年，陕西省水利厅设计院进行过两次勘察，选出桃李坪和金盆坝址。1983 年完成可行性研究阶段勘察，并推荐金盆坝址。历年来完成工作量：1：10 万地质测绘 1950 平方公里，1：5 万地质测绘 87 平方公里，1：2.5 万地质测绘 80 平方公里，1：1 万地质测绘 203 平方公里，1：5000地质测绘 8 平方公里，1：2000 地质测绘 2.8 平方公里；钻孔 77 个，进尺 6532 米；平硐 4 个，进尺 332 米；竖井进尺 894 米。

金盆坝址出露基岩为前震旦系片岩、石英岩。处于西骆—田峪背斜南翼，岩层走向近东西，倾向上游，倾角 30～45 度。坝址区受渭河地堑南缘大断层影响，岩层褶皱强烈，并有 56 条断层，其中以层间错动和正断层为主，岩体破碎，对大坝稳定不利。另外，还有河床承压水及基岩深槽等问题。

十五、石咀子水库

石咀子水库坝址位于渭河支流千河上，距陕西省陇县娘娘庙镇 2 公里。

1958 年，陕西省水利厅设计院查勘选出该坝址，同时进行勘察。完成 1：2000坝址地质测绘 0.7 平方公里，1：1 万库区地质测绘 3 平方公里；钻孔 24 个，进尺 1234.4 米。1959 年 2 月编出《渭河流域千河石咀子水库工程地质报告》。

坝址区出露基岩为石炭二叠系砂岩，白垩系砾岩及第三系红色粘土岩和砾岩，地质条件较简单，无严重地质问题。

十六、东湾水库

东湾水库坝址位于洛河支流伊河上，河南省嵩县大章乡大章河入伊河处下游五道庙村附近。

1954 年地质部黄河中下游地质队进行地质简测。1956 年地质部 941 地质队和黄委会设计院第二地质勘探队进行勘察。1957 年黄委会设计院第二地质勘探队继续工作，地质组长彭勃，副组长杨保东。先后完成库区 1：20 万地质测绘 129 平方公里，1：2.5 万地质测绘 70 平方公里，1：5000 坝址地质测绘 7.5 平方公里；机钻孔 27 个，进尺 2543 米，土钻孔 23 个，进尺 361 米。1956 年 11 月，提出《伊河东湾坝址初设第一期工程地质勘测报告》。1957 年 12 月，提出《伊河东湾坝址初设阶段工程地质报告》。

1958 年河南省成立伊洛河治理指挥部，进行东湾水库工程施工准备，开始河槽清基及导流洞施工，后因东湾水库控制流域面积小于陆浑水库，1959年中共河南省委决定，放弃东湾，开始陆浑水库施工准备。

坝址区为中元古界火山岩，地质构造复杂，走向北西及北东的断层发育。一坝线左岸与坝轴线斜交的7号断层带宽40～60米；河床基岩中有承压水，水头高出地面7.3米；二坝线右岸断层带宽20米；三坝线左右岸及河床均有断层通过，河床断层带宽5～10米。

十七、张峰水库

张峰水库坝址位于山西省沁水县王必乡下河村附近沁河干流上，下距张峰1.5公里。规划坝高73.4米，库容5亿立方米。

1970年11月，山西省引沁入丹灌溉工程指挥部提出河北村方案。1972年4月，山西省水利厅勘探队进行规划阶段地质勘察。1973年2月，山西省水利厅勘探队、晋南地区勘探队、晋城矿务局、潞安矿务局钻机组和山西省沁河灌区工程指挥部以及黄委会规划大队地质人员，共同进行初步设计阶段地质勘测。完成1：2.5万库区地质测绘16平方公里，1：2000坝址地质测绘4平方公里；机钻孔40个，进尺3060米；土钻孔19个，进尺578米；土、砂砾石探井89个，进尺715米。

坝库区基岩为三叠系刘家沟组细砂岩、粉砂岩及砂质页岩，岩层倾角平缓，未发现大的断层，导流洞出口附近有一基岩塌滑体。

1981年，完成导流洞和闸门井的开挖，围岩稳定性较好。

十八、润城水库

润城水库坝址位于沁河干流，山西省阳城县润城乡下游7公里的小南庄至西坡村峡谷中。拟建土石混合坝，坝高74.5米，库容8亿立方米，电站装机容量2.2万千瓦。

该坝址于1952年由平原省黄河河务局沁河查勘队选出。1955年春，地质部水文地质工程地质局贾福海工程师进行复勘，并提出复勘报告。1956年8月至1957年4月，黄委会设计院地质队进行规划阶段地质测绘，在小南庄至西坡村之间选出上、下两个坝址。完成1：2.5万库区地质测绘64平方公里，1：5000坝址地质测绘15.6平方公里。1957—1958年，黄委会设计院第四勘探队，在上、下坝址共打钻孔15个，进尺1165米，提出《沁河润城水利枢纽库坝址地质报告》,充分肯定了筑坝的可能性,并建议选用上坝址。

坝库区出露岩层为奥陶系灰岩,倾向上游,倾角5度,未发现大的断层。河谷左岸溶洞发育,右岸地下水呈缓坡降补给河流。河床基岩面以下15～20米处有承压水,最大水头高出河水面2.83米。据长期观测资料,坝下游右岸的马山大泉与沁河水无关,而与西冶河密切相关。

润城水库坝址主要地质问题是:坝址区岩溶水文地质条件复杂,库区淹没损失大。库内村庄密集,并有优质煤田。

十九、河口村水库

河口村水库坝址位于沁河中游峡谷段的未端,河南省济源市克井乡河口村附近,西南距济源市25公里。设计最大坝高117米,总库容为3.3亿立方米。电站装机1.2万千瓦。

1952年,平原省黄河河务局沁河查勘队选出该坝址。1956—1966年,黄委会先后对沁河中游峡谷段的润城、豹突岭、大坡、河口村和下寺5个坝址,进行规划选点阶段地质勘察,对其中润城、河口村、下寺3个坝址进行了少量钻探。经比较认为,润城库区淹没农田和煤矿,移民多,坝址区有岩溶漏水问题;豹突岭和大坡,地处深山峡谷,对外交通不便,施工条件差,坝库区均有岩溶漏水问题;下寺左坝肩山梁单薄且高程不够,又有断层通过,也有水库漏水问题;河口村坝址位于盘谷寺断层的上升盘,古老的片麻岩、石英岩等出露较高,对建坝有利,库区淹没损失小,对外交通方便。因此,选定河口村坝址。

1968年至1970年底,黄委会第二地质勘探队、物探队和新乡地区河口村水库指挥部,进行初设一期地质勘察。完成主要工作量有1∶5万库区地质测绘30平方公里,1∶2000地质测绘1.7平方公里;钻孔22个,进尺1311米;平硐2个,进尺61.9米;原位抗剪一组。勘察研究的主要工程地质问题有:(1)河床深槽;(2)左坝肩山头稳定问题;(3)右坝肩古河道漏水问题;(4)绕坝渗漏及对克井煤田的影响问题。1969年编出《沁河河口村水库对克井煤田浸没可能性研究》,1970年编写出《沁河河口村水库灰岩渗漏的研究》。勘察中着重研究了一、二两条坝线,经比较认为二坝线较优。

1970年8月20日,黄委会规划大队第二地质勘探队202机组中午下班回队部,过沁河时,机长令组内10余人都要上船(船由汽油桶与木棍扎成)过河,行至河心发生翻船,钻探工彭太瑞被淹身亡。

1978年,为探讨修筑混凝土坝的可能性,河南省水利厅钻探队在上坝线上游500米处选出三坝线进行勘探,打钻孔4个,进尺255米。

1979—1984年,黄委会设计院组织力量进行初设阶段地质勘察,完成1:2万库区地质测绘61.2平方公里,1:2000坝址地质测绘2.8平方公里;钻孔111个,进尺7709米;原位抗剪3组,静弹21个点;平硐18个,进尺1712米;砂砾料VPRH钻机钻孔40个进尺434米,土钻孔14个进尺140米。1981年提出《沁河五龙口砂砾石料场不同勘探方法对颗粒级配的影响》论证。1985年10月,提出《沁河河口村水库初步设计工程地质勘察报告》,报告对各坝址地质条件进行对比认为,二坝址较优,并建议采用粘土心墙堆石坝坝型。

1988年4月,水电部在河南省济源市召开"河口村水库可行性研究报告"审查会,会议由水电部总工何璟主持。

会后,水电部发出水规字(1988)第7号文件,文中就地质部分提出:(1)同意"报告"中推荐的河口村坝址;(2)应采集盘古寺断层样品对其最后活动年代进行鉴定;(3)地震基本烈度按7度是适宜的;(4)同意对库区地质问题的结论;(5)对坝址主要工程地质问题应采取有效的处理措施;(6)应对利用坡积土作建材的可能性进行研究。

二十、涝坡(徂徕山)水库

涝坡水库坝址位于山东省泰安市篦子店乡张家店附近汶河上。

1958年9月,山东省水利设计院勘测室第二钻探队,进行涝坡(徂徕山)水库坝址勘察,选有两个坝址。在一坝址(涝坡)完成钻孔13个,进尺75.5米;1:5000综合地质测绘8平方公里。

1959年6月,在二坝址(东南望村)按初设阶段进行勘察,1:5万库区综合地质测绘21平方公里;钻孔28个进尺578米,土钻孔80个进尺213米。1960年1月,山东省水利设计院编写出《涝坡(徂徕山)水库初步设计阶段地质勘察报告》。

黄河各支流在规划中选出的坝址甚多,其中做过地质测绘和钻探工作的还有26处,列于表2—6中。

表 2—6　　**黄河支流水库坝址(部分)规划阶段地质勘察工作量统计表**

水库名称	位置		勘察单位	勘察时间(年)	主要工作量				
					地质测绘(平方公里)		钻探进尺(米)/孔数(个)		竖井(个)
	省(区)县	河流			库区	坝址	机钻	土钻	
古城	甘肃岷县	洮河	中科院青甘综合考察队等	1958			22孔		
茅笼峡	甘肃永靖	洮河	兰州水电工程筹备处	1954		1.5	2孔		
车家湾	山西离石	三川河东川	黄委会、山西省水利局	1956	6	1.2	66/2		
河神庙	山西中阳	三川河南川	黄委会、山西省水利局	1956	2.5	1.0	73.5/1		
峪口	山西方山	三川河北川	黄委会、山西省水利局	1956	4.0		60/2		
冯家渠	陕西子长	无定河淮理河	黄委会设计院	1957	22	3.5		214/6	
松塔	山西寿阳	汾河潇河	山西省水利设计院	1966、1969		1.5	1174/22		62
六里峁	陕西甘泉	北洛河	黄委会	1955、1957			73/2		
洑头	陕西大荔	北洛河	黄委会设计院	1959			245/5		
马家河	陕西礼泉	泾河	黄委会设计院	1958	65	3.5	125.7/1	106/6	
三里桥	甘肃环县	泾河马连河	黄委会设计院	1956、1958	43	1	235/4	35/2	32
张家山	陕西淳化	泾河	黄委会、陕西水利厅设计院	1956、1960		7.5	350.7/8		
桥沟	甘肃环县	泾河马连河	黄委会设计院	1957		5	396/8	963/33	

续表 2—6

水库名称	位置		勘察单位	勘察时间（年）	主要工作量				
	省(区)县	河流			地质测绘（平方公里）		钻探进尺（米）/孔数（个）		竖井（个）
					库区	坝址	机钻	土钻	
崖里村	甘肃陇西	渭河秦祁河	黄委会设计院	1961			20.11/1	36.28/2	
三里庙	宁夏隆德	渭河葫芦河	宁夏水电局设计院	1959		0.4	70.37/3	32.99/3	6
魏家峡	甘肃清水	渭河牛头河	黄委会设计院	1958			140.3/3		
镇头	陕西麟游	渭河漆水河	陕西省水利厅设计院			0.6	289.4/7		13
长水	河南洛宁	洛河	地质部941地质队、黄委会等	1955、1969	4	2.5	375/8		
韩城	河南宜阳	洛河	地质部941地质队、黄委会	1955	16.0	20.2	212.7/4		
宜阳	河南宜阳	洛河	黄委会	1955		11.0	1721/39		
大石桥	河南宜川	洛河伊河	黄委会、地质部	1955		6.0	286.3/5		
龙门(伊阙)	河南洛阳	洛河伊河	地质部941地质队、黄委会	1955	196	5.5	95.8/3		
王村	山西阳城	沁河	地质部941地质队、黄委会		140	8	111/3		
下寺(五龙口)	河南济源	沁河	黄委会设计院	1958		1.5	38.23/1		
东焦河	山西晋城	沁河丹河	山西省水利厅勘探总队	1960		1.64	311.0/4		
三股泉	山西晋城	沁河丹河	山西省水利厅勘探总队				260/5		

第十章 南水北调及引黄工程地质勘察

西北、华北地区干旱缺水,而长江流域水量丰沛。从南方调水解决北方缺水问题,自50年代初有关方面就开始进行调查研究。查勘调研遍及长江、黄河上、中、下游广大地区。

1952年,黄委会黄河源查勘队在河源查勘时,查勘了从长江上游通天河引水入黄河的可能线路,写出《黄河源及通天河引水入黄查勘报告》。1952年10月30日,毛泽东主席在视察黄河时说:南方水多,北方水少,如有可能,借一点来是可以的。1952年长委会在进行汉江流域规划准备工作时,曾研究引汉济黄、济淮的可能性。1954年黄规会在编制《黄河综合利用规划技术经济报告》中,明确提出从通天河、汉水引水到黄河的可能性和设想。1958年3月,毛泽东主席在中央召开的成都会议上,再次提出引江、汉济黄、卫(河)的问题。1958年8月,中共中央在北戴河召开的政治局扩大会议上,也曾提出引江、引汉济黄和引黄济卫问题。

1958年12月,黄委会提出《关于开凿万里长河南水北调为共产主义建设服务的报告》(草稿)。该报告就为什么调水、能不能调水、调多少水、从哪里调水、调到那里去、调水方针、调水后的十大好处、实施中的困难及有利条件等问题,做了分析和说明,并对以后的工作提出了建议。报告认为提出的16条引水线路中比较经济合理的5条线路是:(1)从青海省玉树至积石山;(2)自云南省中甸县金沙江翁水河口至甘肃省定西大营梁;(3)长江三峡至北京;(4)杭津线(杭州至天津);(5)黑龙江至辽河线。当时认为调水3000～4000亿立方米是可能的,并建议作为南水北调勘测规划研究工作的目标。从此开始了1959—1961年的大规模查勘研究工作。

1958年到1960年的3年中,中央先后召开了四次全国性南水北调会议,制定了1960年到1963年间南水北调工作计划,提出在3年内完成南水北调初步规划要点报告的目标。

由于中央领导人的高瞻远瞩,中国科学院、水电部、黄委会、长办、淮委会等单位的积极筹办,南水北调工作得以全面展开。

1963—1977年间，由于开展政治运动，南水北调工作基本中断。

1978年，水电部成立了南水北调规划办公室。根据水电部要求，南水北调规划工作按西线、中线、东线三项工程分别进行。从此，西线集中在金沙江、雅砻江和大渡河上游至黄河河源区，以超前期勘测规划研究为主；中线沿丹江口经郑州至北京间，以规划阶段勘测为主；东线以穿黄工程为重点，进行第一期工程可行性研究。

南水北调西线工程1987年列入国家超前期项目计划；东线工程可行性研究报告获得国家批准，第一期工程已陆续开工；中线工程规划勘测工作正在进行中。

引黄工程包括自黄河引水，向流域内、外供水的工程。主要有引黄入晋济京，引黄济青（岛）和引黄入淀（白洋淀），高扬程提灌工程和流域内支流间的引调水工程。

第一节 南水北调

一、西线工程地质勘察

西线南水北调，是从长江上游及其支流向黄河上游调水，以解决黄河和西北地区干旱缺水问题，为开发建设大西北提供水资源。

西线地质勘察工作，按时间先后顺序，可划分两个阶段：

(一)50年代至60年代初期

1952年，黄委会组建黄河河源查勘队，8月2日由开封出发，经黄河沿（玛多）、鄂陵和扎陵二湖、星宿海，沿尕曲向上行，穿越合朗多拉山口到通天河支流色吾曲，再顺色吾曲下行至通天河岸边。经查勘认为：通天河支流色吾曲—多曲—喀喇渠，可选为从长江上游向黄河上游引水路线。

1958年3月底，黄委会组成南水北调查勘队，四川省水利厅派人参加，进行南水北调查勘。队长郝步荣，顾问竺可桢。中国科学院地质专家谷德振、地震专家李善邦参加了重点地区的查勘。开初提出的查勘任务是调水100亿立方米。外业工作历时5个月，行程1.6万公里，9月结束，9月27日写出《金沙江引水线路查勘报告》。选出的可能引水线路有4条：(1)由通天河支流协曲河到积石山；(2)从金沙江的恶巴到洮河；(3)由金沙江的翁水河口到定西大营梁；(4)从金沙江的石鼓到天水。

1959年2月16—22日，中国科学院、水电部在北京召开西部地区南水北调考察研究工作会议，会议确定西线勘测规划工作由黄委会负责。同年黄委会设计院派出第一、四勘测设计队，与中国科学院综合考察队工程地质分队配合，共同进行怒定（怒江到定西）引水线路勘测；第七勘测设计队在青海、甘肃两省配合下，进行积（石山）柴（达木）、积（石山）洮（河）输水线路的勘测。

怒定引水线路勘测：西起西藏昌都地区的怒江，经云南省北部、四川省西北部，至甘肃省定西大营梁。横跨澜沧江、金沙江、雅砻江、大渡河、岷江、涪江、白龙江等大江河。此次勘测完成1:5万（实为1:20万精度）地质测绘26816平方公里，查勘隧洞、坝址等138处。1959年12月提出《中国西部地区怒定、怒洮引水线路查勘报告》（地质部分）。

积柴、积洮输水线勘测：完成1：2.5万渠线带状地质测绘3098平方公里，1：10万地质测绘8500平方公里。1959年12月提出《中国西部地区南水北调积柴、积洮输水线查勘报告》。

1960年，黄委会设计院有3个勘测设计队共420人，继续进行野外查勘。先后查勘了通天河到柴达木引水线路；通天河到积石山引水线路和积石山至柴达木、积石山至洮河输水线路。复勘了怒定、怒洮引水线路。并进行了岷江大、小海子天然坝、马湖天然坝的科学考察和测绘工作。完成地质测绘600平方公里，线路查勘5800公里。查勘坝址和隧洞各90处。年底提出了入洮、入祖（厉河）、玉树至积石山、通天河至柴达木等引水线路方案。

1961年，黄委会设计院对引水线路重点工程——梭罗卡子隧洞和岷江、大渡河入黄线路，进行复勘和查勘。写出有复勘报告和《关于中国西部地区南水北调3年来工作简结（草稿）》。提出了4条引水线路：(1)通柴线——由通天河上游引水至柴达木盆地；(2)玉积线——由金沙江玉树附近引水至积石山附近的贾曲；(3)怒定线——由怒江沙布引水至甘肃省定西县大营梁；(4)怒洮线——由怒江沙布引水到甘肃省洮河。经综合比较后认为，4条线路中通柴线和怒定线较优。

1958年到1961年间，黄委会设计院与中国科学院南水北调综合考察队，年投入人员最多达400余名，他们肩背行李、仪器、枪支，爬雪山，过草地，走戈壁，顶风冒雨，跨越无人区，战胜严寒酷暑、高山缺氧和毒虫猛兽给勘测工作造成的困难，完成了计划任务。3年间共完成各种比例尺地质测绘44814平方公里，查勘线路62888公里，大型建筑物（高坝、长隧洞）地址405

处。1959年8月20日，地质员刘海洪，在金沙江翁水河口乘羊皮筏查勘时，因筏翻落水不幸以身殉职。

1962年，黄委会设计院部分南水北调地质人员，参加中国科学院组织的西部地区南水北调地质勘测资料的整编工作。在谷德振教授领导下，整理提出了《中国西部地区南水北调引水线路工程地质条件》整编资料，认为：玉积线不如通柴线，怒洮线优于怒定线。

怒定线是在1958年查勘的翁定线基础上，为实现"开河十万里调水五千亿"的宏伟设想而提出的。在1958年的《关于开凿万里长河南水北调为共产主义建设服务的报告》中指出：川藏高原上各横断山脉的主体，大川至汶川一线，以花岗岩、花岗片麻岩、石灰岩、石英岩为主体，板岩片岩及煤系地层次之。从岩性看，岩体坚硬，结构紧密，风化较轻，可以开凿为良好的石质人工河道，并易筑高坝。

自大渡河上游金川县以北，经绰斯甲至四川省茂汶、凤仪，再至甘肃省文县、武都，这一带都是沉积变质岩系，岩性为片岩、千枚岩、板岩、结晶灰岩、大理岩等，花岗岩次之。因岩体软硬相间，变质深浅不一，片理、节理、裂隙发育，风化破碎，加之泉水、地震等作用，山坡常有飞石坍方、滑坡等现象。这一带虽为石质河线，但有渗漏、坍方、滑坡等问题，需要加以处理。至于建筑高坝的问题，根据岷江干流天然堆石坝(高180米)25年来屹立未动的例子，证明完全是可能的。

渠线过秦岭后，将行经在第四系黄土层及甘、青、新、蒙冲洪积平原上。该地区主要是平地开河，问题不大，当个别河段需要通过黄土、沙漠、戈壁时，河线的稳定性和渗漏问题是能够解决的。

(二)70年代末至90年代初期

1978年，黄委会再次组织查勘队，对通天河至黄河源地区的色(吾曲)—玛(曲)、色(吾曲)—卡(日曲)、德(曲)—多(曲)3条引水线路及通天河干、支流的17个坝址，进行综合考察与勘测。查勘队长董坚峰，另外中国科学院地理研究所、陕西省地质局、青海省水电局各派一人参加。查勘队员在风雪高原上六渡通天河及黄河，四次翻越巴颜喀拉山，选出歇马传日阿为色卡、色玛线的引水枢纽坝址，联叶为德多线引水枢纽坝址。1979年3月，编出《通天河至黄河源地区引水线路及鄂陵湖、扎陵湖查勘报告》。经对3条引水线路进行综合比较认为：色卡线优于色玛线，德多线优于色卡线。

1980年，根据水利部(80)水规20号文件精神，为了进一步研究长江上游通天河、雅砻江、大渡河地区自然地理经济概况、水文气象及区域工程地质条件等，以便提出由该区调水到黄河上游的规划意见，在1978年及以往工作的基础上，黄委会设计院于1980年4—10月再次组织人员进行查勘。韩连鑫任队长，查勘队由规划、水文、水工、地质等专业人员16人组成。工作地区选在玉树—积石山线及德曲—多曲线之间尚未进行过查勘的空白区。研究了由通天河、雅砻江、大渡河单独或联合引水的各种方案。查勘了通天河和雅砻江干流及其支流达曲、泥曲；大渡河干流及其支流杜柯河、马柯河等与引水线路有关的河段，以及黄河支流黑河、白河、贾曲、达日河等。共查勘引水枢纽坝址22处，自流引水和抽水等线路方案10余条。

此次地质工作的重点是对通天河、雅砻江、大渡河上游与引水工程有关坝址进行了实地查勘，对区域内地形地貌、地层岩性、地质构造和水文地质等，仅在工作途中进行观察和了解。1981年12月编写了《西线南水北调工程通天河、雅砻江、大渡河至黄河上游地区地质查勘报告》。经综合分析认为：自流引水线路，在通天河上，以联叶到达日河线为优；雅砻江上，以仁青岭到章安河线为好；大渡河上，以支流杜柯河上的加塔到贾曲线为佳。抽水线路，通天河上以联叶到贝敏曲线较优；雅砻江上以仁青岭到达日河线为佳；大渡河上以斜尔尕到贾曲较好。

查勘区出露基岩主要为三叠系坚硬砂岩、石英硬砂岩，其中夹中等坚硬的泥质、砂质板岩和灰岩，或者为砂岩、板岩互层。另有印支期花岗岩及花岗闪长岩分布。22处坝址中有17处坝址是由坚硬的石英、长石硬砂岩和中等坚硬的泥质、砂质板岩构成的峡谷，一般都具有修筑当地材料坝的条件。另5处坝址为坚硬花岗岩、花岗闪长岩构成的峡谷，是比较理想的好坝址。

1985年，黄委会又派出黄河河源查勘队，再次对黄河河源、扎陵湖、鄂陵湖及通天河重点引水枢纽坝址进行考察。同年，黄委会曾先后以黄设字(85)4号文和(85)25号文呈请水电部并国家计委，请求将西线南水北调工程列入国家"七五"科研项目。1987年，全国政协部分委员联名提案，要求将西线南水北调工程列入国家"七五"科研计划。1987年4月，黄委会又以黄设字(87)第8号文，再次呈请水电部并国家计委，请求解决南水北调西线引水工程规划工作费用问题。同时报送了《南水北调西线引水工程规划研究情况报告》。4月20日，黄委会副主任陈先德，向国家计委领导人汇报了西线南水北调工程近年来的研究工作情况。同年7月8日，国家计委以计土(1987)1136号文通知："经研究决定将南水北调西线工程列入'七五'超前期工作项目。"从此，西线南水北调工作有了新的转机。

通过对以往历次考察成果分析比较，1988 年以后，西线调水线路初步选择在通天河、雅砻江、大渡河的上游，穿越长江、黄河分水岭，向黄河上游送水。计划调水量 200 亿立方米。每年直接投入该项地质工作的人数，达 100 余人。

1988 年至 1990 年间，首先对交通较方便，调水条件较优越的雅砻江调水区进行研究。青海省地矿局负责区域地质工作，提交了《南水北调西线工程雅砻江调水区区域稳定性及区域工程地质评价报告》。中科院兰州冰川冻土研究所完成了长（须）—达（日河）线 1∶5 万地质测绘 425 平方公里，提交了《南水北调西线工程长—达抽水线路工程地质勘察报告》。国家地震局地质研究所完成了《雅砻江调水区地震烈度区划图复核报告》。黄委会设计院负责组织协调，先后由马昕、高广礼任南水北调地质队队长，并进行了宜牛、温坡、长须、仁青里坝址 1∶1 万地质测绘 93.7 平方公里；温（坡）—达（日河）、长（须）—达（日河）、长（须）—恰（给弄）3 条线路和宜牛、长须两库区 1∶10 万工程地质测绘 9368 平方公里；1∶50 万区域线路地质调查 1314 平方公里；遥感解译与图象处理 4.6 万平方公里。还查勘了两河口和多松坝址。在上述工作的基础上，1990 年 10 月编写出《雅砻江调水区工程地质勘察报告》。报告认为：四处引水枢纽地形地质条件均可满足建坝要求，以温坡坝址为优，长须坝址以低方案开发为宜；库区无永久渗漏问题，库岸稳定，淹、浸没损失小；自流引水线路以长—达线为优，温—达、长—恰线较差，长—达抽水线路的 4180 米和 4280 米高程方案中以 4280 米方案为优。

勘察中除对影响工程的重大地质问题进行了研究外，还特别进行了深埋长隧洞和强震对地下工程的影响等问题的调研，汇编了《强震对地下工程的影响》一书。从资料看，这两类问题在技术上一般是可以解决的。

1991 年，黄委会设计院南水北调队，潘伯敏任队长，完成了通天河同加、联叶两坝址 1∶1 万地质测绘 78 平方公里。计划在 1993 年完成通天河调水区野外地质勘察工作，1994 年完成大渡河调水区的野外地质勘察工作。青海省地矿局和国家地震局地质研究所，继续完成 1∶50 万规划区 30 万平方公里的区域稳定性及区域工程地质评价和地震烈度区划。南水北调西线工程初步规划研究，计划在 1997 年全部完成。

南水北调西线规划坝址及引水线路略图见图 2—4。

图 2—4

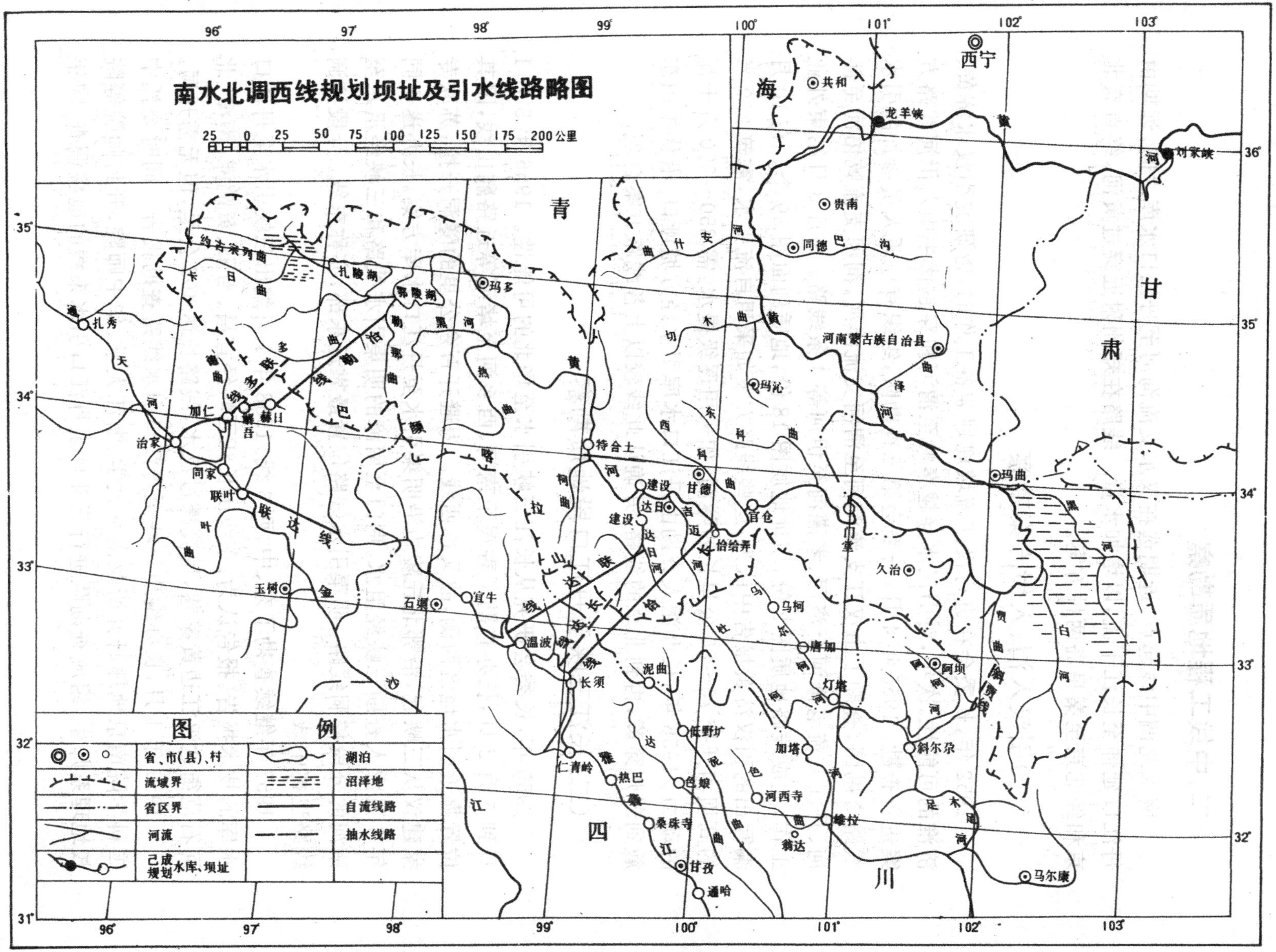
南水北调西线规划坝址及引水线路略图
25 0 25 50 75 100 125 150 175 200公里
图例
省、市(县)、村
湖泊
流域界
沼泽地
省区界
自流线路
河流
抽水线路
已成 规划 水库、坝址
青
海
甘
肃
四
川
西宁
共和
龙羊峡
刘家峡
贵南
同德
玛多
扎陵湖
鄂陵湖
扎秀
治家
加仁
同家
联叶
玉树
石渠
宜牛
温波
长须
特合土
建设
甘德
达日
官仓
门堂
久治
玛沁
玛曲
河南蒙古族自治县
马柯
唐加
阿坝
灯塔
斜尔尕
加塔
河西寺
壤拉
色娘
泥曲
桑珠寺
甘孜
通哈
仁青岭
热巴
马尔康
翁达
恰给弄
黄河
金沙江
雅砻江
联达线

二、中线工程地质勘察

南水北调中线起点，近期选在汉水支流洵河至丹江口水库之间。远期由丹江口延伸至长江干流，以增加水量。线路在郑州附近穿过黄河，终点有北京和经北京至秦皇岛两种方案。

(一)引汉入渭、入伊方案勘察

1952 年，长委会在进行汉江流域规划准备工作时，曾研究引汉水济黄、济淮的可能性。次年，对引汉水穿越秦岭至渭河和穿越伏牛山入伊河线路方案进行查勘。1955 年 4 月，长委会第三查勘队，组织有地质人员参加的引水线路查勘团，查勘了由汉江支流洵河至渭河支流沣河、洵河支流乾佑河至沣河、丹江支流老灌河至洛河、老灌河至伊河等 4 条线路。8 月 3 日结束外业工作，完成线路地质图 2 份，坝址地质图 18 份，地质剖面图 39 个。在 10 月编写出的引汉济黄报告中认为：这些线路方案如采用自流引水，需筑 250 米的高坝和开挖 70～80 公里长的隧洞；如采用逐级提水，需 350～390 万千瓦的动力。1956 年，长办派人查勘由丹江口水库引水经方城垭口，沿伏牛山东麓到郑州穿黄，再到北京的线路，并确认此线较以上各线路方案合理。

(二)长江三峡至丹江口段地质勘察

1955 年，长委会研究从长江三峡引水至华北的可能性。1956 年 3 月 1 日到 5 月 2 日，长办查勘了香溪至南河、西乡河至堵河等近路翻山线，因其位置靠近引水地区西侧，故又称西线。为避开百余公里的隧洞开挖，苏联专家建议从三峡起，沿鄂北丘陵边沿明渠引水至丹江口水库方案。长办遂于同年 6 月派人查勘三峡经沮水、荆门至南漳的明渠引水线路和三峡经沮水至南河的分段挖洞线路。明渠引水线路位置最靠近东部，亦称东线。分段挖洞线路也称中线。

1957 年继续查勘了东、中、西 3 线。1958 年 1 月编出三峡引水至丹江口水库的技术报告。报告认为：东线出长江三峡经宜昌、当阳、黄鹄滩、南漳、北河石范街达汉江边黄家巷，用渡槽过汉水，线路长达 406 公里，但无需开洞。

1959 年 1 月，长办编出三峡至丹江口引水线路查勘报告。同时委托中国科学院南京地理研究所及南京大学、浙江大学、华中师院、开封师院等院校地理系师生，组成查勘队进行三斗坪至丹江口引水渠线的地貌调查。同年

9月,写出调查报告。1962年中国科学院南京地理研究所和南京大学地理系合著《中部地区南水北调渠线地貌调查报告》。报告对三峡至丹江口间渠线地区的地质基础、地貌概况、地貌发育史做了详述,对引水渠线选线中的工程地貌条件进行了评价。报告指出:就地貌条件来看,愈向东,地势愈低,而渠线所绕的线路愈长。西线路线直而短,但开凿隧洞工程很大;中线主要是经中、低山区,利用沮水南河而后流入汉江,当穿越分水岭时仍有数处需开凿隧洞,并且由于渠道经过地区河谷下切较深,所以壅水坝和切岭工程十分巨大;东线选择鄂西山地与江汉平原之间的过渡区,地势高程适当,隧洞工程量最小,壅水坝与切岭数量虽多,但各单项工程量则较小,路线长是其缺点。总的说来,东线较为合理。

在引水渠线地区,各个时代的岩层出露齐全,渠线西起黄陵背斜核部,从三斗坪向东穿过不同时代的地层,依次排列,呈单斜构造,岩层向东或南东倾,倾角平缓。远安和荆门间为观音寺复向斜(即当阳向斜),构造复杂,岩性变化大。由仙居到南河老鸦山一线两侧,为荆山复杂褶皱带,各时代的岩层均有出露,从老鸦山到江边的刘家洲出露有武当片岩。汉江以北到刁河之间,属于南襄凹陷的西缘,分布有第三系红色岩系和第四系松散物质。

1960年,北京、成都、长春地质学院师生共百余人,组队进行三峡至丹江口段工程地质测绘,编有1:5万工程地质图和《南水北调三峡至丹江口段工程地质报告》。报告阐述了渠线地区的工程地质条件和问题,提出了选择线路(局部)方案的意见。

(三)丹江口至黄河段地质勘察

1955年长委会进行了丹江口至黄河段南部的唐白河流域查勘。1956年7月12日—8月2日,长办组织查勘队,淮委会和地质部水文工程地质局派人参加,进行丹(江口)—黄(河)段查勘。线路从河南省邓县陶岔乡汤山起,经方城垭口、常村、鲁山、宝丰、新郑等县境至黄河桃花峪,长481公里。查勘队分南、北两组同时进行。10月写出《引汉济淮、济黄查勘报告》。1957年进行方城至黄河段的东、西线路方案比较,东线经燕山水库、许昌至东明县境入黄河;西线沿伏牛山东麓至郑州入黄河。1958年5月,长办完成引汉渠首枢纽和总干渠丹(江口)—方(城)段初步设计要点阶段的地质工作。

1958年8—9月,黄委会设计院组织5人工作小组,进行丹江至黄河间地形地质查勘。提出以燕山水库至花园口水库作为低线方案;以淮委会提出的线路作为中线方案;以穿凿邙山入桃花峪水库作为高线方案。并随即组织地质人员进行1:5万地质测绘(高线长357.6公里,中线330公里,低线305.5公里),11月提出方城至黄河段工程地质踏勘报告。1959年2月,黄委会设计院第五勘测设计队进行丹江口至黄河间线路勘察。编出《沙河至郑州段查勘简要报告》及《引汉济黄路线查勘报告》。黄委会设计院物探队进行沙河至郑州间的傅岭至瓦庙及新郑二十里铺至庙中陈渠线电法勘探,勘探线长50.4公里。1959年秋,黄委会设计院委托郑州地质学校,进行郑州至南阳段规划阶段工程地质查勘。实际完成地段自鲁山县沙河起经宝丰、郏县、禹县、郑州至黄河南岸的牛口峪,全长271公里,1959年12月提出报告。

1959年长办提出引汉济黄规划报告、汉江至平顶山段地貌调查、总干渠渠首枢纽及总干渠丹(江口)—方(城)段初设阶段性报告。9—10月,与水电部、交通部、河南省水利厅、交通厅及有关地、县,共同进行引汉济黄路线查勘。对引水线路方案取得一致认识。1960年1月,长办提出《总干渠渠首枢纽初设报告第三册》。1961年3月,中共水电部党组下达引汉工程补充设计任务书。年内长办编出《引汉工程第一期工程设计任务书》,选陶岔为渠首。1957—1963年,完成陶岔至方城段1∶5万、1∶2.5万及部分地段1∶5000地质测绘,机钻进尺9840米,手摇钻进尺1546米,抽水试验112次,注水试验237次。

1969年陶岔渠首动工兴建,1973年建成。

1975年,长办与河南省有关地、县,对渠线进行重点查勘。1979年11月,中国科学院河南省地理研究所编出《中线南水北调陶岔至桃花峪段调水线路地貌条件评价和丹黄段第四纪地质调查》,完成郑州三李西庄、黄河南岸桃花峪等处第四纪地质剖面。河南省水利厅、南阳专署水利局同时在陶岔至刁河段进行地质勘察。

1980年,水电部组织人员进行全线查勘,编制了规划与科研计划,并商定总干渠黄河以南(包括穿黄)规划阶段工程地质勘测工作,由长办承担。

1982年9月,长办第七勘测队,经勘测编写出《陶岔至方城规划工程地质勘察报告》。完成1∶2.5万地质测绘1100平方公里,机钻进尺12376.8米,土钻进尺2588.3米,抽水试验166段,试坑渗水试验299次,水质分析80个,岩土物理力学试验458组,编出了陶岔—方城1∶2.5万渠线工程地质图,渠线工程地质剖面图,跨河建筑物工程地质剖面图,1∶20万天然建筑材料分布图。勘测中使用彩红外遥感技术辅助地质调查。

陶岔至方城段渠线穿越南阳盆地边缘。沿渠线大部分为第四系土层,部分为砂砾石层、第三系半胶结岩层及古老岩层。主要工程地质问题有:中更新统黄色粘土、灰白色粘土，具微裂隙和胀缩性，因而影响渠道边坡稳定问题；砂砾石层引起的渗漏问题；松散砂及砂砾石层的渗透稳定问题及淤泥层引起的沉陷问题等。

1985年9月，长办完成《方城至黄河段规划阶段工程地质勘测报告》。主要工作有1:5万地质测绘1939平方公里；机钻孔165个，进尺4182.5米；土钻孔191个，进尺1103米；压水试验90段次，单孔抽水7次，简易民井抽水34次，注水试验81次；贯入试验21段；旁压试验 10 个 47 段；岩土物理力学试验 275 组，砂砾石颗分 49 组；水质分析 151 组；天然建筑材料调查 68 平方公里。提交有 1：5 万方城至黄河段工程地质图及工程地质剖面图。

方城至黄河段长约 300 公里，渠线行走在伏牛山、外方山、箕山、嵩山等东端的低山丘陵与黄淮平原的过渡地带。沿线地势西高东低，具自流引水条件，是一条较理想的调水路线。

渠线主要通过第四系松散层，其次为第三系半胶结的软岩，局部地段为古老的坚硬、半坚硬岩石，岩性不均一，按岩土力学性质划分，一般为好的和较好的，局部为较差的。沿线存在的主要工程地质问题有：(1)中更新统中的灰白色粘土层和上第三系灰白、灰绿色粘土岩，具有中偏强的膨胀性，上更新统松散砂层及黄土状土和黄土，具有微至中等湿陷性，因而有边坡稳定问题；(2)上更新统砂砾石，具较强—强透水性，因而有渗漏问题；(3)部分地段中的细砂、粉细砂，易产生渗透变形和震动液化问题；(4)渠道过沟、河的交叉建筑物的地基位于松散冲积层上，因冲积层岩性变化大，而易产生不均匀沉陷问题。

(四)穿黄工程地质勘察

引水渠线的穿黄工程规模，决定于穿黄位置和交叉型式。黄委会、长办等曾考虑过平交和立交两种方案。平交因泥沙问题不好处理，运用比较复杂，故选用立交方案。根据地形地质条件，穿黄位置选在桃花峪、邙山头、牛口峪三处。

1959 年 5—6 月，黄委会设计院第五勘测设计队，在黄河南岸牛口峪至宋沟间的拟建船闸和电站基础上打钻孔 6 个，孔深在 28～41 米间，总进尺 200 米。揭露土层为亚砂土、亚粘土，地面以下 7～16 米深处分布有粒径 2～5 厘米的钙质结核，地下水位标高一般在 110～100 米间。

(五)黄河至北京段地质勘察

1956年,水利部奉国务院指示,决定由北京院组成查勘研究组,进行引水渠线北段和京(北京)—秦(皇岛)段查勘研究。同年8月,编制出桃花峪至北京输水总干渠初步规划要点。1959年10月,遵照中共中央指示,水电部、交通部会同铁道部、国家计委、北京市、河北省、河南省、黄委会等单位,共41人组成查勘团,对大运河(拟建的中线引水渠)进行查勘。自10月28日至11月26日,历时30天,北起秦皇岛,经唐山、北京、保定、石家庄、邯郸、新乡至郑州,查勘行程2500公里,年底写出《南北大运河(京郑、京秦段)查勘报告》。在初拟的5条线路中选出2条,并提出由北京引水至秦皇岛入海意见。尔后进行了地质查勘。同年黄委会提出《北京至磁县初步踏勘地质报告》、《北京至获嘉地质报告》、《北京至郑州(高线)初步踏勘地质报告》、《北京至内丘大辛庄线初步地质报告》等。

1959年6月,黄委会设计院编写出《京广运河郑州至北京段查勘简要报告》。报告中指出:京郑段长700公里,其中流沙段45~90公里;第三系半胶结的红色砾岩和砂岩段60公里;硅质灰岩段5~30公里;砂卵石层段100~150公里;其余段表面为3~10米厚的砂质粘土,下为细、中砂或砾石。除丘陵外,地下水埋深0~5米。1959年8月4日—12月3日,黄委会设计院物探队进行了光禄至西阳城、邢台至官庄、潞王坟至安阳、内丘至新乐、高昌至北拒马河等地段的电测深。

1960年3月,黄委会设计院第五勘测设计队完成了漳河至安阳段简易抽水试验,高邑、邢台和安阳图幅1:20万矿产及建材调查,1:100万渠线沿线矿产分布示意图及沙河至黄河段渠线钻探。其中高线(一)方案钻孔16个,进尺321.6米;低线(一)方案钻孔45个,进尺781.3米。高线(二)方案钻孔8个,进尺53米;低线(二)方案钻孔42个,进尺649.4米。完成39米高程渠线钻孔6个,进尺75.9米,渠线地质剖面130公里;48米高程渠线地质剖面479.5公里;51米高程渠线地质剖面713公里。提出《黄河至石家庄段地质报告》及附图。并与交通部建设局京广运河查勘队共同编写出《京广运河京郑地质报告(查勘阶段)》及附图。

1983年北京市水文地质工程地质公司进行北京段渠线地质勘察。完成1:10万地质图、地貌图、遥感解译图、渠线地质纵横剖面图。

河南省地质局水文地质工程地质一队,经过3年勘察后,于1985年底提出《总干渠黄河北岸至漳河段工程地质勘察报告》。总计完成地质测绘

2138平方公里;机钻孔80个,进尺2523米;土钻孔52个,进尺491米,标准贯入109次;抽水试验62段次,岩、土、水样分析197组。

地质部1982年以236号文件,将中线南水北调河北省境内总干渠工程地质勘察任务,下达给河北省地矿局。1983年4月,河北省地矿局第四水文地质工程地质大队成立南水北调分队开展勘察工作。投入汽车钻机4台、黄河钻机1台、车装600型钻机1台,地质员40余人,物探35人。并邀请长春地质学院师生参加部分地面调查和遥感解译工作,委托化工部勘察公司承担部分土工试验。1984年结束外业工作。完成1∶20万工程地质测绘8909平方公里;钻孔159个,进尺6589.3米;抽水试验57段,渗水试验66次;标准贯入89次;电法勘探1066.2公里,测井30个。1985年6月提出《河北省段干渠规划阶段工程地质勘察报告》。

黄河以北渠线大体在太行山前的丘陵和倾斜平原过渡地带通过。该地带内地层出露比较齐全,岩土体工程地质类型多。地带西侧主要为坚硬、半坚硬及软弱岩体所组成,东侧为松散的土体。在该地带的南部有具膨胀性的岩体和土体,北部有黄土状土覆盖。渠线既有膨胀土、砂性土和软弱夹层引起的边坡稳定性问题,又有砾、卵石、砂层及岩溶化灰岩、白云岩等造成的强烈渗漏问题及可能导致的环境工程地质问题。同时存在饱和砂土液化、煤田采空区塌陷等对渠道的威胁以及隧洞围岩的稳定问题。新乡以北太行山前和黄海平原交接带,是纵贯南北的活动性深大断裂通过地带,地震活动频繁而强烈。总之此段渠线的地质条件是比较复杂的。

经过勘察,综合分析比较认为:低线具有地形较平坦,工程量小,且几乎全由松散土体组成,施工难度低,渗漏也小,无采空区塌陷的威胁。但低线处于活动断裂的主动盘上,区域稳定性差。

三、东线工程地质勘察

南水北调东线方案,最早称为江水北调,从50年代起,就做了一些探索性工作。江水北调,是沟通长江、淮河、黄河、海河四大水系,解决苏北、皖北、河南、山东、河北、天津和北京等地区用水的重要工程。工程布局以京杭运河与废黄河两条线路为骨干,黄河以南利用高邮湖、洪泽湖、骆马湖、南四湖、东平湖调节;黄河以北利用大浪淀、浪洼和已建北大港等水库调节。分段构成一个抽水、引水、蓄水三位一体调动灵活的完整体系。

1973年,水电部在北方17省(市)抗旱会议上提出《南水北调的近期设想》,并责成黄委会、淮委会、水电部第十三工程局,组成南水北调规划组,研究近期从长江向华北平原调水方案。并对调水线路、主要枢纽、蓄水措施、沿线用水和排灌要求,进行查勘和调查研究。

1976 年 3 月,水电部南水北调规划组编制了《南水北调近期工程规划报告》。规划选定方案为:在江苏省扬州附近抽长江水,沿京杭运河逐级抽水北送,联通洪泽、骆马、南四、东平等湖泊,在位山附近与黄河立体交叉,过黄河后,仍沿京杭运河自流到天津。全线长 1150 公里。其中黄河南长约 650 公里,黄河北长约 490 公里,穿黄段 10 公里,共设 15 个梯级抽水,总扬程约 65 米。第一站从长江抽水量为 1000 立方米每秒。

1983年1月,淮委会编写出《南水北调东线第一期工程可行性研究报告》。2月,国务院批准南水北调东线第一期工程方案。3月28日,国务院办公厅以(83)国办函字29号文《关于抓紧进行南水北调东线第一期工程有关工作的通知》,下达批准第一期工程方案的决定。1988年5月,国家计委在关于南水北调东线第一期工程设计任务书审查情况向国务院的报告中,认为南水北调东线工程规划有必要加以修改和补充。根据国务院领导的批示精神和水利部的部署,由水利部南水北调办公室牵头,淮委会、海委会和天津院共同参加,于1990年5月编制了《南水北调东线工程修订规划报告》。于同年11月提出了《南水北调东线第一期工程修订设计任务书》。为了加快南水北调的前期工作,尽快为有关部门提供决策依据,水利部决定:在第一期工程修订设计任务书的基础上进行总体设计,进一步完善可行性研究工作。

东线工程地质勘察,主要就水质问题、区域稳定问题、穿黄工程问题、调蓄水库问题及原京杭运河扩大时可能发生的问题,进行勘察研究。

(一)区域构造稳定性研究

1984 年 5 月到 1985 年 1 月,国家地震局地震地质大队,进行南水北调东线第一期工程的区域构造稳定性评价工作。工作范围南从江都,北至东平湖,重点调查郯庐断裂带、骆马湖、洪泽湖区域构造稳定性及潜在震源区。研究认为:东线一期工程地区跨越规模宏大的郯(城)庐(江)断裂带,该断裂带虽曾发生过 8.5 级地震,但现今活动微弱。根据地震活动趋势分析,未来 85～100 年间,本区为地震活动强度和频度逐渐降低的时期。在此期间,可能受到的最大地震影响为 7 级,基本烈度最高为 9 度,其余大部分地区为 6～7 度。黄河以北地区,主要受聊(城)兰(考)断裂和沧(州)东(阿)断裂影响,除天津静海至大港水库地震基本烈度为 8 度外,其余地段均为 7 度区。

(二)土壤盐渍化研究

1984年10月,水电部、城乡建设环境保护部及淮河水资源保护办公室编写出《南水北调东线水质问题初步探讨》。中国科学院南京土壤研究所提出《南水北调东线土壤盐渍化初步分析》。分析认为:黄淮海平原是一个弱盐渍区或易盐渍化区。调水后,对改善这个地区土壤水分状况,淋洗土壤盐份,增加农作物产量,都将起积极的作用。但也会改变这个地区的水盐平衡状况,对自然排水条件差的、人工排水不完善的地区,有可能引起地下水位的抬高而发生次生盐渍化。1991年,天津院地勘总队,在黄河至天津地段,又进行了现场调查和取样分析,结果基本同前述认识。

(三)线路工程地质勘察

1984—1985年,淮委会规划设计院勘测队,进行高水位调水时堤身、堤基的渗透试验研究和蔺家坝抽水站工程地质勘测。1978—1979年,进行南四湖西堤(长131公里)加固工程地质勘测。1987年6月,山东省地矿局水文地质工程地质大队提交《南水北调东线鲁北区段卫运河沿线浅层水文地质工程地质勘测报告》,附1:10万图10幅,剖面图7幅,附表4册。1991年底天津院按南水北调东线第一期工程总体设计工作要求,提交了黄河以北输水干渠、卫临运河新开河段、南运河北陈屯至九宣闸段和马厂碱河段工程地质勘察报告及附图。

(四)穿黄工程勘察

穿黄工程是南水北调东线引水的关键工程,位于山东省梁山县解山与东阿县位山之间。解山山顶与黄河生产堤顶等高,位山高出黄河约20米。穿黄工程包括引水渠进口建筑物、压力涵管(或过河隧洞)和出口建筑物及尾水渠。涵管或隧洞均为3条,洞径约10米。

1978年3月,天津院地勘二队进行选线阶段勘探,勘探了位山、柏木山和黄庄3条比较线路。同年交通部第二航运设计院,为航运穿黄工程在位山线路上进行勘探试验工作,并写有《航运穿黄工程地质勘察报告书》。1978年10月25—30日,水电部科学技术委员会和南水北调规划办公室为落实穿黄工程位山线洞挖方案的工程地质勘测和灌堵施工技术问题,邀请国内外专家,在水电部第十三工程局召开会议。会议认为:位山线路岩溶发育,水文地质条件复杂,在黄河底下开挖隧洞,有可能出现突水和涌沙问题。要求对岩溶水文地质问题作进一步调查研究。

1979 年 8 月，在德州召开穿黄洞挖攻关会议。与会专家一致肯定：为查明位山线路的地质构造、岩溶水文地质条件，选择在灰岩中用灌堵方法开挖隧洞的最优手段，有必要开挖过河勘探试验洞。同年 11 月下旬，水利部邀请南斯拉夫岩溶专家组一行 6 人，到现场进行考察。经考察认为，目前选择的线路位置最好，同时建议进行水文地质观测和岩石力学计算，以便确定隧洞的适宜埋深和间距。

1982 年 10 月，天津院提出《南水北调穿黄工程初步选线阶段工程地质勘察报告》，完成主要工作量有：1：20 万路线核测 100 公里，1：5000 地质测绘 55 平方公里，1：2000 地质测绘 2 平方公里；机钻孔 106 个，进尺 8232.4 米；土钻孔 46 个，进尺 1286.8 米；物探物理点 5130 个，无线电波透视剖面 78 条。经勘察认为：(1)穿黄工程位于鲁西山地与平原接壤地带，附近几座孤山丘为穿黄工程提供了有利地形条件。(2)枢纽区西侧属新华夏系的聊考、巨野、东阿等隐伏断裂，近代有明显活动，历史上有多次地震记载，经山东地震局核定认为，200 年内地震基本烈度为 7 度。(3)黄庄线河床覆盖层厚 30～100 米以上；柏木线地基为厚层状的张夏灰岩，坚固均一，稳定性好，地面施工条件好，且无导流问题，简易可行，是较理想方案；位山线隧洞方案存在突水涌沙问题需研究。经过多年勘探，多方面的讨论研究，决定开挖试验探硐。

试验探硐由天津院承担。1985 年 11 月 15 日破土动工，1987 年 12 月 30 日挖至设计深度，1988 年相继完成两支硐。探硐分斜井段和平硐段两部分，斜井段长 165.5 米，平硐段长 322 米。斜井为 20 度坡，平硐段底坡 3%。硐高 2.61 米，宽 2.93 米，平硐底在河水面以下约 70 米。

探硐穿过地层为寒武系上统崮山组灰岩、页岩和中统张夏组灰岩，硐内共揭露断层 13 条。在探硐施工中，进行了硐挖爆破对黄河北岸大堤安全影响的观测和探硐原位测试。

通过试验硐开挖成功证明，位山线隧洞方案的选择，技术可靠，经济合理。在岩溶发育区采用“预注浆法，超前探水，双液灌浆，以堵为主，堵排结合”的施工方法，效果很好。施工中进行的各项测试手段，对论证成洞条件和安全施工，提供了科学依据。

(五)调节水库工程地质勘察

1. 东平湖水库：位于山东省东平县境内。1988 年底，天津院按可行性研究阶段要求，提交了《黄河南岸东平湖调节水库工程地质勘察报告及附图》。本次勘察的主要任务是：查明东平湖区周围的地层、岩性、地质构造、水文地质条件、岩溶发育程度等，并对现有围堤的工程质量、地基地质条件进行调查和勘探，以便研究长期蓄水运用时可能出现的问题。勘察范围包括湖周围地区300平方公里；湖堤(坝)10处，全长近50公里。东平湖水库在正常高水位41.8米时，相应库容5.39亿立方米。

2.大浪淀水库：位于河北省沧州市东南。是南水北调第一期工程总体设计中的一座平原洼淀调蓄水库。1991年12月，河北省水利水电石家庄勘测设计院，按总体设计(可行性研究)要求，提交了大浪淀水库工程地质勘察报告和附图。主要勘察任务是：初步查明围堤堤基、引渠和水库主要建筑物地基工程地质和水文地质条件，以及筑堤土料调查。堤线全长33.88公里，最大堤高约8米，设计最高蓄水位12.47米，相应库容2.54亿立方米。

3.浪洼水库：位于河北省沧州市东北。亦为南水北调第一期工程总体设计中的一座平原浪洼调蓄水库。1991年底，河北省水利水电天津勘测设计院，按总体设计(可行性研究)要求，提交了浪洼水库工程地质勘察报告及附图。主要勘察任务是：初步查明围堤堤基、引渠和水库主要建筑物地基工程地质和水文地质条件，以及筑堤土料调查。最高蓄水位10.2米，围堤长24公里，堤高6米左右，相应库容1.52亿立方米。

第二节　引黄工程

一、引黄入晋济京工程勘察

山西省引黄入晋工程，是解决山西省能源重化工基地建设短缺水源问题的一项重大水利设施。1980年以来，对该工程做了大量的地质勘察工作，先后提出了五份地质报告。

(一)引黄入晋工程的由来

1982年7月，水电部和山西省人民政府联合召开的山西省水资源评价会议，认为山西省是一个水资源十分贫乏的省份。因水源解决不了，不仅对山西省国民经济发展关系极大，而且从能源发展考虑，也影响到全国的“四化”建设。因此，提出了引黄入晋势在必行的迫切要求。

(二)引水线路的勘察和方案比较

1983年2月,水电部在北京召开了"引黄入晋济京座谈会"。会议确定本工程的主要任务是为雁北、晋中和北京地区工业及城市供水,以及部分农业补水。引水线路有3条:其一,由山西省偏关县万家寨村附近或拟建中的万家寨水库引水;其二,由山西省保德县天桥水库引水;其三,从内蒙古自治区托克托县境内引水。

第一方案:由万家寨水库引水,向东经平鲁县入歇马关河,全长84公里,设计总扬程576米。这条引水线路地质条件较好,大部分为寒武、奥陶系灰岩,局部为太古界集宁群变质岩,中生界燕山期闪长玢岩、花岗闪长斑岩等,少部分为石炭、二叠系砂页岩。在入歇马关河之前,有设立1亿立方米库容调蓄水库的条件,引水顺歇马关河流至赵家口水库后,向平朔、大同分水,或进入桑干河引水至北京。

第二方案:自天桥水库取水,经神池县到宁武入桑干河支流恢河,全长约100公里,设计总扬程890米。引水线路地质条件大部为黄土状粉砂土,穿过吕梁山隧洞,为寒武、奥陶系碳酸盐岩及太古界片麻岩、花岗岩等。沿线无适宜的调蓄水库。引水至恢河后,一可顺河入桑干河到北京;二可向南穿过分水岭进入汾河至太原。

第三方案:从内蒙古自治区托克托引水,向东经凉城县、岱海、丰镇入御河,再经大同入桑干河到北京。全长209公里,扬程472米。引水线路地质条件大部分为黄土状粉砂土,穿过蛮汗山11.8公里长隧洞为斑状花岗岩,支洞开挖较困难。沿线拟利用岱海调蓄,但岱海为一干旱内陆闭塞湖,最大库容16亿立方米,水质矿化度高,故不好利用。

(三)引黄应急工程勘察

1983年6月,在为选线讨论会提出的《万家寨引黄入晋济京选线地质报告》中,推荐"万歇线"(即万家寨至歇马关河)作为引黄工程总干线的基本方案,嗣后,对重点交叉工程地段作了补充地质调查,于1984年1月,提交了《万家寨引黄入晋济京工程可行性研究地质报告》。由于引黄入晋济京工程工期长,投资庞大,中央领导人在山西省视察时指出,可先引小流量,作为应急措施解决大同、平朔水源不足。1984—1985年,在上述工作基础上,对"万歇线"进一步安排了中等和大比例尺的综合性地质测绘及重点地段勘探、试验工作。1985年,山西省忻州地区水利勘测设计室提交了《大梁水库初设一期工程地质勘察报告》。山西省人民政府引黄办公室，于1986年1月提出了《山西省万家寨引黄工程应急方案可行性研究地质勘察报告》，同年8月，在太原进行审查，会后地勘工作继续进行，于1987年2月，由山西省引黄办公室会同天津院，提出了《山西省万家寨引黄应急工程设计任务书地质勘察报告》。之后，对“万歇线”全面展开了初设勘测工作，沿引水线路的建筑物（隧洞、支洞、渡槽、埋涵、倒虹、调蓄水库）及建筑材料、施工供水等，进行了测绘、勘探和试验工作。1988年6月，编写了《山西省万家寨引黄应急工程初步设计说明书》。

（四）引黄工程与万家寨水利枢纽

1989年11月，在北京水利部召开的技术讨论会上，确认万家寨引黄工程经济上合理，技术上可行，并提出了补充工作的建议。讨论会决定，引黄工程应和万家寨水利枢纽两者一体统筹考虑。

1990年，天津院会同山西省水利设计院，编制了《黄河万家寨水利枢纽及引黄工程设计任务书》。同年11月，水利部、国家计委、国际工程咨询公司有关领导人和专家，到现场进行了察勘，对引黄工程提出了一些新的意见，要求进一步补充勘探工作。

1991年，黄河万家寨水利枢纽及引黄工程项目列入国家“八五”建设计划。1992年3月初，水利部、国家计委、国际工程咨询公司等，在北京对万家寨水利枢纽及引黄工程进行了评估立项。1993年5月22日在工程现场举行奠基仪式，开工兴建。

截至1991年，参加山西省万家寨引黄工程勘测单位有：天津院、山西省水利设计院、山西省忻州水利勘测设计院、冶金部山西省地质勘探公司、山西省地矿局第三水文地质队以及黄委会设计院物探队等。完成主要工作量：地质测绘1∶2000为41平方公里、1∶5000为12.8平方公里、1∶1万743平方公里、1∶2.5万105平方公里、1∶5万1350平方公里；机钻孔287个，进尺23157米；土钻孔12个，进尺260米；平硐20个，进尺900米；探坑（井）290个，进尺3790米。

二、引黄济青工程地质勘察

引黄济青工程是引黄河水以解决青岛市生活和工业用水为主要目的的引水工程。渠首在山东省博兴县打渔张引黄闸处。输水线路自打渔张向东，经博兴、广饶、寿光、潍坊市寒亭区、昌邑、高密及青岛市胶县、即墨、崂山等县,到青岛白沙水厂。线路总长253公里。有渠首闸、节制闸、沉沙池、渡槽、涵洞、倒虹吸、泵站、调蓄水库等建筑物。设计引水流量45立方米每秒,年引水量5.5亿立方米,向青岛市日供水30万立方米。

1982年9月,山东省水利设计院地质勘探队,进行小清河分洪道调蓄工程地质勘察。1984年进行沉沙池出口闸及沿线36处建筑物勘探。1984年胶县水利局机井队,进行石马头坝址地质勘探。地矿部海洋研究所,进行棘洪滩水库地质调查。同年10月,山东省水利设计院编出《山东省引黄济青(输水工程)地质勘察报告》。截至1984年底,共完成机钻孔34个,进尺171米;土钻孔354个,进尺7139米;1:2.5万综合性线路调查1900公里。

1988年,山东省地矿局水文地质工程地质二队,沿引水线进行了环境水文地质调查,打洛阳铲孔505个,调查机井251个,污染点62个,水位观测点251个,水文地质钻孔61个,简易水质分析239个试样。1988年12月14日,提出《引黄济青输水渠道沿线环境水文地质本底值勘察报告》,附1:10万图10幅,剖面图11张。报告对沿线水文地质条件做了比较明确的论述,为预测输水后环境水文地质变化提供了对比依据。

引黄济青工程于1986年4月15日动工,1989年11月25日全线通水。输水线路经过地区主要是海陆交互相沉积地层,土质多为沙壤土。地下水属淡、咸水分界线的咸水区一侧。引水对解决沿线农业灌溉和人畜用水也有很大作用。

三、引黄入淀工程地质勘察

引黄入淀工程,是引黄河水入河北省白洋淀的大型跨流域调水工程。输水总干线自河南省洛阳市吉利区白坡渠首开始,沿黄河滩地东行,与人民胜利渠一号跌水相交,利用大沙河洼地作沉沙池,清水入西柳青河,接硝河,穿卫(河)入河北省,经小引河,立交穿漳(河),接卫西干渠,绕漳河、滏东桃河及滏阳新河,经献县北小白河入白洋淀,总长713公里。

引水工程除从白坡引水外,还从新乡人民胜利渠新渠首和红旗渠顺河街闸引水。白坡、人民胜利渠新渠首、顺河街闸三处引水流量分别为150、120、50立方米每秒。

勘察工作由天津院牵头,河南、河北省水利设计院承担各自辖区的部分勘察任务。1987年5—12月,完成可行性研究阶段工程地质勘察。1988年

5月至1989年底,完成初设阶段工程地质勘察。

白坡至人民胜利渠引水线长107公里,主要建筑物20座。勘察工作打钻孔172个,累计进尺3169.3米。

红旗渠引水线,从封丘县顺河街至西柳青河,全长67公里,主要建筑物13座。打钻孔175个,累计进尺2961.87米。

上述两项由河南省水利设计院负责勘察。

人民胜利渠新渠首,至穿漳(河)段,全长275公里,主要建筑物33座。打钻孔522个,累计进尺8772.57米。由天津院负责勘察。

穿漳出口至白洋淀,全长342公里,主要建筑物26座。打钻孔451个,累计进尺6717.1米。由河北省水利设计院负责勘察。

上述4段引水线路全长791公里,主要建筑物92座,完成钻孔1320个,总进尺21620.84米。

引黄入淀渠线,均分布在华北平原上。沿途经过黄河冲积扇平原,黄河、海河冲积平原区。地势南高北低,与流向一致。地形平坦。地层主要岩性,除上游白坡有粗颗粒的砂砾石层外,其余均为砂壤土、壤土、粘土、粉细砂、中砂等。

第三节 高扬程提水灌溉工程及支流间调水

一、高扬程提水灌溉工程地质勘察

1950年以来,黄河两岸已建扬程在100米以上的提灌工程,有甘肃省的景泰川、靖会、西岔、三角城及兴堡子川;宁夏回族自治区的同心、中卫南山台子、盐环定及固海;山西省的大禹渡、北赵、尊村、夹马口、西范和小樊;陕西省的东雷等。此外,进行过可行性研究或初设阶段勘察研究的有陕西省太里湾和河南省义马市槐扒。现择其中主要的记述如下:

(一)已建提灌工程

1.景泰川提灌工程地质勘察

渠首位于腾格里沙漠南端的甘肃省景泰县五佛乡盐寺坪。灌区包括景泰及古浪县的部分地区。灌溉面积82万亩。一期工程于1969年10月动工,1974年5月底主体工程基本建成。设计最大提水高为406.2米,总扬程

447.9米,平均提水高度322.6米。设计提水流量10.56立方米每秒,分11级提水。设计主要泵站16座;干渠以上输水管道设计长度14公里;支渠以上渠道177公里,全部采用混凝土衬砌。

第二期工程1985年7月动工,设计提水能力18立方米每秒。泵站28座,装机195台,容量17.5万千瓦;最大提水高度602米,总扬程708米,平均提水高度522米;干支渠总长340公里,其中总干渠全长100公里。

一期工程泵站站址及引水线路,1958年由甘肃省农建师进行查勘。后由甘肃省水利设计院第三总队进行综合性地质测绘。钻探进尺3102米,竖井400米。

二期工程于1976年进行石门沟上水线初步设计阶段工程地质勘察,1984年4月进行技术设计阶段勘察,1985年进行施工地质工作。共完成钻探进尺3563米,竖井2161米。

渠首泵站及总干渠,位于祁连山加里东褶皱带东端,出露地层为寒武系变质板岩、千枚岩和片岩。岩层褶皱变动剧烈,倾角多在75度以上。灌区为景泰川,表层3~7米为壤土、砂壤土含砂及砾石,渗透性大,渠道均采用了混凝土板衬砌防渗。

2.盐环定扬黄工程地质勘察

渠首位于宁夏回族自治区灵武县红坡乡,从吴(忠)环(县)公路西侧的青铜峡灌区东干渠引水,向宁夏回族自治区盐池、陕西省定边、甘肃省环县送水,解决人畜用水和农业灌溉用水。设计流量11立方米每秒。总干渠自渠首泵站至李家大庄泵站长80.6公里。此后向甘肃省环县境内输水。由马儿庄一干渠经二干渠至黎明泵站,由黎明站向陕西定边县境输水。

1978年开始进行天然建筑材料调查。1984—1985年进行1∶10万带状地质图测绘及泵站和其它建筑物地基勘探,1985年8月宁夏回族自治区水利设计院编写出《盐环定扬黄工程初步设计第三卷工程地质》。完成勘察工作量有1∶10万综合地质测绘300平方公里;钻孔106个,进尺2864.5米;探坑627个,进尺2534米。

盐环定扬黄工程地处鄂尔多斯断块边缘,地形开阔平坦,地质构造简单,渠首泵站及二级泵站地基为黄河冲积的砂壤土及细砂;三~八级泵站为三叠系砂岩;九~十级泵站为第三系红色砂岩及泥岩。干渠沿线分布有流动沙丘、膨胀土和湿陷性黄土。

3.固海扬水工程地质勘察

该工程位于宁夏回族自治区南部,是解决中宁、同心、海原、固原等县灌溉及人畜用水的大型电力提灌工程。由中宁县泉眼山北侧的黄河提水，跨越七星渠，逆清水河而上，经长山头、石峡口、李旺至固原七营乡。全长152.97公里。

1976年4—7月，宁夏回族自治区地质局水文队承担马家河湾、李沿子、李家堡子、石峡口4座泵站和8座较大渡槽的工程地质勘察。其余泵站、干渠、跨沟建筑物的工程地质勘察，由宁夏回族自治区水电局水利工程处地质队完成。共计钻孔60个，进尺1089米，坑探2387米，实测工程地质剖面205公里。1976年8月，编写出《固海扬水工程初步设计第二卷工程地质》。

扬水工程于1978年6月开工，1986年底竣工。设计提水流量20立方米每秒。设泵站11座，总扬程382.5米，装机107台，总容量7.84万千瓦。渡槽、桥涵等建筑物517座，其中长山头渡槽长1064米。

固海扬水工程干渠沿清水河谷由北向南延伸。其中渠首泵站、长山头泵站座落在砂页岩层之上，草帽子墩、马家河湾、李沿子泵站座落在砂砾石层之上，其余大都座落在清水河三、四级阶地的黄土状壤土层上。因而渠线的主要工程地质问题是黄土湿陷引起的渠道变形问题。

(二)未建提灌工程

1.太里湾抽黄工程勘察

渠首工程位于陕西省合阳县太里湾村南的黄河右岸。设计流量40～50立方米每秒，灌溉面积126.5万亩，总干渠长132公里。

1983年10月—1985年4月，陕西省水利设计院地质勘探总队，进行规划阶段地质勘察。1986年3—5月，进行初步设计阶段勘察。共完成钻孔24个，进尺549米；1∶1万地质测绘27.5平方公里，1∶1000地质测绘50.4平方公里；1∶5000地质剖面63.4公里，1∶500地质剖面114.68公里；探坑138个，进尺1699.5米。于1986年10月，提出初设阶段《太里湾抽黄灌溉工程枢纽站地质勘察报告》和《太里湾抽黄灌溉工程渠道地质勘察报告》。

太里湾工程渠道在黄河滩地上，其余泵站及总干渠等位于渭北黄土台塬上。地层以晚更新统黄土为主，主要工程地质问题是黄土湿陷。

2.义马槐扒引黄提水工程地质勘察

渠首位于河南省渑池县陈村乡槐扒鱼咀处。引水渠东至义马市千秋乡马岭村，全长37.44公里，灌区在渑池县和义马市境内。规划分级提水，总扬程360米。

1975年10月—1979年4月间，水电部西北电力设计院进行规划阶段勘察，提出槐扒引水的南线方案。1984年，河南省水利设计院地质勘探队以南线为主，进行补充勘察，于1985年4月编写出《河南省渑池县义马槐扒引黄提水工程地质勘察报告(可行性研究阶段)》。共计完成1∶5万地质测绘10平方公里，泵站至西段村水库1∶1万地质测绘8.7平方公里，槐扒泵站1∶2000地质测绘0.5平方公里；钻孔11个进尺295米。

1992年1月24—27日，河南省工程咨询公司组织规划、地质、水工、机电、施工等专业人员，对义马槐扒工程设计任务书进行了论证。

引水干渠前段，沿黄河岸边穿过隧洞后进入洛河支流涧河流域。黄河岸边为煤系地层分布，发育有多处新老滑坡，隧洞出口段(涧河流域)有煤窑开采区。引水工程的主要地质问题是黄河沿岸地段的边坡稳定问题。

二、支流间调水工程地质勘察

(一)引大入秦工程地质勘察

引大入秦，是引大通河水灌溉甘肃省皋兰和永登县境的秦王川。引水枢纽位于青、甘两省交界处的天堂寺，下距大通河入湟水汇合处100公里。设计引水流量32立方米每秒，拦河坝高10米，总干渠长93公里。

1957—1958年和1966年，甘肃省农林厅水利局、铁道部第一设计院、甘肃省水利厅设计院及有关地、县，曾先后对水源充足的大通河进行查勘，对引大入秦工程进行规划。1970年，甘肃省水电局勘测设计第一总队，进行规划阶段地质勘察，选出大水池(低方案)引水路线，1976年2月选出天堂寺(高方案)路线。经比较后选定天堂寺路线方案，并进行初步设计阶段地质勘察。

总干渠从渠首枢纽至水磨沟段(上段)长52.76公里，水磨沟到庄浪河段(下段)长40.25公里，分别由甘肃省水电局第二总队和第一总队进行地质勘察。1976年10月提出《引大入秦灌溉工程修改初步设计总干渠上、下段工程地质勘察报告》。

该工程于1977年开工，1980年停工，1985年进行补充地质勘察。截至1987年共完成总干渠1∶2.5万地质测绘289平方公里，1∶1万地质测绘354平方公里，枢纽地段1∶1000地质测绘0.22平方公里；钻探进尺9052米；平硐106米。

1986年9月13日，隧洞开挖复工。

总干渠路线方案，初期选择以明渠为主。经调查，明渠不仅黄土湿陷和边坡稳定问题严重，而且受崩塌、滑波、泥石流等山地灾害影响严重，还需架设高渡槽工程。后来改为以隧洞为主。其中重点工程是穿越大通河与庄浪河分水岭的盘道岭隧洞，洞长15.72公里，最大埋深404米，隧洞围岩以白垩系及上第三系红色砂岩、含砾砂岩及砂质泥岩为主。岩石强度低，遇水易崩解软化成泥。岩石中盐(NaCl)和石膏含量较高，故地下水对普通水泥有侵蚀性。岩石软而柔性大，施工中水枪冲不动，放炮效果甚差，而且变形大，稳定性差。

该隧洞1985年由日本株式会社熊谷组中标承建，1986年9月开始施工，在日本熊谷组和中国铁道部隧道局全体工程技术人员的密切配合下，历经5年艰辛，战胜了多种困难，不用钻爆法，采用S—200型悬臂式掘进机开挖，终于在1992年1月12日全线贯通。该隧洞是我国目前最长的自流引水隧洞，也是世界上包括铁路、公路和引水工程10条长隧洞之一。该隧洞的贯通，为我国水利建设中修建长隧洞，积累了丰富的施工经验和管理经验。

(二)引沁入汾工程地质勘察

引沁入汾工程，是自沁河上游的安泽县附近修坝，引水至汾河。在70年代初，由临汾地区提出并进行查勘，规划引水量25立方米每秒。由枢纽工程、过岭隧洞和总干渠三部分组成。渠线长82.4公里，其中隧洞长49.3公里。

1978年8月，山西省水利设计院、山西省临汾地区引沁入汾工程指挥部，进行初设阶段地质勘察。完成1∶5万地质测绘216平方公里，1∶1万地质测绘138.1平方公里，1∶2000地质测绘17平方公里；钻孔59个，进尺4445.3米；平硐9个，进尺248.9米。并提出《山西省临汾地区引沁入汾工程初步设计阶段报告第三部分工程地质》。

勘察中研究了马连圪塔坝址和岭南坝址。两坝址处基岩均为三叠系刘家沟组砂岩、泥岩互层。马连圪塔坝址右岸有黄土台地，单薄山梁基岩面低；岭南坝址基岩埋深23米，左坝肩有蠕动变形岩体。经比较认为，马连圪塔条件较优。

过岭隧洞有草峪岭、麻衣寺两处。草峪岭隧洞中段，穿过较长的断层破碎带；麻衣寺隧洞有一段洞线与褶皱轴线平行。围岩主要是二叠系和三叠系砂页岩，最大埋深80～200米。

总干渠途经4个县，沿线地层为第四系冲积、洪积、坡积层，岩性以黄土为主。

第十一章 工程地质专题勘察研究

黄河流域各单位的地质勘察机构,自50年代初先后成立以后,完成了龙羊峡、三门峡、刘家峡、小浪底等水库、电站的工程地质勘察。在完成水电工程勘察任务的同时,通过40多年的生产实践,对黄河流域的岩、土工程地质特性及某些水文工程地质问题的研究,取得了颇有成效的工作成果。

第一节 流域岩土工程地质特性

一、黄土

黄河发育在我国北方黄土分布地区。自古以来,黄土就与我国的文化发展和黄河变迁渊源很深。自商、周以来,直至唐、宋的3000多年间,我国的政治、经济和文化中心一直位于黄河流域黄土分布区内,这与黄土疏松,质地均匀,易于耕作,土质肥沃,十分有利于农业生产的发展有关。黄土既是造成黄河决徙灾害的重要根源之一,又是水利水电工程建设取之不尽的建筑材料。因此,对黄土进行研究,有重要的现实意义。

(一)黄河流域黄土的研究概况

我国对黄土的研究,可以追溯到很远的古代。黄土一词,在2000多年前已见于我国文献。例如"西汉元凤三年(公元前78年),天雨黄土,昼夜昏霾"(《伏候今古注》);又如"西汉成帝建始元年(公元前32年)四月壬寅晨,大风从西北起,云气赤黄,四塞天下,终日夜下著地者黄土尘也"(班固《前汉书·五行志》)。说明伟大的史学家班固对黄土与风尘关系已有认识,提供了对黄土风成成因的设想,认识到黄土是尘土的堆积,对黄土性状亦有了解。

1868—1872年,德国F·V李希霍芬先后来我国进行考察,于1877年在他的著作《中国》第一卷中,明确提出黄土是大气沉积物。1892—1894年,俄国学者B·A奥勃鲁契夫,对中国北方地区进行考察后,发表文章进一步发展了大气粉尘沉积说，并把黄土的形成与沙漠、戈壁联系起来。他们都是从黄土分布特征提出了风成说这一观点的。之后杨钟健、P·德日进(法)等，对黄土地层和古生物进行研究，为黄土地层的划分奠定了基础。1930年P·德日进、桑志华对无定河流域萨拉乌苏层的研究，J·G安特生(瑞典)对马兰黄土的研究，以及J·梭颇在1935年对黄土层中埋藏古土壤剖面的观察，提出了黄土发育过程，对研讨不同时代黄土的分布和古环境的变迁，作出了贡献。1944年，日本学者增渊坚吉和富日田达等，先后编绘过黄土分布图。

中华人民共和国成立后，结合黄河流域水利水电、土木建筑、水土保持等任务开展了地质、地理、土壤、水文、地质学、土力学等多学科的研究。这不仅为生产实践提供了大量资料，而且促进了黄土理论的发展。1955年，中国科学院地质研究所、古脊椎动物及古人类研究所、西北土壤及水土保持研究所、地矿部水文地质工程地质研究所等单位，对黄土的区域地质特征、形成时代、古地理环境、沉积相变化、地壳运动、黄土地貌和土壤侵蚀的区域性规律等方面，做了大量工作。1955—1958年，中国科学院地质研究所，编制了1/100万黄河中游黄土分布图，1964年出版了《黄河中游黄土》(刘东生著)。1959年地质部水文地质工程地质研究所出版的《中国黄土及黄土状岩石》(张宗祜著)，论述了中国各地黄土和黄土状土的区分、地质特征和工程性质等，并作了成因分类。这里应指出，王嘉荫和张德二对我国历史上有关“雨土”现象记载进行了分析(“雨土”即尘暴天气的降尘)，并对70～80年代华北地区尘暴进行研究，为了解黄土粉尘物质搬运和沉积的全过程，对认识黄土是由风力从北部戈壁、沙漠吹扬搬运而沉积到黄河流域提供了重要论据。1986年，张宗祜主编的《中国黄土高原地貌类型图(1：50万)说明书》出版，1989年张宗祜著的《中国黄土》和文启忠所著《中国黄土地球化学》等相继出版。

(二)黄河流域黄土地层划分

中国黄土地层的研究已经有100多年的历史。在这期间贡献较大的为F·V李希霍芬，第一个对中国的黄土沉积物赋于地层学的含义。其后，P·德日进、杨钟健将黄土地层分为马兰黄土和红色土。60年代初，刘东生、张宗祜在李四光指导下，将黄河中游黄土划分为早更新世的午城黄土、中更新世的离石黄土和晚更新世的马兰黄土。这种划分和命名，为黄土地层研究奠定了基础。黄土地层序列划分沿革，见表2—7。

表 2—7　　黄土地层序列划分沿革

<table>
<tr><th>时　代</th><th>F·V·
李希霍芬
(1882)</th><th>J·G·
安特生
(1920)</th><th>G·B·
巴尔博
(1930)</th><th>德日进
杨钟健
(1930)</th><th>刘东生
(1959)</th><th>张宗祜
(1959)</th><th>A·C·
凯西
(1959)</th><th>严阵
(1960)</th><th>刘东生
张宗祜
(1961)</th></tr>
<tr><td rowspan="2">晚更新世</td><td rowspan="5">黄土</td><td>再沉积黄土</td><td rowspan="4">马兰黄土</td><td rowspan="2">真黄土(马兰黄土)</td><td rowspan="2">新黄土(马兰黄土)</td><td>第四组</td><td rowspan="2">黄色黄土</td><td rowspan="2">新黄土</td><td rowspan="2">马兰黄土</td></tr>
<tr><td rowspan="3">原生黄土</td><td>第三组</td></tr>
<tr><td>中更新世</td><td rowspan="2">红色土</td><td rowspan="2">老黄土</td><td>第二组</td><td>带有埋藏土的黄土</td><td>老黄土</td><td>离石黄土</td></tr>
<tr><td>早更新世</td><td>第一组</td><td>红色黄土</td><td>古黄土</td><td>午城黄土</td></tr>
<tr><td>新第三纪</td><td>三趾马红土</td><td></td><td></td><td></td><td></td><td></td><td></td><td></td></tr>
</table>

(三)黄河流域黄土的特征

1.黄土的分布

根据刘东生等1965年提出的资料，黄河流域黄土分布面积达27.56万平方公里，占全国黄土分布总面积的72.36%。认为黄土区域“北起沙漠南缘沿长城一带，南达秦岭北坡，东至太行山，西北和内陆盆地区断续接壤。这里黄土厚度大，地层完整。其中六盘山以东到吕梁山以西，沿北纬36度一线附近，连续分布有几个较大的黄土塬(或黄土沉积盆地)，如陇中盆地的白草塬、陇东盆地的董志塬、陕北盆地的洛川塬和晋西盆地的吉县塬，这些塬黄土的堆积厚度多在百米以上。形成一个自西向东的厚层黄土带，从这一厚层黄土带向北或向南，黄土厚度逐渐减薄”。

2.黄土颗粒分布特征

黄土颗粒组成特征是，粉粒(粒径0.05～0.005毫米)含量很高，一般达50～70%以上，而且主要是粗粉粒(0.05～0.01毫米)。在黄河流域分布的第四纪不同时间沉积的黄土，其颗粒组成是有差异的，从沉积剖面分析，马兰黄土粒度较粗，粗粉粒级含量较高，离石黄土和午城黄土粒度较细，粗粉粒级含量较低，而粘土粒级(小于0.005毫米)的含量却相对高些。黄土中埋藏的古土壤层，显得更粘些。

从平面分布看，黄土颗粒总的趋势是北部较粗，南部较细。以马兰黄土为例，自西北而东南趋于变细，可分出若干带。例如朱海之把它分为砂黄土、黄土和粘黄土 3 个带。这 3 个带并无明显的界线，为逐渐过渡，3 个带的界线如下：

(1)砂黄土带：北接毛乌素沙漠，南界大致从宁夏回族自治区同心向东北经陕西省佳县至山西省兴县。该带内黄土颗粒粗，属粉质砂壤土带。

(2)黄土带：北接 1 带，其南界大致沿青海省民和，甘肃省兰州、会宁、平凉，陕西省宜君北和洛川南，山西省隰县、午城一线。该带是重要的黄土塬分布区，属粉质轻壤土带。

(3)粘黄土带：北接 2 带，南界约为秦岭、伏牛山一带，主要为粉质中壤土和粉质重壤土。

砂黄土带是黄河中游水土流失严重的地区，也是黄河粗沙主要来源地，如黄甫川、窟野河和无定河等支流地区。

3. 黄土矿物组分的变化特征

黄土矿物组分中的主要骨架矿物(粗粒矿物)及胶结物的类型与含量的变化特征：北部以骨架矿物含量高达 75～80%的石英、长石、方解石为主，黑云母约占 2～3%，胶结物只占 20%左右，主要为次生方解石及粘土矿物；中部骨架矿物明显降低，约 50%，主要矿物仍为石英、长石、方解石，但含量剧减，胶结物占 50%，以粘土矿物为主；南部骨架矿物含量又为之减少，只占 40%左右，石英、长石虽然还是主要成分，但含量却进一步降低，方解石则很少出现，不同的情况是增加了磁铁矿及赤铁矿，含量达 2%。

(四)黄土沉积和环境演变

黄土是第四纪的产物，大约距今 240 万年，黄河中游地区就开始有黄土粉尘堆积。50～80 年代期间，通过对黄土和黄土中古土壤的研究，如黄土中陆生蜗牛、孢子花粉等古生物的研究，以及黄土和古土壤的地球化学、粘土矿物等研究，使人们认识到黄河中游黄土地层能反映沉积古气候演变。黄土高原中连续发育的黄土—古土壤地层系列，厚度可达 100～200 米，完整地记录了距今近 240 万年的自然环境及古气候的变化。所得的亚洲大陆第四纪气候变化的韵律曲线，其完整性和可靠程度远较欧美其它各地区为高。

我国黄土是干燥或半干燥气候的指示物，自早更新世至晚更新世，黄土堆积的发展，标志着我国北方存在气候变迁的总趋势。但是，黄土高原古气候并非呈直线变化，而有多次冷暖或干湿气候的交替。黄土是干冷气候条件下的产物，而黄土中的古土壤反映了相对温湿环境。根据近年来研究成果，黄土高原有37层古土壤和37个气候演化系列，得出第四纪时期气候环境变化有74个干湿、冷暖交替周期的结论。这一成果在国际上得到了极高的评价。黄土高原第四纪古气候总的可以概括为240万年以来，气候由较温暖向干冷变化。在180万年前后发育的午城黄土古土壤层，是代表温暖适宜气候；115万年和80万年前形成的砂质黄土层，代表干冷气候；50万年前，为温湿气候；10万年至1万年马兰黄土沉积，代表干冷气候。根据洛川黄土中古土壤的古气候研究，50万年前第五层古土壤沉积时期，推断当时年降水量近800毫米，年平均气温为12～14℃的温湿气候期（刘东生等《黄土与环境》，1985年），比现在洛川地区降水量多，气候温暖。

黄土中存在的大的剥蚀面（古土壤层）有：距今约148万年前的午城黄土上部剥蚀面，距今约50万年和33万年离石黄土层中的古土壤层面，距今10万年马兰黄土沉积之前离石黄土顶部剥蚀面。这些剥蚀面都代表当地一次大的侵蚀、剥蚀期，都随古地形起伏变化延展。由此可知，黄河流域黄土地区早在更新世中、晚期，沟谷已很发育。所以对剥蚀面（古土壤层）的研究，有助于恢复黄土高原第四纪水土流失的历史。

（五）黄土的工程地质性质

在古代，人们有在黄土中挖窑洞居住的建筑经验。中华人民共和国成立以来，随着水利水电、水土保持、工业民用建筑、交通事业的发展，在黄河中游地区开展了大量工程地质、水文地质工作，从事这些工作的主要有张宗祜、刘东生、黄强、戴英生、孙广忠、马连昌、郑晏武、翟礼生等。黄土工程地质性质的研究著作有：1982年出版的马连昌、郑晏武合编《中国湿陷性黄土》，郑晏武编《中国黄土的湿陷性》及1983年翟礼生所著《中国湿陷性黄土区域建筑工程概要》等。随着治黄工作开展，50年代三门峡水库兴建和黄河干、支流水库规划勘测设计的开展，黄委会设计院、地质部水文工程地质队，陕西、甘肃和山西等省水利设计院，西北水利科学研究所（简称西北水科所）等单位，对黄土坍岸、地基基础、边坡稳定、建筑材料等方面，进行了大量试验研究。

1.黄土的湿陷性

黄河流域堆积的晚更新世和全新世黄土及次生黄土，通常都具有不同程度的遇水湿陷性。这种工程地质特性，常常严重威胁和破坏建筑物的安全。工程建筑部门，一般把压力为0.2兆帕时，湿陷系数大于0.02的黄土类土，通称为“湿陷性黄土”，而不具这一性质的黄土，称之为“非湿陷性黄土”。经过40多年实践总结，黄河流域黄土湿陷性特征，在时、空分布上，一般有以下规律：

(1)晚更新世沉积的马兰黄土和全新世沉积的黄土及次生黄土，一般有湿陷性，而中更新世和早更新世的离石黄土和午城黄土，通常不具有湿陷性。也就是说，从地层剖面上，马兰黄土一般覆盖在地表，土质疏松，具有湿陷性；而下部老黄土压密较实，所以不具湿陷性。

(2)在面的分布上，黄河中游马兰黄土在陇西地区相对湿陷系数较高，普遍大于0.08，最高达0.155；陇东—陕北地区次之，其中马兰黄土湿陷系数一般为0.06～0.08；再次为汾渭河谷、沁河河谷盆地；豫西丘陵地区最小，一般值小于0.05。这就明显地表现出，马兰黄土的相对湿陷系数自西北向东南由大变小，离石黄土与午城黄土的相对湿陷系数，一般小于0.02。

(3)黄河流域各地湿陷性土层厚度，亦表现了自西北向东南，由厚变薄的趋势。如陇西地区湿陷性黄土厚度达27米，而豫西地区一般为7～12米。

由于黄土的湿陷变形，引起地基的不均匀沉降，使建筑物易遭破坏。因此，在工程建设中，宜加强黄土地基湿陷变形处理，防止地表水入渗，以便确保建筑物的安全。

2.黄土边坡稳定性

黄土有良好的直立性，在干燥状态下形成陡崖或峭壁，若遭水流冲刷、浸润，崩塌、坍滑等滑坡现象层出不穷。因此，黄土边坡的稳定性，很大程度取决于流水的运动条件与特性。陕北等地黄土滑坡发育区，由于边坡滑动，堵塞沟谷，形成“堰塞湖”，当地居民叫“聚湫”。

边坡变形，从区域地质构造分析，由于银川、河套和渭河谷地不断下沉，使陇东—陕北黄土高原内各水系的相对侵蚀基准面不断下降，切割强烈。加上黄土松散易侵蚀，导致冲沟极为发育，深谷陡壁林立，为滑坡、崩塌出现创造条件。另外，从黄土土质方面分析，因为黄土中粉土含量高，浸水饱和后崩解迅速，也是促使坍滑的一个因素。但是，黄河中游黄土颗粒组成有一定差别，北部砂黄土带粘粒含量低，大于0.05毫米颗粒较多，内摩擦角较大；而中部和南部的黄土和粘黄土带，粘粒含量较高，大于0.05毫米颗粒较少，内摩擦角相对较小，对岸坡稳定不利。再者，黄土层中含有的古土壤层和黄土底部下伏的红粘土泥岩层，渗透性小，形成隔水层，使地下水排泄不畅，粘土遇水软化成为滑床，致使滑坡发生。

黄河中游的强震带——汾、渭盆地，银川盆地和海原等地，强烈地震使这些地区黄土岸坡发生滑坡、崩塌。如1920年海原8.5级地震，使西吉县境内发生650余个黄土崩滑体，面积达1000多平方公里，产生41个“堰塞湖”，至今仍存27个。又如1303年赵城—洪洞、1556年华县和1695年临汾等地8级地震，使汾河谷地内大批城镇窑洞破坏，地面发生急剧变形。

黄河流域黄土滑坡强烈发育地区，分布在无定河以南陕北梁峁及塬区、陇东东南部塬区以及陇西南部梁峁区。这些地区，滑体宽度大于500米者，每百平方公里超过10处（戴英生等统计资料，1986年）。如泾河、北洛河中、上游黄土塬区，渭河支流葫芦河黄土梁峁区。洮河支流巴谢河有一段河岸滑坡区达10多公里。甘肃省洒勒山滑坡体达3000多万立方米。渭河谷地宝鸡峡引渭工程总干渠，在塬边通过，沿长约60公里的渠线上，新、老大型黄土滑坡达170余处，其中卧龙寺滑坡总方量达2000万立方米。

黄土岸坡的滑动，不仅破坏农田，造成农业生产的直接损失，更主要的是加大泥沙下排，给黄河治理开发造成困难。各地采取的防治措施是：打坝修库（拦泥库），调整河流与沟道纵坡比降，使其变缓，减小或降低水流的冲刷搬运能力，通过库内淤积，降低边坡高度，阻止滑坡发展。另外，作好岸边地表排水，防止雨水入渗，抽取利用地下水，降低水位，也是岸坡防护的有效措施。

在黄土区进行工程建设，应根据黄土特性及建筑类型，合理选择边坡的结构型式与防护措施。低边坡（坡高低于20米），可采用缓坡侧沟式，直线坡一坡到顶；中等高度（20～40米）边坡，宜选用“宽平台台阶型”，坡度可适当放陡；高边坡（超过40米）者，则以修建隧道为宜，避免边坡开挖过高而防护困难。

3.黄土作筑坝材料的特性

黄河中游黄土分布范围广、土层厚、储存量大，加之黄土易压实、强度较高等特性，故在土木、水利等工程建设中，是较理想的填筑材料。黄河中游干、支流已建数十座水利水电工程大坝，大部就地取材采用黄土筑坝或作防渗体，坝高数十米至上百米。如陕西省石头河水库、冯家山水库，以及山西省汾河水库的大坝或防渗体，都是用黄土筑成。

黄委会设计院和陕西、山西、甘肃等省水利设计院以及西北水科所等单位，对黄土筑坝材料进行了很多试验研究工作。

黄委会设计院，对黄河中游干流小浪底、龙门、碛口等水库工程，在勘测设计中，对利用黄土筑坝进行了研究。以上几座大坝坝高都在100米以上，拟采用土石坝方案，黄土主要是用作心墙或斜墙的防渗土料。因为坝高，对黄土土质要求也高。特别是小浪底水库大坝，除进行了一般土的物理力学试验外，还委托北京水科院、南京水科院、长江水科院和黄委会水科所等单位，进行了高压三轴试验，最大压力达3.5兆帕，最大侧压力为2.65兆帕。还对土的击实性能、土的渗流变形特性、土的应力应变特性、土的断裂强度、土的压缩特性和土的分散性等，均进行了研究。通过试验与分析论证，说明小浪底大坝所选黄土料是较易压实的，属于低压缩性土。黄土虽然含粉粒较高，但是所含粘土矿物浸水稳定，所以是非分散性土，对渗透稳定是有利的。另外，土的浸水膨胀也不大，质量符合筑坝要求，龙门和碛口坝区黄土料的物理力学性质，与小浪底坝区基本相近。

二、黄河下游近代冲积层

黄河自河南省孟津县宁咀出山峡后，到山东省垦利县清水沟连接渤海，全长约800公里，横跨豫、鲁两省，广大地区主要为近代冲积层所覆盖。通过多年的勘察和科研工作，对近代冲积层的工程地质性质及其主要工程地质问题的研究，都取得了很大的进展。

（一）研究概况

对该区近代冲积层的研究工作，主要是从50年代开始的。黄委会在进行水利枢纽、涵闸、大堤的规划设计时，陆续进行了大量的地质测绘、钻探、试验及专题研究工作。编写各种地质报告数十份，如《桃花峪水库规划选点工程地质报告》、《岗李水库（花园口）初步设计工程地质报告》、《位山枢纽东平湖水库工程地质勘察报告》，张庄入黄闸、三义砦引黄闸、石洼泄洪闸等工程地质报告。地矿部、中国科学院所属单位在该区进行区测及科研调查时，编有河南省、山东省1∶50万地质图、地质构造图、水文地质图、地貌图、第四纪地质图、工程地质图及黄河冲积扇、黄河河口三角洲等专题研究成果。铁道部、交通部在该区进行铁路、公路、桥梁设计时，进行了桥基的勘探试验工作，并提出有桥基勘察报告与图件。1976年黄委会规划设计大队编写有《黄河下游工程地质勘察经验》。1987—1992年，黄委会设计院地质总队王喜彦等，将上述各家在下游所作资料，进行了分析研究系统整理，编绘成《黄河下游现行河道工程地质研究报告》及图册。该资料系统阐明了黄河下游的地层岩性、构造、水文地质条件，进行了工程地质分区，按区论述了土的工程地质特性及其主要的工程地质问题。报告还详细查对了主要决口口门、渗水、管涌的地点。是一份资料丰富、系统、使用性强的研究成果。

在黄河下游进行的专题研究工作主要有以下几种：

1. 砂层密度研究

1958年，黄委会和北京水科院合作，由方涤华负责，在桃花峪水库沁河口左岸滩地，利用真空活塞取砂器取原状砂、标准贯入试验、轻型动力触探等方法，进行综合性试验研究。经综合分析后，提出设计参数。1959年，真空活塞取砂器经侯锡琳进行改进后，推广应用到其它工区。1960年，为了解砂土密度，还在该工区姚旗营滩地，作了伽马—伽马测试的初步研究。1976年，在进行下游防洪规划选点工作时，又在桃花峪中坝址黄河滩地，进行了综合性砂土密度试验。由黄委会水科所及设计院共同配合，采用真空活塞取砂器、标准贯入试验、伽马—伽马测试。试验成果经综合分析，结论为各种测试成果曲线变化一致，测试成果可靠，可以相互参考验证，伽马—伽马测试成果较好，用真空活塞取砂器取样所测密度，成果也较好。但对于松砂仍有微弱压密现象，宜采用较小数值；对于紧密砂层，有微弱变松趋势，宜采用平均值或较大数值。

2. 大型载荷试验

1953年，由黄委会土层探验队曹生俊等，在邙山水库坝址、洛河河口西岸黄河滩地粉、细砂层上，进行了6组大型载荷试验。载荷板边长最大3米，总载重最大达606吨。该资料在1981年由地质处进一步整理分析，提出粉细砂的允许承载力为0.22～0.25兆帕。1960年，在花园口枢纽泄水闸址处，作了6组荷载试验。载荷板最大边长为0.707米，其中3组在钻孔中试验，误差较大，不能应用。其它成果较好，允许承载力粘土为0.075兆帕，砂壤土为0.125兆帕。

3. 砂基液化标准爆炸及加密试验

1959年，为判别桃花峪坝址砂基液化可能性及砂基加密效果等，由北京水科院汪闻韶负责，在武陟县姚旗营黄河新、老滩地，进行了多组爆炸试验。提出砂基可能液化的深度及利用爆炸方法加固地基的效果。

4. 大型抗剪试验

为解决桃花峪水库泄洪闸地基中含粘土球细砂的抗剪强度，黄委会水科所自制边长1米的混凝土剪力仪，对含不同比例粘土球的细砂进行了抗剪试验。试验成果为：当细砂中粘土球含量每增加百分之十，内摩擦角一般降低4～5度。

(二)近代冲积层的工程地质特性

黄河自河南省孟津县出峡谷,进入华北平原,除右岸河南省孟津、荥阳及山东省平阴、长清为低山丘陵外,均为平原。按地貌成因及形态分区,自西向东分别为冲积扇平原、冲积湖积平原、冲积平原、冲积三角洲平原。

黄河下游平原区,为近代冲积层广泛覆盖。其厚度在河南省境内,全新统一般为 20～40 米,上更新统为 20～60 米;山东省境内,一般全新统约 20 米,上更新统为 40～60 米。

黄河由于河道变迁、决口泛滥及频繁摆动,冲积层的岩性变化很复杂。根据黄委会设计院地质总队多年的研究,有一定的规律性。

1.近代冲积层的岩性分布

(1)岩性变化与河流微地貌有关,主流蛇曲带颗粒较粗,主要为砂层,局部有砂砾石层(冲积扇顶部),两侧渐变为粘性土层。背河洼地表层,多为粘土或壤土,下部为砂壤,呈双层或多薄层结构的土层。

(2)岩性平面分布,沿黄河自西向东,颗粒由粗变细。在冶成坡底以西,主要为砂砾石,以东主要为细、中砂,粉细砂,粉砂,砂壤土。在冲积扇平原,扇顶为砂砾石,中部为砂层,边缘部分多粘性土,砂层的厚度有明显向扇缘及两侧变薄,粘性土层则逐渐变厚的趋势。它明显反映出黄河出峡谷进入平原区后,粗碎屑物质迅速沉积及粗细颗粒沿程分选的规律。

(3)颗粒在剖面上的分布,由下向上由粗变细,由中砂、细砂局部粗砂到粉细砂、粉砂。而且有多次沉积韵律。反映出近代地壳垂直运动的波动及河流坡降由陡变缓及水文泥沙的变化规律。

2.近代冲积层的工程地质性质

黄河下游全新统冲积层,具有相变大、层理发育、粉土颗粒含量高、透水性小的特点。该层一般比较松软,排水固结程度低,工程地质特性较差。砂土在上部 10～15 米内比较疏松,有时含粘土球,当含量多时,可影响砂土的抗剪强度。粘性土微层理发育,俗称“五花土”,不均质,垂直层面和平行层面的工程地质特性相差较大。背河洼地的饱水软粘土、沼泽相淤泥质粘性土,以及冲积湖积平原、冲海积三角洲平原处分布的湖相、海相淤泥质粘性土层,多为软塑到流塑状态,属于工程地质特性不良的软弱土层。

在冲积、湖积平原及其附近地区,分布着棕褐色的裂隙粘土,粘粒含量高,属于抗剪强度低,但压缩性小,透水性大的特殊土层。

上更新统冲积层,在黄河下游西部阶地上为淡黄色、灰黄色黄土状砂壤土，具微弱湿陷性。在平原区埋藏于地下，多为淡黄色砂壤土，富含钙质淀积层及零星的钙质结核。本层因沉积时间较长，压密较好，属工程地质特性较好的地层。

（三）主要工程地质问题

在黄河下游修建水利工程及堤防的工程地质问题，主要为渗透稳定性、地基液化的可能性及沉降与不均匀沉降等。

1. 渗透稳定问题

由于黄河为地上悬河，河水位常年高于大堤背河地面，在大洪水时，由于渗透压力加大，在堤背河薄弱地段，曾多次发生渗透变形。平原水库东平湖在蓄水期间，东坝段也曾发生过比较严重的渗透变形。黄委会水科所对此问题进行过较长时间的研究，他们和北京水科院曾经对东平湖围堤的渗透变形进行了专题研究，对该处渗透变形的特性及其临界坡降进行了较为详细的总结。黄委会设计院在作下游闸、坝、大堤的规划设计时，对地基的渗透稳定性，都进行了分析论证。提出：黄河下游的砂土，由于颗粒很均匀，不均匀系数多为2～3，因此其渗透变形的类型主要为流土。在黄河下游工程地质研究报告中，根据流土在不同地层结构中的形态，归纳定名为泉涌、砂沸、冒水裂缝、鼓包及翻泥等。对用不同方法研究渗透变形的成果，进行了分析对比，结合工程类比，提出了不同土类的临界坡降及允许坡降，对不同处理措施进行了分析及评价。

2. 地基液化的可能性

黄河下游广泛分布着饱和、疏松、颗粒均匀的粉细砂、中砂、砂壤土、轻壤土、中壤土，均属可以液化的土类，在强震时，可以发生液化现象。黄河下游东明—菏泽、范县—朝城、平原—高唐，以及河口渤海湾，为地震危险区，其附近地震烈度较高。因此，兴建水利工程，需要考虑地基液化的可能性。黄委会在进行大型水库、涵闸及大堤的规划设计时，对地基的液化问题，进行了不少工作。1959年、1976年，黄委会水科所、规划设计大队和北京水科院配合，在汪闻韶领导下，在桃花峪水库坝址，采用多种方法进行砂基液化可能性的研究。黄委会规划设计大队编写出《黄河下游砂基液化问题》，通过综合指标方法、现场标准爆炸法、标准贯入击数计算法及西特简化计算法等，研究成果表明：一般浅层无盖重的砂土，在强震下都可产生程度不同的液化现象。不同的地震烈度，对建筑物造成的危害也不同。在7度地震时，大堤可产生局部震害，如堤身产生裂缝，坡脚局部液化；8度以上的地震，震害较严重,这也为历史地震所证实。1937年菏泽地震及1969年渤海地震时,处于地震烈度7度左右区的薄弱堤段,堤身产生了纵横裂缝,地面产生喷水翻沙,河口区新堤产生局部塌滑现象。

3. 沉陷与不均匀沉陷

黄河下游近代冲积层中的饱水软粘性土,沼泽相淤泥质土,湖相及海相淤泥和淤泥质土,属于抗剪强度低、压缩性高、工程地质特性不良的软弱地层。作为地基,容易产生沉陷与不均匀沉陷,需要进行基础处理。

大堤决口口门填充的秸料、树枝等,腐烂后常形成空洞。如东明县高村堤段,决口口门合龙处的秸料层厚达4.7米,灌浆试验时吸浆量达36～55升/米·分,6个钻孔总灌浆量为20.84立方米,灌入土料约12吨。这些堤段受洪水浸泡时间长时,易产生局部沉陷。

三、河床深厚覆盖层

中华人民共和国成立初期,在黄河治理开发规划地质勘察工作中,中游峡谷河段曾多处发现已被覆盖层掩埋了的基岩深槽、跌水及凹坑等。这一问题的揭露和发现,使人们对黄河的认识有了新的进展。60年代以后,黄河治理全面展开,峡谷河床基岩古深槽及深厚覆盖层问题,成为重要的工程地质问题。随着勘察研究手段改进和工作的深化,对其分布规律、成因及其工程地质性质,有了较深的认识。

(一)河谷深槽分布规律与成因

1. 深槽的空间分布

1952—1954年,在禹门口河床勘探时,左侧滩地一钻孔打入覆盖层69.43米(后因塌孔而停钻),未见基岩。在三门峡以下任家堆坝址勘探时,河床中共布4个钻孔,上游侧覆盖层厚5米左右,下游侧剧增至38米,最深一孔达62米。向下游3公里的王家滩坝址,河床共打钻孔9个,覆盖层厚一般50米左右,但河床中部8号钻孔102.56米深未见基岩。左侧滩地11号钻孔,覆盖层厚达111.59米。1959年在八里胡同上坝线勘探时,河床覆盖层一般厚25～35米,而河床中部的21号孔67.5米深未见基岩。同期在小浪底坝段进行勘探时,河床宽500米,覆盖层一般厚20～30米,而在二坝址深槽部位覆盖层厚达65～75米。

进入60年代,随着河流规划选点地质勘察工作的深入,河床基岩古深槽基本明朗化，峡谷河段河床深槽均发育在流域内汾渭、垣曲、洛阳3个断陷盆地的上游侧河床内。逆流而上，深槽一般由深变浅，明显具有溯源侵蚀的模式。如汾渭断陷盆地北缘的禹门口至壶口瀑布，长约62公里的河段，河床深槽覆盖层厚度在禹门口大于69.34米，甘泽坡47米，舌头岭17.85米，到壶口瀑布处，河床基本无覆盖层，基岩裸露。

2.深槽的形态变化

主要受当时下游盆地侵蚀基准面的控制，深槽一般沿断层、构造裂隙及软弱岩层发育。如王家滩、任家堆两坝址处，所发现的河床深槽，都是沿断层带分布的。又如小浪底水库坝址下游蓼坞河口至焦枝铁路大桥段长6公里，深槽分布于河床中部偏右侧，沿顺河断裂带呈直线型展布。深槽在纵向总的规律是下游深，上游浅，纵坡呈折线型，有波状起伏，可延伸数十公里。在横向上，深槽一般较窄，谷坡陡峻，呈谷中谷现象，但局部也有宽缓型出现。在平面上，部分河段深槽有分叉及归并现象，除主槽外，还有支槽，两槽之间，出现一个基岩埂将其分开，岩埂顶面高于槽底可达数十米。两岸支沟与深槽相交均呈悬挂状，这是由于黄河水量大，下切侵蚀较支沟为快所致。深槽一般分布在现代河床之下，有时也分布在漫滩及一、二级阶地的下部。

为了查明掩埋基岩深槽的空间分布，应首先对深槽进行宏观控制，50年代曾使用电法勘探，70年代增加地震法，互相配合使用，精度有所提高。在物探的基础上，关键部位布置打少量控制性钻孔，收到了较好的效果。

3.深槽的成因

根据深槽的空间展布及形态特征分析，深槽是高速水流下切溯源侵蚀作用形成的。最明显例证是壶口瀑布，溯源侵蚀仍在进行，据已有资料推测，每年以2～4厘米的速度向上游进展。而在瀑布的下游，顺河方向由于河水集中高速水流的冲刷侵蚀，形成了一个长达5公里，宽30至50米，深达60余米的“龙槽”（即现代的河谷深槽）。掩埋古深槽的形成时代，由于是顺流由下向上逐步形成，因此形成时间下游早，上游晚，根据槽中堆积物的地层时代推测，应当在晚更新世或在此之前。

此外，在大峪河口，黄河河床深槽的支槽，延伸到二级阶地之下。黄河二级阶地堆积物，属晚更新世，表明深槽应在二级阶地堆积之前形成。

（二）深厚覆盖层的物质组成与勘察研究方法

黄河河床基岩深槽分布区，覆盖层深厚，成分复杂，构成了特有的工程地质问题。在水利水电建设工程勘测方面，采用了特有的勘测方法。

1.深厚覆盖层的结构与物质成分

从已揭露出来的资料看，深槽中的堆积物，均为多元结构，物质成分一般在三种以上。禹门口滩地钻孔深69.34米，揭露其地层岩性由上而下分布为：表部砂层17.52米，砂卵石层24.26米，砂层14.07米，底部砂卵石层16.49米。向上游8公里的甘泽坡坝址，覆盖层厚47米，由上而下分布为：细砂中砂层厚11～19米，含砾中砂层厚10米，以下为含壤土砂卵石层，底部为块石层，在顺河方向上，表部砂层厚度大，连续分布，并与漫滩、一级阶地连为一体，中部砂卵石层，砂层向上游相变或尖灭。

垣曲盆地以上的王家滩坝址，河床中部的8号孔与左侧滩地11号孔，覆盖层厚100～110米。除滩地表部砂层以外，其下部位由上而下分为三层：上部砂卵石层厚20米左右，中部砂层50～60米，下部砂卵石层15～20米。

小浪底坝段，堆积物大体也分为三层，由上而下为：砂卵石层厚20～35米，砂层厚10～20米，最厚达30米以上，槽底为砂卵石层，局部存在块石堆积体。此外，在漫滩和一级阶地，还堆积有5～7米近代洪积表砂层。

从上述3个河段深槽内的物质成分与层位关系看，槽内的堆积物是经历了长期的多次的区间升降活动，造成河道纵坡比降及水流流速改变，而形成的层状多元结构体。根据在小浪底坝址右岸一级阶地下部所取碳化木年龄测定C^{14}为8640年，属全新世产物；而河床深槽的砂样，热释光测定年龄为3～8万年，表明深槽堆积物为晚更新世产物。

2.深厚覆盖层的勘察研究方法

小浪底坝基下存在深槽，覆盖层深厚，土石坝坝基大部座落在覆盖层上。因此，对深厚覆盖层的勘察试验研究，投入工作量较大，开展的项目也比较齐全。主要勘察手段有机钻、管钻、竖井探、取原状砂、标准贯入、抽水试验、现场大型抗剪、单轴压缩试验，并配合使用物探综合测井、跨孔试验等测试手段。截至1986年共打机钻孔83个，进尺7775.79米；管钻孔33个，进尺1845.63米；标准贯入42组；抽水试验20段次；测井831次；跨孔试验7组，228.85米；伽马—伽马测井50多孔次；砂卵石颗分336组。

(1)管钻取样：用于砂卵石地层的取样进行颗分，深度可达30米左右。管钻由护壁管和取样管两部分组成，取样管的管靴镶嵌有钢丝或弹簧片。先将护壁管打入地层，然后跟进取样管在管内取样，每次取样长0.5～1米，依次进尺可取得连续的样品。也可以让取样管超过护壁管先行，在管外取样。总之，管钻和竖井相比，代价低廉，简便易行，而且可在水下施工，无需排水。但管钻方法在小浪底坝基实施中，因卵石粒径偏大，管径受限，颗分资料有一定偏差,即大径卵石被击碎,造成含量偏低,细粒组含量增大,含砂率较实际偏高。为此,于1982年10月至1984年5月,进行了管钻取样的率定试验。试验是在现场采用直径为2米、深8米的混凝土管井中进行的。首先将天然砂卵石进行筛分,分级存放作备料用,而后按人工取样颗分为依据,配制各级砾、卵石比例,分别按含砂率为0.0%、15%、18%、25%、30%、37.5%、40%、50%的配制样,分层入井中逐层捣实,根据装料重量及容积算得样品密度,装满后灌水饱和,并使水位保持在孔口附近,以模拟河床砂卵石的充水条件。在此条件下,用管钻从井中取样(用管外和管内两种取样方法),同时进行伽马、伽马—伽马测井和VPRH钻机取样。共作了15组试验,测容重87次,颗分334次。装入的代表天然级配,取出的代表勘探取样级配,根据试验求得两者的相关关系式如下:

168mm 管内取样	168mm 管外取样
$Y=0.67X+19.5$	$Y=0.9X+11$
127mm 管内取样	127mm 管外取样
$Y=0.7X+22.5$	$Y=0.79X+22.5$

式中Y为取样含砂率,X为天然含砂率(即率定后的含砂率)。

依据上式可对勘探颗分资料进行修正,使试验成果更接近实际。

(2)VPRH钻机取样:该钻机是1980年从法国引进的大型钻机,目的是在小浪底坝址进一步查明深厚覆盖层的性质。它的功能可以自动旋转、冲击,不提钻具,一直钻至设计孔深,以气动压力岩芯自动冲出地表,进行分层、鉴定、颗分等工作。该钻机在小浪底河床勘探时,由于孔内负压和震动影响,所取砂卵石样品含砂率较实际地层偏高1~2倍。同时也因卵石粒径较大,所取样品颗粒级配失真,而造成资料无法直接使用。

(3)引进成都院SM植物胶冲洗液,采用金刚石钻进工艺,在砂卵石钻孔中取样,可以对砂卵石层准确分层。

(4)竖井采用沉井法施工,可以取得河床水下砂卵石分层和颗粒级配成果。井旁打一眼排水井抽降地下水,人工开挖,将砂卵石全部取出,分层采样筛分,所取成果资料准确。

(5)利用直径110毫米双管自动调节超前靴取样器,采取原状砂样。用冷冻法保存砂样和长途运输砂样。

(6)采用气自动标准贯入试验器,在砂层中进行标准贯入试验。

(7)伽马测井:河床砂或砂卵石层中的颗粒组成不同,其比表面积也不同,比表面积不同,对放射元素的吸附力也不同。因此,其放射性强度也就不同。通过伽马测井仪，可以测得砂或砂卵石层的自然伽马脉冲数。据此，可以判断砂卵石含砂率大小或粘土粒含量。此法与管钻颗分配合，对砂卵石层按含砂多少进行分层，可取得比较可靠的数据。

(8)跨孔试验：所谓跨孔试验，是通过在一个孔内激发，在相距7～8米的另一孔内用微型地震仪（拜森125型）测量两孔间砂卵石层中的横波传播时间，并算得其横波速度，求砂卵石的剪切模量。

(9)伽马—伽马测井：是用人工放射源来测定天然状态下砂、砂卵石层对伽马射线强度的吸收量，据此求得砂或砂卵石密度（散射强度）。其方法是先在实验池内填入人工配制的不同密度的砂或砂卵石，而后用仪器测量其散射强度，求出散射强度与密度的关系曲线。有了关系曲线之后，就可在大量钻孔中进行伽马—伽马测井，并根据散射强度通过关系曲线查得各点的密度。

此外，还进行了深厚覆盖层的防渗处理研究。为了论证坝基和深厚覆盖层建造混凝土防渗墙的可行性，于1980—1981年，在小浪底坝址深槽部位用1.1米直径冲击钻，建造6.6米长的槽孔，顺利的通过了26米厚的流砂地层。以后又用旋喷新技术，实施了防渗墙建造的试验研究工作。

在试验研究方面，除了常规的室内试验项目外，在小浪底坝址左侧岸边专门开挖一个大型试验洞，在洞内进行大型直剪试验和单轴压缩试验。抗剪试验面积为0.8×1平方米，试件填料按含砂率22%、37%、54%，密度按1.99～2.28吨/立方米七种情况配制进行。压缩试验容积为直径0.8米，高0.6米，试料从砂到砂卵石六种级配，在相同含砂率条件下，分别配制疏松、中密、紧密三种密度，共进行了18组单轴压缩试验。通过试验建立了不同含砂率、密度、压力情况下的孔隙比、压缩模量、压缩系数的关系资料。此外，还针对河床上部砂卵石层在不同部位含砂率变化在20～40%的情况，对地震液化的可能性进行了最大液化度的试验研究。

(三)深厚覆盖层的主要工程地质问题

在深槽分布河段修建拦河大坝，由于覆盖层深厚，难以全部开挖清除，坝基一般座落在覆盖层上，因此工程地质条件复杂。小浪底水库工程大坝坝型为粘土斜心墙堆石坝，坝体座落在覆盖层之上。作为大坝基础的深厚覆盖层，主要工程地质问题有4个：

1.坝基沉陷变形问题

河床坝基除表部的砂层、岸边坡、洪积土夹块石层须要清除外，深槽两侧晚更新统砂卵石层，尚余10～30米，槽内覆盖层仍有70米左右，保留在坝基下。砂卵石层干密度一般2.2～2.3克/立方厘米，压缩模量20.6～45兆帕；砂层干密度1.65～1.85克/立方厘米，压缩模量14.6～29兆帕。砂层主要分布在深槽中下部，沉陷变形量显然较槽外两侧大的多，尤其在坝轴线附近，深槽两侧边坡高陡，右侧最大为60度左右，槽顶底高差达40～50米，坝体在纵向易造成较大沉陷差。

2. 坝基抗滑稳定问题

砂卵石的内摩擦角为36～39度，高含砂率的砂卵石层内摩擦角在34度左右，砂层为30～33度，强度指标均较高，在层位分布上无明显的易滑弱面。但在坝线下方深槽两侧，岩面上有厚薄不等的坡积物，为泥夹碎石，泥的含量达50～60%，成为易滑的薄弱地带。

3. 坝基覆盖层渗透稳定性问题

河床砂卵石中的细粒填料以极细砂为主。1961年在小浪底二坝址滩地进行试坑渗透稳定试验，破坏比降一般值为0.30～0.47，与室内试验值基本相同。坝基覆盖层渗透性很不均匀，砂卵石层的渗透系数一般为30～80米每日，其中中上部冲洪积物夹层小于10米每日，砂层3～6米每日；而深槽的中下部，砂卵石层中还存在"架空层"，渗透系数高达200米每日以上。

由于地层岩性为层状分布，建坝后，坝基地下水渗流条件主要为水平向，在相对隔水层尖灭或薄弱带，垂向集中排泄易造成渗透破坏。其破坏类型，在含砂率低于30%的地带为管涌破坏，高于30%的砂卵石地层及冲洪积层，为流土破坏。

4. 坝基覆盖层的液化问题

从宏观定性分析，表层粉细砂、砂壤土属全新统堆积物，比较疏松。天然干密度1.34～1.52克/立方厘米，属液化地层。下部砂层、砂卵石层，为上更新统堆积物，具有较长时间的压密固结作用，一般不液化或液化度很低。从试验资料看，全新统的粉细砂层及砂壤土，横波速度为150米每秒，砂卵石上部3～5米的横波速度为310米每秒，计算得的动剪应变幅(re)均大于0.02%，存在液化可能。下部晚更新世沉积的砂卵石层，横波速度510～600米每秒，夹砂层500米每秒，底砂层420米每秒，动剪应变幅(re)值均小于0.02%，无液化可能。1980年黄委会水科所对砂卵石最大液化度进行试验，所用钢质圆筒直径39.7厘米，高60厘米，填料限制粒径80毫米，在振动平台上以垂直振幅1.4厘米，频率2.76赫兹，模拟加速度为0.215g的地震作用，填料呈最松状态，当含砂率为30%时，最大液化度仅为29%；含砂率为

35%、40%时，最大液化度分别为35%、40%。根据实测，砂卵石的含砂率大于30%时，相对密度一般为0.50～0.63；小于30%时，相对密度为0.77～0.80。按小浪底工程设防烈度8度，相对密度临界值为0.75的标准判定，河床砂卵石层一般无液化可能，而在高含砂率部位应考虑液化问题，须加工程措施。

河床掩埋基岩深槽的存在，给水电工程带来很多麻烦，增大投资，延长工期，增加施工难度。但在深槽内，贮存着丰富的地下水，成为附近工程施工供水理想的水源地。特别是在多泥沙的河流上，地面水质达不到用水标准的情况下，这种类型的水源地，更为珍贵。小浪底工程施工供水的解决，便是成功的一例。沿深槽布井7眼，单井出水量每小时达400～1000吨以上。

四、红色碎屑岩系

红色碎屑岩系因其颜色主要呈红色而得名，为沉积岩类，特指河湖相或陆相盆地沉积的碎屑岩。

红色碎屑岩系就岩性而言，主要包括砾岩、砂岩、页岩、粘土岩，岩性组构上多呈互层状和夹层分布。就地质时代而论，在黄河流域从古生代末期至中生代，均有红色碎屑岩层分布。新生代也有沉积。

上古生界陆相红色碎屑岩，分布于华北陆块及东秦岭—祁连断块等部位，尤其是二叠系石盒子组、石千峰组，广泛出露于鄂尔多斯盆地东缘及吕梁、太行断块等处，为砂页岩互层，或砂岩夹页岩。中生界陆相碎屑岩，以鄂尔多斯、宁南、陇西等盆地分布最为广泛，其余地区多出露于山间盆地，以砂、页岩互层，或砂岩夹页岩为主。

黄河流域红色碎屑岩系分布广泛。在流域历次干流开发规划过程中，多处坝址选择在这类岩层上。如积石峡、寺沟峡、盐锅峡、八盘峡、柴家峡、前北会、罗峪口、佳县、碛口、军渡、三川河、老鸦关、社宇里、清水关、里仁坡、云岩河和小浪底等处。随着河段和各个坝址的阶段工程地质勘察，红色碎屑岩系的工程地质特征得到充分研究。由于红色碎屑岩系岩性组构的互层性，其中硬岩裂隙发育，软岩层性状薄弱，强度低，易变形，特别是粘土岩、粘土质粉砂岩风化速度快，在干湿交替的情况下易崩解软化。且软岩受层间剪切易于泥化，形成软弱结构面。因此，在红色碎屑岩系中建坝，往往存在一些工程地质问题。比较突出的有岩体抗滑稳定问题、大跨度洞群的围岩稳定问题以及各向异性渗透问题。

(一)泥化夹层与岩体抗滑稳定

红色碎屑岩系中,一般含有软弱夹层等软弱结构面,特别是泥化夹层,往往构成岩体失稳破坏的滑移面,对工程岩体稳定起控制作用。因此,查明泥化夹层的性状、分布,便成为工程地质勘察的重要任务。

对泥化夹层的认识,是随着黄河流域水电工程地质勘察工作的深入而逐渐加深的。在50年代后期,八盘峡坝址工程地质勘察过程中,就认识到坝基含有软弱夹层,并对其性状进行了研究。坝基粘土页岩夹层厚度小于10厘米,天然密度2.5克/立方厘米,4组饱和快剪平均摩擦系数为0.33,建议在施工中对软弱夹层进行适当的挖除、灌浆及铆固处理。在碛口、清水关等坝址勘察过程中,也开始对粘土页岩软弱夹层的重视。1958年底在由苏联专家和山西省有关领导人参加的碛口选坝工作会议上,苏联专家那廖托夫就指出:“砂岩与砂质页岩接触带,有性状较软的粘土岩夹层,建议粘土岩夹层的摩擦系数为0.4,凝聚力为40千帕;如果是接触带岩石,在水中崩解软化快,其摩擦系数应为0.25,凝聚力为20千帕。”这里所指的“接触带岩石”,实际上是泥化夹层或经过构造错动的层间剪切带。在讨论碛口索达干坝址是否可以修筑混凝土高坝时,苏联专家波洛沃依谈到:“不论我们怎样仔细地研究地质,修建140米高的混凝土坝不太可靠。从地质剖面上可以看到,粉砂岩夹层很多,对这种岩层随时间变化的情况尚未了解,同时亦不能了解,因此修建混凝土高坝不太理想。”波洛沃依表示“很担心岩石夹层的抗剪特性,这些夹层对坝的稳定性很有关系”,并希望“最好研究一下夹层的特性在浸水或渗透以后是否会随时间而变化”。

真正对泥化夹层有明确的认识,是始于1965年。当时黄委会第五地质勘探队地质组与北京水利水电学院实习师生,在碛口坝址进行地质调查中,发现岩层中有呈泥状的软弱夹层,是由粘土岩经破坏粉碎而成的。现场调查发现其地表出露长度近400米,在深30米的探硐中仍可看到。为了求得其强度指标,在探硐中做了一组现场原位抗剪试验,试件上夹泥厚达4厘米,将试件浸水三天饱和,试件制作和试验过程中无限制膨胀,试验结果其摩擦系数为0.14。1971年在黄河小浪底坝址地质勘察中也发现有泥化夹层。1974年后又先后在黄河干流军渡坝址和龙门舌头岭坝址发现泥化夹层。从而意识到红色碎屑岩系地层中泥化夹层发育的普遍性和对工程的危害性,展开了对泥化夹层分布和性状的地质、勘探和试验的全面研究。

1.泥化夹层的空间分布调查

1971年8月，在小浪底一坝线左岸开挖弹模试验槽时，发现岩层中有泥化夹层。因其位于工程布置的混凝土坝坝基中，当即引起重视，黄委会规划大队和小浪底工程筹建处，调集第二、三勘探队的4个机组，在一坝线左岸基岩台上，用双层单动岩芯管和反循环钻进方法，进行坝基深部地层中泥化夹层勘探。同时成立专门小组，在坝址区进行地表测绘调查。至1974年底，在坝址区的河谷两岸量测了千余条地质剖面，在一坝线左岸基岩露头处，还进行了1∶500地质填图。共打机钻孔42个，总进尺4000余米；大口径孔(1米直径)2个，进尺52米；还进行了少量平硐勘探。通过地表测绘调查和勘探孔硐编录，发现夹泥均伴生在软岩的顶面或底面，有时可贯穿到软岩本身。在勘探中采用双层单动岩芯管提取夹泥，减少岩芯对磨，一般效果较好，但对很薄的夹泥层仍不能全部取出。

1974年以后，山地工作用于揭露泥化夹层的层位关系、厚度和层数有了较大的推广。在覆盖层较薄的陡坡上，开挖较深的槽探；在地下水位以上的各种建筑物基础部位或接近建筑物基础部位上，开挖平硐追索泥化夹层分布、变化情况；而在地下水位以上岩层产状、地形坡度较缓的层状地层中，则用竖井揭露。从1975年至1981年间，在小浪底一、二、三坝址共开挖平硐44个，总进尺3539米；竖井9个，进尺195米。勘探表明，平硐和竖井中发现夹泥层数，均比地表所见为多，足见硐探和井探的重要性。

为了充分发挥钻探技术在深部岩层勘探方面的优势，1978年起，采用打“姊妹孔”的方法，来提高泥化夹层的取芯率，效果明显。1981年研制出套钻取芯新工艺，使泥化夹层钻探岩芯采取率达100%，可全部取出深部地层的泥化夹层。

用物探方法了解深部地层中泥化夹层分布，亦在小浪底坝址作过尝试。为了确定钻孔中泥化夹层的位置，1972年采用电法测井，1981年引进法国T_{400}型自然伽马测井仪进行伽马测井，均因信号不强和可信度低而弃之不用。另外，1977年还采用孔内电视法探测，亦因孔内地下水澄清难以迅速满足探测要求而搁置。

随着勘察技术的提高和工作量的增大，泥化夹层分布特征的研究也在不断深入，不仅仅停留在对夹泥单点和局部分布的认识，而在寻求泥化夹层分布特征和规律。1978年以后，在泥化夹层地表调查中，对其延伸长度、厚度变化和夹泥层的起伏差等特征，进行调查和测量。1980年，成都地质学院实习生在孔德芳教授的带领下，对小浪底三坝址左岸岩组的沉积岩相进行调查，试图根据岩相和沉积环境分析，结合泥化夹层与软岩分布的共生关系，探讨泥化夹层的分布特征和分布规律。1981年后，更加注重夹泥层空间分布的成层性和连续性研究。泥化夹层在垂直方向上的成层性，采用概率统计方法进行分层统计，并采用每层夹泥距所在岩组的底面高度，作为该层夹泥的分布位置。泥化夹层的分布连续性，除进行地表露头和平硐中延伸长度的追踪外，还针对由其它方法获得的大量勘探资料，提出用泥化夹层分布的“面积连续率”来定量表征其空间分布范围。通过对泥化夹层分布规律的认识，大大地提高了泥化夹层分布的可预测性。

2.泥化夹层性状的试验研究

泥化夹层自1965年在碛口坝址发现，并随即做了一组现场原位抗剪试验之后，对泥化夹层大量试验工作是在小浪底坝址完成的。其余在军渡、龙门舌头岭和后来的碛口坝址，又陆续做了一些研究。

1971年开始，在小浪底一坝址取样，做了泥化夹层室内物理力学性质试验，包括颗粒分析、容重、比重和含水量测定。并取夹泥原状试样在室内完成饱和固结快剪以及扰动样抗剪试验，以了解夹泥的基本物理力学性质。1972年在一坝址滑坡体底滑面上，做了两组大型原位抗剪试验。为了论证在水库建成后高水头作用下，页岩是否会产生泥化问题，还进行了页岩夹层高压渗流试验和崩解试验。根据这些试验结果和野外观察分析，表明在坝基清基过程中，只要能采取适当措施，页岩便不会产生泥化。1972年以后，开始进行泥化夹层的矿物化学分析和结构构造的显微镜观察，以确定泥化夹层的物质组成和结构特征。在偏光显微镜下，夹泥为角砾状和糜棱状结构，呈现出受挤压扭曲形变迹象，定向排列构造，并可见到具有棱角状石英压碎现象，可辨别非粘土矿物的成分和结构。对于颗粒级别小于0.002毫米的粘土矿物成分，则利用差热、脱水、X射线衍射和电子显微镜等方法综合测定。而对小于0.001毫米夹泥颗粒组成，又利用化学分析进行成分测定。泥化夹层的颗粒组成，1974年以前采用加水浸泡2～14天，加氨水煮沸1小时，研磨后过0.1毫米孔眼筛子，用吸液管法分析。后来，对此方法加以改进，将以往的研磨加氨水煮沸方法改为浸泡和水洗，避免颗粒粉碎现象的发生，颗分结果可真实地反映出泥化夹层的粗、细粒度成分。

1979年开始，对泥化夹层现场原位抗剪试验方法加以改进，在制件过程中采用限制夹泥膨胀条件（试件制成后，在试样浸水饱和时限制试件因浸水饱和影响而膨胀），这样更符合实际。其试验结果比以往不限制膨胀条件的强度值高20%左右，在小浪底坝址其摩擦系数由0.20提高到0.23。并以摩擦系数等于0.23、凝聚力等于5千帕作为小浪底坝址岩体抗滑稳定性分析时的设计依据。

1982年，黄委会在长春地质学院实习师生的配合下，开始对泥化夹层进行类型划分。大量调查资料表明，同一层位上的泥化夹层，无论是结构构造类型，还是粒度组成，都是相当复杂的，然而有规律可循。于是在宏观和亚微观结构统计分析的基础上，将泥化夹层分为5种类型，即全泥型、泥夹角砾型、粉砂夹泥型、泥膜型和角砾夹泥型。并用便携式中型剪力仪，在现场进行了不同类型夹泥的剪切试验。同时对影响抗剪强度的因素进行分析，认为泥化夹层抗剪强度不仅与粘粒含量、上下岩层面起伏差、夹泥厚度、矿物成分等地质因素有关，而且也与试验方法有关，从而提高了抗剪强度取值的合理性。泥化夹层压缩变形对工程影响也很大，为此采用千斤顶承压板法进行了变形模量与压缩性试验。

为研究泥化夹层在长期渗水作用下的可能变化趋势，1982年完成了分散性试验和化学潜蚀试验，对泥化夹层在长期渗水(冲蚀)作用下，能否发生机械潜蚀、化学潜蚀和抗剪强度降低等问题，也进行了试验分析。

1988年，黄委会设计院科研所在小浪底进行了8块试件尺寸为100×100平方厘米的泥化夹层原位慢剪试验，取得了夹泥层中孔隙水压力充分消散后的有效应力抗剪强度指标，其摩擦系数值为0.25，凝聚力为5千帕。与以往历次试验成果相比较，有效应力抗剪强度的摩擦系数值，比常规(固结快剪)试验提高了31.6%，比限制夹泥膨胀的固结快剪试验提高8.7%。可见，用有效应力抗剪强度指标修改设计，其经济效益显著。

3.泥化夹层的成因机理分析

首次在碛口坝址发现泥化夹层，当时认为是风化形成的。1971年在小浪底坝址的工程地质勘察中，根据资料分析，发现夹泥层的形成和分布，与断层有密切关系，于是提出断裂形成夹泥的观点。认为坝址区层间泥化夹层，为断层活动时派生的次一级应力而形成。所以泥化夹层的分布，将限制在局部，而不是大面积的。

1974年前后，在小浪底坝址泥化夹层地表调查和钻孔深部揭露的基础上，发现夹泥层的形成，主要受岩层之间构造错动而产生。其层间错动力来源于背斜及构造断裂。小浪底坝址位于狂口背斜的北东翼，由于岩层受水平挤压而褶皱，使软硬相间的地层在背斜翼部发生层间错动。层间错动过程中，在软硬岩接触部位或在软岩夹层中产生应力集中，而使软岩夹层搓碎，结构破坏，并遭受泥化。因此，具有较广的分布范围。另外，夹泥的形成与构造断裂也有一定关系。因为在断层附近，一般夹泥较多，特别在断距较大的两相近断层之间的地层，软岩夹层泥化程度高。总之，夹泥是由于构造作用而形成，当属构造夹泥。通过夹泥层与其相伴生的软岩层的矿化成分对比，差异不大，说明地下水对夹泥的形成和成分的影响尚不是主要的。但地下水和地表水的循环对夹泥的形成变化也可能起一定的促进作用。

80 年代以来，探讨泥化夹层的成因，逐渐由宏观力学成因向微观机理剖析发展。随着扫描电子显微镜用于泥化夹层和原岩微观结构分析，以及各种定量方法测定其夹泥和原岩的矿化成分，并进行对比，为剖析泥化夹层形成的微观机理提供可能，亦为泥化夹层的分布、性状的预测，以及在渗水作用下的演化趋势分析，提供了依据。研究发现泥化夹层的形成，必须具备 3 个条件，即：原岩成分和特定的组构关系，这是物质基础；其次，是原岩要经受剧烈构造错动，错动时的大位移使原岩结构被彻底改造，形成一种与构造剪应力相适应的“新构造”；第三，是这种结构体系在水的作用下发生一系列复杂的物理化学作用，才能最终形成一种含水量高、干密度小、强度低、易于屈服的泥化物。

总之，从 1965 年开始对黄河流域红色碎屑岩系中泥化夹层研究，进行过地面调查、坑槽探、硐探、井探及物探等勘测工作。曾使用过大口径、中口径及金刚石小口径双层单动岩心管回转钻进以及套钻等钻探手段；试验除进行一般物理力学试验外，还用偏光显微镜、差热、脱水、X 衍射、扫描电子显微镜等方法，鉴定粘土矿物成分和含量；用全分析方法对粘粒及胶结粒进行化学分析；在野外进行限制和非限制膨胀大型原位抗剪对比试验，以及有效应力条件的原位慢剪试验。为泥化夹层空间分布和性状的研究，提供了充分的资料和多种研究途径。

(二)洞室围岩稳定性

在红色碎屑岩基础上筑坝，坝型多选用当地材料坝。其泄水建筑物布置，一般放在两坝肩山体中。导流、泄洪、排沙和发电引水多采用隧洞形式，势必牵涉到地下工程的洞室围岩稳定性问题。

黄河流域红色碎屑岩系中地下洞室围岩稳定性研究工作开展较晚，但发展迅速。70 年代开始，对小浪底三坝址左坝肩山体中的洞群进行围岩稳定性初步评价，判定围岩稳定性以及据以进行地下工程支护设计和施工的主要方法是围岩分类。黄委会在小浪底坝址洞室围岩稳定性评价过程中，首先进行了围岩变形失稳的地质研究。而围岩变形失稳地质研究，是围岩分类的地质基础。从影响围岩稳定的地质因素与工程因素、围岩变形失稳的基本类型、结构面性状与结构面组合、可能不稳定块体的形成及其稳定性判定等方面，通过地质定性描述、岩体波速、岩体力学特性、块体平衡理论等多种方法，来判别和分析其稳定性，从中研究确定控制围岩稳定的主要地质因素和影响因素。发现控制围岩稳定性的主要因素是岩石强度、岩体完整程度和结构面性状。

在围岩失稳变形的地质判定基础上，1980 年开始对小浪底坝址洞室围岩进行工程地质分类。

首次围岩分类的基点，是以工程岩组为基础，从岩体结构类型和岩体的物理力学特性，来评定围岩优劣。认为各个岩组中软硬岩石的含量和分布特点、不同厚薄单层所占百分数、节理间距、块度大小，应是区别围岩稳定性好坏的基本条件。在划分岩组时，考虑到因受构造、风化、卸荷等作用的影响形成的“构造岩”和“风化岩”，将小浪底坝址洞室围岩共分为 15 个工程地质岩组。按巴顿 Q 分类方法进行各岩组的质量评价，计算出红色碎屑岩系各岩组的岩体质量 Q 值在 4～10 之间，质量类别均属“一般岩体”。断层破碎带的岩体质量 Q 值为 0.01～0.25，属“坏岩体”。再根据各岩组的物理力学特征，包括不同抗压强度的岩石含量、不同单层的百分比、岩体变形模量、纵波速度、动弹模和 R.Q.D 值，按水电部门围岩分类标准，红色碎屑岩系各岩组当属Ⅲ—Ⅳ类围岩，断层破碎带属Ⅴ类，风化卸荷带属Ⅳ类。

1981 年后，黄委会设计院成立洞室组，组长先后由吴俊岭、李宏勋担任，进行小浪底坝址洞群围岩分类工作，对洞室围岩稳定性开展专门研究。在围岩分类条件控制上，突破以往以岩组划分为基础的观点。提出围岩分类以岩体结构为基础，首先将岩体分为层状结构、破裂结构、松散结构 3 种类型。在此基础上，再进行亚类划分。亚类划分的依据是地层岩性、沉积韵律、单层厚度、岩石物理力学特性、结构面发育程度、弹性波指标等，共分为 9 个亚类，打破了过去工程岩组的归类界限。针对这 9 类岩组，采用 Q 分类法和岩体质量系数 Z 法，进行岩体质量计算和比较。结果表明，层状结构岩体属一般岩体；层状松散结构岩体属很坏岩体；层状破裂错动、层状碎裂及松散结构岩体属极坏岩体。结合围岩物理力学性质、弹性纵波指标、完整性系数、坚固系数和单位抗力系数值，围岩类别划分为：层状结构岩体，属Ⅲ类，稳定性一般；层状松弛结构岩体，属Ⅳ类，稳定性较差；层状破碎错动、层状破裂及松散结构岩体属Ⅴ类，不稳定。

1984 年 1 月至 1985 年 12 月间，黄委会设计院受水电部昆明勘测设计院（简称昆明院）委托，参加了国家“六五”攻关项目“水电站大型地下洞室围岩稳定和支护的研究和实践”的子项“地下洞室围岩稳定的地质研究和围岩分类”科研工作，进一步深化了小浪底坝址洞室围岩分类。在原有工作基础上，着重研究对岩体质量起控制作用的主要地质因素，选定判别指标，并从地质定量描述和简易测试技术等方面为分类参数提供定量指标。如利用点荷载仪和回弹仪测试岩石强度，建立与岩石单轴抗压强度的相关关系，大量利用声波仪和小地震仪测试岩体的波速，计算动弹值，进行动、静弹对比和相关分析。这些手段的采用，对提高岩体的定量评价起到了重要作用。

红色碎屑岩系中洞室围岩的研究表明，结构不同的岩体，其介质力学特性相差较大。层状结构砂岩因受层面、节理面切割，岩体强度和变形有明显的各向异性。在相同荷载下，垂直层面为弹塑性状态，而平行层面一般为弹性状态。另外，从结构面剪应力—应变关系分析还表明，层面属于塑性破坏型（非线性曲线），而陡立节理面一般为脆性破坏型（线性曲线）。碎裂结构和松散结构岩体，应力—变形曲线为直线或近似直线型，反映出同性均质弹性体特征。

在洞室围岩分类工作的同时，黄委会设计院为使小浪底工程枢纽布置方案建立在切实可行的基础上，于 1982 年在国内外水电工程尚无类似红色碎屑岩系地质条件的大跨度隧洞施工经验的情况下，进行了 15 米跨度隧洞开挖试验。试验的具体任务是：(1)落实大跨度隧洞穿越断层破碎带的可能；(2)按新奥法通过光面爆破、喷锚支护及仪器监测，对红色碎屑岩系中缓倾角、多裂隙、发育有泥化夹层的砂页岩层状岩体及断层破碎带的开挖，获得洞室围岩稳定的各项开挖及支护技术参数；(3)观测洞室围岩达到稳定的时间及空间变形效应，研究岩体的变形特征，为永久衬砌设计和施工提供资料和经验。

根据试验洞开挖和监测所获资料，得出试验洞围岩变形特征及规律为：(1)试验洞的围岩松弛圈深度为一倍洞径左右。(2)监测断面距掌子面距离一倍洞径左右时，围岩变形趋于稳定。(3)围岩开始变形至稳定的间隔时间一般为 2—3 个月。由于开挖方式不同，围岩的应力重分布和变形情况也比较复杂。因此，个别地段围岩的持续变形时间不尽相同。(4)两个监测断面围岩的 0～8 米范围内，都存在一个压缩区，此区内的岩体都具有压缩位移。产生此压缩位移的原因，是喷锚支护后，在围岩中形成一个完整的承载拱限制上覆岩体的位移变形而形成的。(5)从洞顶钻孔围岩应变资料中可以清楚地看出，掌子面前方围岩中存在一个明显应力降低区和增高区。(6)第一监测断面的拱部围岩变形大于边墙，可见缓倾层状岩体中边墙的稳定是好的。

通过小浪底坝址多年来进行的一系列地质、试验研究工作表明，多裂隙层状岩体的红色碎屑岩系，其强度和变形特征主要受层面、泥化夹层和节理面或相互之间的组合关系控制，一般无大的滑移体产生。岩体的变形破坏形式，主要是沿层面和弱面产生张裂、岩层弯曲，沿节理面折断、塌落。因此，边墙稳定条件优于顶拱。根据围岩类别不同，在跨度10～15米时，Ⅲ类围岩的稳定性一般，此区内仅在应力集中部位有掉块，在软弱地带有塑性变形；Ⅳ类围岩稳定性较差，局部裂隙微张，但岩体本身还是具有自撑能力和成洞条件的；Ⅴ类为不稳定围岩，有掉块和塌方。从而可根据围岩类别，确定喷锚支护参数和措施。

在1984—1988年龙门舌头岭坝址可行性研究和1987年以来碛口坝址的可行性研究工作中，也进行了坝址区洞室围岩分类的专题研究工作，并得出相似的结论。

(三)基岩裂隙渗透性

对岩体渗透性的认识和合理评价，直接关系到防渗工程的设计和处理。

黄河流域红色碎屑岩层的渗透特性的调查和研究，早在50年代初进行流域规划查勘阶段即已开始。当时除在沿河踏勘过程中，对地表泉水出露作过调查外，还在盐锅峡、八盘峡和小浪底等少数坝址作过钻孔压水试验，获得少量岩体单位吸水量指标。调查和试验表明：在白垩系红色砂页岩中，单位吸水量在0.0004～0.004升/分·米·米，从钻孔中抽完水后约36小时才能恢复，白垩系地层渗透性对建筑物影响不大；在二叠系、三叠系砂岩中，主要是沿岩层和节理渗水，与岩层倾向有很大关系，如主要由二叠、三叠系地层组成的黄河府谷到山西省船窝河段，地层倾向北西西，倾角很小(5°～15°)。因此，在这些地带泉水出露在左岸较多，右岸较少。因为在河谷砂岩中裂隙较发育的缘故，单位吸水量较大。若在这种地层上建设工程，应特别注意岩体透水性问题。

1954年以后，随着在前北会、碛口、军渡、三交、龙门舌头岭和小浪底等红色碎屑岩坝址区进行的工程地质勘察，特别是在各坝址区获得的大量钻孔压水试验资料，为评价基岩渗透性提供了定量指标。通过勘测试验认为，岩石透水性能与裂隙发育有密切关系，并随着深度而减小。坝址区基岩裂隙水主要分布在砂岩中，而页岩层中透水性极其微弱，如龙门舌头岭坝址，基岩裂隙水主要分布在砂岩组中，而紫红色粉砂质粘土岩为相对隔水层。砂岩组单位吸水量小于0.01升/分·米·米占66%，在0.1～0.01之间占

19%，而粘土岩层单位吸水量一般在 0.0002～0.0005 升/分·米·米之间。由于红色碎屑岩层中砂页岩呈互层分布，往往在上覆厚层粘土岩之下的砂岩组为承压含水层，前北会、碛口和小浪底坝址的河床基岩中均有分布。在两岸坝肩，由于页岩的隔水作用，于砂岩与页岩接触处有泉水出露，系层间悬挂水。

1980 年以后，在小浪底坝址水文地质勘察过程中，通过对影响岩体渗透特性的因素进行分析认为，基岩地层的水文地质条件，主要受地层岩性、构造和风化卸荷诸因素的控制。地层岩性是水文地质的基础，而断裂切割和风化作用，对坝址区水文地质条件起一定的控制作用。坝区主要是砂岩和粘土岩层形成的层状裂隙透水层和相对隔水层，下伏层状裂隙透水层，一般具承压现象。岩层发生断裂作用，在断层带和影响带范围内，顺断层走向透水，垂直走向阻水。岩体风化卸荷作用，使岩体发生拉裂和松弛，临近地表岩体透水性增大。根据这些因素，将小浪底坝址区划分为 5 个水文地质单元。

1983—1985 年间，进一步加强对小浪底坝址基岩地层水文地质特征的研究。在认识到风化卸荷带的深度受地形地貌条件控制的基础上，根据地层岩性、地貌和构造特征，将坝址区分为 13 个区，每个分区在剖面垂直方向上，又依据钻孔单位吸水量细分为强、中、弱 3 个透水带。总之，在 1985 年以前的工作中，尽管进行了水文地质单元的划分，但在每个分区单元中，岩体的渗透性具各向同性，且以钻孔单位吸水量为主要定量评价依据。

由于岩性的成层性和不均一性，以及不同岩性中裂隙发育程度和方向上的差别，表现为岩体渗透性具有强烈的各向异性特点。为解决红色碎屑岩系层状砂页岩体中三向渗流问题，黄委会设计院与中国地质大学于 1985 年 4 月签订技术合作协议，联合成立了“三向渗流”项目组，开展对由三叠系砂页岩互层地层构成的小浪底左坝肩单薄分水岭山体裂隙渗流研究。并为准确预测水库蓄水后山体中的地下水分布状况，对防渗排水工程设计的合理性作出评价。解决该问题的关键，在于如何确定砂页岩裂隙岩体的各向异性渗透参数。

整个研究工作历时 5 年，分 4 个阶段进行：第一阶段（1985 年）完成了大量野外裂隙测量和量测数据的分析工作；第二阶段（1986 年）分析整理几十年来的地质和水文地质勘探试验资料；第三阶段（1987—1988 年）进行野外水力试验和渗透张量的确定；第四阶段（1989 年）用三维有限单元法计算单薄分水岭的地下水渗流场，最后完成报告。

通过以上工作，在分析大量地质资料的基础上，详细论证了单薄分水岭的水文地质条件，揭示了层状、带状和壳状三大渗透结构，合理地描述了岩体的渗透性空间分布规律。并在国内外研究工作的基础上，对确定各向异性渗透张量的三段压水试验、交叉孔压水试验、抽水试验和注水试验四种野外水力试验方法进行了研究和应用，且在理论和技术方法上均有所提高。提出了“隙宽类比法”，合理地确定了各区域内岩体的渗透张量。并在此基础上，利用三维稳定流有限元法，对水库蓄水后单薄分水岭中的地下水渗流状态进行了预测。最后对防渗排水工程方案作出了评价，为进一步优化工程设计提供了水文地质依据。

这项成果，采用基岩水文地质和裂隙水动力学中最新理论和方法，不但创造性地解决了小浪底工程设计中的难题，而且通过研究和实践，为裂隙岩体特别是红色碎屑岩地层的渗流研究，提供了一整套理论和方法。经专家评审，认为达到了国际先进水平。

五、元古界火山岩

黄河流域的中游地区，在河南、陕西、山西 3 省的熊耳山、崤山、外方山、伏牛山北侧及中条山东侧等地区，分布着大片元古界长城系熊耳群火山岩。在这些地区的河流上筑坝，与该岩系关系密切。因此，系统研究熊耳群火山岩的工程地质特性，具有一定的科研与实用价值。

1950 年，河南省地质调查所曹世禄、清华大学教授冯景兰、西北大学教授张伯声等，共同在豫西山地调查，编出包括火山岩在内的小比例尺地质图。

1959—1966 年，地矿部秦岭区测队等单位，在火山岩区进行 1∶20 万地质调查。对火山岩的上下接触关系、岩性岩相、厚度及分布进行了研究。由于该岩系在熊耳山区出露厚度最大，剖面完整，1959 年秦岭区测队命名为熊耳群。

1972—1975 年，河南省地质局地质科学研究所，对熊耳群火山构造、旋回韵律、地层层序等作了调查研究，并采取样品用同位素作熊耳群绝对年龄测定。

对火山岩的工程地质研究，始于 50 年代初。1951 年，黄委会、河南省水利局查勘队，在伊洛河坚硬火山岩上，选出故县、长水、陆浑等水库坝址。

1954 年，地质部水文地质工程地质局胡海涛、邓林等，在火山岩地基上增选出伊河东湾水库工程坝址。

1955年,地质部水文地质工程地质局941地质队,开始对熊耳群火山岩地区的故县、陆浑坝址进行技术经济报告阶段勘察。1957年后,黄委会设计院对位于熊耳群火山岩基础上的水库工程,进行初步设计、技术设计、施工详图等阶段勘察及施工地质编录工作。至1991年,先后用地质测绘、调查断裂分布规律、岩芯钻探、压水试验、钻孔摄影、孔内电视、电法测井、综合测井、伽马—伽马测井、声波测试、开挖平硐、进行大型原位抗剪试验、静力弹性模量试验,以及开挖竖井直接观察宽张裂隙、23吨级炸药爆破试验、固结灌浆试验、帷幕灌浆试验、断层带现场管涌试验与化学管涌可能性试验等手段和方法,了解火山岩体工程地质特性,给设计提供参数。

(一)火山岩地质特征

熊耳群火山岩,是一套巨厚的古相喷发杂岩。火山活动发生在吕梁运动之后,属中元古代长城纪,在距今14～17.5亿年间。火山岩角度不整合于太古界变质岩系之上,与上覆地层呈角度不整合或平行不整合接触。总厚约数百米至7000余米。根据喷发型式与岩层韵律,分为上、中、下熊耳群。下熊耳群沿东西向断裂呈裂隙式宁静喷溢(或涌溢),喷溢无间断,岩性以安山岩为主,厚2200余米;中熊耳群为火山碎屑岩—熔岩组成韵律,厚1200余米;上熊耳群以裂隙式伴随中心式多间歇喷溢,以安山玢岩为主,夹火山碎屑岩,喷溢间歇中还有沉积岩,以沉积岩—熔岩和火山碎屑—熔岩周期性变化组成韵律,厚2900余米。熊耳群中火山岩类占95%以上,岩性主要有安山玢岩、斑状及杏仁状安山玢岩、玄武玢岩、流纹岩、流纹斑岩、英安斑岩、霏细岩、凝灰岩、集块岩及角砾岩等,沉积岩很少,含量小于5%,主要有粉细砂岩、泥板岩、泥灰岩及结晶灰岩等。在这套火山岩中,后期在局部地区还侵入有闪长玢岩、花岗斑岩、正长岩、石英脉及煌斑岩脉等。

熊耳群火山岩,经历了长期、多次复杂的构造运动,各种构造形迹广泛发育。早期形成秦岭东西向构造体系,燕山及燕山期后,北部叠加、复合新华夏、华夏系构造。褶皱与断裂均较发育,且以断裂为主。

(二)故县水库坝址区火山岩工程地质特性

在熊耳群火山岩分布区内,已修建了陆浑、故县等大型水利工程,中、小型工程更多。由于该火山岩的工程地质特性基本相同,因此,在修建这些工程的过程中,所遇到和研究的工程地质问题,也大同小异。故县水利枢纽工程,位于黄河支流洛河中游,是一座125米高的混凝土重力坝,所遇到的地质问题比较多，而且研究的也较细。因此，以故县水利枢纽工程为代表，来阐明该类岩体的工程地质特点和工程地质问题。

故县水库大坝，座落于上熊耳群火山岩上，与大坝有关的岩层主要有辉绿岩、流纹岩、凝灰岩。辉绿岩埋藏在坝基之下，流纹岩、凝灰岩构成坝基与坝肩。岩体似层状产出，倾向上游，倾角20～30度，部分层间有不连续的风化带，是工程地质条件较差的部位。其它各类新鲜岩石均很坚硬，抗压强度在100兆帕以上。坝体周围有数条较大断层，除5号断层出露在左坝肩外，其余都在坝基以外通过。坝基下有小断层19条，一般宽度小于0.3米，除两条断层为缓倾角外，其余都为高角度断层。坝基内有构造挤压带14条，一般宽度小于0.3米，组成物质以压碎岩块为主。坝基岩体中节理裂隙十分发育，共6组，其中以向上游缓倾角裂隙最为发育。岩体裂隙频率为7～53条每平方米，裂隙率为0.006～1.22%。坝址内约有50多条卸荷宽张裂隙(局部架空裂隙)，80%为向上游缓倾角裂隙形成，20%为向下游缓倾角裂隙形成，分布于河床岩面之下15～25米岩体中。河床卸荷带以下及两岸火山岩，裂隙闭合，多充填铁质薄膜。

概括上述，火山岩体内裂隙总的特点是：密度大，产状变化大，延伸短(一般0.5～2米)。由于裂隙存在以上特点，则将岩体的块度割切的很小，一般5～15厘米，其形状呈不规则的多面体，裂面互不平行，多处于闭合或隐蔽状态，壁面附有褐红色铁质薄膜，有一定的胶结强度。只有在卸荷、锤击或爆破震动影响下，才松弛或沿壁面裂开。根据该岩体的强度及其节理裂隙发育的特点，在故县坝址综合为硬、脆、碎、紧4个工程地质特点：硬——是指岩石坚硬，强度高；脆——是指岩体锤击或爆破时，易沿节理裂隙面开裂；碎——是指岩体内裂隙密度大，切割体块度小；紧——是指裂隙产状变化大，延伸短，多呈闭合或隐蔽状态，铁质薄膜胶结有一定的强度，岩块呈不规则的多面体，形成镶嵌结构，咬合紧密，成为似整体状岩体。因此，在故县水库施工中，两坝肩高陡削坡，施工期10年安然无恙。地下洞室施工中，除局部喷锚外，一般都能作到长期自稳。

(三)故县坝址火山岩的主要工程地质问题

1.坝基抗滑稳定

坝基上熊耳群流纹岩中，不存在较大面积的平缓断层及风化带，主要是裂隙组合面对抗滑稳定的影响。现场进行野外岩体原位大型抗剪试验共12组，54件，按不同类型整理，分别求得：火山岩裂隙面平直光滑，面上主要为泥膜或夹1～3毫米粘泥及少量铁质薄膜的，其摩擦系数为0.64，凝聚力为零；火山岩裂隙面平直，但附铁质薄膜及粗糙裂面的，摩擦系数为1.07～1.65，凝聚力为0.4～1.35兆帕；不同割切块度的火山岩体，摩擦系数为1.03～2.23，凝聚力为0.46～2.9兆帕。而在建基面调查的1088条向上游缓倾角裂隙中，一般长1～3米，个别最长40米，平均视倾角19.2度。其中裂隙面闭合的占90%，张开的占10%；壁面平直光滑占62.1%，粗糙的占37.9%；裂隙面上为铁质膜的占81%，为泥膜、岩屑、岩粉充填的占19%。按弱面裂隙占19%，非弱面裂隙占81%，折减20%后，得浅层抗滑稳定综合摩擦系数为0.79。

坝基下火山岩中，没有深层滑移结构面。因此，无深层滑动问题。

火山岩与混凝土接触面抗剪试验，现场共作8组34件。结果部分沿接触面破坏，以脆性剪断形式出现，变形小，断时伴有剧烈的响声；另一些试件，沿向下游缓倾角裂隙滑动，带有部分岩块，变形较大。不论何种破坏状态，不同割切块度的岩体，与混凝土接触面的抗剪强度，其摩擦系数试验值，均在0.92以上。

1981年12月中旬，在施工现场召开了“坝基稳定专题报告审查会”，会上对浅层滑动问题的抗剪指标争论较大。部分人员认为，故县坝基地质条件复杂，抗滑稳定计算，应留有余地。建议摩擦系数按0.6考虑，比设计在接触面采用的0.6～0.65约降低0.03左右。黄委会设计院多数与会人员则坚持原设计中的取值。经反复讨论，未能取得一致认识。1982年1月，水利部5号文通知：坝体混凝土与基岩面所采用的摩擦系数分别采取0.6～0.65是可以的。对坝基浅层滑动，参照国内已建混凝土坝工程所用摩擦系数，原定数据偏高，建议浅层滑动摩擦系数不应超过0.6，各坝段可在综合分析已有资料，补充必要的勘探资料后，根据具体情况加以调整。根据上述文件，降低了坝基摩擦系数。

2.坝基岩体变形

混凝土重力坝，要求坝基岩体变形均一，相差不要过大。故县水库坝基火山岩，岩性主要为流纹岩，经4256组试验，抗压强度在100兆帕以上。在现场作静力弹模试验46个点，新鲜岩体变形模量大于1.87万兆帕。其它还进行了地震测试、声波测试、电法、伽马测井等工作，结果新鲜岩体纵波速度大于5000米每秒，动力弹模值在5万兆帕以上。

此外，还在不同的岩体结构类型中，进行了静、动弹性模量对比试验。其方法是在静弹模试验点上，打风钻孔，作声波测试，在半无限体表面承受园形均布荷载作用下，用布辛涅斯克(俄)方法求解试验岩面下不同深度的垂直应力，用应力加权法，计算试验点的动力弹性模量值，然后将其转换成波速值，再与静弹试验成果建立相关方程。有了这个方程，就可以根据易于获得的纵波速度，求取岩体的静变模与静弹模。这样就可以节约前期工程费用，加快勘测周期。

故县水库坝基流纹岩，岩石坚硬，属工程地质质量较好的岩体，耐风化，浅部与深部岩石的抗压强度，没有明显的差别，无法按岩石强度进行风化分带。但不同部位岩块间裂隙张开程度是不一样的。因此，只能按岩块间镶嵌的紧密程度，来划分其结构类型。根据岩体结构特征、纵波速度、静力变形模量及静力弹模试验值，将坝基岩体划分为 8 种类型：

Ⅰ为似整体状结构。裂隙闭合有铁膜，不透水，纵波速度大于 5000 米每秒，变形模量 1.87 万兆帕，弹性模量大于 3.37 万兆帕。

Ⅱ为紧密镶嵌结构。有个别微张铁膜裂隙，微透水，纵波速度 5000～4500 米每秒，变形模量 1.52 万兆帕，弹性模量 2.78 万兆帕。

Ⅲ为较紧密镶嵌结构。有少数微张铁膜裂隙，中—强透水，纵波速度 4500～4000 米每秒，变形模量 0.61 万兆帕，弹性模量 0.96 万兆帕。

Ⅳ为尚紧密镶嵌结构。部分裂隙微张，个别充填泥膜，强透水，纵波速度 4000～3500 米每秒，变形模量 0.26 万兆帕，弹性模量 0.39 万兆帕。

Ⅴ为较紧密碎裂结构。多为裂隙密集带与断层影响带，强—极强透水，纵波速度 3500～3000 米每秒。

Ⅵ为松弛碎裂结构。多为松弛的裂隙密集带，裂隙大部微张，局部架空，个别充填泥，极强透水，纵波速度 3000～2500 米每秒。

Ⅶ为松散结构。包括断层压碎岩，断层糜岩，强风化，纵波速度 2500～2000 米每秒。

Ⅷ为松软结构。包括断层泥、全风化带、风化囊等，纵波速度小于 2000 米每秒，变形模量 0.02 万兆帕，弹性模量 0.028 万兆帕。

根据上述坝基岩体类型，凡在建基面以下的Ⅴ、Ⅵ、Ⅶ、Ⅷ类岩体，全部挖除。对在坝基一定深度内，平均波速较低，卸荷松弛较严重的Ⅳ类岩体，部分挖除，剩余部分进行固结灌浆处理，一般深度达 10～12 米。处理后效果较好，使岩体平均波速提高到 4300 米每秒，单位吸水量在 0.01 左右。对Ⅰ、Ⅱ、Ⅲ类岩体，变形模量可满足大坝要求，是良好的天然坝基，未再进行强化处理。

3. 坝基渗漏

故县坝基火山岩中地下水，由岸坡向河谷排泄，距河岸100米范围内，平均水力坡降约为3%。

通过182个钻孔1838段压水试验，坝基岩体透水性，从上到下逐渐减弱。河床火山岩相对不透水层埋深30～50米，左岸埋深15～30余米，右岸埋深30～40米。坝基防渗采用水泥灌浆，帷幕伸入相对不透水层5～10米，构成封闭式，经黄委会水科所作三向有限元计算，总渗透量为38升每秒。1992年9月底，水库蓄水位已接近正常高水位(尚低3米)，实际渗漏量很小。坝基观测孔水位低于下游水位，渗压系数为负值。说明此类岩体采用水泥灌浆防渗是很有效的。

4.边坡与洞室的围岩稳定

火山岩体具硬、脆、碎、紧特征，在自然界常形成稳定的高陡边坡。经野外调查，大坝两岸边坡不存在不利的软弱面及组合面，所以施工中削坡最高达90米，坡比采用1∶0.2，稳定性很好。研究其主要原因是：岩石强度高，裂隙虽发育，但延伸较短；岩块虽小，但均为不规则的多面体，镶嵌紧密；裂隙壁面附有铁质薄膜，具有一定的胶结强度。因此，能使高陡边坡长期自稳。

故县坝址河谷两岸，先后开挖导流洞及交通洞5条，总长1149.5米，以导流隧洞最大，开挖跨度11米，长500余米，在埋深50～120米的火山岩体中通过，洞室大多干燥，仅个别地段有渗水滴水现象。由于开挖爆破震动及卸荷的影响，在洞壁形成松动区，厚0.8米，波速1800～3500米每秒，属完整性较差岩体；0.8米以外，波速由4000米每秒逐渐增至5000米每秒，属较好或好的岩体。5条隧洞除通过断层带时加以支护外，一般均未支护，未发生失稳破坏现象，洞室能长期自稳。研究其原因：(1)岩体裂隙虽密，但长度短，难以组成不稳定体，岩块镶嵌紧密，裂面铁质胶结物有一定的粘结强度，不易坍落。(2)洞室施工中虽沿洞壁出现松动圈，但厚度很小，仅0.8米，不影响洞室整体的稳定性。(3)按中国科学院谷德振教授提出的岩体质量系数(Z)评价，坝址火山岩质量系数等于3.14～4.91，属好的或特好的岩体范畴。

第二节　环境工程地质问题

一、区域构造稳定性

黄河流域存在着一系列规模不等的活动性断裂。它们的活动，引起了一系列地震，形成大大小小的地震带。水库的建成，将改变水库区局部应力场，水的入渗将改变库盘岩体，特别是断裂带的物理化学特性，诱发地震活动。研究构造地震及水库诱发地震的发生、发展规律，对于水利水电工程的建设，特别是在工程选点决策阶段，具有重要意义。

在水库区域构造稳定性勘察中，在黄河流域工作做得较深的有小浪底水库、龙羊峡水电站及南水北调西线达日地震的研究等。

(一)小浪底水库

小浪底水库坝址，位于纵贯我国东部的重力异常梯度带内。为了查明与该梯度带相对应的深大断裂带的位置及近期活动中心，黄委会设计院从1981年起到1985年4月，以利用广义遥感的手段为主，结合构造地质分析、岩浆活动等综合分析方法，就该梯度的存在对小浪底水库的影响问题，开展了专题研究。通过对卫星遥感图象进行KL变换，全方位空间卷积(滤波)、混合(正、负片相交)比值、直方图正态化、比值拉伸等数字图象处理，及其混合合成与跟踪球变换等增强处理和对旋转曝光后底片再进行彩色编码的光学处理，发现经石家庄—邯郸—延津—确山存在一连续的线性信息带。与布格重力、地震测深、岩浆活动、地震活动等资料相对比，得出了与上述梯度带相对应的深大断裂的近期活动中心在太行山前，大致在中牟与开封之间通过黄河，而不是在紫荆关断裂、长治断裂及其延长线上，它对小浪底水库工程影响不大，小浪底地震烈度定为7度是恰当的等结论。于1984年10月提出了《小浪底水库区区域稳定性研究报告——利用遥感技术研究东部重力异常梯度带对小浪底水利枢纽的影响》的成果报告及相应附件。该研究报告1985年获河南省科技进步一等奖，并被纳入第五届国际工程地质大会论文集正式出版。

根据水电部与国家地震局1984年共同签署的文件要求，1985年，黄委会设计院又委托河南省地震局进行了小浪底水利枢纽工程地震危险性分析工作。该项工作由河南省地震局、江苏省地震局、国家地震局工程力学研究所共同完成，并在1985年提交了研究报告，作出了小浪底坝址场地Ⅱ类土地震峰值水平加速度为0.215g的结论。用概率法确定工程场地地震动设计参数。这在水电系统还是首次开展。

在1976年至1982年，由黄委会设计院组织的1：5万水库地质测绘中，新发现了石家沟、塔底、石井河、小南庄、王良等第四纪活动断层。除王良断层展布在水库区以外(与坝址最小距离为6.5公里)，其它断层局部或大部展布在水库淹没区以内。在此基础上，1981 年在小浪底水利枢纽工程要点审查会上，黄委会设计院赵颇首次提出了小浪底水库蓄水后有产生水库诱发构造地震的可能，并要求开展监测研究工作(撰写有《小浪底水库诱发地震专题报告》)。1986 年，黄委会设计院地质总队组织并开展了此问题的专题研究。对我国已建水利工程，在截流后发生过地震活动的龙羊峡、盛家峡、参窝、乌溪江、新丰江、南冲、丹江口等水库，进行了现场考察。根据考察的结果及国内外水库蓄水后发生的构造地震资料，提出了应将水库构造震划分为诱发水库构造震与偶合水库构造震(后者应按一般构造震的方法去研究)的观点。同时还提出了水库诱发构造震的震级与水库规模无天然联系，主要取决于发震构造规模的看法。并于 1988 年 2 月，提交了《黄河小浪底水库诱发地震专题研究报告》。报告在分析了小浪底水库产生诱发构造震的地震地质条件后，指出“小浪底水库具备了产生诱发构造震的地形地质条件，尤其是塔底断层，蓄水后产生诱发地震的可能性相当大；其次是石井河断层。……也不能忽视在石家沟、小南庄断层上诱发地震的可能，但后两断层上诱发震应是较低震级的(<5 级)。”报告还用历史地震法、破裂长度法、断层长度法等 3 种方法，对可能诱发构造震的上限震级进行了预测，认为上限震级“可按 5.6 级考虑”。报告还指出，“迅速建立地震监测台网，进行专门的监测和研究工作，甚为必要”。在此期间，经上级主管部门批准，在 1985 年 5—11 月，委托河南省地震局在后地沟、石桥、衙门口设立了 3 个临时监测台，取得了半年的地震活动背景资料，为监测台网的设计提供了十分可贵的资料。

(二)龙羊峡水电站

龙羊峡水电站，是黄河上游的“龙头”电站。库坝区地质构造复杂，新构造运动比较活跃，有区域性活动断层通过。在电站施工围堰建成后，每年汛期，当库水位抬高 10 米至 20 米时，就有一系列微震发生。因此，水电站建设中一个亟待查明的重要工程地质问题是，这些地震活动的成因机制，它们是否为水库诱发地震，水库蓄水后库坝区的活动断裂能否复活而产生强烈的诱发地震，如能产生，它们对枢纽建筑物及周围环境能否造成较大危害。

该项目分别由兰州地震研究所、北京水科院、成都地质学院承担。研究工作从 1983 年 4 月开始，至 1986 年二季度完成了全部野外现场调查、室内的分析鉴定、模拟研究以及报告编写等工作。1986 年 5 月，兰州地震研究所提出了《龙羊峡地区地壳稳定性研究》，水科院编写了《黄河龙羊峡工程水库诱发震咨询报告》,成都地质学院在1989年10月,出版《龙羊峡水电站重大工程地质问题研究》,系统地论述了电站区域稳定性及水库诱发地震问题。

龙羊峡水电站工程,地处青藏断块的北部边缘地带,区域内的构造明显地呈菱形网络分布。布青山—阿尼玛卿山和青海省南山—拉脊山,两条以深大断裂为主干的北西西向褶断隆起带,分别构成此菱形网络的南、北两条边;而鄂拉山和瓦里贡山—岗察寺两条北北西向褶断隆起带,则分别构成其东、西两条边;新生代以来断陷幅度达千米以上的共和盆地(库区),恰座落于这些呈菱形网络分布的褶断隆起带之间。盆地内广泛发育有中新世—早更新世湖相沉积,有三级湖积台地(Q_2)和多级黄河阶地(Q_3—Q_4)。这表明,自中更新世以来,盆地一直处于间歇性抬升之中。据航磁资料,盆地基底以印支期中基性岩浆岩和三叠系浅变质岩系组成,岩性较为单一且相对比较稳定,具有一定的刚性特征。

通过对研究区域历史地震和现代地震活动资料的统计和深入分析,发现地震活动具有明显的分带性,受褶断隆起带的控制。根据构造、地貌和地震活动的这种一致性,将区域划分为4个地震带。然而规模最大的布青山—阿尼玛卿山断裂带相对应的地震带,地震活动的频度最高,强度也最大,对整个区域内地震活动,有明显的控制作用。而且以较强地震为代表的每期地震活动,都首先从该带开始,然后依次传入其它各带,且强度也依次降低。这种迁移和强度递减规律,不仅与各带的断裂规模相吻合,而且也是由该区地球动力学环境的特定机制所决定的。

对坝库区活动断层的调查与研究,是了解区域稳定性的基础。此次引入和采用多种新的技术方法,配合使用计算机处理的遥感图象和甚低频电磁法测量,查明活动断层的发育分布;开挖坑槽研究断层错动的最新地层;在断层带取样进行C^{14}和热发光绝对年龄测定;进行断层带石英颗粒表面结构的扫描电镜研究;跨越断层进行γ射线及α径迹测量。结果发现,库坝区发育三组活动断层,北西西组强度最大,可达百米以上,表现为反扭走滑;北北西向次之,一般仅有几米,表现为顺扭;北北东向最小。断层的休止活动时代最晚不超过晚更新世末期,年代在距今2.75—15万年范围内。

另外,为研究区域构造稳定性的模式,还根据模式抽象,作了地质力学模型实验、光弹实验和有限元分析。

在水库诱发地震的研究方面,根据龙羊峡地震台监测资料,1981年电站的施工围堰建成后,至1985年7月,4年内记录到的微震活动共338次,最高震级1.8级,震中集中分布于库首变质砂岩出露区,地震活动与库水位有着良好的相关关系。上述特点表明,1981 年以来的地震活动确为水库所诱发,诱发机制主要是库水沿三叠系变质砂岩的层理、裂隙,向岩体深部渗漏,打破了岩体的应力平衡状态,致使裂纹以串通(或扩张)方式进行能量释放而引发地震。

通过上述一系列研究,得出以下认识:(1)龙羊峡水电站坝库区地处共和盆地与瓦里贡山褶断隆起带的交界地带,由于南部托索湖深大断裂的屏蔽和消能作用,来自印度板块与欧亚板块碰撞而产生的推力,向北有所减弱。因此,坝库区是一个相对的构造稳定区,地震基本烈度不会超过 8 度。(2)水库蓄满后,诱发的地震活动将会有所增加,但库水只能诱发微破裂的扩展或串通,而不可能使断层发生再活动。未来可能发生的水库诱发地震的最大震级,不会超过 5 级,其震中烈度也相应在 8 度以下。

(三)南水北调西线达日地震的研究

1947 年,青海省达日县发生 7.7 级地震,这是青海南部有史以来最大的一次地震,正好位于从雅砻江引水的线路附近,关系到引水方案的布置和引水方式的选择。因此,了解发震构造背景,确定宏观震中位置,对方案决策,具有重大的指导意义。80 年代初,地矿、地震部门多次实地考查,所得结果,各部门对达日地震宏观震中及发震构造的认识存在分歧。1989 年 11 月 11—12 日,黄委会设计院在郑州召开“1947 年达日地震研讨会”,曾邀请国家计委、水利部、能源部、国家地震局、青海省地矿局的领导人和专家参加,广泛交流意见与看法,并一致同意要求加强对其地震构造的研究。专题研究由黄委会设计院南水北调地质队承担,1990 年 6 月,提出《利用遥感技术对 1947 年达日地震构造的研究》报告。研究方法是利用遥感技术,对发震构造进行判译,利用多平台多时相资料,判译出区域构造格架;采用计算机处理,增强桑日麻盆地内隐伏断裂信息。结果发现,北东、东西向断裂,交汇于昂苍沟口。获得了一套对线性反映明显,对区分岩性、含水性较为理想的增强彩片,将遥感信息和航磁结合,解译出平顶山隐伏岩浆岩体。这样就为达日地震构造背景,提供了有价值的资料,得出 1947 年达日 7.7 级地震震中位置在昂苍沟口的结论。从而为南水北调西线雅砻江引水线路方案的论证和决策,提供了地质依据。

二、岸坡变形

伴随着黄河干、支流河谷的形成，沟谷岸坡在内外动力作用下，局部软弱部位即开始产生变形和破坏。已发现的最早岸坡变形时间，距今15～20万年。我国有文字记载以来，在黄河流域各县志中，均有一些崖坡破坏造成人畜伤亡和房屋倒塌的记载。当时人们只认识到岸坡变形破坏是一种自然灾害，在直观看到岸坡有裂隙发展和活动发生时，所采取的防范办法是尽力搬迁避开。进行研究和采取预防措施是近代的事情。黄河流域在历史上修建工程不多，因此在岸坡变形方面的调查和研究工作很少。随着科学技术的发展，公路、铁道的修建，以及黄河干、支流水利水电工程的修建，特别是近些年来岸坡破坏给人民生命财产造成的巨大损失及对工程建筑的严重破坏，才引起了各方面的重视。由于岸坡稳定性对工程决策有重要作用，因此被列为水电工程勘察中必须进行研究的8个主要工程地质问题之一。

中华人民共和国成立以来，黄河流域岸坡的勘测研究，大致经历了3个阶段：50年代初期，在黄河干、支流一些水利水电工程的勘测过程中，岸坡变形的研究，只是采用常规的测绘、勘探、试验方法对其稳定性进行定性的判断。60年代，对黄河水利水电工程岸坡稳定的勘察研究逐步深入，发展到利用岩石力学、岩体力学结构分析的方法，对岩质岸坡稳定性进行了从定性到定量的评价。勘测手段也有了发展，采用了物探和现场试验的方法。国家也将库坝岸坡稳定列入规范。70年代以来，岸坡的研究工作有了较大的进展，以往主要集中于对已产生滑动的滑坡、崩塌体的研究，发展到对岸坡变形较全面的研讨，提出了“岸坡岩体蠕动变形”、“岸坡岩体倾倒变形”两种新的类型。研究手段与方法也更加先进，应用了电子计算机、有限元法进行应力、应变计算；根据地质条件和岸坡变形原型研究，分析其形成机制及变形过程；进行岸坡变形模型试验及水库滑坡涌浪试验；对重要的不稳定岸坡，还采取现场观测、监测及预报。总之，使岸坡稳定研究在定量化方面，前进了一大步。

土质岸坡变形的主要类型有滑坡和崩塌2种，岩质岸坡变形的基本类型有滑坡、崩塌、倾倒、蠕变4种。黄河流域由于黄土分布面积很大，因而黄土滑坡是黄河流域岸坡变形中分布最广、数量最多、危害较大的一种。如洮河流域巴谢河洒勒山滑坡群，龙羊峡水电站近坝区的大型高速滑坡群，威胁着大坝和城镇的安全。

岩质滑坡，在黄河干流主要分布在小浪底坝段，北干流的船窝至师家滩、孟门至碛口河段；黄河上游的李家峡库区及野狐峡至阿什贡峡河段。支流主要分布在渭河的天水至宝鸡、沁河的润城至端氏河段。这些河段，滑坡规模较大，且成群出现。

在黄河流域不同类型的岸坡变形，研究较深，且具有代表性的，有龙羊峡水电站(土质岸坡变形)、小浪底坝段(基岩岸坡变形)、宝鸡峡引渭工程(黄土岸坡变形)。

(一)龙羊峡水电站近坝区滑坡

在电站大坝上游14.3公里库区内，黄河右岸第四系中、下更新统湖相粘性土为主组成的斜坡中，发育有一个巨型滑坡群。滑坡分布地段长达13公里，共13个滑坡体。其中最大的查纳滑坡残存体积达12500万立方米。这个滑坡群规模之大，滑速之高，滑距之远，都是世界上同类地层中极其罕见的。水库蓄水后，如果再次发生类似的滑坡事件，并在坝前形成巨大的涌浪，势必对大坝和下游城镇居民的安全造成严重威胁。因此，研究这些滑坡的形成机制及库岸稳定性，成为该工程的重大工程地质问题之一。

早在1966年9月，北京院编写的《青海黄河龙羊峡水电站初步设计工程地质报告》，就曾把龙羊峡水库岸坡变形，列为三大主要工程地质问题之一进行研究。

1976年，水电部第四工程局勘测设计研究院对龙羊峡水电站库区岸坡变形进行了勘察研究，基本上查明了库岸滑坡的分布、类型和稳定性。1977年，编写了《黄河龙羊峡水电站补充初步设计(第三篇)工程地质》报告，对岸坡变形问题作出如下结论：在围堰蓄水至设计洪水位时，河水面较宽，可能在岸坡前缘产生小型崩塌滑动，但体积不大。龙羊峡滑坡群位于围堰设计洪水位之上，施工期间不致于影响其稳定性。

1977年9月，青海省和水电部共同主持召开了“龙羊峡水电站补充初步设计现场审查会”，会议要求将《库区岸坡稳定专题报告》报部审查。

为了论证水库建成后，右岸滑坡群地段能否产生新的大型高速滑坡，及这些滑坡能否在水库中激起大的涌浪威胁大坝安全的问题，被列为水电部“六·五”科研计划重点研究课题。该课题由西北院勘一队和成都地质学院工程地质研究室共同承担。研究工作从1980年开始，1985年提交了正式研究报告。在此期间主要进行了5个方面的工作：

1. 查明了近坝库区14.3公里范围内，岸边湖积粘性土的主要工程地质特征及多种类型滑坡的形成条件、滑坡体结构特征。

2.初步判定了滑坡的形成机制。以现场原型调研为基础,采用“地质过程的力学机制分析”方法,同时进行了室内的物理模拟(光敏软材料模拟、相似材料模拟试验)、数值模拟和相关分析的方法,再现斜坡失稳下滑前的整个变形、破坏过程。通过试验得出滑坡的形成机制为:从斜坡变形到失稳破坏,是一个累进性破坏过程。即斜坡前缘沿平缓层而产生并向坡内发展的滑移和斜坡后缘张应力带形成并向深部不断延伸的陡倾拉裂,使坡内应力随之产生重分布,剪应力高度集中于中部不断减小的锁固段,最终此段被剪断,滑面突然贯通,滑面上土体突然失稳下滑而形成滑坡。勘探平硐首次揭露了斜坡底部砂与粘土层界面上的滑移面,野外现场调研发现了按上述累进性破坏过程而形成的变形体。

3.查明了滑坡高速和远程的原因:斜坡失稳前变形具有高位能,中部剪断带粘土呈脆性破坏,峰、残强度差值较大,饱水砂土液化和气垫效应等。这也是首次发现非地震导致的饱水砂土液化,使滑坡高速滑动的地质证据。

4.通过原型调研和运动模拟试验,提出碎屑泥化滑坡的高速远程运动的原因是,碎屑间相互碰撞引起的动量传递,建立了这类滑坡运动体系的理想力学模型和相应的基本数学模型,从而导出了此类滑坡的滑速、滑程预测公式。

5.对近坝库岸稳定性作了分析,提出了斜坡上变形体后缘拉裂面的出现和发展,可作为中长期预报的标志。临界拉裂面的深度(大体相当二分之一坡高)和拉裂面由张开转为闭合,是临滑前兆预报的标志。因而可用适当的监测方法作出正确的中长期及临滑预报。据此,提出了根据预报调节水库运行水位,可以消除大型高速滑坡所产生的涌浪威胁。

根据地质观察和分析,龙羊峡近坝库区,可能产生大规模高速滑坡的主要地段有峡口、农场、龙西、查东、查纳和查西等六段高陡岸坡。西北院对这六段高陡岸坡的代表性剖面作了稳定性计算,按平面问题,采用了“滑坡法”和“等 K 法”两种方法,地下水位为假定,未计地震力,计算结果是,当库水位从 2515 米上升到 2570 米时,各高陡岸坡将陆续进入不稳定状态,失稳滑动将主要出现在 2530 米水位附近。

为了解 6 个不稳定体在高速滑动时所产生的涌浪问题,由北京水科院水力学所进行了滑坡涌浪模型试验。模型是按相似定律设计的,比例尺为 1:500,模型范围从坝上游 9.1 公里至坝下游 0.9 公里,按计算滑速进行试验。试验结果为:龙西高陡岸坡产生滑动时,在坝前形成的涌浪最高,当库水位为2515米时，浪高为34米，当库水位为2530米时，浪高为29.5米。其基本规律为，涌浪高度随滑体体积和滑速的增大而增大；在体积和滑速相同的情况下，浪高则随库水位升高而减小。从试验中看出，当库水位超过2570米后，涌浪将会漫过坝顶（高程2610米）。所以，只要将水库初期运行水位控制在2570米高程以下，即可保证滑坡涌浪不致漫过坝顶。

（二）小浪底水库坝库区基岩岸坡变形

1959年，小浪底二坝址勘察中，在右岸首次发现基岩岸坡变形现象。1970—1971年，一坝址右岸又发现一个体积达1100万立方米的巨大变形岩体，在此岩体中钻进时，孔内漏水严重，各种堵漏办法均无济于事，个别孔还有吹风现象。从取出的岩芯微层理观察，岩层产状变化多端，倾角在10～60度，有的甚至呈直立状。由于勘察精度不够，在成因上未能定性，所以当时称之谓“破碎体”。

1971年11月，钱正英副部长到小浪底检查地质勘探工作时指出：“要把整个坝段的规律搞清楚，右岸破碎体会不会滑，要有论证。”从此开始了对这一问题的全面深入调查，一方面加强破碎体的勘探，另一方面开展了上自竹峪下至西河清长约15公里的沿河两岸地质调查。经调查发现，黄河两岸二叠、三叠系砂、页岩缓倾角岩体中，发育有变形体共10余处。一坝址右岸的变形体规模最大，其它如竹峪、龙占，二坝址左岸，三坝址东坡，东、西苗家等处，变形体规模在数十万立方米到数百万立方米。为了研究一坝址破碎体成因，进行了洞探。平硐从破碎体前缘进入，通过滑体，穿过滑带，进入滑床完整岩体，滑体前缘越出滑床40米左右，后缘形成高陡破裂壁，空档上口宽30～40米，充填塌滑岩块碎屑。该成果于1973年9月，在兰州召开的“全国铁路滑坡防治经验交流会及科研协作会议”上进行了交流。1976年，以黄委会规划大队、地质科学院水文工程地质研究所和清华大学水利系三家名义，在《滑坡文集》上，发表题目为《黄河某水库坝址基岩滑坡的初步探讨》的文章。文中指出：“前缘临空，两侧冲沟深切，后缘有断层或构造裂隙组的切割及岩层顺坡倾斜等，是顺层滑坡的必要条件，砂、页岩地层中存在构造泥化夹层是促使滑动的重要因素。”该文还指出，该滑坡群各滑体均集中发生在同一地质时期，即第四纪晚更新世早期。滑坡体的滑距突出显示上部大，下部小，内部结构及外貌均具有倾倒滑移特点。因此认为“地震力作用可能是这一滑坡群的媒介动力”。基岩顺层滑坡这一性质既已肯定，最终是按一般基岩顺层滑坡进行稳定分析评价及涌浪计算的。

1978年以后，地质勘察工作转移到三坝址，近坝库区岸坡稳定问题被列为三坝址初步设计重大工程地质问题之一，要求继续深入进行研究。研究范围仍为竹峪至西河清之间，开展的主要工作有：(1)开挖了大量的平硐，坑、槽探，进一步查清了岸坡变形的分布规律、变形特征和类型。(2)使用电子计算机对一、二坝址滑坡体和大、小西沟之间山体的稳定(考虑了在地震烈度7～9度情况下)和岸坡失稳后的滑速进行了计算。(3)根据以上计算结果，由黄委会水科所和设计院地质处共同制作了1∶400比例尺的小浪底水库滑坡模型，进行了滑坡涌浪模型试验。(4)为了进一步论证小浪底岸坡变形机理，黄委会设计院又委托中科院地质研究所进行了相似材料的物理力学模拟试验。

完成上述工作后，1980年黄委会设计院在编写的《黄河小浪底初步设计要点报告》中得出以下结论：(1)距三坝址上游3.65公里的(一坝址)滑坡体(1100万立方米)，当滑动面摩擦系数按0.2计算时，滑坡体在9度地震作用下，失稳时最大滑速为8.92米每秒。考虑水库在正常高水位275米时，按公式计算，传至三坝址时涌浪最高达5米。计算采用摩擦系数0.2偏小，因此计算所得的滑速、浪高值是偏大的。(2)涌浪试验结果与计算结果基本一致。即无论是施工围堰或是大坝建成后正常水位情况下，一、二坝址滑坡体失稳滑动后造成的库水的涌浪，不会给工程造成大的危害。

在本阶段工作中，随着勘察范围的扩展，又在顺向坡地段发现一些小型变形体，规模小，暴露彻底，便于观察分析。其中有些变形体只有倾倒而没有任何整体性位移，有的倾倒体底面既没有构造泥化夹层，也没有软岩层。虽然与大型滑坡体位移基本条件不同，但都具有相同"倾倒"变形特征。从而对小浪底岸坡变形类型的认识，更加全面和深刻。1983年，由黄委会设计院编写的《小浪底工程初步设计工程地质勘察报告》基本上采用了本阶段的成果和结论。1984年，黄委会设计院高广礼发表论文《小浪底边坡岩体变形特征及机理探讨》，较全面地反映了小浪底岸坡变形的各种类型及成因。文中指出，小浪底坝段存在基岩顺层滑坡、蠕变和倾倒变形3种类型，这实际上反映了当时存在的对变形体成因的3种主要观点。

1984—1985年，为彻底查明变形体成因和规律性，黄委会设计院地质处许万古又进行调查，范围不仅包括坝段及周围地区，还调查了有同样变形体发育的山西省古县舞马水库。在全面综合历年调查资料的基础上，对变形体有了进一步的认识，其成因和失稳条件都较复杂，没有明显的规律性。坝段地区变形体大小各异，位置高低悬殊，岩性组成不一。有的包含有整体位移成分，有的无整体性位移；有的底面与岩层层面一致，有的则不一致；有的底面有泥质物或被挤碎的页岩，有的软岩或泥质都没有。虽各不相同，但却都具有“倾倒”变形这一共同特征。滑坡、蠕变和地震，都可以造成“倾倒”变形，地震可能是造成“倾倒”变形的主要原因。发育在同一地区，并在同一时期形成，应该有其内在联系，不大可能是各自孤立的。因为地震总是伴随断层活动而发生的，故又进行了断层活动的调查研究。

坝址区第四纪断层活动，早在60年代进行的坝段地区新构造运动调查中，曾估计可能有活断层存在。70年代末，勘察工作转移到三坝址后，曾怀疑F_{28}断层错断了三级阶地底面的砂砾石层。1985年决定结合区域稳定性研究，在小南庄附近开挖平硐、探槽。勘探结果证实了F_{28}断层活动性存在。并通过热发光测试，取得了F_{28}、F_1断层的最近一次粘滑活动的时代，距今15～20万年。这一结果，与根据地貌条件分析判断的倾倒变形体的形成时代是一致的。由此得出：距今15～20万年，坝址区F_1及F_{28}断层曾发生过一次较大的粘性滑动，同时伴有强烈地震，在强震作用下，坝段及其附近地区的基岩岸坡产生了大量的、各种类型的、不同规模的变形破坏。有崩塌（如水泉头），有顺层滑动（如桐树岭东边的滑坡），有倾倒等各种变形。当然也有既包含顺层滑动，又包含有倾倒变形的复合变形体（如一、二坝址右岸的变形体）。此外，还有一部分基岩岸坡岩体，虽没有产生明显的变形和位移，但在强烈震动下产生松动，使其岩体变形模量大大降低，透水性显著增大。

对坝址区及附近地区的各变形体的详细调查和测量，还可能求出各变形体所在地的地面加速度，并进一步确定这次古地震的震中位置和震级大小。这些工作尚待进行。

成因问题确定之后，变形体稳定性评价也有了可靠依据。即相比之下，倾倒变形体稳定性较高，倾倒滑坡体次之，顺层滑坡最低。因此，保留下来的多是倾倒体和倾倒滑坡体，真正的顺层滑坡已经“滑掉”或者滑体大部已被冲走而极少保留下来。小浪底坝址基岩岸坡变形调查实践说明：凡是一个地区岸坡变形破坏广泛发育而又同时发生，则必须慎重研究古强震的存在。

（三）宝鸡峡引渭总干渠工程滑坡

宝鸡峡引渭灌溉工程输水总干渠，西起宝鸡峡林家村，东至眉县常兴白吕塬，傍黄土塬边而行，总长98公里。1958年11月开始兴建，1971年7月建成通水，引水流量60立方米每秒。

渠道蜿蜒曲折于黄土塬边斜坡地带，是宝鸡峡引渭总干渠工程的咽喉渠段。塬边的斜坡中上部，由全新统和更新统黄土组成(厚100～120米)，坡度较陡，一般为30～43度；中下部坡度较缓，由古、老滑坡体组成。斜坡之上，塬面较平坦，高程为600～810米。斜坡之下，为平坦的渭河一级阶地或河漫滩，阶面高程为490～620米，河漫滩高程为480～605米，塬面与渭河水面相对高差为120～210米。

塬边黄土岸坡变形破坏较严重，发育一系列连续分布的古、老滑坡群体，据调查共有大小黄土滑坡170余处，其中最大的卧龙寺滑坡，滑体方量达2000万立方米。古、老滑坡体形成时代，当在一级阶地堆积以前。由滑坡体组成之岸边，目前坡度均较缓，一般小于28度，前缘都被一级阶地掩埋。一级阶地堆积以后，多数滑坡体未再活动，处于相对稳定时期，仅个别古、老滑坡体有复活现象。如1955年8月18日，卧龙寺老滑坡体的复活，曾造成陇海铁路中断。

由于宝鸡峡引渭工程塬边渠道的兴建，改变了原来的斜坡地形，变形破坏有明显增多的趋向。渠道通水以来，边坡土体滑塌累计方量达283.4万立方米，造成渠道堵塞，影响行水。为了彻底解决这一问题，陕西省水利电力勘测设计院，1985年开展了勘测工作，完成了沿渠线黄土塬边1∶5万工程地质填图78.4平方公里；重点地段1∶2000及1∶5000工程地质填图，面积分别为1.5平方公里和9.06平方公里。同时进行了钻探、平硐、竖井、坑槽、土的物理力学试验、地下水长期观测等工作。通过勘测工作，发现黄土塬岸坡变形较严重的地段有10处(千河以西7处，以东3处)。岸坡变形主要有以下几种情况：古、老滑坡体的整体复活；古、老滑坡体的局部失稳；完整地层变形破坏，发生新的滑坡体共6处；斜坡发生变形，黄土发生裂隙，但尚未产生滑塌。这次工作中，陕西省水电设计院选择对引渭总干渠、工厂、城镇、铁路影响较大的南社头滑坡、田家崖滑坡、金陵河渡槽东端滑坡，以及南堡子—常兴11公里长黄土高边坡地段，进行了较详细的工作。

1989年7月，编写了《宝鸡峡塬边渠道98公里边坡稳定问题工程地质勘察汇报提纲》，就上述四处边坡稳定分别进行了分析论证。同年10月，在陕西省咸阳市召开了勘察成果评审会议。

1. 南堡子—常兴11公里高边坡段塬边斜坡的稳定性问题

该段渠道右岸基本上由老滑坡体组成，左岸为黄土高边坡，高度40～70米。地下水埋藏在渠道底板之下。按坡高、土体结构和变形破坏状态可分为三类。组成塬边斜坡的土为Q_1～Q_3黄土，内夹古土壤层7层，这7层分别取样进行了物理力学试验。根据试验测得的力学指标，采取了传统的工程地质类比法和极限平衡法及有限元分析，进行了边坡稳定性计算。结果是自然边坡土的含水量一般为22～23%是稳定的；当含水量为25%时，处于临界状态；饱和时为不稳定状态。因此，作好地表排水为首要措施。另外，还对不稳定边坡段提出了其它治理的措施。

2. 南社头滑坡

分布在渠道的右岸，为一古滑坡体，体积约400万立方米。1983年10月8日，古滑坡体中部向南滑移了20米左右，滑坡后缘陡坎为14～17米，滑动体为250万立方米，约占古滑坡体的62.5%，为一古滑坡体的整体复活。滑坡复活的原因，主要是：(1)古滑坡体土质不均，相对隔水层埋藏浅，地下水排水条件差，使土体经常处于饱和状态。(2)古滑坡体前缘无阶地作为屏障，滑坡体直接与河漫滩相接，稳定条件差。(3)1980年平整土地时，堵塞了东西两沟，使地下水排水更为不畅。1958—1959年，在滑坡前缘大量开采土、砂料，为滑坡复活创造了条件。(4)三刀岭引水斗渠渗漏严重。(5)1983年7月初至10月7日，本地连续降雨，降雨量达539.2毫米(其中10月4—7日，降雨量为106.9毫米)，本次降雨成为10月8日古滑坡复活的直接诱发因素。

根据勘察取得的资料，对新滑坡的稳定性进行了分析，结果是：不考虑地震因素时，滑坡处于临界状态；考虑7度地震因素时，处于不稳定状态。针对上述古滑坡体复活的原因，阻止地表水入渗是防止滑坡体继续变形的主要措施。

3. 田家崖(28公里处)新滑坡体

1981年10月14日，在老滑坡体前缘发生了局部失稳。产生新滑坡，滑体5.7万立方米。其形成过程大致经历了4个阶段：(1)裂隙的发生发展阶段。1976年8月13日出现裂缝，数天后宽达5厘米，而且一边高一边低，至同年10月，裂隙两边高差已达30厘米。(2)裂隙的加速发展和贯通阶段，(1980年7月—1981年7月)。后缘出现环状裂隙，侧壁出现羽状裂隙，局部出现连续的剪切面，在降雨集中季节裂隙扩展较快。(3)滑坡的形成阶段(1981年7—10月)。当后缘裂缝扩大到50厘米时开始蠕动，在12小时内活动870毫米，平均每分钟1.21毫米。(4)继续发展阶段。仍处于间歇性缓慢蠕动状态。

通过调查分析，认为新滑坡产生的原因为：(1)老滑坡体前缘地下水埋藏浅，且排泄不畅，使土体处于饱和状态。(2)地形两侧邻空，无侧向阻力。(3)连续降雨是产生新滑体的直接原因。

利用园弧条分法进行了稳定计算，新滑体稳定性差。根据实际观测资料，滑坡蠕动量与降雨量相关。年累计位移一般在0.4～9.5米之间。防滑措施主要是建立地表排水系统，防止雨水入渗滑坡体中。

4.金陵河渡槽东端滑坡体

老滑坡体约200万立方米。1974年以来，在老滑坡体前缘发生局部失稳，规模为1.2～2万立方米。

据调查，产生滑坡的原因与田家崖28公里处新滑坡是一致的。经稳定计算，新、老滑坡体稳定性都很差，有整体复活并向后缘发展和扩大的可能。因此，应采取变形监测与工程措施。

陕西省水电设计院在《勘察汇报提纲》中还修正了过去认为古滑坡体均为稳定的结论，作出了当古滑坡体前缘无一、二级阶地分布或无坡、洪积层覆盖时，在适当条件下(地下水位上升，水量增大且排泄条件差，降雨多和人为因素等)，滑坡有可能发生整体“复活”的论证。

三、岩溶渗漏

岩溶渗漏问题，是碳酸盐岩地区兴建水利水电工程的主要工程地质问题之一，也是研究河流开发方案和坝址选择时必须慎重对待的问题。在碳酸盐岩地区为兴建水利水电工程而进行的工程地质勘测，往往要求首先查清区内岩溶发育规律、发育程度和水文地质条件，以便对库、坝区的岩溶渗漏问题作出评价。

黄河中、下游碳酸盐岩，大面积分布于吕梁山、渭北山地、太行山和泰山等地区。与岩溶有关的库坝址，干流自上而下有青铜峡、小沙湾、万家寨、龙口、天桥、甘泽坡、八里胡同和位山等；支流上有冯家山、羊毛湾、张家山、东庄、桃曲坡、河口村、任庄等。建成的工程，蓄水后有的曾发生过不同程度渗漏问题。位山东平湖水库，蓄水后引起了库外大面积农田浸没；桃曲坡、任庄水库渗漏问题严重，造成无法蓄水；而天桥水电站、冯家山水库，却未发生岩溶渗漏。

在已进行勘察的库坝址中，工作较多、问题了解较透的有以下四处：

(一)万家寨坝库区

组成万家寨坝库区两岸与河床的地层为寒武系、奥陶系碳酸盐类岩层，上覆石炭二叠系和第四系地层。总体呈单斜构造，向西倾斜，倾角5度左右。

库区碳酸盐岩在平缓单斜构造基础上，发育有程度不同、规模不等的褶曲和断裂构造。褶曲有两种情况：其一是大致位于打渔窑子至清水河断层和红树峁至欧梨咀挠曲之间向西倾伏的隆起带。沿黄河两岸出露寒武系地层，在打渔窑子至清水河断层以北和红树峁至欧梨咀挠曲以南地区，则为奥陶系、石炭系、二叠系地层分布。其二是石炭系和二叠系地层的褶曲。断裂发育方向以北东向和北西向为主，倾角较陡，岩溶相对发育，并表现为多期岩溶复合，且以古岩溶为主，致使其空间和时间分布更加复杂化。而且主要分布在地下。加之两岸岩层产状平缓，不透水层埋藏较深，无防渗封闭条件，因而库区是否存在永久性岩溶渗漏损失，则是必须回答的重大工程水文地质问题。

万家寨库区右岸岩溶漏水问题研究，大体经历了 3 个阶段：

1.1952—1982 年

这段时间，有关单位在万家寨河段相继做了大量工程地质勘察研究工作，并根据临近岸边少数钻孔地下水位高于河水位的局部信息，曾一致得出结论，认为万家寨库区两岸地下水补给河水，不存在岩溶永久渗漏问题。

2.1982—1983 年

天津院承担万家寨水利枢纽工程地质勘察研究工作。现场踏勘时，据煤炭部水文二队勘察成果，曾意外地发现库区上游右岸黑岱沟至龙王沟地带，岸内岩溶地下水位比黄河水位低 60 多米。当时主管该工程项目地质工作的李仲春、方宗贤、郭肖洲、孙鸿儒，对以往各单位所作结论产生怀疑。并强调指出，右岸很可能存在着复杂的永久性岩溶渗漏问题；又推测入渗区在黑岱沟一带，而排泄区在下游榆树湾一带。

为了查清这个问题，首先布置了大面积 1：10 万遥感地质成图，在右岸距黄河岸边 7 公里打深孔以查明地下水位。结果发现钻孔岩溶地下水位低于黄河水位 30 米。据此确认万家寨右岸存在着复杂的永久性岩溶渗漏问题。但对渗漏量大小的认识上，仍有较大分歧。

3.1984—1991 年

这期间又继续做了勘察研究工作，认识基本趋向于一致。认为库区右岸渗漏量不会很大，也不会很小。根据渗漏形式、断面大小、渗径长度、水头、岩体渗透系数，对水库总渗漏量进行了估算。

估算成果经国家主管部门的审查和评估，对库区右岸岩溶渗漏问题的认识、评价是：渗漏空间，规模巨大，国内、外水库工程，实属罕见。水库蓄水后，坝址上游右岸岸边地段，在长约 46.5 公里寒武、奥陶系碳酸盐岩出露范围内的库岸，将向地下水位低缓带产生侧向渗漏。主要入渗段位在龙王沟口下游约2公里处至黑岱沟口下游约5.5公里处，总长13公里。以马家沟岩组出露为主的地段上，入渗区位在岸边地段，平均宽度约2公里的范围内，即岸边地下水位相对陡坡降带，或“拐点”(地下水位低缓带与陡坡降带的分界线)至岸边的距离，此即右岸岩溶渗漏途径的平均长度。而地下水位低缓带则象“邻谷低地”那样接受渗漏水流，并渗流至下游榆树湾泉群和刘家畔泉群(在下游天桥库区左岸)等地段排泄于黄河。

右岸地下“邻谷排水低地”(即地下水位低缓带)，长120公里(至天桥)或70公里(至龙口)，宽15～20公里。低缓带地下水位高程，在上游脑包湾沟为870米，比黄河水位低90米左右，坝址一带低30米左右；下游龙口地段，地下水位稍高于黄河水位。岩溶渗漏形式，主要为岩溶裂隙式渗漏，而不是管道式渗漏。主要论据是：其一，岸边地段没有发现贯穿性较长的溶洞或管道式入渗点，除大焦稍沟断层外，无贯穿性大断层通过；其二，岸边地下水位坡降普遍较陡，即说明不存在管道式渗流；其三，本区各个泉群岩溶水都呈分散点排泄于黄河，至今没有发现比较集中的管道式泉流。岩体渗漏速度，经综合分析，马家沟灰岩渗漏速度最大值取30米每日，最小值取6.5米每日，平均值取15米每日。据此，渗漏量计算结果如下：蓄水前总渗漏量约1立方米每秒。正常蓄水位高程达980米时，总渗漏量最大约10立方米每秒，最小4立方米每秒，平均约6立方米每秒。

万家寨库区右岸计算岩溶渗漏量，只是在现有岩溶科技水平和认识能力条件下，求得的一个能“框得住”的量值，而并非真值，供工程决策时对水库渗漏问题评价使用。

(二)天桥水电站

天桥水电站坝址地质钻探中，1969年首次发现坝基灰岩中存在承压水。

天桥坝址两岸与河床出露岩层为奥陶系灰岩、白云质灰岩、泥灰岩等，上覆石炭系、二叠系和第四系地层。总体呈单斜构造，走向近南北，向西微倾，倾角5～6度。按岩性组合，分为14层，其中奇数层为灰岩，质纯性脆，岩溶裂隙发育，透水性强，除第13层外，一般为承压含水层；偶数层为泥灰岩、角砾状灰岩、白云质灰岩，因含泥质，裂隙不甚发育，多为相对隔水层。

通过坝址地质勘察发现坝基承压水有如下特征：(1)承压含水层的水位，随含水层的埋深而增大，经实测最高承压水位高出河水位10米左右。(2)涌水量大。据1号钻孔涌水试验，水位降深10米时，单孔段最大涌水量为67公升每秒，孔内涌水可将柱状岩芯从孔底冲出孔口，造成钻孔封孔极为困难。(3)河床覆盖层下，承压含水层顶板被侵蚀掉，形成透水“天窗”，“天窗”溢水，补给河床覆盖层，可在覆盖层中形成局部承压水。(4)坝址位于吕梁背斜的西翼，奥陶系地层左岸出露高，右岸低，岩层倾向南西西，倾角5～6度。北西及近南北向的平缓褶曲，断裂较发育，为本区岩溶水的主要排泄通道。

坝址区主要工程地质水文地质问题有：

1. 蓄水后，承压水位会不会抬高？抬高多少？对坝基抗滑稳定影响如何？针对这一问题，进行了坝址区承压水与黄河水位涨落的长期观测和承压水的补给、运移、排泄条件的调查分析。在黄河以东，出露面积达数千平方公里的灰岩，为岩溶地下水的主要补给区。在距黄河岸边10～20公里的范围内，奥陶系灰岩之上，有石炭二叠系页岩夹煤层断续分布，部分灰岩含水层已有承压现象。黄河河谷深切达百余米，为区域内的最低排泄基准面，形成灰岩承压水的溢出带。坝址区位于溢出带上，由于承压水补给区域广，运移路径长，溢出带又在库内，坝基位于溢出带的端部，加之坝基下游1公里有铁匠铺地堑，坝库区以西2公里处有走向近南北与黄河相平行的深部挠曲推断带，使得坝基下承压水处于半封闭状态。因此，库区蓄水后，地下水溢出点仍在库内，承压水位受库水的顶托，将随之抬高，溢出点也随之抬高，坝基下承压水位也将随库水位的升高而升高，其升高值将会超过正常蓄水位。通过钻孔长期观测得到的河水、承压水相关关系，计算预报了蓄水后的承压水水位值，将高出水库蓄水位3～6米，为坝基稳定分析提供了地质依据。后经蓄水检验，预报值比较准确。

2. 针对坝址区承压含水层及相对隔水层分布特点，提出了比较符合实际的处理方案：对混凝土建筑物，采取上游浅帷幕截堵，下游基础周边排水，以排为主，排堵结合的措施，有效地降低了承压水的顶托；对土坝坝基采取坝基水平排水褥垫和下游堆石盖重加排水棱体，两坝肩基岩内设置垂直坝轴线的排水洞。依靠上游天然铺盖，对降低坝体浸润线和逸出点高程收到了良好效果。

3. 根据坝址区岩溶裂隙承压水含水层涌水量大、承压水头高的特点，经认真计算分析论证，提出基坑总涌水量近3立方米每秒，为施工开挖排水顺利进行，提供了可靠依据。

4. 在查明承压水规律的基础上，还为当地府谷县水泥厂和保德县化肥厂成功地选定了6眼供水井位，全部打出自流水。

天桥水电站坝基勘察中承压水的发现，揭开了晋西北奥陶系灰岩自流水盆地的奥秘。承压水的存在虽然对水电工程基础不利，但在西北干旱缺水地区，实为难得，为神(木)府(谷)煤田和府谷、保德坑口电站供水，找到了理想的水源地，是一项意外的收获。

(三)党家湾坝库区

党家湾水库坝址位于北洛河上，地处渭河断陷盆地北缘山地。坝址区出露基岩为奥陶系石灰岩，河谷两侧为黄土台塬，黄土厚达百米左右。

1965年，黄委会第三地质勘探队进入坝址区勘探。1966年春，发现石灰岩中地下水位埋深低于河水位近40米，呈悬托状态。为查明水文地质条件，黄委会地质物探队对坝库区至渭河盆地间，进行了地质测绘和岩溶发育程度的调查。第三地质勘探队在顺河方向，上自三眼桥，下至洑头河段，进行了水文地质钻探。通过近一年的工作查明了：

1.河谷两岸石灰岩中岩溶发育，部分水平溶洞，人可进入到200～300米深处。

2.通过岸边探硐揭示，石灰岩中溶蚀裂隙的宽度达数厘米，最宽可达10～20厘米。

3.坝址右岸的部分钻孔中有吹风吸气现象。每天吹、吸气时间大致相同，每次持续时间在4～6小时，吹风气流最大时，可将放在钻杆上口处的口哨吹响。此一现象，说明钻孔遇到了较大潜伏溶洞。

4.在坝址上游3～4公里的曹村附近钻探时，钻具掉落达1米多。经在该孔位上挖井，发现8米深处有3米直径的落水洞。后将部分河水改流入井，经过长达数月注水，注水流量达200公升每秒，坝址区地下水位仍无明显抬升。

5.当加大钻孔间距，顺河布置水文地质勘探剖面时，经钻孔水位观测，自三眼桥经坝址、麻街、洑头至下游的温汤村，顺河方向约27公里，地下水坡降千分之一以下，较河床比降平缓(此段河流纵坡有党家湾与洑头两处跌水)。

6.洑头、温汤村泉群出露，为地下水排泄区。

以上资料充分说明，石灰岩中岩溶发育，连通性强，透水性大，岩溶发育深度达河床以下100余米。根据区域地质条件分析，岩溶发育时期有两期：第一期是奥陶纪晚期至石炭纪早期的古岩溶发育期；第二期(也是主要的一期)在第三纪。第三纪以来，渭河盆地断陷下沉，北山相对抬升，盆地边缘地带地下水活动强烈，在古岩溶和岩体裂隙的基础上，岩溶进一步发展。此种条件在整个渭北山地，从禹门口至陕西省西部凤翔间是相似的。

党家湾坝址处于岩溶发育带，地下水入渗区，库盘高踞地下水位之上10～40米，蓄水后漏水将是非常严重的。1970年，在渭北修建的羊毛湾、桃曲坡水库，地质条件与党家湾类似，发生严重渗漏，便是实例。

（四）东平湖水库

东平湖地区的岩溶问题，是1960年东平湖水库蓄水时发现的。当时湖水位蓄至43.5米高程，水头约4.5米时，湖西段堤坝外1公里的梁山县龟山周围，因渗水而发生沼泽化，农作物受水浸泡致死。而在龟山与湖堤之间的中间地带，并无此种现象发生。后经黄委会设计院李殿旭、马国彦等调查认为：龟山与湖区的小安山，都是被第四纪沉积物覆盖的石灰岩古潜山出露部分。龟山至小安山一带，在新生代以前，曾经长期遭受风化和溶蚀。新生代以来，地壳下降，大部分石灰岩被第四纪沉积物覆盖，仅少数孤立的石灰岩山头露出地表。表面看山头各自孤立存在，但在深部却相互连通。当湖水位抬高后，通过小安山与龟山间的岩溶通道，产生深部侧向渗漏，致使龟山周围地下水位迅速抬高，导致沼泽化发生。因两山丘间地下水通过岩溶通道压力传递，要比通过砂土层中的渗流快得多，所以在龟山周围水位变化迅速，首先引起沼泽化。

上述四例，基本代表了黄河中、下游碳酸盐岩分布区的岩溶发育情况和规律。党家湾坝址位于岩溶地下水的入渗区，水库漏水是不可避免的。万家寨坝址则位于岩溶地下水的一侧补给，一侧渗漏，水库蓄水后，侧方渗漏是无疑的。天桥坝址位于岩溶承压水溢出区，水库蓄水后承压水位与水量的变化，取决于该区水文地质条件的变化。东平湖水库处于平原古岩溶潜伏区，应注意调查湖区内外石灰岩残丘中岩溶的连通性，及其石灰岩的埋藏深度，从而论证岩溶渗漏及由此而引起的浸没，这是水库勘察必须解决的重大水文地质问题。

附　　录

中华人民共和国国务院
关于长期保护测量标志的命令

(55)国秘字第255号

测量机关在全国各地所设的各种测量标志对于国家各项建设事业有重要的作用,必须妥善保护。为此,特发出以下命令:

一、在进行测量工作(三角、水准、天文、地形等)中所建造和埋设的永久性测量标志(包括木标、钢标、三角点中心标石、天文点和基线点的中心标石、水准标志与水准标石、地形测图的固定标志等)应该视为国家的财产和建筑物,地方各级人民委员会和全国人民都有保护的责任。

二、测量机关在设有测量标志的地方,应该会同当地的地方人民委员会(主要是乡人民委员会或者区公所)共同签订测量标志委托保管书,将自己所建造和埋设的永久性测量标志,交由地方人民委员会负责保护。

三、各地方人民委员会对所接管的各种测量标志,应该按照测量标志委托保管书中填写的项目接收,并严格执行保护责任。除经常教育群众爱护检查外,要每年做一至二次详细的检查,如果发现标志有被破坏、移动或损坏的时候,应该追查原因,并及时通知委托保管的测量机关处理。

四、所造测量标志如原委托保管的测量机关因故需要拆卸或移动的时候,必须有该机关的正式函件证明。经办拆卸或者移动测量标志的负责人员,应该将拆卸或者移动的具体情况和日期在原测量标志委托保管书上注明,并且签名盖章。

五、建造或者埋设测量标志的一定面积内的土地(一般均已办理购让手续),不能再作其他使用,如果有必要改建或者拆毁设有全国永久性的三角点、水准点的建筑物(如钟楼、教堂、寺院、工厂烟囱、水塔、桥梁等)及其他测量标志的时候,必须预先通知原委托保管的测量机关,并且得到它的同意,方可进行改建或者拆毁。

六、盗窃或者有意破坏国家的永久性测量标志的,应该按照情节的轻重依法惩办。

七、凡是持有正式证件的政府和军队的测量机关的测量人员，都可以通过接管测量标志的机关使用该项标志，但是必须保证其完好无损，并且在使用以后，应该会同原接管机关进行查验。

总理　周恩来

一九五五年十二月二十九日

关于公布和试行中华人民共和国大地测量法式(草案)的通知

(59)测联字第 1139 号

为了统一全国大地测量的布设方法和精度要求,以适应国家建设和科学研究的需要,特制定"中华人民共和国大地测量法式(草案)"。现经国务院批准公布试行。

自公布之日起,全国各有关部门在进行国家大地测量的时候,应按本法式(草案)的规定执行。现行的"一、二、三、四等三角测量细则","一、二、三、四等水准测量细则"和"一、二等基线测量细则"的条文中与本法式(草案)不一致的地方,应以本法式(草案)的规定为准。

各部门在执行本法式(草案)中遇有疑义时,请函告国家测绘总局或总参测绘局,以便会同进行解答。

中华人民共和国国家测绘总局

中国人民解放军总参谋部测绘局

1959 年 10 月 7 日

中华人民共和国大地测量法式(草案)

1959 年 9 月 4 日国务院批准试行

第一章　总　纲

1. 大地测量法式规定大地测量业务的纲要,是国家大地测量作业的基本法规。所有进行国家大地测量的单位，均应遵守本法式的规定。

2. 国家大地测量是国家基本建设之一，它包括三角测量、天文测量、精密导线测量和水准测量。

3. 国家大地测量的目的在于为国家测量工作建立控制的基础，保证为发展国民经济和巩固国防而进行的各种比例尺测图的需要。一等大地测量除作为低等级的大地测量和地形测量的控制外，并为研究地球的形状和大小、地壳的升降以及平均海水面变化等科学问题提供必要的资料。

4. 国家大地网布置的总方案由国家测绘总局会同中国人民解放军总参谋部测绘局（以下简称总参测绘局）负责制定。国家各部门的大地测量计划应当以总方案为依据。

5. 为保证大地测量业务的顺利进行和体现本法式的要求，由国家测绘总局会同总参测绘局制定大地测量的各种作业细则并颁布执行。各部门在必要时可作补充规定，但是必须征得国家测绘总局的同意。

6. 国家测绘总局和总参测绘局施测的大地测量成果，由两局各自进行检查验收。其他部门施测的国家大地测量成果，由国家测绘总局视情况进行国家检查验收。所有大地测量成果表，由国家测绘总局统一出版，供给各部门使用。

7. 各种国家大地点均须埋设固定的标石或标志，其结构和埋设方法应当以稳固和适于永久保存为原则。

8. 国家三角点（导线点）的坐标，暂依 1954 年北京坐标系推算。参考椭圆体采用克拉索夫斯基椭圆体，其长半径为 6378245 米，扁率为 1：298.3。

9. 国家水准点的高程以青岛水准原点为依据。按照 1956 年计算结果，原点高程定为高出黄海平均海水面 72.289 米。

10. 国家三角点（导线点）应按高斯正形投影计算六度带的平面直角坐标。六度带的主子午线经度，由东经 75°起每隔 6°而至东经 135°。

在一万分一和更大比例尺测图时，还应按三度带计算高斯平面直角坐标。主子午线的经度，由东经 72°起每隔 3°而至东经 135°。

在每个投影带内以主子午线和赤道的交点作为纵坐标起算的零点；主子午线的投影长度比定为 1，主子午线上各点的横坐标定为 500000 米。

第二章　三角测量

11. 国家三角测量分为一、二、三、四等，是进行各种比例尺测图的基本平面控制。

12. 一等三角测量由纵横三角锁交叉构成网状。三角锁应尽可能沿经纬线方向布设，在纵横锁交叉处设置起始边。两起始边之间的锁段长度一般应在200公里左右。超出200公里较大的锁段，应当在中间增设起始边。在特殊困难地区，一等三角锁得构成较大的锁环，锁中仍按间距200公里左右的原则设置起始边。

13. 一等三角锁由近于等边的三角形组成，根据地理条件亦可采用双对角线四边形或中点多边形。三角形的边长一般应当在25公里左右，平原地区应适当缩短。两起始边之间的锁段图形权倒数和(按方向观测计算)应当不超过100(以对数第六位为单位)。

14. 一等三角测量的角度观测应当采用全组合测角法。由每一锁段三角形闭合差所计算的测角中误差应当不超过±0″.7。

15. 一等起始边的长度由基线网推算或直接测定，其中误差应当不超过长度的1∶350000。

基线长度一般不得短于5公里，必要时得采用折线基线。由各次测量结果与平均值的较差所计算的基线测量中误差应当不超过基线长度的1∶1000000。

16. 在一等起始边的两端测定天文经纬度和方位角。由各次测量结果与平均值的较差所计算的测量中误差，纬度应当不超过±0″.3，经度应当不超过±0^{s}.02，方位角应当不超过±0″.5。

17. 在一等三角锁每一锁段中间的一个三角点上测定天文经纬度，其精度与第16条同。

18. 沿一等三角锁进行天文重力水准测量，以便将三角测量观测结果归化到参考椭圆体面上。天文重力水准测量的实施方案，由国家测绘总局决定之。

19. 二等三角网布设于一等三角锁环内，构成全面的三角网，并用良好的图形联接于一等三角锁和相邻的二等三角网上。二等三角网的边长一般应当在13公里左右。

20. 在正常一等三角锁环内的二等三角网中部，应当布设一条二等起始边。锁环过大时，须酌情增加。

21. 二等起始边的长度由基线网推算或直接测定。二等基线的长度一般不得短于4公里。在二等起始边的两端测定天文经纬度和方位角。起始边和天文点的精度均与一等同。

22. 二等三角网的角度观测一般应采用全组合测角法，由三角形闭合差所计算的测角中误差应当不超过±1″.0。

23. 二等三角网，可根据测图需要，在一等三角锁内分区分期布设。当一等三角锁环内全部布满二等三角网时，须进行整体平差，以便计算二等三角点的精确坐标。

24. 三、四等三角测量为二等三角网的进一步加密，其布置视测图需要而定。

25. 三等三角点以一、二等三角点为基础，用插点或插网的方法布设，各方向一般应作双方向观测。三等三角网的边长一般应当在 8 公里左右。由三角形闭合差所计算的测角中误差应当不超过±1″.8。

26. 四等三角点以一、二、三等三角点为基础，用插点或插网的方法布设。四等三角边的长度视测图比例尺而定，一般为 2—6 公里。四等三角测量的测角中误差应当不超过±2″.5。

27. 在布设导线有利的地区，一、二、三、四等三角测量得以相应精度的精密导线测量代替之。

28. 在国家三角测量尚未达到的地区，为了测图需要，得先布设独立的三角锁(网)，以后再和国家三角网联接。

29. 国家三角点(导线点)的高程，以水准测量或三角高程测量测定之。

30. 在本法式公布前已完成的一、二等三角测量，其精度低于本法式规定较大者，须视具体情况和需要，逐步加以改造。

31. 在精密物理测距的精度达到国家三角测量的相应精度时，得采用适于此种新仪器的布网方法。

32. 在特殊困难地区或采用雷达航空摄影测量时，可视具体情况和需要布设国家大地网。

第三章 水准测量

33. 国家水准测量分为一、二、三、四等，是全国各种测图及工程建设的基本高程控制。

34. 一等水准测量为国家最高级的高程控制，同时为研究地壳的升降提供资料。一等水准测量应当选择最适当的路线进行，并须尽可能构成环形。

35. 一等水准测量应当采用最精密的仪器和最严密的方法观测之，其精度须达到每公里偶然中误差不超过±0.5 毫米，系统中误差不超过±0.05

毫米。

36.一等水准测量每隔25年左右沿相同路线重复观测一次。

37.二等水准路线应当沿公路、铁路、大路及河流布置，一般应当构成环形，或闭合于一等水准路线构成环形。

二等水准路线闭合环的周长一般为500—1000公里。

在高山地区、沙漠地区以及其他特殊困难地区，可根据具体情况适当布置。

38.二等水准测量每公里偶然中误差应当不超过±1.0毫米，系统中误差应当不超过±0.15毫米。

二等水准测量应当进行往返观测。往返观测高差的不符值应当不超过$\pm 4\sqrt{R}$毫米，在山地应当不超过$\pm 5\sqrt{R}$毫米（R为相邻二水准点间的距离，以公里为单位，下同）。

二等水准环线闭合差应当不超过$\pm 4\sqrt{L}$毫米（L为环线的周长，以公里为单位，下同）。

39.沿海的一、二等水准路线应当与验潮站联测；沿河道的水准路线应当与附近的水文测站联测。

40.一、二等水准点间的观测高差应当加水准面不平行的改正。为此，应当沿一等水准路线，必要时并沿某些二等水准路线，进行重力测量。

41.三等水准路线布设在二等水准环线中，构成若干闭合环形。正常的环线周长应当不大于300公里，在小比例尺测图时可以暂行放宽，在大比例尺测图时应当进一步加密。

42.三等水准测量采用往返观测或者单程双线观测。往返观测或者单程双线观测高差的不符值应当不超过$\pm 12\sqrt{R}$毫米，在山地应当不超过$\pm 15\sqrt{R}$毫米。环线或者路线的闭合差应当不超过$\pm 10\sqrt{L}$毫米。

43.四等水准路线的两端应当闭合在高级水准点上，其密度依测图比例尺和等高线间距决定之。

44.四等水准测量采用单程观测法，其环线或者路线的闭合差应当不超过$\pm 20\sqrt{L}$毫米，在山地应当不超过$\pm 25\sqrt{L}$毫米。

45.为了满足工程建设的需要，可以按照特殊方案布设二、三、四等水准路线，但是须要与国家水准网相联接。

46.在远离国家水准路线的地区得布设独立水准网。在独立水准网中应当确定临时基准点，埋设坚固标石，测定其概略高程作为临时起算数据。在国家水准网测到时，应当进行联接，归算到统一高程系统。

47. 各等水准路线须每隔 4—8 公里埋设普通水准标石一座，在通行困难地区可以增长为 10—15 公里，在工程建设地区应当适当缩短。

48. 在一、二等水准路线上及其交叉点上应当增设甲型基本标石，其间距在一等为 100 公里左右，在二等为 400—600 公里。在两甲型基本标石之间须增设乙型基本标石。其间距在一等为 50 公里左右，在二等为 50—80 公里。

第四章　附　则

49. 本法式经国务院批准后自公布之日起施行。

50. 本法式的条文遇有疑义时，由国家测绘总局会同总参测绘局负责解释。

51. 本法式的条文如需补充修正，由国家测绘总局会同总参测绘局提出，报国务院批准。

国　务　院
关于发布《测量标志保护条例》的通知

国发[1984]6号

各省、市、自治区人民政府，国务院各部委、各直属机构：

现将《测量标志保护条例》发给你们，望遵照执行。

一九八四年一月七日

测量标志保护条例

第一条　为了妥善保护各种测量标志，以适应社会主义建设的需要，特制定本条例。

第二条　下列测量标志都属于本条例保护的范围：

(一)测绘单位建设的地上或地下的永久性测量标志(包括各等级的三角点、导线点、军用控制点、重力点、天文点、水准点的木质觇标、钢质觇标和标石标志，地形测图、工程测量和形变测量的固定标志等)；

(二)测绘单位在测量中使用的临时性测量标志。

第三条　测量标志是国家财产，各级人民政府、社会团体、企业事业单位和全体公民都有保护的责任。

第四条　永久性测量标志建设后，任何单位和个人都不得损毁或擅自移动。测绘单位在测量中还在使用的临时性测量标志，任何单位和个人都不得损毁或擅自移动。

第五条　禁止在测量标志上架设电线、搭建帐篷、拴牲畜或者进行其他可能损毁测量标志的活动。

第六条　测绘单位建设的永久性测量标志，应当按照建设地点的隶属关系，委托地方人民政府(主要是乡、镇人民政府)或社会团体、企业事业单位负责保管。保管单位应当指派专人负责保管；保管人因工作调动、迁居或其他原因，不能履行保管职责时，应当另派专人负责保管，并将变更情况报告委托保管的测绘单位。测绘单位与保管单位应当办理交接验收手续，签订《测量标志委托保管书》，并向省、自治区、直辖市人民政府的测绘管理机关备案。

第七条 保管单位和保管人应当对负责保管的测量标志经常检查；发现测量标志有被移动或损毁的情况，应当调查原因，及时通知委托保管的测绘单位或省、自治区、直辖市人民政府的测绘管理机关处理。保管单位和保管人有权制止和揭发移动或损毁测量标志的行为，任何单位和个人都不得打击报复。

第八条 测绘单位应当对永久性测量标志进行定期检查维修，使之经常处于完好状态。永久性测量标志的维修，按照等级和用途，由国家测绘局组织各测绘单位分工负责。

第九条 建设永久性测量标志的测绘单位因故需要拆迁永久性测量标志时，应当持有省、自治区、直辖市人民政府或省军区测绘管理机关的证明，经保管单位和保管人验证后方可拆迁。拆迁单位应当将拆迁情况在原《测量标志委托保管书》上注明，并由经办人签名。

第十条 进行各项建设活动，应当尽量避开永久性测量标志，确实无法避开需要拆迁时，建设单位应当征求测量标志建设单位的意见，报经省、自治区、直辖市人民政府测绘管理机关批准，并通知保管单位后，方可拆迁。设有永久性测量标志的建筑物（如大楼顶部、钟楼、教堂寺院、工厂烟囱、水塔、桥梁等）需要改建或者拆毁时，应当预先通知省、自治区、直辖市人民政府测绘管理机关和委托保管的测绘单位。

第十一条 测绘人员使用永久性测量标志，应当持有单位证明，并保证该项标志完好无损。保管单位和保管人有权查问使用人员，有权查验使用后标志的完好状况。

第十二条 对认真保护测量标志有功的保管单位、保管人或其他人员，测绘管理机关应当给予奖励。

第十三条 对违反本条例，损毁或擅自移动临时性测量标志的，依照《中华人民共和国治安管理处罚条例》给予处罚；损毁或擅自移动永久性测量标志的，由司法机关依法处理。

第十四条 本条例的实施办法由国家测绘局制定。

第十五条 本条例自发布之日起施行。

国家测绘局
关于启用“1985国家高程基准”及国家一等水准网成果的通告

国测发[1987]198号

一、“1985国家高程基准”业经国务院批准，现公布使用。

“1985国家高程基准”是采用青岛验潮站一九五三年至一九七九年验潮资料计算确定的，依此推算的青岛国家水准原点高程值确定为高出该基准72.260米。国务院一九五九年九月四日批准试行的《中华人民共和国大地测量法式（草案）》中规定的国家高程基准和青岛水准原点高程值（72.289米）即相应废止。

二、国家一等水准网成果，自此通告公布之日起启用。国家一等水准网是以“1985国家高程基准”为依据起算的，是全国高程控制的骨干，其他等级的国家水准点的高程均依此推算。

三、凡使用国家水准点高程数据的各类成果，均应注明所采用的高程基准。

四、为统一全国的高程系统，各有关主管部门，应将采用其他高程基准推算的各类水准点高程成果，逐步归算至“1985国家高程基准”。

五、有关国家一等水准网成果提供方式及使用的有关规定将另文通知。

特此通告。

一九八七年五月二十六日

国家测绘局
关于启用“1985国家高程基准”及国家一等水准网成果有关技术问题的通知

国测发(1987)365号

各省、自治区测绘局，直辖市测绘处(院)，各直属单位：

“1985国家高程基准”及国家一等水准网成果，于今年五月二十六日，由我局发布启用。现将有关技术问题的处理原则通知如下：

一、我国大陆部分的地形图标注的“1956年黄海高程系”或其他与“1985国家高程基准”之差小于10厘米(指实际，不是指地图上，下同)的高程系，可在地形图重版时直接改注为“1985国家高程基准”，属于以上情况的各类地形图在使用中，其高程系均可视为“1985国家高程基准”，允许直接更改高程系注记。今后，编辑、出版各种技术标准、图书、教科书、文件、资料等，以及新编地形图时，凡涉及国家高程基准的，均一律使用“1985国家高程基准”。

二、旧水准成果，采用以下原则处理：

1. 凡有新成果的各等级水准点，其旧成果废止。

2. 与国家一等水准网相联系的旧一、二等水准网、线(包括1个和多个接点)，其同一接点新、旧高程之差小于20厘米，且各点差值的互差小于10厘米的路线，均不进行外业检测，由内业取平均后改化使用。未发生联系的旧一、二等水准网点，可进行联测后，对成果进行改化，提供使用。其他情况，即新旧高差大于20厘米或互差大于10厘米地区，应进行外业检测、分析原因后再内业处理，原则上降级使用。

3. 二等以下旧水准成果，可根据具体情况，参考上述原则，由各省、自治区测绘局，直辖市测绘处(院)自行处理。

请各局(处、院)安排生产单位尽快完成上述内、外业工作。各单位安排上述任务有困难的，可请陕西省测绘局协作完成。

三、国家一等水准网成果，将在今年年底由全国测绘资料信息中心向各省、自治区、直辖市测绘资料部门提供，其成果载体为软磁盘，适用于长城0520系列以及与其兼容的微计算机。目前，暂时向用户提供复印成果，供改算和分析其他成果用。

有关软磁盘交接和使用问题，将由我局资料档案处另行安排。

四、国家二等水准网以国家一等水准网为控制，逐步、逐环进行平差，其成果将在一九八八年下半年起陆续提供使用，不另通知。

五、采用新载体的测绘成果，仍按现行的《全国测绘资料和测绘档案管理规定》办理使用和领购手续。

一九八七年九月九日

国家测绘局
关于颁发《测绘生产质量管理规定(试行)》的通知

国测发(1988)70号

为了加强测绘生产的质量管理,提高产品质量,特制定《测绘生产质量管理规定(试行)》。此规定已经国家标准局同意,现印发给各测绘部门,请遵照执行。

各部门在执行中有何问题和意见,请及时函告国家测绘局。

一九八八年三月

测绘生产质量管理规定(试行)

第一章 总 则

第一条 测绘工作是国家建设的一项基础性工作。测绘产品的质量直接影响到我国社会主义现代化建设的顺利进行。为了加强测绘生产的质量管理,不断提高产品质量,特制定本规定。

第二条 测绘生产质量管理是指测绘产品从技术设计,新产品开发,设备材料,生产实施直至产品使用全过程的质量管理。测绘生产质量管理是各项测绘管理工作的中心环节。

本规定所称的测绘产品是指测绘成果成图。

第三条 测绘生产质量管理应贯彻"质量第一,面向用户,以技术标准为准绳,预防和把关相结合"的方针。监督检验工作要贯彻"管、帮、促"的原则。各测绘生产单位应逐步实行全面质量管理。

第四条 测绘生产质量管理工作的主要任务是:

1. 负责测绘生产质量管理工作的立法和测绘产品质量的控制、监督与管理。建立健全测绘产品质量保证体系。

2.制定测绘产品质量规划与计划。

3.进行质量教育，增强质量意识，遵守职业道德，严格执行技术标准。

4.组织测绘产品的检验和评优工作。

5.广泛组织开展群众性的质量管理活动。

第二章　质量管理体制与制度

第五条　国务院和省、自治区、直辖市测绘行政主管部门设质量管理机构，负责测绘生产的质量监督与管理工作。

第六条　国务院测绘行政主管部门建立“国家测绘产品质量监督检验测试中心”(以下简称检测中心)；省、自治区、直辖市测绘行政主管部门建立测绘产品质量监督检验站(以下简称监督检验站)。

检测中心和监督检验站均属公正监督检验事业单位，主要承担测绘产品质量的监督检验、委托检验和仲裁检验。在业务上他们分别受国务院和省、自治区、直辖市测绘行政主管部门的领导，并受相应的标准化和主管部门的指导。监督检验站在技术上还受检测中心的指导。

第七条　测绘生产单位设质量管理检查机构，主要负责对测绘生产的质量管理和产品质量的最终检查。中队(室、车间)设专职检查人员，主要负责对测绘产品质量的过程检查。

第八条　测绘生产单位实行的过程检查和最终检查，应作为测绘生产的一道工序纳入生产流程和生产成本。经最终检查的合格产品，在提出质量评定意见后，才能提交验收。

第九条　测绘产品实行一级验收制。验收费用计入生产成本。国家和地方的指令性和指导性计划任务，委托监督检验站验收。市场调节性任务，由用户或用户委托的单位验收。

验收单位对测绘生产单位提出的产品质量评定意见进行核定。

第十条　测绘产品实行优、良、合格三级质量评定制。

第十一条　测绘产品的检查、验收与质量评定工作按《测绘产品检查验收规定》和《测绘产品质量评定标准》执行。

第三章　质量管理岗位职责

第十二条　各级测绘行政主管部门质量管理机构的主要职责：

1. 贯彻国家和上级主管部门有关质量管理的方针政策，组织制订质量管理法规。

2. 指导帮助测绘生产单位建立健全质量保证体系。组织质量教育。

3. 检查、督促测绘生产单位坚持质量第一的方针，保证产品质量。

4. 负责组织产品评优和质量争议的仲裁。

5. 对测绘产品质量监督检验机构进行业务指导。对生产单位质量指标进行考核并统计上报。

第十三条　测绘生产单位行政首长质量管理方面的职责：

1. 负责本单位的全面质量管理。建立健全质量保证体系。

2. 对全体职工进行经常性的质量意识和职业道德教育。

3. 深入生产第一线检查了解产品质量状况，贯彻有关质量管理法规。

4. 保证上交产品质量全部合格，在产品的检查报告上签署意见，对本单位产品质量负责。

第十四条　测绘生产单位总工程师（主任工程师）在质量管理方面的职责：

1. 负责本单位质量管理方面的技术工作，处理重大技术问题，对产品质量中的技术问题负责。

2. 深入生产第一线，督促生产人员严格执行质量管理制度和技术标准，及时发现和处理作业中带普遍性的质量问题。

3. 组织编写和审核技术设计书，并对设计质量负责。审定技术总结和检查报告。

4. 组织业务培训，组织对作业人员和质量检查人员的业务技术水平的考核。

第十五条　测绘生产单位质量管理检查机构的职责：

1. 负责本单位产品的最终检查，编写质量检查报告。

2. 负责制订本单位的产品质量计划和质量管理法规的实施细则。

3. 经常深入生产第一线，掌握生产过程中的质量状况，并帮助解决作业中的质量问题。

4. 组织群众性质量管理活动。

5. 对作业、检查人员进行业务技术考核。

6. 收集产品质量信息。

第十六条　各级检验人员职责：

1. 忠于职守，实事求是，不徇私情，对所检验的产品质量负责。

2. 严格执行技术标准和产品质量评定标准。

3. 深入作业现场，了解和分析影响质量的因素，督促和帮助生产单位不断提高产品的质量。

4. 有权越级反映质量问题。

第四章　技术设计与新产品开发的质量管理

第十七条　测绘生产单位应坚持先设计后生产，不许边设计边生产，禁止无设计就生产。

第十八条　技术设计中涉及放宽技术标准和改变生产工艺等问题而影响到产品质量时，其设计书的审批应征求质量管理部门的意见。

第十九条　在生产中应用的新技术、开发的新产品，必须通过正式鉴定，重大技术改进应经上级主管部门批准，方可进行生产。

第五章　生产过程中的质量管理

第二十条　各级领导、管理干部、检验人员应深入作业现场，抓好每个生产环节的质量管理。

第二十一条　参加作业及担任各级检查、验收工作的人员，经过培训考核合格后，方可上岗工作。

第二十二条　作业前，必须组织有关人员学习技术标准、操作规程和技术设计书。对生产使用的仪器、设备应进行检验和校正。

第二十三条　严格执行技术标准，做到有章可依，按章执行，违章必究，不准随意放宽技术标准。

作业员对所完成作业的质量负责到底。

第二十四条　测绘生产基层单位应结合承担的任务，成立质量管理小组，开展各种形式的质量攻关活动。

第二十五条　检查或验收人员发现产品中的问题要提出处理意见，交被检验单位改正。当意见分歧时，检查中的问题由测绘生产单位的总工程师

（主任工程师）裁决，验收中的问题由测绘生产单位上级行政主管部门的质量管理机构裁定。

第二十六条 测绘生产单位各工序的产品必须符合相应的技术标准和质量要求。并按规定签署意见后，方可转入下工序使用。

第二十七条 测绘生产单位应对其移交给下工序单位的产品质量负责到底，下工序有权退回不符合要求的产品，上工序应及时进行改正。

第二十八条 要保证测绘仪器、设备、工具和材料（包括航摄底片）的质量，其品种、规格和性能应满足生产要求。

建立仪器设备的定期检修保养制度。

第六章 产品使用过程中的质量管理

第二十九条 测绘生产单位交付使用的产品必须是合格产品。

第三十条 测绘单位要主动征求用户对产品质量的意见，建立质量信息反馈网络，并为用户提供咨询服务。

第三十一条 测绘生产单位应对测绘产品质量负责到底。在质量问题上生产单位与用户产生分歧经协商不能解决时，报用户所在地区测绘行政主管部门的质量管理机构裁决。如一方不服，可向国务院测绘行政主管部门的质量管理机构申报裁定。

第七章 优质测绘产品的评选

第三十二条 为鼓励测绘单位提高产品质量，国务院测绘行政主管部门定期开展部级优质测绘产品的评选活动，并按国家经委发布的《国家优质产品评选条例》要求，申报参加国家级优质产品的评选活动。

省、自治区、直辖市测绘行政主管部门亦应定期组织本辖区优级测绘产品的评选，申报参加省级、部级优质产品的评选活动。

第三十三条 申报评选部级优质的测绘产品，由检测中心组织质量检测，做出评价后，再由国务院测绘行政主管部门聘请有关专家组成的审定委员会，遵照“标准先进、评价科学、评选公正”的原则和国家测绘局制定的《部级优质测绘产品评选办法》进行评审。

第三十四条 获得部级优质产品奖的测绘产品，由国务院测绘行政主管部门颁发优质产品证书。

第八章　奖　　惩

第三十五条　测绘生产单位奖励制度要体现“质量第一”的方针，贯彻“质量否决权”及“奖优罚劣”的原则。省、自治区、直辖市测绘行政主管部门和生产单位均应制定包括作业员、检验员以及各级领导干部在内的具体奖惩办法。

第三十六条　测绘生产单位对质量管理和提高产品质量上做出显著成绩的先进集体和个人授予荣誉奖和物质奖。对防止重大质量事故有贡献的单位和个人，应给予重奖。

第三十七条　国务院和省、自治区、直辖市测绘行政主管部门按制订的“评优办法”定期开展评选优秀质量管理小组、优质标兵、优秀质量管理员和优秀质量检验员活动，获选者分别由国务院和省、自治区、直辖市测绘行政主管部门给予奖励，并发给荣誉证书。

第三十八条　对于管理混乱、屡出质量事故、产品质量低劣、用户反映强烈的生产单位，上级主管部门应当责令其限期改正。必要时要停产整顿，并根据不同情况酌情扣发生产单位领导干部的工资，停发职工奖金。经督促、帮助仍未改变者，应吊销其“测绘许可证”。

第三十九条　由于技术设计的失误、擅自放宽技术标准、作业中失误、违章作业和错检漏检等造成重大质量事故，要追究领导的责任。对直接责任者，视其情节，除给以处分外，并应承担部分或全部经济责任。触犯《刑法》者应提请司法机关追究其法律责任。

第四十条　因质量问题致使下工序造成重大损失，或因错误判断而造成上工序重大损失，均应承担经济责任。

第四十一条　作业人员伪造成果和检验人员徇私舞弊，应给以行政处分和经济制裁。触犯《刑法》者，应提请司法机关追究其法律责任。

第四十二条　不管任何人在产品质量上弄虚作假，以劣充好或违反本规定第十六条第四款的规定，打击报复揭发人、检验人员的，都要追究责任，严肃处理。

第九章　附　　则

第四十三条　省、自治区、直辖市测绘行政主管部门可根据本规定制定具体办法或实施细则。

第四十四条　本规定自一九八八年三月起实行。解释权属于国家测绘局。

中华人民共和国国务院令

第32号

现发布《中华人民共和国测绘成果管理规定》，自一九八九年五月一日起施行。

总　理　李　鹏

一九八九年三月二十一日

中华人民共和国测绘成果管理规定

第一条　为加强对测绘成果的管理，保证测绘成果的合理利用，提高测绘工作的经济效益和社会效益，更好地为社会主义现代化建设服务，制定本规定。

第二条　本规定所称测绘成果，是指在陆地、海洋和空间测绘完成的下列基础测绘成果和专业测绘成果：

（一）天文测量、大地测量、卫星大地测量、重力测量的数据和图件；

（二）航空和航天遥感测绘底片、磁带；

（三）各种地图（包括地形图、普通图、地籍图、海图和其他有关的专题地图等）；

（四）工程测量数据和图件；

（五）其他有关地理数据；

（六）与测绘成果直接有关的技术资料等。

第三条　国务院测绘行政主管部门主管全国测绘成果的管理和监督工作，并负责组织全国基础测绘成果及其有关专业测绘成果的接收、搜集、整理、储存和提供使用。

省、自治区、直辖市人民政府测绘行政主管部门主管本行政区域内测绘成果的管理和监督工作，并负责组织本行政区域内基础测绘成果以及有关专业测绘成果的接收、搜集、整理、储存和提供使用。

国务院有关部门和省、自治区、直辖市人民政府有关部门负责本部门专业测绘成果的管理工作。

军队测绘主管部门负责军事部门测绘成果的管理工作。

第四条 测绘成果应当实行科学管理，建立健全规章制度，运用现代化科学技术手段，及时、准确、安全、方便地提供使用。

第五条 测绘成果应当根据公开（公开使用、公开出版）和未公开（内部使用、保密）的不同性质，按照国家有关规定进行管理。

第六条 基础测绘成果保密等级的划分、调整和解密，经国务院测绘行政主管部门会同军队测绘主管部门商国家及军队保密主管部门决定后，由国务院测绘行政主管部门发布。

专业测绘成果保密等级的划分、调整和解密，由有关专业测绘成果管理部门确定，并报同级测绘行政主管部门备案；其密级不得低于原使用的地理底图和其他基础测绘成果的密级。

各部门、各单位使用保密测绘成果，必须按照国家保密法规进行管理。保密测绘成果确需公开使用的，必须按照国家规定进行解密处理。

保密测绘成果的销毁，应当经测绘成果使用单位的县级以上主管部门负责人批准，严格进行登记、造册和监销，并向提供该成果的管理机构备案。

第七条 国务院有关部门和地方有关部门完成的基础测绘成果以及有关专业测绘成果，必须依照规定按年度分别由国务院测绘行政主管部门或者省、自治区、直辖市人民政府测绘行政主管部门汇交下列成果目录或者副本：

（一）天文测量、大地测量、卫星大地测量、重力测量的数据和图件的目录及副本（一式一份）；

（二）航空、航天遥感测绘底片和磁带的目录（一式一份）；

（三）地形图、普通地图、地籍图、海图、其他重要专题地图的目录（一式一份）；

（四）正式印制的各种地图（一式两份）；

（五）有关重大工程测量的数据和图件目录（一式一份）。

第八条 外国人经中华人民共和国政府或者其授权部门批准，在中华人民共和国境内及境外属中华人民共和国管辖海域内单独测绘或者与中华人民共和国有关部门合作测绘的成果，依据本规定进行管理。其成果的所有权属分别为：

（一）外国人或者外国人与中华人民共和国有关部门合作在中华人民共和国境内测绘成果，均属中华人民共和国所有；

（二）外国人与中华人民共和国有关部门合作在中华人民共和国境外属中华人民共和国管辖海域内测制的测绘成果，应当在不违反本规定的前提下，由双方按合同规定分享；

（三）外国人在中华人民共和国境外属中华人民共和国管辖海域内测制的测绘成果，必须向中华人民共和国测绘行政主管部门提供全部测绘成果的副本或者复制件。

第九条　需要使用其他省、自治区、直辖市的基础测绘成果的单位，必须持本省、自治区、直辖市人民政府测绘行政主管部门的公函，向该成果所在省、自治区、直辖市的测绘行政主管部门办理使用手续。

需要使用其他省、自治区、直辖市专业测绘成果的单位，按专业成果所属部门规定的办法执行。

第十条　军事部门需要使用政府部门测绘成果的，由总参谋部测绘主管部门或者大军区、军兵种测绘主管部门，通过国务院测绘行政主管部门或者省、自治区、直辖市人民政府测绘行政主管部门统一办理。政府部门或者单位需要使用军事部门测绘成果的，由国务院测绘行政主管部门或者省、自治区、直辖市人民政府测绘行政主管部门，通过总参谋部测绘主管部门或者大军区、军兵种测绘主管部门统一办理。

第十一条　测绘行政主管部门应当对本行政区域内测制的测绘成果负责质量监督管理。

各有关部门和单位测制的测绘成果，必须经过检查验收，质量合格后方能提供使用。

第十二条　测绘成果实行有偿提供。有偿提供测绘成果的办法和收费标准由国务院测绘行政主管部门商有关测绘成果的管理部门后，会同国务院物价行政主管部门另行规定。

第十三条　测绘成果不得擅自复制、转让或者转借。确需复制、转让或者转借测绘成果的，必须经提供该测绘成果的部门批准；复制保密的测绘成果，还必须按照原密级管理。

受委托完成的测绘成果，受托单位未经委托单位同意不得复制、翻印、转让、出版。

第十四条　国务院有关部门对外提供中华人民共和国未公开的测绘成果，必须报经国务院测绘行政主管部门批准。地方有关部门和单位对外提供中华人民共和国未公开的测绘成果，必须报经省、自治区、直辖市人民政府测绘行政主管部门批准。为了确保重要军事设施的安全保密，各送审单位对外提供未公开的测绘成果的具体办法，按国务院的有关规定执行。

第十五条　中华人民共和国境内及境外属中华人民共和国管辖海域内的重要地理数据（包括位置、高程、深度、面积、长度等），应当经国务院测绘行政主管部门审核报国务院批准后，由国务院或者其授权部门发布。

第十六条　对测绘成果管理做出重大贡献或者显著成绩的单位和个人，予以表扬或者奖励。

第十七条　测绘成果质量不合格给用户造成损失的，由该测绘成果的测绘单位赔偿直接经济损失，并负责补测或者重测；情节严重的，由测绘行政主管部门处以罚款或者取消其相应的测绘资格。

第十八条　有下列行为之一的单位，按以下规定，给予行政处罚：

（一）对违反国家规定的测绘成果收费标准，擅自提价收取测绘成果费用的，依照《中华人民共和国价格管理条例》的规定没收其非法所得，可以并处相当于非法所得金额三至五倍的罚款；

（二）对发生重大测绘成果泄密事故的，由测绘行政主管部门给予通报批评，并按本规定第十九条规定追究单位负责人的责任；

（三）对未经提供测绘成果的部门批准，擅自复制、转让或者转借测绘成果的，由测绘行政主管部门给予通报批评，可以并处罚款。

第十九条　有下列行为之一的个人，由其所在单位或者该单位的上级主管机关给予行政处分，构成犯罪的，由司法机关依法追究刑事责任：

（一）丢失保密测绘成果，或者造成测绘成果泄密事故的；

（二）未按本规定第十四条规定履行报批手续，擅自对外提供未公开的测绘成果的；

（三）测绘成果管理人员不履行职责，致使测绘成果遭受重大损失，或者擅自提供未公开的测绘成果的；

（四）测绘成果丢失或者泄密造成严重后果以及对造成测绘成果丢失或者泄密事故不查处的单位负责人。

第二十条　当事人对行政处罚决定不服的，可以在接到处罚通知次日起十五日内，向作出处罚决定部门的上级行政主管部门申请复议；对复议决定不服的，可以在接到复议决定次日起十五日内，向人民法院起诉；当事人也可以在接到处罚通知次日起十五日内，直接向人民法院起诉，期满不起诉又不执行的，由作出处罚决定的行政主管部门申请人民法院强制执行。

第二十一条　省、自治区、直辖市人民政府，国务院有关部门和军队，可以依照本规定结合实际制定实施办法。

第二十二条　本规定由国务院测绘行政主管部门负责解释。

第二十三条　本规定自一九八九年五月一日起施行。

水利电力部水利水电建设总局关于颁发《各规划设计阶段工程地质勘察工作深度和质量要求》的通知

(85)水建勘字第8号

直属勘测设计院、长办、黄委勘测规划设计院、珠委规划设计院、淮委规划设计院、东北勘测设计院、各省、市(区)勘测设计院：

目前，水利水电工程地质勘察规范正在修订，为适应当前工作的需要，提高地质勘察工作的质量，现将《各规划设计阶段工程地质勘察工作深度和质量要求》颁发，请参照执行。在执行中发现有不妥，请随时函告我局勘测处。

一九八五年七月十日

各规划设计阶段工程地质勘察工作深度和质量要求

项目＼规划设计阶段	规　　划	可行性研究	初步设计	技施设计
任务	了解河流(或河段)的区域地质条件及各规划梯级的工程地质条件，初步查明可能近期开发工程和控制工程的主要地质问题，为选定河流(段)规划方案和近期开发工程提供所需的地质资料。 提出选定的近期开发工程可行性研究阶段工程地质勘察的方案或意见。	查明与库区、坝(闸)址、坝型和其他主要建筑物方案有关的主要工程地质问题，为合理选定坝址，初选基本坝型、工程规模和枢纽布置方式、引水线路和厂址提供地质资料。 提出初步设计阶段工程地质勘察的方案或意见。	全面查明建筑物区(包括库区)的工程地质条件，为选定坝和其它主要建筑物的轴线、型式、枢纽布置及地基处理方案提供地质资料、岩土物理力学数据、工程地质评价和建议。 提出技施设计阶段需要补充勘察或进行专题研究的项目或意见。提出监测工作的建议。	进行工程地质专题研究；查明附属企业地段工程地质条件。 核实、修正已有地质资料，为局部调整和完善设计提供资料；进行施工地质编录、预报；参加建基面的验收和工程处理措施的研究。 提出运行期地质监测工作布置方案、监测项目和要求的建议。

续表

项目 \ 规划设计阶段		规　划	可行性研究	初步设计	技施设计
要求查明或了解的地质问题	1. 区域构造稳定条件	了解区域性断裂和活动性断裂的分布、产状、规模及其构造关系和活动史。 收集区域地震资料，包括发震断裂、历史震中和现代实测震中（发生时间、震级及烈度），以及微震资料。 根据地震部门1∶300万地震区划图，引用各梯级的地震基本烈度。	对工程地区的地震基本烈度、构造稳定条件做出结论。尤其是在构造复杂、新构造活动较明显或地震基本烈度≥7度区，应对区域稳定条件进行专门论证。 分析水库诱发地震的可能性。	对构造复杂，有活动性断裂的地区，或地震基本烈度≥7度区，是否可能产生水库诱发地震的发震条件作出初步评价。必要时应设台进行断裂活动性或地震的监测。	根据需要继续完善断裂活动性或地震监测系统。在进行水库诱发地震研究、监测的基础上作出进一步评价。
	2. 环境工程地质问题	了解水库蓄水后出现库岸不稳定、坍岸、渗漏、浸没的可能性和严重程度。	预测施工期、运行期和施工活动对库区和近坝库区已有的大滑坡、大的潜在不稳定岩体的可能影响（见边坡稳定部分）；估计坍岸、渗漏和浸没（包括坝下游）的影响范围和数量。	查明和定量评价与工程有关的滑坡、潜在不稳定体的边界条件和施工壅水、水库蓄水后的稳定条件。 查明坍岸和渗漏、浸没地段的边界条件及范围，进行最终和分期的预测计算。提出防护、处理措施的建议。	根据施工进展和施工蓄水期的观测资料，验证工程地质结论。 根据需要建立坍岸、浸没、滑坡和渗漏等地段的长期监测剖面或网、点。

续表

项目		规　划	可行性研究	初步设计	技施设计
要求查明或了解的地质问题	3.水文地质、工程地质条件	了解地形地貌、区域性断裂的分布、地层岩性及区域水文地质等基本情况。 对各梯级坝(闸)址,应了解:水文地质工程地质条件,有无顺河大断层,河床复盖层的厚度及有无存在深槽、古河道的可能。坝(闸)区岩层的初步分层,软弱结构面存在的情况,风化带厚度和卸荷带的大致发育深度。了解地下水的埋藏条件、岩体渗透性、地下水和河水的补排关系。	初步查明水库区、坝址区的水文地质工程地质条件及其主要工程地质问题。 查明各比较坝址的贯穿性断裂和软弱结构面、顺河大断层的分布和规模。初步掌握河床复盖层的厚度和分层情况,以及风化带、卸荷带的一般深度及其变化规律。 初步查明坝(闸)区含水层与隔水层情况,各岩(土)层渗透性及其变化,相对隔水层的埋深和分布,地下水位及坡降,地下水和河水的水质,以及古河道、大断层带等强渗透带和承压水存在的情况。提出坝(闸)址可能防渗方案的建议。 逐步建立并开始进行地下水长期观测。	查明水库区、坝址区的工程地质和水文地质条件和主要工程地质问题。 查明贯穿主要建筑物及影响建筑物稳定性的断层、软弱结构面、顺河大断层的分布和规模。探明河床复盖层各层的具体分布和厚度;坝基(肩)及其他主要建筑物各部位风化带、卸荷带的特征、具体分布和深度。提出利用岩面的分布线。 查明各含水层水位分布及水力联系,进行岩体透水性分带(区),提出防渗方案及深度和范围的建议。 查明地下水物理性质及化学成分的变化情况,作出对混凝土的侵蚀性评价。 系统进行地下水的长期观测。	根据开挖情况核实建筑物地区、地下洞室围岩断裂的分布及岩体完整性情况;修正地基复盖层厚度及风化带、卸荷带的深度。 提出运行期水文地质长期观测网点的布置、观测项目和要求,并收集施工期及初期水库蓄水后地下水位和水质变化的资料,以及地基、岸坡的变形资料。

续表

项目 \ 规划设计阶段		规　划	可行性研究	初步设计	技施设计
要求查明或了解的地质问题	4. 坝基(肩)稳定条件	根据地质测绘、物探和少量勘探,预测不同可能坝型坝基(肩)的稳定条件,估计可能发生失稳的主要形式,规模及可能影响。	岩基: 初步查明各比较坝址软弱岩层的分布和性状;各级结构面的分布规律和性状,特别是软弱结构面与其它结构面的可能组合对坝基(肩)变形、滑动的影响;各可能失稳岩体的边界条件,尤其是主滑面的情况。 软弱岩(夹)层、断裂带等的渗透稳定条件。 进行初步的岩体分类,评价坝基(肩)岩体稳定条件。 软基:初步查明覆盖层厚度、分层,冻土、膨胀土、大孔隙土、软土、粉细砂和强透水层、架空层的大致分布。地基各岩层的渗透系数,评价地基沉陷变形、抗滑稳定、渗透变形和震动液化的可能性。 提出地基处理方案的初步建议。 岩溶区:要注意坝基(肩)内岩溶对地基(包括岩基和软基)的可能影响。	岩基: 查明坝基(肩)岩体的各向异性情况及坝基(肩)变形稳定问题。 查明坝基(肩)范围内软弱岩层,特别是软弱结构面的分布范围、延伸和切割情况、起伏差、填充物及厚度、临界比降和力学强度等。明确各可能失稳岩体的边界条件和各结构面的力学参数,对其稳定性作出定量评价。 提出本工程适用的岩体分类。 软基: 查明各类土层的详细分布,确定各层的渗透系数,承载力、抗剪强度、变形模量、压缩系数、允许渗透比降等参数;对地基的抗滑稳定,渗透变形和液化进行评价;提出地基处理的建议。 岩溶区: 要查明岩溶对建筑物地基(包括岩基和软基)稳定性的影响和程度。提出有关地基处理的建议。	根据开挖情况,核定稳定分析边界条件,必要时补充现场原位试验,核定变形、抗剪指标。 提出运行期坝基(肩)岩体稳定观测布置、项目和要求。

续表

项目	规划设计阶段	规　划	可行性研究	初步设计	技施设计
要求查明或了解的地质问题	5.边坡稳定条件	了解库、坝区岸坡和傍山大型引水明渠所在岸坡的稳定条件。了解对梯级成立有影响的大滑坡、大坍滑体及不稳定岸坡的分布情况。 峡谷区或强震区要注意收集历史上的“垮山”情况。	初步查明库、坝区岸坡、溢洪道和大型引水渠所在岸坡的稳定条件。查明对选择坝址、坝型有影响的大滑坡、大坍滑体和不稳定岸坡的分布和方量，对可能影响大坝稳定和可能造成次生灾害的不稳定岩体，应对其稳定作出定性评价。初步评价冲刷区岸坡的稳定性。	查明库、坝区岸坡的稳定条件和傍山大型引水明渠、溢洪道所在岸坡及开挖边坡的稳定条件。对影响建筑物安全的可能不稳定岩体要查明其边界条件，作出稳定性的定量评价，并提出处理建议。对冲刷区岸坡进行稳定性评价。 库区内，特别是近坝库区内，可能影响施工期安全和大坝运行安全的大坍滑体及不稳定岩体，除稳定分析计算成果外，还应作涌浪试验，评价对库区、坝址的影响。对影响较大的坍滑体和可能不稳定体，应建立变形监测网点	根据施工开挖情况，核实建筑物区及地下洞室进出口边坡稳定条件。对边坡的施工和处理方案，提出建议。进行施工地质预报。建立或完善必要的运行期边坡变形观测网点。
	6.岩溶区渗漏问题	进行可溶岩岩组划分，了解区域或岩溶发育情况，相对隔水层的分布，地下水与河水的补排关系。 分析岩溶渗漏的可能性及其防渗条件。	初步查明岩溶分布发育程度和规律，相对隔水层的厚度、分布延续性和封闭条件，分水岭地段及坝基（肩）的地下水位，地下水与河水的补排关系，岩层的渗透性。分析可能的渗漏类型、渗漏地段的范围、主要渗漏通道及其规模。评价坝基、绕坝和向邻谷渗漏的可能性和严重程度。论证处理的必要性，提出可能的防渗处理方案。	查明岩溶通道的位置、规模、连通情况，渗漏形式；确定有渗漏问题的地段、地下水分水岭位置及水位，坝基和坝肩岩体的渗透特性。定量评价岩溶区水库、坝基和绕坝渗漏条件及渗漏量。提出防渗方案及处理范围和深度的建议。	参加防渗处理试验工作，核实修正防渗处理方案和范围。

续表

项目	规划设计阶段	规　划	可行性研究	初步设计	技施设计
要求查明或了解的地质问题	7.地下洞室围岩稳定	了解各梯级的地形地质、地层特性和分布,以及主要断裂的分布、方向和规模,搜集有关区域地应力资料。结合地下洞室的埋深、规模,研究地下洞室方案的可能性及围岩稳定条件。	初步查明各比较方案区内软弱和不良岩层;主要断裂的分布、产状、规模、性质及相互切割关系;主要裂隙的组数、性质和发育程度;上覆岩层、风化带、卸荷带的厚度;地下水位和岩体的透水性。 初步评价地下洞室围岩稳定条件,进出口地段和洞脸稳定,对地下洞室的位置、形式和布置、洞室轴线方向提出初步建议。 提出本工程适用的围岩分类。	查明选定方案范围内对围岩稳定有影响的风化程度、软弱岩层夹层、断裂、大裂隙(组)等结构面及其组合。根据地质条件提出洞室最有利的轴线方向和进出口位置。确定岩石和上述有关结构面的力学参数,水文地质条件。进行本工程适用的围岩分类。定量评价围岩稳定条件和进出口洞脸岩体的稳定性,提出有关处理的建议。 确定大跨度洞室地区地应力的大小,及其对围岩稳定的影响。 深埋地下洞室,必要时,要研究地应力和地热的影响。	根据开挖情况,核实围岩分类和稳定条件及涌水量大小,修正有关的物理力学参数。 随施工进展,搜集导洞、支洞地质资料,参加围岩变形测试,做好地质编录及施工地质预报。提出运行期有关地质的观测工作的布置、观测项目及要求。 深埋洞室应加强地质编录及必要时进行适当的补充工作。
	8.建筑材料的调查	进行建筑材料产地的普查。	进行建筑材料产地的初查。	进行建筑材料产地的详查。	配合进行选定料场的复查。
勘察方法和各种地勘工作的布置	1.地质测绘	流域(或河段)可以结合区域地质资料的分析和航片、卫片的解译,编制区域地质图,并进行一定的实地复核。也可以收集已有区域地质资料,进行地质测绘后制图。 各梯级坝址需进行地质测绘的比例尺见附表。	库区可以根据已有资料和已有遥感资料的分析、解译,编制地质图,然后对存在的问题进行实地复查和重点地段的地质测绘工作。也可以进行地质测绘编制水库区工程地质图。 坝址区及建筑物区须进行工程地质测绘。测绘比例尺见附表。 岩溶区应进行专门性调查或测绘。	对库区专门性工程地质问题应进行详细的工程地质测绘。 进行选定坝址及建筑物区详细的工程地质测绘,测绘的比例尺见附表。	对专题进行地质测绘。 进行基坑工程地质测绘和编录。

续表

项目 \ 规划设计阶段		规　划	可行性研究	初步设计	技施设计
勘察方法和各种地勘工作的布置	2.勘探工作	规划河段内的各梯级，应以物探为主进行坝段和料场的勘探。 近期开发工程和控制性工程坝段的代表性勘探剖面，河床部分必须有控制孔，钻孔基岩段做压水试验。 其他梯级一般可少做勘探工作。	库区内影响较大的不稳定岩体、重点的坍岸和浸没地段应布置勘探剖面。 各比较坝址都应进行地面物探；通常应有1～3条地质勘探剖面；其他主要建筑物也应有必要的勘探工作。坝址区大部分钻孔应做综合测井，大部分平硐进行波速测定；并视情况进行部分钻孔间和平硐间的波速测定。 大跨度地下厂房或其他地下建筑物，条件复杂时，应有勘探平硐加以控制。 软基的粉细砂、砂壤土等可能液化层，须做钻孔标准贯入试验，有条件时，应作密度测井。 可能严重漏水的岩溶区，要有一定数量的控制性深孔，要进行地下水动态观测。	水库的浸没、坍岸和影响建筑物安全的坝区和近坝库区的不稳定岩体，须布置纵横勘探剖面。 坝址勘探工作应尽量采用综合性勘探和测试手段。建筑物地区大部分钻孔应作综合测井，大部分平硐作波速测定（可参见附件一的要求）。 选定坝线应有坝轴线及上下游辅助勘探剖面和一定数量的纵剖面，主要建筑物应有轴线和横向勘探剖面。孔深，除帷幕线和控制孔外，一般为H/3～H/2，并穿透覆盖层。 深帷幕线应有完整的渗透勘探剖面，孔深一般为2H/3，并达到可靠隔水层或相对隔水层，两岸钻孔还应达到枯水期地下水位以下适当深度。 岩溶区则根据实际情况决定，并要有一定数量的控制性深孔。 拱坝坝肩应进行不同高程，不同方向的勘探工程，控制各种滑动结构面及变形影响范围。 大跨度地下洞室应有纵横勘探剖面，至少要有1层（通常顶拱附近和边墙）平洞进入厂房，并有横向支洞以控制厂房地质条件。 作为建筑物地基的覆盖层需要有不少于3次的抽水试验资料，必要时进行群孔抽水试验。	对专题研究进行勘探。 利用物探方法进行建基面的检查、验收。

续表

项目		规划	可行性研究	初步设计	技施设计
勘察方法和各种地勘工作的布置	3.岩土试验和水质分析	近期开发工程和控制性工程应作少量室内岩土物理力学性质试验和水质简分析。	岩土物理力学性质试验以室内试验及动力法现场测试为主。 控制性岩层（类），每层（类）的室内试验不少于5组。 其他岩体特性试验研究，可参照附件二。 河水和地下水应作全分析，并进行水质评价。 管涌比降一般作室内试验。	主要持力层的各岩层，室内外物理力学性质试验累计不少于10组（包括室内中型剪试验）。 控制高坝及重要工程建筑物稳定的岩类（层、结构面）野外抗剪（多点法）试验不少于3组；其他代表性试验，组数视实际情况定。 主要工程地质问题应进行专门性试验，必要时，进行地质力学模型研究（参见附件二）。 可能液化层作室内三轴震动试验。 可能管涌层应作室内或野外管涌试验。	必要时对建基面进行试验复查和对大型地下厂房围岩进行现场变形监测试验。
工程地质条件评价		对影响坝段选择的主要工程地质问题和建库的可能性作出定性评价。	对坝址选定和建库有关的主要工程地质问题作出初步定量评价，有关工程地质参数主要根据经验类比提出。	对水库区及各建筑物的主要工程地质问题均应作出定量评价。有关参数应通过试验研究确定。 某些限于勘测手段难于查清，但对工程地质结论及工程设计影响不大的问题，允许施工期通过基坑或导洞开挖补充查明。 地质条件复杂的重要工程宜建立坝区地质模型	核定初步设计阶段的工程地质结论和参数。对新发现的问题作出补充评价。

（附表） 各阶段工程地质测绘的比例尺要求

建筑物或地区类型		规划		可行性研究	初步设计	技施设计
		一般梯级	近期开发工程或控制性工程			
流域或规划河段		1/10 万～1/50 万根据区域地质资料，航片、卫片解释和河谷地质调查编绘。				
水库区			1/5 万～1/10 万（岩溶区作）	1/5 万～1/1 万	重点防护地段 1/1 万～1/2000	
坝址外围			1/5 万～1/10 万（构造复杂区作）			
坝址区	峡谷河流	1/1 万～1/5000	1/1 万～1/5000	1/5000～1/2000	1/2000～1/1000	1/500～1/100 混凝土坝截水墙 1/100～1/500 土坝坝壳 1/1000～1/500
	平原河流	1/2.5 万～1/1 万	1/2.5 万～1/1 万	1/1 万～1/2 万		
引水线路区	隧洞及傍山渠道	1/2.5 万～1/1 万	1/1 万～1/2.5 万	1/1 万～1/5000	重点地段 1/5000～1/1000	1/5000～1/200
	平原区灌溉总干渠渠道建筑物	1/10 万～1/5 万	1/5 万～1/10 万	1/2.5 万～1/1 万	1/2000～1/1000	1/2000～1/1000
厂址				1/5000～1/2000	1/2000～1/1000	1/500～1/100
溢洪道				1/5000～1/2000	1/2000～1/1000	1/500～1/100

（附件一）

勘测工作中应用地球物理
勘探的基本要求

一、总　　则

1. 为了充分发挥物探技术在水利水电勘测工作中的作用，以提高工程地质报告的质量，讲求经济效益，加快勘测速度，特制定本基本要求。

本要求是依据《水利水电工程地质勘察规范》、《水文地质工程地质物探规程》和《加强水电地质勘测技术管理工作的若干规定》，并在总结生产实践经验和考虑目前水利水电系统物探技术水平的基础上，进一步明确物探队在各个勘测阶段应当承担的任务，以及各院勘测单位在各个勘测阶段中必须考虑安排的物探工作。

2. 各工程项目的地质技术负责人要本着综合利用各种勘测方法，革新勘察手段，采用新技术、新方法的原则，充分应用物探技术，配合其它勘测手段，从定性到定量地查明各种工程地质问题。在编写阶段地质报告时必须认真分析研究和应用各种物探资料。阶段性物探成果报告经审定后，应做为工程地质报告的附件。

物探队（组）要发挥物探的技术特长，尽可能地多做工作。但不同勘测阶段的物探工作方法、精度和解决问题的深度应有所不同，一般应遵循探测范围由大到小，工作精度由粗到细，工作顺序由地表到地下，推断结论由定性到定量的原则。工作精度和图件比例尺应按物探规程和工程地质勘察规范要求执行。要综合利用多种物探方法，密切配合地质、勘探专业，以满足各个阶段的要求。

3. 物探队要根据任务书要求，并在工程项目地质技术负责人的配合下，进行必要的现场踏勘，然后编制物探工作技术大纲，经勘测总队（公司）审批后下达执行。该工作大纲的主要内容包括：任务要求，各种物探方法的布置原则，主要工作量和拟提交的主要物探成果等。在工作过程中，物探、地质和勘探等专业要密切协作，地质人员要及时提供有关的地质资料，为物探工作布置和资料解释创造有利条件，并布置必要的钻孔、平洞和坑槽进行验证和物性测试。每个需要测井的钻孔钻探工作完成后，钻探机组都应配合物探人员并安排一定的测井时间。物探人员要经常与地质人员交流情况提供中间性资料，供地质人员参考使用，并在工作结束后认真做好资料的分析整理，尽快地提出高质量的物探报告。

为保持工区各勘测阶段物探工作的连续性和测井、弹性波测试的及时性，各院可根据实际情况建立适应工作需要的物探测试组，其测试人员尽可能做到相对稳定。

4. 物探技术本身具有一定的条件性和局限性，能否用其查明有关地质问题，取决于被探测对象是否具有可被利用的物性条件，地面物探方法还受到地形条件和探测场地的限制。因此，对本规定中的某些物探项目，经物探队现场踏勘或初步试验论证后，确实不具备物性前提和探测条件时，可向上级要求撤销某项物探任务，因地制宜地改用别的勘测方法。

5. 本要求仅限于水电部直属单位在大型水利水电工程中试行。在试行过程中，各院要加强对物探工作的领导，在人员和设备上不断予以充实和补充，为执行本要求创造条件。

二、规划选点阶段的物探工作

6. 物探和地质测绘是规划选点阶段的主要勘测手段。规划选点阶段的物探工作应以地面物探为主，配合地质测绘进行较大范围内的区域地质调查，并利用少量的钻孔揭露和了解工作范围内被覆盖地区的地质情况，以提高地质成果精度并为进一步布置勘探工作提供信息，以避免工作的盲目性。其基本物探工作有：

(1)探测坝址区河床及两岸覆盖层厚度了解工作区内是否分布有古河道、深槽或埋藏谷；

(2)探测坝址区及其它主要建筑物区被覆盖地段的地层、主要构造线和大断裂带的分布情况；

(3)探测库区大坍滑体、大松散堆积体的分布范围和可能的滑动面；

(4)配合地质勘探进行天然建筑材料的普查。

7. 根据具体地质条件，在物探技术可能的情况下，应进行的物探工作有：

(1)初步探测坝址区基岩风化层厚度；

(2)了解库区及坝址区可能的渗漏地段，特别是岩溶发育地区的分布，探测地下水位及地下水与河水的补排关系；

(3)应充分利用坝址区钻孔进行综合测井，每个测井孔至少应测量视电阻率、声波、自然 r、井径四种测井曲线，以了解岩石分层及岩体的完整性，以及软弱夹层的分布，这四条曲线是编制钻孔柱状图不可缺少的基本资料。

8. 规划选点阶段物探工作结束后，应按物探规程的要求编写和提交物探成果报告。应提交的基本图件有：物探工作平面布置图，坝址区河床及两岸覆盖层厚度和基岩风化层厚度的物探剖面成果图，坝址区及主要建筑物区被覆盖的主要构造线和大断裂带的位置和延伸情况的剖面平面图，钻孔综合测井成果图，以及与基本任务相应的成果图、成果表等。

三、可行性研究阶段的物探工作

9. 可行性研究阶段的物探工作，应在规划选点阶段勘测工作基础上，围绕库区、坝址区及主要建筑物区的主要地质问题，综合应用电法勘探、地震勘探、测井等各种物探方法。其基本物探工作有：

(1)进一步探测坝址区及主要建筑物区的覆盖层、风化层厚度，对于坝轴线附近的测线，应适当加密，较详细地查明基岩河谷形态、深槽部位、主要构造线和断裂带的走向及延伸情况；

(2)进一步查明库区的大坍滑体，大松散堆积体的情况；

(3)配合地质勘测进一步查明库区及坝址区渗漏地段及地下水埋深，地下水与河水的补排关系；

(4)配合地质勘探进行天然建筑材料的初查；

(5)在钻孔中测定软弱夹层、断裂、破碎带的产状、水文地质条件和地下水运动情况；

(6)对有深厚覆盖层的坝址区，配合地质勘探了解覆盖层的结构，进行覆盖层分层研究；

(7)岩溶发育地区，配合地质勘探探测岩溶的发育情况；

(8)利用平洞、钻孔进行弹性波测试。

10. 可行性阶段的物探工作结束后，要按物探规程的要求编写和提交物探成果报告，应提交的基本图件有：物探工作平面布置图，坝址区及主要建筑物区基岩等高线图，物探纵、横剖面图，钻孔综合测井成果图、成果表，以及与基本任务相应的成果图、成果表。

四、初步设计阶段的物探工作

11. 初步设计阶段的物探工作，是在可行性阶段工作的基础上，密切配合地质、勘探，充分利用钻孔、平洞、探坑和探槽，进行各种物理力学参数的测定，解决专门性的工程地质问题，为工程地质评价提供定量指标。因此，初步设计阶段，也是多种物探方法可以充分发挥作用的阶段。其基本物探工作有：

(1)利用坝址两岸平洞、竖井、探坑、探槽，进行地震法、声波法测定岩体的纵横波速，求得泊松比、动弹性模量等参数，并对岩体风化带、卸荷裂隙带和断层破碎带的某些物理力学性质进行测定，为岩体分类及工程地质评价提供资料；

(2)对坝基深厚覆盖层用跨孔法进行横波速度的原位测定，并计算动剪切模量等物理力学参数。利用放射性测井进行地质分层和测定密度(干容重)及孔隙度；

(3)条件可能时，利用河床勘探剖面中的钻孔，进行孔间地震(或声波)测试求得孔间水平向直达波传播速度，动弹性模量，并结合两岸的孔间测试资料，绘制等速度剖面图，为坝基变形特性分析及筑坝设计提供资料；

(4)充分利用钻孔进行综合测井，测定各岩层的纵波速度、密度；探测软弱夹层或泥化夹层；确定断裂破碎带、渗透带；了解含水层位置及层间的补给情况。并用钻孔电视或钻孔摄影测定断层和裂隙产状、夹层或充填物的性质；

(5)利用声波测井和跨孔等方法，配合其它勘测手段进行灌浆试验检查。

12.初步设计阶段的物探工作结束后，应按物探规程的要求编写和提交物探成果报告。应提交的基本图件有：物探工作平面布置图，基岩面波速分区图，钻孔综合测井成果图、成果表，勘探剖面的测井物性剖面图，弹性波测试成果图及岩体物性、物理力学参数表以及与基本任务相应的成果图、成果表等。

五、施工图设计阶段的物探工作

13.施工图设计阶段的物探工作，是在初步设计阶段的工作基础上，为施工图设计或试验研究专门性问题而进行的物探工作，其基本物探工作主要有：

(1)对地下洞室进行弹性波测试及松弛圈的测定；

(2)坝基建基面和基础处理的声波检测，并为主体工程的地基验收提供资料；

(3)其他专题勘察需要与可能进行的物探工作。

14. 施工图设计阶段的物探工作，多属于测试性质，一般可不编写综合物探成果报告，只提交单项物探成果报告。应提交的图件有：地下洞室弹性波测试成果图及成果表，建基面纵波速度及动弹性模量分区图，测井成果图以及与基本任务相应的成果图、成果表等。

六、其他

15. 为了总结经验，不断提高物探技术水平、各勘测阶段的工作结束后，应就该工程应用物探技术的探测效果与经验，编写技术总结。

（附件二）

勘测工作中进行岩体特性试验研究的基本要求

一、岩体特性试验研究的任务是综合利用各种勘测手段，查明水利水电工程建筑物区岩体的地质结构、岩石风化规律、结构面形态和组合关系以及水文地质条件；了解岩体的动力学、静力学特性和有关物理力学参数；研究在外部荷载或受力条件下，岩体的变形过程与破坏机制，为坝基、地下洞室和岸坡稳定等工程地质问题的评价，水工建筑物的设计以及施工、运行期间的基础检验、岩体监测提供基本资料。岩体特性试验研究是水利水电工程建设中一项十分重要的基础工作。从规划到初步设计，甚至到施工、运行各个阶段，自始至终都有岩体特性试验研究的任务。但不同的地质环境，不同的工程规模和不同的勘测设计阶段，岩体特性研究的课题工作深度和要求又会有所不同。

二、岩体特性试验研究的对象是水工建筑物范围内的自然地质体，具有复杂成因，经历长期构造作用以及后期风化作用改造的岩体，其物理性质和力学特性常具有各向异性，是一种很复杂的材料。因此，要进行多学科、多方法的研究，包括地质、物探、岩石试验和勘探技术等方法的研究，尤其需要各专业互相渗透，密切结合，进行综合性研究。地质规律研究与岩体力学特性试验结合，动力法测试与静力法测试结合，经验判断与分析计算评价结合可以较好地克服片面性，正确反映岩体的物理力学特性。

三、岩体特性试验研究的任务由工程设计单位根据建筑物规模和特点提出原则要求。地质专业按不同设计阶段对岩体特性试验研究的要求和基本地质规律提出岩石物理力学性质测试的项目和所需资料。有关岩体地质结构特征，结构面分布规律、组合关系以及结构面的特征等的调查研究，由地质专业承担；有关岩体力学参数的测试，根据静力法、动力法等不同方法，分别由岩石试验专业和物探专业承担，在具体工作中，按照不同设计阶段岩体特性试验研究的要求，应在勘测工作大纲中明确各专业的任务。各工程项目的地质负责人应对岩体特性试验研究的成果提交负总的责任。

四、各勘测设计阶段岩体特性试验研究的基本要求

岩体特性的研究必须建立在基本地质规律研究的基础之上，并以解决工程实际问题为目的，按照不同勘测设计阶段的要求，由浅入深，由定性到定量进行各项工作。在工作过程中既要充分发挥物探、岩石试验和工程地质各专业的作用及技术专长，又要取长补短，互相协作，共同研究、解决工程中实际存在的岩体力学课题，做出切实的工程地质评价。各勘测设计阶段岩体特性试验研究的基本要求如下：

1. 规划选点阶段：本阶段岩体特性试验研究的主要任务是初步了解建筑物区岩体的基本地质规律和物理力学性质。在充分分析和利用与该区地质条件相似工程的试验成果基础上，提出工作地区岩体物理力学性质的参考指标。仅在必要时，可做少量室内试验和野外动力法测试。

2. 可行性研究阶段：按照 SDJ23—84《水力发电工程可行性研究报告编制规程》(试行)，本阶段对勘测工作的要求，大体上相当于 SDJ14—78《水利水电工程地质勘察规范》中初步设计第一期的工作深度。本阶段岩体特性试验研究的主要任务是掌握各坝址的基本地质规律，初步查明建筑物区岩体结构、岩性、风化等特征；根据现场简易测试成果，以及代表性的室内试验和野外动力法测试(必要时，可做少量现场试验)对各比较坝址基础岩体及地下洞室围岩进行初步的等级划分。

3. 初步设计阶段：本阶段是岩体特性试验研究的重要阶段，其主要任务是结合设计方案查明建筑物区各类岩层、岩体风化卸荷带、断裂破碎带、节理裂隙组的分布规律和岩体的地质结构特征；开展室内与现场相结合和静力法与动力法相结合的测试工作，了解各类岩体的物理力学性质；对一些重要的影响建筑物设计和施工的岩体力学问题，尤其是岸坡稳定性较差的地段，开展专门性研究和进行原位监测。根据上述成果，结合各类岩体物理力学特性研究，提出坝基岩体等级分类、地下洞室围岩分类及岸坡不稳定地段岩体分类等成果，进行定量的工程地质评价。

4. 施工图设计阶段：本阶段一般根据初步设计阶段后新发现的问题或初步设计中论证不够充分的问题，以及地基基础处理、岸坡处理等的需要，开展施工地质调查、专题研究和原位监测等。

五、各勘测设计阶段岩体力学测试工作内容见表一。

六、岩体特性试验研究的各项成果

各专业根据各自承担的任务，在完成工作以后，要负责提出本专业与岩体特性试验研究有关的资料成果。

试验专业既要保证试验手段、工艺和方法符合岩石试验规程和有关技术要求，又要结合地质条件，合理确定试验项目和试验组数以确保各项试验第一性资料准确无误。在此基础上，将各类试验成果按坝基岩石等级分类、洞室围岩等级分类及不稳定地段岩体分类的需要，分别进行综合分析、归纳整理，提出各项试验成果的最佳值。各种勘测设计阶段的试验工作完成后，均应编写阶段试验报告。在初步设计和施工图设计阶段所进行的现场常规试验、现场特殊试验、原位监测及地质力学模型试验等，还应编写专题报告。

物探专业要根据任务要求，结合工作区的地形地质条件，合理选择各种方法，按规程要求进行各种物理力学参数测定工作，要保证物探成果的质量。岩体动力参数的测定主要在可行性研究阶段和初步设计阶段进行。施工图设计阶段主要是进行建筑物基础和地下洞室围岩的检测。在各阶段工作完成后，要认真结合地质条件分析整理测试成果，负责提出相应勘测设计阶段的物探成果报告。

地质专业要做好岩体地质结构特征的定量描述，结合工程地质结构单元，研究物探和岩石试验等成果的地质代表性和适用性，提出各类岩体的物理性质和力学强度等参数的综合值，并按坝基、地下洞室及边坡进行岩体等级分类，做出工程地质评价。

上述岩体特性试验研究的成果应综合反映在各阶段的工程地质勘察报告中，设计部门可在了解和研究岩体地质结构特征和试验条件的基础上，根据建筑物的规模、等级、对地基的要求以及工程安全度和经济效果等要求，确定建筑物各部位基础开挖深度和相应的岩体强度和变形参数的采用值，以及必要的工程处理措施。

七、本要求是根据当前工作实际情况，对岩体特性研究所做的补充性规定，可做为《水利水电工程地质勘察规范》及有关规程的补充。

各勘测设计阶段岩体特性试验研究项目表

试验项目分类	坝基				地下厂房				岩质边坡			
	规划	可行性	初设	技施	规划	可行性	初设	技施	规划	可行性	初设	技施
室内试验	○	+	+		○	+	+		○	+	+	
现场简易测试	○	+	+	+	○	+	+	+	○	+	+	

续表

试验项目分类	坝基				地下厂房				岩质边坡			
	规划	可行性	初设	技施	规划	可行性	初设	技施	规划	可行性	初设	技施
现场常规试验		○	+	○		○	+	○		○	+	○
现场特殊试验			○	○			○	○			○	○
原位监测			○	○			○	+			○	+
模型试验			○	○			○	○			○	

说明：

1.“○”表示视具体情况，“+”表示必须的；

2.坝基是指混凝土重力坝和拱坝的坝基和坝肩；

3.现场简易测试是指回弹仪、点荷载仪、地震波和声波测试等；

4.现场常规试验是指抗剪强度和变形模量试验；

5.现场特殊试验是指地应力测试、水压法、径向液压枕法、野外三轴试验和收敛测试等大型试验和专题研究；

6.模型试验包括数学模型和力学模型。

责任编辑　张素秋
责任校对　刘　迎
封面设计　孙宪勇
版式设计　胡颖珺

黄河志

（共十一卷）

黄河大事记
黄河流域综述
黄河水文志
黄河勘测志
黄河科学研究志
黄河规划志
黄河防洪志
黄河水土保持志
黄河水利水电工程志
黄河河政志
黄河人文志

河南人民出版社

ISBN 978-7-215-10557-7

本卷定价：200.00元